Aerodynamik des Flugzeuges
Erster Band

Aerodynamik des Flugzeuges

Von

H. Schlichting und E. Truckenbrodt

Erster Band
Grundlagen aus der Strömungsmechanik
Aerodynamik des Tragflügels (Teil I)

Zweite neubearbeitete Auflage

Mit 275 Abbildungen

Springer-Verlag
Berlin/Heidelberg/New York
1967

Dr. phil. HERMANN SCHLICHTING
o. Professor an der Technischen Hochschule Braunschweig, Direktor der Aerodynamischen Versuchsanstalt Göttingen und Leiter des Instituts für Aerodynamik der Deutschen Forschungsanstalt für Luftfahrt Braunschweig

Dr.-Ing. ERICH TRUCKENBRODT
o. Professor für Technische Mechanik und Direktor des Instituts für Strömungsmechanik an der Technischen Hochschule München

ISBN-13: 978-3-642-96047-5   e-ISBN-13: 978-3-642-96046-8
DOI: 10.1007/978-3-642-96046-8

Alle Rechte, insbesondere das der Übersetzung in fremde Sprachen, vorbehalten. Ohne ausdrückliche Genehmigung des Verlages ist es auch nicht gestattet, dieses Buch oder Teile daraus auf photomechanischem Wege (Photokopie, Mikrokopie) oder auf andere Art zu vervielfältigen.
© by Springer-Verlag, Berlin/Heidelberg 1959 and 1967.
Softcover reprint of the hardcover 2nd edition 1967
Library of Congress Catalog Card Number: 67-16133

Die Wiedergabe von Gebrauchsnamen, Handelsnamen, Warenbezeichnungen usw. in diesem Buche berechtigt auch ohne besondere Kennzeichnung nicht zu der Annahme, daß solche Namen im Sinne der Warenzeichen- und Markenschutz-Gesetzgebung als frei zu betrachten wären und daher von jedermann benutzt werden dürften.

Vorwort zur zweiten Auflage

Seit dem Erscheinen der ersten Auflage dieses Bandes sind etwa acht Jahre vergangen. Inzwischen erschien im Jahre 1962 ein berichtigter Neudruck, der seit einiger Zeit vergriffen ist. Deshalb hielten wir es für notwendig, nunmehr eine vollständige Neubearbeitung dieses Bandes vorzunehmen. Die hierbei eingefügten Änderungen und Ergänzungen dienen der Abrundung und Vervollständigung. Angeregt durch unsere Vorlesungstätigkeit haben wir an manchen Stellen auch eine neue Darstellung gewählt, um die den Strömungsvorgängen zugrunde liegenden physikalischen Vorgänge noch klarer hervorzuheben.

Die Einteilung dieses Bandes wurde im wesentlichen beibehalten. Von den Änderungen und Erweiterungen mögen folgende besonders erwähnt werden: In Kap. I wurden die Angaben über die Atmosphäre auf den neuesten Stand gebracht. In Kap. II (Hydrodynamik) und Kap. III (Gasdynamik) wurden mehrere Umstellungen und Ergänzungen vorgenommen, um den jeweiligen Gedankengang noch klarer hervortreten zu lassen. Zur Abrundung von Kap. III haben wir den Abschnitt über Hyperschallströmungen aus dem zweiten Band hierher genommen. In Kap. IV (Grenzschicht-Theorie) wurden der Energiesatz der Grenzschicht sowie einige neue Ergebnisse über Grenzschichtbeeinflussung und Reibungswärme hinzugefügt. Das Kap. V (Einführung in die Aerodynamik des Tragflügels) wurde durch einen kurzen Abschnitt über Kräfte und Momente bei instationärer Bewegung des Flugzeuges vervollständigt. Außerdem wurde die Tabelle über ausgeführte Flügelformen auf den neuesten Stand gebracht. In Kap. VI (Profiltheorie) haben wir manches gekürzt aber auch einen längeren Abschnitt über den Einfluß der Reibung auf die Profileigenschaften hinzugenommen. Schließlich wurden die Literaturverzeichnisse überarbeitet und ergänzt.

Bei der vorliegenden Neubearbeitung des Buches wurden wir von Herrn Dr.-Ing. J. W. BECK, München, unterstützt. Von ihm und von Herrn Dipl.-Ing. U. STARK, Braunschweig, wurden die Korrekturen mitgelesen. Beiden Herren danken wir für ihre Mitarbeit. Dem Springer-Verlag gilt auch diesmal unser verbindlicher Dank für sein bereitwilliges Eingehen auf unsere Wünsche und für die sorgfältige Ausstattung des Buches.

Göttingen, im Januar 1967

H. Schlichting   E. Truckenbrodt

Aus dem Vorwort zur ersten Auflage

Die Grundlagen der Aerodynamik des Flugzeuges sind in einer ausführlichen Darstellung in deutscher Sprache zuletzt vor mehr als zwanzig Jahren in den bekannten Büchern von R. FUCHS und L. HOPF des Springer-Verlages behandelt worden. Bei der außerordentlich raschen Entwicklung und der starken Ausweitung, welche dieses Gebiet in den letzten beiden Jahrzehnten erfahren hat, ist es verständlich, daß eine einfache Neubearbeitung der beiden Bände von FUCHS und HOPF unmöglich ist. Als vor nunmehr etwa fünf Jahren Herr Dr. JULIUS SPRINGER uns deshalb den Vorschlag machte, als Ersatz für den „FUCHS-HOPF" ein völlig neues Lehrbuch über die Aerodynamik des Flugzeuges zu verfassen, haben wir diesen Plan nur sehr zögernd aufgegriffen. Denn damals war noch nicht abzusehen, ob die nach dem Ausgang des zweiten Weltkrieges zum Erliegen gekommene deutsche Flugzeugindustrie wieder aufleben würde, und ob auch eine deutsche Luftfahrtforschung wieder erstehen würde. Wenn wir uns schließlich doch dazu entschlossen, die sehr umfangreiche Arbeit der völligen Neufassung eines Werkes über die Aerodynamik des Flugzeuges zu übernehmen, so taten wir es deshalb, weil wir letztlich die Entwicklung der deutschen Flugzeugindustrie und der deutschen Luftfahrtforschung optimistisch beurteilten, und weil wir glaubten, daß für die Ausbildung des jungen Ingenieurnachwuchses ein umfassendes Lehrbuch auf diesem Gebiet unentbehrlich sein würde.

Wir waren uns von vornherein darüber klar, daß wegen des außerordentlich starken Anwachsens des Stoffes in den letzten beiden Jahrzehnten es uns nicht möglich sein würde, das gesamte Gebiet darzustellen, welches das zweibändige Werk von FUCHS-HOPF behandelte, nämlich die „Theorie der Luftkräfte" (R. FUCHS) und die „Mechanik des Flugzeuges" (L. HOPF). Wir entschlossen uns, nur die „Theorie der Luftkräfte" zu behandeln. Die mit dem Antrieb des Flugzeuges im Zusammenhang stehenden aerodynamischen Fragen (Triebwerksaerodynamik) bleiben im vorliegenden Werk unberücksichtigt.

In dem vorliegenden Werk „Aerodynamik des Flugzeuges" beschäftigen wir uns ausschließlich mit den Luftkräften, welche bei der Bewegung des Flugzeuges durch die irdische Atmosphäre an seinen Teilen und damit am ganzen Flugzeug wirksam sind (Aerodynamik der Flugzeugzelle). Diese Luftkräfte hängen in recht verwickelter Weise von der geometrischen Gestalt des Flugzeuges, von der Fluggeschwindigkeit, von den Bewegungsformen des Flugzeuges und von einigen physikalischen Eigenschaften der Luft ab. Aufgabe der Aerodynamik des Flugzeuges ist es, über diese Zusammenhänge Auskunft zu geben. Die Aerodynamik des Flugzeuges bildet die unerläßliche Grundlage für die Fragen des Flugzeugentwurfes, für die Flugmechanik und auch für viele Fragen der Festigkeit des Flugzeuges.

Das Studium der aerodynamischen Fragen des Flugzeuges erfordert sehr gründliche Kenntnisse in der Strömungslehre. Aus diesem Grunde haben wir es für angebracht gehalten, einen ziemlich ausführlichen Abriß der allgemeinen Strömungslehre vorauszuschicken. Diese Grundlagen der Strömungslehre sind nicht nur für die Luftfahrt, sondern auch für viele andere Gebiete der Physik und Technik von erheblichem Interesse.

Das vorliegende Werk gliedert sich in drei Hauptabschnitte mit insgesamt zwölf Kapiteln, die auf zwei Bände verteilt sind. Im ersten Abschnitt werden nach einem einleitenden Kapitel über die Atmosphäre die Grundlagen aus der Strömungsmechanik in einem solchen Umfang dargestellt, wie sie in den folgenden Abschnitten benötigt werden. Der zweite Abschnitt befaßt sich mit der Aerodynamik des Tragflügels und der dritte Abschnitt mit der Aerodynamik der übrigen Teile des Flugzeuges (Rumpf, Leitwerke), wobei auch die Probleme der gegenseitigen Beeinflussung der Flugzeugteile eine wichtige Rolle spielen.

Dieses Buch wendet sich in erster Linie an Ingenieure. Wir haben uns bemüht, soweit wie möglich die theoretische Behandlung der Probleme in den Vordergrund zu stellen. Dabei haben wir versucht, diese in eine anschauliche, für den Ingenieur leicht faßliche Form zu bringen. In der Tat ist es heute möglich, unter Verwendung der modernen Strömungslehre den überwiegenden Teil der Aerodynamik des Flugzeuges aus rein theoretischen Überlegungen zu gewinnen. Das in der Literatur vorhandene, sehr umfangreiche experimentelle Material wurde nur insoweit herangezogen, als es zur Belebung der physikalischen Anschauung und zur Nachprüfung der Theorie erforderlich ist. Es kam uns darauf an, zum Ausdruck zu bringen, daß die entscheidenden Fortschritte nicht durch eine Anhäufung von umfangreichen Versuchsergebnissen erreicht worden sind, sondern vielmehr durch die Synthese von theoretischen Überlegungen mit wenigen grundlegenden Experimenten. Darüber hinaus haben wir uns bemüht, die Ergebnisse der Theorie dem Leser durch zahlreiche durchgerechnete Beispiele näherzubringen.

Der hiermit vorgelegte erste Band umfaßt sechs Kapitel, nämlich den ersten Abschnitt „Grundlagen aus der Strömungsmechanik" mit vier Kapiteln und zwei Kapitel aus dem zweiten Abschnitt „Aerodynamik des Tragflügels".

Göttingen, im August 1958

H. Schlichting   E. Truckenbrodt

Inhaltsverzeichnis

Teil A

Grundlagen aus der Strömungsmechanik

I. Einführung und physikalische Eigenschaften der Atmosphäre

Seite

1.1 Aufgaben der Flugzeug-Aerodynamik 1

1.2 Physikalische Eigenschaften der Luft 3

    1.21 Allgemeines 3
    1.22 Dichte, Druck und Temperatur 4
    1.23 Kompressibilität 5
    1.24 Zähigkeit 10

1.3 Ähnlichkeitsgesetze 12

    1.31 MACHsches Ähnlichkeitsgesetz 13
    1.32 REYNOLDSsches Ähnlichkeitsgesetz 13

1.4 Physikalische Eigenschaften der Atmosphäre 15

Literatur 21

II. Inkompressible reibungslose Strömungen (Hydrodynamik)

2.1 Kinematik der Strömungen 22

    2.11 Darstellungsmethoden, Geschwindigkeit 22
    2.12 Bahnlinie, Stromlinie und Stromröhre 25
    2.13 Kontinuitätsgleichung 26
    2.14 Beschleunigung 28
    2.15 Drehung 31

2.2 Eindimensionale Strömungen (Stromfadentheorie) 35

    2.21 Eindimensionale EULERsche Bewegungsgleichung 35
    2.22 BERNOULLIsche Gleichung (Energiegleichung) 38
    2.23 Einige Anwendungen der BERNOULLIschen Gleichung . . . 40
        2.231 Ausfluß aus einem Gefäß 40
        2.232 Messung von Druck und Geschwindigkeit in einer Strömung . 41

2.3 Zwei- und dreidimensionale Potentialströmungen 43

    2.31 Allgemeine EULERsche Bewegungsgleichungen 43
    2.32 BERNOULLIsche Gleichung (Energiegleichung) 45

Inhaltsverzeichnis IX

	Seite
2.33 Drehungsfreie Strömungen als Lösungen der EULERschen Bewegungsgleichungen	46
2.34 Potential- und Stromfunktion	49
2.35 Beispiele einfacher Potentialströmungen	54
2.351 Translationsströmung	54
2.352 Ebene Staupunktströmung	55
2.353 Rotationssymmetrische Staupunktströmung	55
2.354 Ebene Quell- und Senkenströmung	57
2.355 Ebener Potentialwirbel	58
2.356 Räumliche Quell- und Senkenströmung	59
2.357 Strömung um einen ebenen Halbkörper	60
2.358 Strömung um einen rotationssymmetrischen Halbkörper	62
2.359 Dipolströmung	63
2.35.10 Strömung um einen Kreiszylinder	66
2.35.11 Strömung um eine Kugel	69
2.35.12 Strömung um andere Körper	70
2.4 Wirbelbewegung	72
2.41 Begriff der Zirkulation	72
2.42 Zusammenhang zwischen Zirkulation und Drehung (STOKES)	74
2.43 Beispiele für Strömung mit Zirkulation	76
2.431 Translationsströmung mit Trennungsfläche	76
2.432 Potentialwirbel	78
2.433 Strömung um den Kreiszylinder mit Zirkulation	78
2.434 Tragflügel mit Auftrieb (KUTTA-JOUKOWSKY)	82
2.44 Wirbelsätze	85
2.441 Räumlicher Wirbelerhaltungssatz	85
2.442 Zeitlicher Wirbelerhaltungssatz (THOMSON)	87
2.443 HELMHOLTZsche Wirbelsätze	89
2.45 Anwendungen der Wirbelsätze bei der Tragflügelströmung	90
2.46 Geschwindigkeitsfeld von Wirbeln (BIOT-SAVART)	93
2.5 Berechnung ebener Potentialströmungen mit Hilfe komplexer Funktionen	99
2.51 Grundgleichungen	99
2.52 CAUCHY-RIEMANNsche Differentialgleichungen	100
2.53 Komplexe Strömungsfunktion	101
2.54 Beispiele zur komplexen Strömungsfunktion	102
2.541 Translationsströmung	103
2.542 Strömung in einem Winkelraum	103
2.543 Quelle, Senke und Potentialwirbel	105
2.544 Dipol	106
2.545 Translationsströmung um den Kreiszylinder	107
2.55 Methode der konformen Abbildung	108
2.56 Beispiele zur konformen Abbildung	111
2.561 Parallel angeströmte Platte	111
2.562 Senkrecht angeströmte Platte	112
2.563 Angestellte ebene Platte mit Auftrieb	114
2.564 Elliptische Zylinder	123

Inhaltsverzeichnis

2.6 Impulssatz 126
   2.61 Allgemeines Theorem des Impulssatzes 126
   2.62 Beispiele zum Impulssatz 130
      2.621 Strömung in einer Rohrumlenkung 130
      2.622 Strahl senkrecht auf eine Wand 131
      2.623 Strahl schräg auf eine Wand 132
      2.624 Strömung durch ein Flügelgitter 133
      2.625 Widerstand eines Halbkörpers 136
      2.626 Ermittlung des Widerstandes aus dem Impulsverlust . . . 138

Literatur 141

III. Kompressible reibungslose Strömungen (Gasdynamik)

3.1 Grundlagen 143
   3.11 Schallgeschwindigkeit 143
   3.12 MACHsche Linie, Verdichtungsstoß 146
   3.13 Zustandsgleichungen 149

3.2 Eindimensionale Strömungen (Stromfadentheorie) 151
   3.21 Stetig verlaufende isentrope Strömungen 151
      3.211 EULERsche Bewegungsgleichung und BERNOULLIsche Gleichung 151
      3.212 Kontinuitätsgleichung 154
      3.213 Ausfluß aus einem Kessel 155
   3.22 Unstetig verlaufende Strömungen mit Verdichtungsstoß 161
      3.221 Kritische MACH-Zahl 161
      3.222 Senkrechter Verdichtungsstoß 162
   3.23 Staupunktströmung 165

3.3 Grundzüge kompressibler Potentialströmungen 167
   3.31 Grundgleichungen 168
   3.32 Drehungsfreiheit 168
   3.33 Geschwindigkeitspotential 169
   3.34 Ähnlichkeitsregeln für Unter- und Überschallströmungen . . . 171
   3.35 Lösungstypus für Überschallströmungen 176
   3.36 Strömung längs einer schwach welligen Wand 176

3.4 Unterschallströmungen 179
   3.41 Entwicklung nach Potenzen der MACH-Zahl 179
   3.42 Angestellte ebene Platte 182
   3.43 Vergleich mit Versuchsergebnissen 183

3.5 Überschallströmungen 185
   3.51 Strömung um eine flache Ecke (ACKERET) 185
   3.52 Auftrieb und Widerstand der angestellten ebenen Platte . . . 188
   3.53 Auftrieb und Widerstand schlanker Profile 192
   3.54 Stetige isentrope Strömungsumlenkung (PRANDTL-MEYER) . . 197
   3.55 Charakteristikenverfahren 203
   3.56 Unstetige Strömungsumlenkung (Schiefer Verdichtungsstoß) . . 206

Inhaltsverzeichnis

3.6 Schallnahe Strömungen 212

    3.61 Experimentelle Ergebnisse 212
    3.62 Ähnlichkeitsregel der schallnahen Strömung 219

3.7 Hyperschallströmungen 224

    3.71 Allgemeines, angestellte ebene Platte 224
    3.72 Physikalische Eigenschaften einer Hyperschallströmung 227
    3.73 Ähnlichkeitsregel der Hyperschallströmung 230
    3.74 Umströmung eines stumpfen Körpers 231

Literatur 234

IV. Strömungen mit Reibung (Grenzschicht-Theorie)

4.1 Grundzüge der Strömungen mit Reibung 238

    4.11 Allgemeines 238
    4.12 NEWTONsches Reibungsgesetz 238
    4.13 REYNOLDSsches Ähnlichkeitsgesetz 239
    4.14 Laminare Rohrströmung 241
    4.15 Turbulente Rohrströmung 244
    4.16 Widerstandsproblem umströmter Körper 249

4.2 Grundzüge der Grenzschicht-Theorie 253

    4.21 Begriff der Grenzschicht 253
    4.22 Ablösung der Grenzschicht 254
    4.23 Abschätzung der Grenzschichtdicke und des Reibungswiderstandes bei laminarer Strömung 258
    4.24 Turbulente Strömung in der Grenzschicht 259

4.3 Bewegungsgleichungen der zähen Flüssigkeit (NAVIER-STOKESsche Gleichungen) 261

4.4 PRANDTLsche Grenzschichtgleichungen 265

    4.41 Aufstellung der Grenzschichtgleichungen 265
    4.42 Einige physikalische Eigenschaften der Grenzschicht 267
    4.43 Plattengrenzschicht bei laminarer Strömung 269
    4.44 Impuls- und Energiesatz der Grenzschicht 273
    4.45 Berechnung der laminaren Grenzschicht mit Druckabfall und Druckanstieg 276

4.5 Grenzschichtbeeinflussung 280

    4.51 Allgemeines 280
    4.52 Mitbewegen der Wand 281
    4.53 Beschleunigung der Grenzschicht 281
    4.54 Absaugung der Grenzschicht 282
    4.55 Grenzschicht mit Ausblasen 289
    4.56 Laminarhaltung durch Formgebung (Laminarprofile) 291

4.6 Einiges über turbulente Strömungen 292

    4.61 Mittlere Bewegung, Schwankungsbewegung und turbulente Scheinreibung 292

Inhaltsverzeichnis

	Seite
4.62 Windkanalturbulenz	295
4.63 PRANDTLscher Mischungsweg	296
4.64 Geschwindigkeitsverteilung in der turbulenten Grenzschicht	299

4.7 Turbulenter Reibungswiderstand der längsangeströmten ebenen Platte ... 300

    4.71 Glatte Platte bei inkompressibler Strömung ... 300
    4.72 Einfluß der Kompressibilität ... 304
    4.73 Einfluß der Rauhigkeit ... 307

4.8 Berechnung der turbulenten Grenzschicht mit Druckabfall und Druckanstieg ... 311

    4.81 Allgemeines, Kenngrößen der Grenzschicht ... 311
    4.82 Berechnung der Grenzschichtgrößen ... 315
    4.83 Rechnerische Ermittlung des Profilwiderstandes ... 318
    4.84 Dreidimensionale Grenzschichten ... 321

4.9 Kompressible Strömungs- und Temperaturgrenzschichten ... 324

    4.91 Allgemeines ... 324
    4.92 Stoffbeiwerte ... 325
    4.93 Grundgleichungen ... 326
    4.94 Temperaturerhöhung durch Kompression und Reibung ... 328
    4.95 Zusammenwirken von Grenzschicht und Verdichtungsstoß ... 334

4.10 Umschlag laminar-turbulent ... 337

    4.10.1 Experimentelle Ergebnisse ... 337
    4.10.2 Grundzüge der Stabilitätstheorie der Laminarströmung ... 338
    4.10.3 Ermittlung des Umschlagpunktes für ein Tragflügelprofil ... 344

Literatur ... 347

Teil B

Aerodynamik des Tragflügels

V. Einführung in die Aerodynamik des Tragflügels

5.1 Geometrie des Tragflügels ... 353

    5.11 Allgemeine Angaben ... 353
    5.12 Flügelgrundriß ... 354
    5.13 Flügelprofil ... 359
    5.14 Verwindung und V-Stellung ... 365
    5.15 Ausgeführte Flügelformen ... 367

5.2 Kräfte und Momente am Tragflügel ... 374

    5.21 Auftrieb, Widerstand und Gleitzahl ... 374
    5.22 Sonstige Kräfte und Momente, Achsensysteme ... 376
    5.23 Dimensionslose Beiwerte der Kräfte und Momente ... 378
    5.24 Druckverteilungen und Auftriebsverteilungen ... 381

5.3 Zusammenhang zwischen den Luftkräften und den Bewegungsformen des Flugzeuges 383
    5.31 Bewegungsformen des Flugzeuges 383
    5.32 Kräfte und Momente beim Geradeausflug 384
    5.33 Kräfte und Momente beim Schiebeflug............ 386
    5.34 Kräfte und Momente bei Drehbewegungen 387
    5.35 Kräfte und Momente bei instationären Bewegungen 388

Literatur 389

VI. Der Tragflügel unendlicher Spannweite bei inkompressibler Strömung (Profiltheorie)

6.1 Grundlagen der Theorie des Auftriebes........... 391
    6.11 Satz von KUTTA-JOUKOWSKY 391
    6.12 Entstehung und Größe der Zirkulation............ 392
    6.13 Methoden der Profiltheorie 395

6.2 Profiltheorie nach der Methode der konformen Abbildung . 396
    6.21 Berechnung von Auftrieb und Moment für ein beliebiges Tragflügelprofil 396
        6.211 BLASIUSsche Formeln 396
        6.212 Beweis der KUTTA-JOUKOWSKYschen Formel 399
        6.213 Aerodynamische Beiwerte eines Profils 400
    6.22 Angestellte ebene Platte 403
    6.23 JOUKOWSKY-Profile..................... 403
    6.24 Kreisbogenprofil 405
    6.25 Symmetrisches JOUKOWSKY-Profil 409
    6.26 Schlußbemerkung 414

6.3 Profiltheorie nach der Singularitätenmethode 414
    6.31 Singularitäten 414
    6.32 Sehr dünne Profile (Skelett-Theorie) 416
        6.321 Grundlagen der Skelett-Theorie 416
        6.322 Berechnung der Skelettlinie aus der Zirkulationsverteilung (I. Hauptaufgabe)................... 419
        6.323 Berechnung der aerodynamischen Beiwerte 424
        6.324 Beispiele zur I. Hauptaufgabe der Skelett-Theorie 426
        6.325 Berechnung der Geschwindigkeitsverteilung auf der Skelettlinie (II. Hauptaufgabe)................. 431
    6.33 Symmetrische Profile endlicher Dicke bei symmetrischer Anströmung (Tropfentheorie) 434
        6.331 Grundlagen der Tropfentheorie 434
        6.332 Berechnung der Geschwindigkeitsverteilung auf dem Profiltropfen 436
        6.333 Berechnung des Profiltropfens aus der vorgegebenen Geschwindigkeitsverteilung.................. 440

Inhaltsverzeichnis

                                                                                                         Seite

6.34 Profile endlicher Dicke mit Anstellwinkel 442

    6.341 Berechnung der Geschwindigkeitsverteilung auf der Profilkontur 442

    6.342 Berechnung der aerodynamischen Beiwerte 443

    6.343 Numerische Auswertung der Profiltheorie 446

6.35 Sonderprobleme der Profiltheorie 450

    6.351 Tragflügelprofil in gekrümmter Strömung 450

    6.352 Das Geschwindigkeitsfeld in der Umgebung eines Profils . . 453

6.4 Einfluß der REYNOLDSschen Zahl auf die Profileigenschaften 455

   6.41 Auftrieb 456

   6.42 Widerstand 465

Literatur 468

Namenverzeichnis 471

Sachverzeichnis 474

Zusammenstellung der wichtigsten Formelgrößen

Wegen der Vielzahl der auftretenden Größen war es nicht vermeidbar, daß einige Buchstaben in mehrfacher Bedeutung verwendet werden. So bedeutet z. B. λ in Kap. 4.1 die Rohrwiderstandszahl, in Kap. 4.9 die Wärmeleitzahl und in Kap. 5.1 die Zuspitzung des Flügels.

Im folgenden sind die wichtigsten Bezeichnungen zusammengestellt:

1. Stoffbeiwerte

γ spezifisches Gewicht (Gewicht der Volumeneinheit)
$\varrho = \gamma/g$ Dichte (Masse der Volumeneinheit)
g Schwerebeschleunigung
c_p, c_v spezifische Wärme bei konstantem Druck bzw. konstantem Volumen
$\varkappa = c_p/c_v$ Isentropen-Exponent
$a = \sqrt{\varkappa\, p/\varrho}$ Schallgeschwindigkeit
R Gaskonstante
μ Zähigkeitsbeiwert
$\nu = \mu/\varrho$ kinematische Zähigkeit
λ Wärmeleitzahl
a_1 Temperaturleitfähigkeit
$Pr = \nu/a_1 = \mu\, c_p/\lambda$ PRANDTL-Zahl

2. Strömungsgrößen

p Druck (Normalkraft pro Flächeneinheit)
τ Schubspannung (Tangentialkraft pro Flächeneinheit)
u, v, w Geschwindigkeitskomponenten in rechtwinkligen Koordinaten
w_r, w_φ Geschwindigkeitskomponenten in Polarkoordinaten
$V, U_\infty, w_\infty, u_\infty$ Anströmungsgeschwindigkeit
w_K, W_K Geschwindigkeit auf der Profilkontur
$q = \dfrac{\varrho}{2} V^2$ Staudruck (Geschwindigkeitsdruck)
T absolute Temperatur

$Re = Vl/\nu$ REYNOLDSsche Zahl
$Ma = V/a$ MACHsche Zahl
μ MACHscher Winkel
σ Stoßwinkel
δ Grenzschichtdicke
δ_1 Verdrängungsdicke der Grenzschicht
δ_2 Impulsverlustdicke der Grenzschicht
δ_3 Energieverlustdicke der Grenzschicht
Φ Geschwindigkeitspotential
Ψ Stromfunktion
Γ Zirkulation
$k(x)$ Wirbeldichte
$q(x)$ Quelldichte
λ Rohrwiderstandszahl

3. Geometrische Größen

x, y, z rechtwinklige Koordinaten
$z = x + i\, y$ komplexe Koordinate
r, φ Polarkoordinaten
$D = 2R$ Durchmesser
l Körperlänge, Flügeltiefe
$b = 2s$ Flügelspannweite
F Flügelfläche
$\Lambda = b^2/F$ Seitenverhältnis des Flügels, Streckung
l_i, l_a Flügeltiefe innen bzw. außen
$\lambda = l_a/l_i$ Flügelzuspitzung
φ Pfeilwinkel
ε Verwindungswinkel
ν Winkel der V-Stellung
N_{25} geometrischer Neutralpunkt
d Profildicke
$\delta = d/l$ relatives Dickenverhältnis

f Profilwölbung
x_d Dickenrücklage
x_f Wölbungsrücklage
$z^{(s)}, z^{(t)}$ Skelettlinie bzw. Profiltropfen

4. *Aerodynamische Größen*

α Anstellwinkel
β Schiebewinkel
A Auftrieb
W Widerstand
Y Seitenkraft
L Rollmoment

M Nickmoment
N Giermoment
c_A Auftriebsbeiwert
c_W Widerstandsbeiwert
c_Y Seitenkraftbeiwert
c_L Rollmomentenbeiwert
c_M Nickmomentenbeiwert
c_N Giermomentenbeiwert
$c_p = (p - p_\infty)/q$ Druckbeiwert
Δc_p Beiwert der Lastverteilung
ε Gleitwinkel
c_f Beiwert des Reibungswiderstand

Bemerkung:

Es wird das technische Maßsystem verwendet mit den Einheiten kp für Kraft, m für die Länge und s für die Zeit.

Teil A

Grundlagen aus der Strömungsmechanik

I. Einführung und physikalische Eigenschaften der Atmosphäre

1.1 Aufgaben der Flugzeug-Aerodynamik

Das Flugzeug bewegt sich in der irdischen Atmosphäre. Der Bewegungszustand des Flugzeuges wird bestimmt durch sein *Gewicht*, den vom Triebwerk erzeugten *Schub* sowie durch die *Luftkräfte*, welche bei der Bewegung an den Teilen des Flugzeuges entstehen. Für jeden Flugzustand mit gleichförmiger Geschwindigkeit muß die resultierende Kraft aus Gewicht und Schub im Gleichgewicht sein mit der resultierenden Luftkraft. Für den besonders einfachen Flugzustand des Horizontalfluges sind die am Flugzeug angreifenden Kräfte in Abb. 1.1 dargestellt. In diesem Fall kommt die soeben erwähnte Gleichgewichtsbedingung darauf hinaus, daß für die vertikale Richtung das Gewicht gleich dem Auftrieb ($G = A$) und für die horizontale Richtung der Schub gleich dem Widerstand ist ($S = W$). Dabei sind Auftrieb A und Widerstand W die Komponenten der resultierenden Luftkraft R_1 senkrecht bzw. parallel zur Fluggeschwindigkeit w. Bei ungleichförmiger Bewegung des Flugzeuges kommen zu diesen Kräften noch die Trägheitskräfte hinzu.

In dem vorliegenden Werk „Aerodynamik des Flugzeuges" wollen wir uns ausschließlich mit den *Luftkräften* beschäftigen, welche bei der Bewegung des Flugzeuges an seinen Teilen und damit am ganzen Flugzeug entstehen. Die wichtigsten Teile des Flugzeuges, welche zu den Luftkräften beitragen, sind Tragflügel, Rumpf, Leitwerk und Triebwerk. Die Luftkräfte hängen in recht komplizierter Weise von der geometrischen Gestalt dieser Flugzeugteile und von der Fluggeschwindigkeit sowie von einigen physikalischen Eigenschaften der Luft (z. B. Dichte und Zähigkeit) ab. Aufgabe der *Aerodynamik des Flugzeuges* ist es, über diese Zusammenhänge Angaben zu machen. Dabei treten die folgenden beiden Aufgabenstellungen auf:

1. Ermittlung der Luftkräfte bei vorgegebener Form des Flugzeuges und

2. Bestimmung der Form der Flugzeugteile für erstrebte Strömungszustände (Entwurfsaufgabe).

2   I. Einführung und physikalische Eigenschaften der Atmosphäre

Die Ermittlung der Bewegungen des Flugzeuges bei gegebenen Luftkräften sowie bei bekanntem Gewicht des Flugzeuges und gegebenem Schub des Triebwerkes ist das Aufgabengebiet der *Flugmechanik*. Hierzu gehören sowohl die Fragen der Flugleistungen als auch die der Flugeigenschaften, wie Steuerung und Stabilität des Flugzeuges. Die Flugmechanik gehört nicht zum Aufgabengebiet dieses Werkes. Auch das

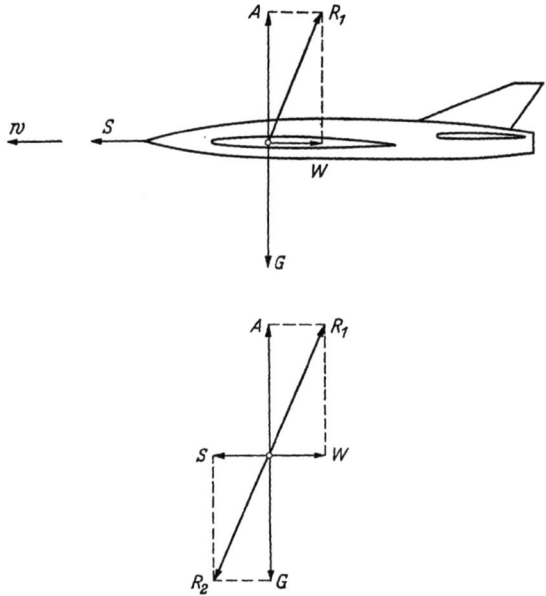

Abb. 1.1. Kräfte am Flugzeug im Horizontalflug
A Auftrieb R_1 resultierende Luftkraft
W Widerstand   (Resultierende aus *A* und *W*)
G Gewicht R_2 Resultierende aus *G* und *S*
S Schub

Gebiet der *Aeroelastizität*, d. i. das Zusammenwirken der Luftkräfte mit den elastischen Kräften bei einer Deformation der Flugzeugteile, soll unberücksichtigt bleiben.

Die hier zu behandelnde Lehre von den Luftkräften des Flugzeuges bildet die Grundlage sowohl für die Flugmechanik als auch für viele Fragen des Entwurfs und der Konstruktion des Flugzeuges.

Das Studium der Aerodynamik des Flugzeuges erfordert sehr gründliche Kenntnisse in der Strömungslehre. Um zu einem guten Verständnis der z. T. recht schwierigen Fragen der *speziellen Flugzeugaerodynamik* zu gelangen, wollen wir zunächst einen Abriß der *allgemeinen Strömungslehre* vorausschicken. Im folgenden sollen deshalb im Teil A (Kap. II bis IV) die Grundlagen der Strömungsmechanik entwickelt werden unter Betonung derjenigen Prinzipien, die für die flugtechnische Aerodynamik von besonderer Bedeutung sind. Des weiteren ist Teil B

(Kap. V bis VIII) der Aerodynamik des Tragflügels gewidmet, während Teil C (Kap. IX bis XII) den Rumpf sowie die Leitwerke und andere Steuerorgane behandelt.

1.2 Physikalische Eigenschaften der Luft

1.21 Allgemeines

Für die Strömungsmechanik sind einige physikalische Eigenschaften des strömenden Mediums von Wichtigkeit, wie z. B. Dichte, Temperatur, Kompressibilität und Zähigkeit. Im Hinblick auf die Flugtechnik ist dabei insbesondere auch die Änderung dieser Eigenschaften mit der Höhe in der Atmosphäre von Bedeutung. Diese physikalischen Eigenschaften der irdischen Atmosphäre haben unmittelbar einen Einfluß auf die *Flugzeugaerodynamik* und dadurch mittelbar auch auf die *Flugmechanik*.

Im folgenden soll das strömende Medium durchweg als ein Kontinuum angesehen werden. In diesem Falle sind für die Strömungsgesetze die Dichte, Temperatur, Kompressibilität und Zähigkeit des strömenden Mediums von besonderer Bedeutung.[1]

Die *Dichte* ϱ ist definiert als die Masse der Volumeneinheit. Sie hängt mit dem spezifischen Gewicht γ (= Gewicht der Volumeneinheit) zusammen durch $\varrho = \gamma/g$, wobei g die Schwerebeschleunigung bedeutet. Im technischen Maßsystem hat das spezifische Gewicht γ die Dimension [kp/m³] und die Dichte ϱ die Dimension [kp s²/m⁴]. Die Dichte hängt sowohl von der Temperatur als auch vom Druck ab.

Unter der *Kompressibilität* verstehen wir das Maß der Zusammendrückbarkeit des Mediums unter der Wirkung äußerer Druckkräfte. Für Gase ist die Kompressibilität sehr viel größer als für Flüssigkeiten. Für Strömungsvorgänge hat die Kompressibilität dann eine Bedeutung, wenn die mit der Strömung verbundenen Druckänderungen eine merkliche Volumenänderung hervorbringen. Da für Flüssigkeiten die Kompressibilität sehr gering ist, können die Strömungsvorgänge von Flüssigkeiten meistens als inkompressibel angesehen werden, während bei Gasen für große Strömungsgeschwindigkeiten die Kompressibilität

---

[1] Im vorliegenden Werk wird durchweg das technische Maßsystem verwendet mit den drei Grundeinheiten kp für die Kraft, m für die Länge und s für die Zeit. Die Masseneinheit kg des internationalen Maßsystems hat im technischen Maßsystem die Dimension kp s²/m, und es gilt

$$1\,\text{kg} = \frac{1}{9{,}81}\frac{\text{kp s}^2}{\text{m}} = 0{,}102\,\frac{\text{kp s}^2}{\text{m}}.$$

berücksichtigt werden muß. Bei *mäßigen Geschwindigkeiten* dagegen können auch die *Gase* mit guter Näherung als *inkompressibel* angesehen werden.

Die *Zähigkeit* hängt zusammen mit den Reibungskräften eines strömenden Mediums, d. h. mit den zwischen den Volumenelementen übertragenen Tangentialkräften. Der Zähigkeitsbeiwert ändert sich sowohl bei Flüssigkeiten als auch bei Gasen ziemlich stark mit der Temperatur. Für viele technische Anwendungen können zur Vereinfachung der Strömungsgesetze die Zähigkeitskräfte häufig vernachlässigt werden (reibungslose Strömung).

Damit haben wir für die Strömungsmechanik folgenden Sachverhalt: Bei mäßigen Geschwindigkeiten, d. h. solange man das strömende Medium als inkompressibel ansehen kann, sind für Flüssigkeiten und Gase die Strömungsgesetze gleich. Man nennt diesen Teil der Strömungslehre „*Hydromechanik*" (Kap. II). Dabei können viele Aufgaben (z. B. die Theorie des Auftriebes von Tragflügeln) unter Zugrundelegung eines reibungslosen, inkompressiblen strömenden Mediums behandelt werden (Kap. II, VI, VII). Bei anderen Fragen (z. B. beim Widerstand umströmter Körper) muß dagegen die Zähigkeit berücksichtigt werden (Grenzschichttheorie, Kap. IV). Die starke Erhöhung der Fluggeschwindigkeit in den letzten Jahrzehnten hat für die Flugzeugaerodynamik auf Probleme geführt, bei denen die Kompressibilität der Luft und z. T. auch gleichzeitig die Zähigkeit berücksichtigt werden muß. Dies tritt ein, wenn die Fluggeschwindigkeit vergleichbar ist mit der Schallgeschwindigkeit. Man nennt diesen Teil der Strömungslehre die „*Gasdynamik*"; ihre Grundlagen werden in Kap. III und ihre Anwendungen auf das Flugzeug, insbesondere auf den Tragflügel, in Kap. VIII behandelt.

Im folgenden sollen jetzt für die Dichte, die Kompressibilität und die Zähigkeit einige quantitative Angaben gemacht werden. Im Hinblick auf die Strömungsvorgänge am Flugzeug wollen wir uns dabei im wesentlichen auf Luft beschränken, jedoch auch einige wenige Angaben für Wasser beifügen. Darüber hinaus soll über die Abhängigkeit der physikalischen Eigenschaften der Luft von der Höhe in der irdischen Atmosphäre berichtet werden.

1.22 Dichte, Druck und Temperatur

Die Dichte eines Gases ist abhängig von Druck und Temperatur. Der Zusammenhang zwischen Dichte ϱ, Druck p und absoluter Temperatur T wird durch die thermodynamische Zustandsgleichung für ideale Gase

$$p = \varrho\, RT \tag{1.1}$$

gegeben, wobei R die Gaskonstante bedeutet. Für Luft ist die Gaskonstante

$$R = 29{,}27 \ \frac{\text{kp m}}{\text{kg grd}} \quad \text{(Luft)}. \tag{1.2}$$

Von den verschiedenen Zustandsänderungen eines Gases sind besonders wichtig die *isotherme* und die *isentrope* Zustandsänderung. Bei der isothermen Zustandsänderung ist die Temperatur konstant, $T = \text{const}$. In diesem Fall ist nach Gl. (1.1) der Zusammenhang zwischen Druck und Dichte:

$$\frac{p}{\varrho} = \text{const.} \tag{1.3}$$

Es ist also die Dichte proportional zum Druck. Bei der isentropen (adiabatisch-reversiblen) Zustandsänderung tritt kein Wärmeaustausch mit der Umgebung ein, und es bleibt die durch Reibung erzeugte Wärme unberücksichtigt. In diesem Fall ist der Zusammenhang zwischen Druck und Dichte gegeben durch

$$\frac{p}{\varrho^\varkappa} = \text{const.} \tag{1.4}$$

Dabei ist $\varkappa$ der Isentropen-Exponent mit

$$\varkappa = \frac{c_p}{c_v}, \tag{1.5}$$

wobei c_p und c_v die spezifischen Wärmen bei konstantem Druck bzw. konstantem Volumen bedeuten. Für Luft ist

$$\varkappa = 1{,}405. \tag{1.5a}$$

Eine adiabatische Zustandsänderung (ohne Wärmeaustausch mit der Umgebung) liegt mit sehr guter Näherung bei sehr schnell verlaufenden Zustandsänderungen vor, weil hierbei der Wärmeaustausch mit der Umgebung, der vergleichsweise langsam verläuft, nicht zur Auswirkung kommen kann. Strömungsvorgänge bei großen Geschwindigkeiten können im allgemeinen in diesem Sinn als schnelle Zustandsänderungen gelten. Verlaufen solche Strömungen stetig, so gilt die isentrope Zustandsänderung nach Gl. (1.4).

Unstetige Strömungsvorgänge (z. B. mit Verdichtungsstoß) verlaufen nichtisentrop (anisentrop), gehorchen also nicht der Gl. (1.4). Näheres hierüber wird in Kap. III ausgeführt.

1.23 Kompressibilität

Dichteänderung. Ein Maß für die Kompressibilität einer Flüssigkeit oder eines Gases ist der sog. Volumen-Elastizitätsmodul E, welcher durch die Gleichung

$$\Delta p = -E \frac{\Delta V}{V} \tag{1.6}$$

definiert ist. Dabei bedeutet $\Delta V/V$ die relative Volumenänderung, welche durch eine Druckerhöhung Δp hervorgerufen wird. Für Flüssigkeiten ist die Kompressibilität außerordentlich gering. So ist z. B. für Wasser $E = 20\,000$ kp/cm², d. h., es wird durch eine Druckerhöhung von einer Atmosphäre, $\Delta p = 1$ kp/cm², eine relative Volumenänderung von $\Delta V/V = 1/20\,000 = 0{,}05\,^0/_{00}$ hervorgerufen. Ähnliches gilt für alle anderen Flüssigkeiten. Wegen dieser sehr geringen Kompressibilität können die Flüssigkeiten für Strömungsvorgänge meist als inkompressibel angesehen werden. Demgegenüber ist die Kompressibilität der Gase durchweg wesentlich größer. Nach der isothermen Zustandsgleichung des idealen Gases, vgl. Gl. (1.3), gilt für die durch eine Druckänderung Δp hervorgerufene Volumenänderung ΔV die Beziehung $(p+\Delta p)(V+\Delta V) = p V$ und somit:

$$\Delta p = -p\,\frac{\Delta V}{V}. \qquad (1.7)$$

Durch Vergleich mit Gl. (1.6) erkennt man, daß für ein Gas der Elastizitätsmodul gleich dem Druck im Ausgangszustand ist. Für Luft im Normalzustand (Druck gleich eine Atmosphäre, Temperatur gleich 0 °C) ist somit $E = 1$ kp/cm². Luft ist im Normalzustand also 20000mal so stark kompressibel wie Wasser.

Ob nun für Strömungen von Luft die Kompressibilität berücksichtigt werden muß, hängt davon ab, ob die durch den Strömungsvorgang hervorgerufenen Druckänderungen merkliche Volumenänderungen hervorbringen. Statt der Volumenänderung ΔV können wir auch die Dichteänderung $\Delta \varrho$ abschätzen. Wegen der Erhaltung der Masse gilt $(V + \Delta V)(\varrho + \Delta \varrho) = V \varrho$ und somit $\Delta \varrho/\varrho = -\Delta V/V$, so daß man Gl. (1.7) in der Form schreiben kann:

$$\Delta p = E\,\frac{\Delta \varrho}{\varrho}. \qquad (1.8)$$

Eine Strömung kann mit guter Näherung als inkompressibel behandelt werden, solange die relative Dichteänderung sehr klein bleibt, $\Delta \varrho/\varrho \ll 1$. Nun ist die mit einer Strömung verbundene Druckänderung Δp, wie man aus der BERNOULLIschen Gleichung für inkompressible Strömung $p + \varrho w^2/2 = $ const ($w = $ Strömungsgeschwindigkeit) weiß, von der Größenordnung $q = (\varrho/2)\,w^2$. Damit erhält man aus Gl. (1.8) für die relative Dichteänderung die Abschätzung:

$$\frac{\Delta \varrho}{\varrho} = \frac{\Delta p}{E} \approx \frac{q}{E} = \frac{\varrho}{2}\,\frac{w^2}{E}. \qquad (1.9)$$

Falls also die durch die Strömung verursachte relative Dichteänderung $\Delta \varrho/\varrho \ll 1$ sein soll, so kommt dies nach Gl. (1.9) darauf hinaus, daß $q/E \ll 1$ sein muß. Wir haben somit das Ergebnis, daß die Strömungen von Gasen mit guter Näherung als inkompressibel behandelt

1.2 Physikalische Eigenschaften der Luft

werden können, wenn der Staudruck (= Geschwindigkeitsdruck) q sehr klein ist im Vergleich mit dem Elastizitätsmodul.

Wir können dieses Ergebnis auch noch etwas anschaulicher ausdrücken, wenn wir die Schallgeschwindigkeit a des Gases einführen. Nach der LAPLACEschen Formel für die Schallgeschwindigkeit[1] ist

$$a^2 = \frac{E}{\varrho} = \frac{dp}{d\varrho}, \qquad (1.10)$$

wobei $p = p(\varrho)$ die Zustandsgleichung des Gases bedeutet. Damit kann man die Bedingung $\Delta\varrho/\varrho \ll 1$ nach Gl. (1.9) auch in der Form schreiben:

$$\frac{\Delta\varrho}{\varrho} \approx \frac{1}{2}\left(\frac{w}{a}\right)^2 \ll 1.$$

Man nennt das hier auftretende Verhältnis von Strömungsgeschwindigkeit w zu Schallgeschwindigkeit a die *Machsche Zahl*

$$Ma = \frac{w}{a}. \qquad (1.11)$$

Die Kompressibilität des Gases kann somit auch bei Strömungen von Gasen vernachlässigt werden, falls

$$\tfrac{1}{2} Ma^2 \ll 1 \quad \text{(näherungsweise inkompressibel)}, \qquad (1.12)$$

d. h., falls die MACHsche Zahl klein bleibt gegen Eins, oder mit anderen Worten, falls die Strömungsgeschwindigkeit klein ist gegen die Schallgeschwindigkeit. Die durch die Strömung verursachte relative Dichteänderung ist nach Gl. (1.9) und (1.10) näherungsweise

$$\frac{\Delta\varrho}{\varrho} \approx \frac{1}{2} Ma^2. \qquad (1.13)$$

Somit ist für die MACH-Zahl $Ma = 0{,}3$ die relative Dichteänderung $\Delta\varrho/\varrho \approx 0{,}05$, also 5%. Bis zu dieser MACH-Zahl kann man im allgemeinen die Strömungen mit guter Näherung als inkompressibel betrachten. Den Zahlenwert der Schallgeschwindigkeit erhält man, wenn man in die LAPLACEsche Formel Gl. (1.10) die isentrope Zustandsgleichung Gl. (1.4) einführt. Wegen $dp/d\varrho = \varkappa\, p/\varrho$ ergibt sich

$$a = \sqrt{\varkappa \frac{p}{\varrho}} = \sqrt{\varkappa RT}, \qquad (1.14)$$

wenn man noch für p/ϱ den Wert nach der Zustandsgleichung des idealen Gases, Gl. (1.1), einführt. Wir haben also die einfache Beziehung, daß die Schallgeschwindigkeit der Wurzel aus der absoluten Temperatur proportional ist.

Für *Luft* ergibt sich in Bodennähe mit $T_0 = 288\,°K$, mit $\varkappa = 1{,}405$ und mit dem Zahlenwert der Gaskonstanten R nach Gl. (1.2) für die Schallgeschwindigkeit:

$$a_0 = 340\,\text{m/s}.$$

---

[1] Diese Formel wird hergeleitet in Kap. III, vgl. Gl. (3.5).

I. Einführung und physikalische Eigenschaften der Atmosphäre

Temperaturerhöhung. Es ist ein besonderes Merkmal aller kompressiblen Strömungen, daß die Strömungsvorgänge durchweg mit thermodynamischen Vorgängen gekoppelt sind. Die in der Strömung auftretenden Druckänderungen sind im allgemeinen mit Temperaturänderungen verbunden, die aus der Zustandsgleichung (1.1) ermittelt werden können. Wir wollen an dieser Stelle eine einfache Abschätzung der in einer kompressiblen Strömung entstehenden örtlichen Temperaturunterschiede geben.

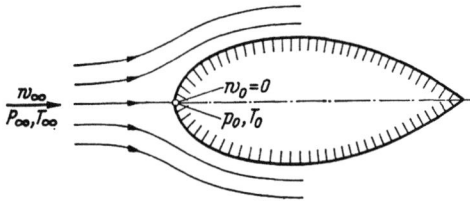

Abb. 1.2. Zur Berechnung der Temperaturerhöhung durch Kompression

Es möge die Umgebung des vorderen Staupunktes eines umströmten Körpers nach Abb. 1.2 betrachtet werden. In der ungestörten Strömung mit der Geschwindigkeit w_∞ sei der Druck p_∞, die Dichte ϱ_∞ und die Temperatur T_∞. Im Staupunkt ist die Geschwindigkeit $w_0 = 0$, und ferner p_0, ϱ_0, T_0. Auf der zum Staupunkt führenden Stromlinie findet eine Druckerhöhung $\Delta p = p_0 - p_\infty$ statt, die eine Temperaturerhöhung $\Delta T = T_0 - T_\infty$ verursacht. Die Enthalpie des Gases beträgt pro Masseneinheit:

$$i = c_p T \quad [\text{kpm/kg}]. \quad (1.15)$$

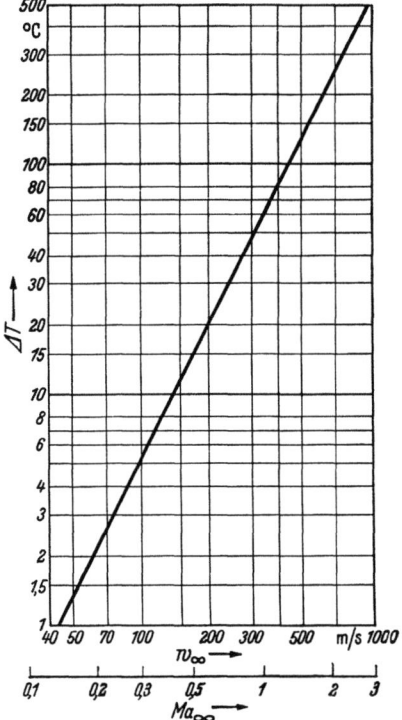

Abb. 1.3. Temperaturerhöhung ΔT der Luft durch Kompression im Staupunkt abhängig von der Strömungsgeschwindigkeit w_∞ und von der MACH-Zahl Ma_∞ (Bodenwerte)

Die Erwärmung des Gases durch Kompression läßt sich aus einer Energiebetrachtung ermitteln (vgl. Kap. 3.13).

Für den zum Staupunkt führenden Stromfaden ergibt sich beim Aufstau eine Erwärmung ΔT gemäß

$$\frac{w_\infty^2}{2} = c_p \Delta T. \quad (1.16)$$

1.2 Physikalische Eigenschaften der Luft

Hieraus erhält man für die Temperaturerhöhung:

$$\Delta T = \frac{w_\infty^2}{2 c_p}. \qquad (1.17)$$

Für Luft mit einer spezifischen Wärme von $c_p = 0{,}24$ kcal/kg grd ergibt sich hieraus bei einer Strömungsgeschwindigkeit von $w_\infty = 100$ m/s eine Temperaturerhöhung im Staupunkt[1]

$$\Delta T = \frac{100^2}{2 \cdot 0{,}24 \cdot 9{,}81 \cdot 427} \approx 5 \text{ grd,}$$

während sie bei $w_\infty = 1000$ m/s rund 500 grd beträgt.

Wie sich später (Kap. 3.23) noch ergeben wird, gibt Gl. (1.17) den exakten Wert für die Temperaturerhöhung durch adiabatische Kompression. Diese wächst also mit dem Quadrat der Geschwindigkeit an und erreicht deshalb im Bereich der Überschallgeschwindigkeit sehr erhebliche Beträge, wie aus Abb. 1.3 zu entnehmen ist.

Besonders bemerkenswert ist, daß eine Temperaturerhöhung vom Betrag der Gl. (1.17) aber nicht nur im Staupunkt und seiner nächsten Umgebung auftritt, sondern näherungsweise überall längs einer angeströmten Wand. In einer dünnen, wandnahen Schicht (Reibungsschicht oder Grenzschicht, vgl. Kap. IV) wird nach Abb. 1.4 die kinetische Energie des strömenden Gases durch die Wirkung der Zähigkeit in Wärme umgewandelt. Dies hat eine Aufheizung der Wand um den Betrag $\Delta T = T_w - T_\infty$ zur Folge, der näherungsweise ebenfalls durch eine Beziehung wie Gl. (1.17) dargestellt wird. Näheres über solche Temperaturgrenzschichten wird in Kap. 4.9 berichtet werden. Man kann somit abschließend feststellen, daß bei der Umströmung eines Körpers mit großer Geschwindigkeit sich längs der ganzen Körperoberfläche ein „Wärmepolster" ausbildet. Dabei kommt in der nächsten Umgebung des Staupunktes die Erwärmung durch die Kompression und an den übrigen Teilen der Wand durch die Reibung zustande.

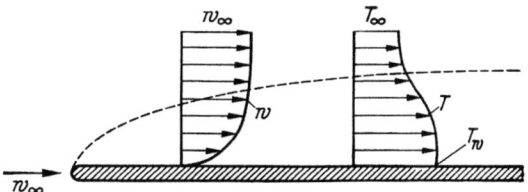

Abb. 1.4. Aufheizung einer beströmten Wand durch die Reibungswärme; Strömungsgrenzschicht w und Temperaturgrenzschicht T

---

[1] Man beachte: Die auf die Masseneinheit bezogene spezifische Wärme ist mit dem Faktor g/A zu multiplizieren, wobei

$$A = \frac{1}{427} \frac{\text{kcal}}{\text{kpm}}$$

das mechanische Wärmeäquivalent bedeutet.

1.24 Zähigkeit

Bei den Strömungen einer reibungslosen Flüssigkeit treten zwischen den sich berührenden Schichten keine Tangentialkräfte (Schubspannungen), sondern nur Normalkräfte (Drücke) auf. Die Theorie der reibungslosen, inkompressiblen Strömungen ist mathematisch sehr weit entwickelt worden und liefert in vielen Fällen auch eine befriedigende Beschreibung der wirklichen Strömungen, wie z. B. bei der Wellenbewegung von Flüssigkeit oder bei der Berechnung des Auftriebs eines Tragflügels bei mäßigen Fluggeschwindigkeiten. Dagegen versagt diese Theorie völlig bei dem Problem der Berechnung des Widerstandes eines Körpers. Sie liefert hier die Aussage, daß ein Körper, der sich gleichförmig durch eine unendlich ausgedehnte Flüssigkeit bewegt, keinen Widerstand erfährt (D'ALEMBERT-sches Paradoxon). Dieses unannehmbare Ergebnis der Theorie der reibungslosen Flüssigkeit ist darauf zurückzuführen, daß in den wirklichen Flüssigkeiten sowohl zwischen den Schichten im Innern als auch zwischen der Flüssigkeit und der beströmten Wand außer den Normalkräften auch Tangentialkräfte übertragen werden. Diese *Tangential- oder Reibungskräfte* der wirklichen Flüssigkeiten hängen mit einer Eigenschaft zusammen, die man als die *Zähigkeit* des strömenden Mediums bezeichnet.

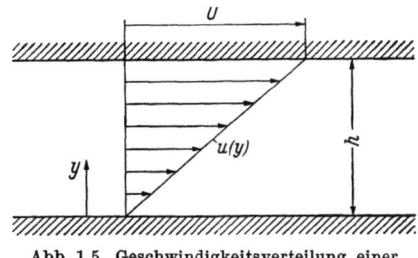

Abb. 1.5. Geschwindigkeitsverteilung einer zähen Flüssigkeit zwischen zwei parallelen ebenen Wänden (Scherströmung)

Das Wesen der Zähigkeit eines strömenden Mediums kann man sich am einfachsten durch den folgenden Versuch klarmachen:

Wir betrachten die Strömung zwischen zwei sehr langen, parallelen ebenen Platten, von denen die eine in Ruhe ist, während die andere mit der konstanten Geschwindigkeit U in ihrer eigenen Ebene bewegt wird (Abb. 1.5). Der Raum zwischen den beiden Platten sei mit dem strömenden Medium gefüllt. Der Plattenabstand sei h, und der Druck sei in dem ganzen Raum konstant. Aus dem Versuch erhält man die Aussage, daß das strömende Medium an den beiden Platten haftet, so daß an der unteren Platte die Geschwindigkeit des strömenden Mediums gleich Null ist, während sie an der oberen Platte mit der Plattengeschwindigkeit U übereinstimmt (*Haftbedingung*). Ferner herrscht zwischen den Platten eine lineare Geschwindigkeitsverteilung. Somit ist die Strömungsgeschwindigkeit dem Abstand y von der unteren Platte proportional, und es gilt:

$$u(y) = \frac{y}{h} U. \qquad (1.18)$$

Um diesen Bewegungszustand aufrechtzuerhalten, muß an der oberen Platte eine Tangentialkraft in der Bewegungsrichtung angreifen, die den Reibungskräften der Flüssigkeit das Gleichgewicht hält. Nach den Versuchsergebnissen ist diese Kraft (genommen pro Einheit der Plattenfläche) proportional zur Geschwindigkeit U der oberen Platte und umgekehrt proportional dem Plattenabstand h. Die Reibungskraft pro Flächeneinheit (Reibungsschubspannung) τ ist somit proportional U/h, wofür nach Gl. (1.18) auch der Geschwindigkeitsgradient du/dy gesetzt werden kann. Der Proportionalitätsfaktor zwischen τ und du/dy, der mit μ bezeichnet wird, hängt von der Natur des strömenden Mediums ab. Er ist klein für alle Gase und für die sog. ,,leichtflüssigen'' tropfbaren Flüssigkeiten wie Wasser und Alkohol, dagegen groß für die sog. ,,sehr zähen'' Flüssigkeiten wie Öl und Glyzerin. Wir haben somit das Elementargesetz der Flüssigkeitsreibung in der Form:

$$\tau = \mu \frac{du}{dy}. \tag{1.19}$$

Die Größe μ heißt das Zähigkeitsmaß oder die *dynamische Zähigkeit* der Flüssigkeit oder des Gases. Sie ist eine vom Druck fast unabhängige aber von der Temperatur stark abhängige Materialkonstante. Das durch Gl. (1.19) gegebene Reibungsgesetz heißt das *Newtonsche Reibungsgesetz*. Die Gl. (1.19) kann als Definitionsgleichung für den Zähigkeitsbeiwert μ aufgefaßt werden. Die physikalische Dimension des Zähigkeitsbeiwertes kann aus Gl. (1.19) sofort abgelesen werden. Die Schubspannung hat die Dimension [kp/m²] und der Geschwindigkeitsgradient du/dy die Dimension [1/s]. Somit hat man für die Dimension des Zähigkeitsbeiwertes:

$$\mu = \left[\frac{\text{kp s}}{\text{m}^2}\right].$$

Bei allen Strömungen, bei denen die Reibungskräfte mit den Trägheitskräften zusammenwirken, spielt der Quotient aus der Zähigkeit μ und der Dichte ϱ eine wichtige Rolle, der als *kinematische Zähigkeit* ν bezeichnet wird:

$$\nu = \frac{\mu}{\varrho}. \tag{1.20}$$

Die kinematische Zähigkeit ν hat die Dimension [m²/s].

Man bezeichnet die Flüssigkeiten, welche dem NEWTONschen Schubspannungsgesetz Gl. (1.19) gehorchen, als *Newtonsche Flüssigkeiten*. Es gibt jedoch zahlreiche Medien mit einem anderen Schubspannungsgesetz; sie heißen *Nicht-Newtonsche Flüssigkeiten*.

Zahlenwerte. Sowohl für Flüssigkeiten als auch für Gase ist die dynamische Zähigkeit μ nahezu unabhängig vom Druck. Sie nimmt bei Flüssigkeiten mit steigender Temperatur stark ab, während sie bei Gasen zunimmt. Einige Zahlenwerte für die Dichte ϱ, die dynamische

I. Einführung und physikalische Eigenschaften der Atmosphäre

Zähigkeit μ und die kinematische Zähigkeit ν von Wasser und Luft in Abhängigkeit von der Temperatur bei konstantem Druck sind in Tab. 1.1 angegeben.

Tabelle 1.1. *Dichte ϱ, dynamische Zähigkeit μ und kinematische Zähigkeit ν von Wasser und Luft in Abhängigkeit von der Temperatur t bei konstantem Druck $p = 760\ mm\ Hg$*

Temperatur t	Wasser				Luft			
	Dichte ϱ	Zähigkeit $\mu \cdot 10^6$		kinemat. Zähigkeit $\nu \cdot 10^6$	Dichte ϱ	Zähigkeit $\mu \cdot 10^6$		kinemat. Zähigkeit $\nu \cdot 10^6$
[°C]	[kg/m³]	[kps²/m⁴]	[kg/ms]	[kps/m²]	[m²/s]	[kg/m³]	[kps²/m⁴]	[kg/ms]	[kps/m²]	[m²/s]
−20	—	—	—	—	—	1,39	0,142	15,6	1,59	11,3
−10	—	—	—	—	—	1,34	0,137	16,2	1,65	12,1
0	999,3	101,9	1795	183	1,80	1,29	0,132	16,8	1,71	13,0
10	999,3	101,9	1304	133	1,30	1,25	0,127	17,4	1,77	13,9
20	997,3	101,7	1010	103	1,01	1,21	0,123	17,9	1,83	14,9
40	991,5	101,1	655	66,8	0,661	1,12	0,114	19,1	1,95	17,0
60	982,6	100,2	474	48,3	0,482	1,06	0,108	20,3	2,07	19,2
80	971,8	99,1	357	36,4	0,368	0,99	0,101	21,5	2,19	21,7
100	959,1	97,8	283	28,9	0,296	0,94	0,096	22,9	2,33	24,5

1.3 Ähnlichkeitsgesetze

Sowohl für die Theorie der Strömungen als auch für das ausgedehnte Versuchswesen der Strömungsmechanik spielt die Frage der mechanischen Ähnlichkeit zweier Strömungen eine wichtige Rolle. Es handelt sich dabei um die Frage, unter welchen Bedingungen die Strömungen irgendwelcher Flüssigkeiten oder Gase mit verschiedenen physikalischen Eigenschaften um zwei geometrisch ähnliche Körper zueinander geometrisch ähnlich sind, d. h., wann sie einen geometrisch ähnlichen Verlauf der Stromlinien haben. Wir nennen solche Strömungen mit geometrisch ähnlicher Begrenzung und geometrisch ähnlichen Stromlinienbildern *mechanisch ähnliche Strömungen*. Nur für mechanisch ähnliche Strömungen kann man aus der Kenntnis der Strömung um den ersten Körper, die theoretisch oder experimentell erhalten sein möge, Rückschlüsse ziehen auf die Strömung um den zweiten geometrisch ähnlichen Körper. Damit die Strömungen um zwei geometrisch ähnliche Körper (z. B. zwei Kugeln) bei verschiedenem strömendem Medium, verschiedener Geschwindigkeit und verschiedener Größe der Körper mechanisch ähnlich sind, muß offenbar die Bedingung erfüllt sein, daß in allen ähnlich gelegenen Punkten die auf ein Volumenelement wirkenden Kräfte in gleichem Verhältnis zueinander stehen. Für die Aerodynamik des Flugzeuges spielt die Schwerkraft keine besondere Rolle; sie soll deshalb bei den Ähnlichkeitsbetrachtungen unberücksichtigt bleiben.

1.31 Machsches Ähnlichkeitsgesetz

Wir betrachten zunächst den Fall einer *kompressiblen, reibungslosen Strömung*. In diesem Fall wirken auf das Volumenelement außer der Trägheitskraft nur die elastischen Kräfte, wenn wir ein homogenes Medium zugrunde legen. Damit die Strömungen mechanisch ähnlich sind, muß in diesem Fall offenbar die durch die elastischen Kräfte verursachte relative Volumenänderung beider Strömungen gleich sein. Dies führt nach Gl. (1.13) zu der Forderung, daß für beide Strömungen die MACHsche Zahl als das Verhältnis von Strömungsgeschwindigkeit zu Schallgeschwindigkeit gleich sein muß. Dies ist das *Machsche Ähnlichkeitsgesetz*. Die MACHsche Zahl

$$Ma = w/a$$

ist somit eine erste wichtige dimensionslose Kennzahl für Strömungsvorgänge. Da die Kompressibilitätseffekte, wie oben ausgeführt, erst für MACH-Zahlen $Ma > 0{,}3$ merklich werden, braucht das MACHsche Ähnlichkeitsgesetz offenbar erst oberhalb dieser Grenze berücksichtigt zu werden. Die Strömungsgesetze einer inkompressiblen Flüssigkeit können wir hiernach auch auffassen als diejenigen für sehr kleine MACH-Zahlen, als den Grenzfall $Ma \to 0$.

1.32 Reynoldssches Ähnlichkeitsgesetz

Weiterhin betrachten wir jetzt den Fall einer *inkompressiblen, reibungsbehafteten Strömung*. In diesem Fall wirken am Volumenelement nur Trägheits- und Reibungskräfte.

Diese beiden Kräfte hängen von folgenden physikalischen Größen ab: Anströmungsgeschwindigkeit w, charakteristische Körpergröße l, Dichte ϱ und dynamische Zähigkeit μ des strömenden Mediums. Wir stellen jetzt die Frage: Gibt es eine Kombination aus diesen vier Größen in der Form

$$w^\alpha\, l^\beta\, \varrho^\gamma\, \mu^\delta,$$

welche dimensionslos ist? Bedeutet K das Symbol der Kraft, L das Symbol der Länge und T das der Zeit, so erhalten wir also eine dimensionslose Kombination, wenn

$$w^\alpha\, l^\beta\, \varrho^\gamma\, \mu^\delta = K^0\, L^0\, T^0$$

ist. Ohne Beschränkung der Allgemeinheit kann man eine der vier Zahlen $\alpha, \beta, \gamma, \delta$ gleich 1 wählen, da jede beliebige Potenz der dimensionslosen Größe auch wieder eine dimensionslose Zahl ist. Wählen wir $\alpha = 1$, so ergibt sich

$$w\, l^\beta\, \varrho^\gamma\, \mu^\delta = \frac{L}{T}\, L^\beta \left(\frac{KT^2}{L^4}\right)^\gamma \left(\frac{KT}{L^2}\right)^\delta = K^0\, L^0\, T^0.$$

Durch Gleichsetzen der Exponenten von L, T, K links und rechts erhält man die Gleichungen:

$$K: \quad \gamma + \delta = 0;$$
$$L: \quad 1 + \beta - 4\gamma - 2\delta = 0;$$
$$T: \quad -1 + 2\gamma + \delta = 0.$$

Die Auflösung ergibt:

$$\beta = 1; \quad \gamma = 1; \quad \delta = -1.$$

Hiernach ist also die einzig mögliche dimensionslose Kombination von w, l, ϱ, μ der Quotient

$$Re = \frac{\varrho\, w\, l}{\mu} = \frac{w\, l}{\nu}. \tag{1.21}$$

Diese dimensionslose Zahl heißt die *Reynoldssche Zahl*. Sie stellt das Verhältnis von Trägheitskraft zu Reibungskraft dar. Dabei ist $\mu/\varrho = \nu$ als kinematische Zähigkeit nach Gl. (1.20) eingeführt worden.

Dieses Gesetz wurde von OSBORNE REYNOLDS im Jahre 1883 bei der Untersuchung der Strömung in Rohren gefunden und heißt nach ihm das *Reynoldssche Ähnlichkeitsgesetz*.

Einige praktisch besonders wichtige Flüssigkeiten und Gase, wie z. B. Wasser und Luft, haben einen sehr kleinen Zähigkeitsbeiwert ν, vgl. Tab. 1.1. Bei einigermaßen großen Geschwindigkeiten und Körperabmessungen, wie sie bei den meisten technischen Anwendungen, insbesondere in der Flugtechnik, vorliegen, ist für solche „Flüssigkeiten kleiner Reibung" die REYNOLDS-Zahl sehr groß. Dies bedeutet physikalisch, daß in solchen Fällen die Reibungskräfte sehr viel kleiner sind als die Trägheitskräfte. Der reibungslosen Strömung ($\nu \to 0$) entspricht der Grenzfall $Re \to \infty$. Die Gesetze der Strömungen mit kleiner Reibung stimmen in vielen Fällen recht gut mit denen der reibungslosen Strömung überein. Andererseits darf jedoch in vielen Fällen selbst eine sehr kleine Zähigkeit in der Theorie nicht vernachlässigt werden (Grenzschichttheorie).

Für eine reibungsbehaftete, kompressible Strömung erfordert die mechanische Ähnlichkeit die gleichzeitige Erfüllung des MACHschen und des REYNOLDSschen Ähnlichkeitsgesetzes, was bei experimentellen Untersuchungen sehr schwierig zu verwirklichen ist.

Das MACHsche Ähnlichkeitsgesetz und das REYNOLDSsche Ähnlichkeitsgesetz beherrschen maßgeblich die ganze theoretische und experimentelle Strömungsmechanik und insbesondere auch die Strömungsgesetze der Flugtechnik.

In den nachfolgenden Kapiteln über die Grundlagen der Strömungslehre werden wir zunächst die Gesetze der reibungslosen, inkompressiblen Strömung behandeln (Kap. II). Dieses entspricht dem Grenzfall $Ma \to 0$ und gleichzeitig $Re \to \infty$. Danach behandeln wir die kompressiblen, reibungslosen Strömungen (Kap. III), also den Einfluß der Kompressibilität (MACH-Zahl-Einfluß), wobei noch der Einfluß der Zähigkeit vernachlässigt wird, $Re \to \infty$. Anschließend folgen die inkompressiblen, reibungsbehafteten Strömungen (Kap. IV), d. i. der Einfluß der Zähigkeit (REYNOLDS-Zahl-Einfluß) bei $Ma \to 0$. Der allgemeine Fall eines strömenden Mediums, das gleichzeitig kompressibel und reibungsbehaftet ist, bei dem also sowohl die MACH-Zahl Ma als auch die REYNOLDS-Zahl Re maßgeblich ist, ist so schwierig, daß die Theorie hierfür bisher nur wenige Ergebnisse geliefert hat. Wir werden diesen Fall in Kap. IV mit erörtern.

Die Flugzeug-Aerodynamik ist in der glücklichen Lage, für viele Probleme, insbesondere die des Auftriebs, die inkompressible, reibungslose Strömung zugrunde legen zu können, deren Gesetze sehr viel einfacher sind als diejenigen der kompressiblen und reibungsbehafteten Strömungen. Aus diesem Grunde erscheint es berechtigt, der Theorie der inkompressiblen, reibungslosen Strömung in dem vorliegenden Buch über Flugzeug-Aerodynamik einen verhältnismäßig breiten Raum zu widmen. Hinzu kommt aber noch, daß die Einflüsse der Kompressibilität (MACHsche Zahl) und der Zähigkeit (REYNOLDSsche Zahl) auf die Strömungsvorgänge in vielen Fällen nur dann verständlich sind, wenn man zuvor die entsprechende Aufgabe für die inkompressible, reibungslose Strömung gelöst hat.

1.4 Physikalische Eigenschaften der Atmosphäre

Für die Flugtechnik ist die Änderung von Luftdruck, Luftdichte sowie auch der Zähigkeit mit der Höhe z in der ruhenden Atmosphäre wichtig. Diese Größen sind abhängig von der vertikalen Temperaturverteilung $T(z)$ in der Atmosphäre. In den unteren Luftschichten (bis etwa 10 km) nimmt die Temperatur nach oben ab, wobei der Temperaturgradient dT/dz je nach den Witterungsbedingungen etwa $-0,5$ bis -1 grd auf 100 m beträgt. In größeren Höhen ändert sich der Temperaturgradient stark mit der Höhe, wobei positive und negative Werte vorkommen. Die nachstehenden Angaben über die Atmosphäre gelten bis zur Grenze der Homosphäre, die bei etwa 90 km Höhe liegt. In dieser Höhe ist die Schwerebeschleunigung bereits merklich kleiner als am Boden.

Die Druckabnahme für eine vertikale Höhe dz ist nach der hydrostatischen Grundgleichung

$$dp = -\gamma\, dz = -\varrho\, g\, dz. \tag{1.22}$$

16   I. Einführung und physikalische Eigenschaften der Atmosphäre

Dabei gilt für die Abnahme der Schwerebeschleunigung $g(z)$ mit der Höhe z:

$$g(z) = \frac{r_0^2}{(r_0 + z)^2} g_0, \qquad (1.23)$$

wobei $r_0 = 6370$ km den Erdradius und $g_0 = 9{,}807$ m/s² die Normal-Schwerebeschleunigung (in Meereshöhe) bedeutet. Unter Einführung von

$$g\,dz = g_0\,dH \qquad (1.24)$$

erhält man mit Gl. (1.23) durch Integration

$$H = \int_0^z \frac{g(z)}{g_0}\,dz = \frac{z}{1 + \dfrac{z}{r_0}}. \qquad (1.25)$$

Man bezeichnet H als Skalenhöhe.

Für die Homosphäre ($z < 90$ km) ist die Skalenhöhe von der geometrischen Höhe nur unwesentlich verschieden, vgl. Tab. 1.2.

Unter Einführung von Gl. (1.24) in Gl. (1.22) erhält man

$$dp = -\varrho\, g_0\, dH. \qquad (1.26)$$

Die Zustandsgrößen der Atmosphäre können beschrieben werden durch die polytropische Zustandsgleichung

$$\frac{p}{\varrho^n} = \text{const} \qquad (1.27)$$

mit n als Polytropenexponenten ($n < \varkappa$), sowie durch die allgemeine Zustandsgleichung Gl. (1.1):

$$p = \varrho\, RT. \qquad (1.28)$$

Aus Gl. (1.27) und (1.28) erhält man durch Differentiation

$$\frac{dp}{p} = n\,\frac{d\varrho}{\varrho}$$

bzw.

$$\frac{dp}{p} = \frac{d\varrho}{\varrho} + \frac{dT}{T}.$$

Durch Elimination von $d\varrho/\varrho$ aus diesen beiden Gleichungen ergibt sich:

$$\frac{dp}{p} = \frac{n}{n-1}\,\frac{dT}{T}. \qquad (1.29)$$

Ferner findet man aus Gl. (1.26) und (1.28):

$$\frac{dp}{p} = -\frac{g_0}{RT}\,dH. \qquad (1.30)$$

Aus Gl. (1.29) und (1.30) folgt schließlich:

$$\frac{dT}{dH} = -\frac{n-1}{n}\,\frac{g_0}{R}. \qquad (1.31)$$

1.4 Physikalische Eigenschaften der Atmosphäre

Hieraus ersieht man, daß zu jedem Polytropenexponenten n ein bestimmter Temperaturgradient dT/dH gehört. Es möge hier vermerkt werden, daß die Gaskonstante R in der Homosphäre bis zu einer Höhe von $H \approx 90$ km als konstant angesehen werden kann.[1] Aus Gl. (1.31) ergibt sich durch Integration:

$$T = T_b - \frac{n-1}{n} \frac{g_0}{R} (H - H_b). \tag{1.32}$$

Hierbei ist angenommen, daß der Polytropenexponent und damit der Temperaturgradient schichtweise konstant sind. Der Index b bedeutet dabei die Werte an der unteren Grenze der Schicht. In Tab. 1.2 sind die nach der US Standard Atmosphäre [1] festgelegten Werte von H_b, z_b, T_b sowie dT/dH und n angegeben.

Tabelle 1.2. *Bezugswerte an den Schichtgrenzen der Atmosphäre nach* [1]. H_b, z_b, T_b *Werte an der unteren Grenze der Schichthöhe.* dT/dH, n *Werte in den Schichten*

H_b [km]	z_b [km]	T_b [°K]	p_b [kp/m²]	ϱ_b [kg/m³]	dT/dH [grd/km]	n [—]
0	0	288,15	10332	1,225	−6,5	1,235
11	11,019	216,65	2308	3,639 · 10⁻¹	0	1
20	20,063	216,65	558,2	8,803 · 10⁻²	+1	0,9716
32	32,162	228,65	88,51	1,322 · 10⁻²	+2,8	0,9242
47	47,350	270,65	11,31	1,427 · 10⁻³	0	1
52	52,429	270,65	6,016	7,594 · 10⁻⁴	−2	1,062
61	61,591	252,65	1,857	2,511 · 10⁻⁴	−4	1,133
79	79,994	180,65	0,1058	2,001 · 10⁻⁵	0	1
88,743	90	180,65	0,01676	3,170 · 10⁻⁶		

Die Druckverteilung über die Höhe der Atmosphäre ergibt sich durch Integration aus Gl. (1.30) unter Berücksichtigung von Gl. (1.32) zu:

$$\int_{p_b}^{p} \frac{dp}{p} = -\frac{g_0}{R} \int_{T_b}^{T} \frac{dH}{T} = -\frac{g_0}{R} \int_{H_b}^{H} \frac{dH}{T_b - \frac{n-1}{n} \frac{g_0}{R}(H - H_b)}.$$

---

[1] Der Temperaturgradient dT/dH bestimmt die Stabilität der Schichtung in der ruhenden Atmosphäre. Die Schichtung ist um so stabiler, je geringer die Temperaturabnahme mit der Höhe ist. Für $dT/dH = 0$ mit $n = 1$ nach Gl. (1.31) hat man die isotherme Atmosphäre mit sehr stabiler Schichtung. Der Fall $n = \varkappa = 1{,}405$ ist die adiabatische (isentrope) Schichtung mit $dT/dH = -0{,}98$ grd/100 m. Diese Schichtung ist indifferent, weil eine Luftmenge, die um eine bestimmte Höhe gehoben wird, sich dabei infolge der Expansion gerade so viel abkühlt, wie es der Temperaturabnahme mit der Höhe entspricht. Das Luftvolumen hat also gerade die Temperatur seiner neuen Umgebung und ist damit in jeder Höhe im indifferenten Gleichgewicht. Negative Temperaturgradienten, deren Betrag größer als 0,98 grd/100 m ist, bedeuten instabile Schichtung.

I. Einführung und physikalische Eigenschaften der Atmosphäre

Die Ausführung der Integration liefert für die Druckverteilung:

$$\frac{p}{p_b} = \left[1 - \frac{n-1}{n} \frac{g_0}{RT_b}(H - H_b)\right]^{\frac{n}{n-1}}. \quad (1.33)$$

Für den Sonderfall $n = 1$ (isotherme Atmosphäre) ergibt sich hieraus:

$$\frac{p}{p_b} = \exp\left[-\frac{g_0}{RT_b}(H - H_b)\right]. \quad (1.33\text{a})$$

Diese Beziehung ist in der älteren Literatur als barometrische Höhenformel bekannt.

Tabelle 1.3. *Luftdruck p, Luftdichte ϱ, Temperatur T, Schallgeschwindigkeit a und kinematische Zähigkeit ν in Abhängigkeit von der Höhe z für die US Standard Atmosphäre* [1]

z [km]	T/T_0	p/p_0	ϱ/ϱ_0	a/a_0	ν/ν_0
0	1,0	1,0	1,0	1,0	1,0
2	0,9549	$7{,}846 \cdot 10^{-1}$	$8{,}217 \cdot 10^{-1}$	0,9772	1,174
4	0,9097	$6{,}085 \cdot 10^{-1}$	$6{,}688 \cdot 10^{-1}$	0,9538	1,388
6	0,8647	$4{,}660 \cdot 10^{-1}$	$5{,}389 \cdot 10^{-1}$	0,9299	1,654
8	0,8197	$3{,}518 \cdot 10^{-1}$	$4{,}292 \cdot 10^{-1}$	0,9054	1,988
10	0,7747	$2{,}615 \cdot 10^{-1}$	$3{,}376 \cdot 10^{-1}$	0,8802	2,413
11,019	0,7519	$2{,}234 \cdot 10^{-1}$	$2{,}971 \cdot 10^{-1}$	0,8671	2,674
12	0,7519	$1{,}915 \cdot 10^{-1}$	$2{,}546 \cdot 10^{-1}$	0,8671	3,120
14	0,7519	$1{,}399 \cdot 10^{-1}$	$1{,}860 \cdot 10^{-1}$	0,8671	4,271
16	0,7519	$1{,}022 \cdot 10^{-1}$	$1{,}359 \cdot 10^{-1}$	0,8671	5,846
18	0,7519	$7{,}466 \cdot 10^{-2}$	$9{,}930 \cdot 10^{-2}$	0,8671	8,000
20	0,7519	$5{,}457 \cdot 10^{-2}$	$7{,}258 \cdot 10^{-2}$	0,8671	$1{,}095 \cdot 10^1$
20,063	0,7519	$5{,}403 \cdot 10^{-2}$	$7{,}186 \cdot 10^{-2}$	0,8671	$1{,}106 \cdot 10^1$
25	0,7689	$2{,}516 \cdot 10^{-2}$	$3{,}272 \cdot 10^{-2}$	0,8769	$2{,}474 \cdot 10^1$
30	0,7861	$1{,}181 \cdot 10^{-2}$	$1{,}503 \cdot 10^{-2}$	0,8866	$5{,}486 \cdot 10^1$
32,162	0,7935	$8{,}567 \cdot 10^{-3}$	$1{,}080 \cdot 10^{-2}$	0,8908	$7{,}696 \cdot 10^1$
35	0,8208	$5{,}671 \cdot 10^{-3}$	$6{,}909 \cdot 10^{-3}$	0,9060	$1{,}236 \cdot 10^2$
40	0,8688	$2{,}834 \cdot 10^{-3}$	$3{,}262 \cdot 10^{-3}$	0,9321	$2{,}743 \cdot 10^2$
45	0,9168	$1{,}472 \cdot 10^{-3}$	$1{,}605 \cdot 10^{-3}$	0,9575	$5{,}819 \cdot 10^2$
47,350	0,9393	$1{,}095 \cdot 10^{-3}$	$1{,}165 \cdot 10^{-3}$	0,9692	$8{,}170 \cdot 10^2$
50	0,9393	$7{,}874 \cdot 10^{-4}$	$8{,}383 \cdot 10^{-4}$	0,9692	$1{,}136 \cdot 10^3$
52,429	0,9393	$5{,}823 \cdot 10^{-4}$	$6{,}199 \cdot 10^{-4}$	0,9692	$1{,}536 \cdot 10^3$
55	0,9218	$4{,}219 \cdot 10^{-4}$	$4{,}578 \cdot 10^{-4}$	0,9601	$2{,}049 \cdot 10^3$
60	0,8876	$2{,}217 \cdot 10^{-4}$	$2{,}497 \cdot 10^{-4}$	0,9421	$3{,}645 \cdot 10^3$
61,591	0,8768	$1{,}797 \cdot 10^{-4}$	$2{,}050 \cdot 10^{-4}$	0,9364	$4{,}397 \cdot 10^3$
65	0,8305	$1{,}130 \cdot 10^{-4}$	$1{,}360 \cdot 10^{-4}$	0,9113	$6{,}340 \cdot 10^3$
70	0,7625	$5{,}448 \cdot 10^{-5}$	$7{,}146 \cdot 10^{-5}$	0,8732	$1{,}125 \cdot 10^4$
75	0,6946	$2{,}458 \cdot 10^{-5}$	$3{,}538 \cdot 10^{-5}$	0,8334	$2{,}100 \cdot 10^4$
79,994	0,6269	$1{,}024 \cdot 10^{-5}$	$1{,}634 \cdot 10^{-5}$	0,7918	$4{,}161 \cdot 10^4$
80	0,6269	$1{,}023 \cdot 10^{-5}$	$1{,}632 \cdot 10^{-5}$	0,7918	$4{,}166 \cdot 10^4$
85	0,6269	$4{,}071 \cdot 10^{-6}$	$6{,}494 \cdot 10^{-6}$	0,7918	$1{,}047 \cdot 10^5$
90	0,6269	$1{,}622 \cdot 10^{-6}$	$2{,}588 \cdot 10^{-6}$	0,7918	$2{,}627 \cdot 10^5$

1.4 Physikalische Eigenschaften der Atmosphäre

Schließlich findet man die Dichteverteilung in einfacher Weise aus der Polytropengleichung (1.27) zu:

$$\frac{\varrho}{\varrho_b} = \left(\frac{p}{p_b}\right)^{1/n}. \tag{1.34}$$

Die Bezugswerte an der Schichtgrenze p_b und ϱ_b sind in Tab. 1.2 mit angegeben. Für die unterste Schicht, welche von Meereshöhe bis $H = 11$ km reicht, ist in Gl. (1.33) und (1.33a) $H_b = H_0 = 0$ zu setzen. Die übrigen Bodenwerte (Index 0) einschließlich derjenigen für die Schallgeschwindigkeit und die kinematische Zähigkeit sind nach [1]:

$g_0 = 9{,}8067$ m/s², $\qquad T_0 = 288{,}15$ °K,

$p_0 = 10\,332$ kp/m², $\qquad t_0 = 15$ °C,

$\varrho_0 = 1{,}2250$ kg/m³, $\qquad a_0 = 340{,}29$ m/s,

$\varrho_0 = 0{,}1249$ kp s²/m⁴, $\qquad \nu_0 = 1{,}4607 \cdot 10^{-5}$ m²/s,

$(dT/dH)_0 = -6{,}5$ grd/km.

Das Ergebnis der numerischen Auswertung von Gl. (1.33) für die Druckverteilung und Gl. (1.34) für die Dichteverteilung ist in Tab. 1.3 angegeben, wobei auch noch die Werte der Schallgeschwindigkeit a und der kinematischen Zähigkeit ν hinzugefügt sind. Ausführlichere und genauere Zahlenangaben findet man in dem umfangreichen Tabellenwerk [1].

Schließlich ist in Abb. 1.6 eine graphische Darstellung der Verteilung des Druckes, der Dichte, der Temperatur sowie der Schallgeschwindigkeit und der kinematischen Zähigkeit über der Höhe angegeben. Während Druck und Dichte mit der Höhe stark abnehmen, nimmt die kinematische Zähigkeit stark zu.

Um die in der Aerodynamik des Flugzeuges vorkommenden MACH-Zahlen und REYNOLDS-Zahlen bequem zu übersehen, sind die Diagramme von Abb. 1.7 und Abb. 1.8 berechnet worden, welche diese beiden dimensionslosen Kennzahlen in Abhängigkeit von der Fluggeschwindigkeit und der Flughöhe bis $z = 20$ km darstellen. Nach Abb. 1.7 nimmt bei konstanter Fluggeschwindigkeit die MACH-Zahl mit wachsender Höhe zu, weil die Schallgeschwindigkeit mit der Höhe abnimmt, wie in Tab. 1.3 angegeben wurde. In 10 km Höhe beträgt die Schallgeschwindigkeit nur noch 300 m/s. Zur gleichen Fluggeschwindigkeit w gehört somit in 10 km Höhe eine um rund 10% höhere MACHsche Zahl als in Bodennähe, was für die Beurteilung der aerodynamischen Eigenschaften eines Flugzeuges bei Fluggeschwindigkeiten nahe der Schallgeschwindigkeit wichtig ist.

Die Abb. 1.8 für die REYNOLDS-Zahl ist für die Bezugslänge $l = 1$ m angefertigt worden. Unter l ist die Rumpflänge oder Flügeltiefe oder

20   I. Einführung und physikalische Eigenschaften der Atmosphäre

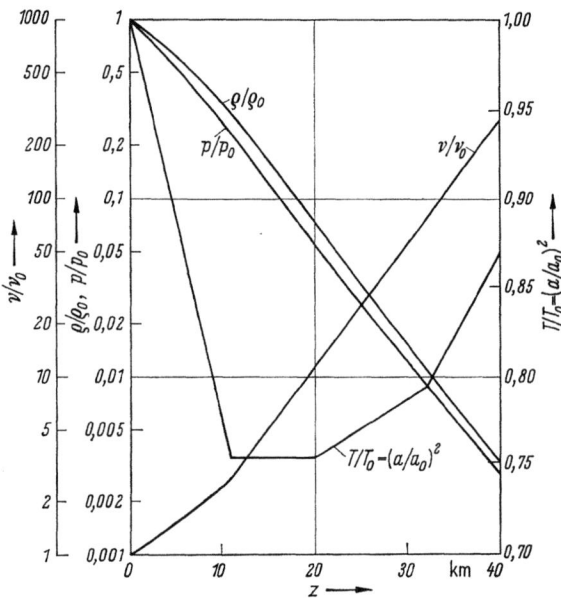

Abb. 1.6. Luftdruck p, Luftdichte ϱ, Temperatur T, Schallgeschwindigkeit a und kinematische Zähigkeit ν in Abhängigkeit von der Höhe z für die US Standard Atmosphäre [1].

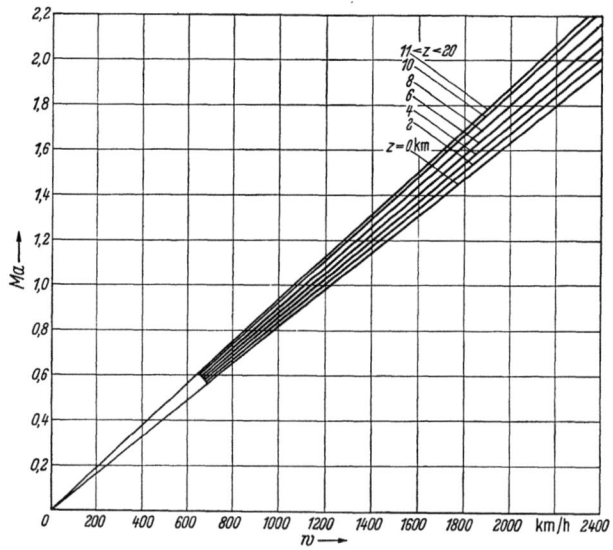

Abb. 1.7. Die MACH-Zahl Ma in Abhängigkeit von der Fluggeschwindigkeit w und der Flughöhe z

Leitwerkstiefe zu verstehen. Die abgelesenen Re-Zahlen sind deshalb mit dem Faktor zu multiplizieren, welcher dem Wert der Bezugslänge l in m entspricht. Weil die kinematische Zähigkeit ν mit wachsender Höhe erheblich zunimmt, vgl. Tab. 1.3, nimmt die Re-Zahl bei konstanter Fluggeschwindigkeit mit wachsender Höhe stark ab, was besonders für den Widerstand des Flugzeuges von Bedeutung ist.

Literatur

[1] US Standard Atmosphere 1962, NASA, US Air Force, US Weather Bureau.

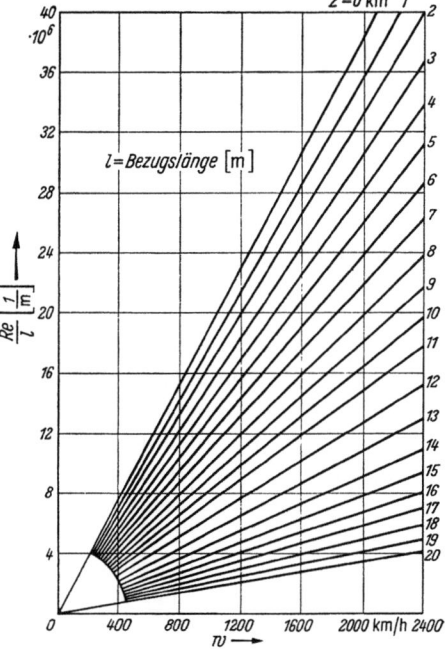

Abb. 1.8. Die REYNOLDSsche Zahl Re in Abhängigkeit von der Fluggeschwindigkeit w und der Flughöhe z

II. Inkompressible reibungslose Strömungen (Hydrodynamik)

2.1 Kinematik der Strömungen

Die Betrachtungen des vorigen Kapitels über die physikalischen Eigenschaften Zähigkeit und Kompressibilität der Flüssigkeiten und Gase geben bereits den Hinweis, daß die Bewegungsgesetze sich erheblich vereinfachen, wenn man bezüglich dieser physikalischen Eigenschaften gewisse vereinfachende Annahmen einführt. Die Vernachlässigung der Kompressibilität führt zur inkompressiblen Strömung. Werden darüber hinaus auch noch die Zähigkeitskräfte vernachlässigt, so erhält man die inkompressible, reibungslose Strömung. Die Bewegungsgesetze dieser Strömung sind erheblich einfacher als diejenigen der inkompressiblen, reibungsbehafteten sowie die der kompressiblen Strömung. Um vom Einfachen zum Schwierigeren aufzusteigen, werden wir in den folgenden Kapiteln nacheinander die Strömungsgesetze des inkompressiblen, reibungslosen Mediums behandeln (Kap. II), danach die Strömungen eines kompressiblen, reibungslosen Mediums (Kap. III) sowie schließlich die Strömungen eines reibungsbehafteten, inkompressiblen und kompressiblen Mediums (Kap. IV). Für sämtliche Arten von Strömungen gelten jedoch gewisse allgemeine Gesetze, die im wesentlichen geometrischer Natur sind, und die hier als Kinematik der Strömungen vorweg behandelt werden mögen.

2.11 Darstellungsmethoden, Geschwindigkeit

Um eine Strömung rein geometrisch zu beschreiben, ist eine Verknüpfung der geometrischen Lagebeziehungen mit der Zeit erforderlich. Hierbei sind grundsätzlich zwei Methoden möglich. Bei der ersten Methode, die mit dem Namen von LAGRANGE verbunden ist, geht man von der Frage aus: Was geschieht mit den einzelnen Flüssigkeitsteilchen im Verlaufe der Zeit, welche Bahnen beschreiben sie, und welche Geschwindigkeiten und Beschleunigungen erfahren sie bei der Bewegung auf ihrer Bahn? Diese sog. *substantielle Betrachtungsweise* nach LAGRANGE, bei der also das Schicksal der einzelnen Flüssigkeitsteilchen verfolgt wird, erweist sich bei der Durchführung als recht umständlich und schwierig. Sie hat deshalb keine praktische Anwendung gefunden.

2.1 Kinematik der Strömungen

Auf die individuelle Behandlung des einzelnen Flüssigkeitsteilchens kann durchweg verzichtet werden, da es sich, wenigstens bei homogenen Flüssigkeiten, durch nichts von den übrigen unterscheidet. In den meisten Fällen genügt es, den Strömungszustand und seine Veränderung mit der Zeit in jedem Raumpunkt zu kennen. Dies ist die *lokale Betrachtungsweise* nach EULER. Bei der EULERschen Methode lautet also die Fragestellung: Was geschieht zu einer bestimmten Zeit t an den einzelnen Raumpunkten $\mathfrak{r}$ des von Flüssigkeit erfüllten Raumes? Die Geschwindigkeitsvektoren $\mathfrak{w}$ in den einzelnen Raumpunkten $\mathfrak{r}$ zu verschiedenen Zeiten t geben das Geschwindigkeitsfeld, welches beschrieben wird durch

$$\mathfrak{w} = f(\mathfrak{r}, t). \qquad (2.1)$$

Eine Bewegung, bei welcher in einem festgehaltenen Raumpunkt eine oder mehrere Geschwindigkeitskomponenten von der Zeit abhängig sind, heißt *instationär*. Oft liegt der Fall vor, daß in jedem Raumpunkt die Geschwindigkeit zeitlich konstant ist, d. h., daß in der Gl. (2.1) die Zeit nicht explizit vorkommt. Diese Gleichung vereinfacht sich dann zu:

$$\mathfrak{w} = f(\mathfrak{r}). \qquad (2.2)$$

Eine solche Bewegung heißt *stationär*.

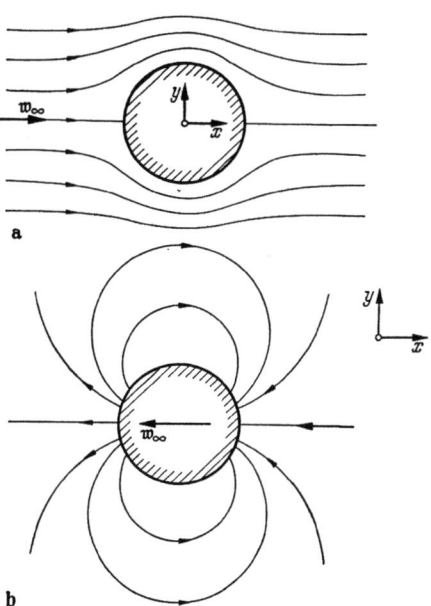

Abb. 2.1. Stationäre und instationäre Strömung um einen Körper

a) Die Strömung ist *stationär* für das *körperfeste* Koordinatensystem, in welchem der Körper mit der Geschwindigkeit w_∞ angeströmt wird

b) Die Strömung ist *instationär* für das *flüssigkeitsfeste* Koordinatensystem, in welchem der Körper mit der Geschwindigkeit w_∞ durch die ruhende Flüssigkeit geschleppt wird

Die Eigenschaft stationär oder instationär ist nicht unbedingt ein physikalisch wesentliches Merkmal einer Strömung. Es kann nämlich unter Umständen die gleiche Strömung stationär oder instationär sein, je nachdem, von welchem Koordinatensystem aus sie betrachtet wird. Nehmen wir als Beispiel die Strömung um einen Kreiszylinder nach Abb. 2.1. Wird der Kreiszylinder mit der konstanten Geschwindigkeit w_∞ angeströmt, so ist dies, von dem körperfesten Koordinatensystem nach Abb. 2.1a aus betrachtet, ein stationärer Strömungsvorgang, da in diesem Koordinatensystem die Geschwindigkeit in jedem Raumpunkt nach Größe und Richtung konstant ist. Physikalisch der gleiche Strömungsvorgang liegt vor, wenn der Kreiszylinder mit der konstanten Geschwindigkeit w_∞ durch die ruhende Flüssigkeit geschleppt wird. Betrachtet man diesen letzteren Vorgang von einem mit der ruhenden Flüssigkeit verbundenen Koordinatensystem aus, so erhält man eine Bewegung nach Abb. 2.1b. Diese ist offenbar instationär, da in einem festgehaltenen Raumpunkt die Geschwindigkeit sehr klein ist, solange der Körper weit entfernt ist, beim Vorbeiwandern des Körpers aber vorübergehend große Werte annimmt.

Da eine stationäre Bewegung sich einfacher beschreiben läßt als eine instationäre, wird man dort, wo die Möglichkeit dazu besteht, immer das Koordinatensystem so wählen, daß die Bewegung stationär ist.

Nach Einführung der rechtwinkligen Ortskoordinaten durch

$$\mathfrak{r} = \mathfrak{i}\,x + \mathfrak{j}\,y + \mathfrak{k}\,z \tag{2.3}$$

und der rechtwinkligen Geschwindigkeitskomponenten durch

$$\mathfrak{w} = \mathfrak{i}\,u + \mathfrak{j}\,v + \mathfrak{k}\,w \tag{2.4}$$

läßt sich das Geschwindigkeitsfeld nach Gl. (2.1) beschreiben durch die Gleichungen:

$$\left.\begin{array}{l} u = f_1(x,\,y,\,z,\,t),\\ v = f_2(x,\,y,\,z,\,t),\\ w = f_3(x,\,y,\,z,\,t). \end{array}\right\} \tag{2.5}$$

Sind in einer Strömung sämtliche drei Geschwindigkeitskomponenten von Null verschieden, so nennen wir die Bewegung *dreidimensional*. Sind nur zwei Geschwindigkeitskomponenten vorhanden, z. B. u und v, während im ganzen Raum $w \equiv 0$ ist, und sind überdies u und v von der dritten Ortskoordinate z unabhängig, so hat man eine *zweidimensionale* oder *ebene Bewegung*. Sie wird im stationären Fall beschrieben durch die Gleichungen:

$$\left.\begin{array}{l} u = f_1(x,\,y),\\ v = f_2(x,\,y),\\ w \equiv 0. \end{array}\right\} \tag{2.6}$$

Eine solche zweidimensionale Bewegung liegt vor bei einem unendlich langen Zylinder, der wie in Abb. 2.1 senkrecht zu den Erzeugenden angeströmt wird. Auch die Strömung um einen Flugzeugtragflügel, dessen Breite (Spannweite) wesentlich größer ist als seine Tiefe, kann für Schnitte, die weit von den Enden entfernt liegen, näherungsweise als eben angesehen werden.

Eine Strömung heißt *eindimensional*, wenn nur eine Geschwindigkeitskomponente von Null verschieden ist. Diese ist dann auch nur von einer Ortskoordinate abhängig, also

$$u = u(x);\quad v \equiv 0;\quad w \equiv 0. \tag{2.7}$$

Führt man für die Koordinate längs des Stromfadens s und für die Geschwindigkeit w ein, dann wird die eindimensionale instationäre Bewegung durch

$$w = w(s, t) \tag{2.8}$$

beschrieben.

Der Fall nach Gl. (2.7) liegt näherungsweise vor bei einer Rohrströmung mit längs des Rohres veränderlichem Rohrquerschnitt, wenn s dabei die Koordinate längs des Rohres und w die über den Rohrquerschnitt gemittelte Geschwindigkeit bedeutet. Bei genauerer Betrachtung ist aber bei der Rohrströmung die axiale Geschwindigkeitskomponente noch mit der Querkoordinate veränderlich. Auch sind bei nicht konstantem Rohrquerschnitt immer Querkomponenten der Geschwindigkeit vorhanden. Diese eindimensionale Beschreibung einer Strömung, die man auch „Stromfadentheorie" nennt, kann nur als eine erste sehr grobe Näherung gelten. Sie vermag auf viele wichtige Fragen keine hinreichende Antwort zu geben.

2.12 Bahnlinie, Stromlinie und Stromröhre

Die *Stromlinien* sind ein geometrisches Hilfsmittel zur anschaulichen Beschreibung einer Strömung, das wir in Abb. 2.1 schon stillschweigend benutzt haben. In der lokalen EULERschen Betrachtungsweise wird durch das Geschwindigkeitsfeld Gl. (2.1) jedem Raumpunkt die Geschwindigkeit nach Größe und Richtung zugeordnet. Wir definieren als eine Stromlinie zu einem bestimmten Zeitpunkt diejenige Kurve, deren Richtung in jedem Raumpunkt mit der dort vorhandenen Richtung des Geschwindigkeitsvektors übereinstimmt (Abb. 2.2). Die Stromlinien geben somit Aufschluß über die Geschwindigkeitsrichtungen in jedem Raum-

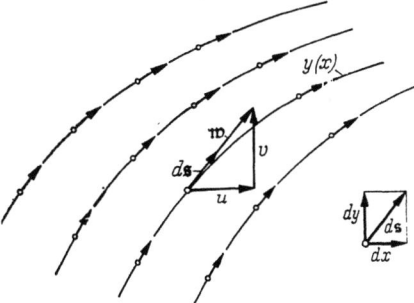

Abb. 2.2. Stromlinienbild einer ebenen Strömung. Die Stromlinien $y(x)$ sind die Integralkurven des Richtungsfeldes des Geschwindigkeitsvektors w

punkt. Bei einer instationären Bewegung ändert sich das System der Stromlinien mit der Zeit, die Stromlinien geben hier gleichsam ein Momentbild des augenblicklichen Strömungszustandes. Man kann die Stromlinien sichtbar machen durch fotografische Momentaufnahmen zugesetzter Schwebeteilchen. Hierbei beschreibt jedes Teilchen einen kurzen oder längeren Strich, je nach seiner Geschwindigkeit. Dies gibt das Richtungsfeld der Stromlinien.

II. Inkompressible reibungslose Strömungen (Hydrodynamik)

Die mathematische Gleichung einer Stromlinie ist in Vektorform, wenn $d\mathfrak{s}$ ein Linienelement der Stromlinie bedeutet,

$$d\mathfrak{s} \parallel \mathfrak{w}. \tag{2.9}$$

In Komponentenform hat man wegen $d\mathfrak{s} = \mathfrak{i}\,dx + \mathfrak{j}\,dy + \mathfrak{k}\,dz$:

$$dx:dy:dz = u:v:w. \tag{2.10}$$

Für eine ebene Strömung nach Abb. 2.2 lautet somit die Differentialgleichung der Stromlinie $y(x)$:

$$\frac{dy}{dx} = \frac{v}{u}. \tag{2.10a}$$

Bei der oben angedeuteten substantiellen Betrachtungsweise einer Flüssigkeitsbewegung nach LAGRANGE, bei welcher das Schicksal eines Flüssigkeitsteilchens verfolgt wird, erhält man Kenntnis von den Kurven, die von dem Flüssigkeitsteilchen durchlaufen werden. Dieses sind die *Bahnlinien*. Sie können sichtbar gemacht werden durch fotografische Aufnahmen von längerer Dauer (Zeitaufnahmen) oder durch Kennzeichnung bestimmter Flüssigkeitsteilchen, z. B. durch Farbbeimischung. Im Falle der stationären Bewegung sind die Stromlinien und Bahnlinien identisch, da in diesem Fall die Stromlinien ihre Lage im Raum beibehalten, und infolgedessen ein Flüssigkeitsteilchen beim Durchmessen einer Bahnlinie somit gleichzeitig eine Stromlinie durchläuft.

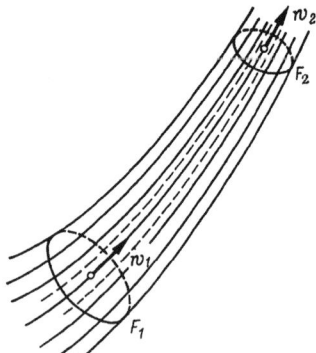

Abb. 2.3. Zur Herleitung der eindimensionalen Kontinuitätsgleichung

Von der Stromlinie gelangt man sofort zum Begriff der *Stromröhre*, wenn man die sämtlichen Stromlinien betrachtet, die durch eine geschlossene Kurve gehen und somit eine röhrenförmige Fläche bilden, die man auch „Stromfläche" nennt, Abb. 2.3. Zur Veranschaulichung einer Strömung darf man sich jede Stromröhre erstarrt denken, d. h. als feste Wand betrachten, ohne daß sich dadurch das Strömungsbild ändert. Durch die Wandung einer solchen Stromröhre fließt definitionsgemäß keine Flüssigkeit hindurch. Es ist deshalb für jede Stromröhre der flüssige Inhalt, d. h. die pro Zeiteinheit hindurchfließende Masse, zeitlich konstant. Dies ist die Kontinuitätsbedingung für die Stromröhre.

2.13 Kontinuitätsgleichung

Die Kontinuitätsgleichung drückt für die strömende Flüssigkeit die Bedingung der Erhaltung der Masse aus. Sie läßt sich besonders einfach formulieren für die *eindimensionale Bewegung* längs einer Stromröhre, bei welcher die Geschwindigkeit w über den Stromröhrenquerschnitt F als konstant angenommen wird. Es ist dann $F\,w$ das an einer Stelle der Stromröhre pro Zeiteinheit durchfließende Volumen und somit $\varrho\,F\,w$ die pro Zeiteinheit durchfließende Masse. Da durch die Wandung der Stromröhre nichts hindurchfließt, muß dieser Massenstrom längs der ganzen Stromröhre konstant sein. Somit lautet die Kontinuitätsgleichung für die eindimensionale Bewegung eines kompressiblen Mediums:

$$\varrho\,F\,w = \text{const.} \tag{2.11}$$

Für die inkompressible Flüssigkeit vereinfacht sie sich wegen der konstanten Dichte, $\varrho = \text{const}$, zu

$$F\,w = \text{const,} \tag{2.12}$$

was mit den Bezeichnungen nach Abb. 2.3 auch in der Form

$$F_1\,w_1 = F_2\,w_2 \tag{2.12a}$$

geschrieben werden kann.

Diese Gleichung gestattet es, aus dem Stromlinienbild sofort eine Aussage über die Geschwindigkeit zu erhalten. Üblicherweise zeichnet man für ebene Strömungen das Stromlinienbild so, daß jede Stromröhre den gleichen Volumenstrom besitzt. Damit ergibt sich aus Gl. (2.12) die Aussage, daß an den engen Stellen der Stromröhre (F klein) die Geschwindigkeit groß ist und umgekehrt. Man hat also für eine inkompressible Strömung die Regel, daß an den Stellen, wo die Stromlinien sich verengen, die Geschwindigkeit in Strömungsrichtung zunimmt und dort, wo sie sich erweitern, die Geschwindigkeit abnimmt.

Für kompressible Strömungen gilt diese Regel nur für Geschwindigkeiten unterhalb der Schallgeschwindigkeit. Für Überschallgeschwindigkeit gilt jedoch, wie hier ohne Beweis vorweggenommen werden möge, das entgegengesetzte Verhalten, nämlich, daß eine Zunahme der Geschwindigkeit in Strömungsrichtung mit einer Erweiterung der Stromröhre verbunden ist. Der Grund hierfür ist die mit der Geschwindigkeitszunahme verbundene Druckerniedrigung, welche eine starke Volumenvergrößerung des Gases zur Folge hat.

Für die allgemeine *dreidimensionale Strömung*, bei welcher man den Verlauf der Stromlinien nicht von vornherein kennt, erhält man die Kontinuitätsgleichung in der Weise, daß man für ein beliebiges Volumenelement die Bedingung der Erhaltung der Masse zum Ausdruck bringt. Wählt man nach Abb. 2.4 ein Parallelepiped mit den Kantenlängen dx, dy, dz, so ist im Falle der kompressiblen Strömung für dieses Volumenelement die durch eine Dichteänderung verursachte Massenänderung pro Zeiteinheit gleich der Summe der ein- und ausfließenden Massen pro Zeiteinheit. Die durch die Dichteänderung verursachte Massenänderung ist $(\partial \varrho/\partial t)\,dx\,dy\,dz$. Die einströmende Masse pro Zeiteinheit

28 II. Inkompressible reibungslose Strömungen (Hydrodynamik)

für die x-Richtung, also durch das links liegende Flächenelement $dy\,dz$, ist vom Betrage $(\varrho\,u)\,dy\,dz$, während die ausfließende Masse durch das Flächenelement $dy\,dz$ auf der rechten Seite $\left[\varrho\,u + \dfrac{\partial(\varrho\,u)}{\partial x}dx\right]dy\,dz$ beträgt. Die Bilanz des Massenflusses für die x-Richtung ist somit $\dfrac{\partial(\varrho\,u)}{\partial x}dx\,dy\,dz$. Mit den analogen Beiträgen für die y- und z-Richtung lautet somit die gesamte Massenbilanz nach Kürzung durch das Volumenelement $dx\,dy\,dz$:

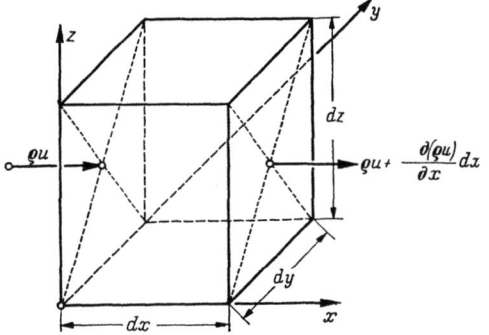

Abb. 2.4. Zur Herleitung der dreidimensionalen Kontinuitätsgleichung

$$\frac{\partial \varrho}{\partial t} + \frac{\partial(\varrho\,u)}{\partial x} + \frac{\partial(\varrho\,v)}{\partial y} + \frac{\partial(\varrho\,w)}{\partial z} = 0. \qquad (2.13)$$

Dies ist die Kontinuitätsgleichung für den allgemeinen Fall einer instationären kompressiblen dreidimensionalen Strömung. Für die stationäre kompressible Strömung vereinfacht sie sich zu:

$$\frac{\partial(\varrho\,u)}{\partial x} + \frac{\partial(\varrho\,v)}{\partial y} + \frac{\partial(\varrho\,w)}{\partial z} = 0, \qquad (2.14)$$

was in Vektorform auch abgekürzt

$$\operatorname{div}(\varrho\,\mathfrak{w}) = 0 \qquad (2.14\mathrm{a})$$

geschrieben werden kann.

Für die inkompressible Strömung vereinfacht sich Gl. (2.13) wegen der konstanten Dichte, $\varrho = \text{const}$, zu:

$$\frac{\partial u}{\partial x} + \frac{\partial v}{\partial y} + \frac{\partial w}{\partial z} = 0 \qquad (2.15)$$

oder in Vektorform:

$$\operatorname{div}\mathfrak{w} = 0. \qquad (2.15\mathrm{a})$$

Diese Gleichungen drücken die Quellenfreiheit des Geschwindigkeitsfeldes aus. Damit ist gemeint, daß sich in der Strömung keine sog. Quellen oder Senken befinden, d. h. Stellen, an denen Flüssigkeit neu entsteht bzw. verschwindet.

2.14 Beschleunigung

Eine weitere kinematische Größe, die besonders bei der Aufstellung der dynamischen Grundgleichung eine wichtige Rolle spielt, ist die Beschleunigung. Sie ist in der Mechanik definiert als die zeitliche Änderung der Geschwindigkeit:

$$\mathfrak{b} = \frac{D\mathfrak{w}}{Dt}. \qquad (2.16)$$

2.1 Kinematik der Strömungen

Für die Strömungsmechanik bedarf der Begriff der Beschleunigung einer besonderen Erörterung. Die Beschleunigung möge zunächst für eine *eindimensionale Strömung* erläutert werden.

Gemäß der NEWTONschen Grundgleichung der Mechanik handelt es sich bei der Berechnung der Beschleunigung darum, die zeitliche Geschwindigkeitsänderung eines bestimmten Massenteilchens zu ermitteln (substantieller Differentialquotient). Diese Beschleunigung besteht offenbar aus zwei Anteilen. Ein erster Anteil kommt dadurch zustande, daß sich in einem Raumpunkt die Geschwindigkeit $w(s, t)$ mit der Zeit ändert, wenn die Bewegung instationär ist. Dieser Anteil heißt die *lokale* Beschleunigung, wir bezeichnen sie mit $\partial w/\partial t$. Ein zweiter Anteil der Beschleunigung wird durch die Ortsänderung des Flüssigkeitsteilchens hervorgerufen, wenn sich die Geschwindigkeit längs der Stromröhre ändert. Dieser Anteil heißt die *konvektive* Beschleunigung und möge mit dw/dt bezeichnet werden. Dieser Beschleunigungsanteil ist auch bei stationärer Bewegung vorhanden, und zwar immer dann, wenn die Stromröhren konvergent oder divergent sind. Die substantielle (gesamte) Beschleunigung eines Flüssigkeitsteilchens ist demnach

$$\frac{Dw}{Dt} = \frac{\partial w}{\partial t} + \frac{dw}{dt}, \quad (2.17)$$

subst. B. = lok. B. + konv. B.

Es ist zweckmäßig, den konvektiven Anteil durch die Geschwindigkeitsänderung mit dem Ort, hier also längs der Stromröhre, auszudrücken. Es ist mit $w = ds/dt$:

$$\frac{dw}{dt} = \frac{\partial w}{\partial s}\frac{ds}{dt} = w\frac{\partial w}{\partial s}. \quad (2.18)$$

Damit wird die substantielle Beschleunigung nach Gl. (2.17):

$$\frac{Dw}{Dt} = \frac{\partial w}{\partial t} + w\frac{\partial w}{\partial s}. \quad (2.19)$$

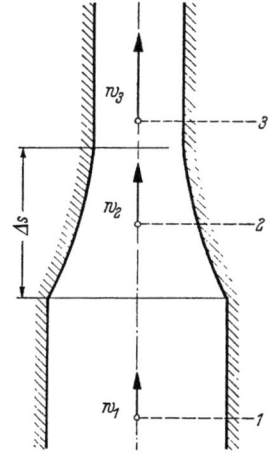

Abb. 2.5. Strömung in einem konvergenten Kanal zur Erläuterung der konvektiven Beschleunigung

Die konvektive Beschleunigung spielt bei den meisten Strömungen eine überragende Rolle. Häufig beträgt sie ein großes Vielfaches der Schwerebeschleunigung, wie das folgende Beispiel lehrt. Wir betrachten die Strömung durch einen Kanal nach Abb. 2.5, der aus zwei parallelwandigen Stücken und einem dazwischengeschalteten konvergenten Teil besteht, welcher so geformt sei, daß entlang der Achse eine lineare Geschwindigkeitszunahme erfolgt. Es sei auf der Abströmseite (*3*) die Kanalbreite halb so groß wie auf der Zuströmseite (*1*), und das Übergangsstück sei $\Delta s = 1$ m lang. Dann ist nach der Kontinuitätsgleichung

$w_3 = 2w_1$, und die Geschwindigkeit an der Stelle (2) in der Mitte des Übergangsstückes ist $w_2 = (w_1 + w_3)/2$. Wir fragen nach der Größe der konvektiven Beschleunigung an der Stelle (2). Für $w_1 = 20$ m/s ergibt sich $w_3 = 40$ m/s und $w_2 = 30$ m/s. Der Geschwindigkeitsgradient im Übergangsstück ist $dw/ds = \Delta w/\Delta s = 20/1 = 20$ s^{-1}. Damit wird die konvektive Beschleunigung an der Stelle (2):

$$w \frac{dw}{ds} = 30 \cdot 20 = 600 \text{ m/s}^2 \approx 60g;$$

sie ist also etwa gleich der 60fachen Schwerebeschleunigung. Im vorliegenden Beispiel kann also die Schwerebeschleunigung gegenüber der konvektiven Beschleunigung mit guter Annäherung vernachlässigt werden. Dies gilt auch für sehr viele andere Fälle.

Der Begriff der Beschleunigung eines Flüssigkeitsteilchens möge nunmehr auch auf die *dreidimensionale Strömung* mit dem Geschwindigkeitsvektor nach Gl. (2.4) übertragen werden:

Die konvektive Beschleunigung, die bei der eindimensionalen Bewegung längs der Stromlinie durch Gl. (2.18) gegeben ist, besteht hier für jede Geschwindigkeitskomponente aus drei Anteilen, da die Änderung der Geschwindigkeit mit den drei Raumkoordinaten x, y, z zu berücksichtigen ist. Man erhält z. B. für die konvektive Beschleunigung in Richtung der x-Achse:

$$\frac{du}{dt} = \frac{\partial u}{\partial x}\frac{dx}{dt} + \frac{\partial u}{\partial y}\frac{dy}{dt} + \frac{\partial u}{\partial z}\frac{dz}{dt} = u\frac{\partial u}{\partial x} + v\frac{\partial u}{\partial y} + w\frac{\partial u}{\partial z}. \quad (2.20)$$

Damit ergibt sich für die substantielle Beschleunigung in Richtung der x-Achse:

$$b_x = \frac{Du}{Dt} = \frac{\partial u}{\partial t} + u\frac{\partial u}{\partial x} + v\frac{\partial u}{\partial y} + w\frac{\partial u}{\partial z}. \quad (2.20\,\text{a})[1]$$

Entsprechende Gleichungen gelten für die Komponenten der substantiellen Beschleunigung in der y- und z-Richtung:

$$b_y = \frac{Dv}{Dt} = \frac{\partial v}{\partial t} + u\frac{\partial v}{\partial x} + v\frac{\partial v}{\partial y} + w\frac{\partial v}{\partial z}, \quad (2.20\,\text{b})$$

$$b_z = \frac{Dw}{Dt} = \frac{\partial w}{\partial t} + u\frac{\partial w}{\partial x} + v\frac{\partial w}{\partial y} + w\frac{\partial w}{\partial z}. \quad (2.20\,\text{c})$$

Diese drei Gleichungen lauten in der Vektorschreibweise:

$$\mathfrak{b} = \frac{D\mathfrak{w}}{Dt} = \frac{\partial \mathfrak{w}}{\partial t} + (\mathfrak{w} \cdot \text{grad})\,\mathfrak{w}. \quad (2.21)$$

---

[1] Für später merken wir an, daß somit für die dreidimensionale Strömung der substantielle Differentialoperator die Bedeutung hat:

$$\frac{D}{Dt} = \frac{\partial}{\partial t} + u\frac{\partial}{\partial x} + v\frac{\partial}{\partial y} + w\frac{\partial}{\partial z}. \quad (2.20^*)$$

2.1 Kinematik der Strömungen

Diese Begriffe werden in Kap. 2.2 und 2.3 bei der Aufstellung der Bewegungsgleichungen benötigt.

2.15 Drehung

Die Gesamtheit der Strömungen läßt sich in zwei Klassen einteilen, die sich sowohl rein kinematisch als auch physikalisch und damit in ihrer mathematischen Behandlung unterscheiden: Es sind dies erstens die Bewegungen *ohne Drehung*, auch Potentialströmungen genannt, und zweitens die Bewegungen *mit Drehung*. Vorweg sei bemerkt,

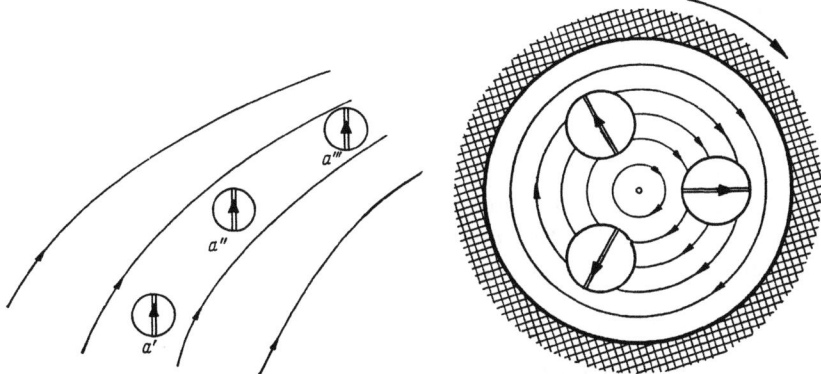

Abb. 2.6. Zum Begriff der Drehung einer Strömung. Die Strömung ist drehungsfrei, falls $a' \| a'' \| a'''$

Abb. 2.7. Strömung *mit* Drehung in einem mit Flüssigkeit gefüllten zylindrischen Gefäß

daß die Bewegungen ohne Drehung im allgemeinen bei reibungsloser Strömung vorhanden sind, dagegen die Bewegungen mit Drehung bei einer reibungsbehafteten Strömung.

Bevor wir auf die mathematische Beschreibung der Drehung näher eingehen, möge sie durch einen einfachen Versuch anschaulich erläutert werden. Ob eine Strömung drehungsfrei ist oder Drehung besitzt, kann man dadurch nachprüfen, daß man auf der freien Oberfläche einen kleinen festen Körper, z. B. ein Korkstückchen, mitschwimmen läßt, auf welchem man eine bestimmte Richtung markiert hat, Abb. 2.6. Bleibt diese markierte Richtung bei der Fortbewegung des Teilchens zu ihrer Ausgangslage dauernd parallel, ist also $a' \| a'' \| a''' \ldots$, so ist die Strömung längs dieser Stromlinie drehungsfrei. Die Strömung in einem zylindrischen Gefäß, in welchem einige Zeit nach Beginn der Bewegung die Flüssigkeit wie ein starrer Körper, d. h. mit konstanter Winkelgeschwindigkeit, mit umläuft, Abb. 2.7, ist nach diesem Kriterium eine Bewegung *mit Drehung*, und zwar ist auf jeder Stromlinie eine Drehung vorhanden. Ein mitschwimmender fester Körper bewegt

II. Inkompressible reibungslose Strömungen (Hydrodynamik)

sich offenbar so, daß eine im Ausgangszustand markierte radiale Richtung dauernd radial bleibt, also nicht zu sich selbst parallel bleibt. Wir wollen nun einen quantitativen Ausdruck für die Drehung angeben, der uns gestattet, bei einem nach Gl. (2.4) vorgegebenen Geschwindigkeitsfeld zu entscheiden, ob in einem bestimmten Punkt eine Drehung vorhanden ist oder nicht. Jedes Flüssigkeitsteilchen erleidet bei der Fortbewegung im allgemeinen eine Deformation in ähnlicher Weise, wie die Volumenelemente eines festen elastischen Körpers, wenn dieser sich unter der Einwirkung von äußeren Kräften verformt. Den Deformationszustand eines beliebigen deformierbaren Körpers, sei er fest, flüssig oder gasförmig, kann man dadurch beschreiben, daß man für jeden Punkt des Kontinuums den Verschiebungsvektor

$$\mathfrak{s} = \mathfrak{i}\,\xi + \mathfrak{j}\,\eta + \mathfrak{k}\,\zeta \tag{2.22}$$

angibt. Dabei seien die Koordinaten eines Körperpunktes vor der Deformation x, y, z, während sie nach der Deformation $x + \xi$, $y + \eta$, $z + \zeta$ betragen. Der Deformationszustand des Körpers ist völlig bestimmt, falls für jeden Raumpunkt des Kontinuums die Komponenten des Verschiebungsvektors gegeben sind:

$$\xi = \xi(x, y, z); \quad \eta = \eta(x, y, z); \quad \zeta = \zeta(x, y, z). \tag{2.23}$$

Es muß deshalb möglich sein, die Drehung durch die Komponenten des Verschiebungsvektors $\mathfrak{s}$ auszudrücken.

Für eine *zweidimensionale* oder ebene Strömung, die parallel zur x, y-Ebene verläuft, sind nur die Komponenten ξ und η des Verschie-

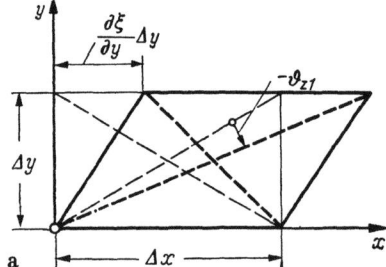
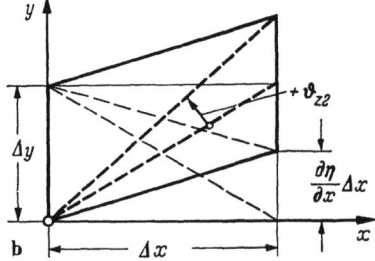

Abb. 2.8. Zur Erläuterung der Drehung eines Flüssigkeitsteilchens bei Deformation
a) Deformation $\xi = \xi(y)$, $\eta = 0$ mit Drehung ϑ_{z1}
b) Deformation $\eta = \eta(x)$, $\xi = 0$ mit Drehung ϑ_{z2}

bungsvektors von Null verschieden, und diese nur abhängig von x und y, also $\xi = \xi(x, y)$ und $\eta = \eta(x, y)$. Die allgemeine ebene Deformation eines kleinen rechteckigen Flächenelementes mit den Kantenlängen Δx und Δy nach Abb. 2.8 erhält man durch Überlagerung der folgenden

2.1 Kinematik der Strömungen

vier Sonderfälle:

1. $\eta = 0$, $\xi = \xi(y)$,
2. $\xi = 0$, $\eta = \eta(x)$,
3. $\eta = 0$, $\xi = \xi(x)$,
4. $\xi = 0$, $\eta = \eta(y)$.

Für den ersten und zweiten Fall ist die sich ergebende Deformation in Abb. 2.8a und Abb. 2.8b dargestellt. Nimmt man als Maß für die Drehung die halbe Summe der Winkeländerungen ϑ_z der beiden Diagonalen, so gilt für diese Fälle:

$$\vartheta_{z1} = -\frac{1}{2}\frac{\partial \xi}{\partial y}; \quad \vartheta_{z2} = +\frac{1}{2}\frac{\partial \eta}{\partial x}.$$

Für die beiden übrigen Fälle ist die Drehung Null, da sich die beiden Diagonalen um den gleichen Betrag in entgegengesetzter Richtung drehen:

$$\vartheta_{z3} = \vartheta_{z4} = 0.$$

Somit hat man als Drehung für die ebene Bewegung, $\vartheta_z = \vartheta_{z1} + \vartheta_{z2} + \vartheta_{z3} + \vartheta_{z4}$:

$$\vartheta_z = \frac{1}{2}\left(\frac{\partial \eta}{\partial x} - \frac{\partial \xi}{\partial y}\right). \tag{2.24}$$

Für die ebene Bewegung ist nur diese z-Komponente der Drehung vorhanden.

Die *dreidimensionale* Bewegung hat auch die Drehkomponenten ϑ_x und ϑ_y um die x- bzw. y-Achse. Diese erhält man aus Gl. (2.24) durch zyklische Vertauschung zu

$$\left.\begin{aligned}\vartheta_x &= \frac{1}{2}\left(\frac{\partial \zeta}{\partial y} - \frac{\partial \eta}{\partial z}\right), \\ \vartheta_y &= \frac{1}{2}\left(\frac{\partial \xi}{\partial z} - \frac{\partial \zeta}{\partial x}\right), \\ \vartheta_z &= \frac{1}{2}\left(\frac{\partial \eta}{\partial x} - \frac{\partial \xi}{\partial y}\right).\end{aligned}\right\} \tag{2.25}$$

Hiermit ist gefunden worden, daß der Drehvektor ϑ dargestellt wird durch die Rotation des Verschiebungsvektors $\mathfrak{s}$ in der Form

$$\vartheta = \mathrm{i}\,\vartheta_x + \mathrm{j}\,\vartheta_y + \mathfrak{k}\,\vartheta_z = \tfrac{1}{2}\,\mathrm{rot}\,\mathfrak{s}. \tag{2.26}$$

Die Verknüpfung des Drehvektors mit dem Geschwindigkeitsfeld $\mathfrak{w}$ ist nun in einfacher Weise dadurch gegeben, daß der Geschwindigkeitsvektor $\mathfrak{w}$ die zeitliche Ableitung des Verschiebungsvektors $\mathfrak{s}$ darstellt:

$$\mathfrak{w} = \frac{d\mathfrak{s}}{dt}. \tag{2.27}$$

34 II. Inkompressible reibungslose Strömungen (Hydrodynamik)

Führt man in analoger Weise zu dem Drehvektor ϑ noch seine zeitliche Ableitung, also den Vektor der Drehwinkelgeschwindigkeit

$$\bar{\omega} = \frac{d\vartheta}{dt} \qquad (2.28)$$

ein, so erhält man durch Differentiation von Gl. (2.26) nach der Zeit:

$$\bar{\omega} = \mathfrak{i}\,\omega_x + \mathfrak{j}\,\omega_y + \mathfrak{k}\,\omega_z = \tfrac{1}{2}\operatorname{rot}\mathfrak{w}. \qquad (2.29)$$

Somit hat man eine einfache Beziehung zwischen dem Vektor der Drehwinkelgeschwindigkeit $\bar{\omega}$ und dem Geschwindigkeitsvektor $\mathfrak{w}$ gefunden. Die Komponentenzerlegung von Gl. (2.29) liefert

$$\left.\begin{array}{l}\omega_x = \dfrac{1}{2}\left(\dfrac{\partial w}{\partial y} - \dfrac{\partial v}{\partial z}\right),\\[4pt]\omega_y = \dfrac{1}{2}\left(\dfrac{\partial u}{\partial z} - \dfrac{\partial w}{\partial x}\right),\\[4pt]\omega_z = \dfrac{1}{2}\left(\dfrac{\partial v}{\partial x} - \dfrac{\partial u}{\partial y}\right).\end{array}\right\} \qquad (2.30)$$

Durch diese Gleichungen kann für ein vorgelegtes Geschwindigkeitsfeld nach Gl. (2.4) der Vektor der Drehwinkelgeschwindigkeit $\bar{\omega}$, den man auch kurz als den Drehvektor der Strömung bezeichnet, ermittelt werden.

Eine dreidimensionale Strömung heißt drehungsfrei, wenn sämtliche drei Komponenten des Drehvektors im ganzen Strömungsraum verschwinden, $\operatorname{rot}\mathfrak{w} = 0$. Für eine ebene Strömung $u = u(x, y), v = v(x, y)$, $w = 0$ sind die Komponenten ω_x und ω_y identisch Null, und es entscheidet die z-Komponente

$$\omega_z = \frac{1}{2}\left(\frac{\partial v}{\partial x} - \frac{\partial u}{\partial y}\right) \qquad (2.31)$$

allein darüber, ob die Strömung drehungsfrei ist. Eine ebene Strömung ist somit drehungsfrei, falls

$$\frac{\partial v}{\partial x} = \frac{\partial u}{\partial y} \qquad (2.32)$$

ist.

Als Beispiel einer drehungsbehafteten Strömung sei die ebene Scherströmung nach Abb. 1.5 angeführt, die bei einer zähen Flüssigkeit zwischen zwei parallelen ebenen Wänden vorhanden ist. Sie hat die Geschwindigkeitsverteilung:

$$u = U\frac{y}{h}; \quad v \equiv 0; \quad w \equiv 0.$$

Aus Gl. (2.31) folgt $\omega_z = -\dfrac{1}{2}\dfrac{U}{h}$. Es handelt sich also um eine Strömung mit Drehung.

2.2 Eindimensionale Strömungen (Stromfadentheorie)

2.21 Eindimensionale Eulersche Bewegungsgleichung

Nachdem in den vorigen Abschnitten einige rein kinematische Grundbegriffe der Strömungen vorausgeschickt worden sind, sollen jetzt die dynamischen Grundgleichungen aufgestellt werden. Dabei möge zunächst eine reibungslose Flüssigkeit zugrunde gelegt werden. Ferner soll in diesem Abschnitt zunächst lediglich die eindimensionale Bewegung (Stromfadentheorie) behandelt werden, bei welcher der Verlauf der Stromlinien und damit auch der Stromröhren bekannt ist. In diesem Fall wird das Geschwindigkeitsfeld durch nur *eine* Geschwindigkeitskomponente längs der Stromröhre beschrieben.

Die an einem Flüssigkeitsvolumen angreifenden Kräfte sind die *Schwerkraft* und die *Druckkraft* als Resultierende der Oberflächenkräfte, welche bei reibungsloser Flüssigkeit sämtlich normal zur Oberfläche des Volumenelementes wirken.

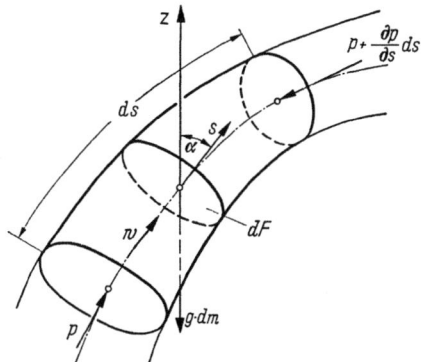

Abb. 2.9. Kräftegleichgewicht am Volumenelement *in* Richtung der Stromröhrenachse

Man erhält die dynamischen Grundgleichungen, wenn man auf ein Flüssigkeitselement das NEWTONsche Grundgesetz anwendet, welches aussagt, daß Masse mal Beschleunigung gleich der Summe der Kräfte ist. Dabei ist die Kräftesumme einmal für die Richtung längs der Stromröhre und zum anderen für die Richtung normal zur Stromröhre zu nehmen.

Für die Aufstellung der Grundgleichung in Richtung der Koordinate s *längs der Stromröhre* denkt man sich zu einem bestimmten Zeitpunkt nach Abb. 2.9 aus der Stromröhre ein Volumenelement der Länge ds mit dem mittleren Querschnitt dF herausgeschnitten. Dieses besitzt das Volumen $dF\,ds$ und die Masse $dm = \varrho\,dF\,ds$. Die Druckkraft ist am unteren Ende des zylindrischen Volumenelementes $p\,dF$ und am oberen Ende $-\left(p + \dfrac{\partial p}{\partial s}ds\right)dF$. Somit ist die resultierende Druckkraft in Richtung von s: $-\dfrac{\partial p}{\partial s}ds\,dF$. Mit g als Schwerebeschleunigung ist die Schwerkraft $g\,dm$ und ihre Komponente in Richtung der Stromröhrenachse $-g\,dm\cos\alpha$, wobei α den Winkel zwischen der Vertikalen und der Stromröhrenachse bedeutet. Ist ferner $w(s,t)$ die von Ort und Zeit abhängige Geschwindigkeit und Dw/Dt die substantielle Beschleunigung,

II. Inkompressible reibungslose Strömungen (Hydrodynamik)

so lautet die NEWTONsche Grundgleichung:

$$dm \frac{Dw}{Dt} = - \frac{\partial p}{\partial s} ds\, dF - g\, dm \cos \alpha$$

und nach Division durch $dm = \varrho\, dF\, ds$:

$$\frac{Dw}{Dt} = - \frac{1}{\varrho} \frac{\partial p}{\partial s} - g \cos \alpha. \tag{2.33}$$

Führt man für Dw/Dt die Gl. (2.19) in die Bewegungsgleichung (2.33) ein, und ersetzt man noch $\cos \alpha$ durch $\partial z/\partial s$, wobei $z(s)$ die hier als bekannt vorausgesetzte Lage der Stromröhre im Raum angibt, so erhält man:

$$\frac{\partial w}{\partial t} + w \frac{\partial w}{\partial s} + \frac{1}{\varrho} \frac{\partial p}{\partial s} + g \frac{\partial z}{\partial s} = 0. \tag{2.34}$$

Dies ist die *eindimensionale instationäre Eulersche Bewegungsgleichung*. Sie gilt für inkompressible und kompressible Strömung. Die Berechnung von Geschwindigkeit und Druck als Funktion des Ortes s und der Zeit t wird dann möglich, wenn man zu dieser Bewegungsgleichung noch die eindimensionale Kontinuitätsgleichung nach Gl. (2.12) bzw. (2.11) hinzunimmt. Für kompressible Strömung ist ferner noch die Beziehung zwischen Druck und Dichte (Zustandsgleichung) nach Gl. (1.4) hinzuzunehmen (vgl. auch Kap. III).

Für den Fall der *stationären Bewegung* ist in Gl. (2.34) die lokale Beschleunigung gleich Null, und die EULERsche Bewegungsgleichung vereinfacht sich dann zu

$$w \frac{dw}{ds} + \frac{1}{\varrho} \frac{dp}{ds} + g \frac{dz}{ds} = 0. \tag{2.35}$$

Dabei sind jetzt die Ableitungen nach dem Ort als gewöhnliche Ableitungen geschrieben, weil jetzt Druck und Geschwindigkeit nur von der einen Variablen s abhängig sind.

In gleicher Weise wie oben für die Richtung längs der Stromröhrenachse soll jetzt auch die NEWTONsche Grundgleichung für die Richtung *normal zur Stromröhrenachse* in der Schmiegungsebene aufgestellt werden. Wir betrachten ein Volumenelement, das aus einer gekrümmten Stromröhre herausgeschnitten ist, welche in einer Vertikalebene liegt, Abb. 2.10. Es sei $+n$ die Richtung zum Krümmungsmittelpunkt hin und r der Krümmungsradius an der betreffenden Stelle der Stromröhre. Ist ferner dF das mittlere Flächenelement senkrecht zu n, so ist die resultierende Druckkraft in der positiven n-Richtung:

$$dF \left[p - \left(p + \frac{\partial p}{\partial n} dn \right) \right] = - dF \frac{\partial p}{\partial n} dn.$$

Die Komponente der Schwerkraft in der n-Richtung ist $-g\, dm \sin \alpha$. Als Beschleunigung in der n-Richtung tritt die Zentrifugalbeschleuni-

2.2 Eindimensionale Strömungen (Stromfadentheorie)

gung w^2/r auf. Somit lautet die NEWTONsche Grundgleichung für die n-Richtung:

$$dm\frac{w^2}{r} = -dF\frac{\partial p}{\partial n}dn - g\,dm\sin\alpha.$$

Nach Division durch $dm = \varrho\,dF\,dn$ und nach Einführung von $\sin\alpha = \dfrac{\partial z}{\partial n}$ folgt:

$$\frac{w^2}{r} + \frac{1}{\varrho}\frac{\partial p}{\partial n} + g\frac{\partial z}{\partial n} = 0. \qquad (2.36)$$

Diese Gleichung gestattet die Berechnung der Druckverteilung quer zu den Stromlinien, nachdem zuvor die Druckverteilung und die Geschwindigkeitsverteilung längs der Stromlinien aus Gl. (2.35) zusammen mit der Kontinuitätsgleichung berechnet worden ist,

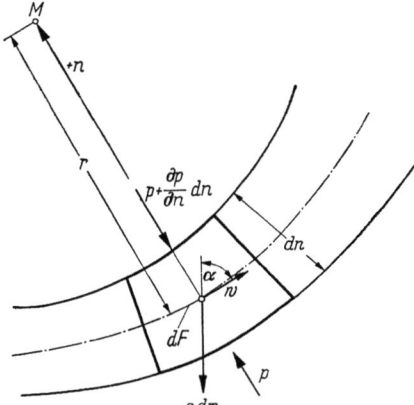

Abb. 2.10. Kräftegleichgewicht am Volumenelement *senkrecht* zur Stromröhrenachse

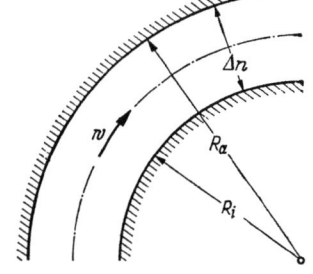

Abb. 2.11. Strömung durch einen Krümmer

wie oben angegeben. Für den Fall, daß die Wirkung der Schwerkraft in Fortfall kommt, wenn z. B. die gekrümmte Strömung in einer Horizontalebene verläuft, vereinfacht sich Gl. (2.36) zu

$$\frac{\partial p}{\partial n} = -\varrho\frac{w^2}{r}. \qquad (2.37)$$

Insbesondere lehrt Gl. (2.37), daß in einer gekrümmten Strömung quer zu den Stromlinien ein Druckabfall gegen den Krümmungsmittelpunkt hin vorhanden ist. Diese Gleichung möge durch Anwendung auf eine Krümmerströmung veranschaulicht werden. Wir betrachten einen Krümmer nach Abb. 2.11, dessen Wände von zwei konzentrischen Kreisen mit dem Innenradius R_i und dem Außenradius R_a gebildet werden. Der Druckunterschied zwischen der Außen- und Innenwand ist in diesem Fall:

$$\Delta p = \Delta n\,\varrho\,\frac{w^2}{r}, \quad \text{wobei} \quad r = \frac{1}{2}(R_i + R_a) \quad \text{und} \quad \Delta n = R_a - R_i$$

38   II. Inkompressible reibungslose Strömungen (Hydrodynamik)

ist. Für $R_a = 0{,}3$ m und $R_i = 0{,}2$ m erhält man für Luft mit der Dichte $\varrho = 0{,}125$ kp s²/m⁴ bei einer Geschwindigkeit von $w = 20$ m/s einen Druckunterschied von

$$\Delta p = 0{,}1 \, \frac{1}{8} \, \frac{400}{0{,}25} = 20 \text{ kp/m}^2.$$

Die Beschleunigung in der Normalenrichtung beträgt in diesem Fall $b_n = w^2/r = 400/0{,}25 = 1600$ m/s² $\approx 160\,g$. Die Normalbeschleunigung ist so groß, daß im Vergleich dazu die Schwerebeschleunigung mit guter Näherung vernachlässigt werden kann.

2.22 Bernoullische Gleichung (Energiegleichung)

Die EULERsche Bewegungsgleichung für die *stationäre Strömung* längs der Stromröhre, Gl. (2.35), läßt sich für inkompressibles Medium, $\varrho = $ const, in einfacher Weise integrieren. Beachtet man, daß sich das Glied $w \dfrac{dw}{ds}$ auch in der Form $\dfrac{1}{2} \dfrac{d(w^2)}{ds}$ schreiben läßt, so sind sämtliche drei Glieder Differentialquotienten nach s. Die gliedweise Integration von Gl. (2.35) nach s ergibt damit:

$$\frac{w^2}{2} + \frac{p}{\varrho} + g\,z = \text{const.} \qquad (2.38)$$

Dies ist die für die Bewegung der reibungslosen, inkompressiblen Flüssigkeit fundamentale Gleichung, welche den Zusammenhang von Geschwindigkeit, Druck und Lage der Stromröhre gibt. Sie wurde zum ersten Male von D. BERNOULLI aufgestellt, schon bevor EULER seine Theorie der Strömung einer reibungslosen, inkompressiblen Flüssigkeit entwickelt hatte. Nach Division durch die Schwerebeschleunigung g und unter Beachtung von $\varrho g = \gamma$ läßt sich Gl. (2.38) auch in der Form schreiben:

$$\frac{w^2}{2g} + \frac{p}{\gamma} + z = \text{const.} \qquad (2.39)$$

Dies ist die sog. *Höhenform* der BERNOULLIschen Gleichung. Die drei Glieder der linken Seite dieser Gleichung stellen ihrer Dimension nach Längen dar. Das erste Glied ist die aus der Mechanik des Massenpunktes bekannte Geschwindigkeitshöhe, nämlich die Höhe, die ein mit der Anfangsgeschwindigkeit w vertikal nach oben geworfener Massenpunkt im luftleeren Raum erreicht. Das zweite Glied p/γ ist die zu einem Druck p in ruhender Flüssigkeit gehörige Druckhöhe, d. i. die Steighöhe der Flüssigkeit in einem vertikalen Steigrohr. Das letzte Glied gibt die geometrische Höhe (Ortshöhe) über einer beliebig gewählten horizontalen Nullebene an. Die Höhenform der BERNOULLI-Gleichung sagt somit aus, daß bei der stationären Bewegung einer reibungslosen, inkompressiblen Flüssigkeit für alle Punkte längs einer Stromlinie die Summe aus Geschwindigkeitshöhe, Druckhöhe und Ortshöhe konstant ist.

2.2 Eindimensionale Strömungen (Stromfadentheorie)

Eine grafische Darstellung dieses Zusammenhangs ist in Abb. 2.12 angegeben. Es sind an den beliebigen Stellen (*1*) und (*2*) eines Stromfadens über den Ortshöhen die Druckhöhen und die Geschwindigkeitshöhen dargestellt. Die Endpunkte dieser beiden Streckensummen liegen bei einer reibungslosen (verlustlosen) Strömung in einer horizontalen Ebene, dem sog. idealen Niveau des betreffenden Stromfadens.

Die Größe der Konstanten, welche die Summe der drei Höhen darstellt, ändert sich im allgemeinen beim Übergang von einer Stromlinie zu einer anderen. In dem besonderen Fall der drehungsfreien Strömung hat sie jedoch für den ganzen Strömungsraum den gleichen Wert.

Die BERNOULLIsche Gleichung kann auch noch in einer dritten Form geschrieben werden, die eine physikalisch wichtige Deutung zuläßt. Durch Multiplikation von Gl. (2.38) mit der Dichte ϱ erhält man die Form:

$$\frac{2}{\varrho} w^2 + p + \gamma z = \text{const}, \quad (2.40)$$

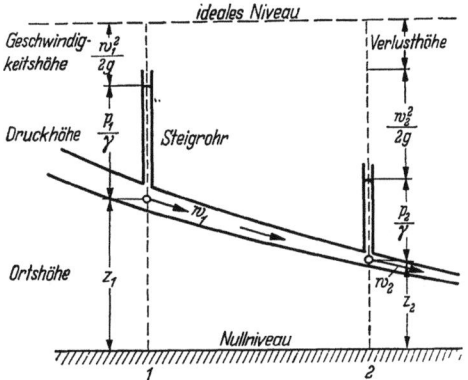

Abb. 2.12. Schematische Darstellung der Höhenform der BERNOULLIschen Gleichung. p_1, p_2 Überdrücke gegen Atmosphäre

die als *Energieform* bezeichnet wird. In dieser Form hat jeder Term die physikalische Bedeutung von Energie pro Volumeneinheit, somit kp m/m³ = kp/m². Es bedeutet $\varrho w^2/2$ die kinetische Energie, p die Druckenergie und γz die potentielle Energie pro Volumeneinheit. In dieser Form sagt die BERNOULLI-Gleichung also aus, daß längs einer Stromlinie die Summe aus kinetischer Energie, Druckenergie und potentieller Energie einen unveränderlichen Wert hat. Man nennt die Summe dieser drei Energieformen die mechanische Energie oder auch die Strömungsenergie. Die BERNOULLIsche Gleichung kann somit auch als das Gesetz von der Erhaltung der Energie für einen Stromfaden aufgefaßt werden, in dem Sinne, daß die mechanische Energie längs eines Stromfadens unveränderlich ist. Auch die Höhenform der BERNOULLIschen Gleichung, Gl. (2.39), sowie Gl. (2.38) können als Energieform aufgefaßt werden. In Gl. (2.39) hat jedes Glied die physikalische Bedeutung von Energie pro Gewichtseinheit und in Gl. (2.38) von Energie pro Masseneinheit.

Dieses Gesetz der Erhaltung der mechanischen Energie oder der Konstanz der Strömungsenergie längs eines Stromfadens ist eine typische Eigenschaft der reibungslosen Strömung. Man nennt eine solche

Strömung auch eine „verlustlose" Strömung, womit gemeint ist, daß keine Verluste an mechanischer Energie auftreten. Bei der Strömung von wirklichen, also von reibungsbehafteten Flüssigkeiten, treten immer mehr oder weniger große „Verluste" auf in dem Sinne, daß ein Teil der mechanischen Energie durch Reibung in Wärme umgewandelt wird. In der grafischen Darstellung der BERNOULLI-Gleichung nach Abb. 2.12 kommt ein solcher Verlust dadurch zum Ausdruck, daß an der Stelle (2), welche stromabwärts von (1) liegt, die Höhensumme kleiner ist als an der Stelle (1), und zwar um einen Betrag, den man als die „Verlusthöhe" bezeichnet. Diese bedeutet den auf der Strecke (1) → (2) eingetretenen Energieverlust durch Reibung pro Gewichtseinheit der Flüssigkeit.

Der BERNOULLIschen Gleichung für die inkompressible Flüssigkeit, Gl. (2.40), können wir auch noch eine andere besonders einfache Form geben. Wir können den Druck p in einem Punkt der Strömung aufteilen in den durch das Eigengewicht der Flüssigkeit verursachten sog. Schweredruck $\bar{p}$ (auch Ruhedruck oder Barometerdruck genannt) und den durch dynamische Wirkungen bedingten Anteil p^*. Oft interessiert vor allem dieser letztere Anteil, während die Druckverteilung in der Ruhe von geringerer Wichtigkeit ist. Wir wollen deshalb die BERNOULLI-Gleichung in einer Form schreiben, daß der darin auftretende Druck die Differenz gegenüber dem Schweredruck ist. Wir setzen
$$p = \bar{p} + p^*.$$
Für den Barometerdruck gilt nach der hydrostatischen Grundgleichung für inkompressible Flüssigkeiten:
$$\bar{p} = \text{const} - \gamma z.$$
Somit hat man
$$p = \text{const} - \gamma z + p^*.$$
Setzt man dieses in Gl. (2.40) ein, so erhält man die BERNOULLIsche Gleichung in der einfacheren Form:
$$\frac{\varrho}{2} w^2 + p^* = \text{const.} \qquad (2.41)$$

Diese einfachere Form der BERNOULLI-Gleichung kann so gedeutet werden, daß der dynamische Druck p^* um so kleiner ist, je größer die Geschwindigkeit ist und umgekehrt.
In dieser Form enthält die BERNOULLI-Gleichung die Schwerkraft nicht mehr explizit. Dies rührt daher, daß im Inneren der Flüssigkeit die Wirkung der Schwerkraft auf die Flüssigkeitsteilchen kompensiert wird durch den gleich großen hydrostatischen Auftrieb, den jedes Flüssigkeitsteilchen von seiner Nachbarschaft erfährt. Die Bewegung einer schweren, inkompressiblen Flüssigkeit läßt sich also behandeln, ohne daß die Schwerkraft selbst berücksichtigt wird. Die Schwerkraft erlangt erst wieder Bedeutung an den Begrenzungsflächen, z. B. auf den freien Oberflächen, wo der Druck p und nicht der dynamische Druck p^* gewisse Grenzbedingungen erfüllen muß.

2.23 Einige Anwendungen der Bernoullischen Gleichung

2.231 Ausfluß aus einem Gefäß. Aus einem Gefäß, dessen freier Flüssigkeitsspiegel durch Zufluß auf konstanter Höhe gehalten wird, möge durch eine Öffnung, deren Querschnitt im Vergleich zum Gefäßquerschnitt klein ist, Flüssigkeit ausströmen (Abb. 2.13). Die Ausflußöffnung liegt in der Tiefe h unter dem Flüssigkeitsspiegel; ihre vertikale Abmessung sei gegenüber h klein. An der freien Oberfläche der Flüssigkeit und an der Oberfläche des Strahles herrscht der gleiche Atmosphärendruck p_∞. Wir nehmen an, daß dieser auch im Inneren des Strahles vorhanden ist. In der freien Oberfläche des Gefäßes kann die Geschwindigkeit mit ausreichender Näherung gleich Null angenommen werden. Für eine Stromlinie, die von einem Punkt (1) der freien Oberfläche zu einem Punkt (2) in der Ausflußöffnung führt, lautet die BERNOULLI-Gleichung (2.39) mit $w_1 = 0$, wenn z_1 und z_2 die von einem beliebigen Nullniveau aus gemessenen Ortshöhen bedeuten:

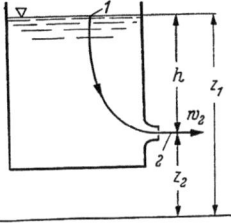

$$\frac{w_2^2}{2g} + z_2 = z_1.$$

Da $z_1 - z_2 = h$ ist, erhält man für die Ausflußgeschwindigkeit

$$w_2 = \sqrt{2gh}. \tag{2.42}$$

Abb. 2.13. Ausfluß aus einem offenen Gefäß

Dies ist die Formel von TORRICELLI. Die Ausflußgeschwindigkeit ist also die gleiche, die ein Körper beim freien Fall im luftleeren Raum erreicht, wenn er mit der Anfangsgeschwindigkeit Null die Höhe h frei durchfällt.

Der aus Versuchen ermittelte Wert der Ausflußgeschwindigkeit ist bei guter Abrundung der Ausflußöffnung nur wenig kleiner als dieser theoretische Wert bei reibungsloser Strömung. Ist allerdings die Ausflußöffnung scharfkantig, so tritt eine beträchtliche Einschnürung des ausfließenden Strahles ein, derart, daß der effektive Strahlquerschnitt wesentlich kleiner ist als die geometrische Ausflußöffnung. Da die Ausflußgeschwindigkeit nahezu die gleiche ist wie bei abgerundeter Öffnung, tritt durch diese „Strahlkontraktion" eine erhebliche Verminderung des Ausflußvolumens ein.

2.232 Messung von Druck und Geschwindigkeit in einer Strömung. Befindet sich in einem gleichmäßigen Flüssigkeitsstrom von der Geschwindigkeit w_∞ ein Hindernis, so staut sich unmittelbar vor dem Hindernis die Strömung auf und teilt sich dann vor dem Körper nach

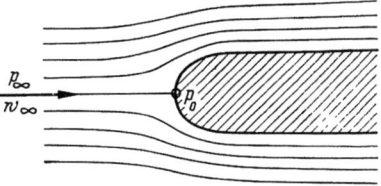

Abb. 2.14. Aufstau der Strömung an einem Hindernis

allen Seiten, um ihn zu umfließen, Abb. 2.14. Die Mittelstromlinie führt zum „Staupunkt", in welchem die Strömung zur Ruhe kommt. Bezeichnen wir den Druck im Staupunkt mit p_0 und den Druck in der ungestörten Strömung in gleicher Höhe mit p_∞, so liefert die BER-

42   II. Inkompressible reibungslose Strömungen (Hydrodynamik)

NOULLIsche Gleichung für die zum Staupunkt führende Stromlinie:

$$p_0 = p_\infty + \frac{\varrho}{2} w_\infty^2. \qquad (2.43)$$

Der Druckanstieg $p_0 - p_\infty = \frac{\varrho}{2} w_\infty^2$ führt den Namen Staudruck (Geschwindigkeitsdruck) und wird auch mit q_∞ bezeichnet:

$$q_\infty = \frac{\varrho}{2} w_\infty^2. \qquad (2.44)$$

Ferner heißt p_∞ der statische Druck der ungestörten Strömung, und die nach Gl. (2.43) gebildete Summe des statischen Druckes p_∞ und des Staudruckes q_∞ führt den Namen Gesamtdruck. Es gilt also:

$$p_g = p_0 \quad = p_\infty \quad\quad + q_\infty, \qquad (2.45)$$
Gesamtdruck = statischer Druck + Staudruck.

Zur Messung des Gesamtdruckes $p_g = p_\infty + \frac{\varrho}{2} w_\infty^2$ in einer Strömung genügt ein einfaches, umgebogenes, vorn offenes Rohr, nach Abb. 2.15a, das man nach seinem Erfinder als *Pitot-Rohr* bezeichnet. Der Druck p_0 im Staupunkt, der mit dem Gesamtdruck p_g identisch ist, pflanzt sich in das Innere des Rohres fort und kann mit einem Manometer gemessen werden.

Um die Beziehung (2.43) zur Ermittlung der Strömungsgeschwindigkeit w_∞ zu verwenden, muß neben dem Gesamtdruck p_0 auch der statische Druck p_∞ ermittelt werden. Dies macht größere Schwierigkeiten als die Messung von p_0, da der statische Druck durch das Einbringen einer Sonde gerade an der Stelle gestört wird, wo man ihn messen will. Als geeignet zur Messung des statischen Druckes hat sich eine Sonde nach Abb. 2.15b erwiesen, die man als *statische Sonde* oder Hakenrohr bezeichnet. Diese besteht aus einem dünnen Röhrchen von einigen Millimetern Durchmesser, das vorn geschlossen ist und einen gut abgerundeten Kopf besitzt. In einiger Entfernung vom Kopf, im Abstand von etwa drei Durchmessern,

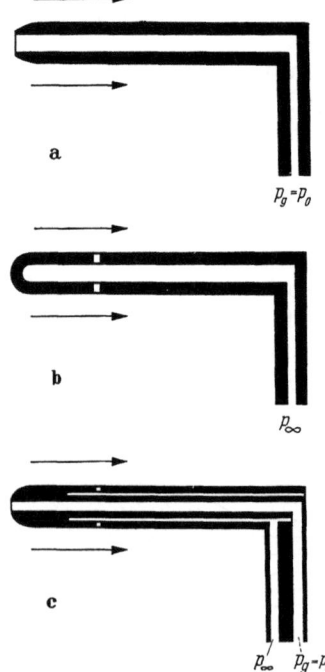

Abb. 2.15. Sonden zur Messung von Drücken in einer strömenden Flüssigkeit
a) PITOT-Rohr mißt den Gesamtdruck $p_g = p_0$
b) Statische Sonde mißt den statischen Druck p_∞
c) PRANDTL-Staurohr mißt den Staudruck $q_\infty = p_g - p_\infty$

befinden sich einige kleine seitliche Anbohrungen. Weicht die Anströmrichtung nicht mehr als 5° von der axialen Richtung ab, so messen diese Anbohrungen mit sehr guter Annäherung den statischen Druck der ungestörten Strömung p_∞.

Man kann das PITOT-Rohr nach Abb. 2.15a mit einer solchen statischen Sonde nach Abb. 2.15b zu einem einzigen Gerät vereinigen und dabei als Differenzdruck den Staudruck

$$\frac{\varrho}{2} w_\infty^2 = q_\infty = p_0 - p_\infty$$

ermitteln. Abb. 2.15c stellt ein solches *Prandtlsches Staurohr* schematisch dar. Es mißt an der vorderen Öffnung den Gesamtdruck und an den seitlichen Schlitzen den statischen Druck. Diese beiden Drücke werden durch getrennte Leitungen abgeführt. Die an einem U-Rohr-Manometer ermittelte Differenz dieser beiden Drücke ergibt unmittelbar den Staudruck, aus dem die Geschwindigkeit w_∞ bei bekannter Dichte des strömenden Mediums sofort ermittelt werden kann. Für Luft ist unter normalen Bedingungen die Dichte ziemlich genau $\varrho = \frac{1}{8}$ kp s²/m⁴. Für einen Luftstrom mit der Geschwindigkeit von $w_\infty = 40$ m/s beträgt demnach der Staudruck $q_\infty = \frac{1}{16} \cdot 40^2 = 100$ kp/m². Wird er mit einem mit Wasser gefüllten U-Rohr-Manometer gemessen, so beträgt die zu diesem Staudruck gehörige Höhendifferenz der Flüssigkeitssäulen also 100 mm.

2.3 Zwei- und dreidimensionale Potentialströmungen

2.31 Allgemeine Eulersche Bewegungsgleichungen

Es sollen jetzt die allgemeinen Bewegungsgleichungen einer *reibungslosen Flüssigkeit* aufgestellt werden für den Fall einer dreidimensionalen Strömung, für welche also der Verlauf der Stromlinien nicht von vornherein bekannt ist. Ebenso wie in Kap. 2.21 bei der eindimensionalen Bewegung längs einer Stromlinie geht man auch hier von der Grundgleichung der Dynamik aus, nach der für das Volumenelement die Summe der Kräfte gleich Masse mal Beschleunigung ist. Gegenüber der früheren Ableitung in Kap. 2.21 ist diese Grundgleichung jetzt für *drei Koordinatenrichtungen* zu erfüllen. Die Kräfte bestehen aus der Massenkraft und der Druckkraft, während die Reibungskraft nach Voraussetzung Null ist.

Die Massenkraft pro Volumeneinheit betrage

$$\mathfrak{K} = \mathfrak{i}\,X + \mathfrak{j}\,Y + \mathfrak{k}\,Z. \tag{2.46}$$

II. Inkompressible reibungslose Strömungen (Hydrodynamik)

Es ist $\mathfrak{K} = \varrho\,\mathfrak{g}$, wenn sie lediglich von der Schwere herrührt und $\mathfrak{g}$ den Vektor der Schwerebeschleunigung bedeutet.

Die Druckkraft pro Volumeneinheit beträgt

$$\mathfrak{P} = -\left(\mathfrak{i}\,\frac{\partial p}{\partial x} + \mathfrak{j}\,\frac{\partial p}{\partial y} + \mathfrak{k}\,\frac{\partial p}{\partial z}\right) = -\operatorname{grad} p. \tag{2.47}$$

Damit lautet die dynamische Grundgleichung in Vektorform:

$$\varrho\,\frac{D\mathfrak{w}}{Dt} = \mathfrak{K} - \operatorname{grad} p \tag{2.48}$$

oder in Komponentendarstellung für ein rechtwinkliges Koordinatensystem x, y, z:

$$\left.\begin{aligned}\varrho\,\frac{Du}{Dt} &= X - \frac{\partial p}{\partial x}, \\ \varrho\,\frac{Dv}{Dt} &= Y - \frac{\partial p}{\partial y}, \\ \varrho\,\frac{Dw}{Dt} &= Z - \frac{\partial p}{\partial z}.\end{aligned}\right\} \tag{2.49}$$

Dabei bedeutet wie in Kap. 2.21 die zeitliche Ableitung $D\mathfrak{w}/Dt$ wieder die substantielle Beschleunigung, die nach Gl. (2.17) aus den beiden Anteilen der lokalen Beschleunigung und der konvektiven Beschleunigung besteht.

Für die Beschleunigungen in x-, y- und z-Richtung gelten die Beziehungen nach Gl. (2.20). Somit lauten die EULERschen Bewegungsgleichungen (2.49) in ausführlicher Schreibweise:

$$\left.\begin{aligned}\varrho\left(\frac{\partial u}{\partial t} + u\,\frac{\partial u}{\partial x} + v\,\frac{\partial u}{\partial y} + w\,\frac{\partial u}{\partial z}\right) &= X - \frac{\partial p}{\partial x}, \\ \varrho\left(\frac{\partial v}{\partial t} + u\,\frac{\partial v}{\partial x} + v\,\frac{\partial v}{\partial y} + w\,\frac{\partial v}{\partial z}\right) &= Y - \frac{\partial p}{\partial y}, \\ \varrho\left(\frac{\partial w}{\partial t} + u\,\frac{\partial w}{\partial x} + v\,\frac{\partial w}{\partial y} + w\,\frac{\partial w}{\partial z}\right) &= Z - \frac{\partial p}{\partial z}.\end{aligned}\right\} \tag{2.50}$$

Auch diese Gleichungen gelten ebenso wie Gl. (2.34) sowohl für inkompressible als auch für kompressible Strömung. Hierzu kommt die Kontinuitätsgleichung, die für inkompressible Strömung nach Gl. (2.15) lautet:

$$\frac{\partial u}{\partial x} + \frac{\partial v}{\partial y} + \frac{\partial w}{\partial z} = 0. \tag{2.51}$$

Die Gl. (2.50) und (2.51) sind für inkompressible Strömung ein System von vier Gleichungen für die vier Unbekannten u, v, w, p. Für die kompressible Strömung ist die Kontinuitätsgleichung (2.51) durch Gl. (2.14) zu ersetzen. Außerdem kommt eine Beziehung zwischen Druck und Dichte [Zustandsgleichung, Gl. (1.4)] hinzu, so daß man fünf Gleichungen für die fünf Unbekannten u, v, w, p, ϱ hat.

2.3 Zwei- und dreidimensionale Potentialströmungen

In diesem Kapitel sollen im folgenden nur inkompressible, reibungslose Strömungen betrachtet werden, während die kompressiblen Strömungen in Kap. III weiterverfolgt werden. Für inkompressible, reibungslose Strömungen hat man in Gl. (2.50) und (2.51) ein System von vier nichtlinearen partiellen Differentialgleichungen erster Ordnung. Die Nichtlinearität dieser Differentialgleichungen, die von den Trägheits-

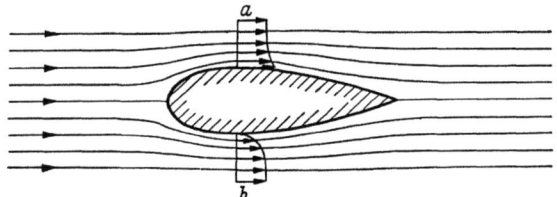

Abb. 2.16. Randbedingungen für die Geschwindigkeit an der Wand bei der Umströmung eines Körpers
 a Reibungslose Strömung: Gleiten: $w_n = 0$, $w_t \neq 0$
 b Zähe Flüssigkeit: Haften: $w_n = 0$, $w_t = 0$

kräften, z. B. von dem Glied $u\, \partial u/\partial x$ herrührt, erschwert ihre Lösung sehr erheblich. Für den allgemeinen Fall sind deshalb nur sehr wenige Lösungen bekannt.

Bei der Umströmung von Körpern sind an den Wänden gewisse *Randbedingungen* zu erfüllen: An einer *freien Oberfläche* muß der Druck konstant sein, also z. B. an einer freien Wasseroberfläche gleich dem Luftdruck der Atmosphäre oberhalb des Wassers. Für eine ruhende undurchlässige *feste Wand* muß die Bedingung erfüllt werden, daß die Wand eine Stromfläche ist. Dies kommt darauf hinaus, daß die Geschwindigkeitskomponente normal zur Wand verschwindet. Somit hat man als Randbedingung

$$\text{an Wänden:}\quad w_n = 0. \tag{2.52}$$

Dagegen ist die Tangentialkomponente der Geschwindigkeit an der Wand in einer reibungslosen Flüssigkeit im allgemeinen von Null verschieden, $w_t \neq 0$. Dies bedeutet, daß in der reibungslosen Strömung ein *Gleiten* der Flüssigkeit an der Wand stattfindet.

Im Gegensatz dazu ist in der zähen Flüssigkeit an der Wand außer der Normalkomponente der Geschwindigkeit auch die Tangentialkomponente gleich Null, $w_t = 0$, da die Reibungskräfte die Geschwindigkeit an der Wand auf Null abbremsen. Man nennt dieses Verhalten der zähen Flüssigkeit das *Haften* an der Wand. In Abb. 2.16 sind die Verhältnisse für beide Fälle dargestellt.

2.32 Bernoullische Gleichung (Energiegleichung)

Bevor die Lösungen dieser EULERschen Gleichungen näher diskutiert werden, möge gezeigt werden, daß man auch durch Integration der Gl. (2.49) längs einer Stromlinie wieder die BERNOULLIsche Gleichung erhält. Unter Beschränkung auf

46   II. Inkompressible reibungslose Strömungen (Hydrodynamik)

den *stationären Fall* ergibt sich wegen $D/Dt = d/dt$, wenn man die erste Gleichung von (2.49) mit dx, die zweite mit dy und die dritte mit dz multipliziert und addiert:

$$\frac{du}{dt}dx + \frac{dv}{dt}dy + \frac{dw}{dt}dz -$$
$$-\frac{1}{\varrho}(X\,dx + Y\,dy + Z\,dz) + \frac{1}{\varrho}\left(\frac{\partial p}{\partial x}dx + \frac{\partial p}{\partial y}dy + \frac{\partial p}{\partial z}dz\right) = 0. \quad (2.53)$$

Da längs einer Stromlinie integriert werden soll, gilt $u = dx/dt$, $v = dy/dt$ und $w = dz/dt$. Weiterhin kann bei konservativem Kraftfeld für die Massenkraft $\mathfrak{K}$ ein Potential U eingeführt werden, derart, daß

$$\mathfrak{K} = -\varrho\left(\mathfrak{i}\frac{\partial U}{\partial x} + \mathfrak{j}\frac{\partial U}{\partial y} + \mathfrak{k}\frac{\partial U}{\partial z}\right) = -\varrho\,\mathrm{grad}\,U \quad (2.54)$$

ist. Damit kommt aus Gl. (2.53):

$$u\,du + v\,dv + w\,dw +$$
$$+ \frac{\partial U}{\partial x}dx + \frac{\partial U}{\partial y}dy + \frac{\partial U}{\partial z}dz + \frac{1}{\varrho}\left(\frac{\partial p}{\partial x}dx + \frac{\partial p}{\partial y}dy + \frac{\partial p}{\partial z}dz\right) = 0.$$

Nunmehr lassen sich sämtliche Terme als vollständige Differentiale schreiben in der Form:

$$\frac{1}{2}d(u^2 + v^2 + w^2) + dU + \frac{dp}{\varrho} = 0.$$

Nach Ausführung der Integration hat man somit, wenn man noch den Geschwindigkeitsbetrag $|\mathfrak{w}|^2 = u^2 + v^2 + w^2$ einführt, für inkompressible Strömung:

$$\frac{|\mathfrak{w}|^2}{2} + U + \frac{p}{\varrho} = \mathrm{const.} \quad (2.55)$$

Falls die x-y-Ebene horizontal liegt und somit die z-Achse vertikal, ist $U = gz$, so daß man aus Gl. (2.55)

$$\frac{|\mathfrak{w}|^2}{2} + \frac{p}{\varrho} + gz = \mathrm{const} \quad (2.56)$$

erhält in Übereinstimmung mit der früher in Gl. (2.38) abgeleiteten Form der BERNOULLIschen Gleichung.

2.33 Drehungsfreie Strömungen als Lösungen der Eulerschen Bewegungsgleichungen

Bevor die Integration der EULERschen Bewegungsgleichungen in Angriff genommen wird, sollen einige allgemeine Eigenschaften dieser Gleichungen angegeben werden, die für ihre Integration von großem Nutzen sind. Die Bewegungen der reibungslosen Flüssigkeit als Lösungen der EULERschen Bewegungsgleichungen zeichnen sich gegenüber den Bewegungen einer zähen Flüssigkeit vor allem durch eine rein kinematische Eigenschaft aus, die mit dem früher eingeführten Begriff der Drehung einer Strömung zusammenhängt. Es gilt der einfach auszusprechende *Satz*, daß *die Bewegungen einer reibungslosen, inkompressiblen Flüssigkeit, abgesehen von singulären Stellen (Wirbel), im allgemeinen drehungsfrei sind.* Als Drehvektor eines Geschwindigkeits-

2.3 Zwei- und dreidimensionale Potentialströmungen

feldes wurde in Gl. (2.29) eingeführt:

$$\bar{\omega} = \mathfrak{i}\,\omega_x + \mathfrak{j}\,\omega_y + \mathfrak{k}\,\omega_z = \tfrac{1}{2}\,\mathrm{rot}\,\mathfrak{w}.$$

Die Komponenten des Drehvektors sind nach Gl. (2.30):

$$\left. \begin{aligned} \omega_x &= \frac{1}{2}\left(\frac{\partial w}{\partial y} - \frac{\partial v}{\partial z}\right), \\ \omega_y &= \frac{1}{2}\left(\frac{\partial u}{\partial z} - \frac{\partial w}{\partial x}\right), \\ \omega_z &= \frac{1}{2}\left(\frac{\partial v}{\partial x} - \frac{\partial u}{\partial y}\right). \end{aligned} \right\} \quad (2.57)$$

Eine Strömung soll als *drehungsfrei* bezeichnet werden, wenn im ganzen Feld der Drehvektor verschwindet, wenn also gilt:

$$\mathrm{rot}\,\mathfrak{w} = 0$$

oder

$$\omega_x \equiv \omega_y \equiv \omega_z \equiv 0. \quad (2.58)$$

Den oben angegebenen wichtigen Satz von der Drehungsfreiheit der reibungslosen Strömungen erhält man in folgender Weise leicht aus den EULERschen Bewegungsgleichungen: Durch eine einfache Umformung ergeben sich aus den EULERschen Bewegungsgleichungen (2.50) und aus der Kontinuitätsgleichung (2.51) die folgenden drei Gleichungen:

$$\left. \begin{aligned} \frac{D\omega_x}{Dt} &= \omega_x \frac{\partial u}{\partial x} + \omega_y \frac{\partial u}{\partial y} + \omega_z \frac{\partial u}{\partial z}, \\ \frac{D\omega_y}{Dt} &= \omega_x \frac{\partial v}{\partial x} + \omega_y \frac{\partial v}{\partial y} + \omega_z \frac{\partial v}{\partial z}, \\ \frac{D\omega_z}{Dt} &= \omega_x \frac{\partial w}{\partial x} + \omega_y \frac{\partial w}{\partial y} + \omega_z \frac{\partial w}{\partial z}. \end{aligned} \right\} \quad (2.59)$$

Hierbei bedeutet D/Dt den substantiellen Differentialoperator nach Gl. (2.20*). Wir beweisen nur die dritte dieser drei Gleichungen. Die beiden übrigen ergeben sich dann durch zyklische Vertauschung. Differenziert man die zweite der Gl. (2.50) nach x und die erste nach y, so fallen nach Subtraktion der ersten von der zweiten Gleichung das Druckglied und die konservative Massenkraft fort, und es ergibt sich:

$$\frac{\partial}{\partial t}\left(\frac{\partial v}{\partial x} - \frac{\partial u}{\partial y}\right) + u\frac{\partial}{\partial x}\left(\frac{\partial v}{\partial x} - \frac{\partial u}{\partial y}\right) + v\frac{\partial}{\partial y}\left(\frac{\partial v}{\partial x} - \frac{\partial u}{\partial y}\right) + w\frac{\partial}{\partial z}\left(\frac{\partial v}{\partial x} - \frac{\partial u}{\partial y}\right) +$$
$$+ \frac{\partial u}{\partial x}\frac{\partial v}{\partial x} - \frac{\partial u}{\partial y}\frac{\partial u}{\partial x} + \frac{\partial v}{\partial x}\frac{\partial v}{\partial y} - \frac{\partial v}{\partial y}\frac{\partial u}{\partial y} + \frac{\partial w}{\partial x}\frac{\partial v}{\partial z} - \frac{\partial w}{\partial y}\frac{\partial u}{\partial z} = 0. \quad (2.60)$$

Die erste Zeile dieser Gleichung kann wegen ω_z nach Gl. (2.31) abgekürzt als

$$2\left(\frac{\partial \omega_z}{\partial t} + u\frac{\partial \omega_z}{\partial x} + v\frac{\partial \omega_z}{\partial y} + w\frac{\partial \omega_z}{\partial z}\right) = 2\frac{D\omega_z}{Dt}$$

48 II. Inkompressible reibungslose Strömungen (Hydrodynamik)

geschrieben werden. Die zweite Zeile ergibt nach einfacher Umformung unter Benutzung der Kontinuitätsgleichung (2.51):

$$-\frac{\partial w}{\partial x}\left(\frac{\partial w}{\partial y}-\frac{\partial v}{\partial z}\right)-\frac{\partial w}{\partial y}\left(\frac{\partial u}{\partial z}-\frac{\partial w}{\partial x}\right)-\frac{\partial w}{\partial z}\left(\frac{\partial v}{\partial x}-\frac{\partial u}{\partial y}\right)$$
$$=-2\left(\omega_x\frac{\partial w}{\partial x}+\omega_y\frac{\partial w}{\partial y}+\omega_z\frac{\partial w}{\partial z}\right).$$

Setzt man beides in Gl. (2.60) ein, so ist damit die dritte der Gl. (2.59) bewiesen und durch zyklische Vertauschung auch die Gültigkeit des ganzen Systems (2.59).

Da ferner, wie man sofort sieht, das Gleichungssystem (2.59) durch die Bedingung der Drehungsfreiheit Gl. (2.58) identisch erfüllt wird, ist somit bewiesen, daß drehungsfreie Bewegungen Lösungen der dreidimensionalen EULERschen Bewegungsgleichungen sind.

Ebene Strömung. Für eine ebene Strömung ist $u = u(x, y)$; $v = v(x, y)$; $w \equiv 0$. Weiterhin ist $\omega_x \equiv \omega_y \equiv 0$, und somit folgt aus Gl. (2.59) sofort die einzige Gleichung

$$\frac{D\omega_z}{Dt} = 0. \tag{2.61}$$

Diese Gleichung besagt:

1. Jede drehungsfreie Bewegung ist eine Lösung der EULERschen Bewegungsgleichungen;
2. jede Bewegung einer reibungslosen Flüssigkeit aus der Ruhe heraus ist drehungsfrei.

Der erste Satz ist sofort evident. Der zweite Satz folgt daraus, daß in der Ruhe $\omega_z \equiv 0$ ist und deswegen auch für alle weiteren Zeiten bei der Bewegung $\omega_z \equiv 0$ bleibt, weil für jedes Flüssigkeitsteilchen die zeitliche Änderung der Drehung verschwindet.

Dreidimensionale Strömung. Für eine dreidimensionale Strömung gilt der erste Satz, wie bereits oben angegeben.

Daß für eine dreidimensionale Strömung aber auch der zweite Satz gilt, läßt sich leicht so einsehen: Sind $\bar{\omega}_1$ und $\bar{\omega}_2$ die Drehvektoren eines bestimmten Flüssigkeitsteilchens zur Zeit t_1 bzw. t_2, so gilt für ein genügend kleines Zeitintervall $t_2 - t_1$:

$$\bar{\omega}_2 = \bar{\omega}_1 + (t_2 - t_1)\left(\frac{D\bar{\omega}}{Dt}\right)_1. \tag{2.62}$$

Ist nun der Zeitpunkt t_1 die Ruhe mit $\omega_x = \omega_y = \omega_z = 0$, dann ist nach Gl. (2.59) auch der substantielle Differentialquotient $(D\bar{\omega}/Dt)_1 = 0$, und es folgt dann aus Gl. (2.62) auch $\bar{\omega}_2 = 0$. Die wiederholte Anwendung dieses Satzes liefert, daß auch für die dreidimensionale Strömung die Bewegung aus der Ruhe heraus für alle Zeiten drehungsfrei bleibt.

Damit ist der wichtige Satz bewiesen:

Ist in einer reibungsfreien, inkompressiblen Flüssigkeit in einem bestimmten Augenblick das Geschwindigkeitsfeld drehungsfrei, so bleibt es unter der Wirkung eines konservativen Kräftesystems dauernd drehungsfrei. Insbesondere gilt der Satz der Drehungsfreiheit für alle Bewegungen einer reibungslosen Flüssigkeit aus der Ruhe heraus. Da nun die meisten praktisch vorkommenden Bewegungen als solche aus der Ruhe heraus aufgefaßt werden können, gilt der Satz von der Drehungsfreiheit für alle diese Strömungen.

Wie sich nun weiterhin zeigen wird, ist dieser Satz von der Drehungsfreiheit der reibungslosen Strömungen eine wichtige Grundlage für die Integration der EULERschen Bewegungsgleichungen.

2.34 Potential- und Stromfunktion

Potentialfunktion. Unter Heranziehung des Satzes von der Drehungsfreiheit der reibungslosen, inkompressiblen Strömungen läßt sich nun das Integrationsproblem der EULERschen Gleichungen erheblich vereinfachen. Anstatt die Gl. (2.50) und (2.51) zu lösen, ist es jetzt zunächst nur noch erforderlich, neben der Kontinuitätsgleichung die Bedingung der Drehungsfreiheit zu erfüllen, also in Vektorform die beiden Gleichungen

$$\text{Kontinuität:} \quad \text{div } \mathfrak{w} = 0, \tag{2.63}$$

$$\text{Drehungsfreiheit:} \quad \text{rot } \mathfrak{w} = 0. \tag{2.64}$$

In Komponentendarstellung lauten diese Gleichungen für die *dreidimensionale Strömung*:

$$\frac{\partial u}{\partial x} + \frac{\partial v}{\partial y} + \frac{\partial w}{\partial z} = 0, \tag{2.65}$$

$$\frac{\partial w}{\partial y} - \frac{\partial v}{\partial z} = 0, \quad \frac{\partial u}{\partial z} - \frac{\partial w}{\partial x} = 0, \quad \frac{\partial v}{\partial x} - \frac{\partial u}{\partial y} = 0. \tag{2.66}$$

Für die *ebene Strömung*, die parallel zur x-y-Ebene verläuft, vereinfachen sich diese Gleichungen zu:

$$\text{Kontinuität:} \quad \frac{\partial u}{\partial x} + \frac{\partial v}{\partial y} = 0, \tag{2.67}$$

$$\text{Drehungsfreiheit:} \quad \frac{\partial v}{\partial x} - \frac{\partial u}{\partial y} = 0. \tag{2.68}$$

Nachdem aus obigen Gleichungen die Geschwindigkeit $\mathfrak{w} = \mathfrak{i}\, u + \mathfrak{j}\, v + \mathfrak{k}\, w$ ermittelt worden ist, erhält man den Druck p aus der BERNOULLIschen Gleichung (2.56).

Nach einem bekannten Satz der Vektoranalysis kann ein Geschwindigkeitsfeld, dessen Rotation überall verschwindet, als Gradient einer Potentialfunktion dargestellt werden. Wir führen als Geschwindigkeitspotential die skalare Funktion $\Phi(x, y, z)$ ein, die im ganzen Raum stetig und differenzierbar sei, und setzen

$$\mathfrak{w} = \text{grad}\, \Phi. \tag{2.69}$$

50 II. Inkompressible reibungslose Strömungen (Hydrodynamik)

Damit ist wegen der Identität $\text{rot}(\text{grad}\,\Phi) \equiv 0$ die Bedingung der Drehungsfreiheit Gl. (2.64) identisch erfüllt. Die Kontinuitätsgleichung (2.63) liefert dann nach Einsetzen von Gl. (2.69) in Gl. (2.63) wegen $\text{div}(\text{grad}\,\Phi) = \Delta\Phi$ für die Funktion Φ die Gleichung:

$$\Delta\Phi = 0. \tag{2.70}$$

Dabei bedeutet Δ den LAPLACEschen Operator

$$\Delta = \frac{\partial^2}{\partial x^2} + \frac{\partial^2}{\partial y^2} + \frac{\partial^2}{\partial z^2}.$$

In Komponentendarstellung lautet Gl. (2.69) für die dreidimensionale Strömung:

$$u = \frac{\partial\Phi}{\partial x}, \quad v = \frac{\partial\Phi}{\partial y}, \quad w = \frac{\partial\Phi}{\partial z}. \tag{2.71}$$

Durch Einsetzen von Gl. (2.71) in die Kontinuitätsgleichung folgt erneut:

$$\frac{\partial^2\Phi}{\partial x^2} + \frac{\partial^2\Phi}{\partial y^2} + \frac{\partial^2\Phi}{\partial z^2} = 0. \tag{2.72}$$

Diese Gleichung für Φ heißt in der mathematischen Physik die *Potentialgleichung* oder LAPLACEsche Gleichung und die Funktion Φ die Potentialfunktion. Wir nennen Φ auch kurz das Potential des Geschwindigkeitsfeldes. Eine Strömung, welche durch die Gl. (2.71) und (2.72) dargestellt wird, heißt *Potentialströmung*. Die Strömungen der reibungslosen, inkompressiblen Flüssigkeit sind somit Potentialströmungen.

Für die *ebene Strömung* vereinfachen sich die Gl. (2.71) und (2.72) zu:

$$u = \frac{\partial\Phi}{\partial x}, \quad v = \frac{\partial\Phi}{\partial y} \tag{2.73}$$

und

$$\frac{\partial^2\Phi}{\partial x^2} + \frac{\partial^2\Phi}{\partial y^2} = 0. \tag{2.74}$$

Durch die Einführung der Potentialfunktion ist eine beträchtliche mathematische Vereinfachung des Integrationsproblems erreicht worden. Statt der vier Gl. (2.50) und (2.51) für die drei Geschwindigkeitskomponenten u, v, w und den Druck p ist jetzt nur noch die *eine Gleichung*, nämlich Gl. (2.72) für die Potentialfunktion zu lösen. Eine besonders große mathematische Vereinfachung besteht weiter darin, daß die Gleichung für das Potential linear ist, während die drei EULERschen Gleichungen in den Geschwindigkeitskomponenten nicht-linear sind. Überdies ist die Potentialgleichung (2.72) in vielen anderen Teilen der mathematischen Physik eingehend bearbeitet worden, z. B. in der Himmelsmechanik, der Elektrotechnik und der Festigkeitslehre, so daß man für die Strömungsmechanik auf die dort erhaltenen Lösungen in vielen Fällen zurückgreifen kann. Nachdem man eine Lösung für das Ge-

2.3 Zwei- und dreidimensionale Potentialströmungen

schwindigkeitspotential $\Phi(x, y, z)$ erhalten hat, findet man die Geschwindigkeitskomponenten nach Gl. (2.71) leicht durch Differentiation und die Druckverteilung aus der BERNOULLIschen Gleichung (2.56).

Aus der Linearität der Potentialgleichung (2.72) folgt ein wichtiges Prinzip für die Beschaffung von Lösungen dieser Gleichung, nämlich das Prinzip der Überlagerung (Superposition): Sind zwei Lösungen $\Phi_1(x, y, z)$ und $\Phi_2(x, y, z)$ bekannt, so hat man damit eine große Mannigfaltigkeit von weiteren Lösungen, weil auch jede Linearkombination dieser beiden Lösungen in der Form:

$$\Phi(x, y, z) = c_1 \Phi_1(x, y, z) + c_2 \Phi_2(x, y, z) \tag{2.75}$$

eine Lösung von Gl. (2.72) ist, wie man durch Einsetzen sofort verifiziert. Von diesem *Überlagerungsprinzip* wird im nächsten Abschnitt bei der Behandlung von Beispielen Gebrauch gemacht werden. Hierfür werden zunächst einige wenige Grundlösungen $\Phi_1, \Phi_2, \ldots$ beschafft und aus diesen nach Gl. (2.75) durch geeignete Wahl der Konstanten c_1, c_2 allgemeinere Lösungen aufgebaut.

Bevor wir eine anschauliche Deutung der Potentialfunktion geben, wollen wir zunächst für ebene Strömungen noch eine weitere Funktion einführen.

Stromfunktion. Für *ebene Strömungen* kann man die Erfüllung der beiden Gleichungen der Kontinuität und der Drehungsfreiheit auch noch durch ein anderes Verfahren erreichen, das mit dem vorstehend erläuterten der Potentialfunktion nahe verwandt ist. Durch die Einführung der Potentialfunktion mit Hilfe von Gl. (2.69) wurde erreicht, daß von den beiden Grundgleichungen der Kontinuität und der Drehungsfreiheit Gl. (2.63) bzw. (2.64) die letztere identisch erfüllt wird, während die erstere dann die Bestimmungsgleichung für die Potentialfunktion liefert.

Analog möge jetzt, allerdings nur für ebene Strömungen, die Stromfunktion $\Psi(x, y)$ eingeführt werden, derart, daß dadurch die Kontinuitätsgleichung (2.67) identisch erfüllt wird, während dann die Bedingung der Drehungsfreiheit Gl. (2.68) eine Bestimmungsgleichung für die Stromfunktion Ψ ergibt. Verknüpft man das Geschwindigkeitsfeld mit der Stromfunktion durch die Gleichungen:

$$u = \frac{\partial \Psi}{\partial y}, \quad v = -\frac{\partial \Psi}{\partial x}, \tag{2.76}$$

so ist die Kontinuitätsgleichung (2.67) identisch erfüllt. Die Bedingung der Drehungsfreiheit des Geschwindigkeitsfeldes nach Gl. (2.68) liefert dann für die Stromfunktion die Bedingung:

$$\frac{\partial^2 \Psi}{\partial x^2} + \frac{\partial^2 \Psi}{\partial y^2} = 0 \tag{2.77}$$

oder
$$\Delta \Psi = 0. \tag{2.78}$$

II. Inkompressible reibungslose Strömungen (Hydrodynamik)

Es muß also die Stromfunktion Ψ die LAPLACEsche Gleichung der ebenen Strömung erfüllen.[1]

Die Beziehung zwischen Potential- und Stromfunktion und auch ihre Beziehung zum Geschwindigkeitsfeld läßt sich anschaulich leicht in folgender Weise darstellen: Nach Gl. (2.73) gilt für eine ebene Strömung für die Potentialfunktion:

$$\operatorname{grad} \Phi = \mathfrak{i}\frac{\partial \Phi}{\partial x} + \mathfrak{j}\frac{\partial \Phi}{\partial y} = \mathfrak{i}\, u + \mathfrak{j}\, v \qquad (2.79)$$

und nach Gl. (2.76) für die Stromfunktion:

$$\operatorname{grad} \Psi = \mathfrak{i}\frac{\partial \Psi}{\partial x} + \mathfrak{j}\frac{\partial \Psi}{\partial y} = -\mathfrak{i}\, v + \mathfrak{j}\, u. \qquad (2.80)$$

Nach Abb. 2.17 stehen die Vektoren $\operatorname{grad}\Psi$ und $\operatorname{grad}\Phi$ aufeinander senkrecht. Es sind demnach die beiden Kurvenscharen $\Phi = \text{const}$ und $\Psi = \text{const}$ zueinander orthogonal.

Da der Vektor $\operatorname{grad}\Phi$ mit dem Geschwindigkeitsvektor identisch und deshalb tangential zu den Stromlinien ist, sind die Äquipotential-

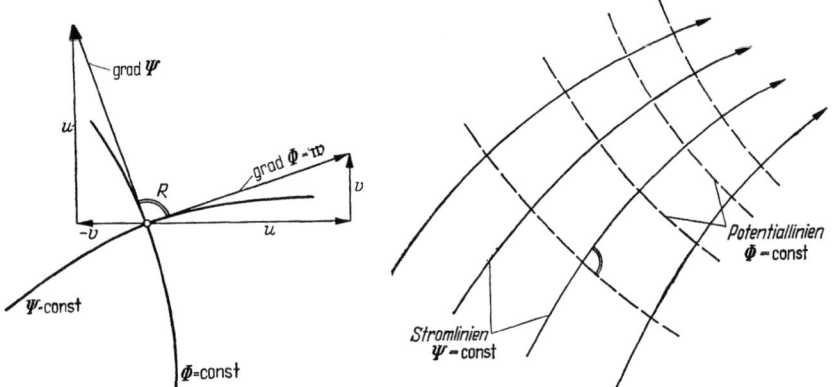

Abb. 2.17. Geometrische Beziehung zwischen den Gradienten der Potentialfunktion Φ und der Stromfunktion Ψ. Es gilt $\operatorname{grad}\Phi \perp \operatorname{grad}\Psi$

Abb. 2.18. Die Äquipotentiallinien $\Phi = \text{const}$ und die Stromlinien $\Psi = \text{const}$ bilden zwei orthogonale Kurvenscharen

linien $\Phi(x, y) = \text{const}$ senkrecht zu den Stromlinien. Die Kurven $\Psi(x, y) = \text{const}$ sind deshalb identisch mit den Stromlinien.

Somit hat sich ergeben, daß die *Äquipotentiallinien $\Phi = \text{const}$ und die Stromlinien $\Psi = \text{const}$ zwei orthogonale Kurvenscharen bilden*, wie es in Abb. 2.18 dargestellt ist.

---

[1] Es sei hier vermerkt, daß sich die Potentialfunktion nur für reibungslose Strömungen einführen läßt, da nur für diese die Bedingung der Drehungsfreiheit erfüllt ist. Die Stromfunktion läßt sich dagegen auch für Strömungen zäher Flüssigkeiten einführen, da die Kontinuitätsgleichung für diese in gleicher Weise wie für reibungslose Strömungen gilt, vgl. Kap. IV.

2.3 Zwei- und dreidimensionale Potentialströmungen

Da die Potentialfunktion Φ und die Stromfunktion Ψ in Verbindung mit der LAPLACE-Gleichung die zwei Bedingungen der Drehungsfreiheit $\operatorname{rot} \mathfrak{w} = 0$ und der Quellenfreiheit $\operatorname{div} \mathfrak{w} = 0$ erfüllen, können sie vertauscht werden, d. h., es kann auch die Potentialfunktion als Stromfunktion und die Stromfunktion als Potentialfunktion aufgefaßt werden.

Auch gilt das oben für die Potentialfunktion erläuterte Überlagerungsprinzip in gleicher Weise für die Stromfunktion.

Durchflußmenge. Die Stromfunktion kann dazu benutzt werden, die Durchflußmenge zwischen zwei beliebigen Stromlinien in einfacher Weise zu ermitteln. Es sei die Aufgabe gestellt, für die ebene Strömung nach Abb. 2.19 die Durchflußmenge zu ermitteln für eine beliebige Kurve C zwischen den Punkten P_1 und P_2 auf den Stromlinien (1) und (2). Diese beiden Stromlinien mögen gegeben sein durch die Konstanten Ψ_1 und Ψ_2 ihrer Stromfunktion. Man erhält offenbar die Durchflußmenge durch die Kurve C, indem man von der Durchflußmenge durch die zur y-Achse parallelen Strecke $P_1 A$ diejenige durch die zur x-Achse parallelen Strecke $A P_2$ subtrahiert.

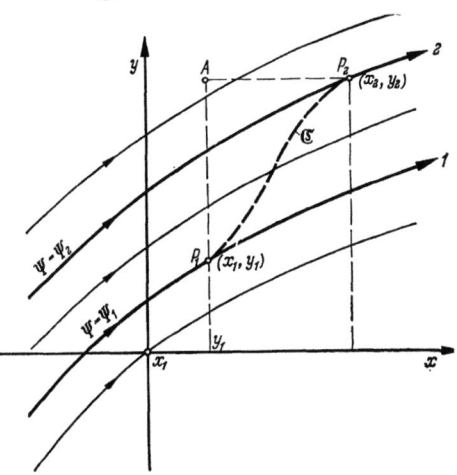

Abb. 2.19. Zur Ermittlung der Durchflußmenge Q_{12} zwischen zwei Stromlinien $\Psi = \Psi_1$ und $\Psi = \Psi_2$

Da für die Strecke $P_1 A$ nur die x-Komponente und für die Strecke $A P_2$ nur die y-Komponente der Geschwindigkeit zum Durchfluß beiträgt, ist somit die Durchflußmenge zwischen $P_1 P_2$, genommen für die Schichthöhe Eins:

$$Q_{12} = \left[\int_{y=y_1}^{y=y_2} u\, dy\right]_{x=x_1} - \left[\int_{x=x_1}^{x=x_2} v\, dx\right]_{y=y_2}$$

oder wegen Gl. (2.76):

$$Q_{12} = \left[\int_{y=y_1}^{y_2} \frac{\partial \Psi}{\partial y}\, dy\right]_{x=x_1} + \left[\int_{x=x_1}^{x_2} \frac{\partial \Psi}{\partial x}\, dx\right]_{y=y_2}$$

Unter dem Integral steht das vollständige Differential der Funktion $\Psi(x, y)$, so daß man schreiben kann:

$$Q_{12} = \int_{(x_1, y_1)}^{(x_2, y_2)} d\Psi = \Psi_2 - \Psi_1.$$

Man hat also für die Durchflußmenge:

$$Q_{12} = \Psi_2 - \Psi_1. \qquad (2.81)$$

Die Durchflußmenge zwischen zwei Stromlinien einer ebenen Strömung ist somit gleich der Differenz der Werte der Stromfunktion dieser beiden Stromlinien.

Diese Regel, die auch für die Strömung zäher inkompressibler Flüssigkeiten gilt, ist von großem Wert für die grafische Konstruktion von Stromlinienbildern.

2.35 Beispiele einfacher Potentialströmungen

Bei der Berechnung von Beispielen soll in diesem Abschnitt so verfahren werden, daß einfache Funktionen angegeben werden, die der Potentialgleichung $\Delta \Phi = 0$ genügen. Es wird sodann festgestellt, welche Strömungen durch die so erhaltenen Lösungen dargestellt werden. Aus einigen so beschafften einfachen Grundlösungen können sodann mit Hilfe des Superpositionsprinzips weitere komplizierte Lösungen gewonnen werden. In Kap. 2.5 wird später für die ebenen Strömungen auch ein Verfahren angegeben werden, mit Hilfe dessen man zu einer vorgegebenen Körperform unmittelbar Lösungen der Potentialgleichung erhält.

2.351 Translationsströmung. Die lineare Funktion

$$\Phi = a x + b y + c z \qquad (2.82)$$

ist mit beliebigen Werten der Konstanten a, b, c eine Lösung der dreidimensionalen Potentialgleichung (2.72). Die Geschwindigkeitskomponenten

$$\frac{\partial \Phi}{\partial x} = u = a; \quad \frac{\partial \Phi}{\partial y} = v = b;$$

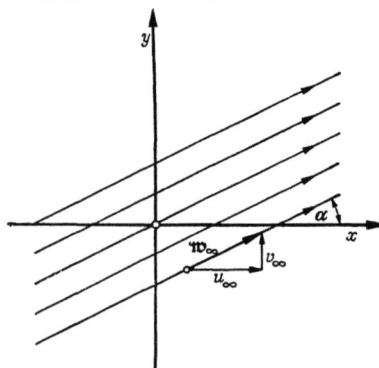

Abb. 2.20. Die ebene Translationsströmung

$$\frac{\partial \Phi}{\partial z} = w = c \qquad (2.83)$$

sind im ganzen Raum konstant; es ist also der Geschwindigkeitsvektor nach Größe und Richtung konstant. Die Strömung ist also eine Parallelströmung, deren Geschwindigkeitsbetrag $|\mathfrak{w}| = \sqrt{a^2 + b^2 + c^2}$ ist. Sie werde Translationsströmung genannt.

Die *ebene* Translationsströmung mit den Geschwindigkeitskomponenten u_∞ und v_∞ in Richtung der x- bzw. y-Achse, nach Abb. 2.20, ist ein Sonderfall von Gl. (2.82). Sie hat das Potential

$$\Phi(x, y) = u_\infty x + v_\infty y. \qquad (2.84)$$

2.3 Zwei- und dreidimensionale Potentialströmungen

Die Geschwindigkeitsrichtung ist gegeben durch $\tan \alpha = v_\infty/u_\infty$, wobei α den Winkel der Stromlinien gegen die x-Achse bedeutet. Der Geschwindigkeitsbetrag ist $|w| = \sqrt{u_\infty^2 + v_\infty^2}$.

2.352 Ebene Staupunktströmung. Die Funktion

$$\Phi(x, y) = \tfrac{1}{2} a(x^2 - y^2) \tag{2.85}$$

stellt eine Lösung der ebenen Potentialgleichung (2.74) dar. Die Geschwindigkeitskomponenten der ebenen Strömung sind:

$$u = a x; \quad v = -a y; \quad w = 0. \tag{2.86}$$

Die Stromlinien $y(x)$ erhält man aus Gl. (2.10a) zu

$$\frac{dy}{dx} = \frac{v}{u} = -\frac{y}{x}$$

oder

$$\frac{dx}{x} + \frac{dy}{y} = 0.$$

Die Integration ergibt

$$\ln x + \ln y = \ln C,$$

und somit hat man als Stromlinien die Kurven

$$x y = \text{const.} \tag{2.87}$$

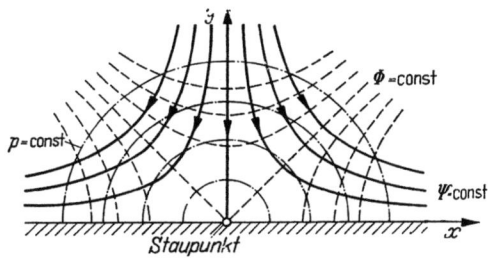

Abb. 2.21. Die *ebene* Staupunktströmung. Die Stromlinien Ψ = const und die Äquipotentiallinien Φ = const bilden zwei orthogonale Hyperbelscharen. Die Isobaren p = const sind konzentrische Kreise um den Staupunkt

Die Stromlinien Ψ = const bilden also eine Schar gleichseitiger Hyperbeln mit der x- und y-Achse als Asymptoten (Abb. 2.21). Die Äquipotentiallinien Φ = const sind nach Gl. (2.85) ebenfalls gleichseitige Hyperbeln, aber mit den Winkelhalbierenden der Quadranten als Asymptoten. Faßt man die x-Achse als feste Wand auf, und betrachtet man nur die positive Halbebene, so hat man eine Strömung, die senkrecht auf eine ebene Wand auftrifft, sich an dieser teilt und nach beiden Seiten abfließt. Der Koordinatenursprung 0 ist der Verzweigungspunkt und gleichzeitig der Staupunkt dieser Strömung, da in diesem Punkt nach Gl. (2.86) die Geschwindigkeit gleich Null ist.

Für die Druckverteilung erhält man aus der BERNOULLI-Gleichung (2.56) für die Ebene $z = 0$:

$$p = p_0 - \varrho \frac{a^2}{2}(x^2 + y^2), \tag{2.88}$$

wobei p_0 den Maximalwert des Druckes im Staupunkt bedeutet. Die Kurven konstanten Druckes (Isobaren) sind konzentrische Kreise um den Staupunkt; sie sind in Abb. 2.21 mit eingetragen.

2.353 Rotationssymmetrische Staupunktströmung. Die allgemeine quadratische Funktion für das Geschwindigkeitspotential

$$\Phi = \tfrac{1}{2}(a x^2 + b y^2 + c z^2)$$

ist, wie man leicht verifiziert, nur dann eine Lösung der räumlichen Potentialgleichung (2.72), wenn $a + b + c = 0$ ist. Eine mit der vorstehend besprochenen verwandte Strömung erhält man für $b = a$ und $c = -2a$. Das Potential ist dann

$$\Phi(x, y, z) = \frac{a}{2}(x^2 + y^2 - 2z^2). \qquad (2.89)$$

Diese Strömung ist rotationssymmetrisch um die z-Achse. Die Geschwindigkeitskomponenten sind:

$$u = a\,x; \quad v = a\,y; \quad w = -2a\,z. \qquad (2.90)$$

Als Gleichung für die Stromlinien erhält man somit:

$$dx : dy : dz = x : y : (-2z).$$

Für die Projektion der Stromlinien auf die x-y-Ebene ergibt sich $dx/x = dy/y$. Somit ist $\ln x = \ln y + \ln C$ oder $x = \text{const}\, y$. Die Projektion der Stromlinien auf die x-y-Ebene ist also die Schar der Geraden durch den Ursprung (Abb. 2.22).

Für die Projektion der Stromlinien auf die x-z-Ebene ergibt sich:

$$x^2 z = \text{const.}$$

Die Projektion der Stromlinien auf die x-z-Ebene ist also eine Schar kubischer Hyperbeln mit der x- und z-Achse als Asymptoten, ebenso wie die Projektion der Stromlinien auf die y-z-Ebene.

Abb. 2.22 zeigt das Stromlinienbild dieser Strömung; es ist rotationssymmetrisch um die z-Achse. Der Koordinatenursprung ist Staupunkt. Da für die Ebene $z = 0$ die Geschwindigkeitskomponente $w = 0$ ist, kann die x-y-Ebene als Begrenzungsfläche dieser Strömung aufgefaßt werden. Die Strömung im oberen Halbraum kann gedeutet werden als ein rotationssymmetrischer Strom, der senkrecht auf eine unendlich ausgedehnte, ebene Wand auftrifft, sich dort im Punkt 0 staut und verzweigt und entlang der Wand nach allen Seiten abströmt. Diese Strömung wird rotationssymmetrische Staupunktströmung genannt. Sie stellt einen kleinen Ausschnitt dar

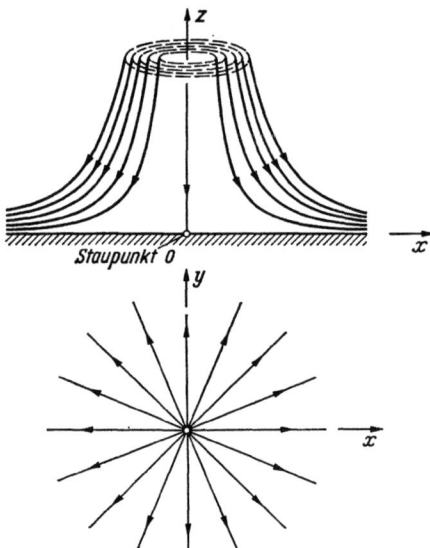

Abb. 2.22. Stromlinienbild der *rotationssymmetrischen* Staupunktströmung (Auftreffen eines runden Strahles auf eine ebene Wand)

aus der Strömung auf der Vorderseite eines Drehkörpers mit runder Nase, der in axialer Richtung angeströmt wird.

2.354 Ebene Quell- und Senkenströmung. Die Funktion

$$\Phi(x, y) = \frac{E}{2\pi} \ln r \quad \text{mit} \quad r = \sqrt{x^2 + y^2} \tag{2.91}$$

ist, wie man leicht verifiziert, ebenfalls eine Lösung der ebenen Potentialgleichung (2.74). Da die Potentiallinien $r = \text{const}$ Kreise um den Nullpunkt sind (Abb. 2.23), und da andererseits die Geschwindigkeit $\mathfrak{w} = \operatorname{grad} \Phi$ senkrecht auf den Potentiallinien $\Phi = \text{const}$ steht, hat man nur radiale Geschwindigkeitskomponenten w_r, nämlich

$$w_r = \frac{\partial \Phi}{\partial r} = \frac{E}{2\pi} \frac{1}{r}. \tag{2.92}$$

Die durch eine Zylinderfläche vom Radius R und der Höhe 1 hindurchströmende sekundliche Menge ist

$$Q = 2\pi R w_r(R)$$
$$= 2\pi R \frac{E}{2\pi R} = E. \tag{2.93}$$

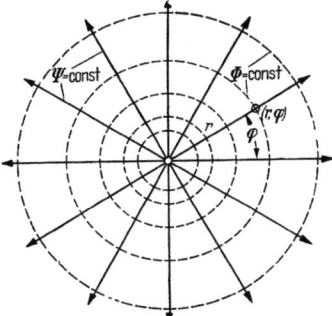

Abb. 2.23. Die ebene Quellströmung

Diese Menge ist also, unabhängig vom Radius R des gewählten Zylinders, gleich der Konstanten E. Positives E bedeutet eine Strömung radial nach auswärts, die wir als Quellströmung bezeichnen, und negatives E gibt eine Strömung nach innen (Senkenströmung). Wir bezeichnen E als die *Ergiebigkeit* der Quell- bzw. Senkenströmung. In Abb. 2.23 ist das Stromlinienbild der Quellströmung dargestellt.

Bei Annäherung an den Ursprung wird der Geschwindigkeitsbetrag unendlich groß wie $1/r$. Der Ursprung ist eine singuläre Stelle, und die ganze z-Achse ist eine singuläre Linie der Quell- bzw. Senkenströmung. Dort entsteht bzw. verschwindet sekundlich die Menge $Q = E$, was jedoch physikalisch unmöglich ist. Der obige Ausdruck für das Geschwindigkeitspotential Φ stellt deshalb nur dann den Ausdruck für eine wirkliche Strömung dar, wenn man eine kleine Umgebung des Ursprungs ausscheidet.

Im Hinblick auf eine spätere Anwendung sei hier auch noch die Stromfunktion dieser Strömung vermerkt. Da sämtliche Stromlinien Geraden durch den Ursprung sind, ist die Stromfunktion offenbar

$$\Psi = \frac{E}{2\pi} \varphi, \tag{2.94}$$

wobei φ den Polarwinkel bedeutet. Die Potential- und Stromlinien werden hier gebildet von den beiden Kurvenscharen der konzentrischen Kreise um den Ursprung bzw. der Strahlen durch den Ursprung.

2.355 Ebener Potentialwirbel. Eine weitere wichtige Grundströmung erhalten wir aus der soeben besprochenen ebenen Quellströmung, wenn wir von dem in Kap. 2.34 erläuterten Vertauschungsprinzip der Potential- und Stromlinien Gebrauch machen. Wenn wir dabei noch der Deutlichkeit halber die Konstante E der Quellströmung in Γ_0 umbenennen, so hat die neue Strömung das Potential

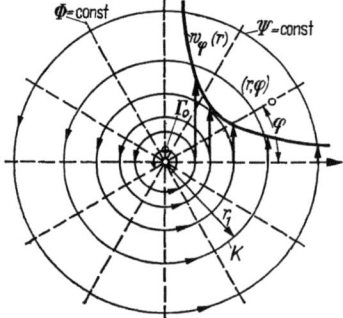

$$\Phi = + \frac{\Gamma_0}{2\pi} \varphi \qquad (2.95)$$

und die zugehörige Stromfunktion

$$\Psi = - \frac{\Gamma_0}{2\pi} \ln r. \qquad (2.96)$$

Abb. 2.24. Der ebene Potentialwirbel. Stromlinien $\Psi =$ const und Äquipotentiallinien $\Phi =$ const, $w_\varphi(r) =$ Geschwindigkeitsverteilung, $\Gamma_0 =$ Wirbelstärke. Es ist $r_1 = R$

Diese Strömung hat also die konzentrischen Kreise um den Ursprung als Stromlinien, während die Potentiallinien durch die Strahlen durch den Ursprung dargestellt werden (Abb. 2.24). Diese um den Ursprung kreisende Strömung hat somit keine radialen Geschwindigkeitskomponenten, sondern nur Umfangskomponenten der Geschwindigkeit vom gleichen Betrage wie die radiale Komponente bei der Quellströmung. Die Geschwindigkeitskomponenten sind somit:

$$w_\varphi = \frac{1}{r} \frac{\partial \Phi}{\partial \varphi} = - \frac{\partial \Psi}{\partial r} = \frac{\Gamma_0}{2\pi r}; \quad w_r = \frac{\partial \Phi}{\partial r} = \frac{1}{r} \frac{\partial \Psi}{\partial \varphi} \equiv 0. \quad (2.97)$$

Die Verteilung der Umfangskomponente der Geschwindigkeit über den Radius gehorcht also dem Gesetz

$$w_\varphi r = \text{const.} \qquad (2.98)$$

Wir nennen diese kreisende Bewegung das Geschwindigkeitsfeld eines *Potentialwirbels*. Nach außen hin nimmt die Geschwindigkeit mit $1/r$ ab, während sie bei Annäherung an den Ursprung unbegrenzt zunimmt (Abb. 2.24). Der Ursprung $r = 0$ ist auch hier wieder eine singuläre Stelle, die bei der physikalischen Realisierung auszuschließen ist. Diese Strömung kann man sich etwa entstanden denken durch Rotation eines längs der z-Achse liegenden unendlich langen Kreiszylinders, der bei Drehung um seine Achse die Flüssigkeit in seiner Umgebung mitnimmt. Allerdings ist hierbei die Flüssigkeitsreibung im Spiel, während hier ja reibungslose Flüssigkeit angenommen wurde.

Die Konstante Γ_0 kann physikalisch noch in folgender Weise gedeutet werden. Bei einem vollen Umlauf auf einer Stromlinie vom

2.3 Zwei- und dreidimensionale Potentialströmungen

Radius R ist das Produkt von Geschwindigkeit mal Weg nach Gl. (2.97) gleich $2\pi R\, w_\varphi(R) = \Gamma_0$, also unabhängig von der gewählten Stromlinie und gleich der Konstanten Γ_0.

Eine Besonderheit dieser Strömung ist noch, daß sich bei einem vollen Umlauf auf einer Stromlinie das Potential nach Gl. (2.95) um den Betrag

$$\Phi(\varphi + 2\pi) - \Phi(\varphi) = \frac{\Gamma_0}{2\pi} 2\pi = \Gamma_0$$

vermehrt. Wir haben es also hier mit einer Strömung mit mehrdeutigem Potential zu tun. Zwischen der Mehrdeutigkeit des Potentials und dem Integral der Geschwindigkeit längs der geschlossenen Stromlinie besteht ein Zusammenhang, auf den wir später zurückkommen werden (Kap. 2.41).

2.356 Räumliche Quell- und Senkenströmung. Zu der in Kap. 2.354 behandelten ebenen Quell- und Senkenströmung läßt sich auch ein räumliches Analogon angeben. Wählt man für das Potential den Ansatz

$$\Phi(x, y, z) = -\frac{E}{4\pi}\frac{1}{r} \quad \text{mit} \quad r = \sqrt{x^2 + y^2 + z^2}, \tag{2.99}$$

so hat man, wie man leicht verifiziert, hiermit eine Lösung der räumlichen Potentialgleichung (2.72). Die rechtwinkligen Geschwindigkeitskomponenten sind:

$$u = \frac{E}{4\pi}\frac{x}{r^3}; \quad v = \frac{E}{4\pi}\frac{y}{r^3}; \quad w = \frac{E}{4\pi}\frac{z}{r^3}. \tag{2.100}$$

Da die Potentialflächen $\Phi = \text{const}$ durch die zum Ursprung konzentrischen Kugeln $r = \text{const}$ gegeben sind und der Geschwindigkeitsvektor zu den Potentialflächen senkrecht ist, verlaufen die Stromlinien radial. Die resultierende Geschwindigkeit $|\mathfrak{w}| = \sqrt{u^2 + v^2 + w^2}$ und damit gleichbedeutend die radiale Geschwindigkeitskomponente w_r erhält man zu

$$|\mathfrak{w}| = w_r = \frac{E}{4\pi}\frac{1}{r^2}. \tag{2.101}$$

Die Durchflußmenge durch eine Kugel vom Radius R ist $Q = 4\pi R^2 \cdot w_r(R) = E$, also unabhängig vom Kugelradius. Für $E > 0$ liegt eine Strömung vor, die vom Ursprung aus nach allen Seiten radial auswärts gerichtet ist (räumliche Quelle), während für $E < 0$ die Strömung radial einwärts gerichtet ist (räumliche Senke). Wir nennen wieder E die Ergiebigkeit der Quelle bzw. Senke. Während bei der ebenen Quellströmung die Quelle ein linienförmiges Gebilde ist, hat sie hier punktförmige Gestalt. Während bei der ebenen Quellströmung der Geschwindigkeitsbetrag nach außen mit $1/r$ abnimmt, ändert er sich bei der räumlichen Quelle und Senke mit $1/r^2$.

Mit den vorstehend besprochenen Beispielen steht jetzt ein kleiner Vorrat von Grundlösungen der Potentialgleichung zur Verfügung.

II. Inkompressible reibungslose Strömungen (Hydrodynamik)

Weitere Strömungen können wir aus diesen erhalten, wenn wir von dem in Kap. 2.34 besprochenen Überlagerungsprinzip Gebrauch machen. Im folgenden sollen einige solche aus den Grundlösungen durch Überlagerung erhaltene Strömungen behandelt werden.

2.357 Strömung um einen ebenen Halbkörper. Wir überlagern die Translationsströmung parallel zur x-Achse mit der Geschwindigkeit u_∞

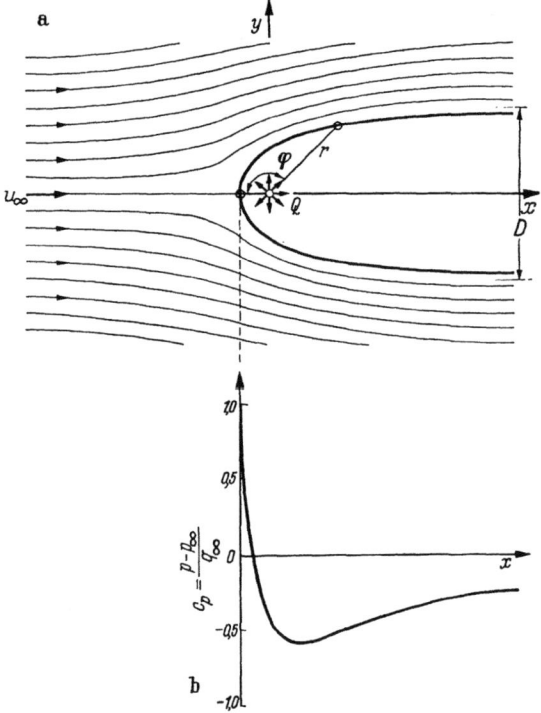

Abb. 2.25. Strömung um einen *ebenen* Halbkörper
a) Stromlinienbild; b) Druckverteilung auf der Oberfläche des Körpers

und die ebene Quelle der Ergiebigkeit E im Ursprung (Abb. 2.25a). Die erstere Strömung hat nach Gl. (2.84) das Potential $\Phi_T = u_\infty x$, während für die letztere nach Gl. (2.91) $\Phi_Q = \dfrac{E}{2\pi}\ln r$ ist mit $E > 0$. Durch Überlagerung ergibt sich somit das Potential

$$\Phi(x, y) = \Phi_T + \Phi_Q = u_\infty x + \frac{E}{2\pi}\ln r. \qquad (2.102)$$

Die Geschwindigkeitskomponenten sind hiermit

$$u = u_\infty + \frac{E}{2\pi}\frac{x}{r^2}; \qquad v = \frac{E}{2\pi}\frac{y}{r^2}; \qquad w \equiv 0. \qquad (2.103)$$

2.3 Zwei- und dreidimensionale Potentialströmungen

Diese resultierende Strömung ist in sehr großem Abstand von der Quelle näherungsweise die Translationsströmung parallel zur x-Achse, dagegen sehr nahe an der Quelle (am Ursprung) näherungsweise die Quellströmung. Für mittlere Abstände vom Ursprung weicht die resultierende Strömung von beiden stark ab.

Eine anschauliche Vorstellung der Strömung gibt das Stromlinienbild in Abb. 2.25a. Die resultierende Strömung besitzt einen Staupunkt ($u = 0$, $v = 0$) auf der negativen x-Achse im Abstand $x_0 = -E/2\pi u_\infty$ vom Ursprung. Durch diesen Staupunkt verläuft eine Stromlinie, die dort senkrecht zur x-Achse beginnt und weiter nach rechts mehr und mehr zur positiven x-Achse parallel wird.

Das Stromlinienbild der resultierenden Strömung wird durch diese Staupunktstromlinie in zwei Gebiete eingeteilt, derart, daß die von der Parallelströmung herrührende Flüssigkeitsmenge ganz außerhalb und die von der Quellströmung herrührende Menge ganz innerhalb dieser Stromlinie verläuft. Faßt man diese Staupunktstromlinie als feste Wand auf, und betrachtet man nur die Strömung im Außenraum, so hat man die Strömung um einen zylindrischen Körper mit runder Nase und parallelen Flanken, der nach der einen Seite parallel zur Anströmrichtung unendlich lang ist. Wir nennen ihn den *ebenen Halbkörper*. Da diese Strömung typisch ist für die Strömung am vorderen Teil eines jeden zylindrischen Körpers mit abgerundeter Nase, z. B. eines Tragflügelprofils bei symmetrischer Anströmung, möge sie hier etwas näher untersucht werden.

Die Breite D des ebenen Halbkörpers in großem Abstand von der Nase, $x \to \infty$, erhält man aus der schon angegebenen Bedingung, daß die gesamte aus der Quelle ausströmende Menge innerhalb des Halbkörpers fließt. Dies gibt $Du_\infty = E$ und somit $D = E/u_\infty$.

Die *Kontur des Körpers* erhält man aus der Stromfunktion der resultierenden Strömung. Wie hier nicht näher ausgeführt werden soll, erhält man für die Kontur in Polarkoordinaten die Gleichung:

$$r = \frac{D}{2\pi} \frac{\varphi}{\sin\varphi}. \tag{2.104}$$

Dabei ist φ der vom Staupunkt aus gemessene Polarwinkel. Die nach Gl. (2.104) errechnete Kontur ist aus Abb. 2.25a zu ersehen.

Die Druckverteilung längs der Oberfläche des Halbkörpers erhält man aus der BERNOULLIschen Gleichung, wie hier ebenfalls nicht näher ausgeführt werden soll, zu

$$c_p = \frac{p - p_\infty}{q_\infty} = \frac{\sin 2\varphi}{\varphi} - \left(\frac{\sin\varphi}{\varphi}\right)^2. \tag{2.105}$$

Dabei bedeutet $q_\infty = (\varrho/2)\, u_\infty^2$ den Staudruck der Anströmung. Die hiernach berechnete Druckverteilung ist in Abb. 2.25b längs der Achse des Körpers aufgetragen. In einer gewissen Umgebung der Nase herrscht Überdruck, während weiter stromabwärts Unterdruck vorhanden ist. Der stärkste Unterdruck beträgt $p - p_\infty = -0{,}57 q_\infty$. Der Überdruck in der Umgebung der Nase liefert eine nach hinten (in Strömungsrichtung) gerichtete Druckkraft, während der Unterdruck eine nach vorn gerichtete Saugkraft ergibt. Die sich aus diesen beiden Anteilen ergebende resultierende Kraft ist Null, wie hier ohne Beweis angegeben werden möge. Man hat also das Ergebnis, daß die aus der Druckverteilung auf der Körperoberfläche resultierende Kraft in Strömungsrichtung, der sog. *Widerstand*, Null ist. Dieses Ergebnis steht im Widerspruch mit der Erfahrung, nach welcher jeder Körper einen Widerstand hat (D'ALEMBERTsches Paradoxon). Dieser rührt her von den Schubkräften, die in der wirklichen Flüssigkeit von der Strömung auf die Wand übertragen werden. Die Abweichung zwischen der Theorie und der Erfahrung ist auf die Vernachlässigung der Zähigkeit zurückzuführen.

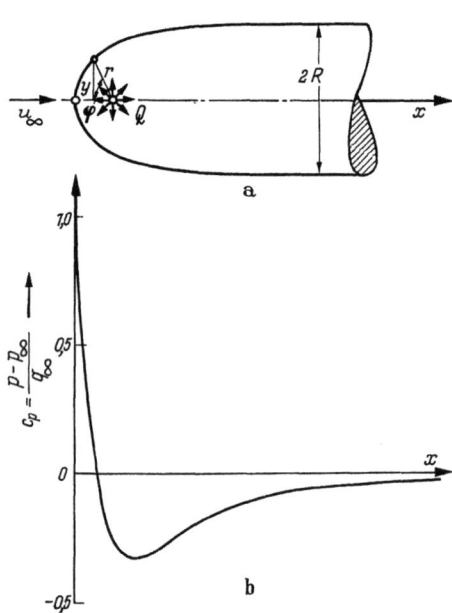

Abb. 2.26. Strömung um einen *rotationssymmetrischen* Halbkörper
a) Körperform; b) Druckverteilung auf der Oberfläche des Körpers

Wenn auch die Theorie der reibungslosen Flüssigkeit somit für den Widerstand ein unbrauchbares Ergebnis liefert, so ist die aus ihr ermittelte Druckverteilung in vielen Fällen doch in guter Übereinstimmung mit der Erfahrung, wie wir späterhin noch sehen werden.

2.358 Strömung um einen rotationssymmetrischen Halbkörper. Durch die Überlagerung der Translationsströmung mit der räumlichen Quellströmung erhält man die Strömung um einen rotationssymmetrischen Halbkörper. Die Überlagerung der Translationsströmung der Geschwindigkeit u_∞ längs der x-Achse mit der räumlichen Quelle der Ergiebigkeit E im Ursprung nach Abb. 2.26 ergibt für das Potential der resultierenden Strömung

$$\Phi(x, y, z) = u_\infty x - \frac{E}{4\pi r}. \qquad (2.106)$$

mit $r^2 = x^2 + y^2 + z^2$. Die Geschwindigkeitskomponenten sind:

$$u = u_\infty + \frac{E}{4\pi} \frac{x}{r^3}; \quad v = \frac{E}{4\pi} \frac{y}{r^3}; \quad w = \frac{E}{4\pi} \frac{z}{r^3}.$$

Auf der negativen x-Achse befindet sich ein Staupunkt in Abstand $x_0 = \sqrt{E/4\pi\, u_\infty}$ vom Ursprung. Die durch diesen Staupunkt gehende rotationssymmetrische Stromfläche teilt die Translationsströmung von der Quellströmung und kann als Körperkontur aufgefaßt werden. Die Außenströmung gibt die Umströmung dieses rotationssymmetrischen Halbkörpers, der für große x einen konstanten Radius R hat. Dieser Radius des Halbkörpers ergibt sich aus $\pi R^2 u_\infty = E$ zu $R = \sqrt{E/\pi u_\infty}$. Die Gestalt des Halbkörpers kann aus der Bedingung berechnet werden, daß die Flüssigkeitsmenge der Translationsströmung für einen Zylinder vom Durchmesser $2y$ gleich sein muß der Teilmenge der Quellströmung, die im Kegel vom halben Öffnungswinkel φ enthalten ist (Abb. 2.26a). Dies ergibt $\pi y^2 u_\infty = E(1 - \cos\varphi)/2$. Damit erhält man für die Kontur, wenn man noch $y = r \sin\varphi$ einführt:

$$\frac{r}{R} = \frac{\sin(\varphi/2)}{\sin\varphi}. \tag{2.107}$$

Für die Druckverteilung auf der Kontur ergibt sich nach einfacher Rechnung:

$$c_p = \frac{p - p_\infty}{q_\infty} = 1 - 4\sin^2\frac{\varphi}{2} + 3\sin^4\frac{\varphi}{2}. \tag{2.108}$$

Die hiernach errechnete Druckverteilung ist in Abb. 2.26b mit angegeben. Das Druckminimum beträgt $(p - p_\infty)_{\min} = -0{,}33\, q_\infty$; es ist kleiner als beim ebenen Halbkörper nach Abb. 2.25b. Bei gleicher Anströmgeschwindigkeit ist also die größte Geschwindigkeit auf der Körperoberfläche beim rotationssymmetrischen Halbkörper kleiner als beim ebenen Halbkörper.

2.359 Dipolströmung. Bei den beiden zuletzt behandelten Beispielen hatten wir Körperformen erhalten, die sich in einer Richtung ins Unendliche erstrecken. Sorgt man durch Anbringen von Senken im hinteren Teil des Körpers dafür, daß die gesamte aus der Quelle entstammende Flüssigkeitsmenge in den Senken wieder verschluckt wird, so bleibt in großem Abstand von den Quellen und Senken keine Wirkung übrig, und man kann auf diese Weise Körperkonturen erhalten, die sich im Endlichen wieder schließen. Durch verschiedene Anordnungen von Quellen und Senken auf der Achse des Körpers läßt sich eine große Mannigfaltigkeit von Körperformen für den ebenen und rotationssymmetrischen Fall erhalten. Insbesondere kann man auf diese Weise durch einen Grenzübergang auch die geometrisch besonders einfachen Körperformen Kreiszylinder und Kugel erhalten, die im folgenden etwas näher behandelt werden mögen.

64   II. Inkompressible reibungslose Strömungen (Hydrodynamik)

Als Vorarbeit betrachten wir zunächst den Fall einer ebenen Quelle und Senke von gleicher Intensität E (Quell-Senken-Paar), die im Abstand h derart angeordnet sind, daß sich die Senke im Ursprung und

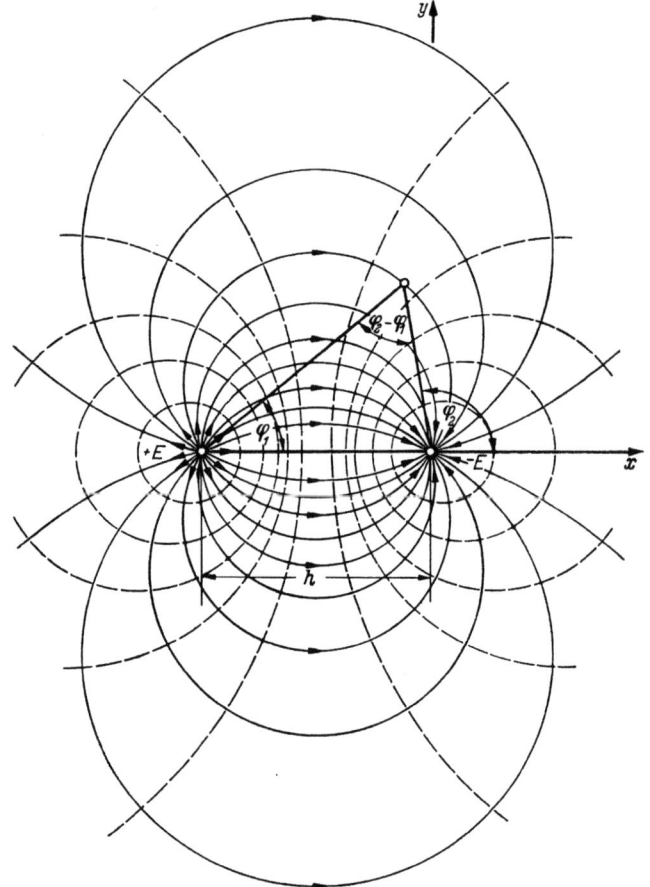

Abb. 2.27. Stromlinien und Potentiallinien eines Quell-Senken-Paares

die Quelle auf der negativen x-Achse befindet, Abb. 2.27. Das Potential lautet nach Gl. (2.91):

$$\Phi(x, y) = \frac{E}{2\pi} \left[\ln \sqrt{(x+h)^2 + y^2} - \ln \sqrt{x^2 + y^2} \right], \qquad (2.109)$$

während die Stromfunktion geschrieben werden kann in der Form:

$$\Psi = \frac{E}{2\pi} (\varphi_1 - \varphi_2). \qquad (2.110)$$

Dabei bedeuten φ_1 und φ_2 die von der Quelle bzw. Senke aus gemessenen Polarwinkel. Die Stromlinien $\Psi = $ const sind also die Kurven

2.3 Zwei- und dreidimensionale Potentialströmungen

$\varphi_2 - \varphi_1 = $ const, und somit das Kreisbüschel durch den Quell- und Senkenpunkt.

Durch Überlagerung dieses Quell-Senken-Paares mit einer Translationsströmung in Richtung der Verbindung von Quelle und Senke mit der Geschwindigkeit u_∞ erhält man *ovale Körperformen* von ellipsenähnlicher Gestalt, deren Schlankheitsgrad von dem Parameter $E/h\, u_\infty$ abhängig ist.

Eine besonders bemerkenswerte Strömung erhält man, wenn man bei dem Quell-Senken-Paar den Abstand gegen Null gehen läßt. Damit in diesem Fall aber noch eine Wirkung nach außen übrigbleibt, muß man gleichzeitig die Ergiebigkeit E umgekehrt proportional zum Abstand h anwachsen lassen, derart, daß $M = E\,h$ konstant bleibt. Das Potential dieser Strömung lautet somit nach Gl. (2.109):

$$\Phi(x, y) = \frac{M}{2\pi} \lim_{h \to 0} \frac{\ln \sqrt{(x+h)^2 + y^2} - \ln \sqrt{x^2 + y^2}}{h}.$$

Der Grenzwert für $h \to 0$ kann aber auch als Differentialquotient nach x geschrieben werden, so daß man hat:

$$\Phi(x, y) = \frac{M}{2\pi} \frac{\partial}{\partial x} \ln \sqrt{x^2 + y^2} = \frac{M}{2\pi} \frac{\partial}{\partial x} \ln r = \frac{M}{2\pi} \frac{x}{r^2}.$$

Man hat also, wenn man noch Polarkoordinaten einführt, für das Potential:

$$\Phi = \frac{M}{2\pi} \frac{x}{r^2} = \frac{M}{2\pi} \frac{\cos\varphi}{r}. \tag{2.111}$$

Dies ist die Strömung eines *Dipols*. Man nennt die Konstante M das Moment des Dipols. Die Stromfunktion des Dipols lautet:

$$\Psi = -\frac{M}{2\pi} \frac{y}{r^2} = -\frac{M}{2\pi} \frac{\sin\varphi}{r}. \tag{2.112}$$

Dies läßt sich dadurch verifizieren, daß man die Geschwindigkeitskomponenten bildet, die sich sowohl aus dem Potential Φ nach Gl. (2.111) als auch aus der Stromfunktion Ψ nach Gl. (2.112) ergeben zu:

$$\left.\begin{array}{l} u = \dfrac{M}{2\pi} \dfrac{y^2 - x^2}{r^4} = -\dfrac{M}{2\pi} \dfrac{\cos 2\varphi}{r^2}, \\[2mm] v = -\dfrac{M}{2\pi} \dfrac{2xy}{r^4} = -\dfrac{M}{2\pi} \dfrac{\sin 2\varphi}{r^2}. \end{array}\right\} \tag{2.113}$$

Der Geschwindigkeitsbetrag $|\mathfrak{w}| = \sqrt{u^2 + v^2}$ ist hiernach also

$$|\mathfrak{w}| = \frac{M}{2\pi} \frac{1}{r^2}. \tag{2.114}$$

Während bei der ebenen Quelle und Senke der Geschwindigkeitsbetrag nach Gl. (2.92) nach außen mit $1/r$ abnimmt, ändert er sich beim Dipol mit $1/r^2$.

66 II. Inkompressible reibungslose Strömungen (Hydrodynamik)

Die Stromlinien $\Psi = $ const dieser Dipolströmung sind gegeben durch die Kreisschar, welche die x-Achse im Ursprung tangiert. Dies erkennt man sofort aus Gl. (2.112) und Abb. 2.28, wenn man die Gleichung der Stromlinien in der Form $\sin\varphi = $ const $\cdot r$ schreibt. Die Potentiallinien bilden das hierzu orthogonale Kreisbüschel, welches die

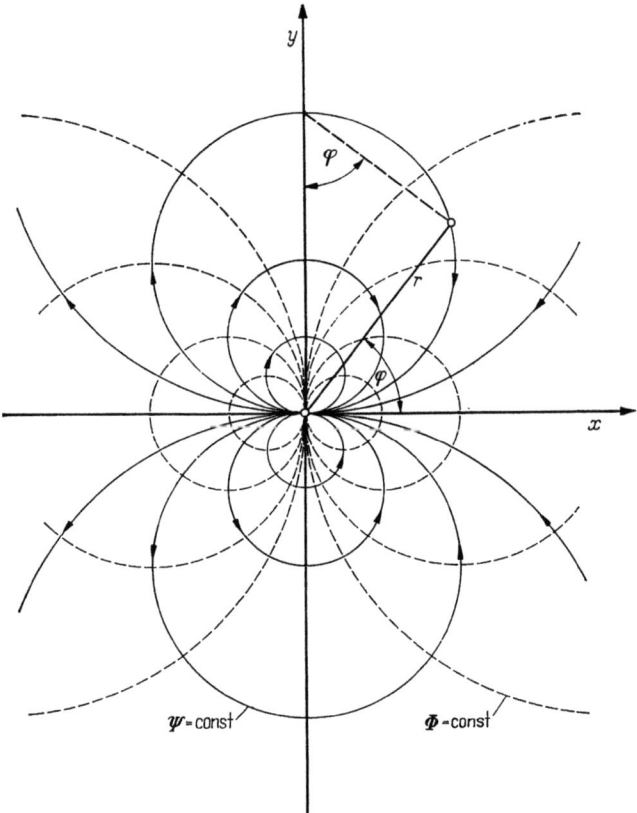

Abb. 2.28. Stromlinien und Potentiallinien der Dipolströmung

y-Achse tangiert. Man nennt die Symmetrielinie des Stromlinien-Kreisbüschels, im vorliegenden Fall also die x-Achse, die Achse des Dipols. Obgleich ein Dipol ein punktförmiges Gebilde ist, besitzt er doch eine ausgezeichnete Richtung in seiner Achse, welche die Richtung des Quell-Senken-Paares angibt, aus welchem der Dipol durch Grenzübergang hervorgegangen ist.

2.35.10 Strömung um einen Kreiszylinder. Aus der Dipolströmung erhält man in einfacher Weise die Strömung um einen Kreiszylinder durch Überlagerung mit einer Translationsströmung der Geschwindigkeit u_∞ in

2.3 Zwei- und dreidimensionale Potentialströmungen

Richtung der x-Achse. Das Potential der resultierenden Strömung ist nach Gl. (2.111):

$$\Phi(x, y) = u_\infty x + \frac{M}{2\pi} \frac{x}{r^2}. \qquad (2.115)$$

Die x-Komponente der Geschwindigkeit verschwindet in zwei symmetrisch zum Ursprung gelegenen Punkten. Da in diesen auch die y-Komponente der Geschwindigkeit Null ist, sind diese beiden Punkte Staupunkte der resultierenden Strömung. Aus $u = 0$ erhält man:

$$M = 2\pi u_\infty R^2. \qquad (2.116)$$

Setzt man diesen Wert in Gl. (2.115) ein, so lautet das Potential:

$$\Phi = u_\infty \left(1 + \frac{R^2}{r^2}\right) x = u_\infty \left(r + \frac{R^2}{r}\right) \cos\varphi \qquad (2.117)$$

und die Stromfunktion mit Gl. (2.112):

$$\Psi = u_\infty \left(1 - \frac{R^2}{r^2}\right) y = u_\infty \left(r - \frac{R^2}{r}\right) \sin\varphi. \qquad (2.118)$$

Aus der letzten Gleichung ist sofort ersichtlich, daß der Kreis $r = R$ eine Stromlinie ist und daß er zur Stromlinie $\Psi = 0$ gehört, die von der positiven und negativen x-Achse gebildet wird. In ähnlicher Weise wie beim Halbkörper verzweigt sich diese zum Staupunkt führende Stromlinie und bildet dabei die Kreiskontur. Die Strömung um diese Kreis-

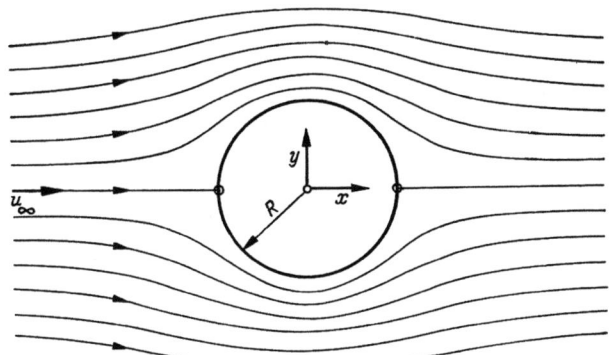

Abb. 2.29. Strömung um einen Kreiszylinder (Translationsströmung)

kontur, die sich nach den obigen Formeln leicht berechnen läßt, ist in Abb. 2.29 angegeben. Für die Geschwindigkeitskomponenten ergibt sich:

$$\left. \begin{array}{l} u = u_\infty \left(1 + R^2 \dfrac{y^2 - x^2}{r^4}\right) = u_\infty \left(1 - \dfrac{R^2}{r^2} \cos 2\varphi\right), \\[2mm] v = -2u_\infty R^2 \dfrac{x y}{r^4} = -u_\infty \dfrac{R^2}{r^2} \sin 2\varphi. \end{array} \right\} \qquad (2.119)$$

Es ist zweckmäßig, das Geschwindigkeitsfeld auch noch in Polarkoordinaten anzugeben, also die Komponenten w_r in radialer Richtung

II. Inkompressible reibungslose Strömungen (Hydrodynamik)

und w_φ in Umfangsrichtung. Diese ergeben sich aus dem Potential durch $w_r = \dfrac{\partial \Phi}{\partial r}$ und $w_\varphi = \dfrac{1}{r}\dfrac{\partial \Phi}{\partial \varphi}$ zu:

$$w_r = u_\infty \left(1 - \frac{R^2}{r^2}\right) \cos \varphi, \\ w_\varphi = -u_\infty \left(1 + \frac{R^2}{r^2}\right) \sin \varphi. \quad (2.120)$$

Auf der Kreiskontur verschwindet die radiale Geschwindigkeitskomponente, so daß der Geschwindigkeitsbetrag dort mit w_φ identisch ist. Man hat somit auf dem Kreis:

$$r = R: \quad w_K = 2 u_\infty \sin \varphi \quad (0 \leq \varphi \leq \pi). \quad (2.121)$$

Die maximale Geschwindigkeit des ganzen Feldes ist auf der Kontur bei $\varphi = \pi/2$ vorhanden; sie beträgt $w_{K\,\max} = 2 u_\infty$.

Die Druckverteilung längs der Kontur errechnet sich aus:

$$p + \frac{\varrho}{2} w_K^2 = p_\infty + \frac{\varrho}{2} u_\infty^2.$$

Bezieht man die Druckverteilung auf den Staudruck der Anströmung $q_\infty = \varrho\, u_\infty^2/2$, so erhält man den Druckbeiwert

$$c_p = \frac{p - p_\infty}{q_\infty} = 1 - \frac{w_K^2}{u_\infty^2} = 1 - 4 \sin^2 \varphi = 2 \cos 2\varphi - 1. \quad (2.122)$$

In Abb. 2.30 ist die hiernach errechnete Druckverteilung über dem abgewickelten Umfang aufgetragen. Die resultierende Kraft in Strömungsrichtung ist Null. Die wirkliche Druckverteilung zeigt erhebliche

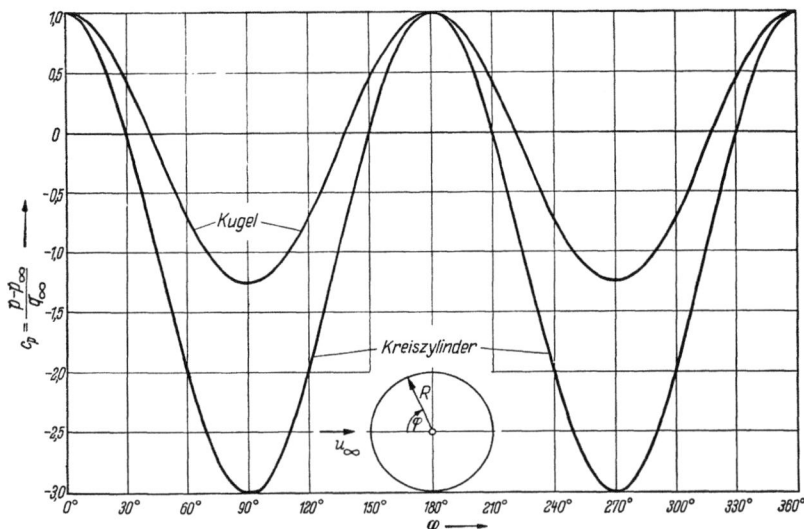

Abb. 2.30. Druckverteilung auf der Oberfläche eines Kreiszylinders und einer Kugel bei inkompressibler, reibungsloser Strömung

2.3 Zwei- und dreidimensionale Potentialströmungen

Abweichungen von dieser potentialtheoretischen. Diese Abweichungen rühren daher, daß auf der Rückseite das wirkliche Strömungsbild erheblich anders aussieht, als es hier von der reibungslosen Strömung geliefert wird. Infolge der Reibungseinflüsse tritt auf der Rückseite eine Ablösung der Strömung vom Körper und damit eine Umgestaltung der Druckverteilung ein, die mit einem großen Widerstand verbunden ist. Hierüber wird in Kap. IV berichtet werden, vgl. Abb. 4.7 und 4.11. Die Strömung um den Kreiszylinder wird in Kap. 2.545 weiter behandelt.

2.35.11 Strömung um eine Kugel. In analoger Weise wie vorstehend für den Kreiszylinder erhält man die Strömung um eine Kugel durch Überlagerung der räumlichen Dipolströmung mit der Translationsströmung. Das Potential des räumlichen Dipols, der sich im Ursprung befindet und dessen Achse mit der x-Achse zusammenfällt, erhält man aus demjenigen der räumlichen Quelle genauso wie bei der ebenen Strömung (Kap. 2.359) durch Differentiation nach x. Mit dem Quellpotential nach Gl. (2.99) hat man somit für das Potential der resultierenden Strömung mit $M = E h$:

$$\Phi(x, y, z) = u_\infty x + \frac{M}{4\pi} \frac{x}{r^3}. \qquad (2.123)$$

Hieraus ergibt sich die x-Komponente der Geschwindigkeit zu:

$$u = u_\infty + \frac{M}{4\pi} \frac{r^2 - 3x^2}{r^5}.$$

Auf der x-Achse gibt es zwei zum Ursprung symmetrisch gelegene Staupunkte. Aus $u = 0$ ergibt sich ihr Abstand vom Ursprung zu:

$$x_0 = \pm R = \pm \sqrt[3]{\frac{M}{2\pi u_\infty}}.$$

Durch Einsetzen in Gl. (2.123) findet man für das Potential:

$$\Phi = u_\infty x \left(1 + \frac{1}{2} \frac{R^3}{r^3}\right) = u_\infty \left(r + \frac{1}{2} \frac{R^3}{r^2}\right) \cos\varphi. \qquad (2.124)$$

Die radiale Geschwindigkeitskomponente $w_r = \partial \Phi/\partial r$ ergibt sich hieraus zu:

$$w_r = u_\infty \left(1 - \frac{R^3}{r^3}\right) \cos\varphi.$$

Sie verschwindet auf der ganzen Kugel $r = R$, womit gezeigt ist, daß Gl. (2.124) das Potential für die Strömung um eine Kugel darstellt, die in Richtung der x-Achse angeströmt wird. Die rechtwinkligen Komponenten der Geschwindigkeit ergeben sich zu:

$$\left.\begin{array}{l} u = u_\infty \left(1 + \dfrac{R^3}{2} \dfrac{r^2 - 3x^2}{r^5}\right), \quad v = -\dfrac{3}{2} u_\infty R^3 \dfrac{x y}{r^5}, \\[2mm] w = -\dfrac{3}{2} u_\infty R^3 \dfrac{x z}{r^5}. \end{array}\right\} \qquad (2.125)$$

Da die Strömung um die x-Achse rotationssymmetrisch ist, genügt es für die Ermittlung der Geschwindigkeitsverteilung auf der Oberfläche der Kugel, wenn wir diese auf dem Schnittkreis mit der x-y-Ebene angeben. Die Umfangskomponente der Geschwindigkeit für die x-y-Ebene ist $w_\varphi = \dfrac{1}{r} \dfrac{\partial \Phi}{\partial \varphi}$, somit

$$w_\varphi = -u_\infty \left(1 + \frac{1}{2}\frac{R^3}{r^3}\right) \sin\varphi.$$

Der Geschwindigkeitsbetrag auf der Kugeloberfläche ist also

$$r = R: \quad w_K = \frac{3}{2} u_\infty \sin\varphi \quad (0 \leq \varphi \leq \pi). \tag{2.126}$$

Während also beim Kreiszylinder nach Gl. (2.121) die maximale Geschwindigkeit gleich der doppelten Anströmungsgeschwindigkeit ist, ist sie bei der Kugel nur das Anderthalbfache. Für die Druckverteilung ergibt sich:

$$c_p = \frac{p - p_\infty}{q_\infty} = 1 - \frac{9}{4} \sin^2\varphi. \tag{2.127}$$

Sie ist in Abb. 2.30 miteingetragen. Wegen des Vergleiches dieser theoretischen Druckverteilung mit Messungen gilt ebenfalls das für den Kreiszylinder Gesagte, vgl. auch Kap. IV.

2.35.12 Strömung um andere Körper. Das vorstehend erläuterte Verfahren der Erzeugung von Körpern durch Quellen und Senken läßt sich erheblich weiter ausdehnen. Läßt man neben Einzelquellen und -senken auch kontinuierliche Quell- und Senkenverteilungen zu, so kann man eine große Mannigfaltigkeit von Körperformen erzeugen, insbesondere dann, wenn man auch noch eine ungleichförmige Intensitätsverteilung der Quellen und Senken zuläßt. Bedeutet $dE = q(x)\,dx$ die längs der x-Achse von $x = 0$ bis $x = l$ verteilte Quell- und Senkenintensität ($q > 0$, Quellen; $q < 0$, Senken), so muß, um einen geschlossenen Körper zu erhalten, die Quell-Senken-Summe gleich Null sein:

$$\int\limits_{x=0}^{l} q(x)\,dx = 0. \tag{2.128}$$

Für den *ebenen* Fall erhält man auf diese Weise zylindrische Körper von symmetrischer Gestalt, die in der Symmetrieebene angeströmt werden, wie z. B. symmetrische Tragflügelprofile bei symmetrischer Anströmung, vgl. Kap. VI. Das Potential lautet nach Gl. (2.102) für diesen Fall:

$$\Phi(x,y) = u_\infty x + \frac{1}{2\pi} \int\limits_{\xi=0}^{l} q(\xi) \ln \sqrt{(x-\xi)^2 + y^2}\,d\xi. \tag{2.129}$$

2.3 Zwei- und dreidimensionale Potentialströmungen

Für den *rotationssymmetrischen* Fall erhält man axial angeströmte Drehkörper von der Art von Luftschiffkörpern und Flugzeugrümpfen, vgl. Kap. IX. In diesem Fall lautet das Potential nach Gl. (2.106):

$$\Phi(x, y, z) = u_\infty x - \frac{1}{4\pi} \int_{\xi=0}^{l} \frac{q(\xi)\, d\xi}{\sqrt{(x-\xi)^2 + y^2 + z^2}}. \tag{2.130}$$

Der rotationssymmetrische Fall ist insbesondere von G. FUHRMANN [*19*] weiter ausgebaut worden. Abb. 2.31 zeigt die Strömung um einen

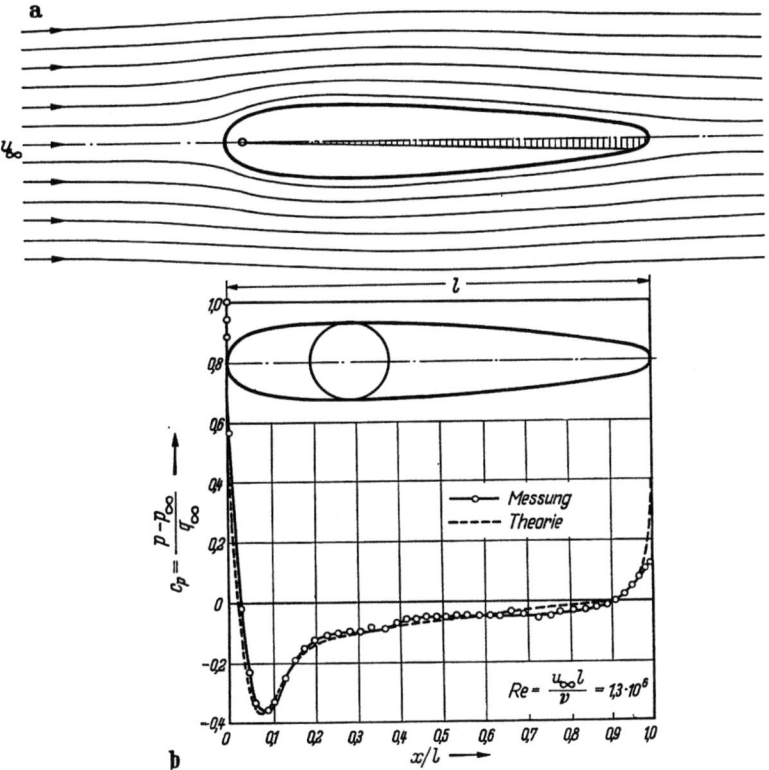

Abb. 2.31. Stromlinienbild und Druckverteilung eines axial angeströmten Drehkörpers (nach G. FUHRMANN [*19*], Körper III)
a) Stromlinienbild; b) Druckverteilung auf der Oberfläche des Körpers

schlanken Drehkörper (sog. Stromlinienkörper). Dabei ist in der oberen Abbildung die Quell-Senken-Verteilung mit angegeben. Die theoretische Druckverteilung ist hierbei in ausgezeichneter Übereinstimmung mit Messungen.

2.4 Wirbelbewegung

2.41 Begriff der Zirkulation

Bisher wurden ausschließlich drehungsfreie Strömungen betrachtet, d. h. solche, für welche im ganzen Geschwindigkeitsfeld die Gleichung rot $\mathfrak{w} = 0$ erfüllt ist. Allgemein hatten wir festgestellt, daß die Bewegungen einer reibungslosen, inkompressiblen Flüssigkeit die beiden Gleichungen div $\mathfrak{w} = 0$ und rot $\mathfrak{w} = 0$ erfüllen, von denen die erstere physikalisch aussagt, daß im ganzen Strömungsfeld keine Masse entsteht und verschwindet (Quellenfreiheit), während die zweite Gleichung die rein kinematische Bedingung der Drehungsfreiheit ist. Nun sind aber, wie wir gesehen haben, gerade solche Strömungen von besonderem Interesse, bei welchen in einzelnen Punkten oder auf einzelnen Linien die Bedingung der Quellenfreiheit nicht erfüllt ist, wo also an einzelnen Stellen div $\mathfrak{w} \neq 0$ ist. Bei der räumlichen Quell- und Senkenströmung ist die Bedingung der Quellenfreiheit in einem Punkt, dem Quell- bzw. Senkenpunkt, verletzt, und bei der ebenen Quell- und Senkenströmung auf der unendlich langen Quellinie. Der Quell- oder Senkenpunkt und die Quell- oder Senkenlinie sind *singuläre Stellen* des Strömungsfeldes, bei dem an allen übrigen Stellen die Gleichung der Quellenfreiheit erfüllt ist. Durch Überlagerung einer solchen Strömung mit singulären Stellen mit anderen regulären Strömungen hatten sich praktisch besonders wichtige Fälle ergeben, wie z. B. die Strömungen um den Kreiszylinder, die Kugel und schlanke Drehkörper, die axial angeströmt werden.

In diesem Abschnitt wollen wir jetzt solche Strömungen einer reibungslosen Flüssigkeit behandeln, bei denen in ähnlicher Weise an einzelnen Stellen des Geschwindigkeitsfeldes die Bedingung der Drehungsfreiheit nicht erfüllt ist, wo also an einzelnen Stellen rot $\mathfrak{w} \neq 0$ ist. Solche Strömungen heißen *Wirbelbewegungen*, wie wir nachher noch näher erläutern werden. Es wird sich zeigen, daß diejenigen singulären Stellen des Geschwindigkeitsfeldes, an welchen die Bedingung der Drehungsfreiheit nicht erfüllt ist, auf einer Kurve, der sog. Wirbellinie, liegen. Solche Wirbelbewegungen ergeben durch Überlagerung mit regulären Strömungen weitere praktisch besonders wichtige Strömungen, und zwar insbesondere Strömungen um auftrieberzeugende Körper (Tragflügel).

Als Vorbereitung der Betrachtungen über Wirbelbewegungen führen wir den Begriff des *Linienintegrals der Geschwindigkeit* längs einer Kurve ein. Wir definieren: Das Linienintegral L der Geschwindigkeit längs einer gegebenen Kurve C zwischen den Punkten A und B ist das Integral über das Produkt des Bogenelements $d\mathfrak{s}$ mit der Geschwin-

2.4 Wirbelbewegung

digkeitskomponente in Richtung der Kurve, Abb. 2.32a. Somit ist:

$$L = \int_A^B \mathfrak{w}\, d\mathfrak{s} = \int_A^B |\mathfrak{w}|\, \cos\alpha\, ds. \qquad (2.131)$$

Das Linienintegral der Geschwindigkeit ist laut Definition eine skalare Größe. Die Definition dieses Linienintegrals ist nicht auf reibungslose, inkompressible Strömungen beschränkt. Es bedeutet α den Winkel zwischen dem Geschwindigkeitsvektor und der Kurventangente.

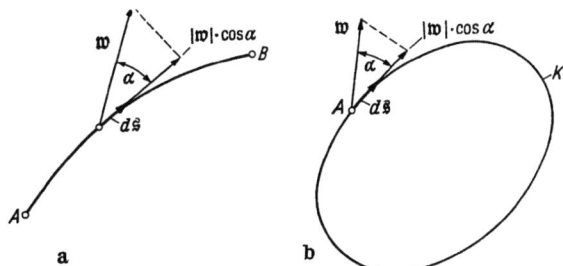

Abb. 2.32. Zur Definition a) des Linienintegrals der Geschwindigkeit längs einer Kurve C, b) der Zirkulation längs einer geschlossenen Kurve K

Verläuft die Kurve C *senkrecht* zu den Stromlinien, d. h. längs einer Potentiallinie, so ist wegen $\cos\alpha = 0$ das Linienintegral L gleich Null. Andererseits ist einfach $L = \int_A^B |\mathfrak{w}|\, ds$, falls die Kurve C *längs* einer Stromlinie verläuft. Wünscht man das Linienintegral der Geschwindigkeit durch die rechtwinkligen Geschwindigkeitskomponenten auszudrücken, so erhält man mit $\mathfrak{w} = \mathfrak{i}\,u + \mathfrak{j}\,v + \mathfrak{k}\,w$ und $d\mathfrak{s} = \mathfrak{i}\,dx + \mathfrak{j}\,dy + \mathfrak{k}\,dz$ aus Gl. (2.131):

$$L = \int_A^B (u\,dx + v\,dy + w\,dz). \qquad (2.131\text{a})$$

Ersetzt man für Potentialströmungen die Geschwindigkeitskomponenten nach Gl. (2.71) durch das Potential, so erhält man:

$$L = \int_A^B \left(\frac{\partial \Phi}{\partial x}\,dx + \frac{\partial \Phi}{\partial y}\,dy + \frac{\partial \Phi}{\partial z}\,dz\right) = \int_A^B d\Phi,$$

und nach Ausführung der Integration:

$$L = \Phi_B - \Phi_A. \qquad (2.132)$$

Das Linienintegral der Geschwindigkeit längs der Kurve C von A nach B ist also für eine Potentialströmung gleich der Potentialdifferenz in den Punkten B und A. Falls das Potential eindeutig ist, ist das Linien-

74   II. Inkompressible reibungslose Strömungen (Hydrodynamik)

integral somit unabhängig von dem Verlauf der Kurve C zwischen ihrem Anfangs- und Endpunkt.

Von dem Linienintegral der Geschwindigkeit kommen wir jetzt zu dem wichtigen Begriff der *Zirkulation*: Wir verstehen unter der Zirkulation das *Linienintegral der Geschwindigkeit längs einer geschlossenen Kurve*. Es ist also nach Gl. (2.131) die Zirkulation Γ gegeben durch:

$$\Gamma = \oint_{(K)} \mathfrak{w}\, d\mathfrak{s} = \oint_{(K)} |\mathfrak{w}|\cos\alpha\, ds, \tag{2.133}$$

wobei das Integral über die geschlossene Kurve K zu erstrecken ist (Abb. 2.32 b). Auch die Definition der Zirkulation ist nicht auf reibungslose, inkompressible Strömungen beschränkt. Ausgedrückt durch die rechtwinkligen Geschwindigkeitskomponenten ist die Zirkulation:

$$\Gamma = \oint_{(K)} (u\, dx + v\, dy + w\, dz). \tag{2.133a}$$

Für Potentialströmungen ergibt sich die Zirkulation nach Gl. (2.132) zu:

$$\Gamma = \Phi_{B\to A} - \Phi_A. \tag{2.134}$$

Dabei ist dies die Potentialdifferenz, die man nach *einem* Umlauf über die geschlossene Kurve K bei Rückkehr zum Punkt A erhält. Diese Potentialdifferenz ist nur bei Mehrdeutigkeit des Potentials von Null verschieden. Die Zirkulation ist ebenso wie das Linienintegral der Geschwindigkeit gleich Null, wenn der Integrationsweg K längs einer Potentiallinie verläuft, allerdings mit der Einschränkung, daß das Potential eindeutig und stetig ist. Auch längs einer beliebigen Kurve K ist die Zirkulation Null, wenn das Geschwindigkeitspotential eindeutig ist. Bei mehrdeutigem oder unstetigem Potential kann die Zirkulation sowohl längs einer geschlossenen Stromlinie als auch längs einer beliebigen geschlossenen Kurve von Null verschieden sein. Wie sich im folgenden noch näher ergeben wird, sind gerade Geschwindigkeitsfelder mit mehrdeutigem Potential, bei denen also die Zirkulation von Null verschieden sein kann, von besonderer Bedeutung für den Auftrieb von umströmten Körpern.

Die Zirkulation steht in engem Zusammenhang mit der Drehung der Strömung, worüber im nächsten Abschnitt berichtet werden soll.

2.42 Zusammenhang zwischen Zirkulation und Drehung (Stokes)

Es besteht ein wichtiger Zusammenhang zwischen der Zirkulation längs einer Kurve K und der Drehung der Strömung in der von der Kurve K umschlossenen Fläche. Wir wollen diesen Zusammenhang zunächst für eine ebene Strömung angeben. Es sei nach Abb. 2.33 in der x-y-Ebene ein Flächenelement $dF = dx\,dy$ gegeben, für dessen

2.4 Wirbelbewegung

Randkurve die Zirkulation $d\Gamma$ ermittelt werden soll. Man erhält die Zirkulation $d\Gamma$ als die Summe der Linienintegrale der Geschwindigkeit längs der vier Rechteckseiten:

$$d\Gamma = L(AB) + L(BC) + L(CD) + L(DA).$$

Mit den an den Rechteckseiten angeschriebenen Geschwindigkeiten ergibt sich:

$$d\Gamma = u\, dx + \left(v + \frac{\partial v}{\partial x} dx\right) dy - \left(u + \frac{\partial u}{\partial y} dy\right) dx - v\, dy$$

oder

$$d\Gamma = \left(\frac{\partial v}{\partial x} - \frac{\partial u}{\partial y}\right) dx\, dy.$$

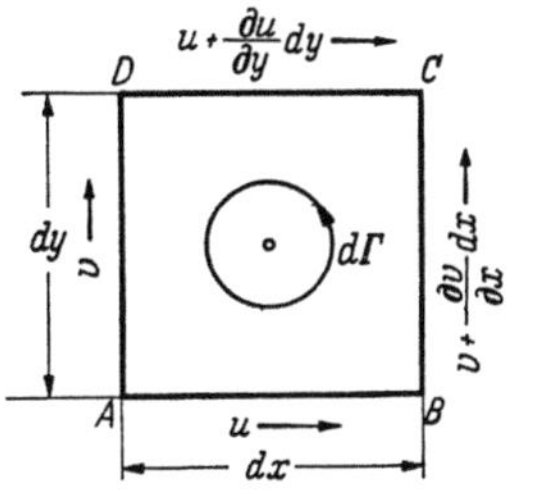

Nach Einführung der Drehung nach Gl. (2.31) kommt:

$$d\Gamma = 2\omega_z\, dF$$

und hieraus durch Integration über eine Fläche F:

$$\Gamma = 2 \iint\limits_{(F)} \omega_z\, dF. \qquad (2.135)$$

Abb. 2.33. Zirkulation und Drehung eines Flächenelementes

Es gilt also über den Zusammenhang von Drehung und Zirkulation der Satz: Die Zirkulation über die Randkurve einer beliebigen Fläche ist gleich dem doppelten Flächenintegral über die Drehung (Wirbelstärke) einer Strömung in dieser Fläche (STOKESscher Satz).

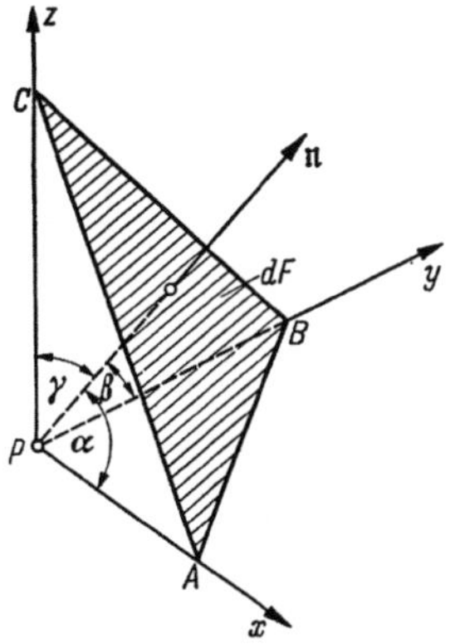

Wir wollen den durch Gl. (2.135) gegebenen Zusammenhang zwischen der Zirkulation und Drehung jetzt noch verallgemeinern für den Fall einer dreidimensionalen Strömung. Es sei nach Abb. 2.34 dF ein beliebig im Raum liegendes Flächenelement, dessen Normale $\mathfrak{n}$ mit den Koordinatenachsen die Winkel α, β, γ bildet. Die Projektionen von dF auf die drei Koordinatenebenen sind dann:

$$dF_x = dF \cos\alpha; \quad dF_y = dF \cos\beta;$$
$$dF_z = dF \cos\gamma.$$

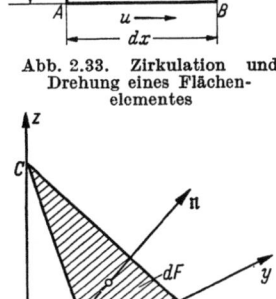

Abb. 2.34. Zur Herleitung des STOKESschen Satzes über den Zusammenhang zwischen Zirkulation und Drehung für eine dreidimensionale Strömung

Die Zirkulation $d\Gamma$ für die Fläche dF kann in folgender Weise ausgedrückt werden durch die Summe der Zirkulationen der Flächen dF_x, dF_y, dF_z:

$$d\Gamma = L(BCAB) = L(PBCP) + L(PCAP) + L(PABP).$$

Die drei auf der rechten Seite stehenden Zirkulationsintegrale sind nach Gl. (2.135):

$$d\Gamma = 2\omega_x\, dF_x + 2\omega_y\, dF_y + 2\omega_z\, dF_z$$

oder

$$d\Gamma = 2(\omega_x \cos\alpha + \omega_y \cos\beta + \omega_z \cos\gamma)\, dF.$$

Die rechte Seite dieser Gleichung kann aber geschrieben werden als das skalare Produkt des Drehvektors $\bar{\omega} = \mathfrak{i}\omega_x + \mathfrak{j}\omega_y + \mathfrak{k}\omega_z$ mit dem Vektor des Flächenelementes $d\mathfrak{F}$; somit gilt:

$$d\Gamma = 2\bar{\omega}\, d\mathfrak{F}.$$

76   II. Inkompressible reibungslose Strömungen (Hydrodynamik)

Nach Integration über eine beliebige räumliche Fläche F hat man:
$$\Gamma = 2 \iint_{(F)} \bar{\omega}\, d\mathfrak{F} = \iint_{(F)} \text{rot } \mathfrak{w}\, d\mathfrak{F}. \tag{2.136}$$

Unter Einführung von Γ nach Gl. (2.133) läßt sich dieses Ergebnis auch schreiben in der Form:
$$\Gamma = \oint_{(K)} \mathfrak{w}\, d\mathfrak{s} = \iint_{(F)} \text{rot } \mathfrak{w}\, d\mathfrak{F} = 2 \iint_{(F)} \bar{\omega}\, d\mathfrak{F}. \tag{2.137}$$

Dies ist der STOKESsche Satz für den allgemeinen Fall der dreidimensionalen Strömung. Er ist ebenso auszusprechen wie oben für die ebene Strömung: Das doppelte Flächenintegral über die Drehung einer Strömung innerhalb einer beliebigen räumlichen Fläche ist gleich der Zirkulation längs der Randkurve dieser Fläche.

2.43 Beispiele für Strömung mit Zirkulation

2.431 Translationsströmung mit Trennungsfläche.
Gegeben sei nach Abb. 2.35a eine ebene Translationsströmung parallel zur x-Achse, die für $y > 0$ die Geschwindigkeit u_2 und für $y < 0$ die kleinere Geschwindigkeit u_1 besitzt. Es ist also die x-z-Ebene eine Trennungsfläche mit dem Geschwindigkeitssprung $u_2 - u_1$. Wählt man nach Abb. 2.35a als Integrationsweg

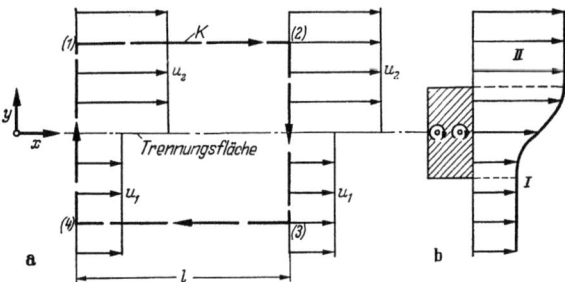

Abb. 2.35. Zur Berechnung der Zirkulation in einer Parallelströmung mit Trennungsfläche
a) Unstetige Geschwindigkeitsverteilung (in reibungsloser Strömung); b) Stetige Geschwindigkeitsverteilung mit steilem Geschwindigkeitsgradienten (in reibungsbehafteter Strömung)

das Rechteck K, dessen eines Seitenpaar parallel zu den Stromlinien ist und das die Trennungsfläche umschließt, so ergibt sich die Zirkulation als die Summe der Linienintegrale längs der vier Rechteckseiten:
$$\Gamma(K) = L(12) + L(23) + L(34) + L(41),$$
$$\Gamma(K) = + l\, u_2 + 0 - l\, u_1 + 0 = l(u_2 - u_1).$$

Für die gewählte Kurve K ist die Zirkulation also von Null verschieden. Im vorliegenden Fall ist das Potential dort unstetig, wo die Geschwindigkeitsverteilung den Sprung besitzt. Im Gebiet unterhalb der Trennungsfläche ist $\Phi_1 = u_1 x$, dagegen oberhalb der Trennungsfläche $\Phi_2 = u_2 x$. Es ist somit gemäß Gl. (2.134):
$$\Gamma = \Phi_2 - \Phi_1 = l(u_2 - u_1).$$

Ein Geschwindigkeitssprung nach Abb. 2.35a kann nur in einer reibungslosen Flüssigkeit bestehen. In der wirklichen Flüssigkeit bildet sich infolge der Reibungskräfte ein stetiger Übergang der Geschwindigkeitsverteilung nach Abb. 2.35b aus.

Für die Translationsströmung mit Trennungsfläche nach Abb. 2.35a ist die Unstetigkeitsfläche der Geschwindigkeit diejenige Stelle, wo die Drehung $\omega_z \neq 0$ ist. Auf dieser Unstetigkeitsfläche ist $\partial u/\partial y = \infty$ und damit $\omega_z \neq 0$. In einer wirklichen Flüssigkeit wird sich eine solche Unstetigkeit in der Geschwindigkeitsverteilung durch den Einfluß der

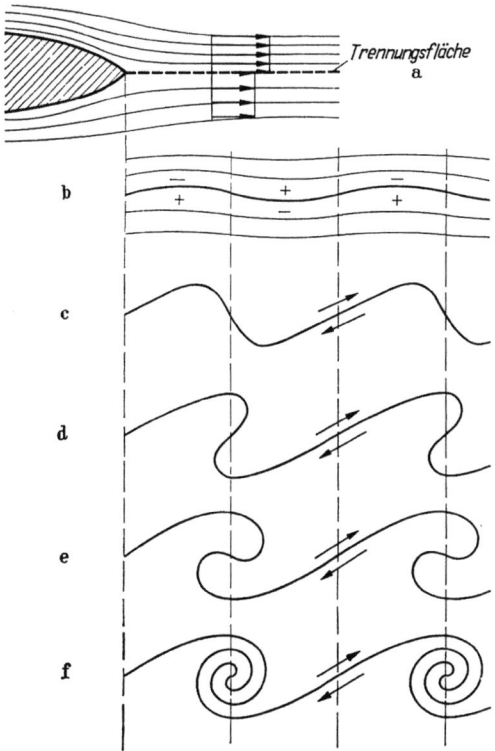

Abb. 2.36. Labilität einer Trennungsfläche (a). Die anfangs (b) geringe Welligkeit der Trennungsfläche führt zu einer Druckverteilung, welche die Welligkeit vergrößert (c). Danach tritt ein Überschlagen der Wellen ein (d und e) sowie schließlich ein Aufrollen zu einzelnen Wirbeln (f)

Reibung abflachen, derart, daß die Geschwindigkeit stetig von dem Gebiet I in das Gebiet II übergeht, wie es in Abb. 2.35b angedeutet ist. Es ist dann zwischen den beiden Gebieten ein Streifen endlicher Breite vorhanden (in Abb. 2.35b schraffiert), in welchem der Geschwindigkeitsgradient $\partial u/\partial y$ von Null verschieden und somit eine Drehung vorhanden ist.

Solche Trennungsflächen entstehen beim Zusammenfließen von zwei vorher getrennten Flüssigkeitsströmen, z. B. auf der Rückseite eines Körpers, Abb. 2.36. Dabei kann es vorkommen, daß zu beiden Seiten der Trennungsfläche die Konstante der BERNOULLIschen Gleichung verschieden, jedoch der Druck gleich ist. Solche Trennungsflächen zeigen eine starke Neigung dazu, daß irgendwelche zufälligen Ausbuchtungen sich schnell vergrößern. Bei einer nach Abb. 2.36b gewellten Trennungsfläche würde man im stationären Strömungszustand für die untere Strömung in den Wellentälern vergrößerte Geschwindigkeit, in den Wellenbergen verkleinerte Geschwindigkeit haben. Diese Drücke bewirken aber eine Vergrößerung der Wellenamplitude. Die Wellenform bildet sich somit mehr und mehr aus und wird bald unsymmetrisch, Abb. 2.36c und 2.36d. Die Wellen überschlagen sich schließlich, Abb. 2.36e, und spulen sich zu einzelnen Wirbeln auf, Abb. 2.36f.

2.432 Potentialwirbel. In Kap. 2.355 war bereits die Strömung eines Potentialwirbels behandelt worden, dessen Stromlinien lauter konzentrische Kreise sind (Abb. 2.24). Das Potential und die Stromfunktion sind durch Gl. (2.95) und (2.96) gegeben. Das Geschwindigkeitsfeld in Polarkoordinatendarstellung ist nach Gl. (2.97) $w_r = 0$ und $w_\varphi = \Gamma_0/2\pi r$. Berechnet man für diese Strömung die Zirkulation für einen Kreis K um den Ursprung vom Radius R, Abb. 2.24, so erhält man:

$$\Gamma(K) = 2\pi R\, w_\varphi(R) = 2\pi R \frac{\Gamma_0}{2\pi R} = \Gamma_0.$$

Die Zirkulation ist also gerade gleich der Konstanten Γ_0; sie ist unabhängig vom Radius des gewählten Kreises. Diese Strömung hat ein mehrdeutiges Potential. Man erhält die Zirkulation auch nach Gl. (2.95) und (2.134) in der Form:

$$\Gamma(K) = \frac{\Gamma_0}{2\pi}(\varphi + 2\pi) - \frac{\Gamma_0}{2\pi}\varphi = \Gamma_0.$$

Für jeden Integrationsweg, der den Ursprung nicht umschließt, ist die Zirkulation Null.

Man nennt das Geschwindigkeitsfeld, das mit seinen Geschwindigkeitskomponenten durch Gl. (2.97) und mit seinem Potential durch Gl. (2.95) gegeben ist, auch dasjenige eines unendlich langen *Wirbelfadens*. Den Wirbelfaden hat man sich in der z-Achse befindlich vorzustellen, die eine besondere Rolle spielt als singuläre Linie des Strömungsfeldes, da dort die Geschwindigkeit unendlich groß ist. Man nennt weiter Γ_0 die Wirbelstärke des unendlich langen, geraden Wirbelfadens, und man sagt, daß er in seiner Umgebung ein Geschwindigkeitsfeld *induziert*. Ein solcher Wirbelfaden mit seinem induzierten Geschwindigkeitsfeld besitzt nahe Verwandtschaft mit einem stromdurchflossenen Leiter und dem in seiner Umgebung induzierten magnetischen Feld. Auf diese Verwandtschaft werden wir später noch zurückkommen (Kap. 2.46).

2.433 Strömung um den Kreiszylinder mit Zirkulation. Wir wollen jetzt der Translationsströmung um einen Kreiszylinder nach Kap. 2.35.10

noch die Strömung eines Potentialwirbels überlagern. Dies ergibt die Kreiszylinderströmung mit Zirkulation, die für die Auftriebserzeugung des Tragflügels von grundlegender Bedeutung ist. Überlagert man der Translationsströmung des Kreiszylinders nach Abb. 2.29 einen ebenen Potentialwirbel, der auf der Zylinderachse angeordnet ist, so ist für die resultierende Strömung der Kreis auch wieder Stromlinie, da ja das Stromlinienbild des Potentialwirbels die sämtlichen zum Ursprung konzentrischen Kreise als Stromlinien hat, darunter auch die Kontur des Zylinders. Für einen im Uhrzeigersinn drehenden Wirbel ergibt sich eine Strömung um den Kreiszylinder, bei welcher auf der Oberseite

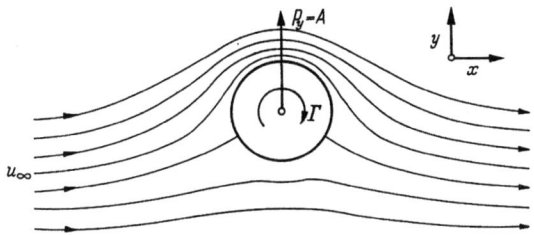

Abb. 2.37. Strömung um einen Kreiszylinder mit Zirkulation

die Geschwindigkeiten gegenüber der Translationsströmung vergrößert, dagegen auf der Unterseite verkleinert sind (Abb. 2.37). Diese Strömung hat auf der Kontur des Zylinders eine Druckverteilung, die auf der Unterseite größere Drücke als auf der Oberseite besitzt. Dadurch ergibt sich eine resultierende Kraft auf den Kreiszylinder in Richtung der y-Achse, ein sog. *Quertrieb oder Auftrieb*, den wir im folgenden berechnen wollen. Hierfür benötigen wir die Geschwindigkeitsverteilung und die Druckverteilung auf der Kontur des Kreiszylinders.

Für die Translationsströmung um den Kreiszylinder vom Radius R, dem ein im Kreismittelpunkt gelegener rechtsdrehender Potentialwirbel mit der Zirkulation Γ überlagert ist, hat man für die Geschwindigkeitsverteilung auf der Kontur:

$$w_\varphi(R) = w_0 + w_1, \tag{2.138}$$

wobei $w_0(\varphi)$ den Geschwindigkeitsbetrag über der Kontur für die Translationsströmung um den Kreiszylinder und w_1 die vom Potentialwirbel herrührende Geschwindigkeit auf der Zylinderkontur bedeuten. Nach Gl. (2.120) ist

$$w_0 = -2u_\infty \sin\varphi, \tag{2.139}$$

während nach Gl. (2.97) für den Potentialwirbel gilt:

$$w_1 = -\frac{\Gamma}{2\pi R}. \tag{2.140}$$

Die Druckverteilung auf der Zylinderkontur ist:

$$p - p_\infty = \frac{\varrho}{2}(u_\infty^2 - w_\varphi^2)$$

und mit w_φ nach Gl. (2.138):

$$p - p_\infty = \frac{\varrho}{2}[u_\infty^2 - (w_0^2 + 2w_0 w_1 + w_1^2)]. \tag{2.141}$$

Den Auftrieb des Zylinders erhält man durch Integration der Druckverteilung. Der Beitrag des Flächenelementes dF in Abb. 2.38 zur Kraft in der y-Richtung ist:

$$dP_y = -(p - p_\infty)\sin\varphi\, dF$$

oder

$$dP_y = -(p - p_\infty)\sin\varphi\, R\, b\, d\varphi$$

mit b als Höhe des Kreiszylinders. Die Integration über den Zylinderumfang ergibt:

$$P_y = -b R \int\limits_{\varphi=0}^{2\pi}(p - p_\infty)\sin\varphi\, d\varphi. \tag{2.142}$$

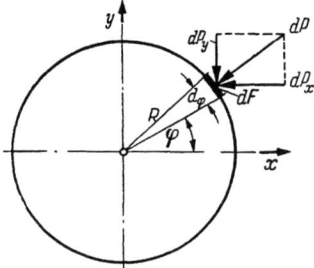

Abb. 2.38. Zur Berechnung der Querkraft (Auftrieb) für die Strömung um einen Kreiszylinder mit Zirkulation, nach Abb. 2.37

Für die Berechnung des Integrals ist die Druckverteilung nach Gl. (2.141) durch die Geschwindigkeitsverteilung zu ersetzen mit w_0 und w_1 nach Gl. (2.139) bzw. Gl.(2.140). Bei der Integration über den vollen Kreis nach Gl. (2.142) liefern diejenigen Glieder, welche $\sin\varphi$ und $\sin^3\varphi$ als Faktor besitzen, keinen Beitrag. Einen von Null verschiedenen Beitrag liefert nur das Glied mit dem Faktor $\sin^2\varphi$, welcher bei dem Glied $w_0 w_1$ auftritt. Somit vereinfacht sich Gl. (2.142) zu:

$$P_y = b R \varrho w_1 \int\limits_{\varphi=0}^{2\pi} w_0 \sin\varphi\, d\varphi$$

oder mit w_0 und w_1 nach Gl. (2.139) bzw. (2.140):

$$P_y = 2b R \varrho \frac{\Gamma}{2\pi R} u_\infty \int\limits_{\varphi=0}^{2\pi}\sin^2\varphi\, d\varphi.$$

Das Integral hat den Wert π. Damit kommt schließlich:

$$P_y = A = \varrho\, b\, u_\infty\, \Gamma. \tag{2.143}$$

Dies ist die Formel von KUTTA-JOUKOWSKY. Wir haben also gefunden, daß ein Kreiszylinder mit Zirkulation einen Quertrieb (Auftrieb) erfährt, welcher der Anströmungsgeschwindigkeit u_∞ und der Zirkulation Γ proportional ist. Die Kraft in Richtung der Anströmung (x-Richtung), d. i. der Widerstand, ist im vorliegenden Fall gleich Null. Somit können

2.4 Wirbelbewegung

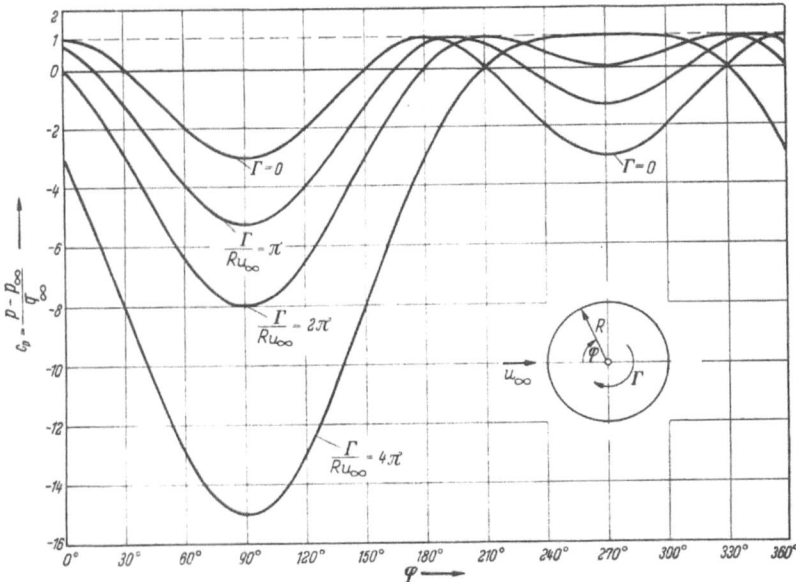

Abb. 2.39. Druckverteilung auf der Oberfläche eines Kreiszylinders für die Strömung mit Zirkulation, nach Abb. 2.37

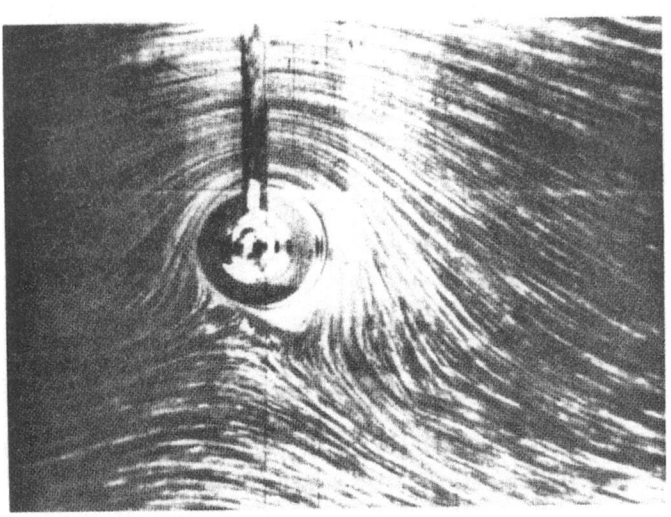

Abb. 2.40. Strömung um einen rotierenden Kreiszylinder. Dieses fotografische Strömungsbild stimmt weitgehend überein mit dem potentialtheoretischen Stromlinienbild, nach Abb. 2.37

II. Inkompressible reibungslose Strömungen (Hydrodynamik)

wir das Ergebnis auch so aussprechen, daß die resultierende Kraft senkrecht steht auf der Anströmungsrichtung.

Die unsymmetrische Druckverteilung um den Kreiszylinder ist in Abb. 2.39 für mehrere Werte von $\Gamma/R\,u_\infty$ dargestellt. Für $\Gamma/R\,u_\infty = 4\pi$ fallen die beiden Staupunkte in einem Punkt zusammen.

Für den Kreiszylinder kann man die Strömung mit Zirkulation durch eine Drehung des Zylinders verwirklichen. Das dabei entstehende Strömungsbild, Abb. 2.40, stimmt weitgehend mit demjenigen der reibungslosen Flüssigkeit (Abb. 2.37) überein. Die große Querkraft dieser Strömung ist seit langem als „MAGNUS-Effekt" des rotierenden Zylinders bekannt. Es ist versucht worden, diese Querkraft von rotierenden Zylindern für den Vortrieb von Schiffen praktisch nutzbar zu machen (FLETTNER-Rotor) [*16*].

Wir werden später sehen, daß dieses hier für den Kreiszylinder erhaltene Ergebnis über die Größe des Auftriebes eine sehr allgemeine Gültigkeit hat. Die KUTTA-JOUKOWSKYsche Formel, Gl. (2.143), ist in ihrer Gültigkeit keineswegs auf den Kreiszylinder beschränkt. Sie gilt ganz allgemein für die ebene, reibungslose Strömung mit Zirkulation um einen zylindrischen Körper von beliebigem Querschnitt, insbesondere auch für den Tragflügel.

2.434 Tragflügel mit Auftrieb (Kutta-Joukowsky). Die Auftriebserzeugung an einem Tragflügel hängt sehr eng mit der Zirkulation des Geschwindigkeitsfeldes in der Umgebung des Tragflügels zusammen. Hier möge dieser Zusammenhang zunächst *qualitativ* erläutert werden. Die Strömung um ein Tragflügelprofil mit Auftrieb ist in Abb. 2.41 angegeben. Der Auftrieb A ist die Resultierende der Druckkräfte auf Unter- und Oberseite der Kontur. Gegenüber dem Druck in großem

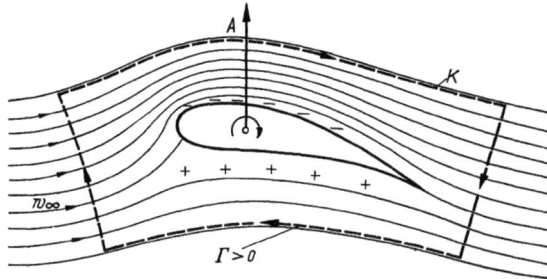

Abb. 2.41. Strömung um ein Tragflügelprofil mit Auftrieb A. Γ = Zirkulation des Tragflügels

Abstand vom Profil herrscht auf der Unterseite ein Überdruck und auf der Oberseite ein Unterdruck. Dem entspricht nach der BERNOULLIschen Gleichung, daß auf der Unterseite die Geschwindigkeit kleiner und auf der Oberseite größer ist als die Anströmungsgeschwindigkeit w_∞. Für die Kurve K, die nach Abb. 2.41 das Profil umschließt, und deren Teilstücke entlang den Stromlinien und senkrecht zu den Stromlinien verlaufen, folgt aus dem soeben Gesagten, daß die Zirkulation von Null verschieden ist. Auch für eine Kurve, die das Profil ganz eng umschließt, ist die Zirkulation von Null verschieden, falls Auftrieb erzeugt wird. Man kann das Geschwindigkeitsfeld in der Umgebung des Tragflügels erzeugt denken durch einen rechtsdrehenden Wirbel $\varGamma$, welcher sich

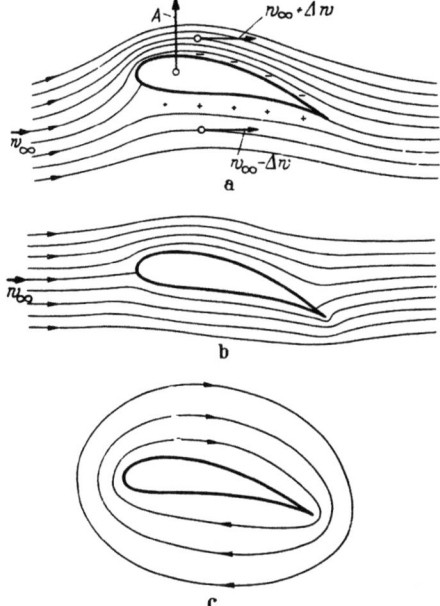

Abb. 2.42. Strömung um ein Tragflügelprofil
a) mit Auftrieb; b) ohne Auftrieb, Translationsströmung; c) reine Zirkulationsströmung

innerhalb des Tragflügels befindet. Man nennt diesen Wirbel, welcher offenbar für die Auftriebserzeugung von grundlegender Bedeutung ist, den *gebundenen Wirbel* des Tragflügels.

Der *quantitative* Zusammenhang zwischen dem Auftrieb A, der Anströmungsgeschwindigkeit w_∞ und der Zirkulation $\varGamma$ bei ebener Strömung wird durch die für den Kreiszylinder in Gl. (2.143) hergeleitete KUTTA-JOUKOWSKYSche Formel gegeben, wie nachstehend gezeigt werden soll.

Man kann die Tragflügelströmung mit Zirkulation nach Abb. 2.41 entstanden denken durch Überlagerung einer translatorischen Strömung nach Abb. 2.42b, die auf Ober- und Unterseite im Mittel gleich große Geschwindigkeit besitzt, mit einer rein zirkulatorischen Bewegung nach Abb. 2.42c, die auf der Oberseite eine Geschwindigkeit in Richtung der Anströmung und auf der Unterseite eine Geschwindigkeit entgegen der Anströmungsrichtung hat. Für die letztere Strömung ist das Zirkulationsintegral $\oint \mathfrak{w}\, d\mathfrak{s} = \Gamma$ für eine den Tragflügel umkreisende geschlossene Kurve von Null verschieden (vgl. Kap. 2.41). Wir wollen jetzt den Zusammenhang zwischen dem Auftrieb und der Zirkulation herleiten.

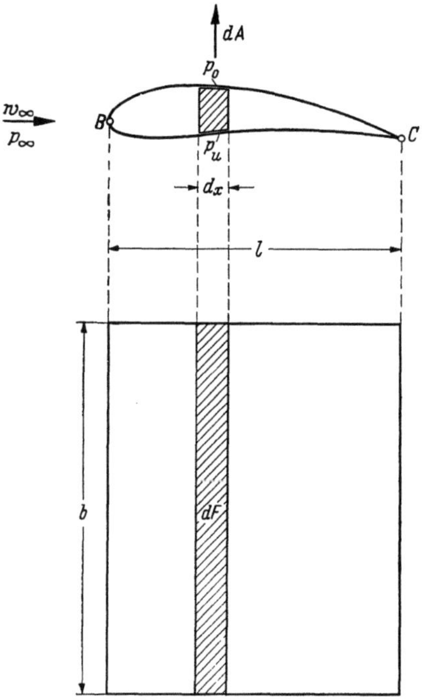

Die nachstehend gegebene vereinfachte Herleitung des KUTTA-JOUKOWSKYschen Satzes hat den Vorzug besonderer Anschaulichkeit, ist aber nicht ganz exakt.[1]

Es sei aus dem unendlich langen Tragflügel ein Stück der Breite b herausgeschnitten, Abb. 2.43, und aus diesem ein Streifen der Tiefe dx parallel zur Vorderkante. Dieser Streifen mit der Grundrißfläche $dF = b\, dx$ erfährt durch den Druckunterschied auf der Unter- und Oberseite des Tragflügels einen Auftrieb

$$dA = (p_u - p_o)\, dF.$$

Dabei kann dA als senkrecht zur Anströmungsrichtung angesehen werden, wenn man von den kleinen Winkeln absieht, welche die Oberflächenelemente mit der Anströmungsrichtung bilden. Der Gesamtauftrieb des Tragflügels ist somit durch Integration

Abb. 2.43. Zur Berechnung des Auftriebes aus der Druckverteilung um den Tragflügel

$$A = \int\limits_{(F)} (p_u - p_o)\, dF = b \int\limits_{B}^{C} (p_u - p_o)\, dx, \qquad (2.144)$$

wobei die Integration von der Vorderkante bis zur Hinterkante (Flügeltiefe l) zu erstrecken ist.

Der Druckunterschied zwischen Unter- und Oberseite des Tragflügels kann mittels der BERNOULLIschen Gleichung durch die Geschwindigkeiten auf Unter- und Oberseite ausgedrückt werden. Auf der Oberseite des Tragflügels ist die Geschwindigkeit $w_\infty + \Delta w$ und auf der Unterseite $w_\infty - \Delta w$. Somit liefert die BERNOULLIsche

---

[1] Eine exakte Herleitung des KUTTA-JOUKOWSKYschen Satzes aus dem Druckintegral wird in Kap. 6.21 gegeben werden (BLASIUSsche Formeln).

Gleichung:
$$p_\infty + \frac{\varrho}{2} w_\infty^2 = p_u + \frac{\varrho}{2}(w_\infty - \Delta w)^2 = p_o + \frac{\varrho}{2}(w_\infty + \Delta w)^2.$$

Hieraus folgt für die Druckdifferenz:
$$p_u - p_o = \frac{\varrho}{2}(w_\infty + \Delta w)^2 - \frac{\varrho}{2}(w_\infty - \Delta w)^2 = 2\varrho\, w_\infty \Delta w,$$

wenn man annimmt, daß die Beträge der zirkulatorischen Geschwindigkeit auf Unter- und Oberseite gleich sind, $|\Delta w|_u = |\Delta w|_o$. Durch Einsetzen in Gl. (2.144) ergibt sich für den Auftrieb:

$$A = 2\varrho\, b\, w_\infty \int_B^C \Delta w\, dx. \tag{2.145}$$

Die Zirkulation längs der Oberfläche des Tragflügels ist:

$$\Gamma = \int_{B,o}^{C} \Delta w\, dx - \int_{C,u}^{B} \Delta w\, dx = 2 \int_B^C \Delta w\, dx, \tag{2.146}$$

wobei in der ersten Gleichung das erste Integral längs der Oberseite und das zweite längs der Unterseite des Tragflügels zu nehmen ist. Damit ergibt sich aus Gl. (2.145) für den Auftrieb:

$$A = \varrho\, b\, w_\infty \Gamma. \tag{2.147}$$

Dies ist die Formel von KUTTA-JOUKOWSKY für den Auftrieb eines Tragflügelprofils. Sie wurde 1902 zuerst von W. KUTTA [22] und unabhängig davon 1906 von N. JOUKOWSKY [21] gefunden, vgl. Kap. 2.624.

2.44 Wirbelsätze

Wir wollen im folgenden die Gesetzmäßigkeiten einer reibungslosen Flüssigkeit, bei welcher an einzelnen Stellen eine Drehung vorhanden ist, noch näher untersuchen. Es erhebt sich die Frage, wie überhaupt in einer reibungslosen Flüssigkeit oder in einer Flüssigkeit mit sehr geringer Reibung eine Drehung entstehen kann. Ein Beispiel hierfür ist die Trennungsfläche nach Abb. 2.35a und 2.36a, wie sie sich beim Umströmen von scharfkantigen Körpern ausbildet, und in welcher der Geschwindigkeitsbetrag einen Sprung aufweist. Ein derartiges unstetiges Geschwindigkeitsprofil wird bei der immer vorhandenen, wenn auch sehr geringen Reibung in ein solches nach Abb. 2.35b übergehen, welches in der Übergangsschicht Drehung besitzt.

2.441 Räumlicher Wirbelerhaltungssatz. Es erweist sich für die rechnerische Verfolgung der Bewegungen mit Drehung als zweckmäßig und anschaulich, statt des Geschwindigkeitsfeldes w das Feld der Drehungsvektoren $\bar\omega$ ins Auge zu fassen. Um das Feld der Drehungsvektoren

86　II. Inkompressible reibungslose Strömungen (Hydrodynamik)

anschaulich zu machen, führen wir den Begriff der *Wirbellinie* ein. Die Wirbellinien seien in Analogie zu den Stromlinien des Geschwindigkeitsfeldes definiert als diejenigen Kurven im Feld der Drehungsvektoren, welche überall tangential zum Drehungsvektor sind. Das Richtungsfeld der Wirbellinien ist somit gegeben durch die Differentialgleichungen:

$$dx:dy:dz = \omega_x:\omega_y:\omega_z. \quad (2.148)$$

Dies entspricht genau der Gleichung der Stromlinien nach Gl. (2.10). Die so definierten Wirbellinien besitzen nun geometrisch ganz ähnliche Eigenschaften wie die Stromlinien, wie sich aus folgendem ergibt.

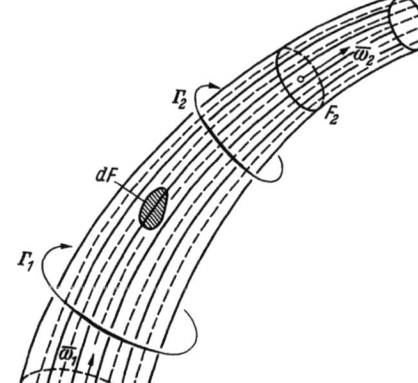

Abb. 2.44. Wirbelröhre

Wie früher in Gl. (2.29) gezeigt wurde, besteht zwischen den beiden Feldern des Geschwindigkeitsvektors $\mathfrak{w}$ und des Drehvektors $\bar{\omega}$ die Beziehung rot $\mathfrak{w} = 2\bar{\omega}$. Nach einem allgemeinen Satz der Vektoranalysis gilt nun:

$$\operatorname{div}(\operatorname{rot}\mathfrak{w}) = \operatorname{div}(2\bar{\omega}) = 0. \quad (2.149)$$

In Komponenten geschrieben lautet die letztere Gleichung:

$$\frac{\partial \omega_x}{\partial x} + \frac{\partial \omega_y}{\partial y} + \frac{\partial \omega_z}{\partial z} = 0. \quad (2.150)$$

Die Gl. (2.149) und (2.150) entsprechen der Kontinuitätsgleichung für das Geschwindigkeitsfeld, welche für inkompressible Flüssigkeit nach Gl. (2.15a) div $\mathfrak{w} = 0$ lautet. Damit lassen sich alle kinematischen Sätze über die Stromlinien von inkompressiblen Flüssigkeitsströmungen auf die Wirbellinien übertragen. Ebenso wie eine Stromlinie nirgends im Innern einer Flüssigkeit endigen kann, so ist dies auch für die Wirbellinien nicht möglich. Sie müssen entweder geschlossene Kurven bilden oder können nur an den Begrenzungsflächen bzw. an den freien Oberflächen der Flüssigkeit endigen.

Ebenso wie früher aus den Stromlinien die Stromröhre erhalten wurde, gelangt man von den Wirbellinien zur *Wirbelröhre*, wenn man die Gesamtheit der Wirbellinien durch eine kleine geschlossene Kurve betrachtet (Abb. 2.44). Ist F der Querschnitt der Wirbelröhre und $\bar{\omega}$ der Drehvektor, der für dünne Wirbelröhren als über den Querschnitt konstant angenommen werden kann, so bezeichnen wir $F\omega$ als den *Wirbelfluß* der Wirbelröhre in Analogie zum Volumenfluß Fw der Stromröhre. Wegen $\operatorname{div}\bar{\omega} = 0$ ist der *Wirbelfluß* längs der Röhre konstant. Nach dem STOKESschen Satz, Gl. (2.137), ist

$$2 \iint\limits_{(F)} \bar{\omega}\, d\mathfrak{F} = \oint\limits_{(K)} \mathfrak{w}\, d\mathfrak{s} = \varGamma.$$

Das Flächenintegral stellt den Wert des Wirbelflusses der Wirbelröhre mit dem Querschnitt F dar. Der doppelte Wirbelfluß einer Wirbelröhre ist also gleich der Zirkulation längs der Randkurve der Wirbelröhre. Aus der Konstanz des Wirbelflusses längs der ganzen Wirbelröhre folgt somit sofort, daß auch die Zirkulation für eine die Wirbelröhre umschließende Kurve sich längs der Wirbelröhre nicht ändert. Dies ist in Abb. 2.44 dargestellt. Es giit für eine solche Wirbelröhre also $\varGamma_1 = 2F_1\omega_1 = 2F_2\omega_2 = \varGamma_2$ oder

$$2F\omega = \varGamma = \text{const.} \tag{2.151}$$

Eine die Wirbelröhre umschlingende Schleife kann demnach längs der Wirbelröhre beliebig verschoben werden, ohne daß sich ihre Zirkulation ändert. Dies ist der *dritte Helmholtzsche Wirbelsatz*.

2.442 Zeitlicher Wirbelerhaltungssatz (Thomson). Es möge jetzt ein wichtiger Satz über die Entstehung der Zirkulation bei der Tragflügelströmung behandelt werden, der von W. THOMSON (LORD KELVIN) stammt. Dabei schließen wir uns an eine von L. PRANDTL [8] gegebene Darstellung an.

Wir bilden die Zirkulation längs einer geschlossenen flüssigen Linie, also über eine mitschwimmende Kurve, und fragen, wie sich diese Zirkulation mit der Zeit ändert. Da die flüssige Linie dauernd aus den gleichen Flüssigkeitsteilchen besteht, handelt es sich also um den substantiellen Differentialquotienten, also um die Größe

$$\frac{D\varGamma}{Dt} = \frac{D}{Dt} \oint\limits_{(K)} \mathfrak{w}\, d\mathfrak{s}. \tag{2.152}$$

Bevor wir die zeitliche Ableitung von $\oint\limits_{(K)} \mathfrak{w}\, d\mathfrak{s}$ über eine geschlossene Kurve betrachten, wollen wir zunächst das Linienintegral der Geschwindigkeit über eine zwischen zwei Punkten A und B verlaufende Kurve bilden:

$$\frac{DL}{Dt} = \frac{D}{Dt} \int\limits_A^B \mathfrak{w}\, d\mathfrak{s}.$$

Durch den Grenzübergang $B \to A$ werden wir sodann hieraus $D\varGamma/Dt$ erhalten. Die Differentiation unter dem Integralzeichen liefert:

$$\frac{D}{Dt} \int \mathfrak{w}\, d\mathfrak{s} = \int \frac{D\mathfrak{w}}{Dt}\, d\mathfrak{s} + \int \mathfrak{w}\, \frac{D(d\mathfrak{s})}{Dt}. \tag{2.153a}$$

Das erste Integral der rechten Seite können wir aus der EULERschen Bewegungsgleichung durch Integration erhalten. Nach Gl. (2.48) ergibt sich:

$$\int \frac{D\mathfrak{w}}{Dt}\, d\mathfrak{s} = \int \frac{\mathfrak{K}}{\varrho}\, d\mathfrak{s} - \int \frac{\operatorname{grad} p}{\varrho}\, d\mathfrak{s}. \tag{2.153b}$$

II. Inkompressible reibungslose Strömungen (Hydrodynamik)

Die Massenkraft läßt sich nach Gl. (2.54) darstellen als Gradient eines Potentials U in der Form $\mathfrak{K} = -\varrho \, \text{grad}\, U$. Damit hat man

$$\int \frac{\mathfrak{K}}{\varrho} d\mathfrak{z} = -\int \text{grad}\, U \, d\mathfrak{z} = -\int dU = -U.$$

Für das Druckglied in der obigen Gleichung kann man schreiben:

$$\int \frac{\text{grad}\, p}{\varrho} d\mathfrak{z} = \int \frac{1}{\varrho} \left(\frac{\partial p}{\partial x} dx + \frac{\partial p}{\partial y} dy + \frac{\partial p}{\partial z} dz \right) = \int \frac{dp}{\varrho}.$$

Nimmt man an, daß die Dichte ϱ nur eine Funktion des Druckes ist, wobei Kompressibilität des strömenden Mediums zugelassen ist, so gilt

$$\int \frac{dp}{\varrho} = P(p)$$

mit $P(p)$ als Druckfunktion. Im inkompressiblen Fall ist $P(p) = p/\varrho$. Damit wird das unbestimmte Integral in Gl. (2.153 b):

$$\int \frac{D\mathfrak{w}}{Dt} d\mathfrak{z} = -U - P.$$

Das zweite Integral der rechten Seite in Gl. (2.153 a) läßt sich folgendermaßen weiter ausrechnen:

$$\frac{D(d\mathfrak{z})}{Dt} = d\frac{D\mathfrak{z}}{Dt} = d\mathfrak{w},$$

somit

$$\int \mathfrak{w} \frac{D(d\mathfrak{z})}{Dt} = \int \mathfrak{w} \, d\mathfrak{w} = \frac{1}{2} \mathfrak{w}^2.$$

Damit erhält man aus Gl. (2.153 a):

$$\frac{D}{Dt} \int \mathfrak{w} \, d\mathfrak{z} = -U - P + \frac{\mathfrak{w}^2}{2}.$$

Das bestimmte Integral zwischen zwei Punkten A und B der flüssigen Linie ist somit:

$$\frac{D}{Dt} \int_A^B \mathfrak{w} \, d\mathfrak{z} = \left[-U - P + \frac{\mathfrak{w}^2}{2} \right]_A^B.$$

Das Integral längs einer geschlossenen flüssigen Linie nach Gl. (2.152) erhält man nun für $B \to A$. Bei Stetigkeit von $\mathfrak{w}$ im Integrationsgebiet, wenn also keine Trennungsflächen im Integrationsgebiet liegen, ist dann

$$\frac{D}{Dt} \oint_{(K)} \mathfrak{w} \, d\mathfrak{z} = \frac{D\varGamma}{Dt} = 0$$

und damit

$$\oint_{(K)} \mathfrak{w} \, d\mathfrak{z} = \varGamma = \text{const} \qquad (2.154)$$

für die flüssige Linie.

Wir haben hiermit den *Satz* von W. THOMSON bewiesen, daß in *einer reibungslosen, homogenen Flüssigkeit* bei Vorhandensein eines konservativen Kräftefeldes *die Zirkulation längs einer flüssigen Linie zeitlich konstant ist*.

Für eine in Ruhe befindliche Flüssigkeit ist für jede beliebige flüssige Linie die Zirkulation gleich Null, da ja die Geschwindigkeit gleich Null ist. Aus dem THOMSONschen Satz folgt deshalb sofort, daß bei der Bewegung aus der Ruhe heraus für alle in der Ruhe vorhanden gewesenen flüssigen Linien die Zirkulation dauernd Null bleibt. Andererseits folgt auch, daß bei einer Bewegung aus der Ruhe heraus eine Zirkulation allenfalls nur auftreten kann für solche flüssigen Linien, die in der Ruhe nicht vorhanden gewesen sind. Von dieser Tatsache wollen wir in Kap. 2.45 Gebrauch machen, um das Entstehen der Zirkulation um ein Tragflügelprofil bei der Bewegung aus der Ruhe heraus zu verstehen.

2.443 Helmholtzsche Wirbelsätze. Die Sätze über die Dynamik der Wirbelbewegung hat HELMHOLTZ für inkompressible, reibungslose Strömungen folgendermaßen formuliert:

1. Kein Flüssigkeitsteilchen kommt in Drehung, welches nicht von Anfang an in Drehung ist (zeitliche Konstanz der Drehung).

2. Die Flüssigkeitsteilchen, welche zu irgendeiner Zeit einer Wirbellinie angehören, bleiben auch bei der Fortbewegung dauernd zur gleichen Wirbellinie gehörig.

3. Der Wirbelfluß (Produkt von Querschnitt und Drehgeschwindigkeit) ist längs der ganzen Wirbelröhre konstant und behält auch bei der Fortbewegung der Wirbelröhre dauernd den gleichen Wert. Die Wirbelröhren müssen deshalb entweder geschlossen sein, oder sie können nur an den Grenzen des Strömungsfeldes enden.

Diese Sätze besagen im wesentlichen, daß ein Wirbelfaden dauernd aus den gleichen Flüssigkeitsteilchen besteht, und daß seine Wirbelstärke nicht nur räumlich, sondern auch zeitlich konstant ist. Eine Veranschaulichung hierfür sind die bekannten kreisförmigen *Rauchringe*, die von geübten Rauchern erzeugt werden. Die mit Drehung behafteten Luftteilchen sind dabei durch den Rauch kenntlich gemacht. Daß der Rauchring sich nach einiger Zeit auflöst, ist ein Einfluß der Reibung, von dem hier abgesehen werden soll.

Den *ersten Helmholtzschen Wirbelsatz* über die zeitliche Konstanz der Drehung eines Teilchens können wir durch unsere Betrachtungen in Kap. 2.33 im Anschluß an die EULERschen Gleichungen als bewiesen ansehen. Es wurde dort nachgewiesen, daß jede Bewegung einer reibungslosen Flüssigkeit aus der Ruhe heraus drehungsfrei ist und bleibt. Daraus folgt, daß ein Flüssigkeitsteilchen, welches zu irgendeinem Zeitpunkt keine Drehung hat, auch niemals Drehung erhalten kann. Oder mit anderen Worten, ein Flüssigkeitsteilchen kann nur dann Drehung haben, wenn es sie schon von Anfang an hatte.

Der *zweite Helmholtzsche Wirbelsatz*, daß die Wirbellinien dauernd von den gleichen Flüssigkeitsteilchen gebildet werden, kann unter Zuhilfenahme des THOMSONschen Satzes in folgender Weise bewiesen werden. Wir betrachten eine Wirbelröhre und ein Flächenelement $d\mathfrak{F}$ auf dem Mantel dieser Wirbelröhre, Abb. 2.44. Der Fluß des Drehvektors durch dieses Flächenstück und damit die Zirkulation um den Rand dieses Flächenstückes ist gleich Null, da durch das Flächenstück keine Wirbellinien hindurchgehen. Nach dem THOMSONschen Satz muß dann aber der Wirbelfluß durch dieses Flächenstück dauernd Null bleiben, wenn wir die Randkurve des Flächenstückes als flüssige Linie betrachten. Setzen wir die ganze Wirbelröhre aus solchen Flächenstücken zusammen, so folgt, daß der Wirbelfluß durch die ganze Fläche der Wirbelröhre, wenn diese als flüssige Fläche betrachtet wird, dauernd gleich Null bleiben muß. Das heißt aber: Diejenigen Flüssigkeitsteilchen, die zu einem Zeitpunkt gerade einmal eine Wirbelröhre bildeten, tun es auch nach beliebiger Zeit noch, d. h., Wirbelröhren bleiben dauernd Wirbelröhren.

Den *dritten Helmholtzschen Wirbelsatz* von der Konstanz des Wirbelflusses längs der Wirbelröhre hatten wir schon früher in Kap. 2.441 bewiesen.

2.45 Anwendungen der Wirbelsätze bei der Tragflügelströmung

Entstehung der Zirkulation bei der Anfahrt eines Tragflügels. Wir betrachten die Bewegung eines Tragflügels aus der Ruhe heraus nach Abb. 2.45. Im Ruhezustand, Abb. 2.45a, ist für die beiden flüssigen Linien *I* und *II* die Zirkulation gleich Null. Nach dem THOMSONschen

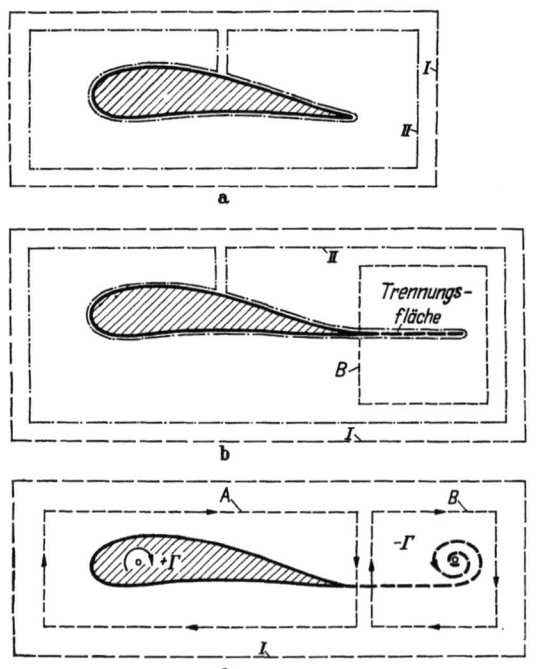

Abb. 2.45. Entstehung der Zirkulation bei der Anfahrt eines Tragflügels
a) Tragflügel in Ruhe; b) Tragflügel kurz nach Beginn der Bewegung; von der Hinterkante aus bildet sich eine Trennungsfläche; c) Tragflügel etwas später als b). Aus der Trennungsfläche hat sich der Anfahrwirbel $-\Gamma$ gebildet. Der Tragflügel hat die entgegengesetzte gleich große Zirkulation $+\Gamma$

Satz bleibt die Zirkulation nach Beginn der Bewegung, z. B. für den in
Abb. 2.45 b gegebenen Zustand, für die beiden flüssigen Linien *I* und *II*
weiterhin gleich Null. Nach Einleitung der Bewegung geht von der
scharfen Hinterkante eine Trennungsfläche aus, die *nicht* im Innern
der flüssigen Linie *II* liegt, für die also der THOMSONsche Satz *nicht*
gilt. Es ist dies die Zusammenflußfläche der vorher getrennt gewesenen
Flüssigkeitsschichten auf den beiden Seiten der Tragfläche. In dieser

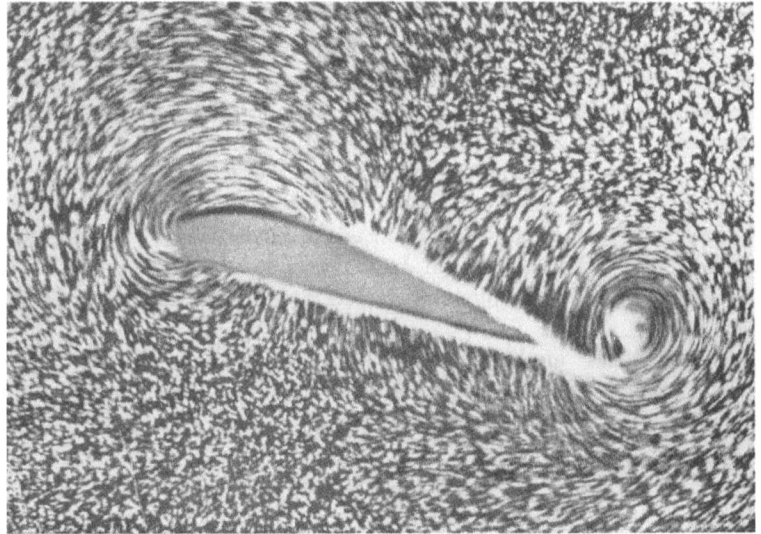

Abb. 2.46. Anfahrwirbel eines Tragflügels (nach PRANDTL-TIETJENS [*8*])

Fläche kann die Geschwindigkeit beim Übergang von der einen Seite
der Fläche zur anderen unstetig sein. Wir sprechen dann von einer
Trennungsfläche, wie sie früher in Abb. 2.36 bereits behandelt wurde.
Eine solche Trennungsfläche ist aber, wie wir früher in Abb. 2.35 gesehen haben, gleichbedeutend mit dem Vorhandensein von Wirbeln.
Für die geschlossene Linie *B* in Abb. 2.45b, welche diese Trennungsfläche umschließt, sagt der THOMSONsche Satz nichts aus. Das Vorhandensein von Wirbeln innerhalb dieser Linie ist also *nicht* im Widerspruch mit dem THOMSONschen Satz.

Andererseits kann aber nach Abb. 2.45c die flüssige Linie *I*, für
die ja die Zirkulation gleich Null ist, ersetzt werden durch die beiden
geschlossenen Linien *A* und *B*, die beide im angegebenen Sinn durchlaufen werden. Auch für die Linien *A* und *B* zusammen ist die Zirkulation gleich Null. Andererseits ist aber für die flüssige Linie *A*, die das
Tragflügelprofil umschließt, sicher eine von Null verschiedene Zirku-

lation $+\varGamma$ vorhanden, falls der Tragflügel Auftrieb hat. Dies hatten unsere früheren Betrachtungen zu Abb. 2.41 gezeigt. Hieraus folgt dann sofort, daß für die flüssige Linie B eine dem Betrage nach gleich große, aber entgegengesetzt drehende Zirkulation $-\varGamma$ vorhanden sein muß. Es ist dies die Zirkulation des *Anfahrwirbels*. Daß diese theoretischen Überlegungen durch die wirklichen Verhältnisse bestätigt werden, zeigt die fotografische Aufnahme des Anfahrwirbels in Abb. 2.46.

Die Anwendung des THOMSONschen Satzes auf die Anfahrt eines Tragflügels lehrt also zweierlei:

1. Das Auftreten von Wirbeln in der von der Flügelhinterkante sich stromabwärts erstreckenden Trennungsfläche ist vereinbar mit dem THOMSONschen Satz von der zeitlichen Unveränderlichkeit der Zirkulation einer flüssigen Linie in einer reibungslosen Flüssigkeit.

2. Bei der Anfahrt eines Tragflügels aus der Ruhe kann ein Anfahrwirbel entstehen, dessen Zirkulation von entgegengesetztem Vorzeichen, aber dem Betrage nach gleich groß ist wie die Zirkulation des Tragflügels.

Auf die näheren Einzelheiten der Entstehung und auf die Stärke des Anfahrwirbels und der Flügelzirkulation werden wir später zurückkommen (Kap. VI).

Der Tragflügel endlicher Spannweite. Der dritte HELMHOLTZsche Wirbelsatz findet eine wichtige Anwendung beim Tragflügel endlicher Spannweite. Die Auftriebserzeugung bei einem Tragflügel ist nach

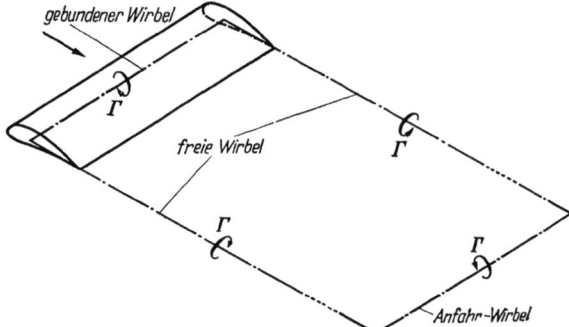

Abb. 2.47. Wirbelsystem eines Tragflügels endlicher Spannweite

Abb. 2.41 mit dem Vorhandensein eines Wirbels verknüpft, welcher sich innerhalb des Tragflügels befindet. Das ebene Problem der Tragflügelströmung entspricht dem Tragflügel unendlicher Spannweite. Für diesen ist der den Auftrieb erzeugende Wirbelfaden, welcher auch der *gebundene Wirbel* heißt, unendlich lang in Übereinstimmung mit dem dritten HELMHOLTZschen Wirbelsatz. Bei dem Tragflügel endlicher Spannweite nach Abb. 2.47 kann nun aber nach dem dritten HELM-

HOLTZschen Wirbelsatz der gebundene Wirbel an den Tragflügelenden nicht aufhören. Er setzt sich deshalb fort in zwei Wirbelfäden, die von den Tragflügelenden etwa parallel zur Anströmungsrichtung nach hinten abgehen, und die man als die zum Tragflügel gehörigen *freien Wirbel* bezeichnet. Weit hinten sind diese beiden freien Wirbel durch den *Anfahrwirbel* verbunden, dessen Entstehung soeben erläutert wurde. Der gebundene Wirbel im Tragflügel, die beiden von den Tragflügelenden abgehenden freien Wirbel und der Anfahrwirbel bilden zusammen eine geschlossene Wirbellinie in Übereinstimmung mit dem dritten HELMHOLTZschen Wirbelsatz. Diese Wirbel erzeugen in der Umgebung des Tragflügels zusätzliche Geschwindigkeiten, sog. induzierte Geschwindigkeiten. Diese sind, wie sich aus dem Drehsinn der Wirbel ergibt, am Ort des Tragflügels und hinter dem Tragflügel nach unten gerichtet. Sie spielen für die Theorie des Auftriebes eine wichtige Rolle, vgl. Kap. VII.

Für die Behandlung der Vorgänge in der Umgebung des Tragflügels kann man den Anfahrwirbel auch außer Betracht lassen. Dies entspricht der Vorstellung, daß bei seiner Bewegung aus der Ruhe heraus der Tragflügel bereits einen sehr langen Weg durchmessen hat. In diesem Fall besteht das Wirbelsystem nur aus dem gebundenen Wirbel im Flügel und zwei unendlich langen freien Wirbeln. Diese bilden, wieder in Übereinstimmung mit dem dritten HELMHOLTZschen Wirbelsatz, eine unendlich lange Wirbellinie in Form eines nach hinten offenen Hufeisens. Diese Wirbellinie bezeichnet man als *Hufeisenwirbel*. Er spielt in der Theorie des Auftriebes ebenfalls eine wichtige Rolle, wie wir später noch näher sehen werden.

2.46 Geschwindigkeitsfeld von Wirbeln (Biot-Savart)

Wir wollen jetzt die Wirkung eines Wirbelfadens auf seine Umgebung und insbesondere das von einem einzelnen Wirbelfaden erzeugte Geschwindigkeitsfeld untersuchen. Da außerhalb des Wirbelfadens überall die Drehung gleich Null ist, $\bar{\omega} = 0$, ist dieses induzierte Geschwindigkeitsfeld also eine Potentialströmung. Der Zusammenhang zwischen dem Wirbelfaden und seinem induzierten Geschwindigkeitsfeld wird durch das Gesetz von BIOT-SAVART vermittelt, das auch in der Elektrodynamik eine wichtige Rolle spielt.

Für den einfachsten Fall eines unendlich langen, geraden Wirbelfadens (ebener Potentialwirbel) hatten wir das induzierte Geschwindigkeitsfeld schon früher angegeben. In diesem Fall sind nach Abb. 2.24 die Stromlinien konzentrische Kreise um den Wirbelfaden, und die Geschwindigkeitsverteilung ist nach Gl. (2.97) $w_q = \Gamma/2\pi r$, wobei Γ die Wirbelstärke des Wirbelfadens und r den Abstand des Aufpunktes vom Wirbelfaden bedeuten.

II. Inkompressible reibungslose Strömungen (Hydrodynamik)

Für den allgemeinen Fall, wenn die Wirbellinie eine räumlich gekrümmte, unendlich lange oder geschlossene Kurve ist, ist die Berechnung des induzierten Geschwindigkeitsfeldes wesentlich schwieriger. Um den Zusammenhang zwischen der Gestalt des Wirbelfadens und dem Geschwindigkeitsfeld herzuleiten, wollen wir die Analogie benutzen, die zwischen dem Wirbelfaden und einem stromdurchflossenen Leiter besteht. Es ist nämlich das von einem Wirbelfaden beliebiger Gestalt erzeugte Geschwindigkeitsfeld analog zu dem von einem stromdurchflossenen Leiter in seiner Umgebung induzierten magnetischen Feld. Da die elektrodynamische Aufgabe anschaulicher ist als die entsprechende hydrodynamische, ziehen wir für die Herleitung des BIOT-SAVARTschen Gesetzes diese elektrodynamische Analogie heran.

Im einzelnen entsprechen sich die folgenden Größen: Der Wirbellinie mit der Wirbelstärke Γ entspricht der stromdurchflossene Leiter mit der Stromstärke I. Für beide gilt, daß sie entweder geschlossen oder unendlich lang sind, und daß die Wirbelstärke bzw. die Stromstärke über ihre ganze Länge konstant ist. Die Wirbellinie erzeugt in ihrer Umgebung ein Geschwindigkeitsfeld w; dem entspricht das vom stromdurchflossenen Leiter in seiner Umgebung induzierte Magnetfeld $\mathfrak{H}$. Nachstehend sind die einander entsprechenden Größen gegenübergestellt.

Elektrodynamik: *Hydrodynamik:*
stromdurchflossener Leiter   Wirbellinie
Stromstärke I Zirkulation Γ
magnetische Feldstärke $\mathfrak{H}$ Geschwindigkeit w

$$I = \oint \mathfrak{H}\, d\mathfrak{s} = \oint H \cos\alpha\, ds; \quad \Gamma = \oint \mathfrak{w}\, d\mathfrak{s} = \oint w \cos\alpha\, ds. \quad (2.155\,\text{a, b})$$

Für eine geschlossene Kurve in dem Geschwindigkeits- oder Magnetfeld gilt der in Gl. (2.155) mit angegebene Zusammenhang zwischen Wirbelstärke und Geschwindigkeitsverteilung bzw. Stromstärke und Magnetfeld. Die hydrodynamische Gleichung ist die Definitionsgleichung der Zirkulation, wie sie in Gl. (2.133) angegeben wurde, während die entsprechende elektrodynamische Gleichung zu den Grundlagen der Elektrodynamik gehört.

Besonders einfach ist das magnetische Feld und das Geschwindigkeitsfeld in der Umgebung eines einzelnen unendlich langen, geraden Leiters bzw. Wirbels. Wird das Integral in Gl. (2.155a) nach Abb. 2.48a über einen Kreis vom Radius a erstreckt, dessen Mittelpunkt im Leiter liegt und dessen Ebene senkrecht zum Leiter ist, so ist H längs des ganzen Kreises konstant und überall $\cos\alpha = 1$. Somit erhält man aus Gl. (2.155a) und (2.155b):

$$I = 2\pi a H, \quad \Gamma = 2\pi a w,$$

oder
$$H = \frac{I}{2\pi a}, \quad w = \frac{\Gamma}{2\pi a}. \quad (2.156\,\text{a, b})$$

Dieses ist der schon bekannte einfachste Fall des BIOT-SAVARTschen Gesetzes.

Für die Behandlung des *allgemeinen Falles* eines Leiters von beliebiger Gestalt schließen wir uns an A. BETZ [*18*] an. Wir fragen nach dem Anteil der Feldstärke, die in einem beliebigen Punkt P durch das Element ds des Leiters erzeugt wird (Abb. 2.48b). Obgleich ein Stück eines Leiters für sich allein genommen kein Magnetfeld erzeugen kann, da in ihm kein Strom fließt, ist die gestellte Frage doch insofern sinnvoll, als wir beabsichtigen, das Feld eines unendlich langen oder ge-

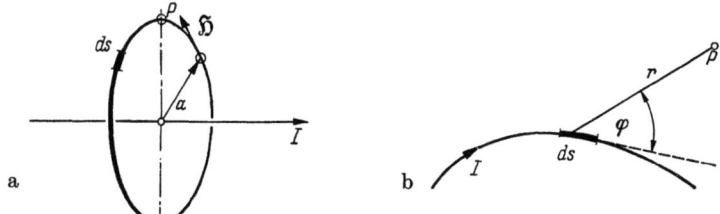

Abb. 2.48. Zur Herleitung des BIOT-SAVARTschen Gesetzes mit Hilfe der elektrodynamischen Analogie
a) Gerader unendlich langer stromdurchflossener Leiter, Stromstärke I, magnetische Feldstärke $\mathfrak{H}$; b) Einfluß eines Stückes ds eines beliebigen stromdurchflossenen Leiters im Punkte P

schlossenen Leiters beliebiger Gestalt aus den Beiträgen seiner Elemente ds durch Integration zu erhalten. Das Leiterelement ds liefert zum Magnetfeld einen Beitrag dH und das Wirbellinienelement ds zum Geschwindigkeitsfeld einen Beitrag dw, welche gegeben sind durch:

$$dH = \frac{I}{4\pi r^2} \sin\varphi \, ds \qquad (2.157\,\text{a})$$

bzw.

$$dw = \frac{\Gamma}{4\pi r^2} \sin\varphi \, ds. \qquad (2.157\,\text{b})$$

Dabei sind dH und dw senkrecht zu der von ds und r gebildeten Ebene in Abb. 2.48b.

Den *Beweis* von Gl. (2.157a) wollen wir auf Grund des Gesetzes der Elektrodynamik führen. Gl. (2.157b) ergibt sich dann durch die obige Analogie.

Wir betrachten einen geraden Leiter nach Abb. 2.49a, der im Punkt B endigt und der vom Strom I durchflossen wird. Eigentlich kann in einem solchen Leiter, der irgendwo endigt, kein Strom fließen. Wir müssen uns mit dieser begrifflichen Schwierigkeit abfinden, daß einem Leiterstück ein bestimmter Einfluß zugeschrieben wird, während ja in Wirklichkeit nur der Leiter als Ganzes einen Strom und ein Magnetfeld haben kann, wenn er entweder in sich geschlossen oder unendlich lang ist.

Wir wollen uns klarmachen, was wir physikalisch unter einem solchen endlich begrenzten Leiterstück zu verstehen haben, wie es im BIOT-SAVARTschen Gesetz vorkommt. Wenn der Leiter nach Abb. 2.49a in B endigt, so muß dafür gesorgt werden, daß der Strom in irgendeiner Weise weitergeführt wird. Im all-

96 II. Inkompressible reibungslose Strömungen (Hydrodynamik)

gemeinen geschieht dies durch Anfügen irgendeines anderen Leiterstückes nach der gestrichelten Kurve. Wir wollen uns nun eine solche Weiterführung überlegen, daß beim Zusammenfügen zweier Leiterstücke in beliebiger Lage zueinander die Ströme in den beiderseitigen Weiterführungen sich stets aufheben. Dieses ist offenbar nötig, wenn wir die endlich langen Leiterstücke in sinnvoller Weise zusammenfügen wollen.

Diese gewünschte Weiterführung ist nun in der Weise möglich, daß wir den Strom von den Endpunkten des Leiters so weiterführen, daß er sich nach allen Richtungen räumlich gleichmäßig verteilt, wie es in Abb. 2.49b angedeutet ist. Es fließt dann im Leiter L_1 ein Strom zur Endstelle hin und von dort räumlich radial fort,

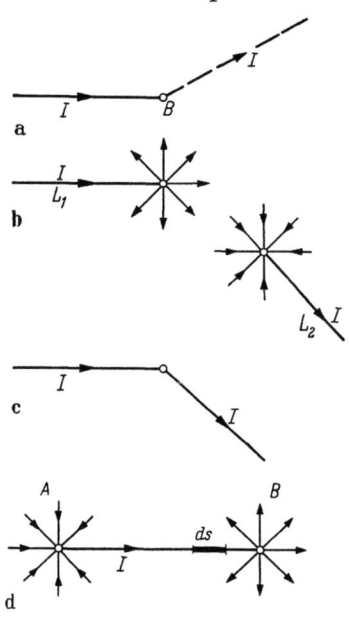
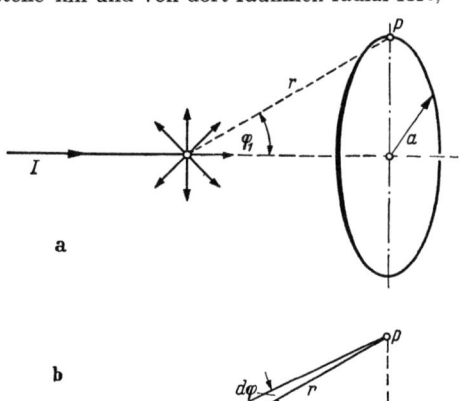

Abb. 2.49. Zum Beweis des BIOT-SAVARTschen Gesetzes I

Abb. 2.50. Zum Beweis des BIOT-SAVARTschen Gesetzes II
a) Einseitig unendlich langer Leiter; b) Leiterelement ds

und beim Leiter L_2 fließt der Strom radial zur Endstelle hin und von dort im Leiter fort. Beim Zusammenfügen von L_1 und L_2 verschwinden nach Abb. 2.49c die Ströme im Raum, und es bleibt nur der Leiterstrom übrig.

Wir haben damit gefunden: Das Leiterstück, bei dem der Strom von den Enden gleichmäßig nach allen Richtungen weitergeführt wird, ist also eine physikalische Anordnung, die dem stromdurchflossenen Leiterstück endlicher Länge im Sinne des BIOT-SAVARTschen Gesetzes entspricht.

Wir wollen jetzt nach Abb. 2.49d das magnetische Feld eines solchen Leiterstückes endlicher Länge AB und im Grenzfall dasjenige eines sehr kleinen Leiterstückes ds berechnen.

Wir betrachten dazu zunächst nochmals den einseitig unendlich langen Leiter nach Abb. 2.50a und fragen nach der magnetischen Feldstärke im Punkt P. Infolge der einfachen Symmetrie ist die Berechnung der Feldstärke in P in ganz ähnlicher Weise möglich wie beim unendlich langen, geraden Leiter nach Abb. 2.48a. Der Punkt P hat von der verlängerten Leiterachse den Abstand a. Wir ziehen den Kreis durch P, der die Leiterachse zentrisch umschlingt. Durch diesen Kreis

2.4 Wirbelbewegung

fließen von den gleichmäßig radial verteilten Weiterführungen Ströme im Betrage

$$I' = I \frac{1 - \cos\varphi}{2}$$

hindurch.[1] Aus Symmetriegründen ist die magnetische Feldstärke H längs des ganzen Kreises konstant. Somit gilt nach Gl. (2.155a) für die magnetische Feldstärke:

$$2\pi a H = \tfrac{1}{2} I(1 - \cos\varphi)$$

oder

$$H = I \frac{1 - \cos\varphi}{4\pi a}. \tag{2.158a}$$

Die entsprechende hydrodynamische Formel für die induzierte Geschwindigkeit lautet nach der obigen Analogie:

$$w = \Gamma \frac{1 - \cos\varphi}{4\pi a}. \tag{2.158b}$$

Dies ist das BIOT-SAVARTsche Gesetz für den einseitig unendlich langen Leiter bzw. Wirbelfaden.

Es ist nun einfach, von hier aus den Anteil eines Leiterelementes ds nach Abb. 2.50b zu erhalten: Der Aufpunkt P habe vom Leiterelement den Abstand r, und der vom Aufpunkt zum Leiterelement gezogene Fahrstrahl bildet den Winkel φ mit der Leiterachse. Aus der Geometrie folgt $\sin\varphi = r\,d\varphi/ds$ und $\sin\varphi = a/r$. Hieraus ergibt sich:

$$d\varphi = \frac{a}{r^2} ds. \tag{2.159}$$

Aus Gl. (2.158a) erhält man durch Differentiation:

$$dH = \frac{I}{4\pi a} \sin\varphi\, d\varphi$$

und mit Berücksichtigung von Gl. (2.159):

$$dH = \frac{I}{4\pi r^2} \sin\varphi\, ds.$$

Damit ist Gl. (2.157a) bewiesen.

Für die Hydrodynamik erhält man durch Analogie, wie in Gl. (2.157b) angegeben:

$$dw = \frac{\Gamma}{4\pi r^2} \sin\varphi\, ds.$$

Die Geschwindigkeit dw im Punkt P von Abb. 2.50b ist, wie schon oben angegeben, senkrecht zu der von ds und r aufgespannten Ebene. Für eine Wirbellinie, die in einer Ebene liegt, ergibt sich hieraus für die induzierte Geschwindigkeit in einem beliebigen Punkte P dieser Ebene durch Integration aus Gl. (2.157b):

$$w = \frac{\Gamma}{4\pi} \oint \frac{\sin\varphi}{r^2} ds. \tag{2.160}$$

Diese Geschwindigkeit w ist senkrecht zu der Ebene, in welcher die Wirbellinie liegt.

---

[1] Es verhält sich $I' : I$ wie die Oberfläche des Kugelabschnittes mit dem Zentriwinkel φ zur gesamten Kugeloberfläche, $2\pi r^2 (1 - \cos\varphi) : 4\pi r^2$.

Ist die Wirbellinie eine räumlich gekrümmte Kurve, so ist es zweckmäßig, in Gl. (2.157b) das dw als Vektor $d\mathfrak{w}$ zu schreiben. Dieser ist natürlich auch jetzt senkrecht zu der Ebene, welche von $d\mathfrak{s}$ mit dem Radiusvektor $\mathfrak{r}$ vom Element $d\mathfrak{s}$ der Wirbellinie zum Aufpunkt P ge-

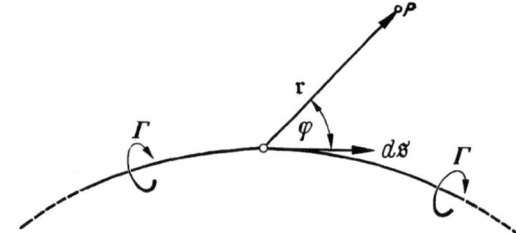

Abb. 2.51. Zum BIOT-SAVARTschen Gesetz für eine räumlich gekrümmte Wirbellinie

bildet wird, Abb. 2.51. Es ist in diesem Fall in Gl. (2.157b) $r\,ds\cdot\sin\varphi$ zu ersetzen durch den Absolutbetrag des Vektorproduktes $|\mathfrak{r}\times d\mathfrak{s}|$, also

$$\sin\varphi\,ds = \frac{|\mathfrak{r}\times d\mathfrak{s}|}{r}.$$

Somit wird der Beitrag des Elementes $d\mathfrak{s}$ der Wirbellinie zur Geschwindigkeit im Punkt P:

$$d\mathfrak{w} = \frac{\Gamma}{4\pi}\,\frac{\mathfrak{r}\times d\mathfrak{s}}{r^3}$$

und durch Integration:

$$\mathfrak{w} = \frac{\Gamma}{4\pi}\oint\frac{\mathfrak{r}\times d\mathfrak{s}}{r^3}. \tag{2.161}$$

Dies ist der allgemeine Fall des BIOT-SAVARTschen Gesetzes für eine räumlich gekrümmte Wirbellinie.

Zum Schluß dieser Betrachtungen über das BIOT-SAVARTsche Gesetz wollen wir noch für eine *gerade Wirbellinie endlicher Länge* die induzierte Geschwindigkeit berechnen. Auch hier gilt das schon früher mehrfach Gesagte, nämlich daß es eine Wirbellinie endlicher Länge an sich nicht gibt. Wir werden jedoch geschlossene Wirbellinien aus mehreren Geradenstücken zusammensetzen. Das Wirbelsystem eines Tragflügels endlicher Spannweite, wie es in Abb. 2.47 angegeben wurde, ist z. B. ein Rechteck und kann somit aus Geradenstücken zusammengesetzt werden.

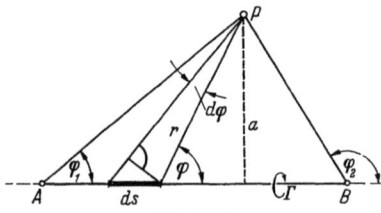

Abb. 2.52
Das BIOT-SAVARTsche Gesetz für eine gerade Wirbellinie $\overline{AB}$ von endlicher Länge

Die Wirbellinie endlicher Länge AB nach Abb. 2.52 habe die Zirkulation Γ, und der Aufpunkt P, für welchen die induzierte Geschwindigkeit ermittelt werden soll, habe von der Wirbellinie den Abstand a. Es gilt dann wie vorhin $\sin\varphi = r\,d\varphi/ds = a/r$ und somit wieder $ds/r^2 = d\varphi/a$. Damit erhält man aus Gl. (2.160) für die gerade Wirbellinie:

$$w = \frac{\Gamma}{4\pi a} \int_{\varphi=\varphi_1}^{\varphi_2} \sin\varphi\,d\varphi.$$

Die Ausführung der Integration ergibt:

$$w = \frac{\Gamma}{4\pi a}(\cos\varphi_1 - \cos\varphi_2). \qquad (2.162)$$

Für die beidseitig unendlich lange, gerade Wirbellinie ist $\varphi_1 = 0$ und $\varphi_2 = \pi$. Damit erhält man aus Gl. (2.162) $w = \Gamma/2\pi a$ in Übereinstimmung mit dem früheren Ergebnis für den ebenen Potentialwirbel, vgl. Gl. (2.97).

Für einen einseitig unendlich langen Wirbelfaden, bei welchem der Aufpunkt querab vom Endpunkt des Wirbelfadens liegt, ist $\varphi_1 = 0$, $\varphi_2 = \pi/2$ und somit:

$$w = \frac{\Gamma}{4\pi a}. \qquad (2.163)$$

Dieser Fall findet Anwendung beim Tragflügel endlicher Spannweite, bei welchem für einen Aufpunkt am Ort des Flügels die freien Wirbel als solche einseitig unendlich langen Wirbelfäden aufzufassen sind (Abb. 2.47).

2.5 Berechnung ebener Potentialströmungen mit Hilfe komplexer Funktionen

2.51 Grundgleichungen

Es soll in diesem Abschnitt nunmehr die *ebene* reibungslose Strömung etwas eingehender behandelt werden als früher in Kap. 2.3. Obgleich diese ebene Strömung in strenger Form in Wirklichkeit kaum vorkommt, lassen sich doch viele Probleme angenähert darauf zurückführen. Dies gilt insbesondere für die Strömung um Tragflügel.

Die ebene Strömung ist einer rechnerischen Behandlung sehr viel leichter zugänglich als die räumliche Strömung. Dies rührt nicht so sehr daher, daß wir bei der ebenen Strömung statt der drei Ortskoordinaten nur zwei haben, sondern hängt vielmehr damit zusammen, daß bei Abhängigkeit des Strömungsvorganges von zwei kartesischen Ortskoordinaten (x, y) in den analytischen Funktionen des komplexen Arguments ein sehr weittragendes mathematisches Hilfsmittel zur Verfügung steht. Von diesem Hilfsmittel wollen wir jetzt Gebrauch machen.

100　II. Inkompressible reibungslose Strömungen (Hydrodynamik)

In Kap. 2.34 hatten wir für die ebenen Strömungen die folgenden Ergebnisse erhalten: Das Geschwindigkeitsfeld muß die beiden Bedingungen der Quellen- und Drehungsfreiheit erfüllen, welche nach Gl. (2.67) und (2.68) lauten:

$$\operatorname{div} \mathfrak{w} = 0 \quad \text{oder} \quad \frac{\partial u}{\partial x} + \frac{\partial v}{\partial y} = 0, \tag{2.164}$$

$$\operatorname{rot} \mathfrak{w} = 0 \quad \text{oder} \quad \frac{\partial v}{\partial x} - \frac{\partial u}{\partial y} = 0. \tag{2.165}$$

Um diese beiden Gleichungen zu lösen, hatten wir die Potentialfunktion $\Phi(x, y)$ und die Stromfunktion $\Psi(x, y)$ eingeführt, welche nach Gl. (2.73) und (2.76) mit den Geschwindigkeitskomponenten verknüpft sind durch die Gleichungen:

$$\left.\begin{aligned} u &= \frac{\partial \Phi}{\partial x} = \frac{\partial \Psi}{\partial y}, \\ v &= \frac{\partial \Phi}{\partial y} = -\frac{\partial \Psi}{\partial x}. \end{aligned}\right\} \tag{2.166}$$

Die Potentialfunktion und die Stromfunktion müssen dann nach Gl. (2.74) und (2.77) der LAPLACEschen Differentialgleichung genügen:

$$\left.\begin{aligned} \Delta \Phi &= \frac{\partial^2 \Phi}{\partial x^2} + \frac{\partial^2 \Phi}{\partial y^2} = 0, \\ \Delta \Psi &= \frac{\partial^2 \Psi}{\partial x^2} + \frac{\partial^2 \Psi}{\partial y^2} = 0. \end{aligned}\right\} \tag{2.167}$$

In Kap. 2.35 waren wir bei der Berechnung von Beispielen so vorgegangen, daß wir einfache Lösungen der LAPLACEschen Gleichung durch Probieren beschafften und anschließend untersuchten, welche Strömungen durch diese Lösungen dargestellt werden.

2.52 Cauchy-Riemannsche Differentialgleichungen

Die Verwendung der analytischen Funktionen des komplexen Arguments für die Berechnung der ebenen Strömungen beruht nun darauf, daß sowohl der reelle als auch der imaginäre Teil einer jeden analytischen Funktion des komplexen Arguments $z = x + i y$ der LAPLACEschen Differentialgleichung genügt. Bezeichnen wir mit $F(z)$ eine analytische Funktion des komplexen Arguments $z = x + i y$, so läßt sie sich immer in einen reellen und in einen imaginären Teil zerlegen:

$$F(z) = F(x + i y) = \Phi(x, y) + i \Psi(x, y), \tag{2.168}$$

wobei Φ und Ψ reelle Funktionen von x und y sind.

Nach den Regeln der Funktionentheorie gelten dann für den reellen und imaginären Teil die Beziehungen der Gl. (2.166), die als die *Cauchy-Riemannschen Differentialgleichungen* bezeichnet werden. Aus diesen

2.5 Berechnung ebener Potentialströmungen mit Hilfe komplexer Funktionen

Beziehungen folgt dann sofort auch die Gültigkeit der LAPLACEschen Gleichungen (2.167) für den Real- und Imaginärteil. Das Bestehen der Gl. (2.166) und (2.167) für den Realteil Φ und den Imaginärteil Ψ gibt die Möglichkeit, diese als die Potentialfunktion und die Stromfunktion einer ebenen Strömung aufzufassen. Wir sind damit der etwas unbefriedigenden Methode des Erratens von Lösungen der LAPLACEschen Gleichung enthoben und haben nunmehr in den analytischen Funktionen des komplexen Arguments einen großen Vorrat von Lösungen zur Verfügung.

Die CAUCHY-RIEMANNschen Differentialgleichungen (2.166) sind eine Folge der Differenzierbarkeit einer komplexen Funktion. Eine Funktion $F(z)$ ist komplex differenzierbar, falls der Differentialquotient dF/dz unabhängig ist von der Differentiationsrichtung, d. h. unabhängig von der Richtung der vom Punkt z zum Nachbarpunkt $z + dz$ gezogenen Strecke. Es muß also z. B. der für eine beliebige Richtung gewählte Differentialquotient dF/dz gleich sein dem in Richtung der reellen Achse $(dz = dx)$ oder auch gleich dem in Richtung der imaginären Achse $(dz = i\,dy)$ genommenen partiellen Differentialquotienten, also:

$$\frac{dF}{dz} = \frac{\partial F}{\partial x} = \frac{1}{i}\frac{\partial F}{\partial y} \quad \text{oder} \quad \frac{\partial F}{\partial y} = i\frac{\partial F}{\partial x}. \tag{2.169}$$

Nun ist nach Gl. (2.168):

$$\frac{\partial F}{\partial x} = \frac{\partial \Phi}{\partial x} + i\frac{\partial \Psi}{\partial x}; \qquad \frac{\partial F}{\partial y} = \frac{\partial \Phi}{\partial y} + i\frac{\partial \Psi}{\partial y}.$$

Einsetzen dieser Beziehungen in Gl. (2.169) ergibt:

$$\frac{\partial \Phi}{\partial y} + i\frac{\partial \Psi}{\partial y} = i\left(\frac{\partial \Phi}{\partial x} + i\frac{\partial \Psi}{\partial x}\right)$$

und nach Zerlegung in Real- und Imaginärteil:

$$\frac{\partial \Phi}{\partial x} = \frac{\partial \Psi}{\partial y}; \qquad \frac{\partial \Phi}{\partial y} = -\frac{\partial \Psi}{\partial x},$$

womit die CAUCHY-RIEMANNschen Differentialgleichungen bewiesen sind. Durch nochmalige partielle Differentiation nach x und y erhält man die LAPLACEschen Differentialgleichungen für Φ und Ψ.

2.53 Komplexe Strömungsfunktion

Für die Berechnung von ebenen Strömungen haben wir somit die einfache Rechenvorschrift, daß wir eine beliebige analytische Funktion eines komplexen Arguments $F(z) = \Phi(x, y) + i\,\Psi(x, y)$ lediglich in ihren Real- und Imaginärteil zu zerlegen brauchen und auf diese Weise die Potentialfunktion $\Phi(x, y)$ und die Stromfunktion $\Psi(x, y)$ erhalten. Das Geschwindigkeitsfeld u, v erhält man dann, wie früher, durch Differenzieren im Reellen nach Gl. (2.166).

Das in Kap. 2.34 besprochene Vertauschungsprinzip von Potentialfunktion und Stromfunktion, d.h., daß auch Φ als Stromfunktion und Ψ als Potentialfunktion aufgefaßt werden kann, kommt in der komplexen

II. Inkompressible reibungslose Strömungen (Hydrodynamik)

Schreibweise dadurch zum Ausdruck, daß neben $F(z)$ auch $F^*(z) = i F(z)$ eine komplexe Funktion von der betrachteten Art ist. Wir wollen $F(z)$ die *komplexe Strömungsfunktion* nennen.

Wir wollen noch zeigen, wie man das Geschwindigkeitsfeld aus der komplexen Strömungsfunktion unmittelbar durch eine Differentiation im Komplexen erhalten kann: Wir bilden das vollständige Differential von $F(x + iy)$:

$$dF = \frac{\partial F}{\partial x} dx + \frac{\partial F}{\partial y} dy.$$

Durch Einsetzen von Gl. (2.168) kommt:

$$dF = \left(\frac{\partial \Phi}{\partial x} + i \frac{\partial \Psi}{\partial x}\right) dx + \left(\frac{\partial \Phi}{\partial y} + i \frac{\partial \Psi}{\partial y}\right) dy$$
$$= (u - iv) dx + (v + iu) dy$$
$$= (u - iv) dz.$$

Man hat somit:

$$\frac{dF}{dz} = u - iv = w(z) = \overline{\mathfrak{w}}. \tag{2.170}$$

Dabei bedeutet $w(z) = \overline{\mathfrak{w}} = u - iv$ die zu $\mathfrak{w} = u + iv$ konjugiert komplexe Zahl, die man bekanntlich durch Spiegelung von $\mathfrak{w}$ an der reellen Achse erhält. Gl. (2.170) sagt somit aus: Die Ableitung der komplexen Strömungsfunktion nach dem Argument ist gleich dem an der reellen Achse gespiegelten Geschwindigkeitsvektor. Für den Geschwindigkeitsbetrag hat man

$$|\mathfrak{w}| = \left|\frac{dF}{dz}\right|. \tag{2.171}$$

2.54 Beispiele zur komplexen Strömungsfunktion

Bei den jetzt zu besprechenden Beispielen gehen wir, ähnlich wie in Kap. 2.35 bei den Beispielen zur reellen Potentialfunktion und Stromfunktion, so vor, daß wir für eine Reihe von einfachen komplexen Funktionen nach der vorstehend gegebenen Rechenvorschrift das Geschwindigkeitsfeld ermitteln und durch Berechnen der Stromlinien feststellen, welche Strömung dargestellt wird, wobei man besonders ausgezeichnete Stromlinien als feste Wand auffassen kann. Gegenüber dem früheren Rechenverfahren wissen wir von vornherein, daß die aufgeschriebenen Ausdrücke für Φ und Ψ Lösungen der LAPLACE-schen Differentialgleichung sind, während dies früher von Fall zu Fall nachzuprüfen war.

Das schon früher für Potential- und Stromfunktion erläuterte Überlagerungsprinzip gilt auch in der komplexen Schreibweise, da ja neben $F_1(z)$ und $F_2(z)$ auch $F(z) = c_1 F_1(z) + c_2 F_2(z)$ als komplexe Strömungsfunktion aufgefaßt werden kann.

2.5 Berechnung ebener Potentialströmungen mit Hilfe komplexer Funktionen

2.541 Translationsströmung. Die lineare komplexe Funktion

$$F(z) = a z, \tag{2.172}$$

wobei $a = a_1 + i a_2$ eine komplexe Konstante bedeutet, stellt die Translationsströmung dar. Potential und Stromfunktion sind nach Gl. (2.168):

$$\Phi = a_1 x - a_2 y; \quad \Psi = a_2 x + a_1 y.$$

Die komplexe Geschwindigkeit ist

$$w(z) = u - i v = a = a_1 + i a_2.$$

Die Translationsströmung mit der Geschwindigkeit u_∞ in Richtung der positiven x-Achse hat also die komplexe Strömungsfunktion $F(z) = u_\infty z$ und diejenige mit der Geschwindigkeit v_∞ in Richtung der positiven y-Achse die komplexe Strömungsfunktion $F(z) = -i v_\infty z$.

2.542 Strömung in einem Winkelraum. Eine Verallgemeinerung des soeben behandelten Beispieles ist die Strömungsfunktion

$$F(z) = \frac{a}{n} z^n, \tag{2.173}$$

wobei die Konstanten a und n reell seien. Die Zerlegung von F in Real- und Imaginärteil gelingt am einfachsten durch Einführung von Polarkoordinaten mit $z = r e^{i\varphi} = r(\cos\varphi + i \sin\varphi)$. Man erhält

$$F(z) = \frac{a}{n} r^n e^{i n \varphi} = \frac{a}{n} r^n (\cos n\, \varphi + i \sin n\, \varphi).$$

Somit ist die Potentialfunktion

$$\Phi(r, \varphi) = \frac{a}{n} r^n \cos n\, \varphi$$

und die Stromfunktion

$$\Psi(r, \varphi) = \frac{a}{n} r^n \sin n\, \varphi.$$

Die Stromlinien sind also gegeben durch die Kurven

$$r^n \sin n\, \varphi = \text{const}.$$

Die einzelnen Stromlinien erhält man hieraus, wenn man r in Abhängigkeit von φ für verschiedene Werte der Konstanten ermittelt. Insbesondere wird die Stromlinie $\Psi = 0$ erhalten durch $\sin n\, \varphi = 0$ oder $\varphi = k\, \pi/n$ mit $k = 0, 1, 2, \ldots$

Dies sind die Geraden durch den Ursprung unter den Winkeln $\varphi = 0, \frac{\pi}{n}, 2\frac{\pi}{n}, 3\frac{\pi}{n}, \ldots$. Je nach dem Zahlenwert von n erhält man verschiedene Strömungen. Für $n = 2$ ergibt sich die schon früher angegebene Staupunktströmung nach Abb. 2.21. Stromlinienbilder für andere Werte von n sind in Abb. 2.53 angegeben. Für $n > 2$ ergeben sich Stromlinienbilder vom Typus Abb. 2.53a. Dabei kann man entweder die Geraden $\varphi = 0$ und $\varphi = \pi/n, \ldots$ als Wände auffassen und erhält

104   II. Inkompressible reibungslose Strömungen (Hydrodynamik)

dann die Strömung in einem Winkelraum $\Delta\varphi = \pi/n$, bei welcher die Flüssigkeit längs der einen Wand einströmt und längs der anderen abströmt (Abb. 2.53a). Man kann aber auch nach Abb. 2.53a' nur die Geraden $\varphi = 0$ und $\varphi = 2\pi/n, \ldots$ als Wände auffassen. Dies ist

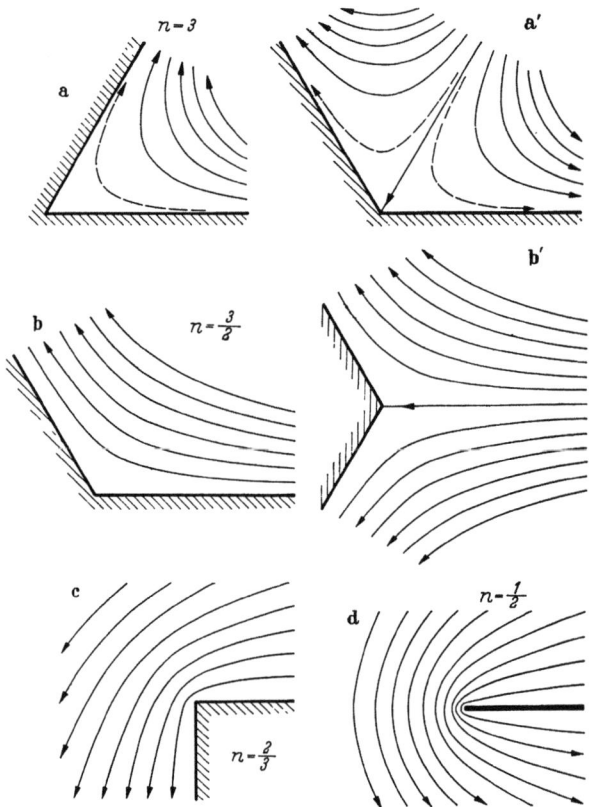

Abb. 2.53. Ebene Strömung in einem Winkelraum $\Delta\varphi = \pi/n$; komplexe Stromfunktion nach Gl. (2.173). Stromlinienbilder für verschiedene Werte von n. Es ist $a < 0$ für a), b), b'), c) und d); $a > 0$ für a')

dann eine Strömung in einem konkaven Winkelraum $\Delta\varphi = 2\pi/n$, bei welchem die Flüssigkeit in der Mitte einströmt und längs beider Wände abströmt. Der Ursprung ist dabei Staupunkt und die Halbierende des Winkelraumes Staupunktstromlinie.

Für $1 < n < 2$ ergeben sich Strömungsbilder vom Typus Abb. 2.53b und 2.53b'. Letzteres ist für $n = 3/2$ die Strömung gegen eine vorspringende (konvexe) Ecke, wobei wieder die Ecke Staupunkt ist.

Für $1/2 < n < 1$ erhält man die Strömungsbilder vom Typus Abb. 2.53c und 2.53d. Abb. 2.53c gilt für $n = 2/3$ und gibt die Strö-

2.5 Berechnung ebener Potentialströmungen mit Hilfe komplexer Funktionen

mung um eine vorspringende Ecke mit dem Eckenwinkel $\pi/2$. Abb. 2.53 d gilt für $n = 1/2$ und stellt die Strömung um eine scharfe Kante mit dem Eckenwinkel Null dar, also die Umströmung einer ebenen Platte. In den letzten beiden Fällen ist an der Ecke die Geschwindigkeit unendlich groß, wie man aus $w(z) = a z^{n-1} = a r^{n-1} e^{i(n-1)\varphi}$ erkennt.

Diese Strömungen im Winkelraum mit der komplexen Strömungsfunktion nach Gl. (2.173) hätten sich nach dem früheren Verfahren mit Rechnungen im Reellen nur sehr umständlich behandeln lassen. Man erkennt an diesem Beispiel besonders deutlich die Eleganz der komplexen Darstellung.

2.543 Quelle, Senke und Potentialwirbel. *Quelle und Senke:* Wir gehen aus von der komplexen Strömungsfunktion

$$F(z) = a \ln z \quad (a \text{ reell}). \tag{2.174}$$

Die Zerlegung in Real- und Imaginärteil mit $z = r e^{i\varphi}$ ergibt:

$$\Phi = a \ln r; \quad \Psi = a \varphi.$$

Die Stromlinien sind die Strahlen $\varphi = \text{const}$ vom Ursprung aus und die Potentiallinien die Kreise $r = \text{const}$ um den Ursprung. Die Geschwindigkeit ist $w(z) = a/z$; sie verläuft radial, also

$$w_r = \frac{a}{r}; \quad w_\varphi = 0.$$

Für positives a liegt die Quellströmung und für negatives a die Senkenströmung vor, die früher in Kap. 2.354 bereits behandelt wurden (Abb. 2.23). Die pro Schichthöhe eins aus- oder einfließende Menge, die Ergiebigkeit, ist $E = 2\pi r w_r = 2\pi a$. Eine Quelle bzw. Senke der Ergiebigkeit E hat also die komplexe Strömungsfunktion

$$F(z) = \frac{E}{2\pi} \ln z. \tag{2.174a}$$

Potentialwirbel: Aus der Quellströmung hatten wir bereits früher in Kap. 2.355 durch Vertauschung von Potential- und Stromlinien die Strömung des Potentialwirbels erhalten. In der komplexen Darstellung bedeutet die Vertauschung von Potential- und Stromlinien die Multiplikation der komplexen Strömungsfunktion mit der imaginären Einheit i, wie bereits oben ausgeführt. Wir erhalten somit aus Gl. (2.174) für die komplexe Strömungsfunktion des Potentialwirbels:

$$F(z) = i a \ln z \quad (a \text{ reell}). \tag{2.175}$$

Das Potential und die Stromfunktion ergeben sich zu

$$\Phi = -a \varphi; \quad \Psi = a \ln r.$$

Die Stromlinien sind also die konzentrischen Kreise um den Ursprung und die Potentiallinien die Strahlen durch den Ursprung (Abb. 2.24).

Die Geschwindigkeit verläuft überall in Umfangsrichtung; es ist $w(z) = i\,a/z$, also

$$w_\varphi = -\frac{a}{r}; \quad w_r = 0. \tag{2.176}$$

Die im Uhrzeigersinn drehende Zirkulation auf einem beliebigen Kreis um den Ursprung ist $\Gamma = -2\pi r w_\varphi = 2\pi a$. Die Konstante a bestimmt also die Zirkulation durch $a = \Gamma/2\pi$. Ein ebener Potentialwirbel der Stärke Γ im Punkte $z = 0$ hat somit die komplexe Strömungsfunktion:

$$F(z) = \frac{i\,\Gamma}{2\pi}\ln z. \tag{2.175a}$$

2.544 Dipol. Wir wollen jetzt aus den bisherigen Fällen einige weitere durch Überlagerung aufbauen. Als erstes behandeln wir das Strömungsfeld eines Quell-Senken-Paares, d. h. einer Quelle und einer Senke von gleicher Stärke. Die Senke befinde sich im Ursprung $z = 0$ und die Quelle auf der negativen reellen Achse im Punkt $z = -h$ (Abb. 2.27). Nach Gl. (2.174a) lautet die komplexe Strömungsfunktion dieses Quell-Senken-Paares:

$$F(z) = \frac{E}{2\pi}[\ln(z+h) - \ln z].$$

Die Stromlinien sind gegeben durch das Kreisbüschel durch die beiden Punkte $z = 0$ und $z = -h$, wie man leicht verifiziert und wie auch früher in Kap. 2.359 bereits ausführlich erläutert wurde. Aus diesem Quell-Senken-Paar erhält man die Strömung eines Dipols, wenn man den Abstand h von Quelle und Senke gegen Null gehen läßt und dabei ihre Ergiebigkeit E mit $1/h$ zunehmen läßt, derart, daß das Moment $M = E\,h$ konstant bleibt. Dies ergibt:

$$F(z) = \frac{M}{2\pi}\lim_{h \to 0}\frac{\ln(z+h) - \ln z}{h} = \frac{M}{2\pi}\frac{d}{dz}\ln z.$$

Somit ist die komplexe Strömungsfunktion des Dipols:

$$F(z) = \frac{M}{2\pi}\frac{1}{z}. \tag{2.177}$$

Die Zerlegung in Real- und Imaginärteil ergibt für das Potential:

$$\Phi = \frac{M}{2\pi}\frac{\cos\varphi}{r}$$

und für die Stromfunktion:

$$\Psi = -\frac{M}{2\pi}\frac{\sin\varphi}{r}$$

in Übereinstimmung mit Gl. (2.111) und (2.112). Die Stromlinien sind gegeben durch die Schar der Kreise, welche die reelle Achse im Ursprung tangieren, und die Potentiallinien durch die dazu orthogonale Kreisschar, welche die imaginäre Achse im Ursprung tangiert, Abb. 2.28.

2.5 Berechnung ebener Potentialströmungen mit Hilfe komplexer Funktionen 107

Gl. (2.177) stellt für reelles M einen Dipol im Ursprung dar, dessen Achse mit der reellen Achse zusammenfällt. Einen Dipol, dessen Achse in die imaginäre Achse fällt, erhält man aus dem ersteren durch Vertauschung der Potential- und Stromlinien, d. h. durch Multiplikation mit i. Die komplexe Strömungsfunktion lautet hierfür $F(z) = iM/2\pi z$.

2.545 Translationsströmung um den Kreiszylinder. Wie schon in Kap. 2.35.10 besprochen, erhält man die Strömung um einen Kreiszylinder durch Überlagerung der Dipolströmung mit der Translationsströmung. Insbesondere ergibt sich ein Kreiszylinder, der in Richtung der reellen Achse angeströmt wird, durch Überlagerung der Translationsströmung längs der reellen Achse mit einem Dipol, dessen Achse mit der x-Achse zusammenfällt. Somit ergibt sich nach Gl. (2.172) und (2.177) für die komplexe Strömungsfunktion, wenn u_∞ die Geschwindigkeit der Translationsströmung bedeutet und für das Moment des Dipols nach Gl. (2.116) $M = 2\pi u_\infty R^2$ gesetzt wird:

$$F(z) = u_\infty \left(z + \frac{R^2}{z}\right). \tag{2.178}$$

Die Zerlegung in Real- und Imaginärteil mit $z = r e^{i\varphi}$ ergibt für das Potential:

$$\Phi(r, \varphi) = u_\infty \left(r + \frac{R^2}{r}\right) \cos\varphi \tag{2.179a}$$

und für die Stromfunktion:

$$\Psi(r, \varphi) = u_\infty \left(r - \frac{R^2}{r}\right) \sin\varphi \tag{2.179b}$$

in Übereinstimmung mit Gl. (2.117) und (2.118). Aus Gl. (2.179b) ersieht man, daß die Stromlinie $\Psi = 0$ durch die reelle Achse $\varphi = 0$ und $\varphi = \pi$ und den Kreis $r = R$ gebildet wird. Das Stromlinienbild dieser Translationsströmung um den Kreiszylinder wurde bereits in Abb. 2.29 angegeben.

Das Geschwindigkeitsfeld wollen wir durch Differenzieren der komplexen Strömungsfunktion nach Gl. (2.170) beschaffen. Dies ergibt:

$$\frac{dF}{dz} = w(z) = u - iv = u_\infty \left(1 - \frac{R^2}{z^2}\right). \tag{2.180}$$

Hieraus ersieht man sofort, daß die beiden Punkte $z = \pm R$ Staupunkte sind, wo $u = v = 0$ ist. Die rechtwinkligen Geschwindigkeitskomponenten erhalten wir aus Gl. (2.180) durch Zerlegung in Real- und Imaginärteil zu:

$$u = u_\infty \left(1 - \frac{R^2}{r^2} \cos 2\varphi\right), \quad v = -u_\infty \frac{R^2}{r^2} \sin 2\varphi$$

in Übereinstimmung mit Gl. (2.119).

Man erkennt aus diesen Gleichungen, daß die von der Verdrängungswirkung des Kreiszylinders herrührenden Zusatzgeschwindigkeiten mit dem Abstand von der Zylinderachse wie $1/r^2$ abnehmen.

108   II. Inkompressible reibungslose Strömungen (Hydrodynamik)

Die Geschwindigkeitsverteilung auf der Kontur des Zylinders, $r = R$, ist hiernach, wie bereits in Gl. (2.121) angegeben:

$$w_\psi(R) = -2u_\infty \sin\varphi.\qquad(2.181)$$

Die Druckverteilung auf der Kontur wurde auch bereits in Gl. (2.122) angegeben; sie ist in Abb. 2.30 dargestellt.

2.55 Methode der konformen Abbildung

Im letzten Abschnitt haben wir für einige einfache analytische Funktionen einer komplexen Variablen untersucht, welche Strömungen durch diese Funktionen dargestellt werden. Nunmehr wollen wir zu Methoden übergehen, mit Hilfe derer man umgekehrt zu einem vorgegebenen Körper die komplexe Strömungsfunktion und damit die ganze Strömung ermitteln kann.

Die Grundlage der bisherigen Rechnungen war die Tatsache, daß jede analytische Funktion F der komplexen Veränderlichen $z = x + iy$ als komplexe Strömungsfunktion aufgefaßt werden kann, weil ihre Zerlegung in Real- und Imaginärteil

$$F(z) = \Phi(x, y) + i\Psi(x, y)\qquad(2.182)$$

die reelle Potentialfunktion Φ und die reelle Stromfunktion Ψ liefert. Die Kurven $\Phi = \text{const}$ (Potentiallinien) und $\Psi = \text{const}$ (Stromlinien) bilden zwei orthogonale Kurvenscharen in der x-y-Ebene. Faßt man eine geeignete Stromlinie als feste Wand auf, so stellen die übrigen Stromlinien das Strömungsfeld längs dieser Wand dar. Das Geschwindigkeitsfeld ist hierbei gegeben durch die erste Ableitung der komplexen Strömungsfunktion:

$$w_z = u_z - iv_z = \frac{dF}{dz}.\qquad(2.183)$$

Dabei soll der Index z andeuten, daß es sich um Geschwindigkeiten in der komplexen z-Ebene handelt, die mit der physikalischen x-y-Ebene identisch ist.

Bei dem bisherigen Rechenverfahren war also die Strömungsfunktion gegeben und die Körperform gesucht. Dabei war es mehr oder weniger dem Zufall überlassen, ob sich zu einer vorgegebenen Strömungsfunktion eine Körperkontur ergibt, die einige praktische Bedeutung hat.

Die umgekehrte Aufgabe, bei welcher die Körperform gegeben und die Strömungsfunktion gesucht ist, ist praktisch erheblich wichtiger, aber in der rechnerischen Durchführung auch wesentlich schwieriger als die bisher gelöste Aufgabe. Man bedient sich dafür des Hilfsmittels der *konformen Abbildung*, welches sehr weit ausgebaut worden ist. Eine sehr umfassende Darstellung dieses Gebietes ist von A. BETZ [1] gegeben worden.

2.5 Berechnung ebener Potentialströmungen mit Hilfe komplexer Funktionen 109

Es möge zunächst der Begriff der konformen Abbildung erläutert werden: Wir betrachten eine analytische Funktion der komplexen Veränderlichen mit ihrer Zerlegung in Real- und Imaginärteil:
$$f(z) = f(x + iy) = \zeta = \xi(x,y) + i\eta(x,y). \tag{2.184}$$
Wir denken hierbei zunächst nicht an die komplexe Strömungsfunktion. Den durch Gl. (2.184) vermittelten Zusammenhang zwischen den komplexen Zahlen $z = x + iy$ und $\zeta = \xi + i\eta$ kann man rein geometrisch deuten: Es wird jedem Punkt der komplexen z-Ebene ein Punkt der

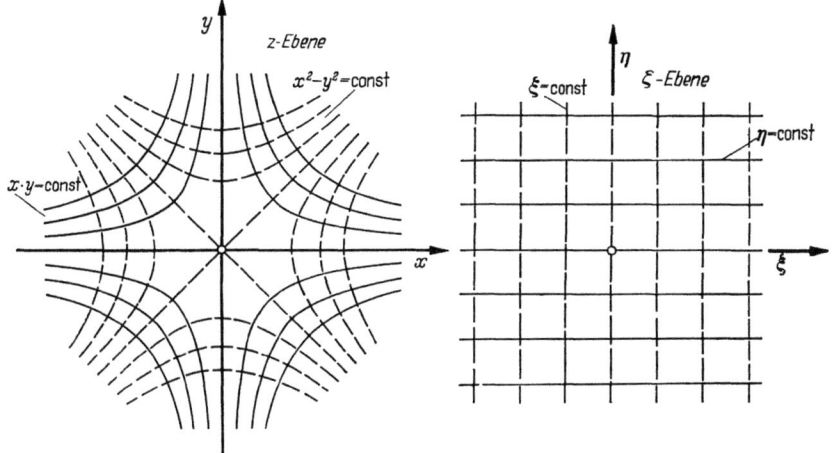

Abb. 2.54. Die durch die komplexe Funktion $\zeta = z^2/2$ vermittelte konforme Abbildung

komplexen ζ-Ebene zugeordnet, der als das Bild des Punktes in der z-Ebene bezeichnet werden möge. Durchläuft insbesondere der Punkt in der z-Ebene eine Kurve, so durchmißt im allgemeinen auch der zugeordnete Bildpunkt eine Kurve in der ζ-Ebene. Diese bezeichnen wir als die Bildkurve der in der z-Ebene durchlaufenen Kurve.

Ein Beispiel möge diese Zuordnung der komplexen z- und ζ-Ebene erläutern: Wählen wir
$$f(z) = \tfrac{1}{2} z^2 = \tfrac{1}{2}(x + iy)^2 = \zeta = \xi + i\eta,$$
so ist nach Zerlegung in Real- und Imaginärteil:
$$\xi = \tfrac{1}{2}(x^2 - y^2); \quad \eta = xy.$$
Es entsprechen hiernach den Parallelen zur imaginären Achse in der ζ-Ebene, also den Geraden $\xi = $ const, in der z-Ebene die gleichseitigen Hyperbeln $x^2 - y^2 = $ const, während den Geraden $\eta = $ const die zur ersteren orthogonale Hyperbelschar $xy = $ const entspricht (Abb. 2.54). Man kann das Ergebnis auch so ausdrücken, daß die beiden ortho-

gonalen Geradenscharen $\xi = $ const und $\eta = $ const der ζ-Ebene *konform abgebildet* werden auf die beiden orthogonalen Hyperbelscharen der z-Ebene. Man sagt auch kurz, daß durch Gl. (2.184) allgemein eine konforme Abbildung der z-Ebene auf die ζ-Ebene vermittelt wird. Aus der schon bisher benutzten Deutung der komplexen Funktionen als Potential- und Stromfunktion erkennt man sofort, daß es eine allgemeine Eigenschaft der analytischen Funktionen einer komplexen Variablen ist, daß bei dieser Abbildung zwei orthogonale Kurvenscharen der einen Ebene in solche der anderen Ebene übergeführt werden.

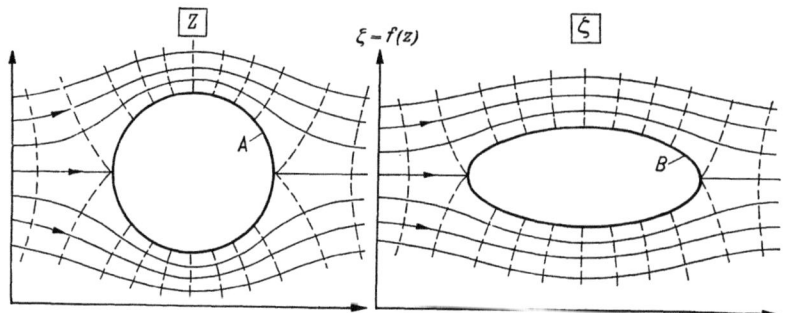

Abb. 2.55. Konforme Abbildung der z-Ebene auf die ζ-Ebene durch die Abbildungsfunktion $\zeta = f(z)$. Dabei wird die Kontur A mit ihren Potential- und Stromlinien abgebildet auf die Kontur B mit ihren Potential- und Stromlinien

Unter einer konformen Abbildung versteht man somit eine Abbildung einer Ebene auf eine andere, derart, daß Winkel der einen Ebene in gleiche Winkel der anderen Ebene übergeführt werden. Auch ist das Verhältnis zweier Strecken der einen Ebene gleich dem Verhältnis der entsprechenden Strecken der anderen Ebene für den Fall, daß die Größe der Strecken nach Null konvergiert. Man sagt auch, daß bei einer solchen konformen Abbildung eine Ebene auf eine in den kleinsten Teilen ähnliche Ebene abgebildet wird.

Für die Berechnung von Strömungen kann nun dieser rein geometrische Prozeß der *konformen Abbildungen* zweier Ebenen aufeinander aber auch so gedeutet werden, daß ein bestimmtes System von Potential- und Stromlinien der einen Ebene übergeführt wird in ein solches der anderen Ebene. Damit kann die oben formulierte Aufgabe, die Strömung um einen vorgelegten Körper zu berechnen, folgendermaßen gelöst werden (Abb. 2.55):

Wir gehen aus von einer bekannten Strömung um einen Körper mit der Kontur A in der z-Ebene, für welche die Strömungsfunktion $F(z)$ bekannt sein möge. Meist wird hierfür die Kreiszylinderströmung genommen. Die Kontur des Körpers, für welchen die Strömung gesucht wird, sei die Kontur B in der ζ-Ebene. Um nun die Strömung um die

2.5 Berechnung ebener Potentialströmungen mit Hilfe komplexer Funktionen

Kontur B zu erhalten, ist eine *Abbildungsfunktion*

$$\zeta = f(z) \tag{2.185}$$

zu finden, welche die Kontur A der z-Ebene abbildet auf die Kontur B der ζ-Ebene. Dabei wird dann auch gleichzeitig das bekannte System der Potential- und Stromlinien um den Körper A in der z-Ebene übergeführt in das gesuchte System der Potential- und Stromlinien um den Körper B der ζ-Ebene. Das gesuchte Geschwindigkeitsfeld um den Körper B der ζ-Ebene erhält man dabei nach folgender Vorschrift:

$$w(\zeta) = \frac{dF}{d\zeta} = \frac{dF}{dz}\frac{dz}{d\zeta}$$

oder

$$w_\zeta = w_z \frac{dz}{d\zeta}. \tag{2.186}$$

Dabei sind $F(z)$ und $w_z = dF/dz$ bekannt aus der Strömungsfunktion des Körpers A in der z-Ebene (z. B. Kreiszylinder), während $dz/d\zeta = 1/f'(z)$ den reziproken Differentialquotienten der Abbildungsfunktion $\zeta = f(z)$ darstellt. Die gesuchte Geschwindigkeitsverteilung w_ζ um den Körper B kann nach Gl. (2.186) berechnet werden, nachdem die Abbildungsfunktion $f(z)$ gefunden worden ist, welche den Körper A auf den Körper B abbildet. Wie die Berechnung von Beispielen zeigt, ist bei diesem Verfahren die Hauptarbeit die Ermittlung der Abbildungsfunktion $\zeta = f(z)$, welche den vorgelegten Körper auf einen anderen Körper abbildet, dessen Strömung bekannt ist (z. B. Kreiszylinder).

Nach dem *Riemannschen Abbildungssatz* ist es, von einigen unbedeutenden Spezialfällen abgesehen, stets möglich, einen einfach zusammenhängenden Bereich auf einen Kreis abzubilden. Die Aufgabe, die ebene Umströmung einer vorgegebenen Körperkontur zu berechnen, ist somit grundsätzlich gelöst. Für die praktische Anwendung besteht die Schwierigkeit jedoch darin, die jeweils entsprechende Abbildungsfunktion zu finden, die für viele Fälle zudem noch einen sehr komplizierten Aufbau besitzt.

2.56 Beispiele zur konformen Abbildung

Wir wollen jetzt die vorstehend erläuterte Methode an einigen Beispielen näher ausführen:

2.561 Parallel angeströmte Platte. Wir gehen aus von der Translationsströmung parallel zur x-Achse um einen Kreiszylinder mit dem Radius a. Diese Strömung hat in der z-Ebene nach Gl. (2.178) die Strömungsfunktion

$$F(z) = u_\infty \left(z + \frac{a^2}{z}\right). \tag{2.187}$$

Als Abbildungsfunktion wählen wir:

$$\zeta = f(z) = z + \frac{a^2}{z}. \tag{2.188}$$

II. Inkompressible reibungslose Strömungen (Hydrodynamik)

Dies ist die *Joukowskysche Abbildungsfunktion*. Sie bildet nach Abb. 2.56 den Kreis mit dem Radius a um den Nullpunkt der z-Ebene ab auf die doppelt durchlaufene Strecke (Schlitz) von $-2a$ bis $+2a$ der ζ-Ebene. Dabei gehen die Kreispunkte (1), (2), (3), (4) der z-Ebene in die angegebenen Punkte des Schlitzes der ζ-Ebene über. Dies läßt sich so einsehen: Für einen Punkt, der den Kreis der z-Ebene durchläuft, gilt

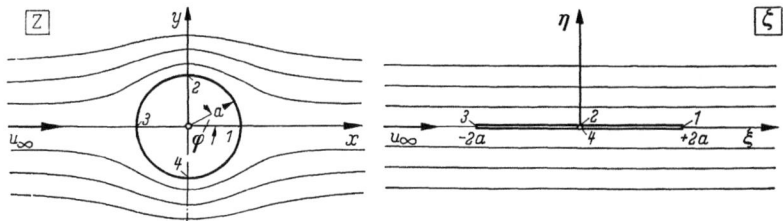

Abb. 2.56. Konforme Abbildung eines Kreiszylinders auf eine längs angeströmte ebene Platte durch die JOUKOWSKYsche Abbildungsfunktion nach Gl. (2.188)

$z = a\,e^{i\varphi}$, wobei φ von 0 bis 2π läuft. Setzt man dies in Gl. (2.188) ein, so kommt $\zeta = a(e^{i\varphi} + e^{-i\varphi}) = 2a\cos\varphi$, also $\xi = 2a\cos\varphi$; $\eta = 0$.

Für die Strömung in der ζ-Ebene erhält man aus Gl. (2.187) und (2.188):

$$F(\zeta) = u_\infty\,\zeta.$$

Das ist die Translationsströmung mit der Geschwindigkeit u_∞ längs der reellen Achse in der ζ-Ebene. Wir haben also die Translationsströmung um den Kreis mit dem Radius a der z-Ebene abgebildet auf die Parallelströmung längs der reellen Achse in der ζ-Ebene. Diese Abbildung muß als trivial bezeichnet werden, da sie uns keine neue Strömung vermittelt hat. Wir brauchen sie jedoch als Vorstufe für eine jetzt zu besprechende verwandte Strömung, die etwas wesentlich Neues liefern wird.

2.562 Senkrecht angeströmte Platte. Die Strömung um die senkrecht zur Anströmungsrichtung stehende Platte können wir nach Abb. 2.57 dadurch erhalten, daß wir mittels der gleichen JOUKOWSKYschen Abbildungsfunktion wie in Kap. 2.561 den Kreis mit dem Radius a der z-Ebene wiederum auf den Schlitz der ζ-Ebene abbilden, jedoch jetzt den Kreis in Richtung der y-Achse umströmen lassen. Die Platte erstreckt sich in der ζ-Ebene auf der reellen Achse von $\xi = -2a$ bis $\xi = +2a$; sie hat also die Breite $l = 4a$. Die Kreisströmung ergibt sich durch Überlagerung einer Parallelströmung mit der Geschwindigkeit v_∞ in Richtung der positiven y-Achse mit einem Dipol, dessen Achse in der y-Achse liegt. Die Strömungsfunktion lautet somit:

$$F(z) = i\,v_\infty\left(-z + \frac{a^2}{z}\right). \tag{2.189}$$

2.5 Berechnung ebener Potentialströmungen mit Hilfe komplexer Funktionen

Die Geschwindigkeit in der z-Ebene ist:

$$\frac{dF}{dz} = w_z = -i\,v_\infty\left(1 + \frac{a^2}{z^2}\right) = -i\,v_\infty\,\frac{z^2 + a^2}{z^2}.$$

Die Geschwindigkeit in der ζ-Ebene ist dann nach Gl. (2.186) mit $\frac{d\zeta}{dz} = \frac{z^2 - a^2}{z^2}$:

$$w_\zeta = -i\,v_\infty\,\frac{z^2 + a^2}{z^2 - a^2}. \tag{2.190}$$

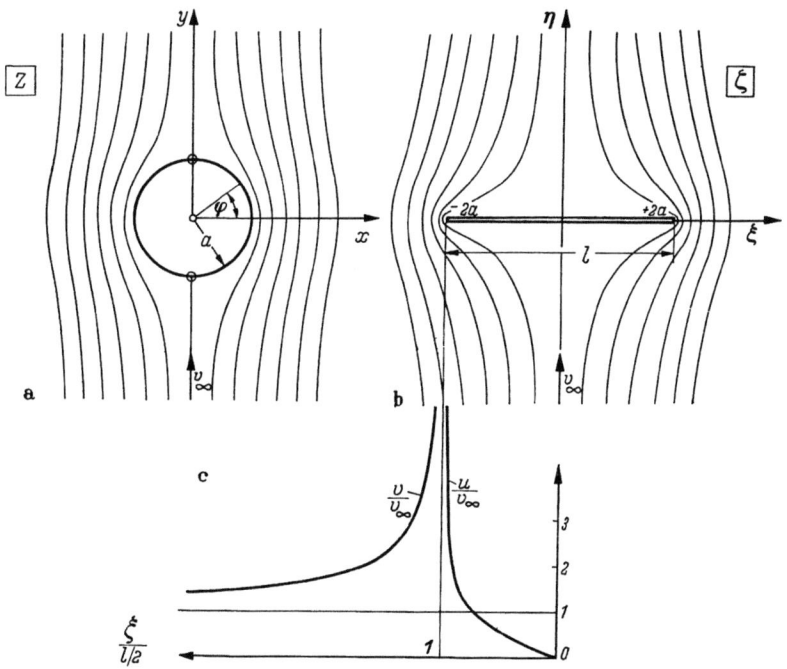

Abb. 2.57. Die senkrecht angeströmte ebene Platte
a) Kreiszylinderströmung; b) Strömung um die Platte; c) Geschwindigkeitsverteilung längs der Plattenoberseite und in Verlängerung der Plattenrichtung

Ersetzt man hierin z durch ζ auf Grund von Gl. (2.188), so erhält man wegen $\zeta = \frac{z^2 + a^2}{z}$ und $\pm\sqrt{\zeta^2 - 4a^2} = \frac{z^2 - a^2}{z}$ für die Geschwindigkeitsverteilung der senkrecht angeströmten Platte:

$$w_\zeta = \pm i\,v_\infty\,\frac{\zeta}{\sqrt{\zeta^2 - 4a^2}}. \tag{2.191}$$

Aus Gl. (2.190) und (2.191) erkennt man, daß die Plattenmitten $z = \pm i\,a$, $\zeta = 0$ Staupunkte der Strömung sind mit $w_\zeta = 0$, während an den Plattenenden $z = \pm a$, $\zeta = \pm 2a$ die Geschwindigkeit unendlich groß ist.

Die Geschwindigkeitsverteilung an der Platte selbst und in der Verlängerung der Plattenrichtung ergibt sich aus Gl. (2.191) für $\zeta = \xi$ zu:

$$u = \pm\, v_\infty \frac{\xi}{\sqrt{(l/2)^2 - \xi^2}} \quad \text{für} \quad 0 < |\xi| < \frac{l}{2},$$
$$v = v_\infty \frac{|\xi|}{\sqrt{\xi^2 - (l/2)^2}} \quad \text{für} \quad |\xi| > \frac{l}{2}.$$
(2.192)

In der oberen Gleichung gilt das $+$-Zeichen für die Unter- und das $-$-Zeichen für die Oberseite der Platte. In Abb. 2.57c sind die Geschwindigkeitsverteilungen über $\xi/(l/2)$ dargestellt.

2.563 Angestellte ebene Platte mit Auftrieb. Die Strömung um die unter einem kleinen Winkel gegen die Plattenrichtung angeströmte ebene Platte ist der einfachste Prototyp einer Tragflügelströmung mit Auftrieb. Diese Strömung möge deshalb hier etwas eingehender behandelt werden. Der Winkel zwischen der Anströmrichtung und der Plattenrichtung heißt der *Anstellwinkel* α der Platte.

Man erhält die Strömung um die angestellte ebene Platte nach Abb. 2.58, wenn man die längs angeströmte Platte (a) und die senkrecht angeströmte Platte (b) überlagert. Die hieraus resultierende Strömung

$$(\text{c}) = (\text{a}) + (\text{b})$$

hat jedoch noch keinen Auftrieb der Platte; es wird dabei die Vorder- und Hinterkante der Platte in gleicher Weise umströmt. Der vordere Staupunkt liegt auf der Unterseite und der hintere Staupunkt auf der Oberseite der Platte.

Um die Plattenströmung mit Auftrieb zu erhalten, muß dem Fall (c) noch eine Zirkulation Γ nach (d) überlagert werden. Die hieraus resultierende Strömung

$$(\text{e}) = (\text{c}) + (\text{d}) = (\text{a}) + (\text{b}) + (\text{d})$$

ergibt dann die Plattenströmung mit Auftrieb. Die Größe der Zirkulation bestimmt sich dabei aus der Bedingung des glatten Abströmens an der Plattenhinterkante, d. h., der hintere Staupunkt liegt in der Plattenhinterkante (KUTTAsche Abflußbedingung). Die nähere Begründung dieser Abflußbedingung, die mit dem Experiment in sehr guter Übereinstimmung steht, wird in Kap. VI gegeben.

Wir wollen jetzt den soeben skizzierten Gang der Rechnung im einzelnen durchführen. Die komplexen Strömungsfunktionen in der z-Ebene für die Strömungen (a), (b), (d) nach Abb. 2.58 lauten nach Gl. (2.187), (2.189) und Gl. (2.175a):

(a) $F_1(z) = u_\infty \left(z + \dfrac{a^2}{z}\right),$ (b) $F_2(z) = -i\, v_\infty \left(z - \dfrac{a^2}{z}\right),$

(d) $F_4(z) = \dfrac{i\,\Gamma}{2\pi} \ln z.$

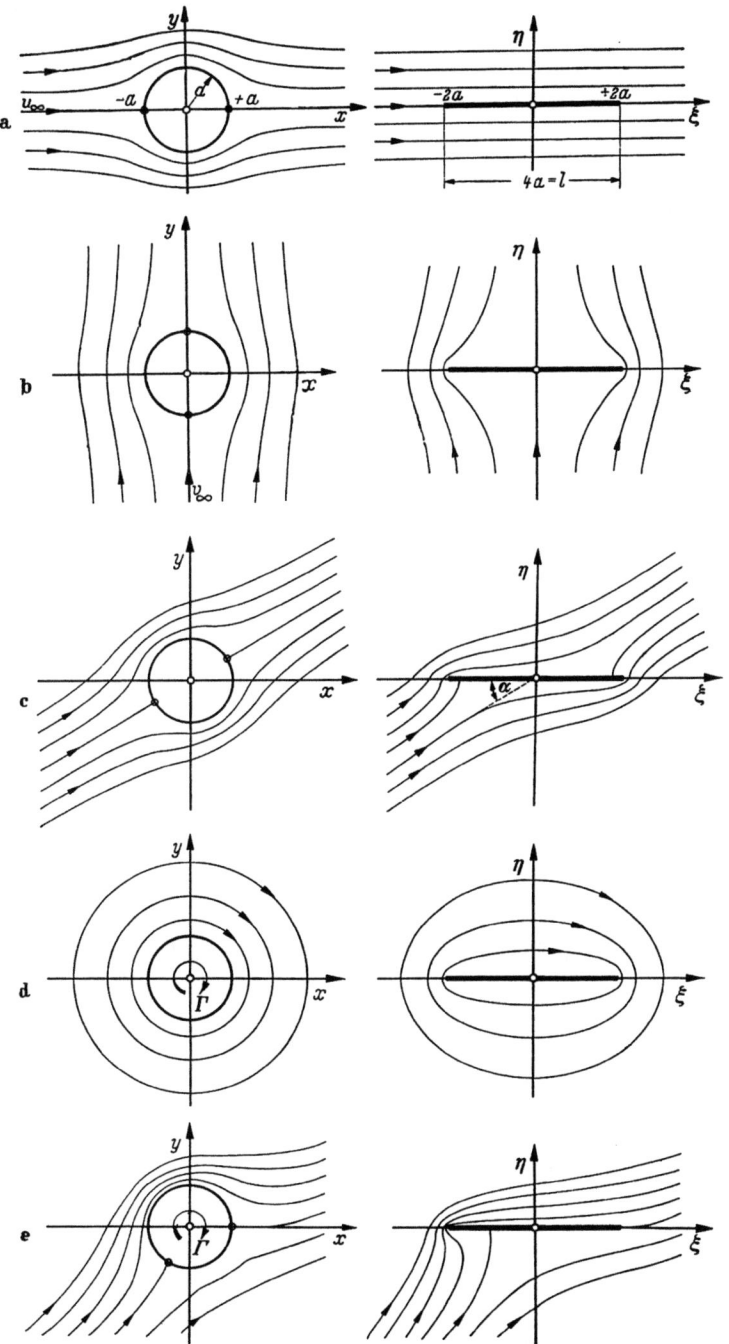

Abb. 2.58. Strömung um die angestellte ebene Platte
(a) Längs angeströmte ebene Platte; (b) Senkrecht angeströmte ebene Platte; (c) Angestellte ebene Platte *ohne* Auftrieb, (c) = (a) + (b); (d) Reine Zirkulationsströmung; (e) Angestellte ebene Platte *mit* Auftrieb (KUTTAsche Abflußbedingung), (e) = (c) + (d)

116   II. Inkompressible reibungslose Strömungen (Hydrodynamik)

Durch Überlagerung dieser drei Strömungen ergibt sich in der z-Ebene die Strömung um den Kreis mit dem Mittelpunkt in $z = 0$ und mit dem Radius a, der unter dem Winkel $\alpha = \arctan \dfrac{v_\infty}{u_\infty}$ gegen die x-Achse angeströmt wird. Die komplexe Strömungsfunktion dieser Strömung ergibt sich somit zu:

$$F(z) = (u_\infty - i\,v_\infty)z + (u_\infty + i\,v_\infty)\frac{a^2}{z} + \frac{i\,\Gamma}{2\pi}\ln z.$$

Die Geschwindigkeit in der z-Ebene erhält man hieraus zu:

$$w_z = \frac{dF}{dz} = (u_\infty - i\,v_\infty) - (u_\infty + i\,v_\infty)\frac{a^2}{z^2} + \frac{i\,\Gamma}{2\pi}\frac{1}{z}. \qquad (2.193)$$

Als Abbildungsfunktion wird wieder die JOUKOWSKYsche Abbildungsfunktion nach Gl. (2.188) gewählt, welche den Kreis mit dem Radius a der z-Ebene in die Platte der Länge $l = 4a$ der ζ-Ebene überführt. Die Geschwindigkeit in der ζ-Ebene ergibt sich damit nach Gl. (2.186) mit

$$\frac{d\zeta}{dz} = \frac{z^2 - a^2}{z^2}$$

zu

$$w_\zeta = \frac{z^2}{z^2 - a^2} w_z$$

oder mit w_z nach Gl. (2.193):

$$w_\zeta = u_\infty - i\,v_\infty \frac{z^2 + a^2}{z^2 - a^2} + i\,\frac{\Gamma}{2\pi}\frac{z}{z^2 - a^2}. \qquad (2.194)$$

Da für große z und ζ der Differentialquotient der Abbildungsfunktion gleich 1 ist,

$$\left(\frac{d\zeta}{dz}\right)_\infty = 1,$$

sind die Geschwindigkeiten im Unendlichen in der z-Ebene und ζ-Ebene gleich:

$$w_\zeta(\infty) = w_z(\infty) = u_\infty - i\,v_\infty.$$

Die weitere Ausrechnung von Gl. (2.194) ergibt mit

$$\frac{z^2 + a^2}{z^2 - a^2} = \pm \frac{\zeta}{\sqrt{\zeta^2 - 4a^2}} \quad \text{und} \quad \frac{z}{a^2 - z^2} = \pm \frac{1}{\sqrt{\zeta^2 - 4a^2}}$$

für die Geschwindigkeitsverteilung in der Umgebung der Platte:

$$w_\zeta = u_\infty \mp i\,\frac{v_\infty\,\zeta - \dfrac{\Gamma}{2\pi}}{\sqrt{\zeta^2 - 4a^2}}.$$

Die Größe der Zirkulation Γ wird jetzt aus der KUTTAschen Abflußbedingung ermittelt. Der glatte Abfluß an der Hinterkante erfordert, daß dort, also für $\zeta = +2a$, die Geschwindigkeit w_ζ endlich bleibt.

2.5 Berechnung ebener Potentialströmungen mit Hilfe komplexer Funktionen 117

Deshalb muß der Zähler des Bruches in der letzten Formel für $\zeta = 2a$ verschwinden. Somit wird wegen $4a = l$:

$$\Gamma = 4\pi a v_\infty = \pi l v_\infty. \tag{2.195}$$

Damit ergibt sich die Geschwindigkeitsverteilung in der Umgebung der Platte zu:

$$w_\zeta = u_\infty \mp i v_\infty \sqrt{\frac{\zeta - l/2}{\zeta + l/2}}. \tag{2.196}$$

Druckverteilung an der Platte. An der Platte ist $\zeta = \xi$ und $|\xi| < l/2$. Damit ergibt sich für die Geschwindigkeitsverteilung an der Platte aus Gl. (2.196):

$$u = u_\infty \pm v_\infty \sqrt{\frac{l - 2\xi}{l + 2\xi}}, \tag{2.197}$$

wobei das +-Zeichen für die Oberseite und das —-Zeichen für die Unterseite gilt.

Führt man noch die resultierende Anströmungsgeschwindigkeit der Platte ein:

$$w_\infty^2 = u_\infty^2 + v_\infty^2,$$

und den Anstellwinkel α zwischen der Platte und der resultierenden Anströmrichtung w_∞, so gilt:

$$u_\infty = w_\infty \cos\alpha; \quad v_\infty = w_\infty \sin\alpha.$$

Damit wird die Geschwindigkeitsverteilung an der Platte nach Gl. (2.197):

$$u = w_\infty \left(\cos\alpha \pm \sin\alpha \sqrt{\frac{l - 2\xi}{l + 2\xi}}\right), \tag{2.198}$$

+ Oberseite,   — Unterseite.

An der Plattenvorderkante, $\xi = -l/2$, ist die Geschwindigkeit unendlich groß und damit der Druck negativ unendlich. Die Platte wird von unten nach oben umströmt, wie aus Abb. 2.58e zu ersehen ist. An der Plattenhinterkante, $\xi = +l/2$, ist die Tangentialgeschwindigkeit $u = w_\infty \cos\alpha$. An einer beliebigen Stelle der Platte hat die Tangentialgeschwindigkeit einen Sprung zwischen Ober- und Unterseite vom Betrage:

$$\Delta u = u_o - u_u = 2w_\infty \sin\alpha \sqrt{\frac{l - 2\xi}{l + 2\xi}}. \tag{2.198a}$$

An der Hinterkante ist $\Delta u = 0$ (glattes Abfließen).

Die dimensionslose Druckverteilung über die Plattentiefe ist, bezogen auf den Staudruck $q_\infty = \frac{\varrho}{2} w_\infty^2$:

$$c_p = \frac{p - p_\infty}{q_\infty} = 1 - \left(\frac{u}{w_\infty}\right)^2.$$

118 II. Inkompressible reibungslose Strömungen (Hydrodynamik)

Daraus ergibt sich für die Druckdifferenz zwischen Unter- und Oberseite:

$$\Delta c_p = \frac{p_u - p_o}{q_\infty} = \frac{u_o^2 - u_u^2}{w_\infty^2},$$

wobei u_o und u_u die Geschwindigkeiten auf Ober- und Unterseite der Platte bedeuten. Nach Gl. (2.198) ergibt sich für die Druckdifferenz zwischen Unter- und Oberseite der Platte:

$$\Delta c_p = \frac{p_u - p_o}{q_\infty} = 2 \sin 2\alpha \sqrt{\frac{l - 2x}{l + 2x}}, \qquad (2.199)$$

wobei im folgenden jetzt x parallel zur Platte gerechnet wird. Diese „Lastverteilung" ist in Abb. 2.59c über der Plattentiefe dargestellt.

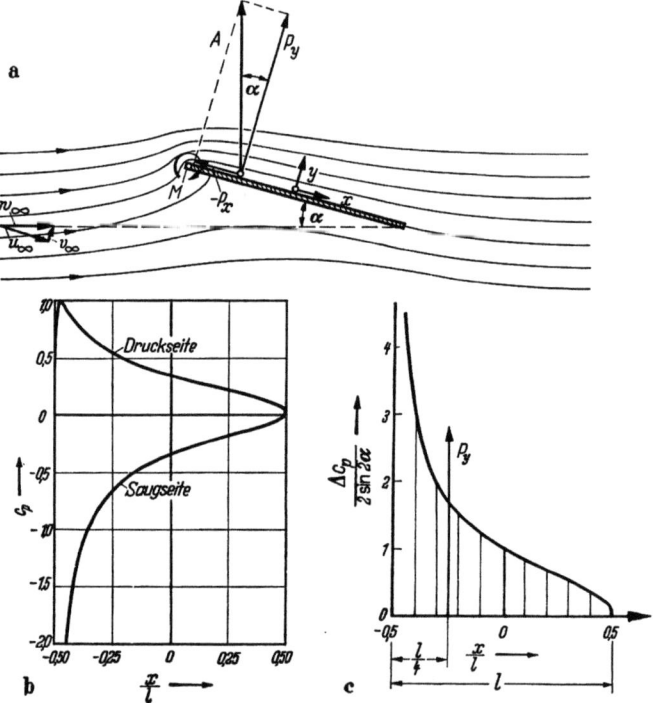

Abb. 2.59. Strömung um die angestellte ebene Platte
a) Stromlinienbild; b) Druckverteilung für Anstellwinkel $\alpha = 10°$; c) Lastverteilung

An der Plattenvorderkante ist die Belastung unendlich groß, während sie an der Hinterkante Null ist. Der Schwerpunkt dieser Lastverteilung (Auftriebsmittelpunkt) liegt im Abstand $l/4$ von der Vorderkante.

Resultierende Kraft auf die Platte. Die aus der Druckverteilung auf der Oberfläche resultierende Kraft kann grundsätzlich durch Integration ermittelt werden, wie es in Kap. 2.433 für den Kreiszylinder

2.5 Berechnung ebener Potentialströmungen mit Hilfe komplexer Funktionen

mit Zirkulation ausgeführt wurde. Für den allgemeinen Fall (beliebige Körperform) ist diese Integration recht umständlich. Im vorliegenden Fall (ebene Platte) erscheint diese Integration auf den ersten Blick einfach; jedoch ist wegen der Singularität an der Plattenvorderkante, wo der Druck $p = -\infty$ ist, Vorsicht geboten. Man vergleiche hierzu den Abschnitt „Saugkraft" weiter unten.

Wir wollen deshalb die Ermittlung der resultierenden Kraft nicht durch Integration der Druckverteilung ausführen, sondern hierfür das allgemeine *Theorem von Kutta-Joukowsky* nach Kap. 2.434 anwenden. Nach diesem Theorem ist für reibungslose, inkompressible Flüssigkeit die auf einen umströmten Körper übertragene Kraft senkrecht zur Anströmungsrichtung; wir bezeichnen sie als Auftrieb A. In Abb. 2.59a ist dieser Auftrieb A senkrecht zur Anströmungsgeschwindigkeit w_∞ eingezeichnet. Außer dem Auftrieb A wollen wir auch seine Komponenten normal zur Platte P_y und tangential zur Platte P_x berechnen (Abb. 2.59). Es gilt

$$A = \sqrt{P_x^2 + P_y^2}. \tag{2.200}$$

Diese Komponenten der resultierenden Kraft erhält man aus den KUTTA-JOUKOWSKYschen Formeln, Gl. (2.233), zu

$$\left.\begin{array}{l} P_x = -\varrho\, b\, v_\infty\, \Gamma, \\ P_y = \varrho\, b\, u_\infty\, \Gamma. \end{array}\right\} \tag{2.201}$$

Dabei bedeutet das negative Vorzeichen bei P_x, daß diese Kraft nach der Plattenvorderkante hin gerichtet ist. Hierbei ist b die Breite der Platte.

Durch Einsetzen der Zirkulation Γ nach Gl. (2.195) erhält man:

$$\left.\begin{array}{l} P_x = -\varrho\, \pi\, b\, l\, v_\infty^2 = -\varrho\, \pi\, b\, l\, w_\infty^2 \sin^2\alpha, \\ P_y = \varrho\, \pi\, b\, l\, u_\infty\, v_\infty = \varrho\, \pi\, b\, l\, w_\infty^2 \sin\alpha \cos\alpha. \end{array}\right\} \tag{2.202}$$

Hieraus ergibt sich für den Auftrieb:

$$A = \varrho\, \pi\, b\, l\, w_\infty^2 \sin\alpha. \tag{2.203}$$

Wir führen noch die dimensionslosen Kraftbeiwerte ein (vgl. Kap. 5.23), welche auf den Staudruck der resultierenden Geschwindigkeit $q_\infty = \varrho w_\infty^2/2$ und die Plattengrundrißfläche $b\, l$ bezogen sind, also:

$$c_X = \frac{P_x}{b\, l\, q_\infty}, \quad c_Y = \frac{P_y}{b\, l\, q_\infty}, \quad c_A = \frac{A}{b\, l\, q_\infty}. \tag{2.204}$$

Dabei ist

$$c_A^2 = c_X^2 + c_Y^2. \tag{2.205}$$

Es ergibt sich dann aus Gl. (2.202) und (2.203):

$$c_X = -2\pi \sin^2\alpha, \quad c_Y = 2\pi \sin\alpha \cos\alpha \tag{2.206}$$

und

$$c_A = 2\pi \sin\alpha. \tag{2.207}$$

120　II. Inkompressible reibungslose Strömungen (Hydrodynamik)

Für kleine α kann hierfür auch geschrieben werden:
$$c_A = 2\pi\alpha. \qquad (2.207\,\mathrm{a})$$
Die letzte Gleichung stellt den grundlegenden Zusammenhang dar zwischen dem Auftriebsbeiwert und dem Anstellwinkel für die ebene Platte in zweidimensionaler Strömung. Hiernach ist der sog. Auftriebsanstieg für kleine α:
$$\frac{dc_A}{d\alpha} = 2\pi. \qquad (2.208)$$

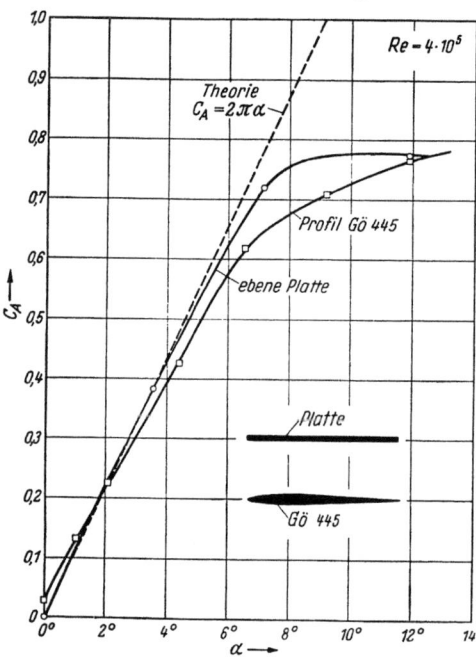

Abb. 2.60. Auftriebswert c_A in Abhängigkeit vom Anstellwinkel α für die ebene Platte und für ein dünnes symmetrisches Profil. Vergleich von Theorie nach Gl. (2.207a) und Messung nach [7]

In Abb. 2.60 sind für die ebene Platte und ein sehr dünnes symmetrisches Profil Messungen mit der Theorie nach Gl. (2.207a) verglichen. Bis etwa $\alpha = 6°$ ist die Übereinstimmung recht gut, und zwar für die ebene Platte etwas besser als für das Profil. Bei Anstellwinkeln größer als $8°$ liegen die experimentellen Kurven erheblich unterhalb der theoretischen Kurve. Diese Abweichungen sind auf den Einfluß der Reibung zurückzuführen. Bei Anstellwinkeln größer als $12°$ tritt Ablösung der Strömung ein. Nähere Angaben hierüber werden in Kap. IV gemacht, vgl. Abb. 4.13.

Der Wert des Auftriebsanstieges nach Gl. (2.208) trifft auch näherungsweise für Profile mit mäßiger Dicke und Wölbung zu (vgl. Kap. 6.3).

Moment. Es möge jetzt auch noch das Moment der resultierenden Kraft um die Plattenvorderkante (Abb. 2.59) ermittelt werden. Ein Plattenstreifen der Breite dx, der von der Vorderkante den Abstand $\left(x + \frac{l}{2}\right)$ hat und die Normalkraft dP_y erfährt, liefert zum Moment um die Vorderkante (schwanzlastig positiv) den Beitrag
$$dM = -\left(x + \frac{l}{2}\right)dP_y.$$
Das gesamte Moment ist somit:
$$M = -\int_{x=-l/2}^{+l/2}\left(x + \frac{l}{2}\right)dP_y. \qquad (2.209)$$

2.5 Berechnung ebener Potentialströmungen mit Hilfe komplexer Funktionen

Nach Gl. (2.201) ist $dP_y = \varrho\, b\, u_\infty\, d\Gamma$, wobei $d\Gamma$ die Zirkulation eines Plattenstreifens der Breite dx bedeutet. Diesen erhält man aus dem Geschwindigkeitssprung an der Platte zu $d\Gamma = \Delta u\, dx$ (vgl. Kap. 2.431), wobei Δu durch Gl. (2.198a) gegeben ist. Damit ist

$$dP_y = 2\varrho\, b\, u_\infty\, v_\infty \sqrt{\frac{l-2x}{l+2x}}\, dx.$$

Einsetzen in Gl. (2.209) ergibt nach Ausführung der Integration für das gesamte Moment:

$$M = -\frac{1}{4}\, \varrho\, \pi\, b\, l^2\, w_\infty^2 \sin\alpha \cos\alpha. \qquad (2.210)$$

Durch Vergleich mit Gl. (2.202) erhält man

$$-M = P_y \frac{l}{4}. \qquad (2.211)$$

Dies bedeutet, daß der Angriffspunkt der resultierenden Kraft den Abstand $l/4$ von der Plattenvorderkante hat (Abb. 2.59c). Führt man analog zu Gl. (2.204) auch noch für das Moment einen dimensionslosen Beiwert ein durch

$$c_M = \frac{M}{b\, l^2\, q_\infty}, \qquad (2.212)$$

so ergibt sich:

$$c_M = -\frac{\pi}{2} \sin\alpha \cos\alpha = -\frac{\pi}{4} \sin 2\alpha. \qquad (2.213)$$

Saugkraft. Ein überraschendes Ergebnis der hier berechneten *reibungslosen Strömung* um die unendlich dünne angestellte, ebene Platte ist die Tatsache, daß die resultierende Kraft A nicht senkrecht zur Platte ist, sondern senkrecht zur Anströmungsrichtung w_∞, Abb. 2.59a. Da in reibungsloser Strömung an der Plattenoberfläche nur Normalkräfte (Drücke) auftreten, könnte man vermuten, daß auch die resultierende Kraft normal zur Platte ist. Neben der Normalkomponente $P_y = A \cos\alpha$ tritt jedoch noch eine zur Plattenvorderkante hin gerichtete Tangentialkomponente $P_x = -A \sin\alpha$ auf, die zusammen mit der Normalkomponente P_y die resultierende Kraft A ergibt, welche senkrecht zur Anströmungsrichtung steht. Die Existenz der Tangentialkomponente P_x, die wir auch als *Saugkraft* bezeichnen wollen, bedarf für die reibungslose Strömung einer näheren Erläuterung: Die Saugkraft hängt mit der Strömung an der Plattennase zusammen, die mit unendlich großer Geschwindigkeit umströmt wird, und wo infolgedessen ein unendlich großer Unterdruck vorhanden ist. Diese Verhältnisse sind besser zu übersehen, wenn man statt der unendlich dünnen Platte eine Platte von endlicher, aber geringer Dicke annimmt und diese vorn abrundet, Abb. 2.61a. Die jetzt endlich großen Unterdrücke auf der Nase der Platte setzen sich zu einer längs der Platte nach vorn gerichteten

122   II. Inkompressible reibungslose Strömungen (Hydrodynamik)

„Saugkraft" zusammen. Die nähere Durchrechnung zeigt, daß die Größe dieser Saugkraft von der Plattendicke und der Nasenabrundung unabhängig ist, und daß sie auch im Grenzfall der unendlich dünnen Platte den Wert $S = A \sin\alpha$ behält.

Bei der *wirklichen Strömung* (mit Reibung) um stark zugeschärfte Platten treten die unendlich großen Unterdrücke an der Nase nicht auf, sondern es bildet sich eine schwache Ablösung der Strömung (Ablöse-

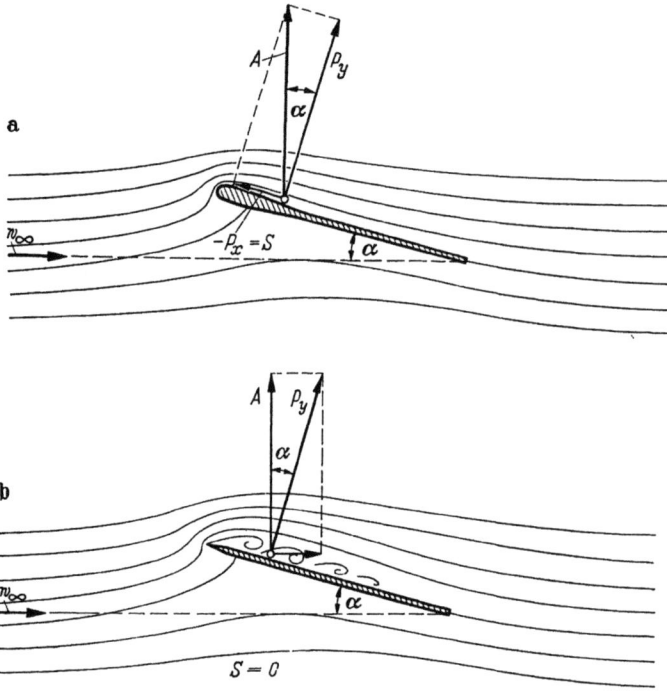

Abb. 2.61. Zur Entstehung der Saugkraft S an der Vorderkante eines umströmten Profils a) Dünnes, symmetrisches Profil mit abgerundeter Nase: hat Saugkraft S; b) Ebene Platte mit zugeschärfter Nase: Saugkraft fehlt

blase) in der Nähe der Nase aus, Abb. 2.61 b. Bei kleinen Anstellwinkeln α legt sich die Strömung jedoch weiter stromabwärts wieder an, und sie stimmt deshalb im großen und ganzen mit der reibungslosen Strömung überein. *Es fehlt jedoch die Saugkraft.* Man hat deshalb für die wirkliche Strömung um eine angestellte zugeschärfte Platte einen Widerstand

$$W = W_\text{Reibung} + A \tan\alpha,$$

wobei der erstere Anteil aus den Reibungsschubspannungen herrührt und der letztere die fehlende Saugkraft darstellt, die sich in einem Druckwiderstand äußert.

2.5 Berechnung ebener Potentialströmungen mit Hilfe komplexer Funktionen

Gleichzeitig folgt aus dieser Betrachtung, daß eine gute Abrundung der Vorderkante von Tragflügelprofilen sehr wichtig ist für geringen Widerstand. Abb. 2.62 zeigt (a) die Polaren (Auftragung c_A über c_W) und (b) die Gleitwinkel $\varepsilon = c_W/c_A$ einer dünnen, zugeschärften ebenen Platte und eines dünnen, symmetrischen Profils.[1] Im Bereich der kleinen und mittleren Anstellwinkel hat das dünne Profil mit abgerundeter Nase wesentlich geringeren Widerstand als die zugeschärfte ebene Platte. Für das dünne Profil ist in einem gewissen Bereich von Anstellwinkeln $\varepsilon < \alpha$, d. h., die resultierende Luftkraft ist gegenüber der Normalen zur Profilsehne nach vorn geneigt. Dies ist auf die Wirkung der Saugkraft zurückzuführen.

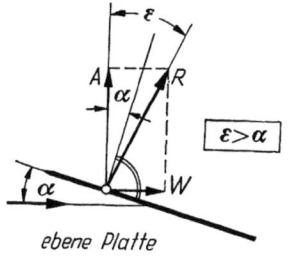

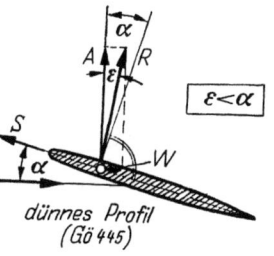

2.564 Elliptische Zylinder. Die Strömung um eine Ellipse erhalten wir ebenfalls mit Hilfe der Joukowskyschen Abbildungsfunktion nach Gl. (2.188), wobei jedoch als abzubildender Kreis in der z-Ebene nach Abb. 2.63 jetzt ein Kreis um den Ursprung mit dem Radius $R > a$ zu wählen ist. Dieser Kreis

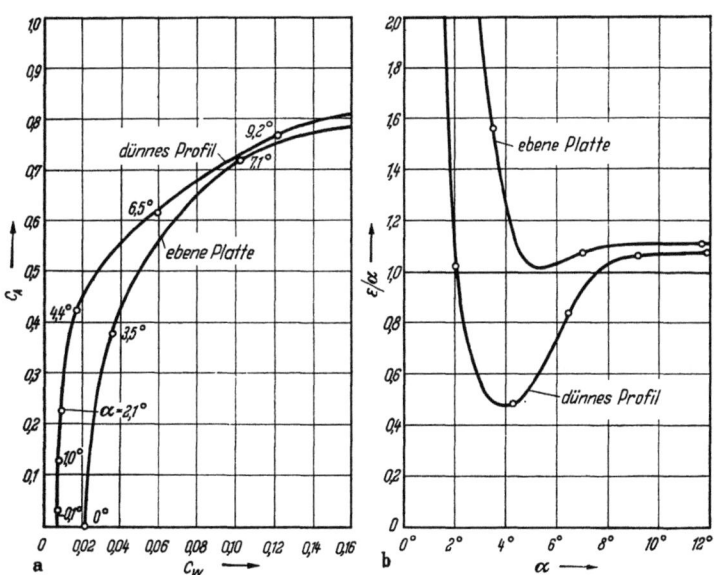

Abb. 2.62
a) Polaren $c_A(c_W)$; b) Gleitwinkel $\varepsilon = c_W/c_A$ einer zugeschärften ebenen Platte und eines dünnen, symmetrischen Profils nach [7]. $Re = 4 \cdot 10^5$, $\Lambda = \infty$

---

[1] Näheres über die Polare und den Gleitwinkel s. Kap. V.

II. Inkompressible reibungslose Strömungen (Hydrodynamik)

wird auf eine Ellipse der ζ-Ebene abgebildet, welche den Schlitz von $-2a$ bis $+2a$ umschließt. Dies ergibt sich folgendermaßen: Für den auf dem Kreis mit dem Radius R wandernden Punkt ist $z = R\, e^{i\varphi}$. Eingesetzt in die Abbildungsfunktion Gl. (2.188) ergibt sich für die Bildkurve in der ζ-Ebene:

$$\zeta = R\, e^{i\varphi} + \frac{a^2}{R} e^{-i\varphi} = \left(R + \frac{a^2}{R}\right)\cos\varphi + i\left(R - \frac{a^2}{R}\right)\sin\varphi.$$

Es ist also:
$$\xi = \left(R + \frac{a^2}{R}\right)\cos\varphi = a_1 \cos\varphi,$$

$$\eta = \left(R - \frac{a^2}{R}\right)\sin\varphi = b_1 \sin\varphi.$$

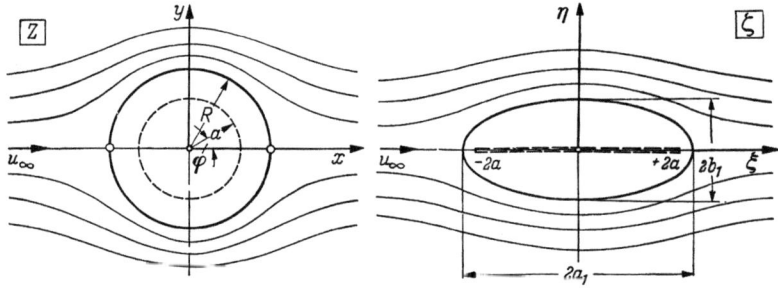

Abb. 2.63. Abbildung eines Kreises auf eine Ellipse durch die JOUKOWSKYsche Abbildungsfunktion Gl. (2.188)

Die letzten beiden Gleichungen sind aber die Parameterdarstellung einer Ellipse mit den Halbachsen
$$a_1 = R + \frac{a^2}{R}, \quad b_1 = R - \frac{a^2}{R}.$$

Das Achsenverhältnis der Ellipse ist

$$\frac{b_1}{a_1} = k = \frac{1 - \dfrac{a^2}{R^2}}{1 + \dfrac{a^2}{R^2}}. \tag{2.214}$$

Durch Wahl von R/a wird also das Achsenverhältnis der Ellipse festgelegt.

Die Geschwindigkeitsverteilung für die Ellipse erhalten wir durch Abbildung der Translationsströmung um den Kreis mit dem Radius R. Man hat also in der z-Ebene die Strömungsfunktion

$$F(z) = u_\infty \left(z + \frac{R^2}{z}\right)$$

und die Geschwindigkeitsverteilung
$$w_z = \frac{dF}{dz} = u_\infty \frac{z^2 - R^2}{z^2}.$$

Die Geschwindigkeitsverteilung in der ζ-Ebene erhält man sodann nach Gl. (2.186) mit $\dfrac{d\zeta}{dz} = \dfrac{(z^2 - a^2)}{z^2}$ zu:

$$w_\zeta = u_\infty \frac{z^2 - R^2}{z^2 - a^2}. \tag{2.215}$$

2.5 Berechnung ebener Potentialströmungen mit Hilfe komplexer Funktionen

Dabei wird die Ellipse in Richtung der großen Achse mit der Geschwindigkeit u_∞ angeströmt. Hierin ist noch z zu ersetzen durch ζ auf Grund der Abbildungsfunktion, Gl. (2.188). Durch Zerlegung des so entstehenden Ausdruckes in Real- und Imaginärteil erhält man das Geschwindigkeitsfeld bei der Umströmung der Ellipse.

Wir wollen hier lediglich noch die Geschwindigkeitsverteilung auf der Ellipsenkontur angeben. Der Betrag der Geschwindigkeit auf der Ellipsenkontur ist nach Gl. (2.215):

$$w_K = u_\infty \left| \frac{z^2 - R^2}{z^2 - a^2} \right|,$$

wobei noch $z = R\,e^{i\varphi}$ einzusetzen ist. Es ergibt sich:

$$w_K^2 = u_\infty^2 \frac{2(1 - \cos 2\varphi)}{1 + \dfrac{a^4}{R^4} - 2\dfrac{a^2}{R^2}\cos 2\varphi}.$$

Nach einfacher Zwischenrechnung erhält man schließlich mit $a^2/R^2 = (1-k)/(1+k)$:

$$\frac{w_K}{u_\infty} = \frac{1+k}{\sqrt{1 + k^2 \cot^2 \varphi}}. \qquad (2.216)$$

Dabei bedeutet $k = b_1/a_1$ das Achsenverhältnis der Ellipse. Die hiernach für verschiedene Achsenverhältnisse berechneten Geschwindigkeitsverteilungen sind in Abb. 2.64 dargestellt. Für $k = 1$ geht Gl. (2.216) in die Geschwindigkeitsverteilung

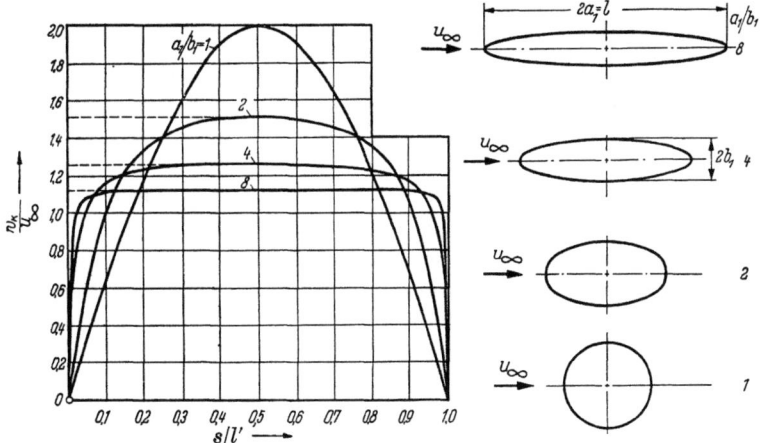

Abb. 2.64. Geschwindigkeitsverteilung an elliptischen Zylindern vom Achsenverhältnis $a_1/b_1 = 8$, 4, 2, 1 bei Anströmung in Richtung der großen Achse; aufgetragen über die Bogenlänge s längs der Kontur; $l' = $ halber Umfang

des Kreiszylinders über mit $w_K = 2u_\infty \sin\varphi$ nach Gl. (2.121). Die Staupunkte mit $w_K = 0$ liegen bei $\varphi = 0$ und $\varphi = \pi$ entsprechend den Staupunkten des Kreiszylinders. Die maximale Geschwindigkeit liegt bei $\varphi = \pi/2$, also auf der kleinen Achse; sie hat den Betrag

$$w_{K\max} = \left(1 + \frac{b_1}{a_1}\right) u_\infty. \qquad (2.217)$$

Die durch die Verdrängungswirkung erzeugte relative maximale Übergeschwindigkeit ist also gerade gleich dem Achsenverhältnis b_1/a_1 der Ellipse.

Es sei noch vermerkt, daß man auf die hier angegebene Weise die Umströmung der Ellipse parallel zur großen Achse erhält. Die Umströmung parallel zur kleinen Achse gewinnt man leicht, wenn man den Kreis in Abb. 2.63 in Richtung der y-Achse anströmt.

2.6 Impulssatz

2.61 Allgemeines Theorem des Impulssatzes

In vielen Fällen bereitet die Integration der EULERschen Bewegungsgleichungen unüberwindliche mathematische Schwierigkeiten. In solchen Fällen ist es von großem Vorteil, wenigstens in großen Zügen über den Strömungsvorgang Aufschluß zu erhalten ohne Berücksichtigung aller Einzelheiten. Hierfür kann man den Impulssatz heranziehen. Der besondere Vorteil des Impulssatzes ist, daß man durch seine Anwendung Aussagen lediglich aus den Vorgängen auf der Begrenzungsfläche eines Strömungsbereiches erhalten kann, ohne von den Strömungsvorgängen im Innern des Bereiches Kenntnis zu haben. Ein Beispiel möge dies erläutern: Der Aufprall eines kreisrunden Flüssigkeitsstrahles senkrecht auf eine ebene Wand ist ein Strömungsvorgang, der schon verhältnismäßig schwierig zu berechnen ist. In erster Linie interessiert hierbei die vom Strahl auf die Wand ausgeübte Kraft, während die Einzelheiten der Geschwindigkeits- und Druckverteilung von minderer Bedeutung sind. Mit Hilfe des Impulssatzes läßt sich diese resultierende Kraft in außerordentlich einfacher Weise berechnen, wie wir nachher noch sehen werden. Die Kraft ist $R = F \varrho w^2$, wobei F den Querschnitt und w die Geschwindigkeit des Strahles in großem Abstand von der Wand bedeuten. Ohne Kenntnis des Impulssatzes müßte man für die Ermittlung dieser Kraft zunächst alle Einzelheiten des Vorganges ermitteln, um darauf schließlich durch Integration über die Druckverteilung die resultierende Kraft zu erhalten.

Der Impulssatz ist ein Theorem, welches Gültigkeit hat für *Flüssigkeiten mit und ohne Reibung*; jedoch beschränken wir uns hier auf *stationäre und inkompressible* Strömungen.

In der Mechanik des starren Körpers ist der Impulssatz auch bekannt als *Schwerpunktsatz*. Wir wollen die von dorther bekannten Überlegungen auf Strömungsvorgänge übertragen. Unter dem Impuls $\mathfrak{J}$ eines Massenpunktes versteht man den Vektor Masse mal Geschwindigkeit, also

$$\mathfrak{J} = m\,\mathfrak{w}.$$

Der Impulssatz des starren Körpers sagt aus: Die zeitliche Änderung des Impulses eines abgegrenzten Massensystems ist gleich der Summe

2.6 Impulssatz

der von außen auf das System wirkenden Kräfte, also

$$\frac{d}{dt}\left(\sum m\, \mathfrak{w}\right) = \mathfrak{R}. \tag{2.218}$$

Dabei bedeutet $\mathfrak{J} = \sum m\, \mathfrak{w}$ den Impuls des abgegrenzten Massensystems, d. h. eines während des ganzen Bewegungsvorganges aus den gleichen Massen bestehenden Systems diskreter Massenpunkte, während unter $\mathfrak{R}$ die sämtlichen von außen auf dieses System wirkenden Kräfte zu verstehen sind.

Beim Übergang vom System diskreter Massenpunkte zur Flüssigkeit, die als ein Kontinuum aufgefaßt wird, ist es zweckmäßig, die Summe $\sum m\, \mathfrak{w}$ durch das Integral $\mathfrak{J} = \int \mathfrak{w}\, dm$ zu ersetzen. Damit lautet der Impulssatz dann:

$$\frac{d\mathfrak{J}}{dt} = \frac{d}{dt}\int\limits_{\text{(fl. Vol.)}} \mathfrak{w}\, dm = \mathfrak{R}. \tag{2.219}$$

Die Integration über ein abgegrenztes Massensystem erfordert jetzt die Integration über ein „flüssiges Volumen" (fl. Vol.), welches dauernd die gleichen Flüssigkeitsteilchen enthält. Die das Volumen umschließende „flüssige Fläche" kann einmal aus einer mitschwimmenden Fläche bestehen, zum anderen aber auch durch feste Wände von Körpern gebildet werden, die sich eventuell innerhalb des betrachteten Flüssigkeitsvolumens befinden. Dementsprechend können auch die äußeren Kräfte $\mathfrak{R}$ teilweise aus solchen Kräften bestehen, die auf die mitschwimmenden flüssigen Teile ausgeübt werden und teilweise aus solchen, die von den umströmten festen Körpern auf die Flüssigkeit übertragen werden.

Bei den Anwendungen des Impulssatzes ist häufig nach *den Kräften* gefragt, welche die Flüssigkeit auf einen umströmten Körper überträgt. Diese Kräfte erhält man aus den zuletzt genannten nach dem Prinzip von „actio gleich reactio".

Um eine für die Anwendungen bequemere Form des Impulssatzes zu erhalten, wollen wir jetzt das Volumen-Integral in Gl. (2.219), welches sich über ein mitschwimmendes Volumen erstreckt, umwandeln in ein Oberflächen-Integral über eine *raumfeste Fläche*, welche wir als die *Kontrollfläche* bezeichnen wollen.

In Abb. 2.65 möge das betrachtete Flüssigkeitsvolumen zur Zeit $t = t_0$ durch die flüssige Fläche I abgegrenzt sein, die nach der Zeit dt in die Fläche II übergegangen ist, derart, daß die Fläche II durch die Verschiebung $d\mathfrak{s} = \mathfrak{w}\, dt$ aus der Fläche I erhalten wird. Damit kann für die in Gl. (2.219) benötigte Änderung des Impulses geschrieben werden

$$d\mathfrak{J} = \mathfrak{J}_{II} - \mathfrak{J}_I,$$

128   II. Inkompressible reibungslose Strömungen (Hydrodynamik)

wobei $\mathfrak{J}_I$ und $\mathfrak{J}_{II}$ die Impulsintegrale über die Flächen I bzw. II bedeuten. Die Fläche II unterscheidet sich nun von der Fläche I durch die in Abb. 2.65 schraffierten Flächenstücke a und b derart, daß

ist, oder
$$\mathfrak{J}_{II} = \mathfrak{J}_I - \mathfrak{J}_a + \mathfrak{J}_b$$
$$d\mathfrak{J} = -\mathfrak{J}_a + \mathfrak{J}_b.$$

Nun ist aber der in der Fläche (a) enthaltene Impuls der in der Zeit dt durch die Fläche I eingeströmte Impuls $\mathfrak{J}_a$ und der in (b) enthaltene

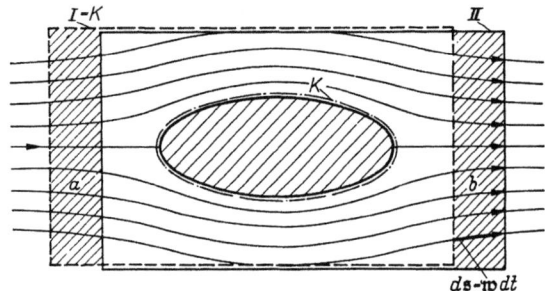

Abb. 2.65. Zur Herleitung des Impulssatzes. K raumfeste Kontrollfläche

der in der gleichen Zeit durch die Fläche I ausgeströmte Impuls $\mathfrak{J}_b$. Die Summe $-\mathfrak{J}_a + \mathfrak{J}_b$ kann somit aufgefaßt werden als der Impulsfluß in der Zeit dt durch die *raumfeste Fläche I*, wobei einströmende Mengen negativ und ausströmende Mengen positiv zu nehmen sind. Wir bezeichnen diese raumfeste Fläche als die *Kontrollfläche K*. Damit können wir nun die zeitliche Änderung des Impulses $d\mathfrak{J}/dt$ darstellen als den Impulsfluß pro Zeiteinheit durch die raumfeste Kontrollfläche K:

$$\frac{d\mathfrak{J}}{dt} = \frac{d}{dt} \int\limits_{(\text{fl. Vol.})} \mathfrak{w}\, dm = \varrho \int\limits_{(K)} \mathfrak{w}\, dQ = \mathfrak{R}. \qquad (2.220)$$

Dabei bedeutet dQ das durch ein Oberflächenelement $d\mathfrak{F}$ der Kontrollfläche pro Zeiteinheit durchströmende Volumen, welches auch in der Form $dQ = \mathfrak{w}\, d\mathfrak{F}$ geschrieben werden kann, wobei die Flächennormale von $d\mathfrak{F}$ nach außen gerichtet ist. Mit Gl. (2.220) ist die zeitliche Änderung des Impulses umgewandelt worden von einem Volumenintegral über ein mitschwimmendes „flüssiges Volumen" in ein Oberflächenintegral über eine *raumfeste Kontrollfläche K*. Hierdurch wird die Berechnung des Integrals ganz erheblich vereinfacht.

Es ist noch zu bemerken, daß die Kontrollfläche K in Gl. (2.220) auch eine den umströmten festen Körper umschließende Fläche mit umfaßt, wie in Abb. 2.65 angegeben. Für den Fall, daß die Wand des Körpers undurchlässig ist, bringt dieser Teil der Kontrollfläche jedoch

2.6 Impulssatz 129

keinen Beitrag zum Impulsflußintegral, da die Durchflußmenge an jeder Stelle Null ist. Ist dagegen die Wand des Körpers durchlässig, wie z. B. bei Absaugung durch die Körperoberfläche, so ist der Impulsfluß durch die Körperoberfläche in Gl. (2.220) zu berücksichtigen.

Wir wollen jetzt auch noch die äußeren Kräfte, die auf das betrachtete Flüssigkeitsvolumen wirken, und die in Gl. (2.220) unter $\Re$ zusammengefaßt sind, einer näheren Betrachtung unterziehen. Meist liegen

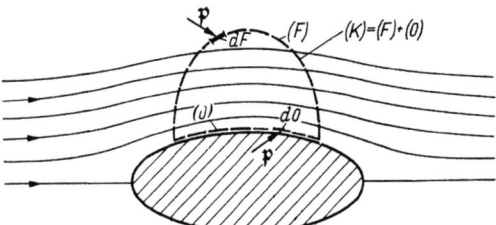

Abb. 2.66. Zur Herleitung des Impulssatzes. Die Kontrollfläche (K) besteht aus dem „freien" Teil (F) und dem „festen" Teil (O)

die Verhältnisse bei der Anwendung des Impulssatzes so, daß die Kontrollfläche z. T. an einer festen Wand und z. T. durch die freie Flüssigkeit verläuft, wie in Abb. 2.66 angegeben. Dementsprechend wollen wir die an der Kontrollfläche als Oberflächenkräfte wirkenden Kräfte unterscheiden. Es sei $\mathfrak{p}$ die auf der Kontrollfläche wirkende Oberflächenkraft pro Flächeneinheit, die aus einer Normalkraft (Druck) und einer Tangentialkraft (Schubspannung) bestehen kann; sie sei positiv von außen auf die Kontrollfläche hin. Ferner sei dF und dO ein Oberflächenelement des freien Teiles der Kontrollfläche (F) bzw. des an der festen Wand verlaufenden Teiles (O). Wir können die gesamte Oberflächenkraft dann aufteilen in:

$$\int_{(F)} \mathfrak{p}\, dF = \mathfrak{P} \quad \text{(freier Teil von } K\text{)},$$

$$\int_{(O)} \mathfrak{p}\, dO = \mathfrak{S} \quad \text{(feste Wand von } K\text{)}.$$

Den letzteren Teil nennen wir auch die Reaktionskraft zwischen Körper und Flüssigkeit. Sie ist positiv als Kraft von der Wand auf die Flüssigkeit. Die von der strömenden Flüssigkeit auf die feste Wand übertragene Kraft, nach der bei den Anwendungen des Impulssatzes meistens gefragt ist, ist demnach nach dem Gesetz von actio und reactio gleich $-\mathfrak{S}$.

Außer den Oberflächenkräften auf die Kontrollfläche können unter den äußeren Kräften $\Re$ in Gl. (2.220) auch noch Volumenkräfte enthalten sein, die an jedem Volumenelement angreifen. Meist ist dies die Schwerkraft. Sei $\mathfrak{k}$ der Vektor der Volumenkraft pro Volumeneinheit, also z. B. $\mathfrak{k} = \varrho\, \mathfrak{g}$ für die Schwerkraft mit $\mathfrak{g}$ als Vektor der Schwere-

130 II. Inkompressible reibungslose Strömungen (Hydrodynamik)

beschleunigung, so ist die resultierende Volumenkraft

$$\mathfrak{K} = \int\limits_{(V)} \mathfrak{k}\, dV = \mathfrak{g}\varrho\, V,$$

wobei dieses Volumenintegral über das ganze von der Kontrollfläche eingeschlossene Volumen V zu erstrecken ist.

Damit sind die bisher unter $\mathfrak{R}$ zusammengefaßten äußeren Kräfte

$$\mathfrak{R} = \mathfrak{K} + \mathfrak{P} + \mathfrak{S}. \tag{2.221}$$

Durch Einsetzen von Gl. (2.221) in Gl. (2.220) erhält man den Impulssatz in der für die Anwendungen geeigneten Form:

$$\varrho \int\limits_{(K)} \mathfrak{w}\, dQ = \mathfrak{K} + \mathfrak{P} + \mathfrak{S}. \tag{2.222}$$

Dabei sind folgende Regeln zu beachten:

1. In dem Impulsflußintegral über die raumfeste Kontrollfläche K sind einströmende Mengen negativ und ausströmende Mengen positiv zu zählen.

2. Es ist $\mathfrak{P}$ die resultierende Oberflächenkraft auf dem „freien Teil" der Kontrollfläche, wobei im allgemeinen nur die Druckkräfte berücksichtigt werden.

3. Es ist $\mathfrak{S}$ die resultierende Oberflächenkraft auf den „starren Teil" der Kontrollfläche, positiv: Wand → Flüssigkeit. Es ist $-\mathfrak{S}$ die Reaktionskraft Flüssigkeit → Wand.

Der Impulssatz in der Form Gl. (2.222) kann als Vektorgleichung naturgemäß in seine Komponenten aufgespalten werden. So lautet er z. B. für die rechtwinkligen x- und y-Komponenten:

$$\begin{aligned}\varrho \int\limits_{(K)} w_x\, dQ &= K_x + P_x + S_x,\\ \varrho \int\limits_{(K)} w_y\, dQ &= K_y + P_y + S_y.\end{aligned} \tag{2.223}$$

Bei den nachfolgenden Anwendungen werden wir durchweg diese Komponentendarstellung verwenden.

Bei der Anwendung des Impulssatzes ist zu beachten, daß für die Kontrollfläche K die Kontinuitätsgleichung zu erfüllen ist. Dies ist bei quellfreier Strömung

$$\int\limits_{(K)} dQ = \int\limits_{(K)} \mathfrak{w}\, d\mathfrak{F} = 0. \tag{2.223a}$$

2.62 Beispiele zum Impulssatz

2.621 Strömung in einer Rohrumlenkung. Wir betrachten die Strömung durch eine Rohrumlenkung von 180° nach Abb. 2.67. Das Rohr habe den konstanten Querschnitt F. Die mittlere Geschwindigkeit über den Querschnitt sei w. Der Druck p werde längs der Rohrlänge als konstant angenommen, d. h., der Druckabfall infolge Reibung wird vernachlässigt. Wir wählen die Kontrollfläche wie in Abb. 2.67 angegeben. Wir fragen nach der Kraft R, die von der Flüssigkeit auf den Rohrkrümmer ausgeübt wird und die somit die beiden Flansche beansprucht.

Unter der Annahme, daß der Rohrkrümmer in einer horizontalen Ebene liegt, ist die von der Schwerkraft herrührende Volumenkraft $K_x = 0$. Die Anwendung des Impulssatzes für die x-Richtung nach Gl. (2.223) ergibt:

$$\varrho \int_{(K)} w_x \, dQ = P_x + S_x.$$

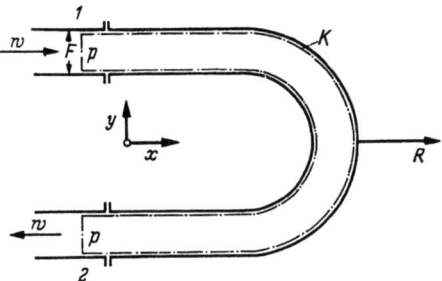

Abb. 2.67. Rohrumlenkung von 180°

Der Impulsfluß für die Querschnitte (1) und (2) ergibt:

$$\varrho \int_{(K)} w_x \, dQ$$
$$= -\varrho F w^2 + \varrho F(-w) w$$
$$= -2 \varrho F w^2.$$

Aus den Druckkräften ergibt sich $P_x = 2 F p$. Somit liefert der Impulssatz:

$$-2 \varrho F w^2 = S_x + 2 F p.$$

Die gesuchte Kraft R ist gleich $-S_x$. Damit ergibt sich für diese:

$$R = 2 F(p + \varrho w^2). \quad (2.224)$$

2.622 Strahl senkrecht auf eine Wand. Ein Strahl von kreisförmigem oder rechteckigem Querschnitt prallt senkrecht auf eine Wand auf

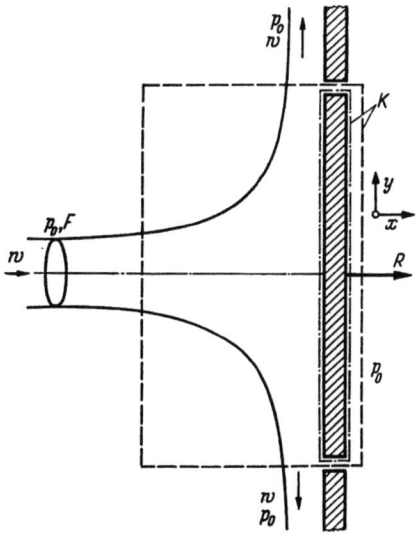

Abb. 2.68. Der kreisrunde oder ebene Strahl, der senkrecht auf eine Wand auftrifft

und fließt längs der Wand ab, Abb. 2.68. Wir fragen nach der Kraft, die der Strahl auf die Wand ausübt. Der Querschnitt des ankommenden Strahles sei F und seine Geschwindigkeit w. Im ankommenden Strahl herrscht der Druck p_0 der umgebenden ruhenden Flüssigkeit, ebenso wie im abfließenden Strahl in einiger Entfernung vom Staupunkt.

Wir wählen die Kontrollfläche K nach Abb. 2.68. Die Wand denken wir in einem genügend großen Abstand vom Staupunkt durchschnitten und die Kontrollfläche wie angegeben durch die Schlitze hindurchgeführt. Der Impulssatz für die

II. Inkompressible reibungslose Strömungen (Hydrodynamik)

Richtung senkrecht zur Wand (x-Richtung) lautet nach Gl. (2.223):

$$\varrho \int_{(K)} w_x \, dQ = K_x + P_x + S_x.$$

Auf demjenigen Teil der Kontrollfläche, der nicht an der Wandung entlangführt, herrscht überall der Druck p_0, somit ist für diesen die resultierende Oberflächenkraft gleich Null, $P_x = 0$.

Der Impulsfluß durch die Kontrollfläche ist, da nur x-Impuls einströmt aber nicht ausströmt:

$$\varrho \int_{(K)} w_x \, dQ = -\varrho \, F \, w^2.$$

Falls die x-Richtung in der Horizontalebene verläuft, ist die Volumenkraft $K_x = 0$. Somit wird, weil $R = -S_x$,

$$R = \varrho \, F \, w^2. \tag{2.225}$$

Die Kraft auf die Wand ist also gleich dem Strahlquerschnitt mal dem doppelten Staudruck. Damit ist das oben in Kap. 2.61 vorweggenommene Ergebnis bestätigt.

2.623 Strahl schräg auf eine Wand. Ein Flüssigkeitsstrahl treffe schräg auf eine ebene Wand (Abb. 2.69). Der ankommende Strahl sei ein ebener Strahl vom Querschnitt F, der senkrecht zur Zeichenebene sehr breit ist. An der Wand fließt der Strahl in ungleichen Teilstrahlen tangential ab. Der Winkel zwischen der

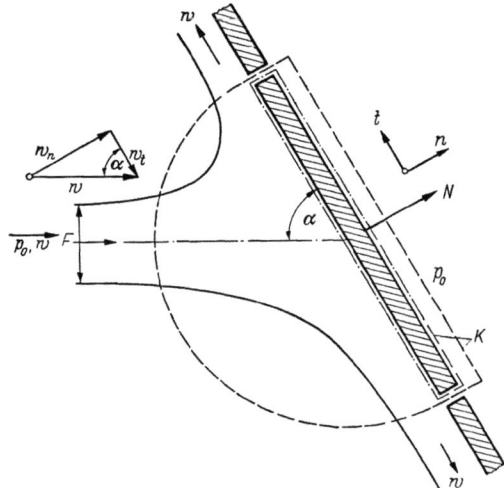

Abb. 2.69. Der ebene Strahl, der schräg auf eine Wand auftrifft

Richtung des ankommenden Strahles und der Wand sei α. Wir fragen nach der Normalkomponente N der resultierenden Kraft, die von diesem Flüssigkeitsstrahl auf die Wand ausgeübt wird. Zu diesem Zweck wenden wir den Impulssatz für die Richtung normal zur Wand an, er lautet:

$$\varrho \int_{(K)} w_n \, dQ = K_n + P_n + S_n.$$

Die Kontrollfläche wird wieder wie beim vorigen Beispiel durch die aufgeschnittene Wand hindurchgeführt und um die Wand herumgelegt. Die Geschwindigkeit w

im ankommenden Strahl wird zerlegt in die Komponenten normal und tangential zur Wand:
$$w_n = w \sin\alpha; \quad w_t = -w\cos\alpha.$$

Die Volumenkraft ist Null, $K_n = 0$, wenn die Platte in einer Vertikalebene liegt. Auch die Oberflächenkraft über den freien Teil der Kontrollfläche ist wieder Null, $P_n = 0$, da auf dieser überall der konstante Druck p_0 herrscht. Der Impulsfluß ist, da Normalimpuls nur einströmt aber nicht ausströmt:
$$\varrho \int_{(K)} w_n \, dQ = -\varrho\, w_n F w = -\varrho F w^2 \sin\alpha.$$

Da ferner $N = -S_n$ ist, erhält man somit für die Normalkraft des Strahles auf die Wand:
$$N = \varrho F w^2 \sin\alpha. \qquad (2.226)$$

Dies geht für $\alpha = 90°$ in Gl. (2.225) über.

2.624 Strömung durch ein Flügelgitter. Wir wollen jetzt die KUTTA-JOUKOWSKYsche Formel für den Auftrieb eines Tragflügels Gl. (2.147) mittels des Impulssatzes ableiten.

Statt eines einzelnen Tragflügels sei zunächst ein *ebenes Flügelgitter* nach Abb. 2.70 gegeben, welches aus unendlich vielen kongruenten

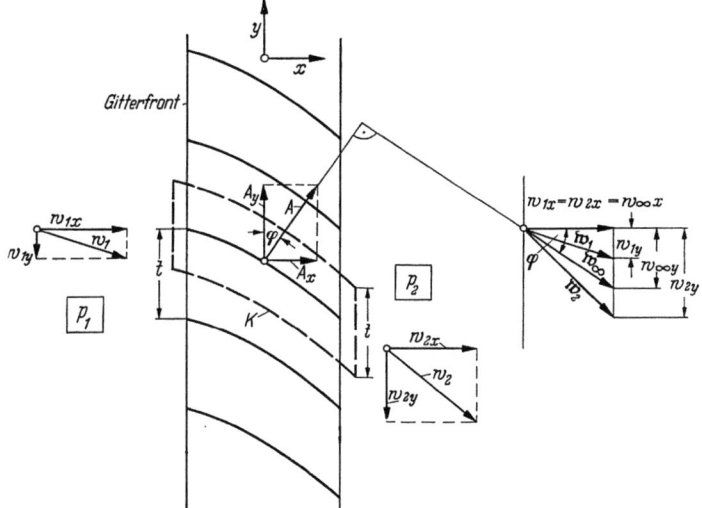

Abb. 2.70. Strömung durch ein Flügelgitter

Flügeln besteht, die voneinander den Abstand t (= Gitterteilung) haben. Wir wollen mit Hilfe des Impulssatzes die Kraft berechnen, die von der Strömung auf *einen* Flügel dieses Flügelgitters ausgeübt wird. Durch den Grenzübergang zu unendlich großer Gitterteilung, $t \to \infty$, erhält man die Kraft auf einen einzelnen Tragflügel.

Ein wesentlicher Unterschied zwischen der ebenen Strömung um einen einzelnen Tragflügel und der Strömung durch ein Flügelgitter

II. Inkompressible reibungslose Strömungen (Hydrodynamik)

besteht darin, daß beim Einzeltragflügel die Geschwindigkeiten weit vor und weit hinter dem Flügel nach Größe und Richtung gleich sind, während beim Gitter im allgemeinen eine Ablenkung der Strömung stattfindet, so daß hier die Geschwindigkeiten $\mathfrak{w}_1$ weit vor dem Gitter und $\mathfrak{w}_2$ weit hinter dem Gitter nach Größe und Richtung verschieden sind. Für die Durchführung der Rechnung wird ein rechtwinkliges Koordinatensystem x, y nach Abb. 2.70 zugrunde gelegt, bei dem die x-Richtung senkrecht und die y-Richtung parallel zur Gitterfront ist. Die Geschwindigkeiten w_1 weit vor dem Gitter und w_2 weit hinter dem Gitter haben die Komponenten w_{1x} und w_{1y} bzw. w_{2x} und w_{2y}. Außerdem sei p_1 der konstante Druck vor und p_2 der konstante Druck hinter dem Gitter. Ferner sei b die Breite eines Flügels senkrecht zur Strömungsebene und A die Kraft auf *einen* Flügel mit den Komponenten A_x und A_y. Für die Anwendung des Impulssatzes wird eine Kontrollfläche K bestehend aus zwei kongruenten Stromlinien und zwei Verbindungsstücken parallel zur Gitterfront gewählt.

Da die ein- und ausströmenden Mengen für diese Kontrollfläche gleich sein müssen, ergibt die Kontinuitätsgleichung (2.223a) $b\,t\,w_{1x} = b\,t\,w_{2x}$ und somit:

$$w_{1x} = w_{2x} = w_x. \tag{2.227}$$

Die Komponenten der Zuström- und Abströmgeschwindigkeit senkrecht zur Gitterfront sind also gleich. Zwischen den Geschwindigkeitsvektoren $\mathfrak{w}_1$ und $\mathfrak{w}_2$ besteht also die Beziehung, wie sie durch das Geschwindigkeitsdreieck in Abb. 2.70 rechts veranschaulicht wird.

Um den Auftrieb eines Flügels zu ermitteln, wenden wir zunächst den Impulssatz für die x-Richtung an. Er lautet nach Gl. (2.223):

$$\varrho \int_{(K)} w_x\, dQ = K_x + P_x + S_x.$$

Dabei ist $S_x = -A_x$ und die Volumenkraft $K_x = 0$. Die Oberflächenkraft P_x ergibt sich aus dem Druckintegral über die Kontrollfläche zu $P_x = b\,t(p_1 - p_2)$, weil die Anteile längs der beiden kongruenten Stromlinien sich aufheben. Das Impulsflußintegral liefert $\varrho \int_{(K)} w_x\, dQ = b\,t(-w_{1x}^2 + w_{2x}^2) = 0$ nach Gl. (2.227). Somit bleibt nach dem Einsetzen in den Impulssatz:

$$A_x = P_x = b\,t(p_1 - p_2).$$

Die Druckdifferenz $p_1 - p_2$ kann nach der BERNOULLIschen Gleichung durch die Geschwindigkeiten ausgedrückt werden in der Form:

$$p_1 - p_2 = \frac{\varrho}{2}(w_2^2 - w_1^2) = \frac{\varrho}{2}(w_{2y}^2 - w_{1y}^2).$$

2.6 Impulssatz

Damit erhält man für die x-Komponente des Auftriebes:

$$A_x = b\,t\,\varrho\,(w_{2y} - w_{1y})\,\frac{w_{2y} + w_{1y}}{2}. \qquad (2.228)$$

Wir führen neben den Geschwindigkeitsvektoren $\mathfrak{w}_1$ und $\mathfrak{w}_2$ noch den mittleren Geschwindigkeitsvektor $\mathfrak{w}_\infty = \frac{1}{2}(\mathfrak{w}_1 + \mathfrak{w}_2)$ ein als das vektorielle Mittel von $\mathfrak{w}_1$ und $\mathfrak{w}_2$. Es hat also $\mathfrak{w}_\infty$ die Komponenten

$$w_{\infty x} = \tfrac{1}{2}(w_{1x} + w_{2x}) = w_x; \quad w_{\infty y} = \tfrac{1}{2}(w_{1y} + w_{2y}). \qquad (2.229)$$

Damit ergibt sich aus Gl. (2.228) für die x-Komponente des Auftriebes schließlich:

$$A_x = \varrho\,b\,t\,w_{\infty y}(w_{2y} - w_{1y}). \qquad (2.230)$$

Die y-Komponente des Auftriebes erhält man aus dem Impulssatz für die y-Richtung, welcher lautet:

$$\varrho \int\limits_{(K)} w_y\,dQ = K_y + P_y + S_y.$$

Dabei ist $S_y = -A_y$ und die Volumenkraft K_y gleich Null. Auch die Oberflächenkraft als Resultierende der Druckkräfte auf der Kontrollfläche in der y-Richtung verschwindet, da die Beiträge der beiden kongruenten Stromlinien sich aufheben, also $P_y = 0$. Der Impulsfluß ergibt sich zu

$$\varrho \int\limits_{(K)} w_y\,dQ = \varrho\,b\,t\,w_x(w_{2y} - w_{1y}).$$

Damit liefert der Impulssatz wegen $w_x = w_{\infty x}$ nach Gl. (2.229) für die y-Komponente des Auftriebes:

$$A_y = \varrho\,b\,t\,w_{\infty x}(w_{1y} - w_{2y}). \qquad (2.231)$$

Die Zirkulation um eine Schaufel (positiv im Uhrzeigersinn) beträgt:

$$\varGamma = t(w_{1y} - w_{2y}), \qquad (2.232)$$

da bei der in Abb. 2.70 getroffenen Vorzeichenwahl sowohl w_{1y} als auch w_{2y} negativ sind. Unter Einführung von $\varGamma$ erhält man aus Gl. (2.230) und (2.231) für die Komponenten des Auftriebes:

$$A_x = -\varrho\,b\,w_{\infty y}\,\varGamma; \quad A_y = \varrho\,b\,w_{\infty x}\,\varGamma. \qquad (2.233)$$

Den *Betrag des Auftriebes* $A = \sqrt{A_x^2 + A_y^2}$ findet man hieraus wegen $w_\infty = \sqrt{w_{\infty x}^2 + w_{\infty y}^2}$ zu:

$$A = \varrho\,b\,w_\infty\,\varGamma. \qquad (2.234)$$

Dies ist in Übereinstimmung mit Gl. (2.147).

Die *Richtung des Auftriebes* ergibt sich nach Abb. 2.70 sofort aus

$$\frac{A_x}{A_y} = \tan\varphi = \frac{-w_{\infty y}}{w_{\infty x}}. \qquad (2.235)$$

Dies bedeutet, daß die resultierende Auftriebskraft A senkrecht zum Vektor $\mathfrak{w}_\infty$ ist, der als das vektorielle Mittel der Zuström- und Abström-

136   II. Inkompressible reibungslose Strömungen (Hydrodynamik)

geschwindigkeit eingeführt wurde. Die Gl. (2.233) und (2.234) geben die KUTTA-JOUKOWSKY-Formeln für den Gitterflügel. Das Ergebnis kann anschaulich so ausgesprochen werden: Es ergibt sich für *einen* Gitterflügel ein Auftrieb vom Betrage $A = \varrho\, b\, w_\infty\, \Gamma$, dessen Richtung senkrecht zu w_∞ ist.

Einzelflügel. Nunmehr vollziehen wir noch den *Grenzübergang zum Einzeltragflügel*, indem wir den Abstand der Gitterflügel $t \to \infty$ gehen lassen. Da bei diesem Grenzübergang die Zirkulation Γ eines Flügels einen endlichen Wert behält, muß in dem Ausdruck für Γ nach Gl. (2.232) offenbar $(w_{1y} - w_{2y}) \to 0$ gehen. Somit ist $w_{1y} = w_{2y} = w_{\infty y}$. Damit ist dann beim Grenzübergang zum Einzelflügel nach Abb. 2.70:

$$w_1 = w_2 = w_\infty.$$

Somit ist gezeigt, daß Gl. (2.234) auch für den Einzelflügel gilt, wobei dann w_∞ seine Anströmungsgeschwindigkeit bedeutet. Weiterhin gilt auch für den Einzelflügel, daß seine Auftriebskraft senkrecht zur Anströmungsrichtung ist.

Die vorstehend abgeleitete KUTTA-JOUKOWSKY-Formel für den Auftrieb eines Tragflügels kann für die Berechnung des Auftriebes erst dann nutzbringend verwendet werden, wenn die Größe der Zirkulation für einen gegebenen Tragflügel bekannt ist. Hierüber wird in Kap. 6.1 berichtet.

2.625 Widerstand eines Halbkörpers. Die Strömung um einen Halbkörper wurde bereits in Kap. 2.357 und 2.358 behandelt, und zwar sowohl für den ebenen als auch für den rotationssymmetrischen Fall (Abb. 2.25 und 2.26). Diese Strömungen wurden erhalten durch Überlagerung der Quellströmung mit einer Parallelströmung. In reibungsloser Strömung ist, wie schon früher angegeben, die Druckverteilung über die Oberfläche eines solchen Körpers von der Art, daß die resultierende Kraft in Richtung der Anströmung, der sog. Widerstand, gleich Null ist. Wir wollen diese wichtige Tatsache, die früher ohne Beweis angegeben wurde, jetzt mit Hilfe des Impulssatzes beweisen.

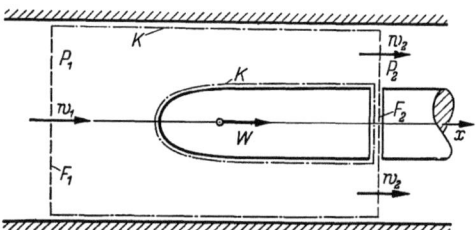

Abb. 2.71. Strömung um einen rotationssymmetrischen Halbkörper in einem zylindrischen Rohr

Wir betrachten einen Halbkörper, der in einem Hohlzylinder nach Abb. 2.71 reibungslos angeströmt werde. In genügend großem Abstand vom Vorderende sei der Halbkörper durch einen Spalt unterbrochen. In diesem Spalt stellt sich der Druck der umgebenden Strömung mit der

2.6 Impulssatz

Geschwindigkeit w_2 ein. Der Halbkörper habe den Querschnitt F_2 und der Hohlzylinder den Querschnitt F_1. Das Verhältnis der beiden Querschnitte sei α, also $F_2 = \alpha F_1$.

Die Kontrollfläche K sei nach Abb. 2.71 gewählt. Aus der Kontinuitätsgleichung (2.223a) ergibt sich:
$$F_1 w_1 = (F_1 - F_2) w_2$$
oder
$$w_1 = (1 - \alpha) w_2.$$

Der Impulssatz für die axiale Richtung (x-Richtung) liefert nach Gl. (2.223):
$$\varrho \int_{(K)} w_x \, dQ = K_x + P_x + S_x.$$

Die Volumenkraft ist gleich Null, wenn die Strömung horizontal verläuft, $K_x = 0$. Die Oberflächenkraft auf dem freien Teil der Kontrollfläche ergibt sich aus den Drücken zu $P_x = F_1(p_1 - p_2)$. Die Oberflächenkraft auf dem Hohlzylinder ist gleich Null, weil reibungslose Flüssigkeit vorausgesetzt wurde. Es ist $S_x = -W$ der Widerstand des Halbkörpers, der sich in einem Hohlzylinder befindet. Der Impulsfluß ist
$$\varrho \int_{(K)} w_x \, dQ = -\varrho F_1 w_1^2 + \varrho (F_1 - F_2) w_2^2.$$

Somit ergibt sich aus dem Impulssatz:
$$W = F_1(p_1 - p_2) + \varrho F_1 w_1^2 - \varrho (F_1 - F_2) w_2^2,$$
oder bei Berücksichtigung der Kontinuitätsgleichung:
$$W = F_1(p_1 - p_2) + \varrho F_1 w_1 (w_1 - w_2).$$

Die Druckdifferenz ergibt sich aus der BERNOULLIschen Gleichung zu:
$$p_1 - p_2 = \frac{\varrho}{2}(w_2^2 - w_1^2) = \frac{\varrho}{2} w_2^2 [1 - (1 - \alpha)^2].$$

Damit wird der Widerstand:
$$W = F_1 \frac{\varrho}{2} w_2^2 [1 - (1 - \alpha)^2 + 2(1 - \alpha)(-\alpha)]$$
und nach Zusammenfassung:
$$W = F_1 \frac{\varrho}{2} w_2^2 \alpha^2 = F_2 \frac{\varrho}{2} w_2^2 \alpha. \tag{2.236}$$

Führt man für den Halbkörper eine auf seine Stirnfläche F_2 und die Geschwindigkeit w_2 bezogene Widerstandsziffer ein durch $c_W = W \big/ \frac{\varrho}{2} w_2^2 F_2$, so ist also
$$c_W = \alpha. \tag{2.236a}$$

Läßt man den Rohrquerschnitt F_1 über alle Grenzen wachsen, so wird $F_2/F_1 = \alpha \to 0$. Nach Gl. (2.236) ergibt sich dann, daß der Widerstand des runden Halbkörpers in reibungsloser Strömung in unbegrenzter

138   II. Inkompressible reibungslose Strömungen (Hydrodynamik)

Flüssigkeit gleich Null ist. Für den ebenen Halbkörper erhält man dieses Ergebnis in genau der gleichen Weise.

Eine anschauliche Erklärung für dieses Ergebnis erhält man auch aus der Druckverteilung auf dem vorderen Teil des Halbkörpers, wie sie in Abb. 2.25 und 2.26 angegeben wurde. In der Nähe des vorderen Staupunktes herrscht Überdruck, welcher eine Druckkraft *in* Strömungsrichtung liefert, dagegen herrscht in größerer Entfernung vom Staupunkt Unterdruck, welcher eine Saugkraft *entgegen* der Strömungsrichtung liefert. Die Resultierende aus diesen beiden Anteilen ist Null sowohl für den ebenen als auch für den rotationssymmetrischen Halbkörper.

2.626 Ermittlung des Widerstandes aus dem Impulsverlust. Als letztes Beispiel zum Impulssatz soll jetzt noch eine Methode besprochen werden, mit deren Hilfe der Widerstand eines Körpers in einer wirklichen Flüssigkeit aus einer Messung der Geschwindigkeits- und Druckverteilung hinter dem Körper, in dem sog. Nachlauf des Körpers, ermittelt werden kann. Es handelt sich hierbei um ein Beispiel einer reibungsbehafteten Strömung. Während in einer unendlich ausgedehnten reibungslosen Flüssig-

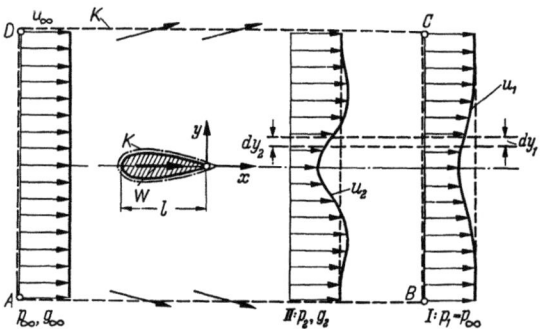

Abb. 2.72. Zur Ermittlung des Widerstandes aus einer Impulsmessung hinter dem Körper

keit der Widerstand eines Körpers Null ist, erfährt in einer reibungsbehafteten Flüssigkeit jeder Körper einen mehr oder weniger großen Widerstand. Es treten bei der Umströmung des Körpers in den körpernahen Schichten Energieverluste durch Reibung ein, die hinter dem Körper eine Verminderung der Geschwindigkeit und des statischen Druckes gegenüber den Werten der reibungslosen Strömung verursachen (Abb. 2.72). Der gesamte Widerstand des Körpers besteht aus dem *Reibungswiderstand* als dem Integral der Tangentialkräfte über die Oberfläche und dem *Druckwiderstand* als dem Integral der Normalkräfte. Die Summe beider ist der Gesamtwiderstand, der beim Tragflügel auch als Profilwiderstand bezeichnet wird. Dieser Gesamtwiderstand soll im folgenden ermittelt werden. Die hier zu besprechende Methode ist grund-

2.6 Impulssatz

sätzlich anwendbar auf den ebenen und den räumlichen Fall und auch für kompressible Strömung. Wir wollen uns im folgenden jedoch auf die *ebene inkompressible Strömung* beschränken.

Vor dem Körper ist die konstante Zuströmgeschwindigkeit u_∞ vorhanden und der statische Druck p_∞. Hinter dem Körper hat die Geschwindigkeitsverteilung eine Delle, deren Breite stromabwärts zunimmt, während ihre Tiefe stromabwärts abnimmt. Beim Fortschreiten in Strömungsrichtung hinter dem Körper erreicht der statische Druck den ungestörten Wert vor dem Körper wesentlich schneller als die Geschwindigkeit. Wir wollen zunächst annehmen, daß die Messung der Geschwindigkeitsverteilung in einem solchen Abstand hinter dem Körper ausgeführt wird, daß dort der statische Druck bereits den ungestörten Wert p_∞ wieder erreicht hat. Dies sei der Schnitt I in Abb. 2.72. Der Impulssatz für die x-Richtung lautet nach Gl. (2.223):

$$\varrho \int_{(K)} w_x \, dQ = K_x + P_x + S_x.$$

Die Kontrollfläche K wird als Rechteck $ABCD$ so gewählt, daß die seitlichen Begrenzungsflächen AB und DC in der ungestörten Strömung verlaufen. Die Volumenkraft ist gleich Null, $K_x = 0$, wenn die x-Richtung in der Horizontalebene liegt. Die Oberflächenkraft über den freien Teil der Kontrollfläche ist gleich Null, $P_x = 0$, weil der Druck auf der ganzen Kontrollfläche konstant gleich p_∞ ist. Die Oberflächenkraft über den Teil der Kontrollfläche, welche den Körper umschließt, ist entgegengesetzt gleich dem gesuchten Widerstand, $S_x = -W$. Somit wird der Impulssatz:

$$W = -\varrho \int_{(K)} w_x \, dQ.$$

Bei der Ermittlung des Impulsintegrals ist zu beachten, daß auch durch die Seitenflächen AB und DC der Kontrollfläche Impuls fließt. Die Erfüllung der Kontinuitätsgleichung erfordert, daß diejenige Menge, die durch BC weniger ausfließt als durch AD einfließt, die Kontrollfläche seitlich verläßt. Für die Ermittlung des Impulsflußintegrals geben wir die folgende Tabelle. Dabei bedeutet b die Höhe des zylindrischen Körpers senkrecht zur Zeichenebene.

Fläche	Menge	x-Impuls
AD	$-b \int u_\infty \, dy$	$-\varrho b \int u_\infty^2 \, dy$
BC	$+b \int u_1 \, dy$	$+\varrho b \int u_1^2 \, dy$
$AB + DC$	$+b \int (u_\infty - u_1) \, dy$	$+\varrho b \int u_\infty (u_\infty - u_1) \, dy$
$\Sigma = (K)$	$\Sigma = 0$ (Kontinuität)	$\Sigma = \varrho \int_{(K)} w_x \, dQ$

II. Inkompressible reibungslose Strömungen (Hydrodynamik)

Durch die Summation der letzten Spalte dieser Tabelle ergibt sich als Impulsfluß:

$$\varrho \int_{(K)} w_x \, dQ = -\varrho \, b \int u_1 (u_\infty - u_1) \, dy.$$

Somit erhält man den Widerstand aus einer Messung im Querschnitt I zu:

$$W = \varrho \, b \int u_1 (u_\infty - u_1) \, dy_1. \tag{2.237}$$

Führt man noch den Widerstandsbeiwert ein durch:

$$W = c_W \, b \, l \frac{\varrho}{2} u_\infty^2 = c_W \, b \, l \, q_\infty,$$

wobei $b \, l$ die Bezugsfläche für den Widerstand bedeutet (l = Profiltiefe beim Tragflügel), so erhält man aus Gl. (2.237) für den Widerstandsbeiwert:

$$c_W = 2 \int_{(I)} \frac{u_1}{u_\infty} \left(1 - \frac{u_1}{u_\infty}\right) d\left(\frac{y}{l}\right). \tag{2.238}$$

Aus Gl. (2.238) geht hervor, daß für die Ermittlung des Widerstandes lediglich die Geschwindigkeitsverteilung im Nachlauf ermittelt zu werden braucht. Da der Integrand in Gl. (2.238) nur in der Nachlaufdelle von Null verschieden ist, ist der Wert des Integrals unabhängig von der Breite BC der Kontrollfläche, wenn diese sich nur über die ganze Delle erstreckt.

Für manche Anwendungen, insbesondere z. B. bei Messungen hinter Tragflügeln, ist es erwünscht, den Meßquerschnitt näher hinter dem Körper zu wählen, z. B. Querschnitt II nach Abb. 2.72. Für diesen Fall erfährt Gl. (2.238) eine Korrektur, die hier noch kurz mitgeteilt sei. Sie wurde zuerst von A. Betz [17] angegeben und später von B. M. Jones [20] vereinfacht. Um die Bestimmung von u_1 auf Messungen im Querschnitt II zurückzuführen, gilt zunächst die Kontinuitätsgleichung für eine Stromröhre:

$$\varrho \, u_1 \, dy_1 = \varrho \, u_2 \, dy_2.$$

Damit wird aus Gl. (2.237):

$$W = \varrho \, b \int u_2 (u_\infty - u_1) \, dy_2. \tag{2.239}$$

Es wird nun weiter die Annahme gemacht, daß die Strömung vom körpernahen Querschnitt II zu dem entfernteren Querschnitt I verlustlos verläuft, d.h., daß für jeden Stromfaden von II nach I der Gesamtdruck konstant ist:

$$g_2 = g_1.$$

Unter Einführung der Gesamtdrücke

$$g_\infty = p_\infty + \frac{\varrho}{2} u_\infty^2; \quad g_1 = p_\infty + \frac{\varrho}{2} u_1^2 = g_2 = p_2 + \frac{\varrho}{2} u_2^2$$

erhält man aus Gl. (2.239):

$$W = 2b \int \sqrt{g_2 - p_2} \left(\sqrt{g_\infty - p_\infty} - \sqrt{g_2 - p_\infty} \right) dy_2, \qquad (2.240)$$

wobei das Integral über den Querschnitt II zu erstrecken ist. Auch hier ist der Integrand nur in der „Delle" von Null verschieden. Führt man noch wie oben den dimensionslosen Widerstandsbeiwert ein, so ist wegen $g_\infty - p_\infty = q_\infty$:

$$c_W = 2 \int\limits_{(II)} \sqrt{\frac{g_2 - p_2}{q_\infty}} \left(1 - \sqrt{\frac{g_2 - p_\infty}{q_\infty}} \right) d\left(\frac{y}{l}\right). \qquad (2.241)$$

Dies ist die Formel von B. M. JONES [20]. Für den Fall, daß im Meßquerschnitt der statische Druck gleich dem ungestörten statischen Druck ist, $p_2 = p_\infty$, geht die Formel von JONES in die einfachere Gl. (2.238) über.

In einer Arbeit von W. PFENNINGER [23] sind für Tragflügelprofile diese Formeln für die Ermittlung des Profilwiderstandes aus einer Impulsmessung mit der Ermittlung durch Wägung kritisch verglichen worden. Dabei hat sich gute Übereinstimmung ergeben.

Literatur

A. Zusammenfassende Darstellungen und Lehrbücher

[1] BETZ, A.: Konforme Abbildung, 2. Aufl. Berlin/Göttingen/Heidelberg: Springer 1964.
[2] DUNCAN, W. J., A. S. THOM u. A. D. YOUNG: The Mechanics of Fluids, London 1960.
[3] KAUFMANN, W.: Technische Hydro- und Aeromechanik, 3. Aufl. Berlin/Göttingen/Heidelberg: Springer 1963.
[4] KOTSCHIN, N. J., I. A. KIBEL u. N. W. ROSE: Theoretische Hydromechanik, Bd. 1 u. 2. Berlin 1954/55.
[5] LAMB, H.: Hydrodynamics, 6. Aufl. Cambridge/New York 1945.
[6] MILNE-THOMSON, L. M.: Theoretical Hydrodynamics. London 1949.
[7] PRANDTL, L., u. A. BETZ (Herausgeber): Ergebnisse der Aerodynamischen Versuchsanstalt zu Göttingen. Profil Gö. 445, I. Lieferung (1921), S. 71 bis 112.
[8] PRANDTL, L., u. O. TIETJENS: Hydro- und Aeromechanik. Bd. 1, 2. Aufl. (1944); Bd. 2 (1931), Berlin.
[9] PRANDTL, L.: Führer durch die Strömungslehre, 6. Aufl. Braunschweig 1965.
[10] ROUSE, H.: Elementary Mechanics of Fluids. London 1957.
[11] ROUSE, H.: Advanced Mechanics of Fluids. London 1959.
[12] THWAITES, B. (Herausgeber): Incompressible Aerodynamics. Oxford 1960.
[13] TIETJENS, O.: Strömungslehre, Bd. 1. Berlin 1960.
[14] TRUCKENBRODT, E.: Strömungsmechanik (Theoretische Grundlagen). In: „Hütte", Bd. I, 29. Aufl. (im Druck).
[15] WIEGHARDT, K.: Theoretische Strömungslehre, Stuttgart 1965.

B. Einzelschriften

[16] ACKERET, J.: Das Rotorschiff und seine physikalischen Grundlagen. Göttingen 1925.
[17] BETZ, A.: Ein Verfahren zur direkten Ermittlung des Profilwiderstandes. ZFM Bd. 16 (1925), S. 42—44.
[18] BETZ, A.: Eine anschauliche Ableitung des Biot-Savartschen Gesetzes. ZAMM Bd. 8 (1928), S. 149—151.
[19] FUHRMANN, G.: Theoretische und experimentelle Untersuchungen an Ballonmodellen. Dissertation Göttingen 1910; Jahrbuch der Motorluftschiff-Studienges. Bd. 5 (1911/12), S. 63—123.
[20] JONES, B. M.: The measurement of profile drag by the pitot traverse method. ARC Rep. and Mem. Nr. 1688 (1936).
[21] JOUKOWSKY, N.: Über die Konturen der Drachenflieger. ZFM Bd. 1 (1910), S. 281—284; Bd. 3 (1912), S. 81—86.
[22] KUTTA, W.: Auftriebskräfte in strömenden Flüssigkeiten. Sitzungsber. Bayer. Akad. Wiss., Math.-Phys. Klasse 1910 u. 1911.
[23] PFENNINGER, W.: Vergleich der Impulsmethode mit der Wägung bei Profilwiderstandsmessungen. Mitt. Inst. Aerodyn. ETH Zürich, Nr. 8 (1943), S. 50—72.
[24] PRANDTL, L.: Über die Entstehung von Wirbeln in der idealen Flüssigkeit mit Anwendung auf die Tragflügeltheorie und andere Aufgaben. Vorträge aus dem Gebiet der Hydro- und Aerodynamik, Innsbruck 1922, herausgegeben von TH. V. KARMAN u. T. LEVI-CIVITA, Berlin 1924, S. 18—33; vgl. auch Gesammelte Abhandlungen, Bd. 2, Berlin/Göttingen/Heidelberg: Springer 1961, S. 697—713.

III. Kompressible reibungslose Strömungen (Gasdynamik)

3.1 Grundlagen

3.11 Schallgeschwindigkeit

Nachdem im vorigen Kapitel die Grundgesetze einer reibungslosen, inkompressiblen Flüssigkeit erörtert worden sind, wollen wir jetzt die Strömungsgesetze unter Berücksichtigung der Kompressibilität des strömenden Mediums behandeln. Die Zähigkeit des strömenden Mediums soll aber noch weiterhin vernachlässigt werden. Sie wird erst im nächsten Kapitel berücksichtigt werden, wobei dann aber zunächst wieder eine inkompressible Flüssigkeit zugrunde gelegt wird. Den vom theoretischen Standpunkt aus besonders schwierigen Fall der gleichzeitigen Berücksichtigung von Kompressibilität und Zähigkeit werden wir am Ende des nächsten Kapitels erörtern. Wie bereits in Kap. 1.23 ausgeführt wurde, sind die Gase durchweg erheblich stärker kompressibel als die Flüssigkeiten. Für die Dichteänderung eines strömenden Gases wurde in Kap. I, Gl. (1.13), die Abschätzung

$$\frac{\Delta \varrho}{\varrho} \approx \frac{1}{2} Ma^2 \qquad (3.1)$$

angegeben, wobei

$$Ma = \frac{w}{a} \qquad (3.2)$$

die MACHsche Zahl bedeutet. Die MACHsche Zahl erweist sich für alle Strömungen, bei denen die Kompressibilität berücksichtigt werden muß, als die wichtigste dimensionslose Kennzahl. Nach Gl. (3.1) wird für die MACHsche Zahl $Ma = 0{,}3$ die relative Dichteänderung $\Delta \varrho/\varrho = \frac{1}{2} 0{,}3^2 = 0{,}045$, also rund 5%. Etwa von dieser MACHschen Zahl ab ist deshalb die Kompressibilität zu berücksichtigen. Für Luft mit der Schallgeschwindigkeit von 340 m/s (in Bodennähe) ergibt dies eine Strömungsgeschwindigkeit von $0{,}3 \cdot 340 \approx 100$ m/s $= 360$ km/h. Da diese Geschwindigkeit von den meisten Flugzeugen überschritten wird, sind die kompressiblen Strömungen für die Flugzeug-Aerodynamik sehr wichtig. Wir wollen deshalb in diesem Kapitel die wichtigsten Grundgesetze der

144   III. Kompressible reibungslose Strömungen (Gasdynamik)

kompressiblen Strömungen in einiger Ausführlichkeit behandeln, während die speziellen Fragen der Aerodynamik des Tragflügels und des Rumpfes bei kompressibler Strömung in Kap. VIII und IX erörtert werden sollen. Eine eingehendere Darstellung dieses Gebietes findet man in zahlreichen Lehr- und Handbüchern [1] bis [36].

Wir wollen jetzt für die schon in Kap. 1.23 benutzte LAPLACE-Formel für die *Schallgeschwindigkeit*, Gl. (1.10), eine anschauliche Ableitung geben [28]. Die Schallgeschwindigkeit ist identisch mit der Fortpflanzungsgeschwindigkeit einer *schwachen* Druckstörung in einem ruhenden Gas. Wir betrachten nach Abb. 3.1 eine ruhende Gasmasse in einem weiten Rohr mit dem Querschnitt F und nehmen an, daß eine Drucksteigerung durch eine kurzzeitige, ruckartige Bewegung eines Kolbens erzeugt werde. Verursacht durch die Bewegung des Kolbens wird das Gas in der Nähe des Kolbens zusammengedrückt,

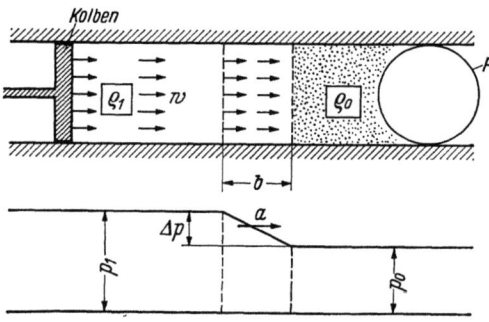

Abb. 3.1. Zur Berechnung der Fortpflanzungsgeschwindigkeit einer Druckstörung in einem Rohr

und diese Drucksteigerung pflanzt sich als Druckwelle in das ruhende Medium hinein mit einer Geschwindigkeit a fort, die wir im folgenden berechnen wollen. Dabei muß derjenige Teil der Gasmasse, über welchen der Druckanstieg bereits hinweggegangen ist, eine Geschwindigkeit w nach rechts besitzen. Wir machen die Annahme, daß die Druckerhöhung $\Delta p = p_1 - p_0$ klein sei gegen den ursprünglichen Druck p_0. Dann ist auch die durch die Kompression verursachte Dichteerhöhung $\Delta \varrho = \varrho_1 - \varrho_0$ klein gegen die ursprüngliche Dichte ϱ_0. Ferner machen wir die Annahme, daß sich die Drucksteigerung Δp in einem Übergangsgebiet der Breite b vollzieht, welches mit der Geschwindigkeit a nach rechts wandert.

Wir können die Fortpflanzungsgeschwindigkeit a der Druckwelle dadurch ermitteln, daß wir auf dieses Übergangsgebiet mit dem Volumen Fb die Kontinuitätsgleichung und die NEWTONsche Grundgleichung anwenden. Die Anwendung der Kontinuitätsgleichung auf ein raumfestes Volumen Fb, über welches die Druckwelle in der Zeit $\tau = b/a$ hinwegrückt, liefert die Aussage, daß die durch die Kompression eingetretene Massenzunahme pro Zeiteinheit durch die vom verdichteten Gebiet in der Zeiteinheit zufließende Masse verursacht werden muß. Die Kompression verursacht eine Dichtezunahme von ϱ_0 auf ϱ_1 in der Zeit τ, so daß für das Volumen Fb die Massenzunahme pro Zeit-

3.1 Grundlagen

einheit $F b (\varrho_1 - \varrho_0)/\tau = F a (\varrho_1 - \varrho_0)$ beträgt. Die in das Gebiet $F b$ pro Zeiteinheit zufließende Masse ist $\varrho_1 F w$. Somit muß sein:

$$F a (\varrho_1 - \varrho_0) = \varrho_1 F w$$

oder

$$a(\varrho_1 - \varrho_0) = \varrho_1 w. \tag{3.3}$$

Für die Anwendung des NEWTONschen Grundgesetzes beim Hinweggehen der Druckwelle über das raumfeste Gebiet $F b$ hat man eine mittlere Beschleunigung $w/\tau = w(a/b)$ und eine Masse $F b \varrho_m$, wobei $\varrho_m = (\varrho_0 + \varrho_1)/2$ den zeitlichen Mittelwert der Dichte in diesem Gebiet bedeutet. Die resultierende Kraft ist $F(p_1 - p_0)$. Somit erhält man aus Masse × Beschleunigung = resultierende Kraft:

$$\left(w \frac{a}{b}\right)(F b \varrho_m) = F(p_1 - p_0)$$

oder

$$\varrho_m w a = p_1 - p_0. \tag{3.4}$$

Ersetzt man nun in Gl. (3.3) die Dichte ϱ_1 nach der Kompression näherungsweise durch ϱ_m, was wegen der vorausgesetzten schwachen Kompression zulässig ist, so erhält man aus Gl. (3.3) und (3.4):

$$a^2 = \frac{p_1 - p_0}{\varrho_1 - \varrho_0} = \frac{\Delta p}{\Delta \varrho}.$$

Dabei kann schließlich wegen der vorausgesetzten schwachen Druckwelle der Differenzenquotient durch den Differentialquotienten ersetzt werden:

$$a^2 = \frac{dp}{d\varrho}. \tag{3.5}$$

Dies ist die *Laplacesche Formel* für die Schallgeschwindigkeit, die in Kap. I bereits benutzt wurde. Der Differentialquotient $dp/d\varrho$ hängt ab von dem Kompressionsgesetz $p(\varrho)$ des Gases. Bemerkenswert ist, daß die Fortpflanzungsgeschwindigkeit der Druckwellen a unabhängig ist von der Größe der Druckänderung, was aber nur für schwache Druckänderungen gilt. Auch hat die Breite des Übergangsgebietes keinen Einfluß auf die Größe der Fortpflanzungsgeschwindigkeit. Es können somit beliebige positive und negative kleine Druckänderungen aufeinanderfolgen, ohne sich zu stören. Dies ist gleichbedeutend damit, daß a die Ausbreitungsgeschwindigkeit von Schallwellen, kurz Schallgeschwindigkeit genannt, ist.

Für die Ausrechnung des in Gl. (3.5) benötigten Differentialquotienten darf man eine isentrope Zustandsänderung $p/\varrho^\varkappa = \text{const}$ nach

III. Kompressible reibungslose Strömungen (Gasdynamik)

Gl. (1.4) annehmen, da die Druckänderungen der akustischen Schwingungen mit so hoher Frequenz erfolgen, daß in der Luft kein nennenswerter Wärmeaustausch mit der Umgebung eintreten kann. Damit ergibt sich für die Schallgeschwindigkeit

$$a = \sqrt{\varkappa \frac{p}{\varrho}} \qquad (3.6)$$

oder mit $p = \varrho R T$ nach Gl. (1.1):

$$a = \sqrt{\varkappa R T}. \qquad (3.7)$$

Die letztere Gleichung, die auch bereits in Gl. (1.14) angegeben wurde, läßt erkennen, daß die Schallgeschwindigkeit in der Atmosphäre mit der Höhe abnimmt, da die Temperatur mit der Höhe abnimmt (Abb. 1.6). Zahlenangaben über die Schallgeschwindigkeit und ihre Änderung mit der Höhe wurden bereits in Tab. 1.3 und Abb. 1.6 gemacht. Für Bodennähe ist die Schallgeschwindigkeit $a = 340$ m/s und für 10 km Höhe 300 m/s.

3.12 Machsche Linie, Verdichtungsstoß

Der für uns wichtige Fall der Fortpflanzung einer Druckstörung in einem *strömenden* Medium läßt sich auf den bisher betrachteten Fall der Ausbreitung von Druckstörungen in einem ruhenden Medium zurückführen, indem man zunächst ein Störungszentrum betrachtet, das sich mit der Geschwindigkeit w von links nach rechts durch das ruhende Medium bewegt (Abb. 3.2). Relativ zu diesem bewegten Störungszentrum erfolgt dann die Ausbreitung der Druckwellen mit der Geschwindigkeit a. Physikalisch ist dieser Vorgang offenbar identisch mit einer ruhenden Schallquelle, die von rechts her mit der Geschwindigkeit w angeströmt wird. Bei der näheren Betrachtung dieses Vorganges tritt die überragende Bedeutung der Schallgeschwindigkeit und insbesondere des Verhältnisses von Strömungsgeschwindigkeit zu Schallgeschwindigkeit, d. i. der MACHschen Zahl, zutage.

Betrachten wir diesen Vorgang zunächst von demjenigen Koordinatensystem aus, in welchem sich die Schallquelle mit der Geschwindigkeit w durch die ruhende Flüssigkeit bewegt: Es zeigt dann Abb. 3.2a für den Fall der ruhenden Schallquelle, $w = 0$, die Ausbreitung der Schallwellen auf konzentrischen Kugelflächen. Abb. 3.2b zeigt die Lage der in äquidistanten Zeitabständen ausgesandten Schallwellen für den Fall, daß sich die Schallquelle mit der halben Schallgeschwindigkeit bewegt, $w = a/2$. Abb. 3.2c zeigt das entsprechende Bild für $w = a$ und schließlich Abb. 3.2d für $w = 2a$. Im letzteren Fall, bei dem sich die Schallquelle also mit Überschallgeschwindigkeit bewegt, beschränkt sich die Wirkung der Schallquelle auf das Innere eines Kegels, dessen halber Öffnungswinkel μ sich aus der Beziehung

$$\sin\mu = \frac{a\tau}{w\tau} = \frac{a}{w} = \frac{1}{Ma} \tag{3.8}$$

berechnet. Dieser Kegel heißt der *Machsche Kegel*.

Von dem mit der Schallquelle mitbewegten Koordinatensystem aus betrachtet, in welchem also diese ruht und in Abb. 3.2 mit der Geschwindigkeit w von rechts angeströmt wird, hat man also den folgenden

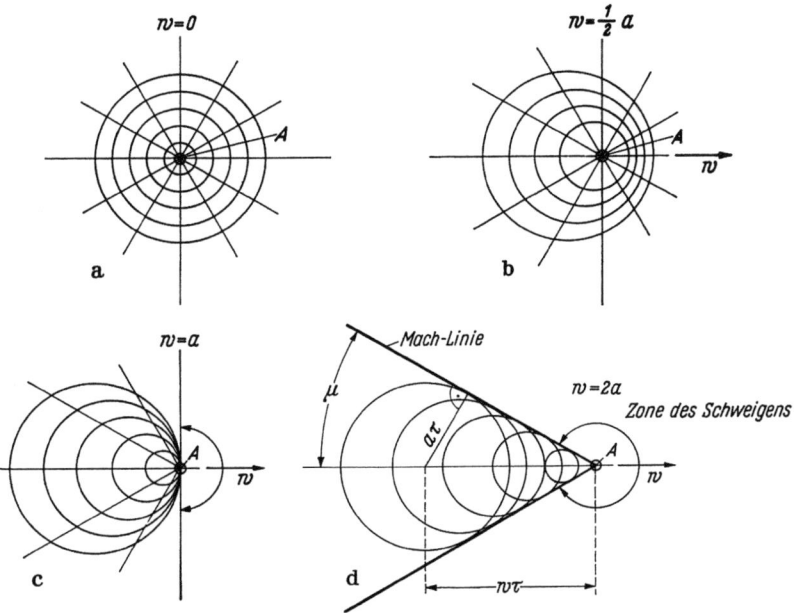

Abb. 3.2. Ausbreitung von Schallwellen einer durch ein ruhendes Medium mit der Geschwindigkeit w bewegten Schallquelle

a) Schallquelle in Ruhe, $w = 0$; b) Schallquelle bewegt sich mit Unterschallgeschwindigkeit, $w = a/2$; c) Schallquelle bewegt sich mit Schallgeschwindigkeit, $w = a$; d) Schallquelle bewegt sich mit Überschallgeschwindigkeit, $w = 2a$; die Schallwellen breiten sich aus in dem MACHschen Kegel mit dem halben Öffnungswinkel μ

charakteristischen Unterschied: Für Strömungsgeschwindigkeiten, die kleiner sind als die Schallgeschwindigkeit ($w < a$, Unterschallströmung) breitet sich eine Druckstörung allseitig im Raum aus, Abb. 3.2b. Ist dagegen die Strömungsgeschwindigkeit größer als die Schallgeschwindigkeit ($w > a$, Überschallströmung), so können sich Druckstörungen nur in dem stromabwärts von der Schallquelle gelegenen MACHschen Kegel ausbreiten, Abb. 3.2d. In Punkte außerhalb des MACHschen Kegels kann die Schallquelle kein Signal senden; diesen Bereich nennt man auch die „Zone des Schweigens". Bei einem mit Überschallgeschwindigkeit fliegenden Körper, der auf einen Beobachter zukommt,

148   III. Kompressible reibungslose Strömungen (Gasdynamik)

hört man also vor der Ankunft des Körpers keine Schallwirkung. Die Begrenzungslinien des MACHschen Kegels heißen die *Machschen Linien*. Auf diesen MACHschen Linien ändern sich die Strömungsgrößen Druck, Dichte und Geschwindigkeit nahezu unstetig.

Wird ein *schlanker, vorn spitzer Körper* in Richtung seiner Längsachse mit Überschallgeschwindigkeit angeströmt, Abb. 3.3, so übernimmt die Vorderkante des Körpers die Rolle der Schallquelle in den obigen Betrachtungen. Daraus ergibt sich, daß von der scharfen Vorderkante MACHsche Linien ausgehen, derart, daß stromaufwärts von diesen die ankommende Parallelströmung ungestört bleibt, während nur stromabwärts von diesen MACHschen Linien die Strömung durch den Körper gestört ist. Als Beispiel hierfür zeigt Abb. 3.4 die Strömung um ein bikonvexes Profil bei Überschallgeschwindigkeit. Die MACHschen Linien, auf denen sich der Druck sprungweise ändert, sind nach dem Schlierenverfahren sichtbar gemacht. Aus dem

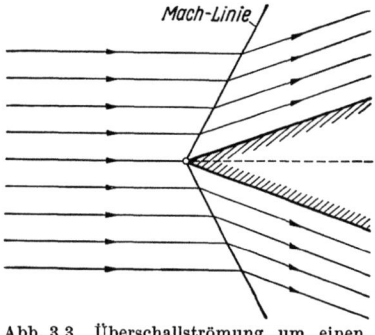

Abb. 3.3. Überschallströmung um einen spitzen Keil

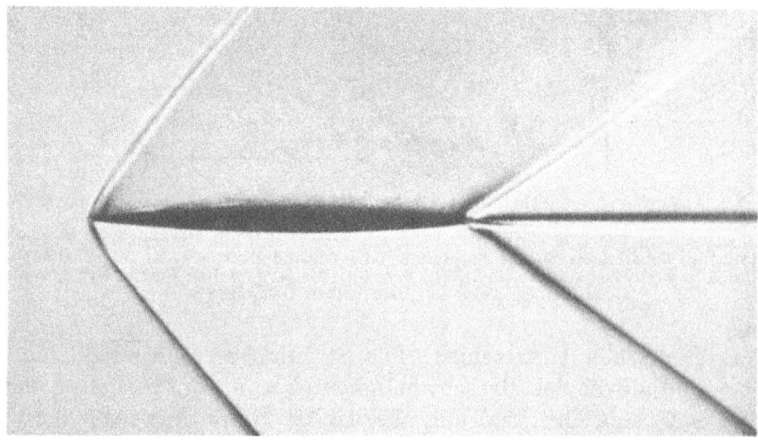

Abb. 3.4. Strömung um ein bikonvexes Profil mit Überschallgeschwindigkeit. Schlierenaufnahme. Von Vorder- und Hinterkante des Profils gehen MACHsche Wellen aus

Winkel der MACHschen Linien, die von der Vorderkante des Profils ausgehen, kann man nach Gl. (3.8) die Anströmungsgeschwindigkeit ziemlich genau ermitteln.

3.1 Grundlagen

Ein anderes typisches Beispiel für eine Überschallströmung ist die Strömung längs einer Wand mit konvexer oder konkaver Ecke nach Abb. 3.5. Hierbei ergibt sich für die *konvexe Ecke* nach Abb. 3.5a eine stetige Verdünnungsströmung in dem Keilraum zwischen den beiden MACHschen Linien m_1 und m_2. Bei dieser Strömung divergieren die MACHschen Linien stromabwärts, es liegt m_2 stromabwärts von m_1.

Bei der Verdichtungsströmung an der *konkaven Ecke* würde man bei gleicher Konstruktion MACHsche Linien erhalten, die stromaufwärts divergieren, Abb. 3.5b. Dies ergibt aber ein physikalisch unmögliches Strömungsbild mit rückläufigen Stromlinien, die sich durchsetzen. Statt dessen tritt in Wirklichkeit ein unstetiger Übergang von der ankommenden zur abgehenden Strömung mit einem Verdichtungsstoß auf. Die Stoßlinie S liegt zwischen den MACH-Linien m_1 und m_2. Die Stoßlinie ist im allgemeinen nicht senkrecht zu den ankommenden und abgehenden Stromlinien. Es handelt sich also um einen sog. *schiefen Verdichtungsstoß*.

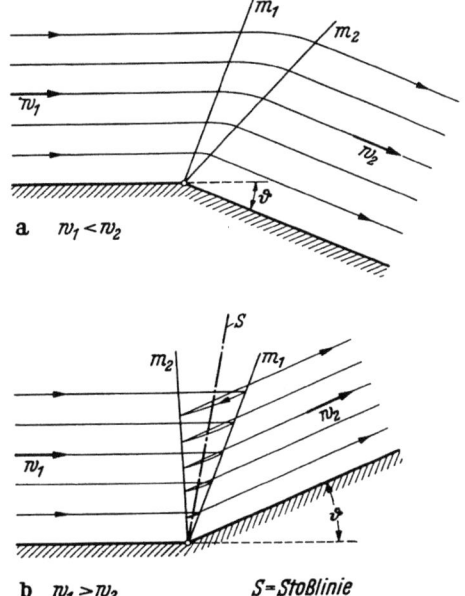

Abb. 3.5. Überschallströmung an einer konvexen und konkaven Ecke
a) Konvexe Ecke: stetige Verdünnung zwischen den MACHschen Linien m_1 und m_2; b) Konkave Ecke: unstetige Verdichtung auf der „Stoßlinie" S

Die bisherigen Betrachtungen zeigen, daß die Unterschallströmungen im Charakter mit der inkompressiblen Strömung verwandt sind, daß jedoch die Überschallströmungen völlig anders verlaufen. Aus diesem Grunde wird es sich als zweckmäßig erweisen, bei den späteren Betrachtungen dieses Kapitels die Unterschallströmungen und die Überschallströmungen getrennt zu behandeln.

3.13 Zustandsgleichungen

Thermische Zustandsgleichung. Bei der Aufstellung der Bewegungsgleichungen einer kompressiblen Flüssigkeit kommt gegenüber der inkompressiblen Flüssigkeit als neue Variable die Dichte ϱ hinzu. Für den Zusammenhang zwischen der Dichte ϱ und den Zustandsgrößen Druck p und Temperatur T gilt die allgemeine Zustandsgleichung der

III. Kompressible reibungslose Strömungen (Gasdynamik)

Thermodynamik für vollkommene Gase, vgl. Gl. (1.1):
$$p = \varrho\, RT. \tag{3.9}$$
Dabei bedeutet R die Gaskonstante, welche sich aus den spezifischen Wärmen des Gases bei konstantem Druck c_p und bei konstantem Volumen c_v zu
$$R = c_p - c_v = \frac{\varkappa - 1}{\varkappa} c_p \tag{3.10}$$
ergibt, mit
$$\varkappa = \frac{c_p}{c_v}. \tag{3.11}$$
Für Luft hat die Gaskonstante den Wert
$$R = 29{,}27 \text{ kpm/kg grd} \quad \text{(Luft)}, \tag{3.10a}$$
und das Verhältnis der spezifischen Wärmen ist
$$\varkappa = 1{,}405 \quad \text{(Luft)}. \tag{3.11a}$$
Für die Strömung eines reibungslosen, kompressiblen Gases kann im allgemeinen eine Zustandsänderung angenommen werden, bei welcher kein Wärmeaustausch eines strömenden Gasteilchens mit der Umgebung stattfindet. Diese sog. *adiabatisch-reversible Zustandsänderung* verläuft bei konstanter Entropie und wird deshalb als *isentrope Zustandsänderung* bezeichnet. Hierfür gilt
$$\frac{p}{\varrho^\varkappa} = \text{const.} \tag{3.12}$$

Bezeichnen p_1 und ϱ_1 Druck bzw. Dichte in einem beliebigen Ausgangszustand, so folgt aus Gl. (3.12):
$$\frac{p}{p_1} = \left(\frac{\varrho}{\varrho_1}\right)^\varkappa \tag{3.13}$$
und unter Beachtung von Gl. (3.9) für die Temperatur:
$$\frac{T}{T_1} = \left(\frac{\varrho}{\varrho_1}\right)^{\varkappa-1} = \left(\frac{p}{p_1}\right)^{\frac{\varkappa-1}{\varkappa}}, \tag{3.14}$$
wobei T_1 die zu p_1 und ϱ_1 gehörige Temperatur bedeutet.

Kalorische Zustandsgleichung. Nach dem ersten Hauptsatz der Thermodynamik ist die Summe von kinetischer Energie $w^2/2$ und Enthalpie i konstant, somit
$$\frac{w^2}{2} + i = \text{const.} \tag{3.15}$$
Diese Aussage gilt für stationäre, schwerelose, strömende Medien, bei denen kein Wärmeaustausch (adiabatisch) stattfindet. Diese Energiegleichung gilt sowohl für isentrope als auch für anisentrope Strömungs-

vorgänge. Die Enthalpie ist gegeben durch
$$i = c_p T. \qquad (3.16)$$
Damit kann Gl. (3.15) auch in der Form
$$\frac{w^2}{2} + c_p T = \text{const} \qquad (3.17)$$
geschrieben werden.

Weitere Darstellungen dieser Energiegleichung erhält man aus Gl. (3.17) wegen
$$i = \frac{\varkappa}{\varkappa - 1} \frac{p}{\varrho} = \frac{a^2}{\varkappa - 1}$$
nach Gl. (3.9) und (3.10) sowie Gl. (3.6). Es ergibt sich hiermit:
$$\frac{w^2}{2} + \frac{\varkappa}{\varkappa - 1} \frac{p}{\varrho} = \text{const} \qquad (3.18)$$
und
$$\frac{w^2}{2} + \frac{a^2}{\varkappa - 1} = \text{const.} \qquad (3.19)$$
Auf diese Zustandsgleichungen werden wir später mehrfach zurückkommen.

3.2 Eindimensionale Strömungen (Stromfadentheorie)

3.21 Stetig verlaufende isentrope Strömungen

3.211 Eulersche Bewegungsgleichung und Bernoullische Gleichung. Wir wollen jetzt in gleicher Weise wie in Kap. 2.2 für die inkompressible Flüssigkeit die Bewegung längs einer Stromröhre für ein kompressibles Medium behandeln. Die Überlegungen von Kap. 2.21, welche nach Abb. 2.9 aus dem Kräftegleichgewicht von Trägheitskraft, Druckkraft und Schwerkraft zu der *Eulerschen Bewegungsgleichung* längs einer Stromröhre geführt hatten, bleiben hier unverändert mit dem einzigen Unterschied, daß jetzt die Dichte ϱ als veränderlich angesehen werden muß. Für stationäre Strömung, auf die wir uns hier ausschließlich beschränken wollen, lautet demnach nach Gl. (2.35) und Abb. 2.9 die Bewegungsgleichung:
$$w \frac{dw}{ds} + \frac{1}{\varrho} \frac{dp}{ds} + g \frac{dz}{ds} = 0. \qquad (3.20)$$
Hierzu kommt die Kontinuitätsgleichung, die für die eindimensionale kompressible Strömung bereits in Gl. (2.11) angegeben wurde:
$$\varrho F w = \text{const.} \qquad (3.21)$$
Als dritte Gleichung ist die Zustandsgleichung hinzuzunehmen. Da wir durchweg isentrope Zustandsänderung annehmen wollen, gilt somit

Gl. (3.12). Bei vorgegebener Lage der Stromröhre $z(s)$ und bei vorgegebenem Stromröhrenquerschnitt $F(s)$ stellen die Gl. (3.20), (3.21) und (3.12) ein System von drei Gleichungen für die drei Unbekannten w, p und ϱ dar. Für die inkompressible Flüssigkeit mit $\varrho = $ const kommt die Zustandsgleichung in Fortfall, und es reduziert sich dann dieses System auf zwei Gleichungen für w und p, vgl. Kap. 2.21.

Die Integration der EULERschen Bewegungsgleichung (3.20) längs der Stromröhre führt auch im Fall der kompressiblen Strömung zur *Bernoullischen Gleichung*. Im vorliegenden Fall ist wegen der veränderlichen Dichte die Integration des Druckgliedes aber nur ausführbar, wenn die Dichte eine eindeutige Funktion des Druckes ist, wie es bei einem homogenen Medium der Fall ist. Die Integration des Druckgliedes in Gl. (3.20) ergibt dann:

$$\int \frac{1}{\varrho} \frac{dp}{ds} ds = \int \frac{dp}{\varrho} = P(p). \tag{3.22}[1]$$

Dabei ist zur Abkürzung die Druckfunktion $P(p)$ eingeführt worden. Sie kann erst ausgewertet werden, wenn die Zustandsänderung, z. B. isotherm oder isentrop, bekannt ist. Somit liefert die Integration der Bewegungsgleichung (3.20) längs der Stromröhre:

$$\frac{w^2}{2} + P(p) + gz = \text{const}. \tag{3.23}$$

Dies ist die *Bernoulli-Gleichung für kompressible Strömungen*. Dabei ist zunächst noch offengelassen, welche Zustandsänderung des Gases zugrunde gelegt wird.

Für kompressible Strömungen ist es im allgemeinen zulässig, die Ortshöhe z gegenüber der Geschwindigkeitshöhe $w^2/2g$ zu vernachlässigen. Einer Geschwindigkeit von $w = 100$ m/s entspricht eine Geschwindigkeitshöhe von $w^2/2g \approx 500$ m; demgegenüber ist die Ortshöhe meist sehr klein. Damit vereinfacht sich Gl. (3.23) zu

$$\frac{1}{2}(w^2 - w_\infty^2) + \int_{p_\infty}^{p} \frac{dp}{\varrho} = 0, \tag{3.24}$$

wobei die Integration von einer Stelle mit dem Zustand p_∞, ϱ_∞, w_∞ bis zu einer Stelle mit p, ϱ, w auszuführen ist.

Es möge jetzt in dieser BERNOULLI-Gleichung die Druckfunktion für die isentrope Zustandsänderung nach Gl. (3.12) ausgewertet werden. Mit $\varrho = \varrho_\infty (p/p_\infty)^{1/\varkappa}$ ergibt sich:

$$P(p) = \int_{p_\infty}^{p} \frac{dp}{\varrho} = \frac{p_\infty^{1/\varkappa}}{\varrho_\infty} \int_{p_\infty}^{p} p^{-\frac{1}{\varkappa}} dp = \frac{\varkappa}{\varkappa-1} \frac{p_\infty}{\varrho_\infty} \left[\left(\frac{p}{p_\infty}\right)^{\frac{\varkappa-1}{\varkappa}} - 1 \right]. \tag{3.25}$$

---

[1] P heißt „Groß Rho".

3.2 Eindimensionale Strömungen (Stromfadentheorie)

Durch Einsetzen dieser Druckfunktion in Gl. (3.24) ergibt sich die *Bernoulli-Gleichung für kompressible Strömung mit isentroper Zustandsänderung*:

$$w^2 - w_\infty^2 + \frac{2\varkappa}{\varkappa - 1} \frac{p_\infty}{\varrho_\infty} \left[\left(\frac{p}{p_\infty}\right)^{\frac{\varkappa-1}{\varkappa}} - 1 \right] = 0. \quad (3.26)$$

Aus der Energiegleichung in der Schreibweise von Gl. (3.18) und (3.19) ergibt sich auch:

$$\frac{w^2}{2} + \frac{\varkappa}{\varkappa - 1} \frac{p}{\varrho} = \frac{w_\infty^2}{2} + \frac{\varkappa}{\varkappa - 1} \frac{p_\infty}{\varrho_\infty} \quad (3.27)^1$$

bzw.:

$$w^2 - w_\infty^2 = \frac{2}{\varkappa - 1} (a_\infty^2 - a^2). \quad (3.28)$$

Die letztere Beziehung läßt sich noch in der Form schreiben:

$$\left(\frac{a}{a_\infty}\right)^2 = 1 - \frac{\varkappa - 1}{2} Ma_\infty^2 \left[\left(\frac{w}{w_\infty}\right)^2 - 1\right]. \quad (3.28\text{a})$$

Dabei ist die MACH-Zahl der Anströmung

$$Ma_\infty = \frac{w_\infty}{a_\infty} \quad (3.29)$$

eingeführt worden.

Im Hinblick auf Betrachtungen über die Druckverteilung an umströmten Körpern empfiehlt es sich, in Gl. (3.26) das Druckverhältnis p/p_∞ auszudrücken durch den dimensionslosen Druckkoeffizienten[2]

$$c_p = \frac{p - p_\infty}{\frac{\varrho_\infty}{2} w_\infty^2} = \frac{p - p_\infty}{q_\infty}, \quad (3.30)$$

der bereits für inkompressible Strömung in Gl. (2.122) eingeführt wurde. Mit der MACH-Zahl Ma_∞ nach Gl. (3.29) sowie mit $a_\infty^2 = \varkappa\, p_\infty/\varrho_\infty$ erhält man aus Gl. (3.30):

$$\frac{p}{p_\infty} = 1 + \frac{\varkappa}{2} Ma_\infty^2 c_p. \quad (3.31)$$

Setzt man Gl. (3.31) und (3.30) in die BERNOULLI-Gleichung (3.26) ein, so ergibt sich durch Auflösung nach dem Druckbeiwert c_p:

$$c_p = \frac{2}{\varkappa Ma_\infty^2} \left[\left\{ \frac{\varkappa - 1}{2} Ma_\infty^2 \left[1 - \left(\frac{w}{w_\infty}\right)^2\right] + 1 \right\}^{\frac{\varkappa}{\varkappa - 1}} - 1 \right]. \quad (3.32)$$

---

[1] Diese Energiegleichung wird identisch mit der BERNOULLI-Gleichung für isentrope Strömung Gl. (3.26), wenn man nach Gl. (3.13) die Beziehung

$$\frac{p}{\varrho} = \frac{p_\infty}{\varrho_\infty} \left(\frac{p}{p_\infty}\right)^{\frac{\varkappa-1}{\varkappa}}$$

einsetzt.

[2] Der Druckkoeffizient c_p darf nicht verwechselt werden mit der spezifischen Wärme bei konstantem Druck nach Gl. (3.16).

III. Kompressible reibungslose Strömungen (Gasdynamik)

Hieraus erhält man für kleine Werte von $\frac{\varkappa-1}{2} Ma_\infty^2 \left[1-\left(\frac{w}{w_\infty}\right)^2\right]$ durch binomische Entwicklung:

$$c_p = 1 - \left(\frac{w}{w_\infty}\right)^2. \tag{3.32a}[1]$$

Es sei hier besonders vermerkt, daß diese für die kompressible Strömung linearisierte Beziehung formal mit der inkompressiblen BERNOULLI-Gleichung, vgl. Gl. (2.122), übereinstimmt.

Die Dichte in Abhängigkeit vom Druckkoeffizienten c_p erhält man durch Einführung von Gl. (3.31) in die isentrope Zustandsgleichung $\varrho = \varrho_\infty (p/p_\infty)^{1/\varkappa}$ zu

$$\frac{\varrho}{\varrho_\infty} = \left(1 + \frac{\varkappa}{2} Ma_\infty^2 c_p\right)^{\frac{1}{\varkappa}}. \tag{3.33}$$

Dies ergibt durch Linearisierung

$$\frac{\varrho}{\varrho_\infty} = 1 + \frac{1}{2} Ma_\infty^2 c_p, \tag{3.33a}$$

was für den Staupunkt mit $c_p = 1$ in die früher in Gl. (3.1) angegebene Abschätzung $\frac{\varrho}{\varrho_\infty} = 1 + \frac{1}{2} Ma_\infty^2$ übergeht.

3.212 Kontinuitätsgleichung. Die Kontinuitätsgleichung lautet nach Gl. (3.21):

$$F \varrho w = \text{const.} \tag{3.34}$$

Es möge hieraus der Zusammenhang zwischen Stromröhrenquerschnitt F und der Geschwindigkeit w hergeleitet werden. Durch Differentiation nach w ergibt sich hieraus:

$$\frac{d(F \varrho w)}{dw} = \varrho w \frac{dF}{dw} + F \frac{d(\varrho w)}{dw} = 0. \tag{3.35}$$

Die Änderung der Stromdichte ϱw erhält man zu:

$$\frac{d(\varrho w)}{dw} = \varrho + w \frac{d\varrho}{dp} \frac{dp}{dw}.$$

Hierin ist nach Gl. (3.20) bei Fortlassen des Schweregliedes

$$\frac{dp}{dw} = -\varrho w \tag{3.36}$$

und $dp/d\varrho = a^2$ nach Gl. (3.5).

Somit ergibt sich aus Gl. (3.35):

$$\frac{dF}{dw} = -\frac{F}{w}\left(1 - \frac{w^2}{a^2}\right) = -\frac{F}{w}(1 - Ma^2). \tag{3.37}$$

---

[1] Bei Berücksichtigung eines weiteren Gliedes der binomischen Entwicklung von Gl. (3.32) ergibt sich:

$$c_p = \left[1 - \left(\frac{w}{w_\infty}\right)^2\right]\left[1 + \frac{1}{4}\left\{1 - \left(\frac{w}{w_\infty}\right)^2\right\} Ma_\infty^2\right]. \tag{3.32b}$$

3.2 Eindimensionale Strömungen (Stromfadentheorie)

Hieraus ersieht man, daß für

$$\left. \begin{array}{l} Ma < 1: \dfrac{dF}{dw} < 0, \\[4pt] Ma = 1: \dfrac{dF}{dw} = 0, \\[4pt] Ma > 1: \dfrac{dF}{dw} > 0 \end{array} \right\} \qquad (3.38)$$

ist. Der Zusammenhang zwischen der Änderung des Stromröhrenquerschnittes und der Änderung der Geschwindigkeit ist in Abb. 3.6 schematisch dargestellt. Bei Unterschallgeschwindigkeit nimmt der Stromröhrenquerschnitt wie bei inkompressibler Strömung mit wachsender Geschwindigkeit ab; bei Überschallgeschwindigkeit dagegen nimmt er mit wachsender Geschwindigkeit zu, weil die mit der Drucksenkung verbundene große Dichteabnahme das Volumen so stark vergrößert, daß eine Vergrößerung des Stromröhrenquerschnittes erforderlich wird. Beim Durchgang durch die Schallgeschwindigkeit ($Ma = 1$) hat der Stromröhrenquerschnitt ein Minimum.

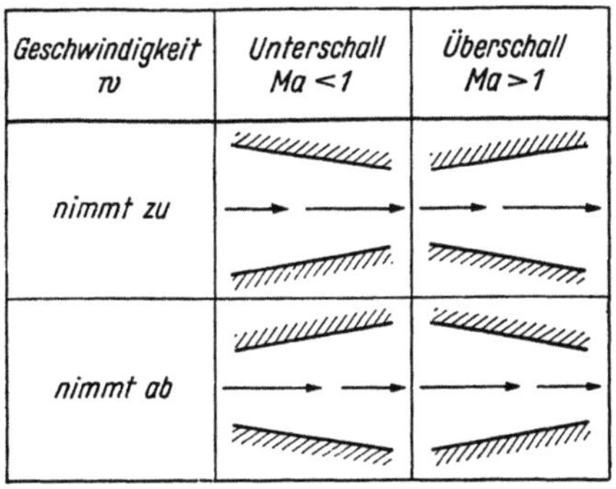

Abb. 3.6. Änderung der Geschwindigkeit längs einer Stromröhre bei Unter- und Überschallgeschwindigkeit (schematisch)

3.213 Ausfluß aus einem Kessel. Im Hinblick auf die Versuchstechnik bei kompressiblen Strömungen möge jetzt der Fall des Ausflusses aus einem Kessel diskutiert werden. Wir bezeichnen den Kesselzustand mit dem Index 0, weil im Kessel $w = w_0 = 0$ ist. Aus der BERNOULLI-Gleichung (3.26) ergibt sich, wenn man $w_\infty = w_0 = 0$, $p_\infty = p_0$, $\varrho_\infty = \varrho_0$ setzt:

$$w^2 + \frac{2\varkappa}{\varkappa - 1} \frac{p_0}{\varrho_0} \left[\left(\frac{p}{p_0} \right)^{\frac{\varkappa - 1}{\varkappa}} - 1 \right] = 0. \qquad (3.39)$$

Durch Auflösung von Gl. (3.39) nach der Geschwindigkeit w erhält man:

$$w = \sqrt{\frac{2\varkappa}{\varkappa - 1} \frac{p_0}{\varrho_0} \left[1 - \left(\frac{p}{p_0} \right)^{\frac{\varkappa - 1}{\varkappa}} \right]}. \qquad (3.40)$$

Dies ist die Formel von B. DE SAINT-VENANT und L. WANTZEL [75]. Sie ergibt die Ausflußgeschwindigkeit eines Gases, welches aus einem Kessel mit dem Druck p_0 und der Gasdichte ϱ_0 ausströmt in einen Raum, in welchem der kleinere Druck p ($=$ „Gegendruck") herrscht.

156   III. Kompressible reibungslose Strömungen (Gasdynamik)

Die größte Ausflußgeschwindigkeit ergibt sich beim Ausströmen des Gases aus dem Kessel mit dem Druck p_0 in das Vakuum mit $p = 0$. Man erhält aus Gl. (3.40) für diesen Fall:

$$w_{\max} = \sqrt{\frac{2\varkappa}{\varkappa - 1} \frac{p_0}{\varrho_0}} = \sqrt{\frac{2}{\varkappa - 1}} a_0. \tag{3.41}$$

Die zweite Beziehung folgt, wenn man die zum Kesselzustand p_0, ϱ_0 gehörige Schallgeschwindigkeit $a_0 = \sqrt{\varkappa p_0/\varrho_0}$ einführt.

Die numerische Auswertung dieser Gleichungen ergibt für Luft ($\varkappa = 1{,}405$) vom Normalzustand $p_0 = 10332\,\mathrm{kp/m^2}$ und $\varrho_0 = 0{,}125\,\mathrm{kps^2/m^4}$:

$$w_{\max} = 2{,}22 a_0 = 2{,}22 \cdot 340 = 755 \text{ m/s}. \tag{3.41a}$$

Die maximale Ausflußgeschwindigkeit ist also gleich der 2,2fachen Schallgeschwindigkeit des Kesselzustandes. Ist der Gegendruck so klein,

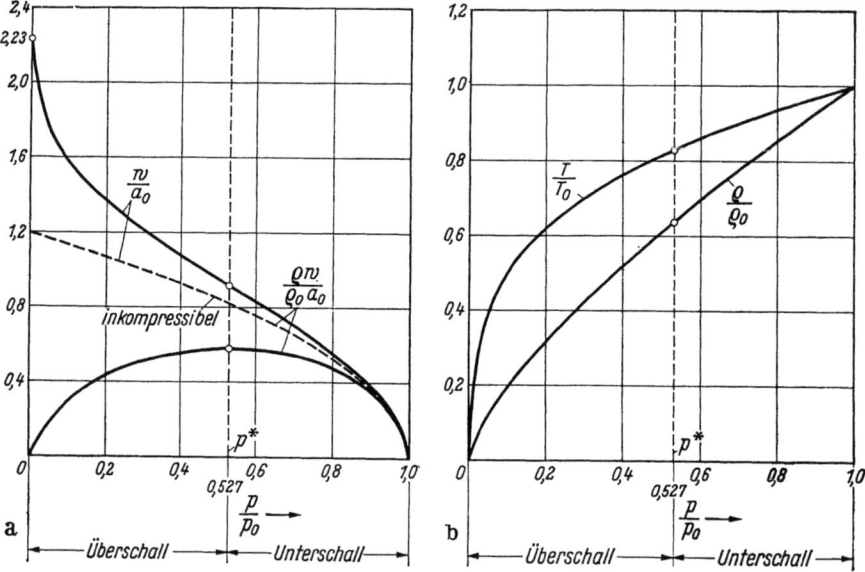

Abb. 3.7. Ausfluß aus einem Kessel mit dem Gaszustand p_0, ϱ_0, a_0, T_0
a) Geschwindigkeit w und Stromdichte ϱw in Abhängigkeit vom Druckverhältnis p/p_0
b) Dichte ϱ und Temperatur T in Abhängigkeit vom Druckverhältnis p/p_0 für Luft $\varkappa = 1{,}4$

daß sich nach Gl. (3.40) Ausflußgeschwindigkeiten größer als die Schallgeschwindigkeit ergeben, so muß die Ausflußdüse eine besondere Form haben, damit diese Ausflußgeschwindigkeiten auch tatsächlich erreicht werden (LAVAL-Düse). Hierüber wird weiter unten berichtet.

Der Zusammenhang zwischen Geschwindigkeit und Druck, wie er durch die DE SAINT-VENANTsche Ausflußformel, Gl. (3.40), gegeben wird, soll jetzt in einem Diagramm, Abb. 3.7a, dargestellt werden. Dabei

3.2 Eindimensionale Strömungen (Stromfadentheorie)

empfiehlt es sich, die Geschwindigkeit w auf die Schallgeschwindigkeit des Kesselzustandes $a_0 = \sqrt{\varkappa\, p_0/\varrho_0}$ zu beziehen. Es ergibt sich aus Gl. (3.40):

$$\frac{w}{a_0} = \sqrt{\frac{2}{\varkappa - 1}} \sqrt{1 - \left(\frac{p}{p_0}\right)^{\frac{\varkappa-1}{\varkappa}}} \quad \text{(kompressibel)}. \tag{3.42}$$

Zum Vergleich sei die Ausflußgeschwindigkeit für inkompressible Strömung (TORRICELLI-Formel) angegeben: $w = \sqrt{2(p_0 - p)/\varrho_0}$. Mit dem oben angegebenen Ausdruck für die Schallgeschwindigkeit a_0 ergibt sich:

$$\frac{w}{a_0} = \sqrt{\frac{2}{\varkappa}} \sqrt{1 - \frac{p}{p_0}} \quad \text{(inkompressibel)}. \tag{3.42a}$$

Diese Beziehung ist zum Vergleich in Abb. 3.7a mit eingetragen. Bis zu einem Druckverhältnis $p/p_0 \approx 0{,}7$ sind die Unterschiede beider Kurven gering. Des weiteren sind in Abb. 3.7b die Dichte und die Temperatur in Abhängigkeit vom Druckverhältnis angegeben. Aus Gl. (3.13) und (3.14) ergibt sich:

$$\frac{\varrho}{\varrho_0} = \left(\frac{p}{p_0}\right)^{\frac{1}{\varkappa}} \tag{3.43}$$

und

$$\frac{T}{T_0} = \left(\frac{p}{p_0}\right)^{\frac{\varkappa-1}{\varkappa}}. \tag{3.44}$$

Stromdichte. Um eine anschauliche Vorstellung über den Verlauf der Stromröhren in der kompressiblen Strömung zu erhalten, ziehen wir die Kontinuitätsgleichung heran: Längs der Stromröhre ist der Massenfluß ($=$ Masse/Zeit) $F \varrho w$ konstant. Unter der Stromdichte wollen wir den Massenfluß pro Flächeneinheit der Stromröhre verstehen, somit

$$\text{Stromdichte} = \frac{\text{Massenfluß}}{\text{Stromröhrenquerschnitt}} = \varrho w = \frac{\text{const}}{F}. \tag{3.45}$$

Die Stromdichte ist also dem Stromröhrenquerschnitt F umgekehrt proportional. Nach Gl. (3.42) und (3.43) ergibt sich:

$$\frac{\varrho w}{\varrho_0 a_0} = \sqrt{\frac{2}{\varkappa - 1}} \left(\frac{p}{p_0}\right)^{\frac{1}{\varkappa}} \sqrt{1 - \left(\frac{p}{p_0}\right)^{\frac{\varkappa-1}{\varkappa}}}. \tag{3.46}$$

Diese Beziehung ist in Abb. 3.7a mit eingetragen. Da für inkompressible Strömung $\varrho = \varrho_0$ ist, gilt Gl. (3.42a) auch für die Stromdichte des inkompressiblen Falles.

Die Kurve der Stromdichte (ϱw) in Abhängigkeit vom Druckverhältnis p/p_0 hat einen besonders charakteristischen Verlauf mit einem Maximum bei einem bestimmten Druck $p = p^*$ und einer dazugehörigen Geschwindigkeit $w = w^*$. Daß ein solches Maximum vorhanden ist, läßt sich leicht einsehen: Bei $p = p_0$ ist $w = 0$ und $\varrho = \varrho_0$ und somit $\varrho\,w = 0$; bei $p = 0$ ist $\varrho = 0$ und $w = w_{\max}$ und somit wieder $\varrho\,w = 0$. Infolgedessen muß die Stromdichte $\varrho\,w$ ein Maximum und somit der Stromröhrenquerschnitt F ein Minimum haben.

Wir wollen jetzt zeigen, daß die maximale Stromdichte (und damit der kleinste Stromröhrenquerschnitt) bei derjenigen Geschwindigkeit w^* liegt, die gleich der zu diesem Zustand gehörigen Schallgeschwindigkeit ist. Nach Gl. (3.36) gilt für die Stromdichte:

$$\varrho\,w = -\frac{dp}{dw}. \tag{3.47}$$

Die Bedingung für die maximale Stromdichte lautet:

$$\frac{d(\varrho\,w)}{dp} = \varrho\,\frac{dw}{dp} + w\,\frac{d\varrho}{dp} = 0.$$

Wegen Gl. (3.47) und mit $dp/d\varrho = a^2$ folgt hieraus für die zur maximalen Stromdichte gehörige Geschwindigkeit:

$$w = w^* = a \quad \text{oder} \quad Ma = 1, \tag{3.48}$$

wenn man $Ma = w/a$ als örtliche MACHsche Zahl einführt. Damit ist gezeigt, daß die maximale Stromdichte und damit der minimale Stromröhrenquerschnitt bei $Ma = 1$ vorhanden ist, d.h., wenn die Strömungsgeschwindigkeit gleich der örtlichen Schallgeschwindigkeit ist, $w^* = a$. Das Druckverhältnis p^*/p_0, welches zur maximalen Stromdichte gehört, wird das *kritische Druckverhältnis* genannt. Dementsprechend bedeutet in Abb. 3.7 der Bereich rechts des kritischen Wertes p^*/p_0 die Unterschallströmung und links davon die Überschallströmung.

Kritische Werte. Für die Ermittlung des kritischen Druckverhältnisses ist in Gl. (3.42) nach Gl. (3.48) $w = w^* = a$ einzusetzen. Dabei tritt das Verhältnis der örtlichen Schallgeschwindigkeit a zur Schallgeschwindigkeit des Kesselzustandes a_0 auf. Für dieses gilt:

$$\left(\frac{a}{a_0}\right)^2 = \left(\frac{p}{p_0}\right)^{\frac{\varkappa-1}{\varkappa}}.$$

Durch Einführung dieses Wertes in Gl. (3.42) findet man mit $p = p^*$:

$$\frac{p^*}{p_0} = \left(\frac{2}{\varkappa+1}\right)^{\frac{\varkappa}{\varkappa-1}}. \tag{3.49}$$

Die übrigen kritischen Werte ergeben sich durch Einführung von Gl. (3.49) in die entsprechenden oben angegebenen Gleichungen. Sämtliche kritischen Werte sind in Tab. 3.1 zusammengestellt, wobei auch die Zahlenwerte für Luft $\varkappa = 1{,}405$ mit angegeben sind.

3.2 Eindimensionale Strömungen (Stromfadentheorie)

Tabelle 3.1. *Kritische Werte der Zustandsgrößen bei Ausfluß aus einem Kessel, $w = a$, für Luft $\varkappa = 1{,}405$*

Zustandsgröße	Formel	Zahlenwert
Druck	$\dfrac{p^*}{p_0} = \left(\dfrac{2}{\varkappa+1}\right)^{\frac{\varkappa}{\varkappa-1}}$	0,527
Dichte	$\dfrac{\varrho^*}{\varrho_0} = \left(\dfrac{2}{\varkappa+1}\right)^{\frac{1}{\varkappa-1}}$	0,634
Temperatur	$\dfrac{T^*}{T_0} = \dfrac{2}{\varkappa+1}$	0,833
Stromdichte	$\dfrac{w^*}{a_0} = \sqrt{\dfrac{2}{\varkappa+1}}$	0,913
Geschwindigkeit	$\dfrac{\varrho^* w^*}{\varrho_0 a_0} = \left(\dfrac{2}{\varkappa+1}\right)^{\frac{\varkappa+1}{2(\varkappa-1)}}$	0,578
Schallgeschwindigkeit	$\dfrac{a^*}{a_0} = \sqrt{\dfrac{2}{\varkappa+1}}$	0,913

Ferner enthält Tab. 3.2 die in Abb. 3.7 dargestellten Größen sowie die auf die kritische Geschwindigkeit bezogene MACH-Zahl $Ma^* = w/a^*$ und die auf den jeweiligen Gaszustand bezogene MACH-Zahl $Ma = w/a$.

Tabelle 3.2. *Dichte ϱ, Temperatur T, Geschwindigkeit w, Stromdichte ϱw, Schallgeschwindigkeit a und Machzahlen Ma und Ma^* in Abhängigkeit vom Druckverhältnis p/p_0 für Luft $\varkappa = 1{,}405$, vgl. Abb. 3.7*

$\dfrac{p}{p_0}$	$\dfrac{\varrho}{\varrho_0}$	$\dfrac{T}{T_0} = \left(\dfrac{a}{a_0}\right)^2$	$\dfrac{w}{a_0}$	$\dfrac{\varrho w}{\varrho_0 a_0}$	$Ma = \dfrac{w}{a}$	$Ma^* = \dfrac{w}{a^*}$
\multicolumn{7}{c}{Überschall}						
0	0	0	2,227	0	∞	2,437
0,1	0,194	0,515	1,553	0,302	2,157	1,698
0,2	0,318	0,628	1,359	0,432	1,708	1,484
0,3	0,425	0,707	1,207	0,513	1,430	1,319
0,4	0,521	0,768	1,074	0,560	1,221	1,174
0,5	0,611	0,819	0,948	0,578	1,045	1,037
0,527	0,634	0,833	0,913	0,578	1	1
\multicolumn{7}{c}{Unterschall}						
0,6	0,695	0,862	0,825	0,573	0,885	0,902
0,7	0,776	0,901	0,696	0,540	0,731	0,762
0,8	0,853	0,936	0,556	0,475	0,573	0,608
0,9	0,928	0,970	0,386	0,358	0,390	0,422
0,95	0,965	0,985	0,270	0,261	0,271	0,295
1,0	1	1	1	0	0	0

Laval-Düse. Die vorstehenden Betrachtungen sind von großer Wichtigkeit für die Strömung durch Düsen, wenn dabei sehr große Druckunterschiede in Geschwindigkeit umgesetzt werden sollen, derart, daß im Austritt der Düse Überschallgeschwindigkeit herrscht. Die obigen Betrachtungen haben gezeigt, daß dort, wo die Strömungsgeschwindigkeit die Schallgeschwindigkeit durchschreitet, der Stromfadenquerschnitt F ein Minimum hat. Somit ist Überschallgeschwindigkeit nur erreichbar, falls die Düse hinter der engsten Stelle noch eine Erweiterung besitzt. Dies ergibt die Form einer *Laval-Düse*, wie sie in Abb. 3.8 dargestellt ist. Fließt durch eine solche Düse mit dem engsten Querschnitt F_1 Gas aus einem Kessel mit dem Druck p_0 in einen Raum mit dem Gegendruck p_2, so beträgt der maximal erreichbare Massenfluß durch die Düse nach Tab. 3.1 und mit $\varrho_0 \, a_0 = \sqrt{\varkappa \, p_0 \, \varrho_0}$:

$$F_1 \varrho^* w^* = F_1 \sqrt{\varkappa \left(\frac{2}{\varkappa+1}\right)^{\frac{\varkappa+1}{\varkappa-1}} p_0 \, \varrho_0}. \tag{3.50}$$

Dieser größte Massenfluß wird aber nur erreicht bei einer Druckverteilung längs der Düse, bei der sich im engsten Querschnitt der kritische Druck p^* einstellt. Hierzu gehört bei vorgegebenem Kesseldruck ein ganz bestimmter „Gegendruck" p_2. Wenn man den Gegendruck p_2, ausgehend von $p_2 = p_0$, nach und nach senkt, so nimmt zunächst der Druck im engsten Querschnitt p_1 ab und die Geschwindigkeit sowie die durchfließende Masse $(\varrho \, w)_1$ zu, vgl. Abb. 3.7a. Solange der Druck im engsten Querschnitt größer ist als der kritische Druck, $p_1 > p^*$, hat man längs der ganzen Düse Unterschallgeschwindigkeit. Der Druckverlauf entspricht in diesem Fall dem einer *Venturi-Düse*, vgl. Abb. 3.8. In diesem Fall ist der Massenfluß kleiner als nach Gl. (3.50). Ist die Senkung des Gegendruckes p_2 so weit fortgeschritten, daß im engsten Querschnitt der kritische Druck $p_1 = p^*$ erreicht wird, so wird dabei die größte Stromdichte $\varrho^* w^*$ erreicht und damit der größte Massenfluß nach Gl. (3.50). Es sind jetzt im divergenten Teil der Düse zwei Strömungszustände möglich, die gleichen Massenfluß besitzen. Für $p_2 = p_{2o}$ herrscht auch

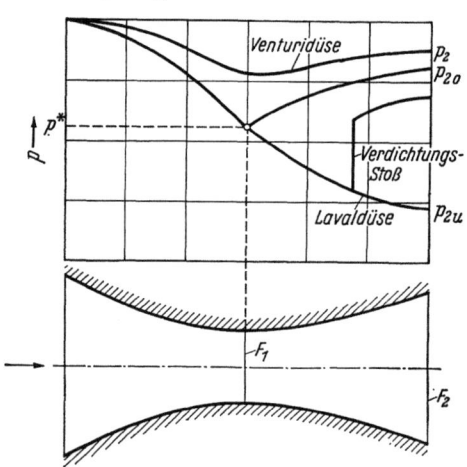

Abb. 3.8. Druckverlauf in einer LAVAL-Düse

jetzt im divergenten Teil der Düse noch überall Unterschallgeschwindigkeit; für $p_2 = p_{2u}$ dagegen ist im ganzen divergenten Teil der Düse Überschallgeschwindigkeit vorhanden. Der letztere Fall kennzeichnet die *Laval-Düse*. Die beiden Gegendrücke p_{2o} und p_{2u} können aus Abb. 3.7a als zur gleichen Stromdichte (ϱw) gehörig entnommen werden. Diese Betrachtungen lehren gleichzeitig, daß bei gegebener Kanalform im Austrittsquerschnitt F_2 nur die zum Druck p_{2u} gehörige Überschallgeschwindigkeit erreicht werden kann. Man muß deshalb für jede im Austrittsquerschnitt gewünschte Überschallgeschwindigkeit eine passende Kanalform entwerfen.

Für Gegendrücke p_2, die zwischen p_{2u} und p_{2o} liegen, $p_{2u} < p_2 < p_{2o}$, gibt es keinen stetigen Druckverlauf längs der Düse. In diesem Fall tritt im divergenten Teil der Düse, meist kurz vor dem Austrittsquerschnitt, ein sehr steiler Druckanstieg, ein sog. *Verdichtungsstoß*, auf, vgl. Abb. 3.8.

3.22 Unstetig verlaufende Strömungen mit Verdichtungsstoß

3.221 Kritische Mach-Zahl. Wie die späteren Ausführungen ergeben werden, ist für alle kompressiblen Strömungen die örtliche Überschreitung der Schallgeschwindigkeit (d. h. Strömungsgeschwindigkeit w gleich örtlicher Schallgeschwindigkeit a) für den gesamten Strömungsablauf von sehr großer Bedeutung. Insbesondere gibt die hierzu gehörige Anströmungsgeschwindigkeit die untere Grenze für das Auftreten von Unstetigkeiten im Druckverlauf in Form von *Verdichtungsstößen*, die das gesamte Strömungsbild erheblich verändern (vgl. hierzu Abb. 3.43 und 3.44).

Unter der kritischen MACHschen Zahl Ma_∞^* wird hier die mit der Anströmgeschwindigkeit und der Schallgeschwindigkeit des Anströmzustandes gebildete MACH-Zahl verstanden, bei welcher örtlich am Körper die Schallgeschwindigkeit erreicht wird; es ist also für $Ma_\infty = Ma_\infty^*$:

$$w = a.$$

Dazu gehört der kritische Druck $p = p^*$ und der Druckkoeffizient $c_p = c_p^*$. Die Formeln für die Ermittlung dieser kritischen Werte erhalten wir aus Gl. (3.26) zu:

$$a^2 - w_\infty^2 + \frac{2\varkappa}{\varkappa - 1} \frac{p_\infty}{\varrho_\infty}\left[\left(\frac{p^*}{p_\infty}\right)^{\frac{\varkappa-1}{\varkappa}} - 1\right] = 0.$$

Unter Einführung der Schallgeschwindigkeit $a_\infty^2 = \varkappa p_\infty/\varrho_\infty$ sowie mit $\left(\frac{a}{a_\infty}\right)^2 = \left(\frac{p}{p_\infty}\right)^{\frac{\varkappa-1}{\varkappa}}$ ergibt sich aus der vorstehenden Gleichung:

$$\frac{p^*}{p_\infty} = \left[\frac{2}{\varkappa+1} + \frac{\varkappa-1}{\varkappa+1} Ma_\infty^{*2}\right]^{\frac{\varkappa}{\varkappa-1}}. \qquad (3.51)$$

162   III. Kompressible reibungslose Strömungen (Gasdynamik)

Durch Einsetzen von Gl. (3.31) in Gl. (3.51) für $p = p^*$, $c_p = c_p^*$ und $Ma_\infty = Ma_\infty^*$ ergibt sich für den kritischen Druckkoeffizienten:

$$c_p^* = -\frac{2}{\varkappa\, Ma_\infty^{*2}} \left[1 - \left(\frac{2}{\varkappa+1} + \frac{\varkappa-1}{\varkappa+1} Ma_\infty^{*2}\right)^{\frac{\varkappa}{\varkappa-1}}\right] \quad \text{(exakt)}. \quad (3.52)$$

Dieser Zusammenhang von c_p^* mit Ma_∞^* ist in Abb. 3.9 dargestellt. Die kritische MACH-Zahl erhält man aus dieser Beziehung, indem man für c_p^* den größten am Körper auftretenden Unterdruck $c_{p\min}$ einsetzt. Für schlanke Körperformen ist $c_{p\min}$ klein und Ma_∞^* nahe bei 1. In diesem Fall vereinfacht sich Gl. (3.52) zu

$$c_p^* = -\frac{2}{\varkappa+1} \frac{1 - Ma_\infty^{*2}}{Ma_\infty^{*2}} \quad \text{(Näherung)}. \quad (3.52\mathrm{a})$$

Diese Beziehung ist in Abb. 3.9 mit eingetragen. Die Übereinstimmung beider Kurven ist bis zu den bei schlanken Körpern auftretenden Druckkoeffizienten $c_p \approx -0{,}6$ recht gut. Löst man Gl. (3.52a) nach der kritischen MACH-Zahl Ma_∞^* auf, so ergibt sich:

$$Ma_\infty^{*2} = \frac{1}{1 - \frac{\varkappa+1}{2} c_p^*}. \quad (3.53)$$

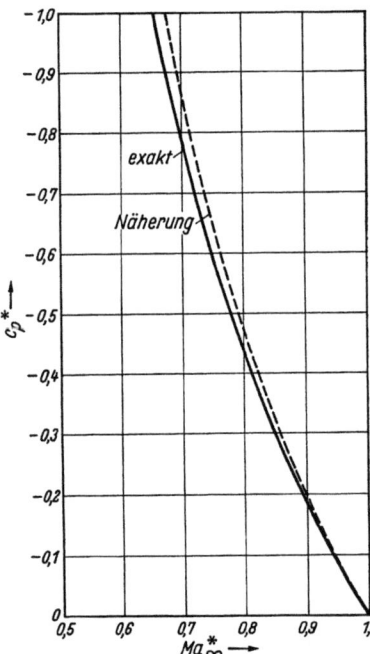

Abb. 3.9. Kritischer Druckkoeffizient in Abhängigkeit von der kritischen MACH-Zahl für Luft $\varkappa = 1{,}405$. Exakt nach Gl. (3.52), Näherung nach Gl. (3.52a)

Der Begriff der kritischen MACH-Zahl spielt eine wichtige Rolle für Tragflügel bei hohen Unterschallgeschwindigkeiten, insbesondere für den gepfeilten Flügel (vgl. Kap. VIII).

3.222 Senkrechter Verdichtungsstoß. Die in der wirklichen Strömung auftretenden Verdichtungsstöße sind meist „schief", d. h., sie verlaufen nicht senkrecht, sondern schräg zu den Stromlinien (Abb. 3.43 und 3.44). Wir wollen hier zunächst nur den senkrechten Verdichtungsstoß behandeln, der als ein eindimensionaler Strömungsvorgang angesehen werden kann. Der schiefe Verdichtungsstoß wird in Kap. 3.55 besprochen werden.

Der Verlauf der Geschwindigkeit sowie der Zustandsgrößen Druck p, Dichte ϱ und Temperatur T in der Umgebung des Verdichtungsstoßes ist in Abb. 3.10 schematisch dargestellt. In der Stoßlinie erfahren Druck

3.2 Eindimensionale Strömungen (Stromfadentheorie) 163

und Dichte eine Zunahme um
$$\Delta p = p_2 - p_1, \tag{3.54}$$
$$\Delta \varrho = \varrho_2 - \varrho_1, \tag{3.55}$$
während die Geschwindigkeit abnimmt um
$$\Delta w = w_1 - w_2. \tag{3.56}$$
Während vor und hinter dem Stoß die isentropische Zustandsänderung gilt, verläuft die Strömung durch den Stoß hindurch anisentrop. Seien etwa die drei Größen vor dem Stoß p_1, ϱ_1, w_1 gegeben, so stehen für die Ermittlung der drei entsprechenden Größen hinter dem Stoß die folgenden drei Gleichungen zur Verfügung:

Kontinuitäts-Gleichung: $\quad \varrho_1 w_1 = \varrho_2 w_2, \tag{3.57}$

Impulssatz: $\quad p_1 + \varrho_1 w_1^2 = p_2 + \varrho_2 w_2^2, \tag{3.58}$

Energiesatz: $\quad \dfrac{w_1^2}{2} + \dfrac{\varkappa}{\varkappa - 1} \dfrac{p_1}{\varrho_1} = \dfrac{w_2^2}{2} + \dfrac{\varkappa}{\varkappa - 1} \dfrac{p_2}{\varrho_2}. \tag{3.59}$

Es ist das Ziel der folgenden Rechnung, zunächst aus den drei Gl. (3.57) bis (3.59), welche die sechs Größen p_1, p_2, ϱ_1, ϱ_2, w_1, w_2 enthalten, *eine* Gleichung für p_1, p_2, ϱ_1, ϱ_2 herzustellen. Dazu müssen w_1 und w_2 eliminiert werden. Aus Gl. (3.57) und (3.58) folgt nach kurzer Zwischenrechnung:

$$\dfrac{\Delta p}{\Delta \varrho} \dfrac{\varrho_2}{\varrho_1} = w_1^2$$

oder

$$w_1 = \sqrt{\dfrac{\varrho_2}{\varrho_1} \dfrac{\Delta p}{\Delta \varrho}}$$

und

$$w_2 = \sqrt{\dfrac{\varrho_1}{\varrho_2} \dfrac{\Delta p}{\Delta \varrho}}. \tag{3.59a}$$

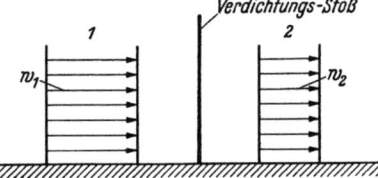
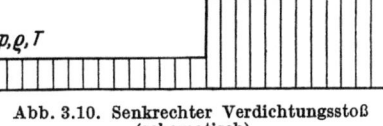

Abb. 3.10. Senkrechter Verdichtungsstoß (schematisch)

Die Elimination von w_1 und w_2 wird vollzogen, indem diese Ausdrücke für w_1 und w_2 in Gl. (3.59) eingesetzt werden. Nach längerer einfacher Rechnung ergibt sich:

$$\dfrac{p_2}{p_1} - \dfrac{\varrho_2}{\varrho_1} = \dfrac{\varkappa - 1}{2}\left(1 + \dfrac{p_2}{p_1}\right)\left(\dfrac{\varrho_2}{\varrho_1} - 1\right). \tag{3.60}$$

Dies ist die Gleichung von H. HUGONIOT [52]. Sie liefert den Zusammenhang zwischen dem Druckverhältnis und dem Dichteverhältnis vor und hinter dem Stoß. Aufgelöst nach dem Dichteverhältnis ϱ_2/ϱ_1 ergibt sich:

$$\dfrac{\varrho_2}{\varrho_1} = \dfrac{(\varkappa - 1) + (\varkappa + 1)\dfrac{p_2}{p_1}}{(\varkappa + 1) + (\varkappa - 1)\dfrac{p_2}{p_1}}. \tag{3.61}$$

Die numerische Auswertung dieser Gleichung ist in Abb. 3.11 angegeben. Diese HUGONIOT-Kurve besitzt eine Asymptote bei

$$\left(\frac{\varrho_2}{\varrho_1}\right)_{max} = \frac{\varkappa+1}{\varkappa-1} = 5{,}93 \quad (\text{Luft mit } \varkappa = 1{,}405).$$

Für diesen Wert wird das Druckverhältnis p_2/p_1 unendlich. Es kann also durch einen senkrechten Verdichtungsstoß eine maximale Verdichtung erreicht werden, die bei Luft höchstens das etwa Sechsfache beträgt.

Durch elementare Rechnung läßt sich ferner zeigen, daß die HUGONIOT-Gleichung (3.60) auch in der Form

$$\frac{\varDelta p}{\varDelta \varrho} = \varkappa \frac{p_1 + \dfrac{\varDelta p}{2}}{\varrho_1 + \dfrac{\varDelta \varrho}{2}} \quad (3.62)$$

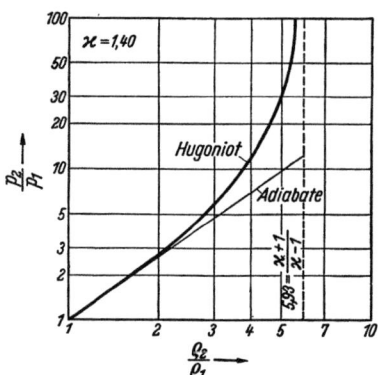

Abb. 3.11. Gleichung von HUGONIOT; Zusammenhang des Druckverhältnisses p_2/p_1 mit dem Dichteverhältnis ϱ_2/ϱ_1 nach Gl. (3.61), gültig für den geraden und den schiefen Verdichtungsstoß

geschrieben werden kann. Somit gilt für schwache Verdichtungsstöße, d. i. $\varDelta p \to 0$, $\varDelta \varrho \to 0$:

$$\frac{\varDelta p}{\varDelta \varrho} \to \left(\frac{dp}{d\varrho}\right)_{\varrho_1} = \varkappa \frac{p_1}{\varrho_1} = a_1^2. \quad (3.62\text{a})$$

Somit haben Isentrope und HUGONIOT-Kurve im Anfangspunkt $p_2/p_1 = \varrho_2/\varrho_1 = 1$ die gleiche Tangente. Schwache Verdichtungsstöße verlaufen also annähernd isentrop. In Abb. 3.11 ist die Isentrope (Adiabate) zum Vergleich mit eingetragen. Es tritt erst bei recht starken Verdichtungsstößen eine merkliche Abweichung der Isentrope von der HUGONIOT-Kurve ein.

Auch die Beziehung zwischen den Geschwindigkeiten vor und hinter dem Stoß läßt sich noch leicht angeben. Aus Gl. (3.59a) folgt:

$$w_1 w_2 = \frac{\varDelta p}{\varDelta \varrho}.$$

Da für „schwache" Stöße $\varDelta p/\varDelta \varrho = a_1^2$ ist, hat man somit:

$$w_1 w_2 = a_1^2. \quad (3.63)$$

Es ist also das Produkt der Geschwindigkeiten vor und hinter dem Stoß gleich dem Quadrat der Schallgeschwindigkeit vor dem Stoß. Da $w_1 > a_1$ ist, wird somit $w_2 < a_1$. Man hat somit das Ergebnis, daß für senkrechte Verdichtungsstöße die Geschwindigkeit hinter dem Stoß Unterschallgeschwindigkeit ist.

3.2 Eindimensionale Strömungen (Stromfadentheorie)

Führt man in Gl. (3.59) noch die Größen des Ruhezustandes (Kesselzustand) p_0, ϱ_0 ein, indem man setzt

$$\frac{w_1^2}{2} + \frac{\varkappa}{\varkappa - 1} \frac{p_1}{\varrho_1} = \frac{w_2^2}{2} + \frac{\varkappa}{\varkappa - 1} \frac{p_2}{\varrho_2} = \frac{\varkappa}{\varkappa - 1} \frac{p_0}{\varrho_0},$$

dann findet man nach elementarer Rechnung aus den Gl. (3.57) bis (3.59) die für alle Druckverhältnisse p_2/p_1 gültige Beziehung:

$$w_1 w_2 = \frac{2\varkappa}{\varkappa + 1} \frac{p_0}{\varrho_0} = \frac{2}{\varkappa + 1} a_0^2 = a^{*2}. \tag{3.63a}$$

Hierin ist a^* nach Tab. 3.1 die kritische Schallgeschwindigkeit.

3.23 Staupunktströmung

Eine ausgezeichnete Stelle bei der Umströmung eines Körpers ist der vordere Staupunkt, wo die Geschwindigkeit $w = 0$ ist. Wir bezeichnen die Zustandsgrößen im Staupunkt mit dem Index 0.

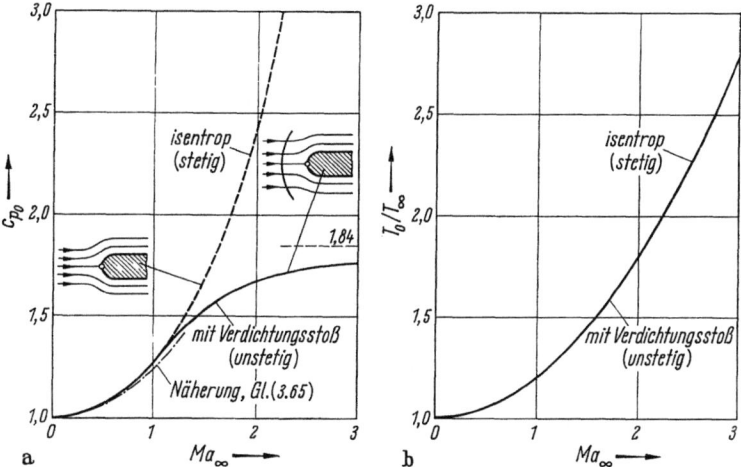

Abb. 3.12. Staupunktströmung bei kompressibler Strömung für Luft $\varkappa = 1{,}405$
a) Druckbeiwert im Staupunkt; b) Temperaturverhältnis

Druck. Für den Druckkoeffizienten im Staupunkt erhält man bei *stetiger*, d. h. isentroper Verdichtung aus Gl. (3.32):

$$c_{p0} = \frac{p_0 - p_\infty}{\frac{\varrho_\infty}{2} w_\infty^2} = \frac{2}{\varkappa Ma_\infty^2} \left[\left(1 + \frac{\varkappa - 1}{2} Ma_\infty^2\right)^{\frac{\varkappa}{\varkappa - 1}} - 1 \right]. \tag{3.64}$$

Die Abhängigkeit des Druckkoeffizienten im Staupunkt c_{p0} von Ma_∞ ist in Abb. 3.12 dargestellt. Für mäßig große MACH-Zahlen, insbesondere im Unterschallbereich, ergibt sich aus Gl. (3.64) durch Reihenentwicklung:

$$p_0 - p_\infty = \frac{\varrho_\infty}{2} w_\infty^2 \left(1 + \frac{1}{4} Ma_\infty^2\right). \tag{3.65}$$

In dimensionsloser Form ist also für diese Näherung $c_{p0} \approx 1 + \frac{1}{4} Ma_\infty^2$, was in Abb. 3.12 mit eingetragen ist. Die Übereinstimmung der Näherung nach Gl. (3.65) mit der exakten Formel Gl. (3.64) ist bis etwa $Ma_\infty = 1$ recht gut.

Die beiden Gl. (3.64) und (3.65) sind von Wichtigkeit für die Geschwindigkeitsmessung mit Hilfe von Druckmessungen bei kompressibler Strömung. Für $Ma_\infty \to 0$ geht Gl. (3.65) in die bekannte Staudruckformel der inkompressiblen Strömung Gl. (2.43) über, $p_0 - p_\infty = (\varrho_\infty/2) w_\infty^2$, die der Geschwindigkeitsmessung mit Hilfe des PRANDTLschen Staurohres zugrunde liegt (Kap. 2.232). Schreibt man Gl. (3.65) in der Form:

Tabelle 3.3. *Eichfaktor eines Prandtlschen Staurohres bei hohen Unterschallgeschwindigkeiten, nach Gl. (3.66) und (3.67)*

$$\frac{\varrho_\infty}{2} w_\infty^2 = C(p_0 - p_\infty), \quad (3.66)$$

so gibt der Faktor C die *Kompressibilitätskorrektur der Staudruckformel* bei stetiger Verdichtung. Nach Gl. (3.65) ist

$$C = \frac{1}{1 + \frac{1}{4} Ma_\infty^2}. \quad (3.67)$$

Ma_∞	C	Ma_∞	C
0	1	0,6	0,917
0,1	0,998	0,7	0,891
0,2	0,990	0,8	0,862
0,3	0,978	0,9	0,832
0,4	0,962	1,0	0,800
0,5	0,941		

Ein PRANDTLsches Staurohr mißt auch in kompressibler Strömung die Druckdifferenz $p_0 - p_\infty$. Diese ist also mit dem Faktor $C < 1$ zu multiplizieren, um daraus die Größe $(\varrho_\infty/2) w_\infty^2$ zu erhalten. Der Faktor C der Kompressibilitätskorrektur ist in Tab. 3.3 für $Ma_\infty < 1$ angegeben; er ist von $\varkappa$ unabhängig. Würde man bei einer Geschwindigkeitsmessung mit einem Staurohr diese Korrektur außer acht lassen, also mit $C = 1$ rechnen, so würde man aus der Druckdifferenz $(p_0 - p_\infty)$ fälschlicherweise zu große Geschwindigkeiten w_∞ erhalten. Nach Messungen von O. WALCHNER [*81*] kann Gl. (3.67) mit einer Genauigkeit von 1% bis $Ma_\infty = 0{,}95$ angewendet werden. Bei MACH-Zahlen $Ma_\infty > 0{,}8$ treten am Staurohr zwar Verdichtungsstöße auf, die aber die Gültigkeit der obigen Gleichung bei mäßiger Überschreitung von $Ma_\infty = 0{,}8$ nicht wesentlich beeinträchtigen.

Bei Überschallgeschwindigkeit verläuft die Druckänderung von p_∞ auf p_0 unstetig mit einem Verdichtungsstoß, der nahe vor dem Staupunkt liegt (Abb. 3.12). Man kann in diesem Fall die Druckänderung in der Weise ermitteln, daß zunächst der unstetige Druckanstieg im Stoß aus den Gleichungen des senkrechten Verdichtungsstoßes ermittelt wird. In der Unterschallströmung hinter dem Stoß verläuft die Druckänderung isentrop. Das Ergebnis dieser Rechnung liefert,

vgl. [30]:
$$\frac{p_0}{p_\infty} = \frac{\varkappa+1}{2} Ma_\infty^2 \left[\frac{(\varkappa+1)^2 Ma_\infty^2}{2[2\varkappa Ma_\infty^2-(\varkappa-1)]}\right]^{\frac{1}{\varkappa-1}}. \qquad (3.68)$$

Hieraus läßt sich nach Gl. (3.31) der Druckbeiwert $c_{p0} = (p_0 - p_\infty)\left|\frac{\varrho_\infty}{2} w_\infty^2\right.$ im Staupunkt berechnen. Das Ergebnis ist in Abb. 3.12 mit aufgetragen. Für sehr große MACH-Zahlen, $Ma_\infty \to \infty$, strebt der Druckbeiwert im Staupunkt einem endlichen Wert zu, welcher durch

$$(c_{p0})_{\max} = \frac{\varkappa+1}{\varkappa}\left[\frac{(\varkappa+1)^2}{4\varkappa}\right]^{\frac{1}{\varkappa-1}} \qquad (3.69)$$

gegeben ist. Hiernach wird für Luft mit $\varkappa = 1{,}405$: $c_{p0\,\max} = 1{,}84$. Aus Abb. 3.12a ersieht man, daß bei Überschallgeschwindigkeit die Druckerhöhung im Staupunkt bei unstetiger Verdichtung, die der physikalischen Wirklichkeit entspricht, wesentlich kleiner ist als nach der Rechnung mit stetiger Verdichtung.

Temperatur. Mit der Druckerhöhung im Staupunkt ist immer eine Temperaturerhöhung verbunden. Diese errechnet sich aus der Energiegleichung (3.17) zu:

$$T_0 = T_\infty + \frac{w_\infty^2}{2 c_p}.$$

Dies kann auch in der Form geschrieben werden:

$$\frac{T_0}{T_\infty} = 1 + \frac{\varkappa-1}{2} Ma_\infty^2. \qquad (3.70)$$

Diese Temperaturerhöhung im Staupunkt ist in Abb. 3.12b aufgetragen. Sie gilt in gleicher Weise für stetige und unstetige Verdichtung.

3.3 Grundzüge kompressibler Potentialströmungen

Nachdem wir in Kap. 3.2 die Grundzüge der kompressiblen Strömung in eindimensionaler Betrachtungsweise kennengelernt haben, wollen wir in gleicher Weise wie in Kap. II für die inkompressiblen Strömungen jetzt auch die stationären, mehrdimensionalen kompressiblen Strömungen behandeln. Hierbei werden wir uns in diesem Kapitel weitgehend auf ebene (zweidimensionale) Strömungen beschränken. Einige allgemeine Theoreme der ebenen kompressiblen Strömungen, z. B. die Drehungsfreiheit und die Einführung eines Potentials, können im Anschluß an die Grundgleichungen gemeinsam für sämtliche kompressiblen Strömungen (Unterschall- und Überschallgeschwindigkeit) behandelt werden. Die Lösungsverfahren (Integrationsmethoden) sind jedoch für die Unter- und Überschallströmungen so erheblich verschieden, daß wir diese anschließend getrennt behandeln müssen.

III. Kompressible reibungslose Strömungen (Gasdynamik)

3.31 Grundgleichungen

Es sei $\mathfrak{w} = \mathfrak{i}\,u + \mathfrak{j}\,v$ der Geschwindigkeitsvektor der stationären Strömung, welcher abhängig ist von den rechtwinkligen Ortskoordinaten x, y. Die Grundgleichungen der ebenen kompressiblen Strömung, nämlich die Kontinuitätsgleichung und die Bewegungsgleichungen in der x- und y-Richtung, wurden bereits in Kap. II bereitgestellt. Nach Gl. (2.14) lautet die Kontinuitätsgleichung:

$$\frac{\partial(\varrho\,u)}{\partial x} + \frac{\partial(\varrho\,v)}{\partial y} = 0. \tag{3.71}$$

Die Bewegungsgleichungen für die x- bzw. y-Richtung lauten nach Gl. (2.50) für stationäre Strömung und unter Vernachlässigung der Massenkraft:

$$\left.\begin{aligned}\varrho\left(u\frac{\partial u}{\partial x} + v\frac{\partial u}{\partial y}\right) &= -\frac{\partial p}{\partial x}, \\ \varrho\left(u\frac{\partial v}{\partial x} + v\frac{\partial v}{\partial y}\right) &= -\frac{\partial p}{\partial y}.\end{aligned}\right\} \tag{3.72a,b}$$

Zusammen mit der isentropen Zustandsgleichung (3.12)

$$\frac{p}{\varrho^\varkappa} = \text{const}$$

sind dies vier Gleichungen für die vier Unbekannten u, v, p und ϱ.

3.32 Drehungsfreiheit

Bei der Lösung der entsprechenden Gleichungen für die inkompressible Strömung wurde von der Tatsache Gebrauch gemacht, daß das Geschwindigkeitsfeld drehungsfrei ist, somit nach Gl. (2.64) bzw. (2.68):

$$\operatorname{rot}\mathfrak{w} = 0 \quad \text{oder} \quad \frac{\partial v}{\partial x} - \frac{\partial u}{\partial y} = 0 \tag{3.73}$$

erfüllt ist.

Um die Bedeutung der Drehungsfreiheit, Gl. (3.73), auch für kompressible Strömung zu zeigen, wird Gl. (3.72a) nach y und Gl. (3.72b) nach x differenziert. Dies ergibt:

$$\varrho\,u\frac{\partial^2 u}{\partial y\,\partial x} + \varrho\,v\frac{\partial^2 u}{\partial y^2} + \varrho\frac{\partial u}{\partial y}\left(\frac{\partial u}{\partial x} + \frac{\partial v}{\partial y}\right) + $$
$$+ \frac{\partial \varrho}{\partial y}\left(u\frac{\partial u}{\partial x} + v\frac{\partial u}{\partial y}\right) = -\frac{\partial^2 p}{\partial x\,\partial y}, \tag{3.74a}$$

$$\varrho\,u\frac{\partial^2 v}{\partial x^2} + \varrho\,v\frac{\partial^2 v}{\partial x\,\partial y} + \varrho\frac{\partial v}{\partial x}\left(\frac{\partial u}{\partial x} + \frac{\partial v}{\partial y}\right) + $$
$$+ \frac{\partial \varrho}{\partial x}\left(u\frac{\partial v}{\partial x} + v\frac{\partial v}{\partial y}\right) = -\frac{\partial^2 p}{\partial x\,\partial y}. \tag{3.74b}$$

3.3 Grundzüge kompressibler Potentialströmungen

Wenn die Dichte eine eindeutige Funktion des Druckes ist, $\varrho = f(p)$, gilt:

$$\frac{\partial \varrho}{\partial y} = \frac{d\varrho}{dp}\frac{\partial p}{\partial y} \quad \text{und} \quad \frac{\partial \varrho}{\partial x} = \frac{d\varrho}{dp}\frac{\partial p}{\partial x}.$$

Durch Einsetzen von $\partial p/\partial x$ und $\partial p/\partial y$ nach Gl. (3.72a, b) erhält man für:

$$\frac{\partial \varrho}{\partial y}\left(u\frac{\partial u}{\partial x} + v\frac{\partial u}{\partial y}\right) = \frac{d\varrho}{dp}\frac{\partial p}{\partial y}\left(-\frac{1}{\varrho}\frac{\partial p}{\partial x}\right),$$

$$\frac{\partial \varrho}{\partial x}\left(u\frac{\partial v}{\partial x} + v\frac{\partial v}{\partial y}\right) = \frac{d\varrho}{dp}\frac{\partial p}{\partial x}\left(-\frac{1}{\varrho}\frac{\partial p}{\partial y}\right).$$

Damit ist gezeigt, daß bei Subtraktion der beiden Gl. (3.74a) und (3.74b) die letzten Glieder der linken Seiten sich fortheben. Somit ergibt sich

$$\varrho u \frac{\partial}{\partial x}\left(\frac{\partial u}{\partial y} - \frac{\partial v}{\partial x}\right) + \varrho v \frac{\partial}{\partial y}\left(\frac{\partial u}{\partial y} - \frac{\partial v}{\partial x}\right) + $$
$$+ \varrho\left(\frac{\partial u}{\partial x} + \frac{\partial v}{\partial y}\right)\left(\frac{\partial u}{\partial y} - \frac{\partial v}{\partial x}\right) = 0. \tag{3.75}$$

Hieraus ersieht man, daß drehungsfreie Bewegungen, ebenso wie bei der inkompressiblen Strömung, Lösungen der reibungslosen, kompressiblen ebenen Bewegungsgleichungen nach Gl. (3.73) sind. Man kann deshalb in gleicher Weise wie bei inkompressibler Strömung das Geschwindigkeitsfeld als Gradient einer Potentialfunktion $\Phi(x, y)$ in folgender Weise einführen:

$$\mathfrak{w} = \text{grad}\, \Phi$$

oder

$$u = \frac{\partial \Phi}{\partial x} = \Phi_x; \quad v = \frac{\partial \Phi}{\partial y} = \Phi_y. \tag{3.76}$$

Hiervon wird im folgenden Gebrauch gemacht.

3.33 Geschwindigkeitspotential

Die Bestimmungsgleichung für die Potentialfunktion $\Phi(x, y)$ erhält man durch Einsetzen von Gl. (3.76) in die Kontinuitätsgleichung (3.71). Diese läßt sich zunächst in der Form schreiben:

$$\varrho\left(\frac{\partial u}{\partial x} + \frac{\partial v}{\partial y}\right) + u\frac{\partial \varrho}{\partial x} + v\frac{\partial \varrho}{\partial y} = 0. \tag{3.77}$$

Weiter ergibt sich wegen $dp/d\varrho = a^2$ und mit Gl. (3.72):

$$\frac{\partial \varrho}{\partial x} = \frac{d\varrho}{dp}\frac{\partial p}{\partial x} = \frac{1}{a^2}\frac{\partial p}{\partial x} = -\frac{\varrho}{a^2}\left(u\frac{\partial u}{\partial x} + v\frac{\partial u}{\partial y}\right),$$

$$\frac{\partial \varrho}{\partial y} = \frac{d\varrho}{dp}\frac{\partial p}{\partial y} = \frac{1}{a^2}\frac{\partial p}{\partial y} = -\frac{\varrho}{a^2}\left(u\frac{\partial v}{\partial x} + v\frac{\partial v}{\partial y}\right).$$

III. Kompressible reibungslose Strömungen (Gasdynamik)

Nach Einsetzen dieser Ausdrücke in Gl. (3.77) erhält man nach Division durch ϱ:

$$\frac{\partial u}{\partial x}\left(1 - \frac{u^2}{a^2}\right) + \frac{\partial v}{\partial y}\left(1 - \frac{v^2}{a^2}\right) - \frac{u\,v}{a^2}\left(\frac{\partial u}{\partial y} + \frac{\partial v}{\partial x}\right) = 0. \quad (3.78)$$

Durch Einführung von Φ nach Gl. (3.76) erhält man schließlich:

$$\Phi_{xx}\left(1 - \frac{\Phi_x^2}{a^2}\right) + \Phi_{yy}\left(1 - \frac{\Phi_y^2}{a^2}\right) - 2\frac{\Phi_x \Phi_y}{a^2}\Phi_{xy} = 0 \quad (3.79)$$

oder

$$\Phi_{xx} + \Phi_{yy} = \frac{1}{a^2}(\Phi_{xx}\Phi_x^2 + \Phi_{yy}\Phi_y^2 + 2\Phi_x\Phi_y\Phi_{xy}). \quad (3.79\text{a})$$

Für den Grenzfall sehr großer Schallgeschwindigkeit, $a \to \infty$, d. i. für $Ma \to 0$, geht diese Gleichung in die Potentialgleichung der inkompressiblen ebenen Strömung (LAPLACEsche Gleichung), Gl. (2.74), über, welche lautet:

$$\frac{\partial^2 \Phi}{\partial x^2} + \frac{\partial^2 \Phi}{\partial y^2} = \Phi_{xx} + \Phi_{yy} = 0.$$

Es ist zu beachten, daß in den Gl. (3.78) und (3.79) die Schallgeschwindigkeit a nicht konstant ist, sondern die örtliche Schallgeschwindigkeit bedeutet. Diese hängt mit der konstanten Schallgeschwindigkeit a_∞ des Bezugszustandes (Index ∞) nach Gl. (3.28a), in der $w^2 = u^2 + v^2$ zu setzen ist, folgendermaßen zusammen:

$$\left(\frac{a}{a_\infty}\right)^2 = 1 - \frac{\varkappa - 1}{2} Ma_\infty^2 \left[\frac{u^2 + v^2}{w_\infty^2} - 1\right]. \quad (3.80)$$

Wird das Umströmungsproblem eines Körpers behandelt, wobei etwa die ungestörte Strömung in großem Abstand vom Körper parallel zur x-Achse sein möge, so lauten die Randbedingungen für Gl. (3.79):

$$x = \pm\infty: \quad \frac{\partial \Phi}{\partial x} = u_\infty, \quad \frac{\partial \Phi}{\partial y} = 0,$$

an der Wand: $\dfrac{\partial \Phi}{\partial n} = 0,$

wobei n die Richtung normal zur Wand bedeutet. Die durch Berücksichtigung der Kompressibilität eingetretene mathematische Erschwerung besteht darin, daß Gl. (3.79) für $\Phi(x, y)$ nichtlinear ist, während die entsprechende Gleichung für die inkompressible Strömung, die Potentialgleichung (2.74), linear ist. Bei der kompressiblen Strömung ist infolgedessen das Überlagerungsprinzip für die Potentiale nicht mehr anwendbar, welches bei der inkompressiblen Strömung die Lösungsverfahren stark vereinfachte (Kap. 2.34). Insbesondere ist auch die Verwendung der Funktionen einer komplexen Veränderlichen, welche bei der inkompressiblen Strömung wertvolle Dienste leisteten (Kap. 2.5), hier nicht mehr möglich. Dies bedeutet eine so beträchtliche Erschwerung des mathematischen Problems, daß von der Gl. (3.79) bisher nur eine sehr geringe Anzahl von Lösungen erhalten werden konnte.

Linearisierung der Potentialgleichung. Gewisse Vereinfachungen für die Integration der Gl. (3.79) ergeben sich für schlanke Körperformen, die etwa in Richtung ihrer Längsachse mit der Geschwindigkeit $w_\infty = u_\infty$ angeströmt werden (z. B. Tragflügelprofile). Nach Gl. (3.79) gilt für das Potential der kompressiblen Strömung:

$$\Phi_{xx}\left(1 - \frac{u^2}{a^2}\right) + \Phi_{yy}\left(1 - \frac{v^2}{a^2}\right) - 2\Phi_{xy}\frac{u\,v}{a^2} = 0. \qquad (3.81)$$

Bei der Umströmung solcher Körper ist die örtliche Geschwindigkeit nach Größe und Richtung nur wenig von der Anströmungsgeschwindigkeit u_∞ verschieden. Setzt man $u = u_\infty + \Delta u$, so gilt (mit Ausnahme einer kleinen Umgebung des Staupunktes):

$$\Delta u \ll u_\infty, \quad v \ll u_\infty; \quad \text{somit} \quad u \approx u_\infty, \quad a \approx a_\infty.$$

Man erhält damit aus Gl. (3.81) unter Beibehaltung nur der größten Glieder (Linearisierung):

$$\frac{\partial^2 \Phi}{\partial x^2}\left(1 - \frac{u_\infty^2}{a_\infty^2}\right) + \frac{\partial^2 \Phi}{\partial y^2} = 0.$$

Mit $Ma_\infty = u_\infty/a_\infty$ wird die vorige Gleichung:

$$(1 - Ma_\infty^2)\frac{\partial^2 \Phi}{\partial x^2} + \frac{\partial^2 \Phi}{\partial y^2} = 0. \qquad (3.82)$$

Durch diese Vereinfachungen ist erreicht worden, daß die Gleichung für $\Phi(x, y)$ jetzt linear ist. Sie unterscheidet sich von der entsprechenden Gleichung für inkompressible Strömung nur durch den konstanten Faktor $(1 - Ma_\infty^2)$ beim ersten Glied. Für Unterschallströmungen, $Ma_\infty < 1$, ist Gl. (3.82) vom elliptischen Typus (wie bei inkompressibler Strömung), dagegen für Überschallströmungen, $Ma_\infty > 1$, ist sie von hyperbolischem Typus. Wir können deshalb erwarten, daß die Unterschallströmung von ähnlicher Art ist wie die inkompressible Strömung, daß dagegen die Überschallströmung von der inkompressiblen Strömung grundsätzlich verschieden ist. Diese Erkenntnis hatten wir in Kap. 3.12 bereits rein anschaulich gewonnen.

Es sei hier ausdrücklich vermerkt, daß die linearisierte Gl. (3.82) für transsonische Strömungen mit $Ma_\infty \approx 1$ nicht verwendet werden kann, da in diesem Fall die vorgenommene Linearisierung nicht zulässig ist, vgl. hierzu Kap. 8.21.

3.34 Ähnlichkeitsregeln für Unter- und Überschallströmungen

Für Unterschallströmungen lassen sich nach L. PRANDTL [70], H. GLAUERT [45] und B. GÖTHERT [48a] aus Gl. (3.82) sog. *Ähnlichkeitsregeln* herleiten, durch deren Anwendung die Berechnung der kom-

III. Kompressible reibungslose Strömungen (Gasdynamik)

pressiblen Potentialströmungen stark vereinfacht wird. Diese Überlegungen lassen sich auch auf Überschallströmungen übertragen, vgl. J. ACKERET [*37*]. Von den verschiedenen möglichen Herleitungen (vgl. [*70*]) dieser Ähnlichkeitsregeln wird hier die sog. Stromlinienanalogie, vgl. [*48a*], verwendet.

Die Ähnlichkeitsregeln für Unterschall- und Überschallströmung erhält man aus einer Transformation der Potentialgleichung (3.82). Diese Transformation soll von der Art sein, daß in der transformierten Potentialgleichung die MACH-Zahl nicht mehr explizit vorkommt.

Zu diesem Zweck ordnen wir der vorgelegten kompressiblen Strömung eine transformierte Vergleichsströmung in geeigneter Weise zu. Wir versehen die Größen in der transformierten Strömung mit einem Strich und setzen die Transformationsformeln folgendermaßen an:

$$x' = x, \quad y' = c_1 y, \quad \Phi = c_2 \Phi'. \quad (3.83)$$

Führt man dies in Gl. (3.82) ein, so erhält man

$$(1 - Ma_\infty^2) \frac{\partial^2 \Phi'}{\partial x'^2} + c_1^2 \frac{\partial^2 \Phi'}{\partial y'^2} = 0. \quad (3.84)$$

Aus dieser Gleichung bestimmen wir den Faktor $c_1 > 0$ so, daß die MACH-Zahl aus der Gleichung herausfällt. Dies ergibt für

Unterschallgeschwindigkeit: $c_1 = \sqrt{1 - Ma_\infty^2} \quad (Ma_\infty < 1)$, (3.85a)

Überschallgeschwindigkeit: $c_1 = \sqrt{Ma_\infty^2 - 1} \quad (Ma_\infty > 1)$. (3.85b)

Beide Fälle lassen sich auch zusammenfassen in die Gleichung

$$c_1 = \sqrt{|1 - Ma_\infty^2|}. \quad (3.86)$$

Mit Gl. (3.85) ergeben sich aus Gl. (3.84) für die transformierte Vergleichsströmung folgende Differentialgleichungen für das Potential

bei Unterschallgeschwindigkeit:

$$\frac{\partial^2 \Phi'}{\partial x'^2} + \frac{\partial^2 \Phi'}{\partial y'^2} = 0 \quad (Ma_\infty < 1), \quad (3.87)$$

bei Überschallgeschwindigkeit:

$$\frac{\partial^2 \Phi'}{\partial x'^2} - \frac{\partial^2 \Phi'}{\partial y'^2} = 0 \quad (Ma_\infty > 1). \quad (3.88)$$

Die transformierte Gleichung für die Unterschallströmung ist identisch mit der Potentialgleichung der inkompressiblen Strömung nach Gl. (2.74). Die transformierte Gleichung für Überschallströmung ist identisch mit der linearisierten Potentialgleichung (3.82) für die MACH-Zahl $Ma_\infty = \sqrt{2}$. Diese Transformation zeigt, daß man die Berechnung der Unterschallströmungen für beliebige MACHsche Zahlen zurückführen kann auf die

3.3 Grundzüge kompressibler Potentialströmungen

Berechnung der Strömung bei $Ma_\infty = 0$ und die Berechnung der Überschallströmungen für beliebige MACHsche Zahlen auf diejenige bei $Ma_\infty = \sqrt{2}$.

Der Transformationsfaktor c_2 in Gl. (3.83) bleibt zunächst noch unbestimmt. Er wird weiter unten angegeben werden. Wir bezeichnen die angegebene Transformation als die *Prandtl-Glauert-Ackeretsche Ähnlichkeitsregel*.

Transformation der Körperkontur. Es soll im folgenden gezeigt werden, wie sich die Transformationsformeln Gl. (3.83) auf einen Tragflügel unendlicher Spannweite (Profil) anwenden lassen. Das Koordinatensystem x, y sei nach Abb. 3.13 gewählt. Die x-Achse fällt in die Anströmungsrichtung. Aus Gl. (3.83) ergeben sich die Vorschriften, wie aus einem vorgegebenen Profil für eine vorgegebene MACH-Zahl das transformierte Profil erhalten wird, dessen Umströmung nach der obigen Regel für Unterschallgeschwindigkeit bei $Ma_\infty = 0$ und für Überschallgeschwindigkeit bei $Ma_\infty = \sqrt{2}$ berechnet werden muß.

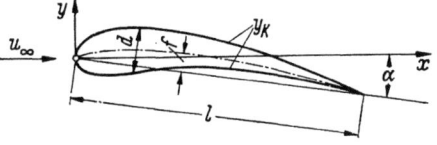

Abb. 3.13. Profilgeometrie

Aus dem vorgegebenen Profil erhält man das transformierte Profil nach Gl. (3.83) dadurch, daß man seine Abmessungen senkrecht zur Anströmungsrichtung, also in y-Richtung, mit dem Faktor c_1 nach Gl. (3.86) verkleinert bzw. vergrößert.

Für den *Profilschnitt* und den *Anstellwinkel* (Abb. 3.13) ergeben sich aus den Gl. (3.83) und (3.86) folgende Umrechnungsformeln:

$$\text{Wölbungsverhältnis:} \quad \frac{f'}{l'} = \frac{f}{l} \sqrt{|1 - Ma_\infty^2|}, \qquad (3.89\text{a})$$

$$\text{Dickenverhältnis:} \quad \frac{d'}{l'} = \frac{d}{l} \sqrt{|1 - Ma_\infty^2|}, \qquad (3.89\text{b})$$

$$\text{Anstellwinkel:} \quad \alpha' = \alpha \sqrt{|1 - Ma_\infty^2|}. \qquad (3.90)$$

Für $Ma_\infty < \sqrt{2}$ hat also das transformierte Profil geringere Wölbung und geringere Dicke sowie kleineren Anstellwinkel als das vorgegebene Profil, dagegen für $Ma_\infty > \sqrt{2}$ größere Wölbung, größere Dicke und größeren Anstellwinkel als das vorgegebene Profil.

Transformation der Druckverteilung. Im vorstehenden wurde die Auswirkung der Transformation Gl. (3.83) zunächst auf die Profilgeometrie diskutiert. Es muß jetzt noch angegeben werden, welche Beziehung zwischen der Druckverteilung des vorgegebenen und derjenigen des transformierten Profils besteht.

Für die dimensionslosen Druckkoeffizienten $c_p = (p - p_\infty)\big/\frac{\varrho_\infty}{2} U_\infty^2$ gilt nach Gl. (3.32a) im Rahmen der linearen Näherung:

$$c_p = -2\frac{u}{u_\infty} = -\frac{2}{u_\infty}\frac{\partial \Phi}{\partial x}; \quad c_p' = -2\frac{u'}{u_\infty} = -\frac{2}{u_\infty}\frac{\partial \Phi'}{\partial x'}. \quad (3.91)$$

Dabei wird vorausgesetzt, daß für das vorgegebene und das transformierte Profil die Anströmungsgeschwindigkeit u_∞ gleich groß ist. Hieraus folgt sofort wegen Gl. (3.83):

$$c_p = c_2\, c_p'. \quad (3.92)$$

Der noch nicht bekannte Transformationsfaktor c_2 wird aus den kinematischen Strömungsbedingungen für die beiden Profile ermittelt (Stromlinienanalogie). Diese lauten im Rahmen der linearen Näherung:

$$v = u_\infty \frac{\partial y_K}{\partial x}; \quad v' = u_\infty \frac{\partial y_K'}{\partial x'}, \quad (3.93)$$

wobei v und v' die y-Komponenten der Störgeschwindigkeit auf der Profilkontur y_K bzw. y_K' (Abb. 3.13) bedeuten. Wegen $v = \partial \Phi/\partial y$ und $v' = \partial \Phi'/\partial y'$ ergibt sich unter Beachtung von Gl. (3.83):

$$c_1^2\, c_2 = 1$$

und somit wegen Gl. (3.86):

$$c_2 = \frac{1}{|1 - Ma_\infty^2|}. \quad (3.94)$$

Damit ist jetzt auch die Konstante c_2 bestimmt.

In Worten kann man den Inhalt der PRANDTL-GLAUERT-ACKERETschen Regel folgendermaßen zusammenfassen:[1]

Fassung I: Aus dem vorgegebenen Profil und der vorgegebenen MACH-Zahl bildet man ein transformiertes Profil dadurch, daß man seine Abmessungen in y-Richtung und seinen Anstellwinkel mit dem Faktor $c_1 = \sqrt{|1 - Ma_\infty^2|}$ multipliziert, während seine Abmessungen in x-Richtung ungeändert bleiben. Für das so erhaltene transformierte Profil ist, wenn die vorgegebene MACH-Zahl im Bereich der Unterschallgeschwindigkeit liegt, die inkompressible Strömung zu berechnen. Liegt die vorgegebene MACH-Zahl dagegen im Bereich der Überschallgeschwindigkeit, so ist für das transformierte Profil die kompressible Strömung für $Ma_\infty = \sqrt{2}$ zu berechnen. Bei gleicher Anströmungsgeschwindigkeit für das vorgegebene und für das transformierte Profil besteht dann zwischen den Druckbeiwerten der Zusammenhang:

$$c_p = \frac{p - p_\infty}{q_\infty} = \frac{c_p'}{|1 - Ma_\infty^2|}. \quad (3.95)$$

---

[1] Die Erweiterung der PRANDTL-GLAUERTschen Regel für Unterschallgeschwindigkeit vom ebenen auf den räumlichen Fall wurde zuerst von B. GÖTHERT [*48a*] angegeben.

Fassung II: Im Hinblick auf die praktischen Anwendungen ist es angebracht, eine solche Transformation zu haben, bei welcher die Abmessungen in der y-Richtung (Profil und Anstellwinkel) ungeändert bleiben. Eine solche Transformation erhält man aus der obigen Fassung I dadurch, daß man nachträglich die Verzerrung in der y-Richtung nach den Gl. (3.89 a, b) und (3.90) wieder rückgängig macht. Damit ändert sich dann der Druckbeiwert nach Gl. (3.95) im Rahmen der linearen Theorie noch um den Faktor $\sqrt{|1 - Ma_\infty^2|}$. Man erhält dann für den Druckbeiwert:

$$c_p = \frac{c_p'}{\sqrt{|1 - Ma_\infty^2|}} \quad \text{(Geometrie ungeändert)}. \tag{3.96}$$

Dieser Zusammenhang ist in Abb. 3.14 dargestellt. Damit ergibt sich für die PRANDTL-GLAUERT-ACKERETsche Regel die folgende Fassung II: Für das ungeänderte Profil ist, wenn die vorgegebene MACH-Zahl im Bereich der Unterschallgeschwindigkeit liegt, die inkompressible

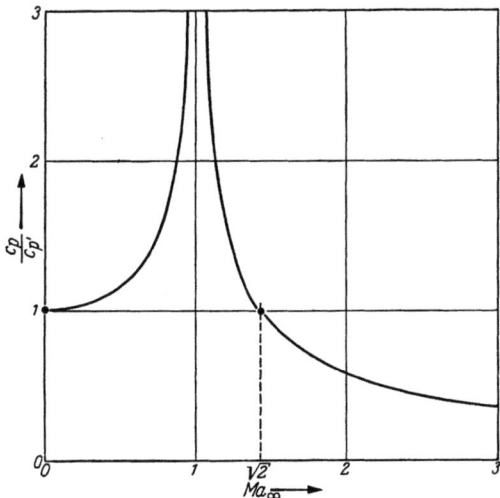

Abb. 3.14. Zur Anwendung der PRANDTL-GLAUERT-ACKERETschen Regel (Fassung II). Transformation der Druckbeiwerte nach Gl. (3.96)

Strömung zu berechnen. Liegt die vorgegebene MACH-Zahl dagegen im Bereich der Überschallgeschwindigkeit, so ist die kompressible Strömung für $Ma_\infty = \sqrt{2}$ zu berechnen. Bei gleicher Anströmgeschwindigkeit besteht zwischen den Druckbeiwerten der Zusammenhang nach Gl. (3.96). Damit gilt für den Druck an den gleichen Stellen des Körpers bei kompressibler und inkompressibler Unterschallströmung

$$p(x) - p_\infty = \frac{1}{\sqrt{1 - Ma_\infty^2}} [p_{ik}(x) - p_\infty]. \tag{3.97}$$

III. Kompressible reibungslose Strömungen (Gasdynamik)

Bei gleicher Körperform und bei gleicher Anströmungsgeschwindigkeit sind also die Druckunterschiede in der kompressiblen Strömung in erster Ordnung im Verhältnis $1/\sqrt{1-Ma_\infty^2}$ größer als in der inkompressiblen Strömung ($i\,k$). Dies ist die *Prandtl-Glauertsche Regel*. Gewisse Verfeinerungen der PRANDTL-GLAUERTschen Regel (KÁRMÁN-TSIEN, KRAHN) werden ebenfalls in Kap. 8.12 besprochen werden.

3.35 Lösungstypus für Überschallströmungen

Es möge eine Bemerkung über Lösungen der Gl. (3.82) für Überschallströmungen gemacht werden. Für diese ergibt sich ein recht eigenartiger Lösungstypus. Wie man leicht verifiziert, ist für $u_\infty > a_\infty$ jede zweimal differenzierbare Funktion

$$\Phi(x, y) = \Phi_1(y - x\tan\mu) + \Phi_2(y + x\tan\mu) \quad (3.98)$$

eine Lösung von Gl. (3.82), wenn μ der Bedingung

$$\tan\mu = \frac{1}{\sqrt{Ma_\infty^2 - 1}} \quad (3.99)$$

genügt. Hieraus folgt:

$$\sin\mu = \frac{1}{Ma_\infty} \quad (3.100)$$

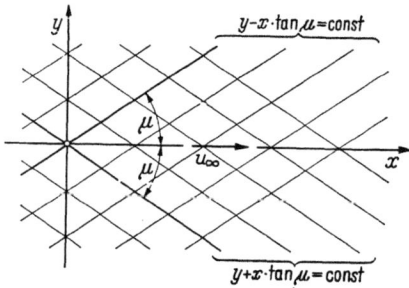

Abb. 3.15. Die beiden Scharen von MACHschen Linien bei einer Strömung mit Überschallgeschwindigkeit ($Ma_\infty > 1$)

in Übereinstimmung mit Gl. (3.8). Der Winkel μ stellt also den MACHschen Winkel dar, wie er bereits in Kap. 3.12 eingeführt wurde.

Die Lösung (3.98) sagt aus, daß die den Funktionen Φ_1 und Φ_2 zugeordneten physikalischen Größen auf den parallelen Geraden der beiden Scharen $y = \pm x\tan\mu + \text{const}$ nach Abb. 3.15 konstant sind. Sämtliche Geraden dieser beiden Scharen bilden mit der Hauptströmungsrichtung u_∞ den Winkel μ. Die Lösung (3.98) stellt demnach stehende Wellen von beliebiger Form dar, deren gerade Fronten unter dem MACHschen Winkel gegen die Hauptströmungsrichtung geneigt sind. Diese Geraden sind die *Machschen Linien* oder MACHschen Wellen, die wir bereits in Kap. 3.12 in vereinfachter Betrachtung kennengelernt haben.

3.36 Strömung längs einer schwach welligen Wand

Ein Beispiel einer Strömung, welche den grundlegenden Unterschied zwischen der Unterschall- und der Überschallströmung besonders deutlich erkennen läßt, ist die Strömung längs einer schwach welligen Wand nach Abb. 3.16, [*37a*]. Dieses Beispiel erfüllt auch die Bedingungen des

3.3 Grundzüge kompressibler Potentialströmungen

schlanken Körpers und kann deshalb mit der linearisierten Potentialgleichung (3.82) behandelt werden. Die Wand sei gegeben durch eine Sinuslinie nach Abb. 3.16 in der Form

$$y_W(x) = h \sin(\lambda x). \tag{3.101}$$

Es ist also h die Amplitude der Wandwelle und $L = 2\pi/\lambda$ die Wellenlänge. Voraussetzungsgemäß ist $h \ll L$. In großem Abstand von der

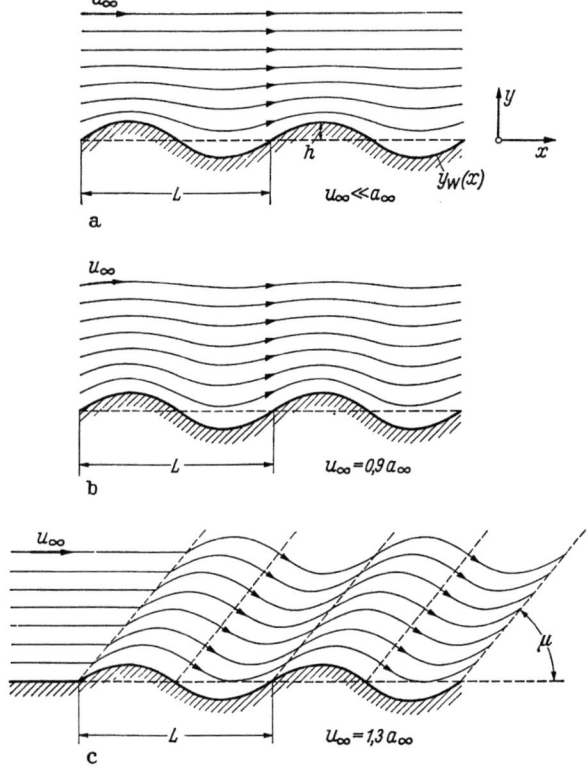

Abb. 3.16. Strömung längs einer schwach welligen Wand
a) Inkompressible Strömung, $Ma_\infty = 0$; b) Unterschallströmung, $Ma_\infty = 0.9$; c) Überschallströmung, $Ma_\infty = 1.3$

Wand sei parallel zur x-Achse die Geschwindigkeit u_∞ vorhanden, somit ist für

$$y \to \infty: \quad u = u_\infty, \quad v = 0. \quad (Ma_\infty < 1) \tag{3.102}$$

An der Wand ist die kinematische Strömungsbedingung

$$y \to 0: \quad \frac{v}{u_\infty} = \frac{dy_W}{dx} = h\lambda \cos(\lambda x) \tag{3.103}$$

zu erfüllen.

III. Kompressible reibungslose Strömungen (Gasdynamik)

Für *inkompressible Strömung*, $Ma_\infty = 0$, ist die Gleichung

$$\frac{\partial^2 \Phi}{\partial x^2} + \frac{\partial^2 \Phi}{\partial y^2} = 0$$

mit den Randbedingungen (3.102) und (3.103) zu lösen. Man kann leicht zeigen, daß

$$\Phi(x,y) = u_\infty [x - h\, e^{-\lambda y} \cos(\lambda x)] \tag{3.104}$$

eine Lösung dieser Gleichung ist und die angegebenen Randbedingungen erfüllt. Hieraus erhält man für die Geschwindigkeitskomponenten:

$$\left. \begin{array}{l} u = u_\infty [1 + h\,\lambda\, e^{-\lambda y} \sin(\lambda x)], \\ v = u_\infty\, h\,\lambda\, e^{-\lambda y} \cos(\lambda x). \end{array} \right\} \tag{3.105}$$

Das Stromlinienbild ist in Abb. 3.16a dargestellt.

Für die *Unterschallströmung*, $Ma_\infty < 1$, ist die Gleichung

$$(1 - Ma_\infty^2) \frac{\partial^2 \Phi}{\partial x^2} + \frac{\partial^2 \Phi}{\partial y^2} = 0$$

zu lösen. Man verifiziert leicht, daß der Ausdruck

$$\Phi(x, y) = u_\infty \left[x - \frac{h}{\sqrt{1 - Ma_\infty^2}} e^{-\lambda \sqrt{1 - Ma_\infty^2}\, y} \cos(\lambda\, x) \right] \tag{3.106}$$

eine Lösung der kompressiblen Potentialgleichung für $Ma_\infty < 1$ ist. Dabei sind die Randbedingungen Gl. (3.102) und (3.103) erfüllt. Für die Geschwindigkeitskomponenten ergibt sich hieraus:

$$\left. \begin{array}{l} u = u_\infty \left[1 + \dfrac{h\,\lambda}{\sqrt{1 - Ma_\infty^2}} e^{-\lambda \sqrt{1 - Ma_\infty^2}\, y} \sin(\lambda\, x) \right], \\ v = u_\infty\, h\,\lambda\, e^{-\lambda \sqrt{1 - Ma_\infty^2}\, y} \cos(\lambda\, x). \end{array} \right\} \tag{3.107}$$

Das Stromlinienbild ist in Abb. 3.16b für $Ma_\infty = 0{,}9$ dargestellt. Durch Vergleich von Gl. (3.105) und (3.107) ergibt sich, daß bei gleicher Wellenhöhe der Wand die Amplitude der Stromlinien in der kompressiblen Unterschallströmung nach außen schwächer abklingt als in der inkompressiblen Strömung.

Für *Überschallströmung*, $Ma_\infty > 1$, lautet die Potentialgleichung:

$$(Ma_\infty^2 - 1) \frac{\partial^2 \Phi}{\partial x^2} - \frac{\partial^2 \Phi}{\partial y^2} = 0.$$

Diese Differentialgleichung hat nach Gl. (3.98) die allgemeine Lösung

$$\Phi(x, y) = F(y \pm x \tan \mu) + u_\infty\, x,$$

wobei F eine beliebige Funktion des angegebenen Argumentes ist und $\tan \mu$ nach Gl. (3.99) gegeben ist. Das Zusatzpotential ist also konstant längs der beiden Geradenscharen $y = \pm x \tan \mu + \text{const}$. Die beliebige Funktion F ist aus der kinematischen Strömungsbedingung zu bestimmen. Nach Erfüllung von Gl. (3.103) findet man:

$$\Phi(x, y) = u_\infty \left\{ x - \frac{h}{\sqrt{Ma_\infty^2 - 1}} \sin[\lambda(x - y\sqrt{Ma_\infty^2 - 1})] \right\}. \quad (3.108)$$

Für die Geschwindigkeitskomponenten ergibt sich hieraus:

$$\left. \begin{aligned} u &= u_\infty \left\{ 1 - \frac{h\lambda}{\sqrt{Ma_\infty^2 - 1}} \cos[\lambda(x - y\sqrt{Ma_\infty^2 - 1})] \right\}, \\ v &= u_\infty\, h\, \lambda \cos[\lambda(x - y\sqrt{Ma_\infty^2 - 1})]. \end{aligned} \right\} \quad (3.109)$$

Das Stromlinienbild ist in Abb. 3.16c für $Ma_\infty = 1{,}3$ dargestellt. In diesem Fall klingt die Amplitude der Stromlinien nach außen überhaupt nicht ab, d. h., die Randbedingung in großem Wandabstand. Gl. (3.102), läßt sich im Fall der ebenen Überschallströmung nicht erfüllen.

3.4 Unterschallströmungen

Nachdem in Kap. 3.3 die Grundgleichungen der kompressiblen ebenen Strömungen bereitgestellt und die charakteristischen Unterschiede ihrer Lösungen für Unterschall- und Überschallströmungen aufgezeigt worden sind, sollen jetzt zunächst die ebenen Unterschallströmungen näher behandelt werden.

3.41 Entwicklung nach Potenzen der Mach-Zahl

Von O. JANZEN [53] und LORD RAYLEIGH [73] ist ein Näherungsverfahren zur Lösung von Gl. (3.79) angegeben worden, das in der Durchführung allerdings sehr mühsam ist. Da es im Gegensatz zu dem bereits erläuterten Verfahren von PRANDTL-GLAUERT, das auf schlanke Körperformen beschränkt ist, für beliebige Körperformen anwendbar ist, möge es in seinen Grundzügen kurz angegeben werden. Bei dem Verfahren von JANZEN und RAYLEIGH wird Gl. (3.79) durch Entwicklung der Funktion $\Phi(x, y)$ nach Potenzen von $1/a^2$, d. h. nach steigenden Potenzen der MACHschen Zahl Ma^2 gelöst, indem man setzt:

$$\Phi(x, y) = \Phi_0(x, y) + \frac{1}{a^2} \Phi_1(x, y) + \frac{1}{a^4} \Phi_2(x, y) + \cdots \quad (3.110)$$

Durch Einsetzen von Gl. (3.110) in Gl. (3.79) und Vergleich der Koeffizienten gleicher Potenzen von $1/a^2$ ergibt sich eine Folge von Differentialgleichungen, aus denen die Funktionen $\Phi_0, \Phi_1, \ldots$ sukzessive berechnet werden können. Die ersten beiden Gleichungen lauten:

$$\Delta \Phi_0 = 0,$$
$$\Delta \Phi_1 = \Phi_{0xx}\, \Phi_{0x}^2 + \Phi_{0yy}\, \Phi_{0y}^2 + 2\Phi_{0x}\, \Phi_{0y}\, \Phi_{0xy},$$

wobei Δ den LAPLACEschen Operator bedeutet.

III. Kompressible reibungslose Strömungen (Gasdynamik)

Es ist also $\Phi_0(x, y)$ das Potential der inkompressiblen Strömung, welches als bekannt angesehen werden kann. Für $\Phi_1(x, y)$ ergibt sich eine Potentialgleichung mit inhomogenem Glied (sog. POISSONsche Gleichung). Nach dieser Methode ist von O. JANZEN [53] und LORD RAYLEIGH [73] zuerst der Kreiszylinder behandelt worden. Später sind von E. LAMLA [59] für den Kreiszylinder noch höhere Näherungen gerechnet worden.

Kreiszylinder. Ohne auf die Einzelheiten der Rechnung einzugehen, mögen noch ein paar Angaben über die Strömung um den Kreiszylinder

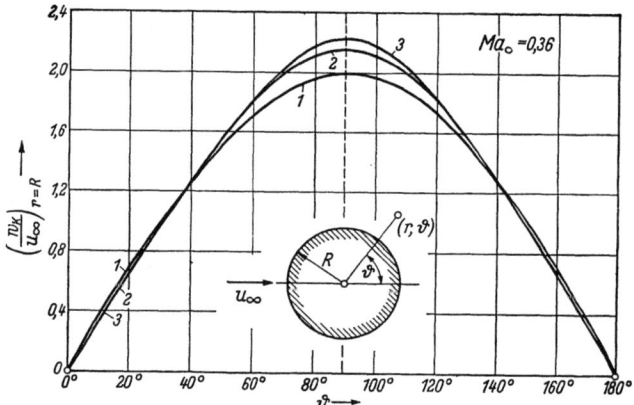

Abb. 3.17. Geschwindigkeitsverteilung am Kreiszylinder im Unterschallbereich nach E. LAMLA [59]
1 Inkompressibel, *2* I. Näherung, *3* II. Näherung

gemacht werden. Unter Verwendung von Polarkoordinaten r, ϑ nach Abb. 3.17 erhält man für das Potential der inkompressiblen Strömung, wie bereits in Gl. (2.117) angegeben:

$$\Phi_0(r, \vartheta) = u_\infty \left(r + \frac{R^2}{r}\right) \cos \vartheta.$$

Unter Übergehung der weiteren Rechnung möge lediglich die Geschwindigkeitsverteilung auf der Kontur des Kreiszylinders angegeben werden. Man erhält, wenn man nur Φ_0 und Φ_1 berücksichtigt:

$$w_K(\vartheta) = u_\infty [2 \sin \vartheta + Ma_0^2(\tfrac{2}{3} \sin \vartheta - \tfrac{1}{2} \sin 3\vartheta)]. \tag{3.111}$$

Es bedeutet hierin $Ma_0 = u_\infty/a_0 = Ma_\infty \Big/ \sqrt{1 + \dfrac{\varkappa - 1}{2} Ma_\infty^2}$ die MACH-Zahl bezogen auf die Schallgeschwindigkeit des ruhenden Gases (Kesselzustand) und $Ma_\infty = u_\infty/a_\infty$.

Die hiernach für $Ma_0 = 0{,}36$ berechnete Geschwindigkeitsverteilung ist in Abb. 3.17 als Kurve (2) dargestellt. Die außerdem angegebene Kurve (3) ergibt sich, wenn man nach E. LAMLA [59] zwei weitere Glieder der Entwicklung Gl. (3.110) berücksichtigt. Der Einfluß der

Kompressibilität auf die Geschwindigkeitsverteilung beschränkt sich hauptsächlich auf die Umgebung des Geschwindigkeitsmaximums.

Kritische Anströmgeschwindigkeit. Von besonderer Bedeutung ist diejenige Anströmungsgeschwindigkeit u_∞, bei welcher am Zylinderumfang örtlich zuerst die Schallgeschwindigkeit erreicht wird, da in vielen Fällen bei dieser Geschwindigkeit die ersten Verdichtungsstöße auftreten. Die Maximalgeschwindigkeit am Kreiszylinder liegt bei $\vartheta = \pi/2$, und sie hat nach Gl. (3.111) den Betrag

$$w_{K\max} = u_\infty (2 + \tfrac{7}{6} Ma_0^2). \tag{3.112}$$

Wegen $w_{K\max} = a$ und $a = a_0 \sqrt{2/(\varkappa + 1)}$, vgl. Tab. 3.1, erhält man mit $\varkappa = 1,405$ für Luft die kritischen MACH-Zahlen

$$Ma_0^* = 0,414; \quad Ma_\infty^* = 0,421.$$

Am Kreiszylinder wird also örtlich zuerst die Schallgeschwindigkeit erreicht bei einer Anströmungsgeschwindigkeit

$$u_{\infty \text{krit}} = 0,421 a_\infty, \tag{3.113}$$

die rund 42% der Schallgeschwindigkeit der ungestörten Strömung beträgt.

Elliptischer Zylinder und Tragflügel. Die vorstehend für den Kreiszylinder durchgeführte Rechnung ist von S. G. HOOKER [51] auf elliptische Zylinder bei Anströmung parallel zur großen Achse übertragen worden. Auch C. KAPLAN [55] hat den elliptischen Zylinder nach einer

Tabelle 3.4. *Kritische Machsche Zahl für elliptische Zylinder vom Achsenverhältnis d/l bei Anströmung parallel zur großen Achse (nach C. KAPLAN [55])*

$\dfrac{d}{l}$	kompressibel $\dfrac{u_{\infty \text{krit}}}{a_\infty}$	inkompressibel $\dfrac{u_{\infty \text{krit}}}{a_\infty}$	$\dfrac{d}{l}$	kompressibel $\dfrac{u_{\infty \text{krit}}}{a_\infty}$	inkompressibel $\dfrac{u_{\infty \text{krit}}}{a_\infty}$
0	1	1	0,25	0,719	0,800
0,05	0,919	0,952	0,333	0,663	0,750
0,10	0,857	0,909	0,50	0,577	0,667
0,125	0,830	0,888	0,75	0,485	0,571
0,20	0,759	0,833	1	0,420	0,5

etwas anderen Methode behandelt und seine Rechnungen auch auf JOUKOWSKY-Profile ausgedehnt [54]. Man vergleiche in diesem Zusammenhang auch E. KRAHN [58]. Als wichtigstes Ergebnis möge hier nur die kritische MACH-Zahl $Ma_\infty^* = u_{\infty \text{krit}}/a_\infty$ in Abhängigkeit von der relativen Dicke d/l angegeben werden, vgl. Tab. 3.4. Die maximale örtliche Geschwindigkeit auf der Kontur ist beim elliptischen Zylinder auf der kleinen Achse vorhanden. Für inkompressible Strömung beträgt sie nach Gl. (2.216):

$$w_{K\max} = u_\infty \left(1 + \frac{d}{l}\right).$$

Für diesen Fall beträgt die kritische MACH-Zahl unter der Annahme, daß $w_{K\max} = a_\infty$ ist, in grober Näherung

$$Ma_\infty^* = \frac{u_{\infty\,\text{krit}}}{a_\infty} = \frac{1}{1 + \dfrac{d}{l}} \quad \text{(inkompressibel).}$$

Dieser Wert ist in der dritten Spalte von Tab. 3.4 zum Vergleich mit angegeben. Es ergibt sich, daß auch für elliptische Zylinder der Kompressibilitätseinfluß auf die kritische MACHsche Zahl beträchtlich ist.

3.42 Angestellte ebene Platte

Die in Kap. 3.34 hergeleitete PRANDTL-GLAUERTsche Regel für Unterschallströmungen möge jetzt auf die angestellte ebene Platte angewendet werden. Für die angestellte ebene Platte bei inkompressibler Strömung wurde die vollständige Lösung in Kap. 2.563 angegeben. Für den Auftriebsbeiwert der Platte mit einem kleinen Anstellwinkel α wurde dort in Gl. (2.207a)

$$(c_A)_{ik} = 2\pi\alpha \quad \text{(inkompressibel)} \tag{3.114}$$

gefunden. Da sich der Auftrieb durch Integration der Druckverteilung über die Plattentiefe ergibt, erhält man für den Auftriebsbeiwert bei kompressibler Strömung nach Gl. (3.97) bei gleichem Anstellwinkel und gleicher Anströmgeschwindigkeit

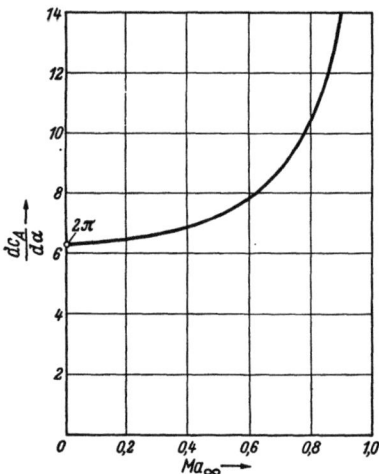

Abb. 3.18. Theoretischer Auftriebsanstieg bei Unterschallströmung nach der PRANDTL-GLAUERTschen Regel

$$c_A = \frac{1}{\sqrt{1 - Ma_\infty^2}} (c_A)_{ik}. \tag{3.115}$$

Ebenso gilt für den Anstieg des Auftriebsbeiwertes mit dem Anstellwinkel (sog. Auftriebsanstieg):

$$\frac{dc_A}{d\alpha} = \frac{1}{\sqrt{1 - Ma_\infty^2}} \left(\frac{dc_A}{d\alpha}\right)_{ik} = \frac{2\pi}{\sqrt{1 - Ma_\infty^2}}. \tag{3.116}$$

In Abb. 3.18 ist der hierdurch berechnete Auftriebsanstieg in Abhängigkeit von der MACH-Zahl Ma_∞ dargestellt, wobei für $(dc_A/d\alpha)_{ik}$

3.4 Unterschallströmungen

der inkompressible Wert mit 2π eingesetzt wurde, wie er der angestellten ebenen Platte entspricht.

Da nach Gl. (3.97) die Druckverteilungen um den Körper bei verschiedenen MACH-Zahlen affin zur inkompressiblen Druckverteilung sind, folgt unmittelbar, daß die Lage der resultierenden Luftkraft im ganzen Unterschallbereich (solange keine Verdichtungsstöße auftreten) die gleiche ist wie bei inkompressibler Strömung. Auch verhält sich der Widerstand im ganzen Unterschallbereich ebenso wie bei inkompressibler, reibungsloser Strömung, d. h., er ist gleich Null (vgl. Abb. 3.24).

3.43 Vergleich mit Versuchsergebnissen

In Abb. 3.19 ist das wichtigste Ergebnis der PRANDTL-GLAUERTschen Regel nach Gl. (3.116) mit Messungen von B. GÖTHERT [48] verglichen. Für fünf symmetrische Tragflügelprofile mit den Dickenver-

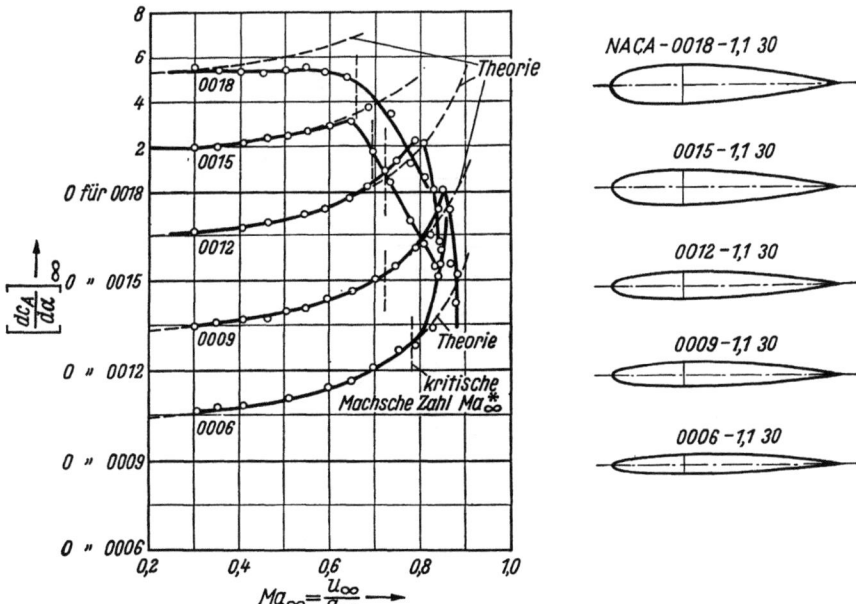

Abb. 3.19. Auftriebsanstieg von Tragflügelprofilen verschiedener Dicke in Abhängigkeit von der MACHschen Zahl für Unterschallgeschwindigkeit; Vergleich der PRANDTL-GLAUERTschen Regel nach Gl. (3.116) mit Versuchsergebnissen von B. GÖTHERT [48]

hältnissen $d/l = 0,06; 0,09; 0,12; 0,15$ und $0,18$ ist der Auftriebsanstieg für unendliches Seitenverhältnis $(dc_A/d\alpha)_\infty$ über der MACH-Zahl aufgetragen. Zum Vergleich mit den Messungen ist die Theorie der angestellten ebenen Platte nach Gl. (3.116) für jedes der fünf Profile ein-

184   III. Kompressible reibungslose Strömungen (Gasdynamik)

getragen. Im Bereich der unteren MACH-Zahlen ist mit Ausnahme des Profils von 18% Dicke die Übereinstimmung zwischen Theorie und Messung sehr gut. Die theoretische Kurve folgt den Messungen bis zu einer MACH-Zahl, die um so näher bei $Ma_\infty = 1$ liegt, je dünner das Profil ist. Die Abweichung von Theorie und Experiment jenseits dieser MACH-Zahl ist auf eine starke Ablösung der Strömung zurückzuführen.

Dies erkennt man aus der Darstellung der Widerstandsbeiwerte der gleichen Profile in Abb. 3.20. Die Kurven der Widerstandsbeiwerte c_{Wp} (= Profilwiderstand) in Abhängigkeit von der MACH-Zahl sind dadurch

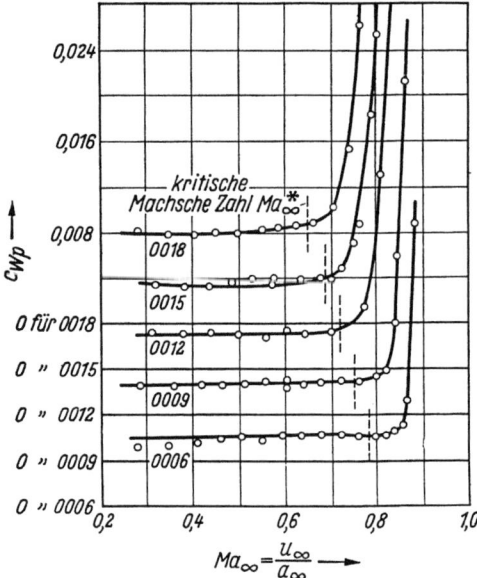

Abb. 3.20. Profilwiderstand von Tragflügelprofilen verschiedener Dicke in Abhängigkeit von der MACHschen Zahl für Unterschallgeschwindigkeit, nach Messungen von B. GÖTHERT [*48*]

gekennzeichnet, daß im unteren MACH-Zahl-Bereich c_{Wp} von der MACH-Zahl nahezu unabhängig ist, während bei Annäherung an $Ma_\infty = 1$ ein sehr steiler Widerstandsanstieg erfolgt. Dieser Widerstandsanstieg, der bei dünnen Profilen näher an $Ma_\infty = 1$ liegt als bei den dickeren Profilen, ist eine Folge der Strömungsablösung. Diese Ablösung wird verursacht durch einen Verdichtungsstoß, der dort einsetzt, wo am Profil örtlich die Schallgeschwindigkeit überschritten wird (kritische MACH-Zahl Ma_∞^*). Dieses erste örtliche Überschreiten der Schallgeschwindigkeit tritt natürlich bei dicken Profilen bei kleinerer MACH-Zahl ein als bei dünnen Profilen. Aus diesem Grunde nimmt die kritische MACH-Zahl mit wachsender Profildicke stark ab. Näheres hierüber s. Kap. 8.12.

Aus dem Vergleich des Widerstandsdiagramms, Abb. 3.20, mit dem Auftriebsdiagramm, Abb. 3.19, erkennt man, daß die kritischen MACH-Zahlen der Widerstandskurven nahezu zusammenfallen mit denjenigen MACH-Zahlen, bei denen in den Auftriebskurven der Unterschied zwischen Theorie und Messungen beginnt. Hieraus kann man schließen, daß die PRANDTL-GLAUERTsche Regel immer dann gute Übereinstimmung mit Messungen ergibt, wenn kein Verdichtungsstoß und damit keine Ablösung der Strömung auftritt.

3.5 Überschallströmungen

Die in Kap. 3.4 angegebenen Berechnungsverfahren für die Unterschallströmung sind durchweg nicht anwendbar, falls irgendwo im Strömungsbereich die Schallgeschwindigkeit überschritten wird. Lediglich das in Kap. 3.33 erläuterte Verfahren der linearisierten Potentialgleichung ist für Überschallströmungen anwendbar, aber nur falls im ganzen Strömungsbereich Überschallgeschwindigkeit herrscht. Diese sog. ,,reinen Überschallströmungen" sind im allgemeinen erheblich einfacher als die entsprechenden Unterschallströmungen, weil z. B. bei der Umströmung eines Körpers mit Überschallströmung große Teile des Strömungsfeldes ungestört bleiben.

Wir wollen in diesem Abschnitt solche reinen Überschallströmungen behandeln. Strömungen vom sog. gemischten Typus, d. h. mit Durchgang durch die Schallgeschwindigkeit, führen im allgemeinen zu Verdichtungsstößen. Solche Strömungen werden in Kap. 3.6 besprochen.

3.51 Strömung um eine flache Ecke (Ackeret)

Wir wollen jetzt die Überschallströmung für eine *flache Ecke* nach einem Näherungsverfahren berechnen, wobei sowohl die konvexe als auch die konkave Ecke behandelt werden soll. Der Eckenwinkel $\Delta \vartheta$ nach Abb. 3.21 sei klein, und es bedeute $\Delta \vartheta > 0$ die konvexe und $\Delta \vartheta < 0$ die konkave Ecke. Für den Fall der konvexen Ecke darf man annehmen, daß bei sehr kleinem Eckenwinkel $\Delta \vartheta$ das Keilgebiet von Abb. 3.5a, in welchem die Druckabsenkung stattfindet, sehr schmal wird, so daß man es für eine Näherungsrechnung durch eine einzige MACHsche Linie ersetzen kann, auf welcher dann eine unstetige Druckabsenkung stattfindet (Verdünnungslinie), Abb. 3.21a. Entsprechend Abb. 3.5b ist für den Fall der konkaven Ecke eine Verdichtungslinie mit unstetiger Druckzunahme zu erwarten, Abb. 3.21b. Für den Fall der flachen Ecke (konvex und konkav) dürfen wir demnach in vereinfachter Betrachtungsweise annehmen, daß das Strömungsfeld aus zwei Teilbereichen mit Parallelströmung besteht, die durch geradlinige Unstetigkeitslinien ge-

186   III. Kompressible reibungslose Strömungen (Gasdynamik)

trennt werden. Auf diesen Unstetigkeitslinien erleidet die Geschwindigkeit eine unstetige Änderung der Richtung und des Betrages. Der Druck und die Dichte haben einen Sprung Δp bzw. $\Delta \varrho$, der im Vergleich zu den Werten in der ankommenden Strömung sehr klein ist:

$$\Delta p \ll p_\infty, \quad \Delta \varrho \ll \varrho_\infty.$$

Für die rechnerische Ermittlung dieser Strömung greifen wir auf die in Kap. 3.33 erläuterte linearisierte Potentialgleichung zurück. Mit den

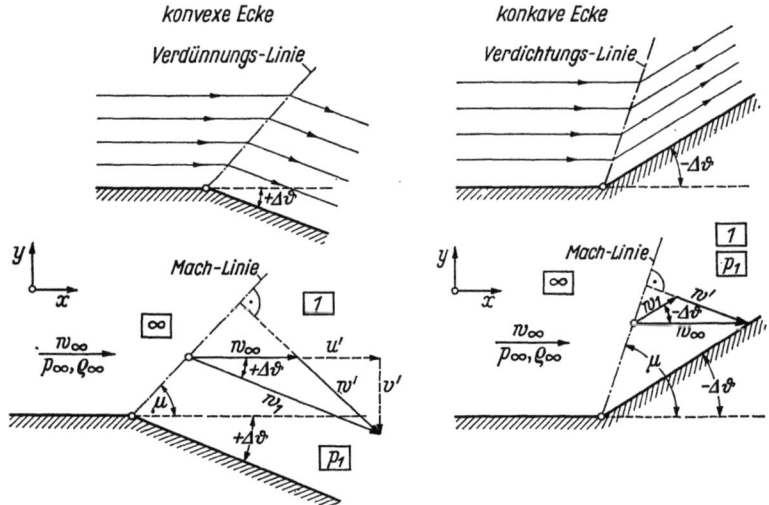

Abb. 3.21. Überschallströmung an einer flachen Ecke
Konvexe Ecke: $\Delta \vartheta > 0$; konkave Ecke: $\Delta \vartheta < 0$

Bezeichnungen nach Abb. 3.21 hat man nach Gl. (3.82) für das Potential $\Phi(x, y)$ die Gleichung

$$(Ma_\infty^2 - 1)\Phi_{xx} - \Phi_{yy} = 0$$

mit $Ma_\infty = w_\infty/a_\infty$ als MACH-Zahl der Zuströmung. Wir zerlegen das Potential $\Phi(x, y)$ in den Anteil der Grundströmung (Index ∞) und das Zusatzpotential (Kennzeichnung ′):

$$\Phi = \Phi_\infty + \Phi' = w_\infty x + \Phi'(x, y).$$

Man hat dann für das Zusatzpotential die Differentialgleichung

$$(Ma_\infty^2 - 1)\Phi'_{xx} - \Phi'_{yy} = 0. \tag{3.117}$$

Die Geschwindigkeitskomponenten der Zusatzströmung sind dann

$$u' = \frac{\partial \Phi'}{\partial x}, \quad v' = \frac{\partial \Phi'}{\partial y}. \tag{3.118}$$

3.5 Überschallströmungen

Die hyperbolische Differentialgleichung (3.117) hat, wie in Gl. (3.98) ausgeführt wurde, das allgemeine Integral

$$\Phi'(x, y) = f_1(y - x \tan\mu) + f_2(y + x \tan\mu), \qquad (3.119)$$

wobei nach Gl. (3.99)

$$\tan\mu = \frac{1}{\sqrt{Ma_\infty^2 - 1}} \qquad (3.120)$$

ist. Die beiden Geradenscharen $y \mp x \tan\mu = \text{const}$ sind die MACHschen Linien nach Abb. 3.15. Es sind f_1 und f_2 willkürliche Funktionen, die aus den Randbedingungen des Problems derart zu bestimmen sind, daß im Gebiet vor der Unstetigkeitslinie (Index ∞) die Parallelströmung mit der Geschwindigkeit w_∞ herrscht, und hinter der Unstetigkeitslinie (Index 1) eine Parallelströmung, die gegenüber w_∞ den Winkel $\Delta\vartheta$ bildet. Dabei war schon früher festgesetzt worden:

$\Delta\vartheta > 0$: konvexe Ecke,

$\Delta\vartheta < 0$: konkave Ecke.

Dies ergibt für f_1 und f_2, wie weiter unten näher ausgeführt wird:

Gebiet (∞): $y > x \tan\mu$: $f_1 \equiv 0$, $f_2 \equiv 0$;

Gebiet (1): $y < x \tan\mu$: $f_1 = -(y - x \tan\mu) w_\infty \Delta\vartheta$, $f_2 \equiv 0$.

Die Geschwindigkeitskomponenten sind nach Gl. (3.118):

$$u' = (f_2' - f_1') \tan\mu, \qquad v' = f_1' + f_2', \qquad (3.121)$$

wobei der Strich bei f die Differentiation nach dem Argument $y \mp x \tan\mu$ bedeutet. Damit ergibt sich aus Gl. (3.121) für die Zusatzströmung nach Abb. 3.21 folgende Geschwindigkeitsverteilung:

$$\left.\begin{array}{ll} \text{Gebiet } (\infty): & u' = v' = 0, \\ \text{Gebiet } (1): & u' = w_\infty \Delta\vartheta \tan\mu, \quad v' = -w_\infty \Delta\vartheta. \end{array}\right\} \qquad (3.122)$$

Hieraus folgt für die Richtung der Stromlinien im Gebiet (1) hinter der Unstetigkeitslinie (MACHsche Linie):

$$\left(\frac{dy}{dx}\right)_{\text{Str}} = \frac{v'}{w_\infty + u'} \approx \frac{v'}{w_\infty} = -\Delta\vartheta.$$

Es ist also stromabwärts von der MACHschen Linie die Strömung um den Winkel $\Delta\vartheta$ abgelenkt, wie es verlangt wurde.

Drucksprung. Den Drucksprung auf der MACHschen Linie

$$\Delta p = p_1 - p_\infty \qquad (3.123)$$

kann man, da es sich um einen kleinen Drucksprung handelt, aus der linearisierten kompressiblen BERNOULLI-Gleichung, die formal mit der inkompressiblen BERNOULLI-Gleichung übereinstimmt, vgl. Gl. (3.32a) und Gl. (3.30), berechnen. Somit hat man:

$$\Delta p = p_1 - p_\infty = \frac{\varrho_\infty}{2}(w_\infty^2 - w_1^2).$$

Dabei ist $w_1^2 = (w_\infty + u')^2 + v'^2 \approx w_\infty^2 + 2 w_\infty u'$. Somit hat man:

$$\Delta p = - \varrho_\infty w_\infty u' \qquad (3.124)$$

oder mit u' nach Gl. (3.122):

$$\Delta p = - \varrho_\infty w_\infty^2 \tan\mu \, \Delta\vartheta. \qquad (3.125)$$

Der Drucksprung ist hiernach also proportional dem Ablenkungswinkel $\Delta\vartheta$. Für die konvexe Ecke ($\Delta\vartheta > 0$) ist er negativ (Verdünnungslinie), für die konkave Ecke ($\Delta\vartheta < 0$) ist er positiv (Verdichtungslinie).

Führt man noch, wie schon früher in Gl. (3.30), den rechnerischen Staudruck der Anströmung

$$q_\infty = \tfrac{1}{2}\varrho_\infty w_\infty^2$$

ein, so läßt sich der Drucksprung schreiben in der Form:

$$\Delta p = -2 q_\infty \tan\mu \, \Delta\vartheta. \qquad (3.126)$$

Für spätere Anwendungen möge diese Gleichung auch noch in differentieller Form geschrieben werden, wobei $\tan\mu$ nach Gl. (3.120) eingesetzt wird:

$$dp = - \frac{\varrho_\infty w_\infty^2}{\sqrt{Ma_\infty^2 - 1}} d\vartheta. \qquad (3.127)$$

Diese Ergebnisse über die Strömung um flache Ecken werden es uns gestatten, im nächsten Abschnitt in einfacher Weise die Kräfte auf schlanke Körper (insbesondere Tragflügelprofile) in ebener Strömung bei Überschallgeschwindigkeit zu ermitteln.

3.52 Auftrieb und Widerstand der angestellten ebenen Platte

Die Ergebnisse des vorigen Abschnittes hat erstmalig J. ACKERET [37] benutzt, um in recht einfacher Weise die Strömung um eine ebene Platte zu berechnen, die unter einem kleinen Winkel α angestellt ist. Nach Abb. 3.22 bildet die auf die Plattenvorderkante auftreffende Stromlinie zusammen mit der Platte auf der Oberseite eine konvexe Ecke und auf der Unterseite eine konkave Ecke mit dem Winkel α. Von der Vorderkante geht infolgedessen auf der Oberseite eine Verdünnungs-MACH-Linie und auf der Unterseite eine Verdichtungs-MACH-Linie aus. An der Hinterkante liegt die Verdichtungslinie oben und die Verdünnungslinie unten. Hinter der Platte ist die Geschwindigkeit wieder gleich w_∞ und der Druck gleich p_∞ wie vor der Platte.

Infolgedessen herrscht auf der ganzen Plattenoberseite ein konstanter Unterdruck p_o und auf der ganzen Plattenunterseite ein konstanter

3.5 Überschallströmungen

Überdruck p_u. Für die Drücke ergibt sich nach Gl. (3.126) unter Beachtung, daß jetzt $\Delta\vartheta = \pm\alpha$ ist:

Oberseite $(\Delta\vartheta = +\alpha)$: $p_o - p_\infty = -2q_\infty\,\alpha\tan\mu$,

Unterseite $(\Delta\vartheta = -\alpha)$: $p_u - p_\infty = 2q_\infty\,\alpha\tan\mu$.

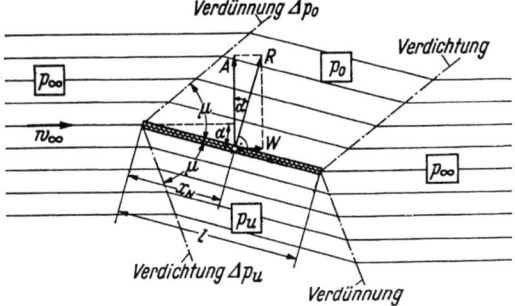

Abb. 3.22. Strömung um eine angestellte ebene Platte bei Überschallgeschwindigkeit

Hieraus ergibt sich der Druckunterschied zwischen Plattenunterseite und Plattenoberseite zu

$$p_u - p_o = 4q_\infty\,\alpha\tan\mu = 4q_\infty\frac{1}{\sqrt{Ma_\infty^2 - 1}}\alpha. \qquad (3.128)$$

Diese Druckverteilung ist in Abb. 3.23a dargestellt. Die hieraus für die Platte der Breite b und der Tiefe l resultierende Kraft R (Abb. 3.22) ist senkrecht zur Platte und hat den Betrag

$$R = b\,l(p_u - p_o) = 4\,b\,l\,q_\infty\,\alpha\tan\mu. \qquad (3.129)$$

Zerlegt man diese Kraft in den Auftrieb A (senkrecht zur Anströmrichtung) und den Widerstand W (parallel zur Anströmrichtung), so hat man für kleine Anstellwinkel α:

$$A = R\cos\alpha \approx R, \qquad (3.130)$$
$$W = R\sin\alpha \approx R\,\alpha \approx A\,\alpha. \qquad (3.131)$$

Definiert man die dimensionslosen Beiwerte für Auftrieb und Widerstand in gleicher Weise wie bei inkompressibler Strömung, also

$$c_A = \frac{A}{l\,b\,q_\infty}, \qquad c_W = \frac{W}{l\,b\,q_\infty},$$

so erhält man aus Gl. (3.130) und (3.131)

$$\left.\begin{array}{l} c_A = 4\tan\mu\cdot\alpha, \\ c_W = 4\tan\mu\cdot\alpha^2 = c_A\,\alpha. \end{array}\right\} \qquad (3.132)$$

Der Auftriebsanstieg ist somit für Überschallströmung:

$$\frac{dc_A}{d\alpha} = 4\tan\mu = \frac{4}{\sqrt{Ma_\infty^2 - 1}} \quad \text{(Überschall)}. \qquad (3.133)$$

Für die Unterschallströmung (PRANDTL-GLAUERTsche Regel) gilt nach Gl. (3.116):
$$\frac{dc_A}{d\alpha} = \frac{2\pi}{\sqrt{1-Ma_\infty^2}} \quad \text{(Unterschall)}.$$

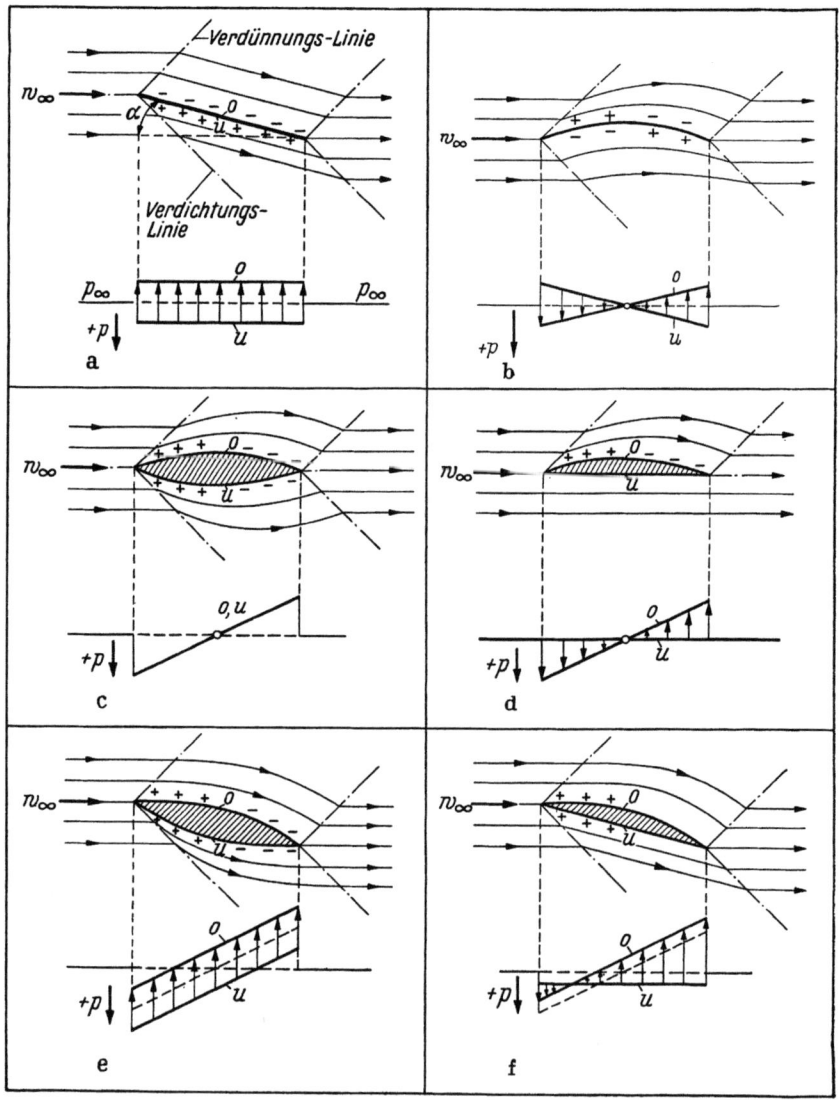

Abb. 3.23. Druckverteilung an Profilen bei Überschallgeschwindigkeit; u Unterseite, o Oberseite

a) Angestellte ebene Platte; b) Parabelskelett beim Anstellwinkel $\alpha = 0°$; c) bikonvexes Profil beim Anstellwinkel $\alpha = 0°$; d) Kreisabschnittprofil, $\alpha = 0°$; e) bikonvexes Profil, $\alpha \neq 0$; f) Kreisabschnittprofil, $\alpha \neq 0$

In Abb. 3.24a sind die Kurven für den Auftriebsanstieg im Unterschall- und Überschallbereich dargestellt. Für $Ma_\infty \to 1$ versagen die beiden hier vorliegenden linearen Theorien, weil die gemachten Voraussetzungen dort nicht zutreffen.

Im Fall der Überschallströmung ist die Druckverteilung über die Plattentiefe ganz besonders einfach. Der Druckunterschied zwischen

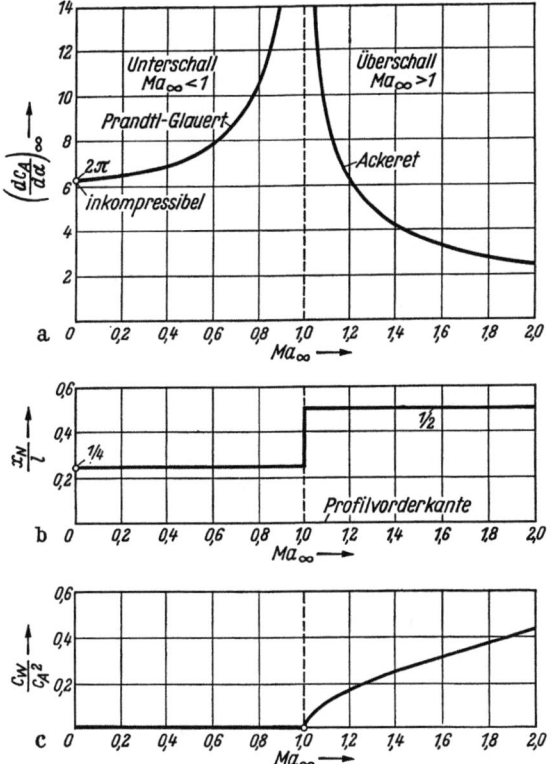

Abb. 3.24
Luftkräfte an der angestellten ebenen Platte bei Unter- und Überschallgeschwindigkeit
a) Auftriebsanstieg $dc_A/d\alpha$; b) Lage der resultierenden Luftkraft x_N, vgl. Abb. 3.22;
c) Widerstandsbeiwert c_W

Plattenunter- und -oberseite ist konstant, wie in Abb. 3.23a angegeben. Hieraus ergibt sich, daß die resultierende Luftkraft in der Plattenmitte angreift. Der Abstand des Angriffspunktes der Luftkraft von der Vorderkante $x_N/l = 1/2$ für die Überschallströmung ist in Abb. 3.24b dargestellt, wobei auch die früher für die inkompressible und die Unterschallströmung erhaltenen Werte $x_N/l = 1/4$ mit angegeben sind. Es ist hervorzuheben, daß beim Übergang von der Unterschall- zur Überschallströmung die Lage des Angriffspunktes der Luftkraft sich erheblich nach hinten verschiebt.

Besonders bemerkenswert ist ferner, daß bei Überschallgeschwindigkeit schon in reibungsloser Strömung ein Widerstand auftritt, den man als *Wellenwiderstand* bezeichnet. Seine Größe ergibt sich nach Gl. (3.132) zu:

$$c_W = \frac{1}{4\tan\mu} c_A^2 = \frac{1}{4}\sqrt{Ma_\infty^2 - 1}\, c_A^2. \tag{3.134}$$

Der Beiwert des Wellenwiderstandes ist also dem Quadrat des Auftriebsbeiwertes proportional. In Abb. 3.24c ist für den Überschallbereich der Quotient c_W/c_A^2 in Abhängigkeit von der MACH-Zahl dargestellt. Im Unterschallbereich ist in reibungsloser Strömung $c_W = 0$.[1] Der Wellenwiderstand läßt sich anschaulich dadurch erklären, daß die bei inkompressibler Strömung nach Abb. 2.61a an der Plattenvorderkante angreifende Saugkraft, die von der Umströmung der Plattennase herrührt, hier in Fortfall kommt. Während bei inkompressibler reibungsloser Strömung diese Saugkraft zusammen mit der Resultierenden aus den Druckunterschieden auf Plattenober- und -unterseite eine Gesamtkraft gibt, die gerade senkrecht zur Anströmungsrichtung steht (Auftrieb), hat hier die fehlende Saugkraft zur Folge, daß die Gesamtkraft senkrecht zur Platte steht. Eine andere physikalische Erklärung für das Vorhandensein eines Widerstandes bei Überschallgeschwindigkeit besteht darin, daß für die Erzeugung der Druckwellen (MACHsche Linien), die vom umströmten Körper ausgehen, laufend Energie verbraucht wird.

3.53 Auftrieb und Widerstand schlanker Profile

Polygonprofile. In ähnlicher Weise, wie vorstehend für die angestellte ebene Platte erläutert, können auch für schlanke Profile *endlicher* Dicke mit scharfer Nase Auftrieb und Widerstand ermittelt werden. Ersetzt man das Profil näherungsweise durch ein Polygon nach Abb. 3.25, so wird damit die Aufgabe auf die Strömung um die flache Ecke zurückgeführt, die in Kap. 3.51 behandelt wurde. Im allgemeinen sind die vorderste und hinterste Ecke konkave Ecken, während alle übrigen Ecken konvex sind. Demnach hat man an der Vorder- und Hinterkante je zwei Verdichtungslinien, an allen übrigen Ecken Verdünnungslinien.

Man erhält den Druck an einer beliebigen Stelle des Profils durch Summierung der Drucksprünge nach Gl. (3.123) und (3.126) von der

---

[1] Es sei schon hier darauf hingewiesen, daß ein Tragflügel endlicher Spannweite auch im Unterschallbereich einen dem Quadrat des Auftriebes proportionalen Widerstand besitzt (induzierter Widerstand, s. Kap. 7.4).

3.5 Überschallströmungen

Vorderkante bis zu dieser Stelle in folgender Weise:

$$p_1 - p_\infty = \Delta p_1 = -2q_\infty \tan\mu \, \Delta\vartheta_1$$
$$p_2 - p_1 = \Delta p_2 = -2q_\infty \tan\mu \, \Delta\vartheta_2$$
$$\cdots\cdots\cdots\cdots\cdots\cdots\cdots$$
$$p_i - p_{i-1} = \Delta p_i = -2q_\infty \tan\mu \, \Delta\vartheta_i$$

$$p_i - p_\infty = \sum_{\nu=1}^{i} \Delta p_i = -2q_\infty \tan\mu \sum_{\nu=1}^{i} \Delta\vartheta_\nu$$

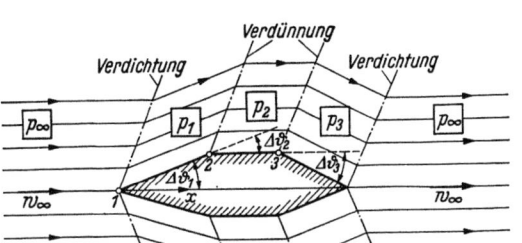

Abb. 3.25. Überschallströmung um ein Polygonprofil

Setzt man
$$\sum_{\nu=1}^{i} \Delta\vartheta_\nu = \vartheta_o \quad \text{und} \quad \sum_{\nu=1}^{i} \Delta\vartheta_\nu = \vartheta_u,$$
$$\text{oben} \qquad\qquad\qquad \text{unten}$$

so hat man für den Druck auf Ober- bzw. Unterseite des Profils an einer beliebigen Stelle x der Kontur:

$$\left.\begin{array}{l} \Delta p_o(x) = p_o(x) - p_\infty = -2q_\infty \tan\mu \, \vartheta_o(x), \\ \Delta p_u(x) = p_u(x) - p_\infty = -2q_\infty \tan\mu \, \vartheta_u(x). \end{array}\right\} \quad (3.135)$$

Dabei bedeutet $\vartheta_o(x)$ bzw. $\vartheta_u(x)$ die Neigung der Kontur an der betreffenden Stelle gegen die Anströmungsrichtung w_∞ nach Abb. 3.26.

Stetig gekrümmte Profile. Bei stetiger Krümmung des Profils nach Abb. 3.26 kann für die Druckverteilung die Gl. (3.135) unmittelbar übernommen werden. Für die Ermittlung von Auftrieb und Widerstand ist dann eine Integration über die Profiltiefe erforderlich. Es ist zweckmäßig, die örtliche Neigung der Kontur ϑ_o und ϑ_u aufzuteilen in den Anstellwinkel der Sehne α und die örtliche Neigung der Kontur gegen die Sehne ϑ'_o und ϑ'_u. Man hat somit:

$$\left.\begin{array}{l} \vartheta_o(x) = \alpha + \vartheta'_o(x), \\ \vartheta_u(x) = -\alpha + \vartheta'_u(x). \end{array}\right\} \quad (3.136)$$

Die Größen ϑ'_o und ϑ'_u sind dann rein geometrische Profilgrößen.

III. Kompressible reibungslose Strömungen (Gasdynamik)

Mit den Beziehungen von Abb. 3.26 ergibt sich für Auftrieb und Widerstand (= Wellenwiderstand) mit $\cos\vartheta_u \approx \cos\vartheta_o \approx 1$, $\sin\vartheta_u \approx \vartheta_u$ und $ds_u \approx ds_o \approx dx$:

$$A = b \int_0^l (\Delta p_u - \Delta p_o)\, dx,$$

$$W = -b \int_0^l (\Delta p_u\, \vartheta_u + \Delta p_o\, \vartheta_o)\, dx.$$

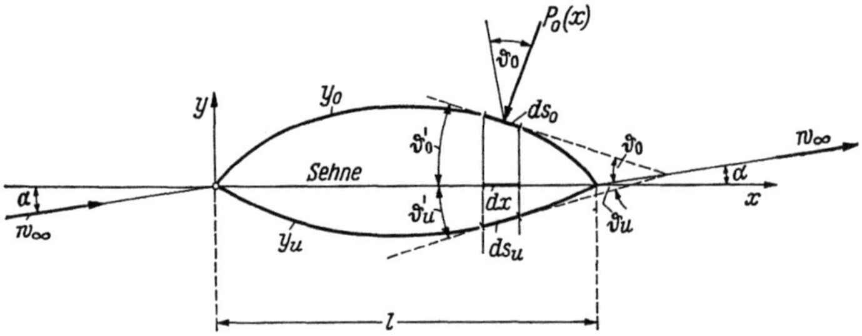

Abb. 3.26. Zur Berechnung der Überschallströmung um ein stetig gekrümmtes Profil

Nach Einsetzen von Gl. (3.135) und Gl. (3.136) kommt:

$$\left.\begin{aligned}
A &= 2b\, q_\infty \tan\mu \int_0^l [2\alpha - \vartheta_u' + \vartheta_o']\, dx,\\
W &= 2b\, q_\infty \tan\mu \int_0^l [2\alpha^2 - 2\alpha(\vartheta_u' - \vartheta_o') + (\vartheta_u'^2 - \vartheta_o'^2)]\, dx.
\end{aligned}\right\} \quad (3.137)$$

Die Gleichung des Profils in rechtwinkligen Koordinaten sei $y_u(x)$ und $y_o(x)$, wobei die x-Achse mit der Sehne zusammenfällt, Abb. 3.26. Dann gilt

$$\vartheta_u' = \frac{dy_u}{dx}, \qquad \vartheta_o' = -\frac{dy_o}{dx}$$

und somit für geschlossene Profile:

$$\int_0^l \vartheta_u'\, dx = \int_0^l dy_u = 0; \qquad \int_0^l \vartheta_o'\, dx = -\int_0^l dy_o = 0.$$

Damit erhält man aus Gl. (3.137) die dimensionslosen Beiwerte von Auftrieb und Widerstand zu:

$$\left.\begin{aligned}
c_A &= \frac{A}{b\,l\,q_\infty} = 4\tan\mu \cdot \alpha,\\
c_W &= \frac{W}{b\,l\,q_\infty} = 4\tan\mu \left[\alpha^2 + \frac{1}{2}(B_u + B_o)\right].
\end{aligned}\right\} \quad (3.138)$$

Dabei ist

$$B_u = \frac{1}{l}\int\limits_0^l \left(\frac{dy_u}{dx}\right)^2 dx; \quad B_o = \frac{1}{l}\int\limits_0^l \left(\frac{dy_o}{dx}\right)^2 dx. \quad (3.139)$$

Die Integrale B_u und B_o sind nur von der Geometrie des Profils abhängig. Die Formel für den Widerstandsbeiwert läßt sich auch in folgender Form schreiben:

$$c_W = \frac{1}{4}\sqrt{Ma_\infty^2 - 1}\,c_A^2 + \frac{2}{\sqrt{Ma_\infty^2 - 1}}(B_u + B_o). \quad (3.140)$$

Aus dem Vorstehenden ergeben sich folgende allgemeine Feststellungen über die Druckverteilung, den Auftrieb und den Widerstand von schlanken Profilen bei Überschallgeschwindigkeit.

Druckverteilung. Da nach Gl. (3.135) der Druck an einem Oberflächenelement proportional zur Neigung des Flächenelementes gegenüber der Anströmungsrichtung ist, läßt sich die Druckverteilung aus der Geometrie sehr einfach ermitteln. In Abb. 3.23 sind außer der schon oben besprochenen ebenen Platte die Druckverteilungen für ein

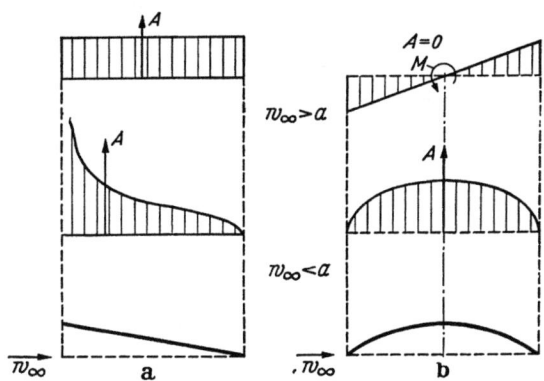

Abb. 3.27. Druckverteilung über die Plattentiefe für Unterschallgeschwindigkeit ($w_\infty < a$) und Überschallgeschwindigkeit ($w_\infty > a$)
a) Angestellte ebene Platte; b) Gewölbte Platte beim Anstellwinkel $\alpha = 0$

Parabelskelett (Abb. 3.23b), ein symmetrisches, bikonvexes Profil und ein Kreisabschnittprofil beim Anstellwinkel $\alpha = 0$ (Abb. 3.23c und d) und bei $\alpha \neq 0$ (Abb. 3.23e und f) dargestellt. Der charakteristische Unterschied in der Druckverteilung für Anströmung bei Überschallgeschwindigkeit und bei Unterschallgeschwindigkeit ist in Abb. 3.27 für die angestellte ebene Platte und für die gewölbte Platte beim Anstellwinkel Null dargestellt.

Auftrieb. Bei fester MACHscher Zahl und festem Anstellwinkel haben alle Profile den gleichen Auftriebsbeiwert. Der Auftriebsbeiwert ist proportional dem Anstellwinkel, der von der Sehne des Profils aus gemessen wird, welche Vorder- und Hinterkante miteinander verbindet. Danach haben z. B. ein symmetrisches, bikonvexes Profil und ein Kreisabschnittprofil nach Abb. 3.23c und 3.23d beide Auftrieb Null bei sehnenparalleler Anströmung und gleichen Auftriebsbeiwert bei gleichem Anstellwinkel.

Widerstand. Der Wellenwiderstand besteht nach Gl. (3.140) aus zwei Anteilen:

a) dem Widerstand beim Auftrieb Null, der nur von der Gestalt des Profils abhängt. Dieser Anteil ist proportional zum Quadrat des Dickenverhältnisses, also zu $(d/l)^2$.

b) dem zusätzlichen Widerstand infolge Auftriebs; dieser ist proportional zu c_A^2 und für alle Profile ebenso groß wie bei der ebenen Platte, Abb. 3.24c.

Bei gegebenem Auftrieb hat von allen Profilen die ebene Platte den kleinsten Widerstand; sie stellt somit das „beste Überschallprofil" dar.

Theorie der zweiten Näherung. Die vorstehende Theorie erster Ordnung, bei welcher die Druckdifferenz $p - p_\infty$ proportional zur Profilneigung ϑ ist, ist später von A. BUSEMANN [40] zu einer Theorie höherer Ordnung erweitert worden, indem Glieder mit ϑ^2, ϑ^3, ... hinzugenommen wurden. Erweitert man Gl. (3.135) bis zum zweiten Glied, also

$$p_{u,o} - p_\infty = q_\infty [-C_1 \vartheta_{u,o} + C_2 \vartheta_{u,o}^2], \tag{3.141}$$

so ergibt sich für die Koeffizienten:

$$C_1 = \frac{2}{\sqrt{Ma_\infty^2 - 1}}, \tag{3.142}$$

$$C_2 = \frac{(Ma_\infty^2 - 2)^2 + \varkappa Ma_\infty^4}{2(Ma_\infty^2 - 1)^2}. \tag{3.143}$$

Über die Berechnung der Auftriebs- und Widerstandsbeiwerte nach diesen Gleichungen wird in Kap. 8.13 berichtet werden.

Vergleich mit Messungen. Die ersten experimentellen Ergebnisse über Profilmessungen bei Überschallgeschwindigkeit wurden von A. BUSEMANN und O. WALCHNER [41] mitgeteilt. In Abb. 3.28 sind die Widerstandspolaren für mehrere Kreisabschnittsprofile von verschiedener Dicke bei der MACH-Zahl $Ma_\infty = 1,47$ dargestellt. Zum Vergleich sind auch die theoretischen Kurven nach der vorstehenden zweiten Näherung eingetragen; es ergibt sich befriedigende Übereinstimmung von Theorie und Experiment.

Schließlich sind in Abb. 3.29 für zwei Profile gemessene Druckverteilungen bei verschiedenen Anstellwinkeln für die MACH-Zahl

$Ma_\infty = 2{,}13$ dargestellt [44]. Die nach der Theorie zweiter Ordnung berechneten Druckverteilungen sind zum Vergleich eingetragen. Mit Ausnahme eines kleinen Bereiches in der Nähe der Hinterkante ist die Übereinstimmung von Messung und Theorie recht gut. Die auffällige

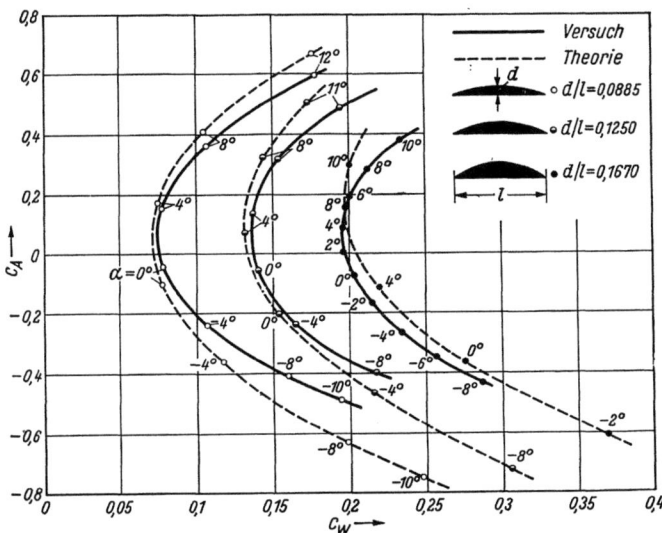

Abb. 3.28. Widerstandspolaren $c_A(c_W)$ von Kreisabschnittprofilen mit verschiedenem Dickenverhältnis d/l bei der MACH-Zahl $Ma_\infty = 1{,}47$, nach Messungen von BUSEMANN und WALCHNER [41]; Vergleich mit der Theorie zweiter Näherung von BUSEMANN [40]

Abweichung der gemessenen Druckverteilung von der Theorie in der Nähe der Hinterkante dürfte auf eine starke lokale Verdickung der Grenzschicht zurückzuführen sein, welche durch den Verdichtungsstoß verursacht wird, der von der Hinterkante des Profils ausgeht.

3.54 Stetige isentrope Strömungsumlenkung (Prandtl-Meyer)

Nachdem in Kap. 3.51 die Strömung um eine flache Ecke mit einem Näherungsverfahren behandelt worden ist, soll nunmehr die Überschallströmung mit großer Umlenkung besprochen werden. Wir beschränken uns dabei zunächst auf die konvexe Ecke mit großem Umlenkwinkel nach Abb. 3.30, die eine vielfältige Anwendung findet.

Wir betrachten die Parallelströmung längs einer ebenen Wand mit der Geschwindigkeit w_1, die größer sei als die Schallgeschwindigkeit a_1, die zu dem Gaszustand vor der Ecke gehört, $w_1 > a_1$. Die ankommende Parallelströmung mit der Geschwindigkeit w_1 ändert sich nicht bis zum Fahrstrahl I, der als MACHsche Linie von der Ecke A aus-

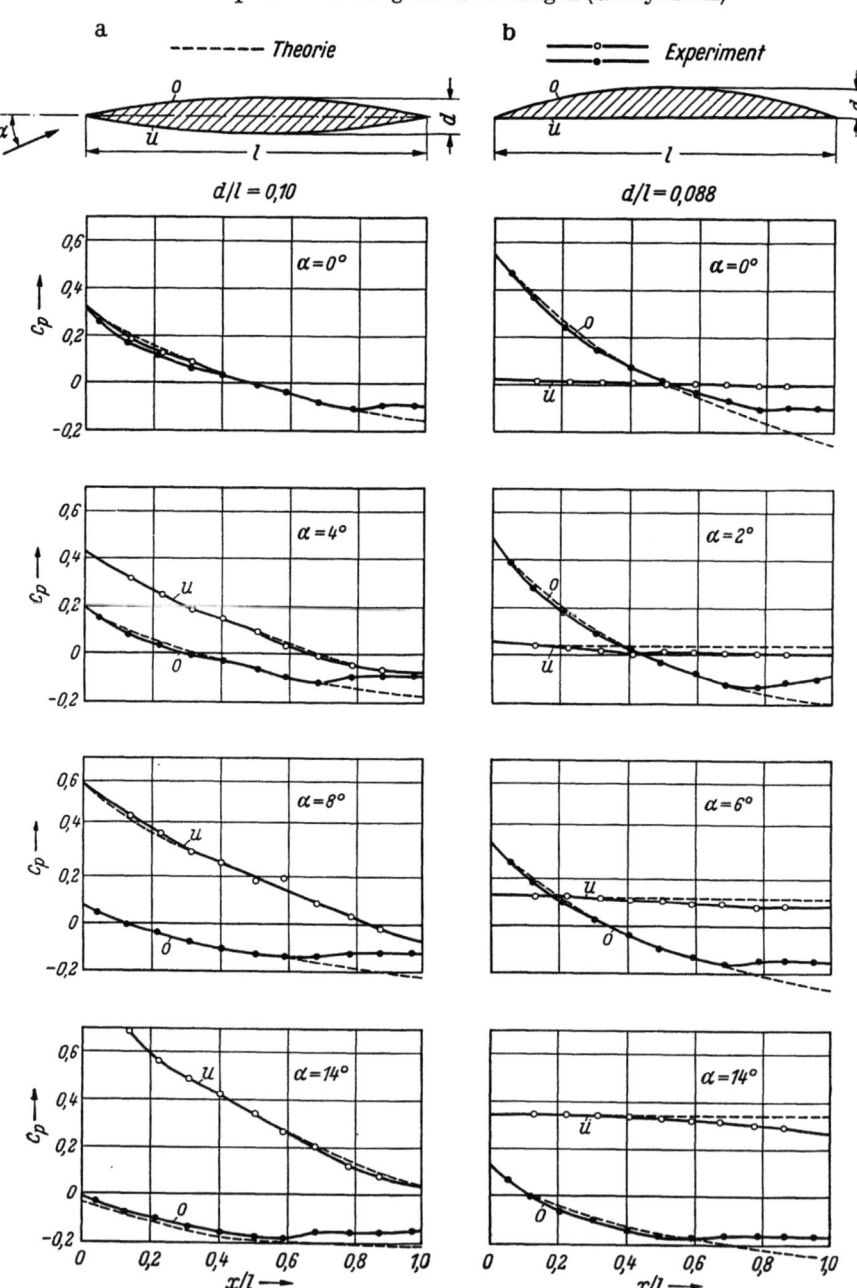

Abb. 3.29. Druckverteilung bei Überschallgeschwindigkeit ($Ma_\infty = 2{,}13$) für verschiedene Anstellwinkel α, nach Messungen von FERRI [44]; Vergleich mit der Theorie BUSEMANN [40]
a) Symmetrisches bikonvexes Profil, $Re = 6{,}4 \cdot 10^5$; b) Kreisabschnittprofil, $Re = 7{,}0 \cdot 10^5$

geht mit $\sin\mu_1 = a_1/w_1$. Hinter dem Fahrstrahl II, der ebenfalls eine MACH-Linie mit $\sin\mu_2 = a_2/w_2$ darstellt, herrscht wieder Parallelströmung. In dem Keilraum zwischen den Fahrstrahlen I und II findet eine Umlenkung der Strömung und dabei gleichzeitig eine Beschleunigung von w_1 auf w_2 und eine Druckabsenkung von p_1 auf p_2 statt, d. h. $w_2 > w_1$ und $p_2 < p_1$. Die Begrenzung der Strömung hinter der Stelle A kann sowohl eine feste Wand als auch eine freie Strahlgrenze sein. Im letzteren Fall muß der Druck p_2 hinter der Ecke A vorgegeben sein; es folgt dann aus der Druckdifferenz $p_1 - p_2$ die Größe der Ablenkung der Strömung, die bei A eintritt.

Die hiermit skizzierte Strömung ist die *Prandtl-Meyersche Eckenströmung* [67, 69]. Für diese Strömung existiert eine exakte Lösung der kompressiblen Bewegungsgleichungen, die hier besprochen werden möge. In Kap. 3.52 wurde diese Strömung bereits in der linearisierten Näherung behandelt.

Das Ziel der weiteren Betrachtungen ist die Ermittlung des Strömungsfeldes in dem Keilraum. Unter Einführung von Polarkoordinaten

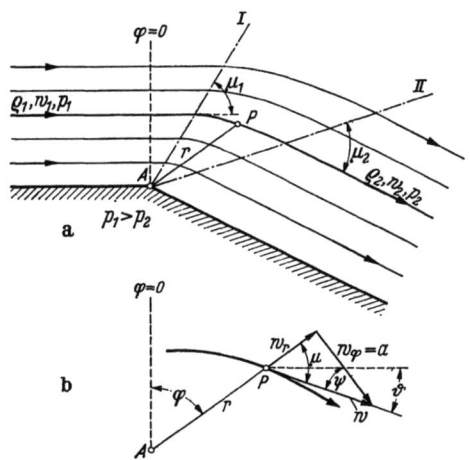

Abb. 3.30. Strömung um eine konvexe Ecke
a) Stromlinienbild; b) Geschwindigkeiten;
I und II MACHsche Linien

r, φ mit der Ecke A als Ursprung nach Abb. 3.30 und mit w_r und w_φ als Geschwindigkeitskomponenten lauten die Kontinuitätsgleichung und die Bewegungsgleichungen:

$$\frac{\partial}{\partial r}(\varrho\, r\, w_r) + \frac{\partial}{\partial \varphi}(\varrho\, w_\varphi) = 0, \tag{3.144}$$

$$w_r \frac{\partial w_r}{\partial r} + \frac{w_\varphi}{r}\frac{\partial w_r}{\partial \varphi} - \frac{w_\varphi^2}{r} = -\frac{1}{\varrho}\frac{\partial p}{\partial r}, \tag{3.145}$$

$$w_r \frac{\partial w_\varphi}{\partial r} + \frac{w_\varphi}{r}\frac{\partial w_\varphi}{\partial \varphi} + \frac{w_r w_\varphi}{r} = -\frac{1}{\varrho}\frac{1}{r}\frac{\partial p}{\partial \varphi}. \tag{3.146}$$

Da auf dem Fahrstrahl I alle Größen konstant sind, ist es naheliegend anzunehmen, daß das Strömungsfeld auch auf jedem anderen Fahrstrahl von A aus konstant ist, d. h., daß w_r, w_φ und p unabhängig von r und nur abhängig von φ sind. Dies bedeutet, daß man in den obigen

III. Kompressible reibungslose Strömungen (Gasdynamik)

Gleichungen $\frac{\partial}{\partial r} \equiv 0$ setzt. Damit folgt aus Gl. (3.144) bis (3.146):

$$\varrho\, w_r + \frac{d}{d\varphi}(\varrho\, w_\varphi) = 0, \tag{3.147}$$

$$w_r = \frac{d w_\varphi}{d\varphi}, \tag{3.148}$$

$$w_\varphi \left(\frac{d w_\varphi}{d\varphi} + w_r\right) = -\frac{1}{\varrho} \frac{dp}{d\varphi}. \tag{3.149}$$

Wegen der Beziehung

$$\frac{d\varrho}{d\varphi} = \frac{d\varrho}{dp}\frac{dp}{d\varphi} = \frac{1}{a^2}\frac{dp}{d\varphi} \tag{3.150}$$

folgt aus Gl. (3.147) und (3.149) nach kurzer Zwischenrechnung

$$\left(w_r + \frac{d w_\varphi}{d\varphi}\right)\left(1 - \frac{w_\varphi^2}{a^2}\right) = 0. \tag{3.151}$$

In dieser Gleichung kann der erste Faktor nicht Null sein, da sonst nach Gl. (3.149) der Druck im ganzen Raum konstant wäre. Es muß also der zweite Faktor Null sein. Somit hat man

$$w_\varphi = a. \tag{3.152}$$

Hieraus folgt nach Abb. 3.30b für den Winkel μ, den der Fahrstrahl mit dem Geschwindigkeitsvektor einschließt:

$$\sin \mu = \frac{w_\varphi}{w} = \frac{a}{w} = \frac{1}{Ma}. \tag{3.153}$$

Es ist also dieser Winkel gleich dem MACHschen Winkel. Jeder Fahrstrahl von der Ecke A aus ist somit eine MACHsche Linie ebenso wie die beiden den Keilraum begrenzenden Fahrstrahlen I und II. Dies ist gleichbedeutend damit, daß die Geschwindigkeitskomponente senkrecht zum Fahrstrahl überall gleich der örtlichen Schallgeschwindigkeit ist.

Für die Berechnung der Geschwindigkeitskomponenten w_r und w_φ benutzen wir die BERNOULLI-Gleichung (3.27)

$$\frac{w^2}{2} + \frac{\varkappa}{\varkappa-1}\frac{p}{\varrho} = \frac{w_1^2}{2} + \frac{\varkappa}{\varkappa-1}\frac{p_1}{\varrho_1} = \frac{\varkappa}{\varkappa-1}\frac{p_0}{\varrho_0} = \frac{w_{\max}^2}{2},$$

wobei nach Gl. (3.41) $w_{\max}$ die Ausflußgeschwindigkeit aus einem Kessel mit dem Druck p_0 ins Vakuum, $p = 0$, bedeutet. Weiter erhält man wegen $w^2 = w_r^2 + w_\varphi^2$ und wegen $w_\varphi^2 = a^2 = \varkappa\, p/\varrho$ aus der vorigen Gleichung:

$$w_r^2 + \frac{\varkappa+1}{\varkappa-1} w_\varphi^2 = w_{\max}^2. \tag{3.154}$$

3.5 Überschallströmungen

Unter Berücksichtigung von Gl. (3.148) kommt dann:

$$\frac{dw_r}{d\varphi} = \sqrt{\frac{\varkappa-1}{\varkappa+1}}\, w_{\max} \sqrt{1 - \left(\frac{w_r}{w_{\max}}\right)^2}.$$

Die Integration durch Trennung der Variablen liefert:

$$\sqrt{\frac{\varkappa-1}{\varkappa+1}}\, \varphi = \arcsin \frac{w_r}{w_{\max}} + \text{const}.$$

Wird der Strahl $\varphi = 0$ nach Abb. 3.31 gewählt, so ist $w_r = 0$ bei $\varphi = 0$ und somit die Integrationskonstante in der letzten Gleichung gleich Null. Damit ergibt sich unter Berücksichtigung von Gl. (3.148):

$$\left.\begin{aligned} w_r &= w_{\max} \sin\left(\sqrt{\frac{\varkappa-1}{\varkappa+1}}\, \varphi\right), \\ w_\varphi &= w_{\max} \sqrt{\frac{\varkappa-1}{\varkappa+1}} \cos\left(\sqrt{\frac{\varkappa-1}{\varkappa+1}}\, \varphi\right). \end{aligned}\right\} \quad (3.155)$$

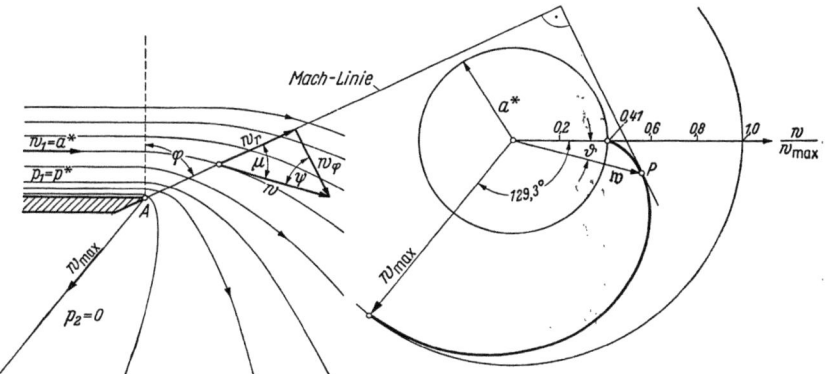

Abb. 3.31. PRANDTL-MEYERsche Eckenströmung und Hodograph für Luft mit $\varkappa = 1{,}405$

Für $\varphi = 0$ ergibt sich $w_r = 0$ und $w_\varphi = \sqrt{\frac{\varkappa-1}{\varkappa+1}}\, w_{\max}$. Mit $w_{\max}$ nach Gl. (3.41) und nach Tab. 3.1 ist für

$$\varphi = 0: \quad w = \sqrt{\frac{2\varkappa}{\varkappa+1}\, \frac{p_0}{\varrho_0}} = \sqrt{\frac{2}{\varkappa+1}}\, a_0 = a^*.$$

Es ist also für $\varphi = 0: w = w_1$ gerade gleich der örtlichen Schallgeschwindigkeit beim Ausströmen aus einem Raum mit dem Gaszustand p_0, ϱ_0.

Druckverteilung. Nach der BERNOULLI-Gleichung (3.40) ist mit $w^2 = w_r^2 + w_\varphi^2$:

$$w_r^2 + w_\varphi^2 = w_{\max}^2 \left[1 - \left(\frac{p}{p_0}\right)^{\frac{\varkappa-1}{\varkappa}}\right]. \quad (3.156)$$

Setzt man hierin die Ausdrücke für w_r und w_φ nach Gl. (3.155) ein, so ergibt sich nach trigonometrischer Umformung:

$$\left(\frac{p}{p_0}\right)^{\frac{\varkappa-1}{\varkappa}} = \frac{1}{\varkappa+1}\left[1 + \cos\left(2\sqrt{\frac{\varkappa-1}{\varkappa+1}}\,\varphi\right)\right]. \qquad (3.157)$$

Die *Expansion ins Vakuum*, $p = 0$, wird erhalten für $2\sqrt{\frac{\varkappa-1}{\varkappa+1}}\,\varphi = \pi$, d. i. für

$$\varphi_m = \frac{\pi}{2}\sqrt{\frac{\varkappa+1}{\varkappa-1}}. \qquad (3.158)$$

Gleichzeitig ist für diesen Wert von φ, wie man aus Gl. (3.155) erkennt,

$$\varphi = \varphi_m: \quad w_\varphi = 0 \quad \text{und} \quad w_r = w_{\max}.$$

Für den Fahrstrahl $\varphi = \varphi_m$ ist also die Strömung rein radial, und man hat für diesen Fall ein Stromlinienbild nach Abb. 3.31.

Für Luft mit $\varkappa = 1{,}405$ ist $\varphi_m = 219{,}3°$. Die größte Umlenkung, welche bei dieser zweidimensionalen Eckenströmung auftreten kann, ist also $219{,}3° - 90° = 129{,}3°$. Sie tritt dann ein, wenn vom kritischen Druck p^* ins Vakuum expandiert wird.

Ablenkungswinkel. Es ist zweckmäßig, zur Charakterisierung der Strömung noch den Winkel ϑ nach Abb. 3.30 einzuführen, welchen der

Tabelle 3.5. *Prandtl-Meyersche Eckenströmung für Luft, $\varkappa = 1{,}405$*

$\varphi°$	$\dfrac{p}{p_0}$	$\dfrac{w}{w_{\max}}$	$\psi°$	$\vartheta°$	$\mu°$	Ma
0	0,527	0,410	0	0	90	1
17,29	0,50	0,426	16,88	0,41	73,12	1,045
39,11	0,40	0,482	35,02	4,09	54,98	1,221
55,47	0,30	0,541	45,63	9,84	44,37	1,430
72,09	0,20	0,609	54,16	17,93	35,84	1,708
92,81	0,10	0,697	62,38	30,53	27,62	2,157
108,66	0,05	0,760	67,40	41,26	22,60	2,602
135,56	0,01	0,857	74,32	61,34	15,68	3,699
219,32	0	1,0	90,00	129,32	0	∞

Geschwindigkeitsvektor auf einem beliebigen Fahrstrahl mit der ankommenden Strömungsrichtung w_1 bildet. Nach Abb. 3.30 ist

$$\vartheta = \varphi + \mu - \frac{\pi}{2}.$$

Führt man weiter noch den Winkel ψ zwischen w_φ und w ein, für den

$$\mu + \psi = \frac{\pi}{2} \qquad (3.159)$$

gilt, so hat man

$$\vartheta = \varphi - \psi. \qquad (3.160)$$

Der Winkel ψ wird aus der Lösung (3,155) erhalten durch:

$$\tan \psi = \frac{w_r}{w_\varphi} = \sqrt{\frac{\varkappa+1}{\varkappa-1}} \tan\left(\sqrt{\frac{\varkappa-1}{\varkappa+1}}\, \varphi\right). \tag{3.161}$$

Hiermit besitzt man ein vollständiges Formelsystem, um die MEYERsche Eckenströmung numerisch auswerten zu können. Das Ergebnis ist in Tab. 3.5 dargestellt.

3.55 Charakteristikenverfahren

Eine besonders anschauliche Darstellung der PRANDTL-MEYERschen Eckenströmung erhält man, wenn man den Geschwindigkeitsvektor auf den einzelnen Fahrstrahlen in einem sog. *Hodographen* darstellt, d. h. die sämtlichen Geschwindigkeitsvektoren $w(\vartheta)$ in einem Polardiagramm aufträgt, Abb. 3.31. Für $\vartheta = 0$ ist $w = a^*$, d. h., es ist die Strömungsgeschwindigkeit gleich der Schallgeschwindigkeit; für $\vartheta = \vartheta_{max}$ ist $w = w_{max}$. Die Endpunkte sämtlicher Geschwindigkeitsvektoren beschreiben also eine Kurve, welche zwischen den beiden konzentrischen Kreisen $w = a^*$ und $w = w_{max}$ liegt. Diese Kurve heißt die charakteristische Kurve der Eckenströmung oder kurz die *Charakteristik*. Sie ist, wie hier nicht näher ausgeführt werden soll, eine *Epizykloide*, die entsteht, wenn man den Kreis mit dem Durchmesser $w_{max} - a^*$ auf dem inneren Kreis mit dem Radius a^* abrollen läßt.

Auf eine wichtige Eigenschaft dieser Charakteristik, die später zur Konstruktion von Überschallströmungen benutzt wird, möge hier noch hingewiesen werden: Oben war gezeigt worden, daß bei der Eckenströmung jeder Fahrstrahl eine MACH-Linie ist und daß für jeden Fahrstrahl der Geschwindigkeitsvektor w konstant ist. Der vektorielle Geschwindigkeitszuwachs Δw muß deshalb senkrecht zum Fahrstrahl sein und damit auch senkrecht zur MACH-Linie. Im Hodographen hat aber der vektorielle Geschwindigkeitszuwachs die Richtung der Tangente an die Charakteristik, Abb. 3.31. Somit gilt der Satz: Die Tangente an die Charakteristik $w(\vartheta)$ steht in jedem Punkt senkrecht auf der durch den entsprechenden Punkt der Stromlinie hindurchgehenden MACH-Linie, d. h. senkrecht auf dem Fahrstrahl.

Eine andere charakteristische Eigenschaft der PRANDTL-MEYERschen Eckenströmung ist, daß sie nach Abb. 3.32 auf einem beliebigen Fahrstrahl, etwa AC abgebrochen werden darf. Auch kann ein Stück geradlinige Strömung angesetzt werden, z. B. $ACED$, ohne daß sich die Strömung im Raum ABC dadurch ändert. Der physikalische Grund für diese der inkompressiblen Strömung völlig fremde Tatsache ist, daß alle Störungen, die im Zwischenraum $ADEC$ vorhanden sind (etwa der neue Knick bei D) nicht stromaufwärts zurückwirken können. Diese Störungen breiten sich auf den entsprechenden MACHschen Linien aus, z. B. auf DE, und sie erreichen deshalb das Gebiet ABC nicht.

Grundsätzlich läßt sich diese PRANDTL-MEYERsche Strömungsumlenkung an einer konvexen Wand auch auf die Strömung an einer

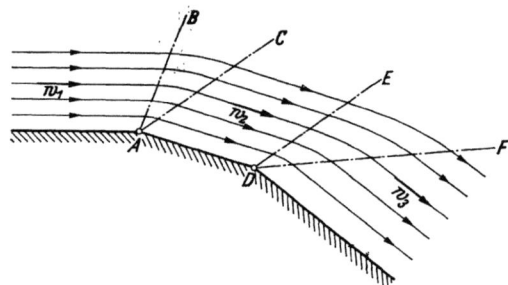

Abb. 3.32. Überschallströmung an einer Wand mit mehreren Ecken

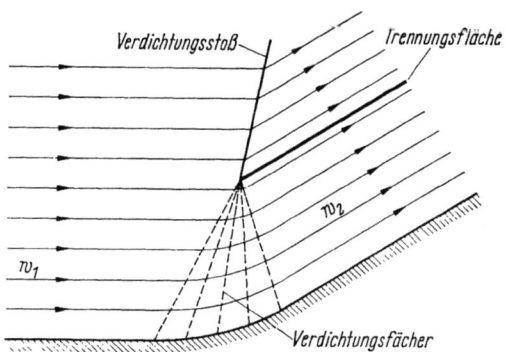

Abb. 3.33. Überschallströmung an einer konkaven Wand

konkaven Wand anwenden, solange die Strömung hierbei stetig isentrop verläuft. In vielen Fällen führt jedoch die Umlenkung an einer konkaven Wand zu einem Verdichtungsstoß in einiger Entfernung von der Wand (Abb. 3.33).

Das beschriebene Charakteristikenverfahren läßt sich nach L. PRANDTL und A. BUSEMANN [71] dazu benutzen, um die Strömung längs einer gekrümmten Wand graphisch zu konstruieren.

In Abb. 3.34 ist dieses Verfahren an dem Beispiel eines dünnen gewölbten Profils erläutert, welches mit der Überschallgeschwindigkeit w_1 angeströmt wird. Im linken Teil dieses Bildes ist der Hodograph dargestellt, d. h., es ist wie in Abb. 3.31 der Geschwindigkeitsvektor $w(\vartheta)$

3.5 Überschallströmungen

mit ϑ als Ablenkungswinkel in Polarkoordinaten aufgetragen. Dabei gilt die Kurve R für eine Expansion mit Vergrößerung von ϑ *im Uhrzeigersinn* und die Kurve L für eine Kompression mit Zunahme von ϑ *gegen* den Uhrzeigersinn. Darüber ist noch die Druckverteilung p/p_0 nach der MEYERschen Lösung angegeben, Tab. 3.5.

Im rechten Teil der Abbildung ist das Profil gezeichnet; im vorliegenden Fall ist die Nasentangente des Profils parallel zur Anströ-

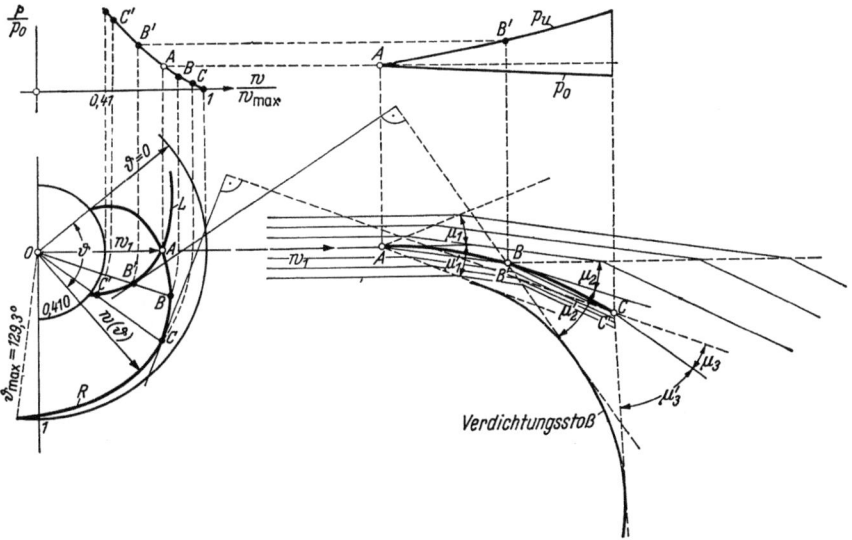

Abb. 3.34. Konstruktion der Überschallströmung um ein unendlich dünnes Profil nach dem Charakteristiken-Verfahren von PRANDTL und BUSEMANN [71]

mungsrichtung. Parallel zu den Profiltangenten in verschiedenen Punkten des Profils erhält man aus den Charakteristiken die zugehörigen Geschwindigkeitsvektoren. Die MACH-Linie an den einzelnen Stellen des Profils erhält man aus der Beziehung, daß die MACH-Linie senkrecht steht auf der Tangente an die Charakteristik, wie es bereits in Abb. 3.31 erläutert wurde. Der MACHsche Winkel ist beiderseits der Profiltangente abzutragen. Zwischen den MACH-Linien erhält man in einfacher Weise das Stromlinienbild. Auf der Oberseite wird stromabwärts der Abstand der Stromlinien größer (beschleunigte Strömung), während er auf der Unterseite kleiner wird (verzögerte Strömung), wie es bei einer Überschallströmung sein muß (Abb. 3.6). Auf der Oberseite divergieren die MACHschen Linien, auf der Unterseite konvergieren sie. Ihre Enveloppe auf der Unterseite gibt einen Verdichtungsstoß. Über dem Profil ist noch die Druckverteilung für beide Profilseiten angegeben.

3.56 Unstetige Strömungsumlenkung (Schiefer Verdichtungsstoß)

Wir wollen im folgenden den schiefen Verdichtungsstoß in gleicher Weise mit elementaren Mitteln (Kontinuitäts-, Impuls- und Energiegleichung) behandeln wie den senkrechten Verdichtungsstoß in Kapitel 3.222.

Grundgleichungen. Der Winkel zwischen der Richtung der ankommenden Strömung und der Stoßlinie sei σ, Abb. 3.35. Der Ablenkungswinkel sei $\vartheta > 0$. Die Geschwindigkeitsvektoren $\mathfrak{w}_1$ vor dem

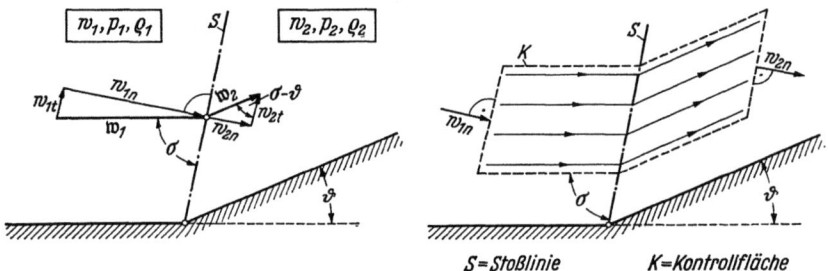

Abb. 3.35. Schiefer Verdichtungsstoß; Bezeichnungen

Abb. 3.36. Zur Anwendung des Impulssatzes beim schiefen Verdichtungsstoß

Stoß und $\mathfrak{w}_2$ hinter dem Stoß werden in die Komponenten senkrecht und parallel zur Stoßlinie zerlegt:

$$\mathfrak{w}_1: w_{1n}, w_{1t}; \qquad \mathfrak{w}_2: w_{2n}, w_{2t}.$$

Für die Anwendung des Impulssatzes wird eine Kontrollfläche K nach Abb. 3.36 zugrunde gelegt, die aus je zwei Stromlinien und je einer Parallelen zur Stoßlinie stromauf- und -abwärts von der Stoßlinie besteht. Der Impulssatz wird im vorliegenden Fall für die Richtungen normal und tangential zur Stoßlinie angewendet. Damit liefern Kontinuitätsgleichung, Impulssatz und Energiesatz das folgende Gleichungssystem in Analogie zu Gl. (3.57) bis (3.59):

Kontinuitätsgleichung: $\qquad \varrho_1 w_{1n} = \varrho_2 w_{2n},$ \hfill (3.162)

Impulssatz $\perp S$: $\qquad p_1 + \varrho_1 w_{1n}^2 = p_2 + \varrho_2 w_{2n}^2,$ \hfill (3.163)

Impulssatz $\parallel S$: $\qquad \varrho_1 w_{1n} w_{1t} = \varrho_2 w_{2n} w_{2t},$ \hfill (3.164)

Energiesatz: $\dfrac{1}{2}(w_{1n}^2 + w_{1t}^2) + \dfrac{\varkappa}{\varkappa-1}\dfrac{p_1}{\varrho_1} = \dfrac{1}{2}(w_{2n}^2 + w_{2t}^2) + \dfrac{\varkappa}{\varkappa-1}\dfrac{p_2}{\varrho_2}.$
\hfill (3.165)

Aus Gl. (3.162) und (3.164) folgt sofort:

$$w_{1t} = w_{2t} = w_t. \qquad (3.166)$$

3.5 Überschallströmungen

Beim Durchgang durch die Stoßlinie bleibt also die zur Stoßlinie parallele Geschwindigkeitskomponente ungeändert. Somit besteht also zwischen den Geschwindigkeitsvektoren w_1 und w_2, dem Stoßwinkel σ und dem Ablenkungswinkel ϑ der einfache geometrische Zusammenhang nach Abb. 3.37. Unter Berücksichtigung von Gl. (3.166) reduziert sich das Gleichungssystem (3.162) bis (3.165) auf:

$$\left.\begin{array}{c} \varrho_1 w_{1n} = \varrho_2 w_{2n}, \\ p_1 + \varrho_1 w_{1n}^2 = p_2 + \varrho_2 w_{2n}^2, \\ \dfrac{w_{1n}^2}{2} + \dfrac{\varkappa}{\varkappa-1} \dfrac{p_1}{\varrho_1} = \dfrac{w_{2n}^2}{2} + \dfrac{\varkappa}{\varkappa-1} \dfrac{p_2}{\varrho_2}. \end{array}\right\} \quad (3.167)$$

Das Gleichungssystem (3.167) ist identisch mit dem Gleichungssystem (3.57) bis (3.59) des geraden Verdichtungsstoßes, wenn man w_{1n}, w_{2n} ersetzt durch w_1, w_2.

Hugoniot-Gleichung. Wir können deshalb die beim geraden Verdichtungsstoß ausgeführten Rechnungen, die dort den Zusammenhang zwischen p_1, ϱ_1 und p_2, ϱ_2 lieferten (HUGONIOT-Kurve), hier ungeändert übernehmen. Wir brauchen nur w_1, w_2 des senkrechten Verdichtungsstoßes zu ersetzen durch w_{1n}, w_{2n} des schiefen Verdichtungsstoßes. Auf diese Weise erhält man anstelle von Gl. (3.60):

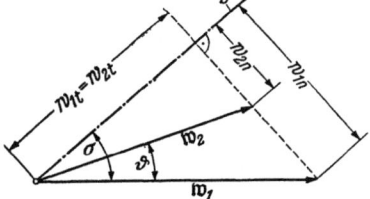

Abb. 3.37. Geschwindigkeiten vor und hinter dem schiefen Verdichtungsstoß

$$w_{1n} = \sqrt{\dfrac{\varrho_2}{\varrho_1} \dfrac{\Delta p}{\Delta \varrho}} \quad \text{und} \quad w_{2n} = \sqrt{\dfrac{\varrho_1}{\varrho_2} \dfrac{\Delta p}{\Delta \varrho}}. \quad (3.168)$$

Hieraus folgt:
$$w_{1n} w_{2n} = \dfrac{\Delta p}{\Delta \varrho}. \quad (3.169)$$

Somit gilt also für den schiefen Verdichtungsstoß die HUGONIOT-Gleichung (3.61) unabhängig vom Ablenkungswinkel ϑ, vgl. Abb. 3.11.

Ermittlung des Stoßwinkels. Der Zusammenhang zwischen den Zustandsgrößen p_1, ϱ_1; p_2, ϱ_2 und den Winkeln σ und ϑ ist das eigentlich Neue des schiefen Verdichtungsstoßes gegenüber dem geraden. Nach dem „Geschwindigkeitsdreieck" in Abb. 3.37 ist:

$$\tan \sigma = \dfrac{w_{1n}}{w_t}; \quad \tan(\sigma - \vartheta) = \dfrac{w_{2n}}{w_t}. \quad (3.170\text{a, b})$$

Hieraus folgt:
$$\dfrac{\tan \sigma}{\tan(\sigma - \vartheta)} = \dfrac{w_{1n}}{w_{2n}} = \dfrac{\varrho_2}{\varrho_1} = \dfrac{\varrho_1 + \Delta \varrho}{\varrho_1}. \quad (3.170\text{c})$$

Ferner ergibt sich aus Gl. (3.168):

$$\Delta p = \varrho_1 w_{1n}^2 \dfrac{\Delta \varrho}{\varrho_2} = \varrho_1 w_1^2 \sin^2 \sigma \dfrac{\Delta \varrho}{\varrho_1 + \Delta \varrho}.$$

Schließlich gilt Gl. (3.62), die ja mit der HUGONIOT-Gleichung identisch ist, unverändert für den schiefen Verdichtungsstoß. Als Zusammenhang zwischen den beiden Winkeln σ und ϑ und den Größen vor und hinter dem Stoß hat man somit die folgenden drei Gleichungen:

$$\left.\begin{array}{r} \dfrac{\Delta p}{\Delta \varrho} = \varkappa \dfrac{p_1 + \dfrac{\Delta p}{2}}{\varrho_1 + \dfrac{\Delta \varrho}{2}}, \\[2ex] \Delta p = \varrho_1 w_1^2 \sin^2 \sigma \dfrac{\Delta \varrho}{\varrho_1 + \Delta \varrho}, \\[2ex] \dfrac{\varrho_1 + \Delta \varrho}{\varrho_1} = \dfrac{\tan \sigma}{\tan(\sigma - \vartheta)}. \end{array}\right\} \quad (3.171)$$

Diese drei Gleichungen enthalten sieben Größen:
$$\varrho_1,\; p_1,\; w_1,\; \Delta \varrho,\; \Delta p,\; \sigma,\; \vartheta.$$

Das Gleichungssystem (3.171) kann benutzt werden, um bei Vorgabe von vier Größen die übrigen drei Größen zu ermitteln. Dabei sind die vorgegebenen vier Größen bestimmt durch den Strömungszustand vor dem Stoß p_1, ϱ_1, w_1 und durch *eine* der vier Größen $\Delta p, \Delta \varrho, \sigma, \vartheta$. Somit ergeben sich folgende vier verschiedene Aufgaben:

Aufgabe Nr.	Gegeben: 4 Größen	Gesucht: 3 Größen
(1)	$p_1, \varrho_1, w_1;\; \Delta p$	$\sigma, \vartheta, \Delta \varrho$
(2)	$p_1, \varrho_1, w_1;\; \Delta \varrho$	$\sigma, \vartheta, \Delta p$
(3)	$p_1, \varrho_1, w_1;\; \vartheta$	$\sigma, \Delta \varrho, \Delta p$
(4)	$p_1, \varrho_1, w_1;\; \sigma$	$\vartheta, \Delta \varrho, \Delta p$

Praktisch am wichtigsten ist die dritte Aufgabe, da bei dieser außer dem Strömungszustand vor dem Stoß die geometrische Größe des Ablenkungswinkels ϑ mit vorgegeben ist. Wir werden im folgenden Abschnitt lediglich die Lösung dieser dritten Aufgabe nach einem von A. BUSEMANN [39] angegebenen graphischen Verfahren näher behandeln (Stoßpolaren-Diagramm).

Geschwindigkeit vor und hinter dem Stoß. Anstelle der Gl. (3.63a) des geraden Verdichtungsstoßes ($w_t = 0$) tritt beim schiefen Verdichtungsstoß die Gleichung

$$w_{1n} w_{2n} = a^{*2} - \frac{\varkappa - 1}{\varkappa + 1} w_t^2. \qquad (3.172)$$

Dabei ist

$$a^{*2} = \frac{2\varkappa}{\varkappa + 1} \frac{p_0}{\varrho_0} = \frac{2}{\varkappa + 1} a_0^2 \qquad (3.173)$$

die zum Kesselzustand p_0, ϱ_0 gehörige kritische Schallgeschwindigkeit, Tab. 3.2. Gl. (3.172) wird aus den angegebenen Beziehungen durch eine längere elementare Rechnung erhalten.

3.5 Überschallströmungen

Stoßpolarendiagramm. Dieses von A. BUSEMANN angegebene Diagramm dient dazu, in einfacher Weise bei gegebener Geschwindigkeit w_1 vor dem Stoß und gegebenen Werten von p_1 und ϱ_1 zu vorgegebenem Ablenkungswinkel ϑ den Betrag der Geschwindigkeit w_2 hinter dem Stoß zu ermitteln. Damit wird dann nach Abb. 3.37 auch der Stoßwinkel σ erhalten. Die weiteren Größen, nämlich Δp und $\Delta \varrho$, erhält man dann aus Gl. (3.171).

Zur Ermittlung von w_2 werden nach Abb. 3.38 in der u-v-Ebene von 0 aus die vorgegebene Geschwindigkeit w_1 vor dem Stoß und die zu verschiedenen Ablenkungswinkeln ϑ gehörigen Geschwindigkeiten w_2 hinter dem Stoß aufgetragen. Die von den Endpunkten des Vektors w_2 erzeugte Kurve soll als die zu w_1 gehörige Stoßpolare bezeichnet werden.

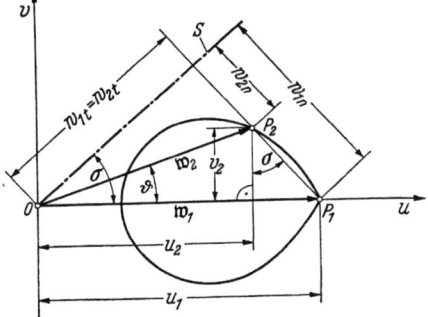

Abb. 3.38. Stoßpolaren-Diagramm nach BUSE-MANN; Bezeichnungen

Zunächst ist nach Abb. 3.38 die Beziehung zwischen w_1 und w_2 erfüllt, die nach Abb. 3.37 erforderlich ist und die den Stoßwinkel σ ergibt. Ferner liest man aus Abb. 3.38 mit $w_1 = u_1$ die folgenden Beziehungen ab:

$$w_{1t} = w_{2t} = u_1 \cos\sigma; \quad w_{1n} = u_1 \sin\sigma, \qquad (3.174)$$

$$w_{2n} = u_1 \sin\sigma - \frac{v_2}{\cos\sigma}. \qquad (3.175)$$

Die analytische Gleichung der Stoßpolaren erhält man, wenn man die Gl. (3.174) und (3.175) in Gl. (3.172) einsetzt und dabei $\sin\sigma$ und $\cos\sigma$ durch $\tan\sigma$ ausdrückt, in der Form:

$$\frac{u_1^2 \tan^2\sigma}{1 + \tan^2\sigma} - u_1 v_2 \tan\sigma = a^{*2} - \frac{\varkappa - 1}{\varkappa + 1} \frac{u_1^2}{1 + \tan^2\sigma}.$$

Da ferner $\tan\sigma = (u_1 - u_2)/v_2$ ist, erhält man nach einfacher Zwischenrechnung:

$$v_2^2 \left[\frac{a^{*2}}{u_1} - u_2 + \frac{2}{\varkappa + 1} u_1 \right] = (u_1 - u_2)^2 \left[u_2 - \frac{a^{*2}}{u_1} \right]. \qquad (3.176)$$

Dies ist die Gleichung der *Stoßpolaren* in den Koordinaten u_2, v_2 des Punktes P_2, welcher den Endpunkt des Vektors w_2 darstellt. Die Gleichung der Stoßpolaren ist bestimmt durch die beiden Konstanten u_1 und a^*, d. h. durch die Geschwindigkeit vor dem Stoß und durch die nur vom Kesselzustand abhängige Schallgeschwindigkeit a^* nach Gl. (3.173). Die Gleichung der Stoßpolare nach Gl. (3.176) ist die Gleichung einer Strophoide (kartesisches Blatt).

Aus Gl. (3.176) liest man folgende Beziehungen ab, die in Abb. 3.39 eingetragen sind:

$$v_2 = 0: \quad 1. \text{ für } \quad u_{2,\,\text{I}} = u_1 = \overline{OP_1},$$

$$2. \text{ für } \quad u_{2,\,\text{II}} = \frac{a^{*2}}{u_1} = \overline{OQ}.$$

Somit gilt
$$u_{2,\,\text{I}} \cdot u_{2,\,\text{II}} = a^{*2}.$$

Es liegen also die beiden Schnittpunkte der Stoßpolaren mit der u-Achse, d. i. $u_{2,\,\text{I}}$ und $u_{2,\,\text{II}}$, reziprok bezüglich des Kreises $w = a^*$ um 0. Dieser Kreis teilt demnach die Stoßpolare in zwei Teile, denen Verdichtungs-

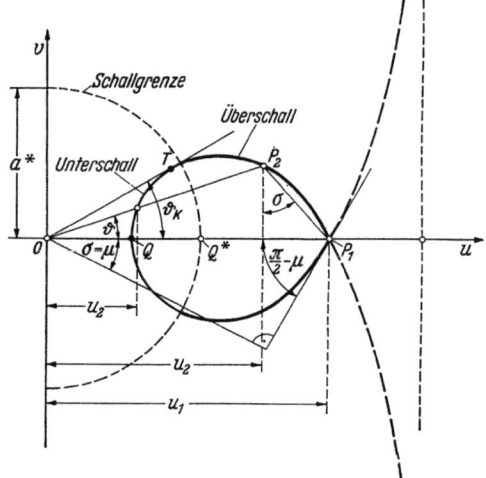

Abb. 3.39. Physikalische Deutung der Stoßpolaren

stöße mit Unter- und Überschallgeschwindigkeit w_2 hinter dem Stoß entsprechen. Dem Punkt Q entspricht der *senkrechte Verdichtungsstoß*; bei diesem ist die Geschwindigkeit hinter dem Stoß kleiner als die Schallgeschwindigkeit, was bereits in Gl. (3.63a) erhalten wurde.

Der Punkt P_1 der Stoßpolaren ist der Doppelpunkt des kartesischen Blattes; die Fortsetzung über den Doppelpunkt hinaus zur Asymptote hin hat keine physikalische Bedeutung. Für den Grenzfall einer sehr kleinen Ablenkung, $P_2 \to P_1$, ergibt sich die unendlich kleine isentrope Verdichtung, wie sie bei der Strömung um eine flache konkave Ecke in Kap. 3.51 behandelt wurde. Hierbei geht der Stoßwinkel σ in den MACH-Winkel μ über. Die Tangente im Doppelpunkt der Stoßpolaren bildet deswegen mit der u-Achse den Winkel $\pi/2 - \mu$ (Abb. 3.39). Es gilt somit

$$\sigma > \mu. \tag{3.177}$$

Der Stoßwinkel σ ist somit immer größer als der MACHsche Winkel μ.

3.5 Überschallströmungen

Kritischer Ablenkungswinkel. Der von der Anström-MACH-Zahl abhängige kritische Ablenkungswinkel ϑ_K ist derjenige Winkel, den die Tangente von 0 an die Stoßpolare mit der u-Achse bildet, Abb. 3.39. Für $\vartheta < \vartheta_K$ gibt es zwei Schnittpunkte, aber für $\vartheta > \vartheta_K$ keinen Schnittpunkt. Der letztere Fall liegt vor bei einem sehr stumpfen Hindernis (Abbildung 3.40b). Hier kann die Ablenkung nicht mehr durch einen von der Ecke E des Hindernisses ausgehenden Verdichtungsstoß erfolgen. Es bildet sich in diesem Fall in einem gewissen Abstand vor dem Körper ein Verdichtungsstoß mit gekrümmter Front aus (sog. *abgelöster Verdichtungsstoß*).

Vollständige Stoßpolarendiagramme findet man u. a. in [25] und [30].

Einführen der Mach-Zahl. Es erweist sich als nützlich, die MACH-Zahl der Zuströmung $Ma_1 = w_1/a_1$ einzuführen. Aus Gl. (3.167) ergibt sich durch einfache Rechnung:

$$\left(\frac{\varkappa+1}{\varkappa-1}\frac{\varrho_1}{\varrho_2} - 1\right) w_{1n}^2$$
$$= \frac{2\varkappa}{\varkappa-1}\frac{p_1}{\varrho_1} = \frac{2}{\varkappa-1}a_1^2. \quad (3.178)$$

Mit $w_{1n} = w_1 \sin\sigma$ nach Abb. 3.37 erhält man aus Gl. (3.178):

$$\frac{\varrho_2}{\varrho_1} = \frac{(\varkappa+1) Ma_1^2 \sin^2\sigma}{(\varkappa-1) Ma_1^2 \sin^2\sigma + 2}. \quad (3.179)$$

Setzt man dieses Ergebnis in Gl. (3.170c) ein, so erhält man durch Auflösung nach dem Umlenkungswinkel ϑ:

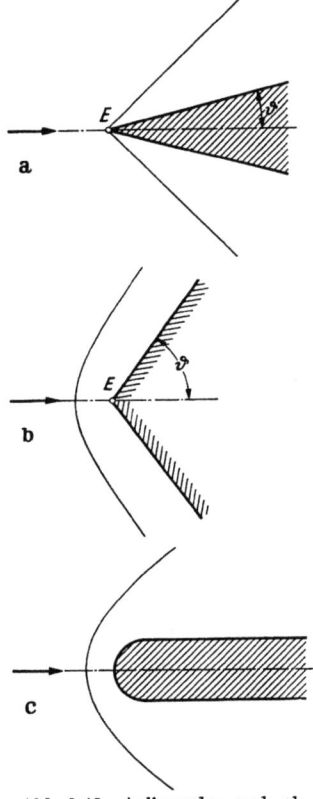

Abb. 3.40. Anliegender und abgelöster Verdichtungsstoß
a) Keil, $\vartheta < \vartheta_K$, Stoß anliegend;
b) Keil, $\vartheta > \vartheta_K$, Stoß abgelöst;
c) Halbkörper, Stoß abgelöst

$$\vartheta = \sigma - \arctan\left[\left(\frac{\varkappa-1}{\varkappa+1} + \frac{2}{\varkappa+1}\frac{1}{Ma_1^2 \sin^2\sigma}\right)\tan\sigma\right]. \quad (3.180)$$

Die Auswertung dieser Gleichung ist in Abb. 3.41 dargestellt. Dieses Bild gibt zu einer vorgegebenen Umlenkung ϑ für verschiedene MACH-Zahlen Ma_1 den Stoßwinkel σ. Zu jedem Winkel ϑ gehören im allgemeinen zwei Stoßwinkel σ, wobei der obere σ-Bereich ($\sigma > \sigma^*$, steiler oder starker Stoß) hinter dem Stoß Unterschallgeschwindigkeit hat, während der untere σ-Bereich ($\sigma < \sigma^*$, flacher oder schwacher Stoß)

212   III. Kompressible reibungslose Strömungen (Gasdynamik)

hinter dem Stoß Überschallgeschwindigkeit hat. Der erstere Fall entspricht dem *abgelösten Verdichtungsstoß* nach Abb. 3.40b und c, und der letztere dem *anliegenden Stoß*, wie er nach Abb. 3.40a bei der Keilströmung mit Überschallgeschwindigkeit auftritt. Die Unterschallströmung an einem Kegel ist in [30] beschrieben. Man vergleiche

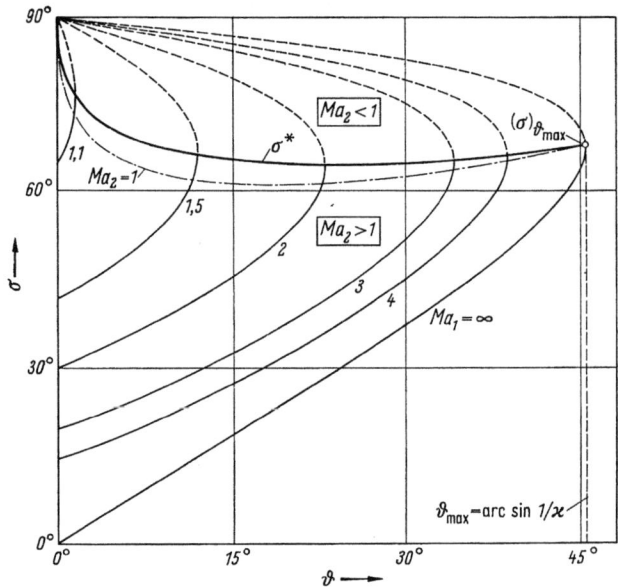

Abb. 3.41. Schiefer Verdichtungsstoß: Stoßwinkel σ in Abhängigkeit vom Umlenkwinkel ϑ und von der Anström-MACH-Zahl Ma_1

hierzu auch die obigen Bemerkungen über den kritischen Ablenkungswinkel ϑ_K. Eine mathematische Theorie des Verdichtungsstoßes ist, ausgehend von den partiellen hyperbolischen Differentialgleichungen der Überschallströmung, von B. RIEMANN [74] um 1860 gegeben worden.

3.6 Schallnahe Strömungen

3.61 Experimentelle Ergebnisse

In diesem Abschnitt sollen Strömungen behandelt werden, die vom gemischten Typus sind, d. h. bei denen im Strömungsfeld sowohl Unter- als auch Überschallgeschwindigkeiten vorliegen. Bei diesen wird also an gewissen Stellen die Schallgeschwindigkeit durchschritten.

Das Verhalten der Strömung in unmittelbarer Nähe der Schallgeschwindigkeit ist in vielen Fällen noch nicht geklärt. Die für Unterschallgeschwindigkeit entwickelten Rechenverfahren (z. B. Verfahren

3.6 Schallnahe Strömungen

von JANZEN-RAYLEIGH; PRANDTL-GLAUERTsche Regel) sind von anderer Art als die für Überschall (z. B. PRANDTL-MEYERsche Eckenströmung, Verfahren von ACKERET und BUSEMANN). Jede dieser Methoden versagt beim Durchgang durch die Schallgrenze, so daß also Lösungen, bei denen die Schallgrenze durchschritten wird, damit nicht erhalten werden können. Es gibt jedoch einzelne Beispiele solcher Strömungen, bei denen in räumlich begrenzten Gebieten ein stetiger Durchgang durch die Schallgeschwindigkeit möglich ist [*46, 47, 79*]. Für die schallnahe oder auch *transsonische Strömung* sind in neuerer Zeit verwandte Berechnungsverfahren entwickelt worden (v. KÁRMÁNsche Ähnlichkeitsregel), über die in Kap. 3.62 berichtet werden wird.

Nach den Beobachtungen verläuft der Übergang von Unterschall- zu Überschallgeschwindigkeit immer stetig; der umgekehrte Übergang, also von Überschall- in Unterschallgeschwindigkeit, führt aber meistens zu *Verdichtungsstößen* von ähnlicher Art, wie sie bei der LAVAL-Düse beschrieben wurden (Abb. 3.8). In diesen Verdichtungsstößen tritt ein unstetiger Verlauf von Geschwindigkeit, Dichte und Druck (Druckanstieg) ein.

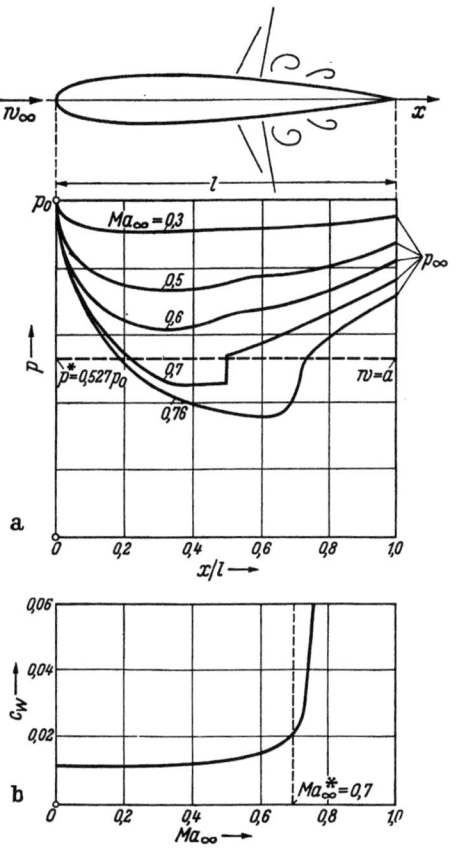

Abb. 3.42. Messungen an einem Tragflügelprofil bei Unterschallgeschwindigkeit nach [*76*];
Anstellwinkel $\alpha = 0$
a) Druckverteilung bei verschiedenen MACHschen Zahlen; b) Widerstandsbeiwert in Abhängigkeit von der MACHschen Zahl

Der plötzliche Druckanstieg führt häufig zur *Strömungsablösung* und damit zu einer völligen Umgestaltung des Strömungsbildes. Der Strömungsvorgang im Verdichtungsstoß verläuft nicht „verlustlos" (anisentrop).

Zur Erläuterung dieser Vorgänge ist in Abb. 3.42a die Druckverteilung um ein Tragflügelprofil bei verschiedenen MACH-Zahlen nach Messungen [*76*] dargestellt. Die Druckverteilung ist stetig für solche

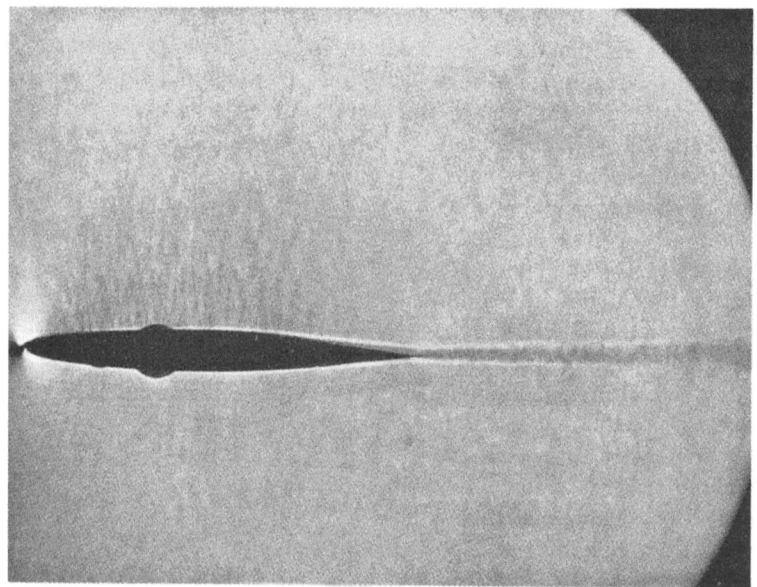

a $\qquad Ma_\infty = 0{,}70$

b $\qquad Ma_\infty = 0{,}80$

Abb. 3.43. Strömung um ein Tragflügelprofil im Unterschallbereich bei verschiedenen MACH-schen Zahlen und konstantem Anstellwinkel $\alpha = 2°$, nach D.W. HOLDER [18]. Schlierenaufnahmen a) $Ma_\infty = 0{,}70$, kein Verdichtungsstoß; b) $Ma_\infty = 0{,}80$, schwacher Verdichtungsstoß auf der

3.6 Schallnahe Strömungen

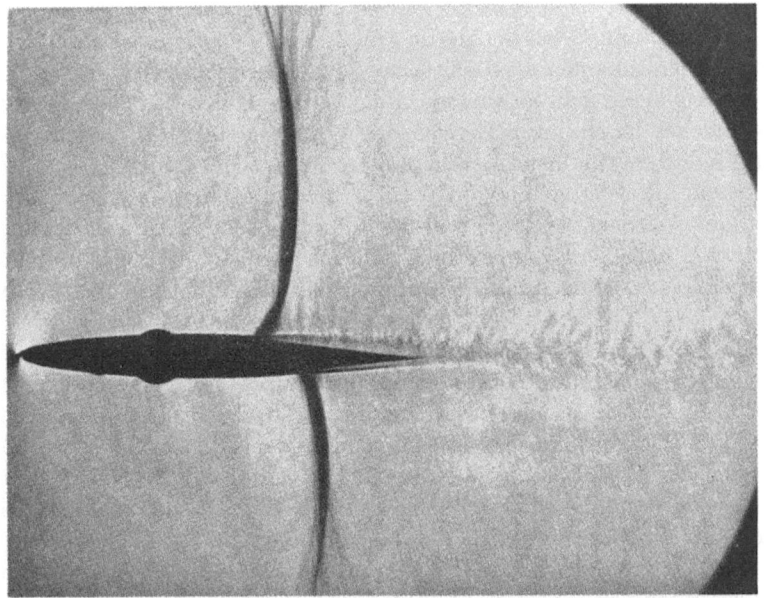

c $Ma_\infty = 0{,}85$

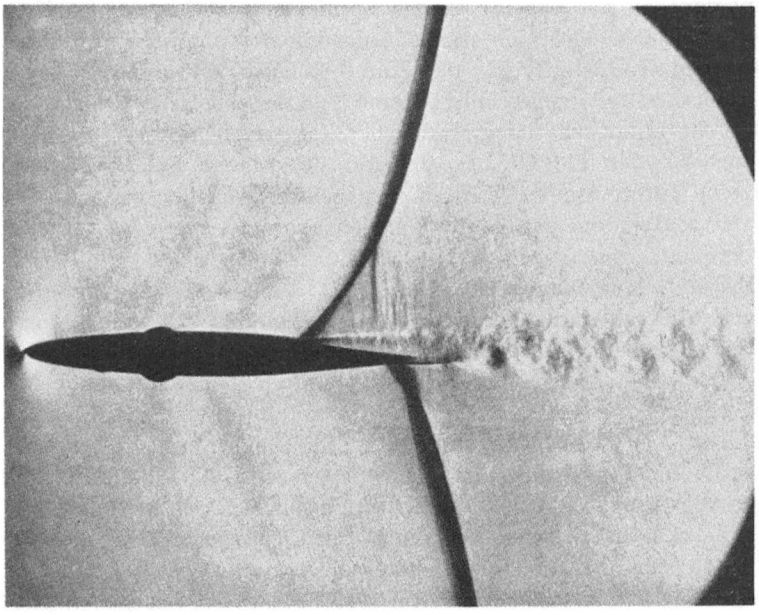

d $Ma_\infty = 0{,}87$

Oberseite; c) $Ma_\infty = 0{,}85$, Verdichtungsstoß auf beiden Seiten, Ablösung auf der Oberseite;
d) $Ma_\infty = 0{,}87$, starke Verdichtungsstöße auf beiden Seiten, starke Ablösung auf der Oberseite

MACHschen Zahlen, bei denen die größte Geschwindigkeit an der Profilkontur überall kleiner als die örtliche Schallgeschwindigkeit ist, $w_K < a$. Im vorliegenden Fall ist das bis $Ma_\infty \approx 0{,}6$ erfüllt. Der Wiederanstieg des Druckes im hinteren Bereich des Profils ist bis $Ma_\infty \approx 0{,}6$ ebenso stetig wie der Abfall vorn. Für größere MACHsche Zahlen, $Ma_\infty > 0{,}7$, bei denen die Schallgeschwindigkeit örtlich überschritten wird, $w_K > a$, geht der Wiederanstieg des Druckes hinter dem Druckminimum unstetig vor sich. Der Drucksprung ist um so größer, je größer die MACHsche Zahl ist. Man bezeichnet diesen Drucksprung als *Verdichtungsstoß*.

Dieser plötzliche Druckanstieg ist für die Grenzschicht außerordentlich gefährlich, da die Grenzschicht schon bei stetigem Druckanstieg stark zur Ablösung neigt; man vergleiche hierzu die Ausführungen in Kap. IV. Der Verdichtungsstoß führt meist zur Ablösung der Strömung von der Wand und damit zu einer starken Erhöhung des Widerstandes, wie es aus der in Abb. 3.42b angegebenen Kurve des Widerstandsbeiwertes in Abhängigkeit von der MACHschen Zahl zu ersehen ist.

In Abb. 3.43 ist nach D. W. HOLDER [*18*] eine Reihe von Strömungsaufnahmen (Schlierenbilder) eines Tragflügelprofils bei konstantem Anstellwinkel im Unterschallbereich wiedergegeben. Man erkennt deutlich die Ausbildung des Verdichtungsstoßes mit wachsender MACHscher Zahl und eine starke Ablösung der Strömung unmittelbar hinter dem Stoß bei $Ma_\infty = 0{,}85$ und $0{,}87$ (Abb. 3.43c und d). Der Verdichtungsstoß tritt zuerst im vorderen Teil der Oberseite des Profils auf und rückt mit wachsender MACHscher Zahl nach hinten. In Abb. 3.44 ist noch für den Fall $Ma_\infty = 0{,}9$ und $\alpha = 8°$ eine Schlierenaufnahme und eine Interferometer-Aufnahme gegenübergestellt. Auch in diesem Fall ist hinter dem gegabelten Verdichtungsstoß eine starke Ablösung vorhanden.[1]

Der im allgemeinen recht komplizierte Strömungszustand im transsonischen Geschwindigkeitsbereich ist in Abb. 3.45 für ein bikonvexes Profil bei symmetrischer Anströmung schematisch dargestellt. Es sind die Druckverteilungen und Stromlinienbilder bei wachsender MACH-Zahl angegeben. Abb. 3.45a stellt die inkompressible Strömung dar, und Abb. 3.45b die kompressible Unterschallströmung, bei der die „Schallgrenze" noch nirgends überschritten wird. Abb. 3.45c und 3.45d zeigen die Ausbildung des Verdichtungsstoßes nach Überschreiten der „Schallgrenze" (kritischer Druck) in der Druckverteilung. Abb. 3.45f und 3.45g zeigen die typischen Druckverteilungen bei Überschallgeschwindigkeit, wie sie bereits in Abb. 3.23 und 3.29 angegeben wurden.

---

[1] Die Strömungsaufnahmen in Abb. 3.43 und 3.44 wurden uns in dankenswerter Weise von Prof. Dr. D. W. HOLDER zur Verfügung gestellt.

3.6 Schallnahe Strömungen

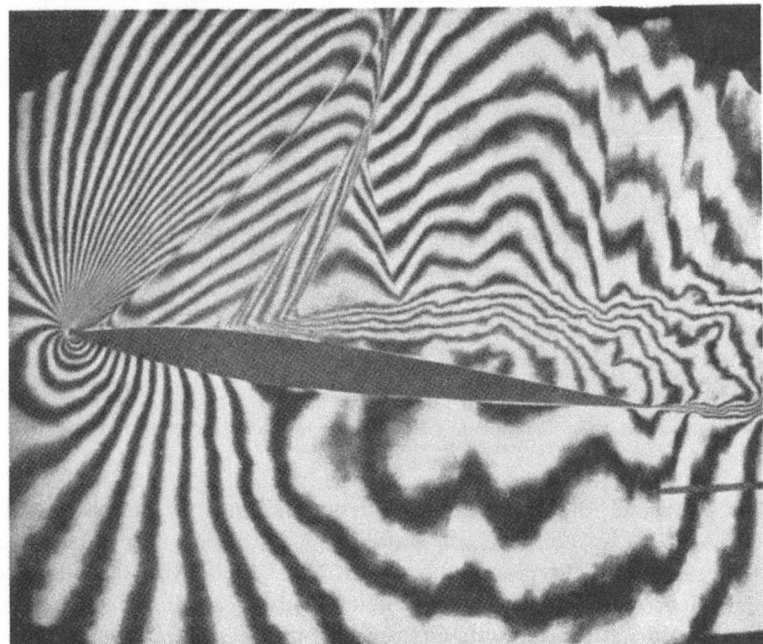

Abb. 3.44. Strömung um ein Tragflügelprofil bei der MACH-Zahl $Ma_\infty = 0{,}9$. Anstellwinkel $\alpha = 8°$, nach D. W. HOLDER [18].   a) Schlierenaufnahme;   b) Interferometer-Aufnahme

218   III. Kompressible reibungslose Strömungen (Gasdynamik)

Die Ausbildung der Verdichtungsstöße im transsonischen Bereich wirkt sich auch stark auf den Auftrieb aus. Dieses ist schematisch in Abb. 3.46 dargestellt, wo die ausgezogene Kurve eine typische Messung für die Abhängigkeit des Auftriebsbeiwertes von der MACHschen Zahl

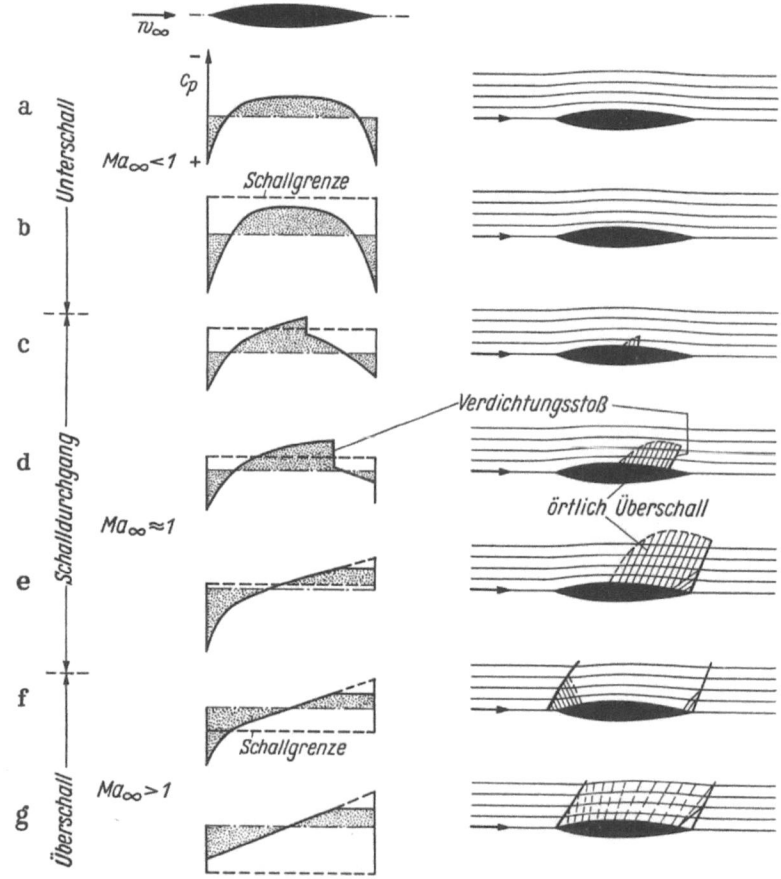

Abb. 3.45. Druckverteilung und Strömungsbilder an einem bikonvexen Profil im transsonischen Bereich (schematisch) nach [72]

angibt, während die gestrichelte Kurve die lineare Theorie entsprechend Abb. 3.24a zeigt. Zum besseren Verständnis der gemessenen Auftriebskurve ist für die Punkte A, B, C, D, E in Abb. 3.47 die Lage der Verdichtungsstöße und die Druckverteilung am Profil angegeben. Bei der MACH-Zahl $Ma_\infty = 0{,}75$ (Punkt A) tritt noch kein Verdichtungsstoß auf, weil auf beiden Seiten des Profils die Schallgeschwindigkeit noch nicht wesentlich überschritten ist. Bei $Ma_\infty = 0{,}81$ (Punkt B)

ist auf der Oberseite im vorderen Teil des Profils die Schallgeschwindigkeit stark überschritten, was zur Ausbildung eines Verdichtungsstoßes bei 70% der Profiltiefe führt. Auf der Unterseite herrscht noch überall Unterschallgeschwindigkeit. Bis zum Punkt B steigt der Auftrieb mit der MACHschen Zahl an. Bei der MACH-Zahl 0,89 (Punkt C) wird auch auf der Unterseite in einem großen Bereich die Schallgeschwindigkeit überschritten, was zur Ausbildung eines Verdichtungsstoßes auf der Unterseite nahe an der Hinterkante führt. Hierdurch wird die Ge-

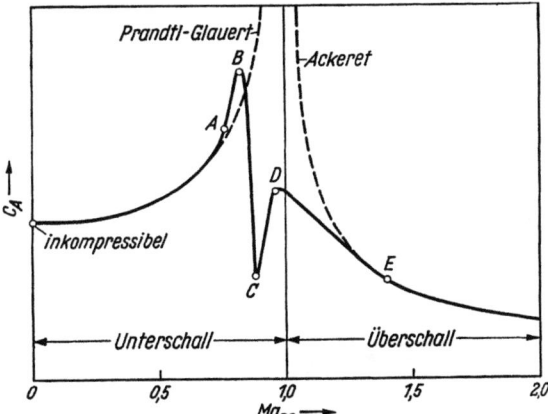

Abb. 3.46. Auftriebsbeiwert eines Tragflügels in Abhängigkeit von der MACHschen Zahl. Ausgezogene Kurve: typischer Verlauf einer Messung; gestrichelte Kurve: Theorie nach Abb. 3.24a

schwindigkeitsverteilung am Profil sehr stark geändert, derart, daß der Auftrieb gegenüber Punkt B erheblich aufgebaut wird. Bei der MACH-Zahl $Ma_\infty = 0{,}98$ (Punkt D) sind die beiden Verdichtungsstöße auf Ober- und Unterseite wesentlich schwächer als bei $Ma_\infty = 0{,}89$ und an der Hinterkante gelegen. Der Auftrieb ist deswegen wieder größer als im Punkt C. Schließlich wird bei $Ma_\infty = 1{,}4$ (Punkt E) die reine Überschallströmung erreicht mit einer Geschwindigkeitsverteilung, die für die Überschallströmung typisch ist (vgl. Abb. 3.29a). Die Größe des Auftriebes entspricht dann der linearen Überschalltheorie (ACKERET).

3.62 Ähnlichkeitsregel der schallnahen Strömung

Eine analytische Berechnung der transsonischen Strömung *mit* Verdichtungsstößen ist bisher nur in wenigen Fällen gelungen [74a]. Dies dürfte z.T. dadurch begründet sein, daß die Ausbildung der Verdichtungsstöße von der Grenzschicht her maßgeblich beeinflußt wird. Dies erkennt man z. B. daraus, daß der Charakter der Verdichtungsstöße wesentlich verschieden ist bei laminarer und turbulenter Strömung in der Grenzschicht (vgl. Kap. 4.96). Eine vollständige theoretische Berechnung der

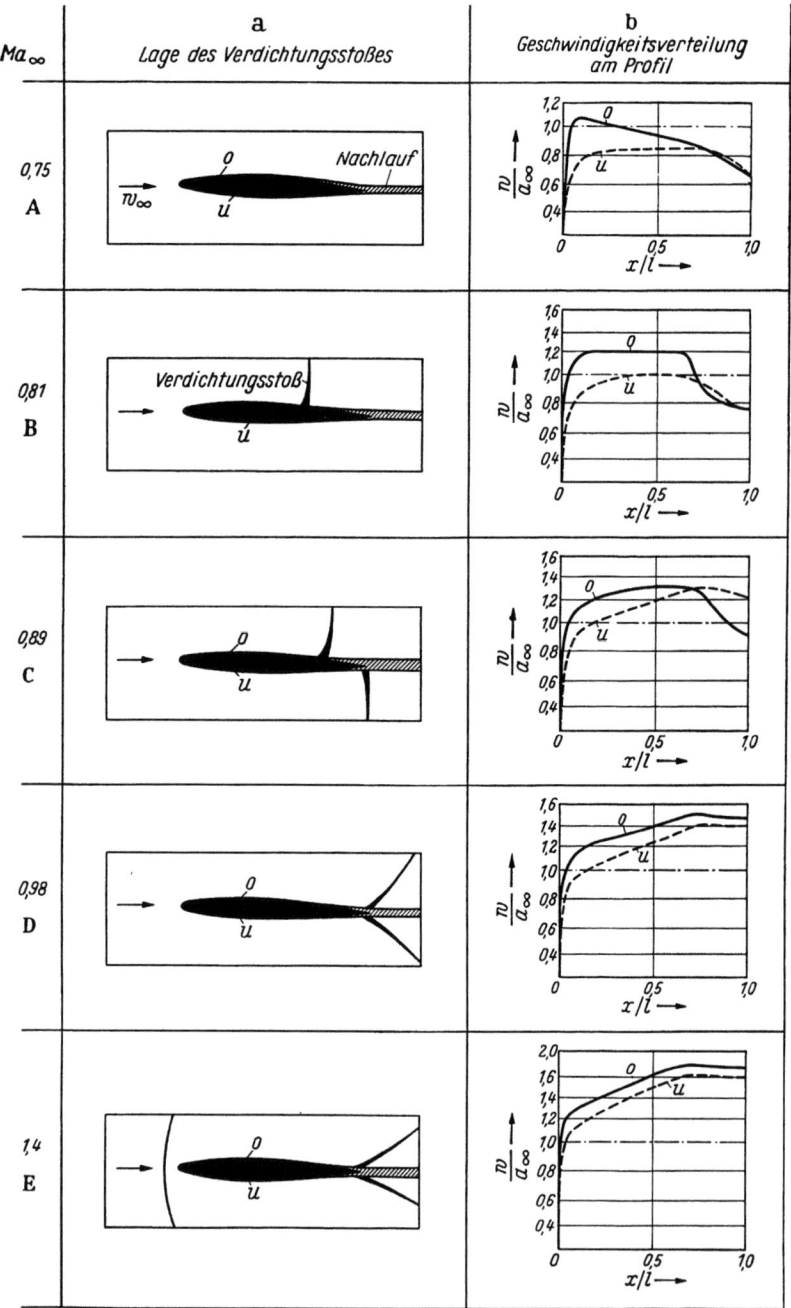

Abb. 3.47. Transsonische Strömung um ein Tragflügelprofil bei verschiedenen MACH-Zahlen; Anstellwinkel $\alpha = 2°$, nach HOLDER [18]. Die Punkte A, B, C, D, E entsprechen den Auftriebsbeiwerten nach Abb. 3.46
a) Lage des Verdichtungsstoßes; b) Geschwindigkeitsverteilung am Profil

3.6 Schallnahe Strömungen

Verdichtungsstöße wird deshalb wohl nur auf der Basis der kompressiblen Strömung *mit Reibung* möglich sein.

Für Strömungen mit MACHschen Zahlen nahe Eins, bei denen häufig ein stetiger Durchgang durch die Schallgeschwindigkeit stattfindet, ist von TH. v. KÁRMÁN [57] ein allgemeines Theorem angegeben worden, das insbesondere für die Ordnung von Versuchsergebnissen sehr wertvoll ist. Dieses *Ähnlichkeitsgesetz für transsonische Strömung* ist verwandt mit der PRANDTL-GLAUERTschen Theorie der Unterschallströmung und der ACKERETschen linearen Theorie der Überschallströmung. Es wird erhalten aus der Potentialgleichung der kompressiblen Strömung, Gl. (3.79), wenn man dort die Vereinfachungen einführt, die sich daraus ergeben, daß die MACH-Zahl nahezu gleich Eins ist; vgl. hierzu Kap. 8.23. Ohne auf die Ableitungen einzugehen, seien hier nur die Ergebnisse angegeben:

Zwischen der Druckverteilung und dem Widerstandsbeiwert von Tragflügelprofilen von verschiedenem Dickenverhältnis d/l und bei verschiedenen schallnahen MACHschen Zahlen bestehen die folgenden Beziehungen. Für den Druckkoeffizienten $c_p = (p - p_\infty) \big/ \frac{\varrho_\infty}{2} w_\infty^2$ gilt:

$$c_p\left(\frac{x}{l}, \frac{d}{l}, Ma_\infty\right) = \frac{(d/l)^{2/3}}{(\varkappa + 1)^{1/3}} \tilde{c}_p\left(\frac{x}{l}, m_\infty\right) \qquad (3.181)$$

und für den Widerstandsbeiwert:

$$c_W\left(\frac{d}{l}, Ma_\infty\right) = \frac{(d/l)^{5/3}}{(\varkappa + 1)^{1/3}} \tilde{c}_W(m_\infty). \qquad (3.182)$$

Dabei bedeutet

$$m_\infty = \frac{Ma_\infty^2 - 1}{\left[(\varkappa + 1)\dfrac{d}{l}\right]^{2/3}}. \qquad (3.183)$$

Wir bezeichnen dabei $\tilde{c}_p$ als reduzierten Druckbeiwert und $\tilde{c}_W$ als reduzierten Widerstandsbeiwert. Eine eingehende experimentelle Nachprüfung dieses Ähnlichkeitsgesetzes nach Gl. (3.181) bis Gl. (3.183) wurde von L. MALAVARD [66] ausgeführt.

In Abb. 3.48 ist für ein symmetrisches, bikonvexes Profil bei symmetrischer Anströmung die Geschwindigkeitsverteilung auf der Kontur w/a_∞ (= örtliche MACHsche Zahl) für verschiedene MACHsche Zahlen der Anströmung dargestellt, die zwischen $Ma_\infty = 0{,}775$ und $1{,}00$ liegen. Bei den kleineren MACHschen Zahlen ist die Geschwindigkeitsverteilung noch vom Typus der inkompressiblen Strömung, vgl. Abb. 3.45a, während bei den MACH-Zahlen sehr nahe Eins der Typus der Überschallströmung (Abb. 3.45e) vorliegt. Die gemäß Gl. (3.181) errechneten reduzierten Druckbeiwerte für gleichartige Messungen an Profilen der Dicke $d/l = 0{,}06$; $0{,}08$; $0{,}10$; $0{,}12$ sind in Abb. 3.49 für verschiedene Werte von m_∞ dargestellt. Durch das Zusammenfallen der

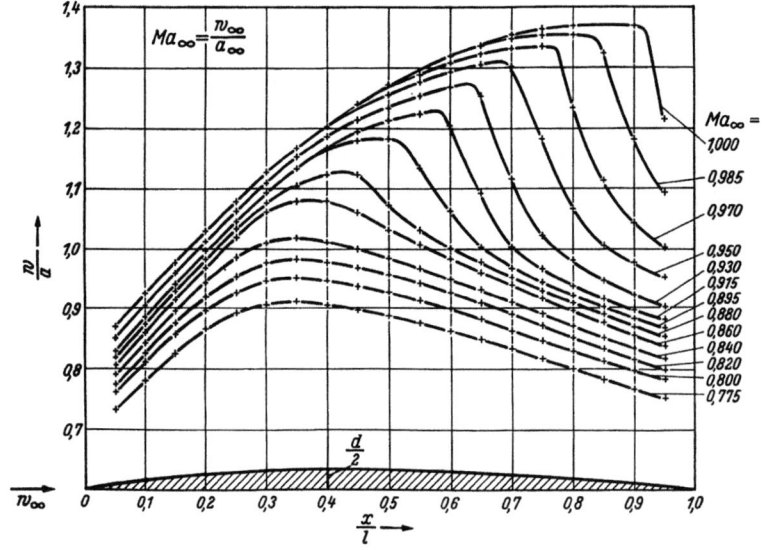

Abb. 3.48. Geschwindigkeitsverteilung an einem symmetrischen Profil der relativen Dicke $d/l = 0{,}08$ im transsonischen Geschwindigkeitsbereich. Nach Messungen von L. MALAVARD [66]

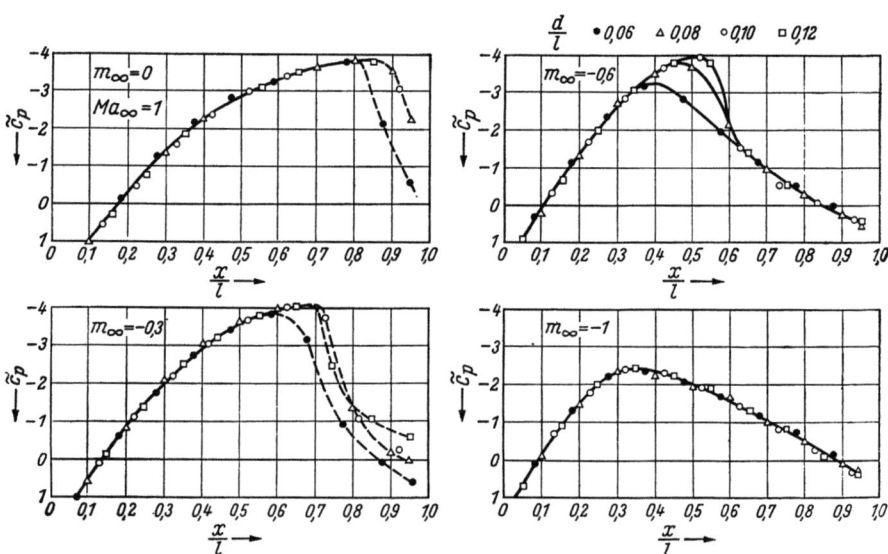

Abb. 3.49. Reduzierter dimensionsloser Druckbeiwert $\tilde{c}_p$ nach Gl. (3.181) im transsonischen Geschwindigkeitsbereich für symmetrische Profile von verschiedenem Dickenverhältnis d/l und bei verschiedenen Werten von m_∞ nach Gl. (3.183). Nach Messungen von L. MALAVARD [66]

$\tilde{c}_p$-Kurven für verschiedene Werte d/l wird die Gültigkeit des v. KÁRMÁNschen Ähnlichkeitsgesetzes sehr gut bestätigt.

Des weiteren gibt Abb. 3.50 eine Auswahl von Widerstandsmessungen an Profilen von verschiedener Dicke. Die Auftragung des Wider-

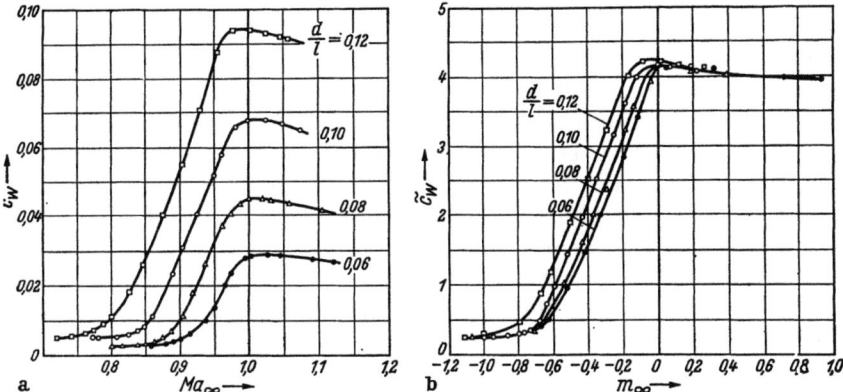

Abb. 3.50. Widerstandsmessungen an symmetrischen Profilen im transsonischen Geschwindigkeitsbereich nach L. MALAVARD [66]
a) Widerstandsbeiwert c_W in Abhängigkeit von der MACHschen Zahl Ma_∞ für symmetrische Profile von verschiedenem Dickenverhältnis d/l; b) Reduzierter Widerstandsbeiwert $\tilde{c}_W$ nach Gl. (3.182) in Abhängigkeit von der reduzierten MACHschen Zahl m_∞ für symmetrische Profile von verschiedenem Dickenverhältnis d/l

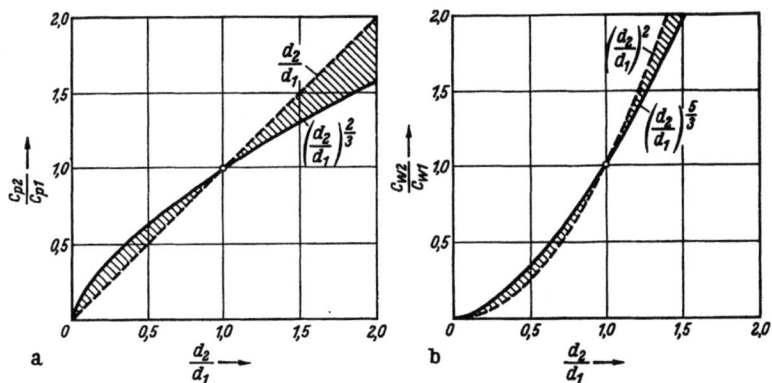

Abb. 3.51. Vergleich des v. KÁRMÁNschen Ähnlichkeitsgesetzes für transsonische Strömung (ausgezogene Kurven) mit der linearen Theorie der Unterschall- und Überschallströmung für zwei Profile mit den Dicken d_1 und d_2
a) Druckbeiwert; b) Widerstandsbeiwert (nur für Überschallströmung)

standsbeiwertes c_W über der MACH-Zahl in Abb. 3.50a zeigt den bekannten starken Widerstandsanstieg in der Nähe von $Ma_\infty = 1$ und überdies das starke Anwachsen dieses Anstieges mit dem Dickenverhältnis d/l. Die Auftragung des reduzierten Widerstandsbeiwertes $\tilde{c}_W$ in Abhängigkeit von m_∞ nach Gl. (3.182) in Abb. 3.50b zeigt ein befriedigendes Zusammenfallen der Kurven für verschiedene d/l, womit auch das Ähnlichkeitsgesetz des Widerstandsbeiwertes bestätigt wird.

Für den Sonderfall $Ma_\infty = 1$ (Schallanströmung) ist nach Gl. (3.183) $m_\infty = 0$. Damit folgt aus Gl. (3.181) unmittelbar, daß in diesem Fall der Druckbeiwert c_p proportional zu $(d/l)^{2/3}$ und der Widerstandsbeiwert proportional zu $(d/l)^{5/3}$ ist. Bezüglich der Abhängigkeit vom Dickenverhältnis gilt, daß nach der linearen Theorie im Unter- und Überschallbereich c_p proportional zu d/l ist, und daß im Überschallbereich c_W proportional zu $(d/l)^2$ ist. Die Gegenüberstellung dieser linearen Theorie mit dem v. Kármánschen Ähnlichkeitsgesetz ist für zwei Profile mit den Dicken d_1 und d_2 in Abb. 3.51a für den Druckbeiwert und in Abb. 3.51b für den Widerstandsbeiwert dargestellt.

Zusammenfassende Darstellungen über transsonische Strömungen geben K. G. Guderley [16], D. W. Holder [18] sowie das Symposium Transsonicum [26].

3.7 Hyperschallströmungen[1]

3.71 Allgemeines, angestellte ebene Platte

Aus den bisherigen Betrachtungen geht hervor, daß sich die Strömung um schlanke Körper bei Unterschallgeschwindigkeit und bei reiner Überschallgeschwindigkeit gut durch die linearisierte Potentialgleichung beschreiben läßt, wobei die Strömung als geringe Abweichung (kleine Störungen) von einer Grundströmung aufgefaßt wird. Wie wir weiter sahen, ist die Anwendung der Linearisierung beschränkt. Es gibt Geschwindigkeitsbereiche, in denen die Linearisierung nicht mehr zulässig ist, auch wenn die Zusatzgeschwindigkeiten klein sind gegen die Grundströmung. Bei der Linearisierung müssen nämlich zwei Bedingungen erfüllt sein:

1. Die Zusatzgeschwindigkeiten müssen klein sein gegenüber der Differenz zwischen der Strömungsgeschwindigkeit und der Schallgeschwindigkeit.

2. Die Zusatzgeschwindigkeiten müssen klein sein gegenüber der Schallgeschwindigkeit.

Die erste Bedingung schließt den Bereich in der Nähe der Mach-Zahl Eins, d. h. den schallnahen Bereich, aus (vgl. Kap. 3.6).

Die zweite Bedingung schließt den Bereich extrem hoher Strömungsgeschwindigkeiten aus. Wenn nämlich die Strömungsgeschwindigkeit ein Vielfaches der Schallgeschwindigkeit beträgt, dann liegen die Zusatzgeschwindigkeiten in der gleichen Größenordnung wie die

---

[1] Diesen Abschnitt verdanken wir Herrn Prof. Dr.-Ing. K. Gersten.

3.7 Hyperschallströmungen

Schallgeschwindigkeit, obwohl sie immer noch klein sind gegenüber der Strömungsgeschwindigkeit. Dieser Bereich der sehr hohen Geschwindigkeiten wird als *Hyperschallströmung* bezeichnet. Zu ihm werden im allgemeinen alle Strömungen mit MACHschen Zahlen $Ma_\infty > 5$ gezählt. Solche Strömungen sind sehr wichtig für Geschosse und sehr schnelle Flugkörper (Satelliten).

Um zu zeigen, daß die Linearisierung im Hyperschallbereich nicht mehr zulässig ist, sei die Strömung für $Ma_\infty \gg 1$ um einen spitzen ebenen Keil nach Abb. 3.52 betrachtet. Nach den Darlegungen in

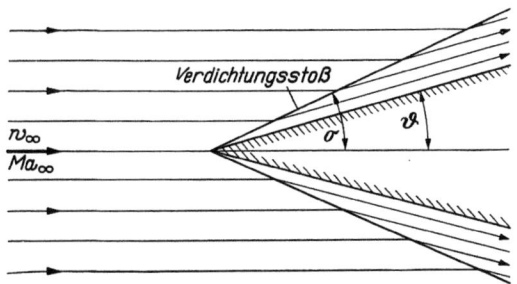

Abb. 3.52. Hyperschallströmung an einem schlanken Keil. ϑ Keilwinkel; σ Stoßwinkel

Kap. 3.56 entsteht am Keil ein schiefer Verdichtungsstoß, der mit der Anströmrichtung den Stoßwinkel σ bildet, und an dem der Druck sprunghaft um Δp anwächst. Betrachtet man nur sehr kleine Keilwinkel $\vartheta > 0$, so erhält man für den Stoßwinkel aus Gl. (3.180):

$$\sigma = \frac{\varkappa + 1}{4} \left[1 + \sqrt{1 + \frac{\left(\frac{4}{\varkappa + 1}\right)^2}{(Ma_\infty \vartheta)^2}} \right] \vartheta \qquad (3.184)$$

und für den Druckkoeffizienten

$$c_p = \frac{\Delta p}{\frac{1}{2} \varrho_\infty w_\infty^2} = \frac{\varkappa + 1}{2} \left[1 + \sqrt{1 + \frac{\left(\frac{4}{\varkappa + 1}\right)^2}{(Ma_\infty \vartheta)^2}} \right] \vartheta^2. \qquad (3.185)$$

Für sehr große Werte von $(Ma_\infty \vartheta)$ ergibt sich hieraus:

$$\left. \begin{array}{l} \sigma = \dfrac{\varkappa + 1}{2} \vartheta \\[2mm] c_p = (\varkappa + 1) \vartheta^2 \end{array} \right\} \quad \text{für} \quad Ma_\infty \vartheta \gg 1. \qquad \begin{array}{l}(3.186)\\(3.187)\end{array}$$

Stoßwinkel und Druckkoeffizient sind im Grenzfall sehr großer Werte von $Ma_\infty \vartheta$ unabhängig von der MACH-Zahl und nur abhängig vom Keilwinkel ϑ. Für Luft mit $\varkappa = 1{,}4$ ergibt sich $\sigma = 1{,}2\vartheta$. Der Verdichtungsstoß liegt dann also sehr nahe an der Kontur. Für $\varkappa = 1$ würden Verdichtungsstoß und Kontur zusammenfallen. In diesem

Sonderfall ($Ma_\infty \to \infty$, $\varkappa \to 1$) würde die ankommende Strömung bis an die Körperkontur ungestört bleiben und dann dort in Richtung der Kontur umgelenkt werden. Dabei wird ein Teil des horizontalen Impulses an die Körperwand abgegeben, was dann den Widerstand des Körpers ergibt. Da I. NEWTON (vgl. [50]) seine Theorie des Widerstandes beliebig umströmter Körper mit dieser Vorstellung der Impulsabgabe der umströmenden Teilchen an den Körper aufgestellt hat, wird dieser Sonderfall $Ma_\infty \to \infty$, $\varkappa \to 1$ als *Newtonsche Strömung* bezeichnet.

Benutzt man statt der Beziehungen für den schiefen Verdichtungsstoß die linearisierte Potentialgleichung, so wird der Verdichtungsstoß durch eine MACHsche Linie ersetzt, deren Winkel σ sich nach Gl. (3.153) aus

$$\sin \sigma = \frac{1}{Ma_\infty} \qquad (3.188)$$

errechnen läßt. Der dazugehörige Druckkoeffizient beträgt nach Gl. (3.127):

$$c_p = \frac{2}{\sqrt{Ma_\infty^2 - 1}} \vartheta. \qquad (3.189)$$

Im Gegensatz zu den genaueren Formeln hat hier jetzt die MACH-Zahl einen großen Einfluß. Außerdem liefert die Linearisierung nach Gl. (3.189) einen *linearen* Zusammenhang zwischen dem Druckkoeffizienten c_p und dem Keilwinkel ϑ, während bei sehr großen MACH-Zahlen dieser Zusammenhang nach Gl. (3.187) quadratisch ist.

Entsprechende Abweichungen wie zwischen dem schiefen Verdichtungsstoß und der sehr schwachen Verdichtungslinie treten bei sehr hohen MACH-Zahlen auch auf zwischen der Verdünnung der PRANDTL-MEYERschen Eckenströmung (Kap. 3.54) und der schwachen Verdünnungslinie. Bei einer Verdünnung durch Ablenkung um den Winkel $\vartheta < 0$ erhält man bei großen MACH-Zahlen nach den Gl. (3.144) bis (3.146) folgende Beziehung für den Druckbeiwert:

$$c_p = \frac{2}{\varkappa Ma_\infty^2 \vartheta^2} \left[\left(1 + \frac{\varkappa - 1}{2} Ma_\infty \vartheta \right)^{\frac{2\varkappa}{\varkappa - 1}} - 1 \right] \vartheta^2. \qquad (3.190)$$

Für kleine Werte von $Ma_\infty \vartheta$ gilt statt Gl. (3.190) auch hier Gl. (3.189).

Benutzt man z. B. für die im Kap. 3.52 behandelte angestellte *ebene Platte* im Überschallbereich statt der linearisierten Gl. (3.189) die Gl. (3.185) und (3.190), so ergeben sich für sehr hohe MACH-Zahlen Abweichungen gegenüber den dort gefundenen Werten.

Wegen $\vartheta = \pm \alpha$ für die Unter- bzw. Oberseite der Platte folgt für den Auftriebsbeiwert der Zusammenhang:

$$c_A = \alpha^2 \, F(Ma_\infty \alpha). \qquad (3.191)$$

In Abb. 3.53 ist dieses Ergebnis für verschiedene MACH-Zahlen nach Rechnungen von R. D. LINNEL [65] dargestellt. Man erkennt deutlich, daß der Auftriebsbeiwert für konstanten Anstellwinkel mit wachsender MACH-Zahl stark abnimmt, und daß die hypersonische Theorie von der linearen Theorie abweicht. Für sehr große MACH-Zahlen ergibt sich die folgende quadratische Abhängigkeit vom Anstellwinkel α:

$$c_A = (\varkappa + 1)\alpha^2 \quad (Ma_\infty \to \infty). \quad (3.191\,\mathrm{a})$$

Dabei trägt für $Ma_\infty \to \infty$ die Oberseite der Platte nichts zum Auftriebsbeiwert bei.

Im folgenden sollen zunächst die wichtigsten Merkmale der Hyperschallströmung und insbesondere die gegenüber der Strömung mit mäßigen Überschallgeschwindigkeiten neu hinzukommenden Probleme besprochen werden.

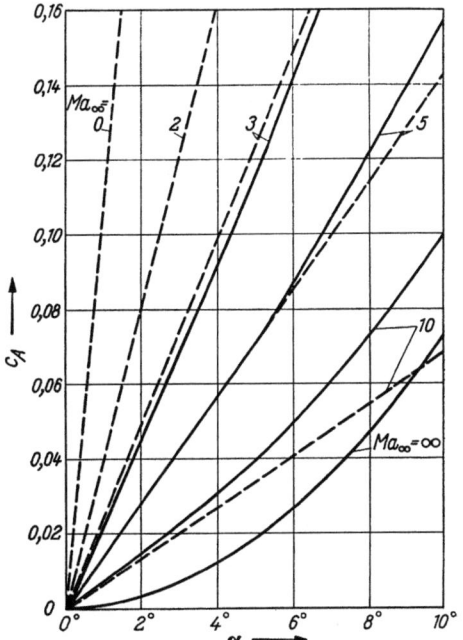

Abb. 3.53. Auftriebsbeiwert der ebenen Platte in Abhängigkeit vom Anstellwinkel α für verschiedene MACH-Zahlen ($\varkappa = 1{,}4$). Hypersonische Theorie für kleine Anstellwinkel nach LINNELL [65]
—— Hypersonische Theorie Gl. (3.191)
$Ma_\infty \to \infty$: $c_A = (\varkappa + 1)\alpha^2$
- - - Linearisierte Theorie nach ACKERET (vgl. Kap. 3.52)
$Ma_\infty \to 0$: $c_A = 2\pi\alpha$

3.72 Physikalische Eigenschaften einer Hyperschallströmung

Die zu Anfang erwähnte Hyperschallströmung am ebenen Keil (Abb. 3.52) war von ganz spezieller Natur; insbesondere waren dabei stillschweigend einige vereinfachende Annahmen zugrunde gelegt worden. Die Zähigkeit war vernachlässigt worden, und es war ein Keil mit idealer Spitze und damit die Geradlinigkeit des Verdichtungsstoßes vorausgesetzt worden. In der wirklichen Hyperschallströmung sind diese Bedingungen jedoch nicht erfüllt, so daß erhebliche Abweichungen gegenüber dem obenerwähnten Idealfall auftreten. In Abb. 3.54 ist skizziert, wie die Strömung in der Nähe der Nase eines umströmten Körpers in Wirklichkeit etwa aussieht. Wesentlich ist vor allem, daß die Vorderkante eines jeden Körpers stets etwas — wenn auch nur wenig — abgerundet ist [62]. Das hat zur Folge, daß sich dort ein Staupunkt ausbildet und daher davor ein abgelöster Verdichtungs-

228   III. Kompressible reibungslose Strömungen (Gasdynamik)

stoß (Kopfwelle) auftritt, an dem die Hyperschallströmung schlagartig auf Unterschall abgebremst wird. Dabei entstehen in Staupunktnähe extrem hohe Temperaturen, die zu Dissoziation und Ionisation des

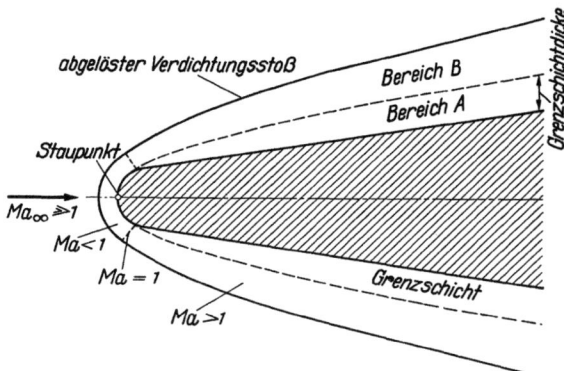

Abb. 3.54. Skizze einer Hyperschallströmung; Bereich A: Grenzschicht mit Reibung und Drehung; Bereich B: Schicht ohne Reibung, aber mit Drehung

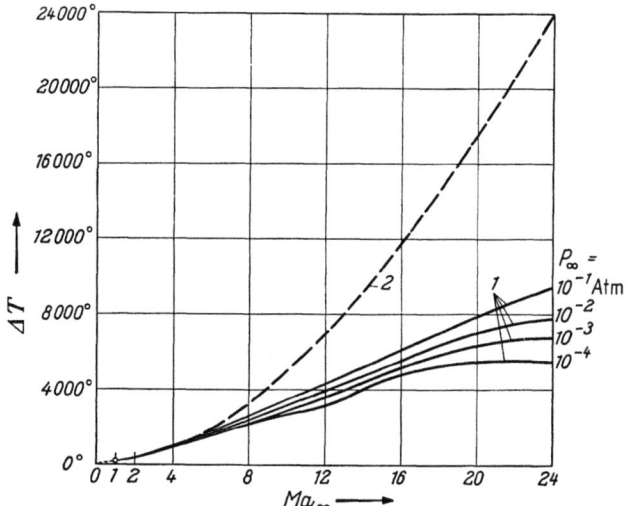

Abb. 3.55. Temperaturerhöhung hinter einem geraden Verdichtungsstoß in Abhängigkeit von der MACHschen Zahl (Temperatur vor dem Stoß: $T_\infty = 222\ °K$)
Kurve 1: reales Gas für verschiedenen statischen Druck p_∞
Kurve 2: ideales Gas ($\varkappa = 1,4$)

Gases und damit zu Abweichungen von den Eigenschaften idealer Gase führen können. Es gilt dann z. B. nicht mehr die Gasgleichung $p/\varrho = RT$, und auch die spezifische Wärme c_p bleibt nicht mehr konstant [44a, 61a].

3.7 Hyperschallströmungen

Abb. 3.55 zeigt für Luft in Abhängigkeit von der MACHschen Zahl die Temperaturerhöhung, die sich in der Nähe des Staupunktes nach dem Durchgang durch den Verdichtungsstoß ergibt. Die gestrichelte Kurve gilt für das ideale Gas, und die ausgezogenen Kurven für ein reales Gas bei verschiedenen Werten des statischen Druckes p_∞ in der Zuströmung. Bei hohen MACH-Zahlen sind infolge Dissoziation für das reale Gas die Temperaturerhöhungen beträchtlich kleiner als für das ideale Gas.

In größerer Entfernung vom Staupunkt schmiegt sich der Verdichtungsstoß sehr eng an die Körperkontur an, so daß er besonders in Staupunktnähe sehr stark gekrümmt ist (Abb. 3.54). An der Körperkontur selbst entsteht infolge der Zähigkeit eine Reibungsschicht (Bereich A), deren Dicke aber jetzt die gleiche Größenordnung hat wie der Abstand zwischen Verdichtungsstoß und dem Rand der Grenzschicht (Bereich B) [77]. Die Ausbildung der Grenzschicht hängt von der Druckverteilung am Körper ab, und diese wird bei Hyperschallströmung im wesentlichen von der Gestalt des Verdichtungsstoßes bestimmt. Dieser wiederum hängt von der Körperkontur und deren Grenzschicht ab.

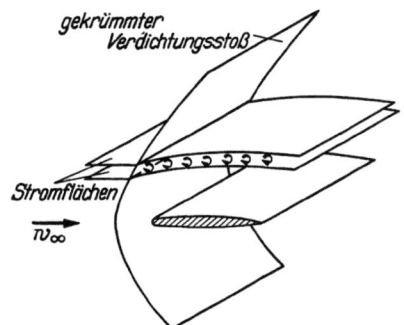

Abb. 3.56. Erläuterungsskizze zur Entstehung der Drehung hinter einem gekrümmten Verdichtungsstoß

Es besteht also in der Hyperschallströmung eine sehr starke Interferenz zwischen der Reibungsschicht und dem Verdichtungsstoß [60, 61a]. Noch eine weitere Schwierigkeit tritt hinzu. Da der Verdichtungsstoß gekrümmt ist, ergibt sich für verschiedene Stromlinien beim Durchgang durch den Verdichtungsstoß in Abhängigkeit von dessen Neigung an der betreffenden Stelle eine unterschiedliche Entropiezunahme, so daß die Strömung hinter dem Stoß nicht mehr isentrop ist. Das aber bedeutet nach der Skizze in Abb. 3.56, daß die Strömung hinter dem gekrümmten Stoß nicht mehr drehungsfrei ist. Es ist daher hierbei nicht mehr die sonst in der Grenzschichttheorie übliche Aufteilung in die drehungsbehaftete Reibungsschicht und die drehungsfreie Außenströmung möglich. Vielmehr ist jetzt die gesamte Strömung zwischen Verdichtungsstoß und Körperkontur mit Drehung behaftet. Jedoch sind nach Abb. 3.54 nur im wandnahen Bereich A die Reibungseinflüsse von Bedeutung, während der Bereich B eine reibungslose, aber nicht drehungsfreie Schicht darstellt. Ein wesentliches Kennzeichen der hypersonischen Strömung ist ihre geringe seitliche Erstreckung. Daher weisen die Strömungsgrößen starke Änderungen in seitlicher Richtung

230   III. Kompressible reibungslose Strömungen (Gasdynamik)

auf, während in Richtung der Anströmung sich die Strömungsgrößen nur geringfügig ändern.[1]

3.73 Ähnlichkeitsregel der Hyperschallströmung

In den Kap. 3.34 und 3.62 wurden für die Strömung im Unter- und Überschallbereich sowie auch für den transsonischen Strömungsbereich gewisse Ähnlichkeitsgesetze aufgestellt, mit deren Hilfe die Strömungen um geometrisch ähnliche Körper ineinander übergeführt werden können. Ein derartiges Ähnlichkeitsgesetz existiert auch für die Hyperschallströmung. Es wurde zuerst von H. S. TSIEN [80] angegeben und in voller Allgemeinheit von W. D. HAYES [49] bewiesen.

Nach den Gl. (3.185) und (3.190) gilt für den Druckbeiwert eines keilförmigen Körpers folgende Beziehung:

$$c_p = \vartheta^2 f_1(Ma_\infty \vartheta). \qquad (3.192)$$

Hierbei bedeutet $Ma_\infty \vartheta$ den *Ähnlichkeitsparameter* der Hyperschallströmung mit ϑ als Winkel zwischen der Anströmrichtung und der Wand des Körpers (Abb. 3.52). Für einen angestellten kegelförmigen Körper mit dem Kegelwinkel $2\omega_0$ nach Abb. 3.57 ist für die Unter- bzw. Oberseite $\vartheta = \omega_0 \pm \alpha = \frac{1}{2}\frac{d}{l}\left(1 \pm 2\alpha \frac{l}{d}\right)$ mit α als Anstellwinkel und $\frac{d}{l} = 2\omega_0$ als Dickenverhältnis.

Im Hyperschallbereich sind die Strömungen um zwei geometrisch ähnliche Körper mit den Dickenverhältnissen $(d/l)_1$ und $(d/l)_2$ ähnlich, wenn für beide das Produkt $Ma_\infty(d/l)$ gleich ist. Besitzen die beiden Körper einen von Null verschiedenen Anstellwinkel α, so muß für beide Körper auch das Produkt $\alpha(l/d)$ den gleichen Wert haben.

Somit erhält man für den Druckbeiwert eines angestellten beliebigen Körpers vom Dickenverhältnis d/l entsprechend Gl. (3.191):

$$c_p = \left(\frac{d}{l}\right)^2 f_2\left(\frac{x}{l}, Ma_\infty \frac{d}{l}, \alpha \frac{l}{d}\right). \qquad (3.193)$$

Ähnlich läßt sich für den Widerstandsbeiwert die Beziehung

$$c_W = \left(\frac{d}{l}\right)^3 f_3\left(Ma_\infty \frac{d}{l}, \alpha \frac{l}{d}\right) \qquad (3.194)$$

herleiten. In Abb. 3.57 ist als Erläuterung zu Gl. (3.193) das Verhältnis $c_p / \left(\frac{d}{l}\right)^2$ für zwei schlanke Kreiskegel mit den Dickenverhältnissen $(d/l)_1 = 1/3$ und $(d/l)_2 = 1/5$ und den MACH-Zahlen $Ma_{\infty 1} = 2,7$ und $Ma_{\infty 2} = 4,5$ in Abhängigkeit von der Größe $\alpha(l/d)$ dargestellt, und

---

[1] Das Gegenstück dazu bildet die transsonische Strömung, bei der gerade in seitlicher Richtung nur geringe Änderungen und in Strömungsrichtung große Änderungen der Strömungsgrößen auftreten.

zwar für verschiedene über dem Umfang verteilte Erzeugende des Kegelmantels [68]. Die Meßpunkte für die beiden Körper fallen jeweils gut auf einer Kurve zusammen, wie es auf Grund der Ähnlichkeitsregel der Fall sein muß. Die geringen Abweichungen für die Erzeugende $\Theta = 180°$ sind auf eine Ablösung der Strömung auf der Oberseite des

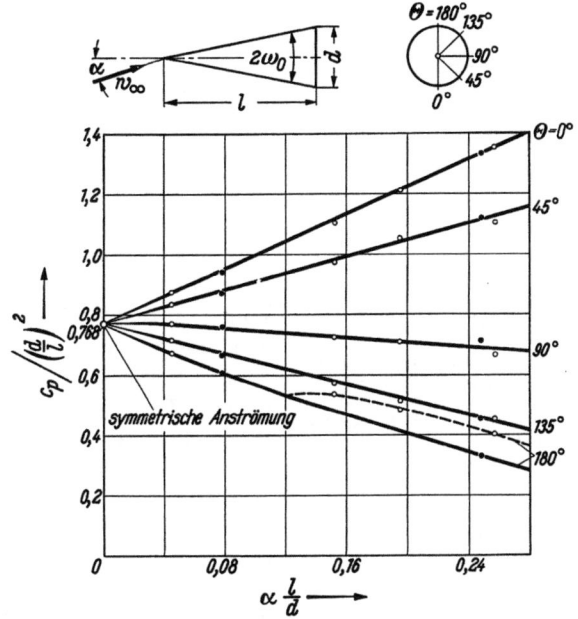

Abb. 3.57. Druckbeiwert auf einigen Erzeugenden von zwei verschiedenen schlanken Kreiskegeln in Abhängigkeit vom Anstellwinkel nach [68]. Bestätigung der Ähnlichkeitsregel für Hyperschallströmung nach Gl. (3.193)

Ähnlichkeitsparameter $Ma_\infty \dfrac{d}{l} = 0{,}9$

○ $\omega_0 = 9{,}5°$, $\dfrac{d}{l} = \dfrac{1}{3}$; $Ma_\infty = 2{,}7$

● $\omega_0 = 5{,}7°$, $\dfrac{d}{l} = \dfrac{1}{5}$; $Ma_\infty = 4{,}5$

Wegen der Kegelsymmetrie ist c_p auf einer Erzeugenden jeweils konstant. Der Wert für den Anstellwinkel $\alpha = 0°$ entspricht der exakten Lösung nach Z. KOPAL (vgl. [27] von Kap. IX)

dickeren Kegels infolge kleiner REYNOLDS-Zahl zurückzuführen. Um vollständige Ähnlichkeit zu erzielen, müßten strenggenommen auch die REYNOLDS-Zahlen für beide Anordnungen gleichgehalten werden, was durch Änderung der kinematischen Zähigkeit erreicht werden könnte.

3.74 Umströmung eines stumpfen Körpers

Die Berechnung der Strömung um einen Körper mit stumpfer Vorderkante, insbesondere die Berechnung der Form des Verdichtungsstoßes und der Druckverteilung am Körper, bereitet selbst bei Vernachlässigung

232   III. Kompressible reibungslose Strömungen (Gasdynamik)

der Reibung große Schwierigkeiten, weil im Strömungsfeld Hyperschall-, Unterschall- und Überschallgebiete nebeneinander auftreten. Einige theoretische Ansätze zur Behandlung dieser *Strömung vom gemischten Typ* sind bereits vorhanden [*42, 61, 63*]. Abb. 3.58 zeigt Messungen und eine theoretische Kurve von M. D. van Dyke [*42*] für den Abstand Δ des Verdichtungsstoßes vom Staupunkt für eine Kugel vom Radius R in Abhängigkeit von der Mach-Zahl. Mit zunehmender Mach-Zahl rückt der Verdichtungsstoß näher an die Körperkontur heran. In Abb. 3.59 ist eine Strömungsaufnahme an einer Kugel bei der Mach-Zahl $Ma_\infty = 9$ wiedergegeben. Die zu einer solchen Hyperschallströmung gehörige Druckverteilung ist am Beispiel eines Halbkörpers, bestehend aus Halbkugelkopf und anschließendem Zylinder, in Abb. 3.60 dargestellt. Nach der Newtonschen Vorstellung über die Impulsabgabe der Strömungsteilchen an die Körper würde sich eine Druckverteilung.

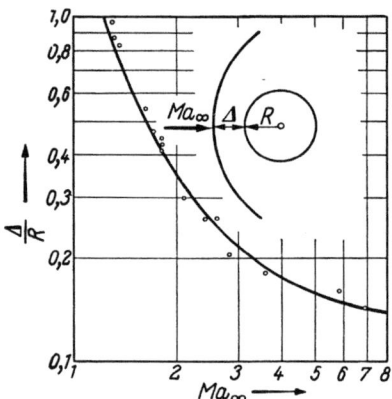

Abb. 3.58. Abstand des abgelösten Verdichtungsstoßes vom Staupunkt einer Kugel bei verschiedenen Mach-Zahlen nach [*42*]
—— Theorie nach van Dyke [*42*] für $\varkappa = 1{,}4$
○ Messungen für Luft

$$c_p = 2 \sin^2 \vartheta \qquad (3.195)$$

ergeben, eine Beziehung, die im Sonderfall $\varkappa = 1$ und $\vartheta \ll 1$ mit Gl. (3.187) übereinstimmt. Da die wirkliche Strömung jedoch dieser

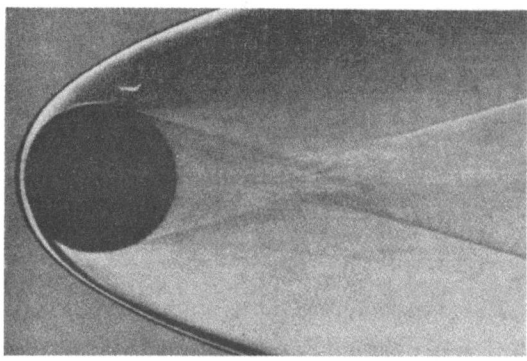

Abb. 3.59. Strömungsaufnahme einer Kugel bei Hyperschallströmung, nach H. Kurzweg, Naval Ordnance Laboratory. $Ma_\infty = 9$

3.7 Hyperschallströmungen

zugrunde gelegten Vorstellung nicht entspricht, kann Gl. (3.195) die Druckverteilung nicht richtig wiedergeben. Man erhält jedoch, wenigstens in Staupunktnähe, eine sehr gute Näherung für die Druckverteilung, wenn man in Gl. (3.195) den Faktor 2 durch den wirklichen Wert im Staupunkt ersetzt. Man erhält dann die sog. abgeänderte NEWTONsche Formel

$$c_p = c_{p\,\max} \sin^2 \vartheta. \qquad (3.196)$$

Dieser Verlauf ist in Abb. 3.60 mit eingetragen und zeigt sehr gute Übereinstimmung. Es sei jedoch betont, daß es sich bei der Gl. (3.196)

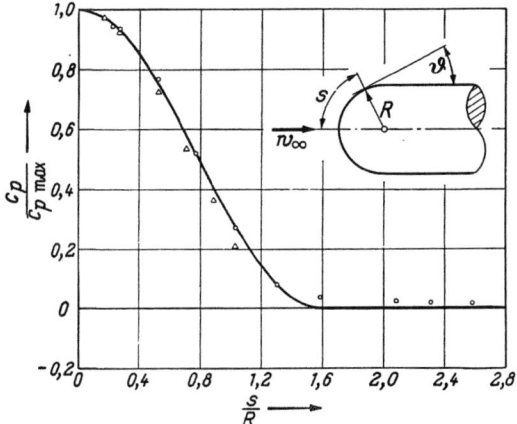

Abb. 3.60. Druckverteilung an einem Halbkörper mit Halbkugelkopf nach [61a]

○ $Ma_\infty = 5{,}8$, $Re = \dfrac{w_\infty R}{\nu_\infty} = 1{,}2 \cdot 10^5$

△ $Ma_\infty = 3{,}8$, $Re = \dfrac{w_\infty R}{\nu_\infty} = 1{,}4 \cdot 10^5$

—— abgeänderte NEWTONsche Näherung nach Gl. (3.196)

um eine empirische Beziehung handelt. Die Verfahren zur exakten Berechnung der hypersonischen Strömung sind sehr aufwendig [42] und nur mit modernen Rechenanlagen zu bewältigen. Die Arbeiten auf dem Gebiet der Hyperschallströmung befinden sich noch stark im Fluß, und viele aerodynamische Probleme, insbesondere solche, die Abweichungen von den Eigenschaften idealer Gase berücksichtigen, sind noch ungelöst.

Zusammenfassende Darstellungen über hypersonische Strömungen findet man in [*8, 9, 17, 20, 34*].

Literatur

A. Zusammenfassende Darstellungen und Lehrbücher

[1] ABRAMOVITCH, G. N.: Angewandte Gasdynamik. Berlin 1958.
[2] ACKERET, J.: Gasdynamik. In: Handbuch der Physik Bd. VII, herausgegeben von H. GEIGER u. K. SCHEEL, Berlin: Springer 1927.
[3] Ames Research Staff: Equations, Tables and Charts for Compressible Flow. NACA Rep. Nr. 1135 (1953).
[3a] BECKER, E.: Gasdynamik, Stuttgart 1966.
[4] Bericht über den Volta-Kongreß über Hochgeschwindigkeits-Aerodynamik: Convegno di Scienze fisiche, mathematiche e naturali, Thema: Le alte velocita in aviazione. 30. Sept. bis 6. Okt. 1935. Rom 1936.
[5] BONNEY, A.: Engineering Supersonics Aerodynamics. New York/Toronto/London 1950.
[6] BUSEMANN, A.: Gasdynamik. In: Handbuch der Experimentalphysik Bd. 4, Teil I, herausgegeben von WIEN u. HARMS, Leipzig 1931.
[7] CARAFOLI, E.: High Speed Aerodynamics (Compressible flow), Bukarest 1956.
[8] COLLAR, A. R., u. J. TINKLER (Herausgeber): Hypersonic Flow. Proceedings of the Eleventh Symposium of the Colston Research Society held in the University of Bristol, April 6th—8th. London: Butterworths 1960.
[9] COX, R. N., u. L. F. CRABTREE: Elements of Hypersonic Aerodynamics. London 1965.
[10] DORFNER, K. R.: Dreidimensionale Überschallprobleme der Gasdynamik. Ergebnisse der angewandten Mathematik, Heft 3. Berlin/Göttingen/Heidelberg: Springer 1957.
[11] DUBS, F.: Hochgeschwindigkeitsaerodynamik, Basel 1961.
[12] EMMONS, H. W. (Herausgeber): Fundamentals of Gas Dynamics. Bd. III, High Speed Aerodynamics and Jet Propulsion. Princeton 1954.
[13] FERRI, A.: Elements of Aerodynamics of Supersonic Flows. New York 1949.
[14] FERRI, A.: A Review of Some Recent Developments in Hypersonic Flow. Adv. Aeron. Sci. Bd. II, Proc. First Intern. Congr. Aeron. Sci. Madrid 1958. Pergamon Press 1959, S. 723—771.
[15] Göttinger Monographien über Fortschritte der deutschen Luftfahrtforschung seit 1939, im Auftrage des britischen Ministry of Supply verfaßt bei der AVA Göttingen, 1945/46. Monographie C „Kompressible Strömungen", redigiert von W. TOLLMIEN, mit den folgenden Beiträgen:
C 1: K. OSWATITSCH: Grundbegriffe und allgemeine Sätze.
C 2: W. ROTHSTEIN: Nichtstationäre kompressible Strömungen.
C 3: E. KRAHN: Stationäre Unterschallströmungen.
C 4: M. SCHÄFER, W. TOLLMIEN u. K. OSWATITSCH: Stationäre Überschallströmungen.
C 5: W. WUEST u. O. WALCHNER: Geschosse.
C 6: W. TOLLMIEN u. H. LUDWIEG: Durchgang durch die Schallgeschwindigkeit.
[16] GUDERLEY, K. G.: Theorie schallnaher Strömungen. Berlin/Göttingen/Heidelberg: Springer 1957.
[17] HAYES, W. D., u. R. F. PROBSTEIN: Hypersonic Flow Theory. New York: Academic Press 1959.
[18] HOLDER, D. W.: Transsonische Strömungen an zweidimensionalen Flügeln. ZFW Bd. 12 (1964), S. 285—303.
[19] HOWARTH, L. (Herausgeber): Modern Developments in Fluid Dynamics. High Speed Flow, Bd. I u. II. Oxford 1953.

[20] Hypersonic Flow. Papers of a Royal Aeronautical Society-Meeting on Hypersonic Flow, December 1958 in London. J. Roy. Aeron. Soc. Bd. 63 (1959), S. 489—530.
[21] LEES, L.: Hypersonic Flow. Fifth Intern. Aeron. Conf. Los Angeles 1955, S. 241—276.
[22] LIEPMANN, H. W., u. A. ROSHKO: Elements of Gasdynamics. New York 1956.
[23] MILES, E. R. C.: Supersonic Aerodynamics. New York/Toronto/London 1950.
[24] v. MISES, R.: Mathematical Theory of Compressible Fluid Flow. New York 1958.
[25] OSWATITSCH, K.: Gasdynamik. Wien 1952.
[26] OSWATITSCH, K. (Herausgeber): Symposium Transsonicum. IUTAM Symposium Aachen, Sept. 1962. Berlin/Göttingen/Heidelberg: Springer 1964.
[27] PAI, S.: Viscous Flow Theory, Bd. 1 u. 2. New York 1957.
[28] PRANDTL, L.: Führer durch die Strömungslehre, 6. Aufl. Braunschweig 1965.
[29] SAUER, R.: Nichtstationäre Probleme der Gasdynamik, Berlin/Göttingen/Heidelberg/New York: Springer 1966.
[30] SAUER, R.: Einführung in die theoretische Gasdynamik, 3. Aufl. Berlin/Göttingen/Heidelberg: Springer 1960.
[31] SEARS, W. R. (Herausgeber): General Theory of High Speed Aerodynamics. Bd. VI, High Speed Aerodynamics and Jet Propulsion. Princeton 1954.
[32] SHAPIRO, A. H.: The dynamics and thermodynamics of compressible fluid flow, Bd. I u. II. New York 1953.
[33] TAYLOR, G. I., u. J. W. MACOLI: The Mechanics of Compressible Fluids. In F. W. DURAND: Aerodynamic Theory, Bd. III. Berlin 1935.
[34] TRUITT, R. W.: Hypersonic Aerodynamics. New York: Ronals Press 1959.
[35] WARD, G. N.: Linearized Theory of Steady Highspeed Flow. Cambridge 1955.
[36] ZIEREP, J.: Vorlesungen über theoretische Gasdynamik. Karlsruhe 1962.

B. Einzelschriften

[37] ACKERET, J.: Luftkräfte an Flügeln, die mit größerer als Schallgeschwindigkeit bewegt werden. ZFM Bd. 16 (1925), S. 72—74.
[37a] ACKERET, J.: Luftkräfte bei sehr großen Geschwindigkeiten, insbesondere bei ebenen Strömungen. Helv. Phys. Acta Bd. 1 (1928), S. 301—322.
[38] BETZ, A., u. E. KRAHN: Berechnung von Unterschallströmungen kompressibler Flüssigkeiten und Profile. Ing.-Arch. Bd. 17 (1949), S. 403—417.
[39] BUSEMANN, A.: Verdichtungsstöße in ebenen Gasströmungen. Vorträge aus dem Gebiet der Aerodynamik, Aachen 1929, herausgegeben von GILLES, HOPF u. v. KÁRMÁN, Berlin 1930, S. 162.
[40] BUSEMANN, A.: Aerodynamischer Auftrieb bei Überschallgeschwindigkeit. Volta-Kongreß, Rom 1935, S. 328—360.
[41] BUSEMANN, A., u. O. WALCHNER: Profileigenschaften bei Überschallgeschwindigkeit. Forsch. Ing.-Wes. Bd. 4 (1933), S. 87—92.
[42] VAN DYKE, M. D.: The Supersonic Blunt-body Problem – Review and Extension. J. Aero/Space Sci. Bd. 25 (1958), S. 485—496.
[43] FARREN, W. S.: The Aerodynamic Art. J. Roy. Aeron. Soc. Bd. 60 (1956), S. 431—447.
[44] FERRI, A.: Atti di Guidonia Nr. 17 (1939).
[44a] FERRI, A.: A Review of Some Recent Developments in Hypersonic Flow. Adv. Aeron. Sci. Bd. II, Proc. First Intern. Congr. Aeron. Sci. Madrid 1958. Pergamon Press 1959, S. 723—771.

[45] GLAUERT, H.: The effect of compressibility on the lift of aerofoils. Proc. Roy. Soc. A Bd. 118 (1928), S. 113.
[46] GÖRTLER, H.: Zum Übergang von Unterschall- zu Überschallströmungen in Düsen. ZAMM Bd. 19 (1939), S. 325—337.
[47] GÖRTLER, H.: Gasströmungen mit Übergang von Unterschall- zu Überschallgeschwindigkeiten. ZAMM Bd. 20 (1940), S. 254—262.
[48] GÖTHERT, B.: Profilmessungen im DVL-Hochgeschwindigkeits-Windkanal. Forschungsbericht FB 1490 (1941).
[48a] GÖTHERT, B.: Ebene und räumliche Strömung bei hohen Unterschallgeschwindigkeiten. Jb. 1941 dtsch. Luftfahrtforsch. Bd. 1, S. 156—158.
[49] HAYES, W. D.: On Hypersonic Similitude. Quart. Appl. Math. Bd. 5 (1947), S. 105—106.
[50] HAYES, W. D.: Newtonian Flow Theory on Hypersonic Aerodynamics. Adv. Aeron. Sci. Bd. I, Proc. First Intern. Congr. Aeron. Sci. Madrid 1958. Pergamon Press 1959, S. 113—119.
[51] HOOKER, S. G.: The two-dimensional flow of compressible fluids at subsonic speeds past elliptic cylinders. ARC Rep. and Mem. Nr. 1684 (1936).
[52] HUGONIOT, H.: J. Ecole polyt. H. 58 (1889), S. 80.
[53] JANZEN, O.: Beitrag zu einer Theorie der stationären Strömung kompressibler Flüssigkeiten. Phys. Z. Bd. 14 (1913), S. 639.
[54] KAPLAN, C.: Compressible flow about symmetrical Joukowsky profiles. NACA Rep. Nr. 621 (1938).
[55] KAPLAN, C.: Two-dimensional subsonic compressible flow past elliptic cylinders. NACA Rep. Nr. 624 (1938).
[56] V. KÁRMÁN, TH.: The problem of resistance in compressible fluids. Volta-Kongreß, Rom 1936, S. 222—283.
[57] V. KÁRMÁN, TH.: The similarity law of transsonic flow. J. Math. Phys. Bd. 26 (1947), S. 182ff.
[58] KRAHN, E.: Berechnung der zweiten Näherung der kompressiblen Strömung um ein Profil nach Janzen-Rayleigh. Luftfahrtforsch. Bd. 20 (1943), S. 147—151.
[59] LAMLA, E.: Die symmetrische Potentialströmung eines kompressiblen Gases um Kreiszylinder und Kegel im unterkritischen Gebiet. Jb. 1939 dtsch. Luftfahrtforsch. Bd. 1, S. 167—178.
[60] LEES, L.: Influences of the leading-edge shock wave in the laminar boundary layer at hypersonic speeds. J. Aeron. Sci. Bd. 23 (1956), S. 594—600.
[61] LEES, L.: Recent Developments in Hypersonic Flow. Jet Propulsion Bd. 27 (1957), Nr. 11, S. 1162—1178.
[61a] LEES, L.: Hypersonic Flow. Fifth Intern. Aer. Conf. Los Angeles 1955, S. 241—276.
[62] LEES, L., u. T. KUBOTA: Inviscid Hypersonic Flow over Bluntnosed Slender Bodies. J. Aeron. Sci. Bd. 24 (1957), S. 195—202.
[63] LI, T. Y., u. R. E. GEIGER: Stagnation Point of a Blunt Body in Hypersonic Flow. J. Aeron. Sci. Bd. 24 (1957), S. 25—32.
[64] LIEPMANN, H. W.: The interaction of boundary layer and shock waves in transonic flow. J. Aeron. Sci. Bd. 13 (1946), S. 623—638.
[65] LINNEL, R. D.: Two-dimensional Airfoils in Hypersonic Flows. J. Aeron. Sci. Bd. 16 (1949), S. 22—30.
[66] MALAVARD, L.: Étude des écoulements transsoniques. Contrôle expérimental des règles de similitude. Jb. WGL 1953, S. 96—103.
[67] MEYER, TH.: Über zweidimensionale Bewegungsvorgänge in einem Gas, das mit Überschallgeschwindigkeit strömt. Diss. Göttingen 1907, VDI Forschungsheft Nr. 62 (1908).

[68] NEICE, S. E., u. D. M. EHRET: Similarity Laws for Slender Bodies of Revolution in Hypersonic Flows. J. Aeron. Sci. Bd. 18 (1951), S. 527—530.
[69] PRANDTL, L.: Neue Untersuchungen über die strömende Bewegung der Gase und Dämpfe. Phys. Z. Bd. 8 (1907), S. 23—30; vgl. auch Gesammelte Abhandlungen, Bd. 2, Berlin/Göttingen/Heidelberg: Springer 1961, S. 943—956.
[70] PRANDTL, L.: Über Strömungen, deren Geschwindigkeiten mit der Schallgeschwindigkeit vergleichbar sind. J. Aeron. Res. Inst. Tokyo Imp. Univ. Nr. 65 (1930), S. 14; zuerst mitgeteilt in der Aerodynamik-Vorlesung Göttingen 1922; vgl. auch Gesammelte Abhandlungen, Bd. 2, Berlin/Göttingen/Heidelberg: Springer 1961, S. 998—1003.
[71] PRANDTL, L., u. A. BUSEMANN: Näherungsverfahren zur zeichnerischen Ermittlung von ebenen Strömungen mit Überschallgeschwindigkeit. Stodola-Festschrift, Zürich 1929, S. 499; vgl. auch Gesammelte Abhandlungen, Bd. 2, Berlin/Göttingen/Heidelberg: Springer 1961, S. 986—997. — Vgl. auch A. BUSEMANN: Hodographenmethode der Gasdynamik. ZAMM Bd. 17 (1929). S. 73ff.
[72] QUICK, A. W.: Strömungsmechanische Probleme des Überschallfluges. Flugwelt Jg. 3 (1951), S. 68—71.
[73] LORD RAYLEIGH: On the flow of compressible fluid past an obstacle. Phil. Mag. Bd. 32 (1916), S. 1 (Scientific Papers Bd. 6, S. 402).
[74] RIEMANN, B.: Über die Fortpflanzung ebener Druckwellen von endlicher Schwingungsweite. Abh. Ges. Wiss. Göttingen, Math.-Phys. Klasse Bd. 8 (1860), S. 43. — Gesammelte Werke, Leipzig 1876, S. 144. — Siehe auch RIEMANN-WEBER: Die partiellen Differentialgleichungen der mathematischen Physik, Bd. 2, 6. Aufl. Braunschweig 1919, S. 503.
[74a] ROTTA, J. C.: Druckverteilungen an symmetrischen Profilen bei schallnaher Anströmung. Jb. WGL 1959, S. 102—109; vgl. auch Symposium Transsonicum 1962, herausgegeben von K. OSWATITSCH, Berlin/Göttingen/Heidelberg: Springer 1964, S. 137—151.
[75] DE SAINT-VENANT, B., u. L. WANTZEL: Mémoire et expérience sur l'écoulement déterminé par des différences de pressions considérables. J. École polyt. H. 27 (1839), S. 85ff.
[76] STACK, J., F. LINDSEY u. R. E. LITTELL: The compressibility bubble and the effect of compressibility on pressures and forces acting on an airfoil. NACA Rep. Nr. 646 (1938).
[77] STEWARTSON, K.: On the Motion of a Flat Plate at High Speed in a Viscous Compressible Fluid. II. Steady Motion. J. Aeron. Sci. Bd. 22 (1955), S. 303 bis 309.
[78] TAYLOR, G. I.: Application to aeronautics of Ackeret's theory of aerofoils moving at speeds greater than that of sound. ARC Rep. and Mem. Nr. 1467 (1932).
[79] TOLLMIEN, W.: Zum Übergang von Unterschall- in Überschallströmungen. ZAMM Bd. 17 (1937), S. 117—136.
[80] TSIEN, H. S.: Similarity Laws of Hypersonic Flows. J. Math. Phys. Bd. 25 (1946), S. 247—251.
[81] WALCHNER, O.: Über den Einfluß der Kompressibilität auf die Druckanzeige eines Prandtl-Rohres bei Strömungen mit Unterschallgeschwindigkeit. Jb. 1938 dtsch. Luftfahrtforsch. Bd. 1, S. 578—582.

IV. Strömungen mit Reibung (Grenzschicht-Theorie)

4.1 Grundzüge der Strömungen mit Reibung

4.11 Allgemeines

Nachdem in Kap. II und III die Grundgesetze der Strömung einer reibungslosen Flüssigkeit behandelt worden sind, sollen jetzt in diesem Kapitel die Strömungsgesetze einer reibungsbehafteten (zähen) Flüssigkeit besprochen werden. Bei den Strömungen einer reibungslosen Flüssigkeit treten zwischen den sich berührenden Schichten nur Normalkräfte (Drücke) auf, bei der zähen Flüssigkeit dagegen auch Tangentialkräfte (Schubspannungen). Diese Reibungskräfte bewirken ein Haften der Flüssigkeit an den Wänden, d. h., es ist bei allen Strömungen einer zähen Flüssigkeit an den Wänden nicht nur die Normalkomponente der Geschwindigkeit gleich Null, sondern auch deren Tangentialkomponente (*Haftbedingung*), Abb. 2.16, Fall b. Vom theoretischen Standpunkt aus bedeutet die Hinzunahme der Reibungskräfte eine sehr erhebliche Erschwerung. Aus diesem Grunde ist die Theorie der reibungslosen Flüssigkeitsbewegungen zu wesentlich größerer Vollkommenheit entwickelt worden als die der reibungsbehafteten Flüssigkeit. Wir werden uns deshalb bei der Besprechung der Strömungen mit Reibung wesentlich stärker auf experimentelle Ergebnisse stützen müssen als bisher.

Zur Vereinfachung wollen wir zunächst eine *inkompressible, reibungsbehaftete Flüssigkeit* zugrunde legen. Den vom theoretischen Standpunkt aus besonders schwierigen Fall einer kompressiblen, zähen Flüssigkeit werden wir in Kap. 4.7 und 4.9 behandeln.

Wegen einer eingehenderen Darstellung dieses Teilgebietes der Strömungslehre sei auf Spezialwerke verwiesen [*1, 7, 9, 77*].

4.12 Newtonsches Reibungsgesetz

Das Wesen der Zähigkeitskräfte tritt am einfachsten in Erscheinung bei der bereits in Kap. I behandelten Strömung zwischen zwei parallelen ebenen Wänden, von denen die eine ruht, während die andere sich in ihrer eigenen Ebene mit konstanter Geschwindigkeit bewegt (Abb. 1.5). Bei dieser einfachen Scherströmung (COUETTE-Strömung) stellt sich wegen der Haftbedingung an den beiden Wänden eine lineare Geschwindigkeitsverteilung $u(y) = U\,y/h$ ein, und es wirkt an beiden

4.1 Grundzüge der Strömungen mit Reibung

Wänden und in der Flüssigkeit an jedem wandparallelen Flächenelement in der Strömungsrichtung eine Reibungskraft pro Flächeneinheit (Schubspannung) vom Betrage, vgl. Gl. (1.19),

$$\tau = \mu \frac{du}{dy}. \tag{4.1}$$

Hierbei ist $du/dy = U/h$ der konstante Geschwindigkeitsgradient und μ die dynamische Zähigkeit, deren Zahlenwerte für Luft und Wasser bereits in Tab. 1.1 angegeben wurden. Gl. (4.1) stellt das *Newtonsche Reibungsgesetz* dar; es ist ein rein empirisches Gesetz, das für Luft und Wasser durch die Erfahrung ausgezeichnet bestätigt wird.

4.13 Reynoldssches Ähnlichkeitsgesetz

Der Ablauf der Strömung einer inkompressiblen, zähen Flüssigkeit wird beherrscht durch das *Reynoldssche Ähnlichkeitsgesetz*, das ebenfalls bereits in Kap. 1.32 erläutert wurde. Dieses besagt, daß für verschiedene strömende Medien bei verschieden großer Geschwindigkeit und bei verschieden großen, aber geometrisch ähnlichen Körpern die Strömung mechanisch ähnlich verläuft, d. h. mit geometrisch ähnlichen Stromlinienbildern, wenn die REYNOLDSsche Zahl Re gleich groß ist:

$$Re = \frac{\varrho \, V l}{\mu} = \frac{V l}{\nu} = \text{const.} \tag{4.2}$$

Dabei bedeutet l eine charakteristische Länge des Körpers, V eine charakteristische Geschwindigkeit und $\nu = \mu/\varrho$ die kinematische Zähigkeit (ϱ = Dichte). Zahlenwerte von ϱ und ν für Luft und Wasser wurden bereits in Tab. 1.1 angegeben. Die REYNOLDSsche Zahl kann physikalisch aufgefaßt werden als das Verhältnis der Trägheitskräfte zu den Reibungskräften. Kleine REYNOLDSsche Zahlen bedeuten Strömungen mit Überwiegen der Reibungskräfte, große REYNOLDSsche Zahlen solche mit Überwiegen der Trägheitskräfte. Der erstere Fall (Re sehr klein) liegt vor bei sehr kleinen Abmessungen oder sehr kleinen Geschwindigkeiten und großer kinematischer Zähigkeit, wie z. B. beim Fallen eines Nebeltröpfchens oder im Schmierfilm zwischen Zapfen und Lager einer sich drehenden Welle (schleichende Bewegung). Bei den meisten technischen Anwendungen, insbesondere auch bei den flugtechnischen Problemen, liegt meist der andere Grenzfall der sehr großen REYNOLDS-Zahl vor, weil für die technisch wichtigsten Flüssigkeiten Luft und Wasser die kinematische Zähigkeit ν sehr klein ist und die Abmessungen und Geschwindigkeiten meist ziemlich groß sind.[1]

---

[1] Für den Tragflügel eines Flugzeuges mit einer Flügeltiefe von $l = 2$ m ist bei einer Fluggeschwindigkeit von $V = 500$ km/h ≈ 140 m/s in Bodennähe ($\nu = 15 \cdot 10^{-6}$ m²/s) die REYNOLDSsche Zahl

$$Re = \frac{V l}{\nu} = \frac{140 \cdot 2}{15 \cdot 10^{-6}} \approx 2 \cdot 10^7.$$

IV. Strömungen mit Reibung (Grenzschicht-Theorie)

In diesem Fall beschränkt sich bei umströmten Körpern der Einfluß der Zähigkeit, wie wir später noch näher sehen werden, auf eine dünne Schicht in der Nähe der umströmten Oberflächen und auf einen schmalen Nachlauf hinter dem Körper (*Grenzschicht* oder *Reibungsschicht*), während die übrige Strömung im wesentlichen reibungslos verläuft.

Der Einfluß der REYNOLDSschen Zahl auf die Umströmung eines Körpers ist in vielen Fällen sehr groß. Als Beispiel hierfür zeigt Abb. 4.1

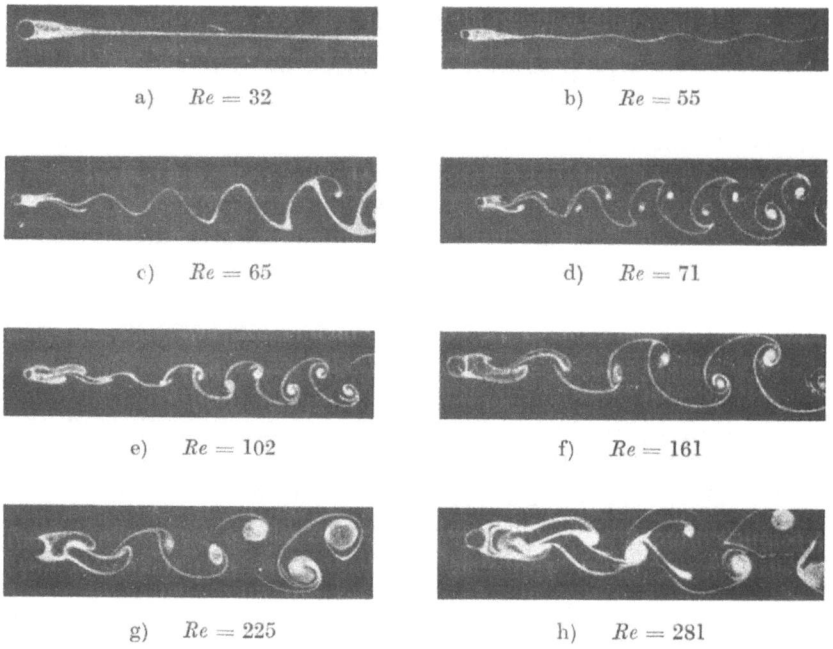

Abb. 4.1. Einfluß der REYNOLDSschen Zahl auf die Strömung um einen Kreiszylinder. Übergang von der laminaren Strömung zur Wirbelstraße, nach HOMANN [48]

die Strömung um einen Kreiszylinder bei verschiedenen REYNOLDSschen Zahlen. Die Nachlaufströmung hinter dem Zylinder verläuft bei kleinen REYNOLDSschen Zahlen in wohlgeordneten parallelen Schichten; man nennt diese Strömung *laminar*. Bei größeren REYNOLDSschen Zahlen bilden sich hinter dem Körper zunächst regelmäßige Wirbelanordnungen aus, die man als *Kármánsche Wirbelstraße* bezeichnet. Mit wachsender REYNOLDS-Zahl bilden sich im Nachlauf unregelmäßige Querbewegungen stärker aus, die eine starke Durchmischung der benachbarten Schichten verursachen. Man nennt diese Strömung *turbulent*. Die hier für den Kreiszylinder aufgezeigte Tendenz, daß mit wachsender

REYNOLDS-Zahl die Strömung von einer wohlgeordneten Schichtenströmung (laminar) in eine mehr ungeordnete, durchwirbelte Strömung (turbulent) übergeht, ist von allgemeiner Gültigkeit und wird im folgenden noch des öfteren erörtert werden. Das in Gl. (4.1) angegebene NEWTONsche Reibungsgesetz hat nur für laminare Strömung Gültigkeit. Für turbulente Strömung tritt an seine Stelle ein anderes Gesetz, vgl. Kap. 4.6.

4.14 Laminare Rohrströmung

Einen wesentlichen Beitrag zur Aufklärung der Strömungsgesetze einer zähen Flüssigkeit hat die eingehende experimentelle Untersuchung der Rohr- und Kanalströmung geliefert, die teilweise schon im vorigen Jahrhundert ausgeführt wurde. Die hierbei gewonnenen Erkenntnisse haben auch für das Umströmungsproblem, das für die Flugtechnik hauptsächlich interessiert, große Bedeutung erlangt. Aus diesem Grunde möge hier über die Rohrströmung einiges berichtet werden.

Die laminare Strömung durch ein Rohr von kreisförmigem Querschnitt ist nach G. HAGEN [*40*] und J. POISEUILLE [*70*] einer einfachen theoretischen Behandlung zugänglich, wobei das NEWTONsche Reibungsgesetz nach Gl. (4.1) Anwendung findet. In genügender Ent-

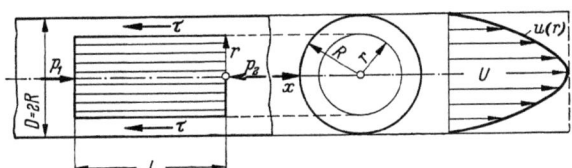

Abb. 4.2. Laminare Rohrströmung

fernung vom Einlauf ist die Geschwindigkeitsverteilung über dem Radius unabhängig von der Koordinate in der Längsrichtung. Nach Abb. 4.2 ist wegen des Haftens die Geschwindigkeit an der Rohrwand gleich Null und in der Rohrmitte am größten, während sie auf den zur Rohrachse konzentrischen Zylindern konstant ist. Bei der laminaren Strömung gleiten die einzelnen zylindrischen Schichten nebeneinander her. Die Flüssigkeit wird durch ein Druckgefälle in Richtung der Rohrachse durch das Rohr getrieben, während die Schubspannung zwischen den einzelnen zylindrischen Schichten die Bewegung zu hemmen sucht. In diesem Fall bestimmt das Kräftegleichgewicht zwischen den Druckkräften und den Reibungskräften den Ablauf der Bewegung. Für einen Flüssigkeitszylinder von der Länge L und dem Radius r nach Abb. 4.2 liefert die Druckdifferenz an den beiden Endflächen in Richtung der Rohrachse die Kraft $(p_1 - p_2)\pi r^2$ und die Schubspannung am Zylinder-

IV. Strömungen mit Reibung (Grenzschicht-Theorie)

mantel die Kraft $2\pi r L \tau$. Durch Gleichsetzen dieser beiden Kräfte ergibt sich:

$$\tau = \frac{p_1 - p_2}{L} \frac{r}{2}. \tag{4.3}$$

Führt man hier nach dem NEWTONschen Reibungsgesetz, Gl. (4.1), $\tau = -\mu \, du/dr$ ein, so ergibt die Integration unter Berücksichtigung der Haftbedingung $u = 0$ für $r = R$:

$$u(r) = \frac{p_1 - p_2}{4\mu L}(R^2 - r^2). \tag{4.4}$$

Hiernach ist die Geschwindigkeit parabolisch über den Radius verteilt (Abb. 4.2). Die Maximalgeschwindigkeit in der Rohrmitte ($r = 0$) ist $U = \frac{p_1 - p_2}{4\mu L} R^2$. Die gesamte Durchflußmenge Q durch den Rohrquerschnitt ist

$$Q = 2\pi \int_0^R u(r)\, r\, dr = \frac{\pi R^4}{8\mu L}(p_1 - p_2) = \frac{1}{2}\pi R^2 U. \tag{4.5}$$

Dies ist das HAGEN-POISEUILLEsche Durchflußgesetz für die laminare Rohrströmung. Die Durchflußmenge ist hiernach proportional der ersten Potenz des Druckabfalles pro Längeneinheit $(p_1 - p_2)/L$. Führt man noch die mittlere Durchströmgeschwindigkeit über den Rohrquerschnitt $\bar{u} = Q/\pi R^2$ und den Druckgradienten in Richtung der Rohrachse $-dp/dx = (p_1 - p_2)/L$ ein, so kann Gl. (4.5) auch geschrieben werden in der Form:

$$-\frac{dp}{dx} = \frac{p_1 - p_2}{L} = \frac{8\mu}{R^2}\bar{u}. \tag{4.6}$$

Den Zusammenhang zwischen Druckgefälle und mittlerer Durchflußgeschwindigkeit pflegt man in der Hydraulik durch eine dimensionslose *Rohrwiderstandszahl* λ auszudrücken. Diese wird so definiert, daß man den Druckabfall proportional setzt dem Staudruck der mittleren Durchflußgeschwindigkeit nach der Gleichung

$$-\frac{dp}{dx} = \frac{\lambda}{D}\frac{\varrho}{2}\bar{u}^2, \tag{4.7)[1]}$$

wobei $D = 2R$ den Rohrdurchmesser bedeutet. Setzt man den Ausdruck nach Gl. (4.6) in Gl. (4.7) ein, so erhält man

$$\lambda = \frac{64}{Re}, \tag{4.8}$$

---

[1] Dieses quadratische Widerstandsgesetz, bei welchem $dp/dx \sim \bar{u}^2$ gesetzt wird, ist der turbulenten Rohrströmung angepaßt. Man behält es aber auch für die laminare Rohrströmung bei, obgleich hier nach Gl. (4.6) $dp/dx \sim \bar{u}$ ist. Dann wird natürlich λ für die laminare Rohrströmung keine Konstante.

wobei
$$Re = \frac{\varrho \bar{u} D}{\mu} = \frac{\bar{u} D}{\nu} \qquad (4.9)$$

die auf den Rohrdurchmesser und die mittlere Durchflußgeschwindigkeit bezogene REYNOLDSsche Zahl des Rohres bedeutet.

Die durch die Gl. (4.4), (4.5) und (4.8) beschriebene Strömung ist nach Messungen nur vorhanden bis zu mäßig großen REYNOLDS-Zahlen, und zwar bis etwa $Re \approx 2300$. Man nennt

$$Re_{\text{krit}} = \left(\frac{\bar{u} D}{\nu}\right)_{\text{krit}} = 2300$$

die *kritische Reynoldssche Zahl* der Rohrströmung. Für $Re < Re_{\text{krit}}$ ist Gl. (4.8) jedoch in vorzüglicher Übereinstimmung mit Versuchsergebnissen, wie das Widerstandsgesetz Kurve (*1*) in Abb. 4.3 zeigt. Bei

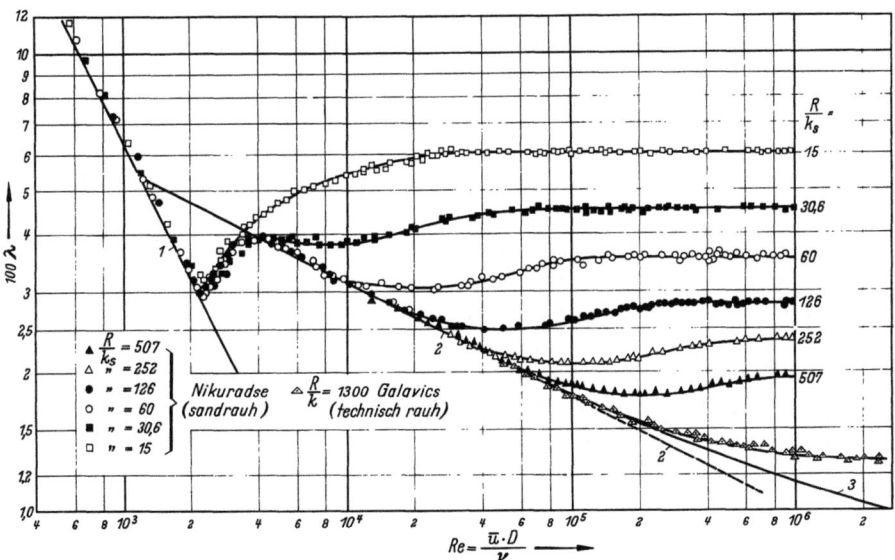

Abb. 4.3. Widerstandsgesetze des glatten und rauhen Rohres. Kurve (*1*) laminar nach Gl. (4.8), Kurve (*2*) turbulent nach Gl. (4.10), Kurve (*3*) turbulent nach Gl. (4.11), Kurve (*1*), (*2*), (*3*) für glattes Rohr, die übrigen für rauhe Rohre; k_S Korngröße der Sandrauhigkeit

größeren REYNOLDSschen Zahlen wird der Charakter der Strömung ein völlig anderer, wie zuerst O. REYNOLDS [83] mit Hilfe von Farbfadenversuchen gezeigt hat.

Der Druckabfall ist oberhalb der kritischen REYNOLDSschen Zahl nicht mehr proportional der ersten Potenz der Geschwindigkeit, sondern näherungsweise proportional der zweiten Potenz von $\bar{u}$. Anstelle der wohlgeordneten Schichtenströmung tritt eine Strömung mit überlagerten unregelmäßigen Querkomponenten, welche eine starke Durchmischung in der Querrichtung bewirken. Dies ist die *turbulente* Rohrströmung. Hierbei ist das NEWTONsche Reibungsgesetz (4.1) nicht mehr gültig.

4.15 Turbulente Rohrströmung

Für die turbulente Rohrströmung kann eine vollständige theoretische Berechnung, wie vorstehend für die laminare Strömung angegeben, nicht ausgeführt werden, da das turbulente Analogon zu dem NEWTONschen Widerstandsgesetz (4.1) noch fehlt. Vielmehr ist man bei der turbulenten Rohrströmung so vorgegangen, daß man den Zusammenhang zwischen Druckabfall und Durchflußmenge, also das Widerstandsgesetz, aus Versuchen entnommen hat, um zusammen mit Messungen der Geschwindigkeitsverteilung zu einer Analyse der Strömung zu gelangen. Zum erstenmal hat H. BLASIUS [18] das auch damals schon recht umfangreiche Versuchsmaterial nach dem REYNOLDSschen Ähnlichkeitsgesetz geordnet. Dabei konnte er für den Widerstand von *glatten Rohren* von kreisförmigem Querschnitt die folgende empirische Formel aufstellen:

$$\lambda = \frac{0{,}3164}{\sqrt[4]{Re}}, \tag{4.10}$$

die als *Blasiussches Widerstandsgesetz* bezeichnet wird. Diese Formel, die als Kurve (2) in Abb. 4.3 eingetragen ist, gibt bis zu REYNOLDS-Zahlen $Re \leq 100000$ gute Übereinstimmung mit Versuchsergebnissen. Später wurden von J. NIKURADSE [65] die Rohrmessungen auf wesentlich größere REYNOLDS-Zahlen (bis etwa $Re = 3 \cdot 10^6$) ausgedehnt. Aus diesen ergab sich zusammen mit theoretischen Überlegungen von L. PRANDTL [4, 76] das Widerstandsgesetz:

$$\frac{1}{\sqrt{\lambda}} = 2{,}0 \lg \left(Re \sqrt{\lambda} \right) - 0{,}8. \tag{4.11}$$

Dies ist das *Prandtlsche universelle Widerstandsgesetz* für glatte Rohre; es ist als Kurve (3) in Abb. 4.3 eingetragen. Bis $Re = 100000$ stimmt es mit dem BLASIUSschen Gesetz nach Gl. (4.10) überein. Bei höheren REYNOLDSschen Zahlen weicht das BLASIUSsche Gesetz erheblich von den Messungen ab, während Gl. (4.11) gute Übereinstimmung zeigt.

Geschwindigkeitsverteilung. Für die turbulente Rohrströmung ist neben dem Widerstandsgesetz auch die Geschwindigkeitsverteilung in dem sehr großen Bereich von REYNOLDSschen Zahlen, $4 \cdot 10^3 \leq Re \leq 3{,}2 \cdot 10^6$, sehr eingehend untersucht worden. Die Geschwindigkeitsverteilungen für einige REYNOLDS-Zahlen sind in Abb. 4.4 in der dimensionslosen

4.1 Grundzüge der Strömungen mit Reibung

Darstellung u/U über y/R angegeben, wobei U die Maximalgeschwindigkeit in der Rohrmitte und y jetzt den Abstand von der Rohrwand bedeuten. Die Geschwindigkeit ist bei turbulenter Strömung wesentlich gleichmäßiger über den Querschnitt verteilt als bei laminarer Strö-

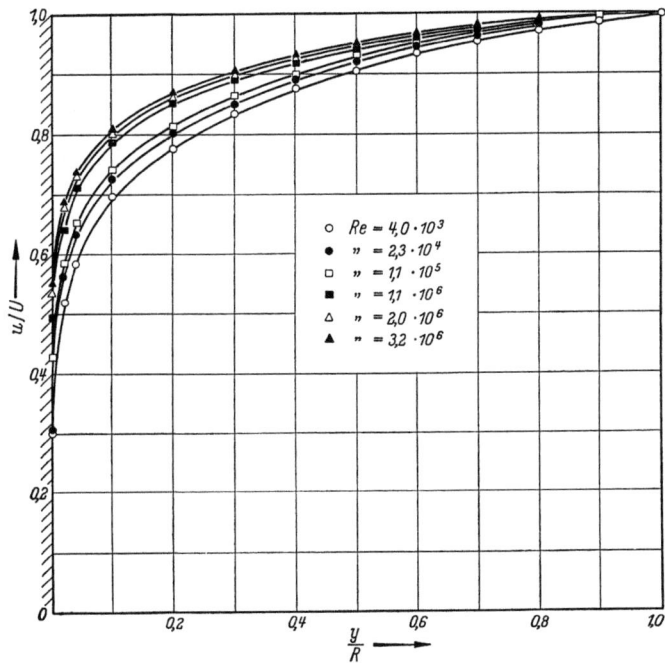

Abb. 4.4. Turbulente Geschwindigkeitsverteilung im glatten Rohr bei verschiedenen REYNOLDSschen Zahlen, nach NIKURADSE [65]

mung; außerdem wird mit wachsender REYNOLDSscher Zahl das turbulente Geschwindigkeitsprofil noch völliger. Es läßt sich darstellen durch die Interpolationsformel

$$\frac{u}{U} = \left(\frac{y}{R}\right)^{1/n}, \qquad (4.12)$$

wobei im REYNOLDS-Zahl-Bereich $Re = 4 \cdot 10^3$ bis $3 \cdot 10^6$ der Exponent n sich von etwa $n = 6$ bis $n = 10$ ändert.

Zusammenhang zwischen Widerstandsgesetz und Geschwindigkeitsverteilung. Zwischen dem BLASIUSschen Widerstandsgesetz nach Gl. (4.10) und dem Geschwindigkeitsverteilungsgesetz nach Gl. (4.12) besteht nach L. PRANDTL [76] ein innerer Zusammenhang, der von grundlegender Bedeutung ist für alle Überlegungen über turbulente Strömungen. Insbesondere gestattet es dieser Zusammenhang, aus den Ergebnissen von Rohrwiderstandsversuchen Rückschlüsse zu ziehen

IV. Strömungen mit Reibung (Grenzschicht-Theorie)

auf den Reibungswiderstand der längsangeströmten ebenen Platte [55]. Da dieser den wesentlichen Anteil des sog. Profilwiderstandes von Tragflügelprofilen ausmacht, wollen wir an dieser Stelle auf diesen Zusammenhang etwas näher eingehen.

Für die Rohrströmung gilt allgemein (für laminare und turbulente Strömung) der folgende Zusammenhang zwischen dem Druckabfall und der Schubspannung an der Wand τ_0:

$$\tau_0 = \frac{p_1 - p_2}{L} \frac{R}{2}, \tag{4.13}$$

was man aus Gl. (4.3) bestätigt, wenn man dort für die Rohrwand $r = R$ und $\tau = \tau_0$ setzt. Vergleicht man Gl. (4.13) mit der Definitionsgleichung für den Rohrwiderstandskoeffizienten Gl. (4.7), so ergibt sich die folgende Beziehung zwischen der Wandschubspannung und der Rohrwiderstandszahl

$$\tau_0 = \frac{\lambda}{8} \varrho \, \bar{u}^2. \tag{4.14}$$

Setzt man nun in Gl. (4.14) den Wert von λ nach dem BLASIUSschen Widerstandsgesetz Gl. (4.10) ein und geht man mittels $D = 2R$ auf den Rohrradius über, so erhält man:

$$\tau_0 = 0{,}03325 \, \varrho \, \bar{u}^{7/4} \, v^{1/4} \, R^{-1/4} = \varrho \, v_*^2. \tag{4.15}$$

Dabei ist $v_* = \sqrt{\tau_0/\varrho}$ die mit der Wandschubspannung gebildete *Schubspannungsgeschwindigkeit*, deren Einführung sich für eine universelle, dimensionslose Darstellung der Geschwindigkeitsverteilung als zweckmäßig erweist. Aus Gl. (4.15) erhält man zunächst $\bar{u}/v_* = 6{,}99 \, (v_* R/v)^{1/7}$. Geht man in dieser Gleichung noch von der mittleren Geschwindigkeit $\bar{u}$ auf die Maximalgeschwindigkeit U über, indem man $\bar{u}/U = 0{,}8$ einführt, was für $n = 7$ und damit für $Re \approx 10^5$ zutrifft, so erhält man:

$$\frac{U}{v_*} = 8{,}74 \left(\frac{R v_*}{v}\right)^{1/7}. \tag{4.16}$$

Unter Beachtung von Gl. (4.12) ergibt sich:

$$\frac{u}{v_*} = 8{,}74 \left(\frac{y v_*}{v}\right)^{1/7}. \tag{4.17}$$

Wir haben hiermit aus dem BLASIUSschen Widerstandsgesetz das *1/7-Potenzgesetz der Geschwindigkeitsverteilung* erhalten, von dem schon oben festgestellt wurde, daß es nur in einem gewissen Bereich der REYNOLDSschen Zahlen gültig ist.

Die dimensionslose Geschwindigkeitsverteilung nach Gl. (4.17) ist in Abb. 4.5 als Kurve (4) eingetragen und mit Versuchsergebnissen verglichen. Bis zu REYNOLDSschen Zahlen $Re = 100000$ stimmt das 1/7-Potenzgesetz gut mit den Versuchsergebnissen überein. Mehr darf aber auch nicht erwartet werden, da ja das BLASIUSsche Widerstandsgesetz (4.10), aus welchem Gl. (4.17) abgeleitet wurde, ebenfalls nur bis zu dieser REYNOLDSschen Zahl Gültigkeit hat.

Im Hinblick auf eine spätere Verwendung wollen wir aus Gl. (4.16) noch die Schubspannungsgeschwindigkeit v_* ausrechnen. Man erhält

$v_* = 0{,}150 \; U^{7/8} (\nu/R)^{1/8}$ und somit für die Wandschubspannung
$\tau_0 = \varrho \, v_*^2$:

$$\tau_0 = 0{,}0225 \varrho \; U^{7/4} \left(\frac{\nu}{R}\right)^{1/4}. \tag{4.18}$$

Auf diese Beziehung werden wir später bei der Ermittlung des Reibungswiderstandes der längsangeströmten ebenen Platte zurückkommen.

Die Darstellung der gemessenen Geschwindigkeitsverteilung der Rohrströmung in Abb. 4.5 zeigt, daß in unmittelbarer Wandnähe das

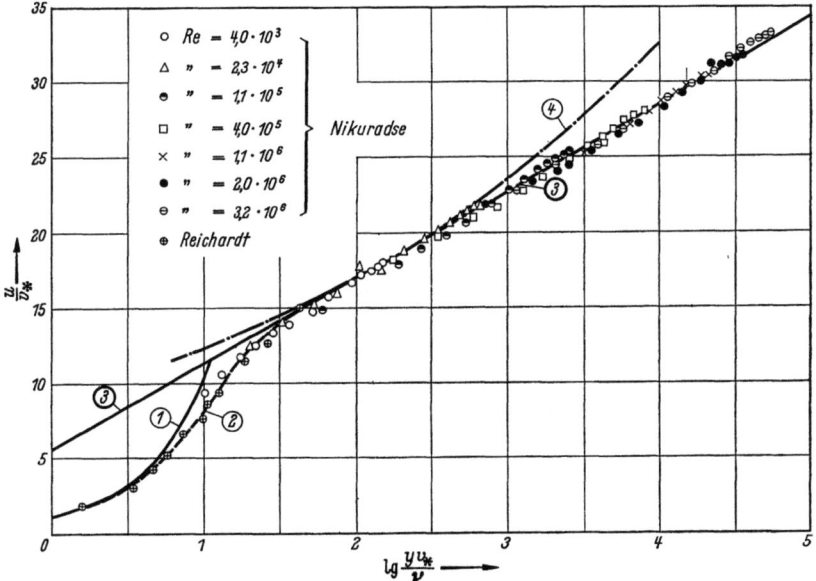

Abb. 4.5. Das universelle, logarithmische Geschwindigkeitsverteilungsgesetz im glatten Rohr. Kurve (1) laminar nach Gl. (4.19), Kurve (2) Übergang laminar-turbulent, Kurve (3) turbulent für alle REYNOLDSschen Zahlen nach Gl. (4.20), Kurve (4) turbulent für $Re < 10^5$ nach Gl. (4.17)

turbulente Gesetz (4.17) nicht gültig ist. Die nähere Untersuchung hat ergeben, daß bei jeder turbulenten Rohrströmung in unmittelbarer Wandnähe eine sehr dünne Schicht vorhanden ist, die laminar strömt (laminare Unterschicht). Die Existenz einer solchen laminaren Unterschicht leuchtet ein, wenn man bedenkt, daß ja in allernächster Wandnähe die unregelmäßigen turbulenten Querbewegungen erlöschen müssen, da sie durch die Wand verhindert werden. In dieser Unterschicht herrscht Laminarströmung mit $\tau_0 = \mu \, u/y$. Mit $\tau_0 = \varrho \, v_*^2$ führt dies auf

$$\frac{u}{v_*} = \frac{y \, v_*}{\nu} \quad \text{(laminare Unterschicht)}, \tag{4.19}$$

was als Kurve *(1)* in Abb. 4.5 mit eingetragen ist und bis etwa $y\,v_*/\nu = 5$ die Messungen wiedergibt. Man entnimmt hieraus für die Dicke der laminaren Unterschicht den Wert:

$$\delta_l \approx 5\,\frac{\nu}{v_*}.\qquad(4.19\mathrm{a})$$

Diese *laminare Unterschicht* ist von großer Bedeutung für den Einfluß der *Wandrauhigkeit* auf den Widerstand bei turbulenter Strömung.

Für sehr große REYNOLDSsche Zahlen zeigt sich nach Abb. 4.5 eine beträchtliche Abweichung der gemessenen Geschwindigkeitsverteilung von dem 1/7-Potenzgesetz nach Gl. (4.17). Für die sehr großen REYNOLDSschen Zahlen werden die Messungen durch das logarithmische Gesetz, vgl. [*10*]:

$$\frac{u}{v_*} = 5{,}5 + 5{,}75\,\lg\frac{y\,v_*}{\nu}\qquad(4.20)$$

gut dargestellt, das als Kurve *(3)* in Abb. 4.5 mit eingetragen ist.

Nähere Angaben über das Geschwindigkeitsverteilungsgesetz der turbulenten Strömung werden in Kap. 4.64 gemacht.

Rauhe Rohre. Der Widerstand von rauhen Rohren ist besonders für körnige Rauhigkeiten eingehend untersucht worden. J. NIKURADSE [*66*] führte umfangreiche Untersuchungen an Rohren von kreisförmigem Querschnitt aus, die mit Sandkörnern einer bestimmten Korngröße k_S dicht beklebt waren. Die Wandbeschaffenheit läßt sich in diesem Fall durch einen einzigen Rauhigkeitsparameter, die sog. relative Rauhigkeit k_S/R, charakterisieren. In Abb. 4.3 sind die Widerstandsbeiwerte der sandrauhen Rohre für $R/k_S = 15$ bis 500 mit eingetragen. Im Bereich der HAGEN-POISEUILLEschen laminaren Rohrströmung hat die Rauhigkeit keinen Einfluß auf den Widerstand. Die rauhe Wand wirkt hier hydraulisch glatt. Im Bereich der turbulenten Strömung ($Re > 2300$) ist für den Widerstand des rauhen Rohres das Verhältnis von Korngröße der Rauhigkeit k_S zur Dicke der laminaren Unterschicht δ_l, also k_S/δ_l physikalisch maßgeblich. Ist die Rauhigkeitshöhe so klein (oder die laminare Unterschicht so dick), daß alle Rauhigkeitserhebungen in dieser laminaren Unterschicht liegen, $k_S \leq \delta_l$, so gibt die Rauhigkeit überhaupt keine Widerstandserhöhung. In diesem Fall wirkt auch bei turbulenter Strömung die rauhe Wand hydraulisch glatt. Nach Gl. (4.19a) ist die Dicke der laminaren Unterschicht $\delta_l \approx 5\,\nu/v_*$. Damit ergibt sich für die hydraulisch glatte Wand:

$$\frac{k_S\,v_*}{\nu} \leq 5 \quad \text{(hydraulisch glatt)}.\qquad(4.21)$$

Die Widerstandsmessungen an sandrauhen Rohren nach Abb. 4.3 zeigen im Bereich der turbulenten Strömung für jede relative Rauhigkeit drei Bereiche:

I. *Hydraulisch glatt*, $\dfrac{k_S v_*}{\nu} \leq 5 : \lambda = f(Re)$. Es existiert ein gewisser Re-Zahlbereich, in welchem das rauhe Rohr den gleichen Widerstand hat wie das glatte, λ hängt nur ab von Re. Alle Rauhigkeiten liegen innerhalb der laminaren Unterschicht.

II. *Übergangsbereich*, $5 \leq \dfrac{k_S v_*}{\nu} \leq 70 : \lambda = f\left(Re, \dfrac{k_S}{R}\right)$. Von einer gewissen Re-Zahl ab, deren Größe mit wachsendem k_S/R abnimmt, biegt die Widerstandskurve des rauhen Rohres von derjenigen des glatten Rohres nach oben ab. Von hier ab durchläuft sie mit wachsender Re-Zahl einen Übergangsbereich, wo λ sich mit Re und k_S/R ändert. In diesem Fall sind die Rauhigkeiten etwa von derselben Größe wie die Dicke der laminaren Unterschicht.

III. *Voll ausgebildete Rauhigkeitsströmung*, $\dfrac{k_S v_*}{\nu} \geq 70 : \lambda = f\left(\dfrac{k_S}{R}\right)$. Für noch größere Re-Zahlen wird schließlich der Bereich des quadratischen Widerstandsgesetzes erreicht, wo λ nur von k_S/R abhängt (vgl. Abb. 4.3). In diesem Bereich gilt für die Sandrauhigkeit das v. KÁRMÁNsche Gesetz, vgl. [*10*]:

$$\lambda = \dfrac{1}{\left(2\lg \dfrac{R}{k_S} + 1{,}74\right)^2}. \qquad (4.22)$$

In diesem Fall ragen alle Rauhigkeiten beträchtlich aus der laminaren Unterschicht hervor.

Andere Rauhigkeiten. Die NIKURADSEsche Sandrauhigkeit kann dadurch charakterisiert werden, daß die Rauhigkeitsdichte ihren Maximalwert hat. Bei vielen technischen Rauhigkeiten ist die Rauhigkeitsdichte wesentlich geringer. Solche Rauhigkeiten können dann nicht mehr durch Angabe nur der Rauhigkeitshöhe k bzw. der relativen Rauhigkeit k/R gekennzeichnet werden. Es hat sich nach H. SCHLICHTING [*88*] als zweckmäßig erwiesen, beliebige Rauhigkeiten in die Skala einer *Normalrauhigkeit* einzuordnen und hierfür die NIKURADSEsche Sandrauhigkeit zu wählen, da diese in einem sehr großen Bereich von Re und k_S/R untersucht worden ist. Die Einordnung in die Skala der Sandrauhigkeiten ist am einfachsten für den Bereich der voll ausgebildeten Rauhigkeitsströmung, für welchen der Widerstandsbeiwert durch Gl. (4.22) gegeben ist. Hierbei wird einer beliebigen Rauhigkeit k eine *äquivalente Sandrauhigkeit* k_S zugeordnet. Wir verstehen darunter diejenige Korngröße der Sandrauhigkeit, die nach Gl. (4.22) den gleichen Widerstandsbeiwert liefert wie die vorgelegte Rauhigkeit.

4.16 Widerstandsproblem umströmter Körper

Bewegt man einen Körper von beliebiger Gestalt mit konstanter Geschwindigkeit auf geradliniger Bahn durch die ruhende Flüssigkeit, so erfährt dieser Körper eine Strömungskraft, die im allgemeinen eine Komponente sowohl senkrecht zur Anströmungsrichtung als auch in der Anströmungsrichtung hat (Abb. 4.6). Wir können diese Kraft dann zerlegen in die Komponenten *Widerstand W in* der Anströmungsrichtung und *Auftrieb A senkrecht* zur Anströmungsrichtung. Im vorliegenden Abschnitt soll nur der Widerstand näher untersucht werden.

Da bei den meisten technisch wichtigen Anwendungen des Umströmungsproblems die REYNOLDSsche Zahl sehr groß ist, könnte man erwarten, daß man eine brauchbare Übereinstimmung zwischen Versuch und Theorie erhält, wenn man in erster Annäherung die Zähigkeit ganz vernachlässigt, also mit der Theorie der reibungslosen Flüssigkeit rechnet, wie sie in Kap. II entwickelt wurde. Dies trifft in der Tat für gewisse Körperformen (z. B. Stromlinienkörper und Tragflügelprofile) und für gewisse Teilaufgaben (z. B. Ermittlung der Druckverteilung und des Auftriebes) mit guter Näherung zu. In Abb. 2.31 wurde für einen Stromlinienkörper die aus der Theorie der reibungslosen Flüssigkeit (Potentialströmung) ermittelte Druckverteilung mit Messungen verglichen, wobei sich vorzügliche Übereinstimmung ergab. Auch für ein Tragflügelprofil ist die Druckverteilung der Potentialströmung in guter

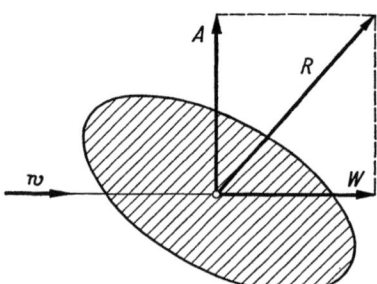

Abb. 4.6. Zerlegung der resultierenden Strömungskraft *R* in Widerstand *W* und Auftrieb *A*

Übereinstimmung mit Messungen, wie Abb. 6.12 zeigt. Bei anderen Körperformen (vor allem solchen von gedrungener Gestalt) stimmt die Potentialströmung weit weniger mit den Versuchsergebnissen bei sehr großen REYNOLDS-Zahlen überein. Ein großer Unterschied zwischen der Theorie der reibungslosen Flüssigkeit und den Beobachtungen bei großen REYNOLDSschen Zahlen besteht bei allen Körperformen für das Widerstandsproblem. Die Potentialströmung liefert für die gleichförmige Bewegung eines beliebigen Körpers durch eine unendlich ausgedehnte, ruhende Flüssigkeit keine Resultierende in der Bewegungsrichtung, also den Widerstand Null (D'ALEMBERTsches Paradoxon). Dies ist in schroffem Gegensatz zu den Beobachtungen, die für jeden Körper einen Widerstand ergeben, der allerdings bei schlanken, in ihrer Längsrichtung angeströmten Körperformen sehr klein sein kann. Eine theoretische Berechnung des Widerstandes wird erst möglich, wenn man die Zähigkeit der Flüssigkeit berücksichtigt. Die reibungslose Flüssigkeit gibt ein Gleiten an der Wand. Dadurch wird die Lösung ihrer Bewegungsgleichungen gegenüber der reibungsbehafteten Flüssigkeit, welche an den Wänden haftet, auch bei sehr kleiner Zähigkeit grundsätzlich so verschieden, daß es erstaunlich ist, daß trotzdem in manchen Fällen (z. B. bei schlanken Körpern) eine einigermaßen gute Übereinstimmung beider Lösungen vorhanden ist.

Als Erläuterung zum Widerstandsproblem seien einige Angaben über die Strömung um die Kugel gemacht. Die reibungslose Strömung um die Kugel wurde in Kap. 2.35.11 behandelt. Das Stromlinienbild der reibungslosen Strömung ist ähnlich dem des Kreiszylinders, das in Abb. 2.29 angegeben wurde. Aus der Symmetrie folgt, daß die resultierende Kraft in Strömungsrichtung (Widerstand) gleich Null ist. Die Druckverteilung um die Kugel, die nach der Theorie der reibungslosen Strömung bereits in Abb. 2.30 angegeben wurde, ist in Abb. 4.7 zusammen mit Messungen dargestellt. Dabei ist die gemessene Druckverteilung je nach der REYNOLDSschen Zahl noch erheblich verschieden. Auf der Vorderseite der Kugel stimmen die gemessenen Druckver-

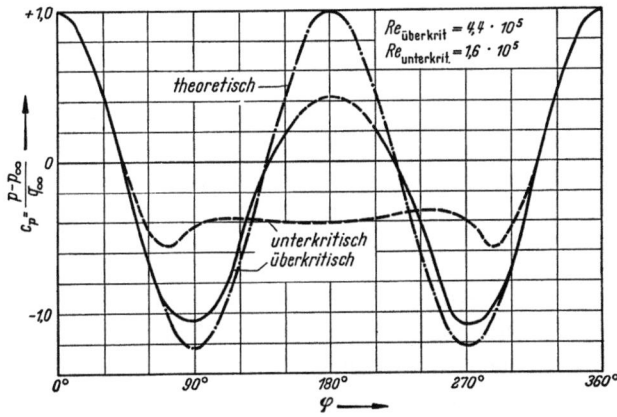

Abb. 4.7. Druckverteilung um eine Kugel im unterkritischen und überkritischen Bereich der REYNOLDSschen Zahlen nach Messungen von FLACHSBART [37]

teilungen mit der Potentialtheorie einigermaßen überein. Auf der Rückseite sind die Abweichungen sehr groß, wobei die Messung für die größere REYNOLDSsche Zahl ($Re = 4{,}4 \cdot 10^5$) näher an der potentialtheoretischen Druckverteilung liegt als diejenige für die kleinere REYNOLDSsche Zahl ($Re = 1{,}6 \cdot 10^5$). Die Abweichungen der gemessenen Druckverteilungen von der potentialtheoretischen bedingen den Widerstand der Kugel, der somit im vorliegenden Fall für die größere REYNOLDSsche Zahl geringer ist als für die kleinere REYNOLDSsche Zahl. Die Ursache hierfür wird weiter unten erläutert werden.

Im allgemeinen rührt aber der Widerstand eines umströmten Körpers nicht nur von den Druckunterschieden (Normalspannungen) an der Körperoberfläche her, sondern es tragen auch die Schubspannungen (Tangentialspannungen), die von der Zähigkeit der Flüssigkeit herrühren, dazu bei. Man kann diese beiden Anteile trennen, indem man nach Abb. 4.8 die Druck- und Schubspannungen getrennt integriert. Die Integration der Drücke liefert den Druckwiderstand W_D nach der Gleichung

$$W_D = \oint p \cos \varphi \, dF \tag{4.23}$$

IV. Strömungen mit Reibung (Grenzschicht-Theorie)

und die Integration über die Wandschubspannung τ_0 den Schubspannungswiderstand:

$$W_R = \oint \tau_0 \sin\varphi \, dF. \qquad (4.24)$$

Dabei ist dF ein Oberflächenelement des zylindrischen Körpers und φ der Winkel zwischen der Flächennormalen und der Anströmungsrichtung. Die Integration ist über die ganze Körperoberfläche zu erstrecken. Der Gesamtwiderstand ist die Summe von Druck- und Schubspannungswiderstand:

$$W = W_D + W_R. \qquad (4.25)$$

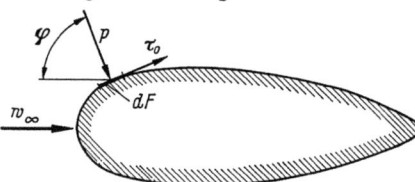

Abb. 4.8. Erläuterungsskizze zum Druck- und Reibungswiderstand

Bei stumpfen Körperformen, z. B. Kreiszylinder und Kugel, ist der Anteil des Druckwiderstandes wesentlich größer als der des Schubspannungswiderstandes, während bei einer in ihrer Längsrichtung angeströmten ebenen Platte der gesamte Widerstand nur aus Schubspannungswiderstand besteht.

Bei solchen Körperformen, für welche der Widerstand im wesentlichen durch die Druckunterschiede auf der Körperoberfläche zustande kommt, ist bei großen REYNOLDSschen Zahlen der Widerstand in guter Näherung proportional dem Quadrat der Anströmungsgeschwindigkeit w_∞. Man pflegt deshalb für den Widerstand einen dimensionslosen Beiwert c_W einzuführen durch die Gleichung

$$W = c_W F \frac{\varrho}{2} w_\infty^2 = c_W F q. \qquad (4.26)$$

Dabei bedeutet F eine geeignete Bezugsfläche des umströmten Körpers, z. B. seine Stirnfläche senkrecht zur Anströmungsrichtung, und $\varrho w_\infty^2 / 2 = q$ den Staudruck.

Nach den Gesetzen der mechanischen Ähnlichkeit von Strömungen kann man erwarten, daß für geometrisch ähnliche Körperformen in verschiedenen strömenden Medien der Widerstandsbeiwert c_W den gleichen Wert hat, wenn die Kennzahlen, also z. B. die MACHsche Zahl und die REYNOLDSsche Zahl, gleich sind. Bei geometrisch ähnlichen Körpern, welche die gleiche Orientierung zur Anströmungsrichtung besitzen, kann der dimensionslose Widerstandsbeiwert nur von der MACHschen Zahl und von der REYNOLDSschen Zahl abhängig sein:

$$c_W = f(Ma, Re) \quad \text{(kompressibel)}.$$

Für die inkompressible Strömung ist eine Abhängigkeit nur von der REYNOLDSschen Zahl vorhanden:

$$c_W = f(Re) \quad \text{(inkompressibel)}. \qquad (4.27)$$

Als Beispiel zum REYNOLDSschen Ähnlichkeitsgesetz nach Gl. (4.27) zeigt Abb. 4.9 den Widerstandsbeiwert von Kugeln in einem sehr großen Bereich von REYNOLDSschen Zahlen. Das REYNOLDSsche Ähnlichkeitsgesetz wird in diesem Fall durch die Versuchsergebnisse in vorzüglicher Weise bestätigt. Die Widerstandsbeiwerte von Kugeln von stark verschiedenem Durchmesser ordnen sich sehr gut auf *einer* Kurve an, wenn man den Widerstandsbeiwert in Abhängigkeit von der REYNOLDS-Zahl aufträgt. Diese Messungen zeigen, daß das quadratische Wider-

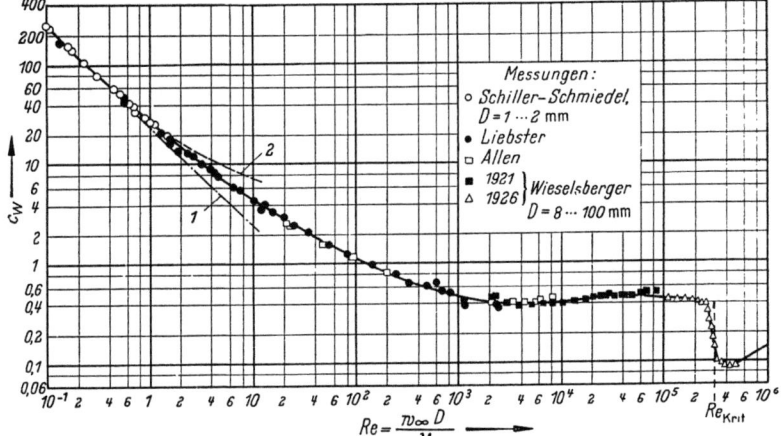

Abb. 4.9. Widerstandsbeiwert $c_W = W \big/ \dfrac{\pi}{4} D^2 q$ von Kugeln in Abhängigkeit von der REYNOLDSschen Zahl. Kurve (*1*) und (*2*) Theorie der schleichenden Bewegung

standsgesetz nach Gl. (4.26) mit konstantem, d. h. von Re unabhängigem c_W-Wert, nur für REYNOLDS-Zahlen zwischen 10^3 und 10^5 einigermaßen gut erfüllt ist. Bei sehr kleinen REYNOLDSschen Zahlen (schleichende Bewegung) gilt das quadratische Widerstandsgesetz nicht. Bei REYNOLDS-Zahlen zwischen $Re = 2 \cdot 10^5$ und $4 \cdot 10^5$ tritt ein plötzlicher starker Abfall des Widerstandsbeiwertes ein, der in der starken Änderung der Druckverteilung (Abb. 4.7) bereits zum Ausdruck kommt. Diese auffällige Änderung der Strömung hängt mit dem Umschlag laminar-turbulent in der wandnahen Schicht (Grenzschicht) zusammen, auf die wir im nächsten Abschnitt noch zurückkommen werden (vgl. auch Kap. 4.10).

4.2 Grundzüge der Grenzschicht-Theorie

4.21 Begriff der Grenzschicht

Während bei der Durchströmung eines Rohres der Einfluß der Reibung sich auf der ganzen Breite des durchströmten Querschnittes auswirkt, wie wir in Kap. 4.14 gesehen haben, beschränkt er sich bei der *Umströmung* eines Körpers in vielen Fällen, insbesondere bei schlanken Körperformen, auf eine sehr dünne Schicht in unmittelbarer Nähe der festen Wände. Während nach Abb. 2.16 die reibungslose Flüssigkeit an der Wand gleitet, wird in der wirklichen Flüssigkeit durch das Haften an der Wand eine dünne Schicht des strömenden Mediums durch die Zähigkeitskräfte abgebremst. Man bezeichnet diese Schicht nach L. PRANDTL [72] als *Grenzschicht* oder *Reibungsschicht*.

In Abb. 4.10 ist für die Strömung längs einer Platte die Geschwindigkeitsverteilung in dieser Grenzschicht schematisch dargestellt, wobei jedoch die Abmessungen in der Querrichtung stark überhöht sind. Mit wachsendem Abstand von der Plattenvorderkante nimmt die Dicke δ der durch die Reibung abgebremsten Schicht zu. Diese Rei-

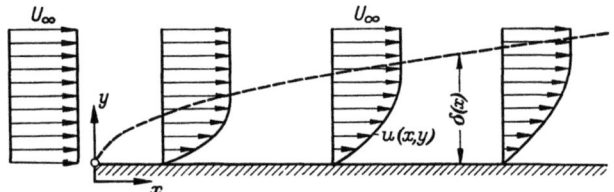

Abb. 4.10. Grenzschicht an einer längsangeströmten ebenen Platte (schematisch)

bungsschicht oder Grenzschicht ist um so dünner, je kleiner der Zähigkeitsbeiwert ist. Andererseits hat aber, auch bei sehr kleiner Zähigkeit (große REYNOLDS-Zahl), wegen des großen Geschwindigkeitsgradienten quer zur Wand die Reibungsschubspannung $\tau = \mu \, \partial u/\partial y$ in der Grenzschicht beträchtliche Werte, während sie außerhalb der Grenzschicht sehr klein ist. Dies führt dazu, bei den Strömungen mit kleiner Zähigkeit (große REYNOLDSsche Zahl) für theoretische Betrachtungen das ganze Strömungsfeld in zwei Bereiche aufzuteilen: das Gebiet der dünnen Reibungsschicht in Wandnähe, in welcher die Reibungskräfte zu berücksichtigen sind, und das Gebiet außerhalb der Reibungsschicht, wo die Reibungskräfte wegen ihrer Kleinheit vernachlässigt werden können und wo demnach in guter Näherung mit der reibungslosen Flüssigkeit gerechnet werden kann. Dieses Aufteilen des Strömungsfeldes bringt für die theoretische Behandlung der Strömungen mit geringer Zähigkeit (große REYNOLDSsche Zahl) eine erhebliche Vereinfachung.

4.22 Ablösung der Grenzschicht

Das verzögerte Grenzschichtmaterial bleibt nicht in allen Fällen als dünne Schicht längs der ganzen bestömten Wand am Körper anliegend. Es kann vorkommen, daß sich die Grenzschicht stromabwärts stark verdickt, und daß in der Grenzschicht Rückwärtsströmung auftritt. Dabei wird dann das verzögerte Grenzschichtmaterial in die

4.2 Grundzüge der Grenzschicht-Theorie

Außenströmung und dadurch diese vom Körper abgedrängt. Man bezeichnet diese Erscheinung als *Ablösung der Grenzschicht*. Sie tritt in erster Linie bei stumpfen Körpern wie Kreiszylinder und Kugel auf, aber auch in einem divergenten Kanal (Diffusor), wenn der Erweiterungswinkel ziemlich groß ist. Diese Erscheinung ist immer mit starker

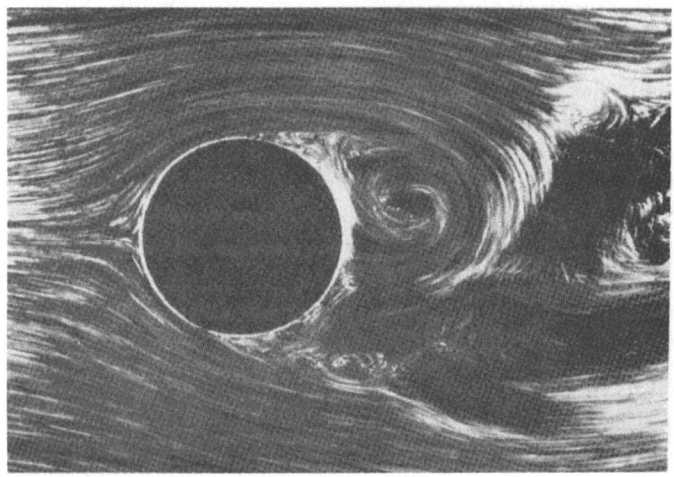

Abb. 4.11. Abgelöste Strömung hinter einem Kreiszylinder nach PRANDTL-TIETJENS

Wirbelbildung und großen Energieverlusten verbunden. Auf der Rückseite der stumpfen Körper und auch im Diffusor bildet sich dabei ein Gebiet mit stark abgebremster Flüssigkeit (sog. ,,Totwasser'') aus. Dieses zeigt die Strömungsaufnahme in Abb. 4.11 für den Kreiszylinder. Auf der Rückseite des Körpers ist in diesem Fall die Druckverteilung gegenüber der reibungslosen Strömung stark geändert, wie z. B. aus Abb. 4.7 für die Kugel hervorgeht. Die gegenüber der reibungslosen Strömung veränderte Druckverteilung und damit letzten Endes die Ablösung der Strömung sind die Ursache für den großen Widerstand solcher Körper.

Um die wichtige Erscheinung der Grenzschichtablösung und Wirbelbildung näher zu erläutern, betrachten wir die Strömung um einen stumpfen Körper, z. B. um einen Kreiszylinder nach Abb. 4.12. Bei

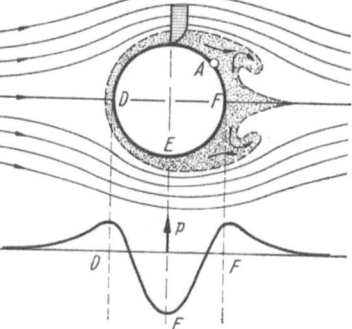

Abb. 4.12. Ablösung der Grenzschicht und Wirbelbildung am Kreiszylinder (schematisch). *A* Ablösungspunkt

IV. Strömungen mit Reibung (Grenzschicht-Theorie)

reibungsloser Strömung ist auf der vorderen Hälfte von D nach E Druckabfall und damit beschleunigte Strömung und auf der hinteren Hälfte von E nach F Druckanstieg und somit verzögerte Strömung vorhanden. Für ein Flüssigkeitsteilchen in der Außenströmung findet auf dem Wege von D nach E eine Umsetzung von Druck in kinetische Energie statt und auf dem Wege von E nach F eine Umsetzung von kinetischer Energie in Druckenergie. Ein Flüssigkeitsteilchen, das in der Grenzschicht strömt, befindet sich unter der Wirkung des gleichen Druckfeldes wie in der Außenströmung, da dieses der Grenzschicht aufgeprägt wird. Durch die Abbremsung in der Reibungsschicht hat ein solches Grenzschichtteilchen auf dem Wege von D nach E gegenüber der Außenströmung so viel an kinetischer Energie eingebüßt, daß diese nicht ausreicht, um den ,,Druckberg'' von E nach F hinaufzukommen. Ein solches Teilchen vermag in dem Gebiet ansteigenden Druckes zwischen E und F nicht weit vorzudringen. Es kommt dort zum Stillstand und wird durch die Druckverteilung der äußeren Strömung stromaufwärts in Bewegung gesetzt. Diese Rückströmung ist der Beginn der Ablösung.

Aus dieser Betrachtung folgt die allgemeine Regel, daß Ablösung niemals im Bereich des Druckabfalles (beschleunigte Strömung) auftreten kann, sondern nur im Bereich des Druckanstieges (verzögerte Strömung). Für eine Reibungsschicht, die ein Gebiet mit *Druckanstieg* durchströmt, besteht also grundsätzlich *Ablösungsgefahr*.

Ob im Druckanstieggebiet tatsächlich Ablösung eintritt, hängt von den näheren Einzelheiten der betreffenden Strömung ab. Wichtig hierfür ist vor allem die Größe des Druckanstieges und der Strömungszustand in der Grenzschicht (laminar oder turbulent). Ein steiler Druckanstieg, wie er auf der Rückseite eines stumpfen Körpers vorliegt, führt eher zur Ablösung als ein sanfter Druckanstieg auf der Rückseite eines schlanken Körpers, da im letzteren Fall die mitschleppende Wirkung der äußeren Schichten u. U. noch gerade ausreicht, um Rückströmung in der Reibungsschicht zu vermeiden. Ferner ,,verträgt'' eine turbulente Grenzschicht einen größeren Druckanstieg als eine laminare. Hieraus folgt, daß man zur Vermeidung der Ablösung und zur Erzielung geringen Widerstandes die Rückseite des umströmten Körpers schlank ausführen muß. Eine stumpfe Form auf der Vorderseite hat dabei auf den Widerstand keinen wesentlichen Einfluß. Diese strömungsmäßig günstige Form ist verwirklicht bei den sog. ,,*Stromlinienkörpern*'' und auch bei allen *Tragflügelprofilen*.

Auch bei der Auftriebserzeugung eines Tragflügels spielt die Ablösung eine wichtige Rolle. Bei kleinen Anstellwinkeln (bis etwa 10°) verläuft die Strömung auf Ober- und Unterseite ohne Ablösung, so daß mit guter Näherung die reibungslose Strömung vorhanden ist (anliegende Strömung, Abb. 4.13a). Bei größeren Anstellwinkeln entsteht auf der Saugseite des Profils Ablösungsgefahr, da dort der Druckanstieg zu steil wird. Bei einem gewissen Anstellwinkel, der bei etwa 15° liegt, tritt infolgedessen Ablösung ein (Abb. 4.13 b). Die Ablösungsstelle liegt

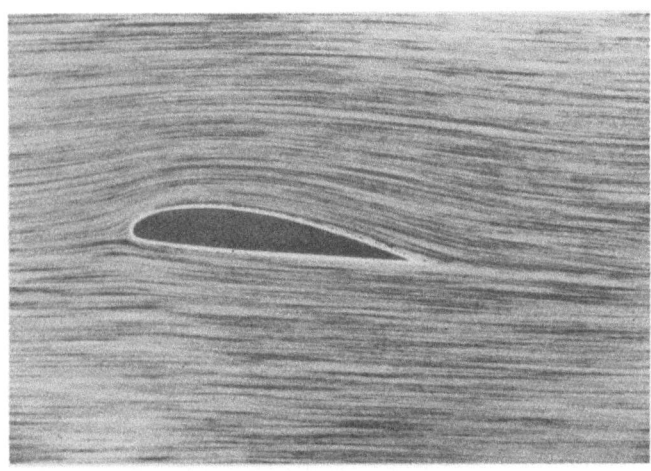

Abb. 4.13. Strömung um ein Tragflügelprofil nach PRANDTL
a) bei anliegender Strömung; b) bei abgelöster Strömung

ziemlich nahe hinter der Flügelnase. Die abgelöste Strömung weist ein großes Totwasser auf. Die reibungslose, auftriebserzeugende Strömung ist durch die Ablösung zerstört worden, und der Widerstand ist jetzt sehr groß. Der Beginn der Ablösung fällt etwa mit dem Erreichen des Maximalauftriebes des Tragflügels zusammen.

IV. Strömungen mit Reibung (Grenzschicht-Theorie)

4.23 Abschätzung der Grenzschichtdicke und des Reibungswiderstandes bei laminarer Strömung

Grenzschichtdicke. Während außerhalb der Grenzschicht die Reibungskräfte gegenüber den Trägheitskräften vernachlässigt werden können, sind innerhalb der Grenzschicht beide von gleicher Größenordnung. Die Trägheitskraft pro Volumeneinheit ist nach Gl. (2.50) gleich $\varrho\, u\, \partial u/\partial x$. Für einen Körper der Länge l ist $\partial u/\partial x$ proportional zu U/l, wenn U die Geschwindigkeit der Außenströmung bedeutet. Damit ist die Trägheitskraft von der Größenordnung $\varrho\, U^2/l$. Die Reibungskraft pro Volumeneinheit ist gleich $\partial \tau/\partial y$, und dies ist für die laminare Strömung mit τ nach Gl. (4.1) gleich $\mu\, \partial^2 u/\partial y^2$. Der Geschwindigkeitsgradient quer zur Wand $\partial u/\partial y$ ist von der Größenordnung U/δ, so daß man für die Reibungskraft pro Volumeneinheit $\partial \tau/\partial y \sim \mu U/\delta^2$ hat. Aus dem Gleichsetzen von Trägheits- und Reibungskraft ergibt sich somit die Beziehung $\varrho\, U^2/l = \mu U/\delta^2$ oder aufgelöst nach der Grenzschichtdicke:

$$\delta \sim \sqrt{\frac{\mu l}{\varrho U}} = \sqrt{\frac{\nu l}{U}}. \qquad (4.28)$$

Der in dieser Gleichung noch unbestimmt gebliebene Zahlenfaktor wird aus der exakten Lösung der Grenzschichtgleichungen in Kap. 4.4 für die längsangeströmte ebene Platte zu etwa 5 erhalten. Damit hat man für die laminare Grenzschicht am Ende der längsangeströmten ebenen Platte der Länge l:

$$\delta = 5\sqrt{\frac{\nu l}{U}}. \qquad (4.29)$$

Die auf die Plattenlänge l bezogene dimensionslose Grenzschichtdicke wird somit

$$\frac{\delta}{l} = 5\sqrt{\frac{\nu}{Ul}} = \frac{5}{\sqrt{Re}}, \qquad (4.30)$$

wobei $Re = U\, l/\nu$ die auf die Plattenlänge bezogene REYNOLDSsche Zahl bedeutet. Nach Gl. (4.28) ist die Grenzschichtdicke proportional $\sqrt{\nu}$, also für Flüssigkeiten mit geringer Zähigkeit sehr klein. Die relative Grenzschichtdicke δ/l nimmt bei wachsender Re-Zahl mit $1/\sqrt{Re}$ ab, so daß im Grenzübergang zur reibungslosen Flüssigkeit, $Re \to \infty$, die Grenzschichtdicke verschwindet.

Reibungswiderstand. Hiermit läßt sich nun auch leicht der Reibungswiderstand der Platte bei laminarer Strömung abschätzen: Nach dem NEWTONschen Reibungsgesetz Gl. (4.1) ist die Wandschubspannung $\tau_0 = \mu(\partial u/\partial y)_0$, wobei der Index 0 den Wert an der Wand bedeutet. Mit der Abschätzung $(\partial u/\partial y)_0 \sim U/\delta$ erhält man $\tau_0 \sim \mu U/\delta$,

4.2 Grundzüge der Grenzschicht-Theorie

und wenn man den Wert von δ nach Gl. (4.28) einsetzt:

$$\tau_0 \sim \mu U \sqrt{\frac{\varrho U}{\mu l}} = \sqrt{\frac{\mu \varrho U^3}{l}}. \tag{4.31}$$

Der gesamte Reibungswiderstand W_R der Platte ist proportional zu $b\, l\, \tau_0$, wobei b die Plattenbreite bedeutet. Dies ergibt mit Gl. (4.31):

$$W_R \sim b \sqrt{\varrho \mu l U^3}. \tag{4.32}$$

Der laminare Reibungswiderstand ist also proportional zu $U^{3/2}$ und $l^{1/2}$. Die Proportionalität mit $l^{1/2}$ wird verständlich, wenn man bedenkt, daß die hintere Plattenhälfte wegen der dort größeren Grenzschichtdicke einen geringeren Widerstand hat als die vordere Plattenhälfte. Bildet man schließlich noch den dimensionslosen Widerstandsbeiwert nach Gl. (4.26), der jedoch mit c_f bezeichnet sei, wobei für die Bezugsfläche F die benetzte Oberfläche $b\, l$ gesetzt wird, so erhält man aus Gl. (4.32):

$$c_f \sim \sqrt{\frac{\mu}{\varrho U l}} = \frac{1}{\sqrt{Re}}.$$

Der fehlende Zahlenfaktor ergibt sich aus der exakten Lösung nach Kap. 4.43 zu 1,328, so daß man für das Widerstandsgesetz der längsangeströmten Platte bei laminarer Strömung hat:

$$c_f = \frac{1,328}{\sqrt{Re}}. \tag{4.33}$$

Ebenso wie bei der Kugel nach Abb. 4.9 ist auch für die Platte der Widerstandsbeiwert nur eine Funktion der REYNOLDSschen Zahl.

Ein Zahlenbeispiel möge diese Abschätzung noch veranschaulichen. Die hier angenommene laminare Strömung erhält man nach den Beobachtungen bis zu einer REYNOLDSschen Zahl $Re = U l/\nu$ von etwa $5 \cdot 10^5$ bis 10^6. Für größere REYNOLDSsche Zahlen wird die Plattengrenzschicht turbulent. Wir berechnen die Grenzschichtdicke für eine Strömung von Luft ($\nu = 15 \cdot 10^{-6}$ m²/s) am Ende einer Platte der Länge $l = 1$ m bei einer Geschwindigkeit von $U = 15$ m/s. Dies ergibt $Re = U l/\nu = 10^6$ und somit nach Gl. (4.30) $\delta/l = 5 \cdot 10^{-3}$ und $\delta = 5$ mm. Der Widerstandsbeiwert ist nach Gl. (4.33) $c_f = 0{,}0013$, also sehr klein, wenn man ihn mit demjenigen einer Kugel nach Abb. 4.9 vergleicht.

4.24 Turbulente Strömung in der Grenzschicht

In ähnlicher Weise wie die Rohrströmung wird auch die Grenzschichtströmung längs einer Wand turbulent, wenn die Grenzschichtdicke oder die Außengeschwindigkeit genügend groß ist. Bei der Grenzschicht an der Platte hat man in der Nähe der Nase zunächst laminare und weiter stromabwärts turbulente Strömung. Die Lage der Umschlagstelle x_u ist dabei nach den Beobachtungen gegeben durch die mit der

Lauflänge x gebildete kritische REYNOLDSsche Zahl

$$Re_{x_u} = \frac{U\,x_u}{\nu} = 5 \cdot 10^5 \text{ bis } 3 \cdot 10^6 \quad \text{(Platte)}. \qquad (4.34)$$

Der Zahlenwert dieser kritischen REYNOLDSschen Zahl hängt stark ab vom Turbulenzgrad der Außenströmung (vgl. Kap. 4.62 und 4.10.3).

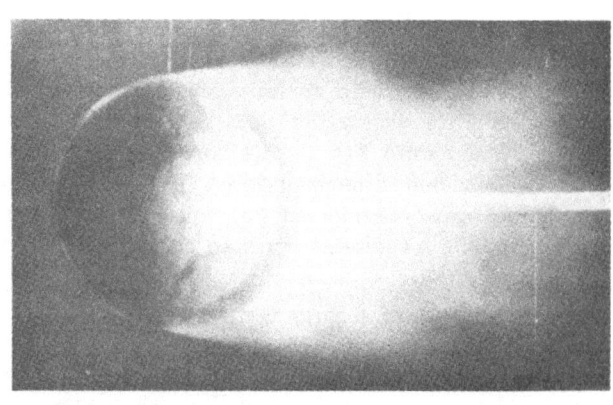

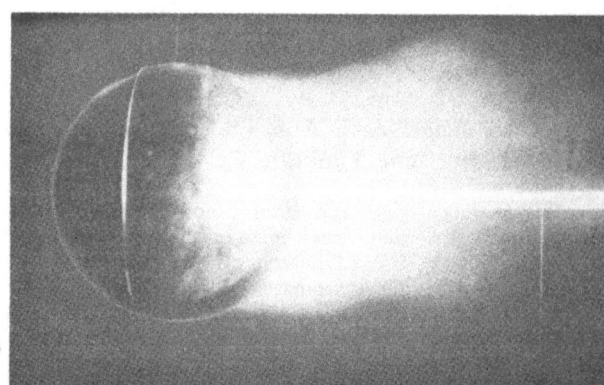

Abb. 4.14. Strömung um eine Kugel nach WIESELSBERGER [*111*]
a) im unterkritischen *Re*-Zahlbereich; b) im überkritischen *Re*-Zahlbereich. Durch Auflegen eines dünnen Drahtreifens („Stolperdraht") ist die überkritische Strömungsform erhalten worden

Je geringer der Turbulenzgrad ist, desto größer ist der Zahlenwert der kritischen REYNOLDSschen Zahl.

Eine besonders auffällige Erscheinung, die mit dem Umschlag laminar-turbulent in der Grenzschicht zusammenhängt, tritt bei stumpfen Körpern, z. B. Kreiszylinder und Kugel, auf. Aus Abb. 4.9 ist ersichtlich, daß bei der Kugel bei einer REYNOLDSschen Zahl von etwa

$3 \cdot 10^5$ ein plötzlicher starker Abfall des Widerstandsbeiwertes vorhanden ist. Dieser wurde für die Kugel zuerst von G. EIFFEL [*34*] festgestellt. Dieser starke Widerstandsabfall ist auf ein Turbulentwerden der Grenzschicht zurückzuführen. Bei laminarer Grenzschicht liegt die Ablösungsstelle etwa am Äquator der Kugel (Abb. 4.14a). Durch das Turbulentwerden der Grenzschicht wird bewirkt, daß sich die Ablösungsstelle weiter nach hinten verlagert (Abb. 4.14b), da die turbulente Grenzschicht den Druckanstieg auf der Rückseite besser verträgt, und infolgedessen die Ablösung erst weiter hinten einsetzt. Infolge der Verlagerung der Ablösungsstelle wird das Totwassergebiet wesentlich schmaler, und die Druckverteilung nähert sich mehr derjenigen der reibungslosen Strömung (Abb. 4.7). Es ist also mit dem Turbulentwerden der Grenzschicht eine beträchtliche Verminderung des Druckwiderstandes verbunden, die als Sprung in der Widerstandskurve $c_W = f(Re)$ in Erscheinung tritt, Abb. 4.9. Daß diese Erklärung tatsächlich zutrifft, konnte L. PRANDTL [*73*] durch Auflegen eines dünnen Drahtreifens („Stolperdraht") etwas vor dem Äquator der Kugel beweisen. Dadurch wird die laminare Grenzschicht künstlich turbulent gemacht, was sonst erst durch Erhöhung der Re-Zahl eintritt. Die Strömungsaufnahmen mit Rauch in Abb. 4.14a und b zeigen den unterkritischen Strömungszustand mit großem Totwasser und großem Widerstand und den überkritischen Zustand mit kleinem Totwasser und kleinem Widerstand.

Das Turbulentmachen der Grenzschicht durch den Stolperdraht ist *eine* der Möglichkeiten der *Grenzschichtbeeinflussung*, durch die der Verlauf der Strömung in einem gewünschten Sinne „gesteuert" werden kann. Andere Maßnahmen, die z. T. eine erhebliche praktische Bedeutung erlangt haben, sind die Absaugung der Grenzschicht, das Ausblasen in die Grenzschicht sowie das Mitbewegen der Wand und das Laminarhalten der Grenzschicht. Hierauf werden wir in Kap. 4.5 noch näher eingehen.

4.3 Bewegungsgleichungen der zähen Flüssigkeit (Navier-Stokessche Gleichungen)

Nachdem wir in den vorigen Abschnitten uns eine erste Übersicht über die Bewegungsgesetze einer reibungsbehafteten Flüssigkeit verschafft haben, sollen jetzt die allgemeinen Bewegungsgleichungen der zähen Flüssigkeit angegeben werden, allerdings ohne diese vollständig herzuleiten; hierfür verweisen wir z. B. auf [*10*].

Die in Kap. 2.31 hergeleiteten Bewegungsgleichungen der reibungslosen Flüssigkeit (EULERsche Gleichungen) bringen das Kräftegleichgewicht zwischen den Trägheitskräften, Massenkräften und Druckkräften zum Ausdruck. Dabei sind die

IV. Strömungen mit Reibung (Grenzschicht-Theorie)

Druckkräfte ein Sonderfall der am Volumenelement angreifenden Oberflächenkräfte derart, daß nur Normalkräfte vorhanden sind. Für die Aufstellung der Bewegungsgleichungen der reibungsbehafteten, inkompressiblen Flüssigkeit haben wir zu den eben genannten Kräften noch die Reibungskräfte hinzuzunehmen. Diese bilden ein Kräftesystem, welches außer Normalkräften (Drücke) auch Tangentialkräfte (Schubspannungen) am Volumenelement aufweist.

Bedeutet $\mathfrak{K} = \varrho\,\mathfrak{g}$ die Massenkraft pro Volumeneinheit ($\mathfrak{g}$ = Vektor der Erdbeschleunigung) und $\mathfrak{P}$ die Oberflächenkraft pro Volumeneinheit, so lautet die Bewegungsgleichung in Vektorschreibweise, vgl. Gl. (2.48):

$$\varrho\frac{D\mathfrak{w}}{Dt} = \mathfrak{K} + \mathfrak{P}. \qquad (4.35)$$

Dabei ist in rechtwinkligen Koordinaten:

der Geschwindigkeitsvektor: $\quad \mathfrak{w} = \mathfrak{i}\,u + \mathfrak{j}\,v + \mathfrak{k}\,w,$ \qquad (4.36)

die Massenkraft: $\quad \mathfrak{K} = \mathfrak{i}\,X + \mathfrak{j}\,Y + \mathfrak{k}\,Z,$ \qquad (4.37)

die Oberflächenkraft: $\quad \mathfrak{P} = \mathfrak{i}\,P_x + \mathfrak{j}\,P_y + \mathfrak{k}\,P_z.$ \qquad (4.38)

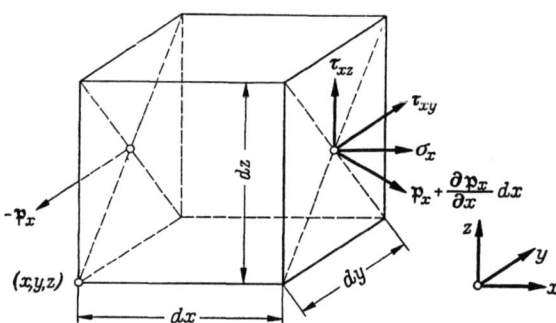

Abb. 4.15. Zum allgemeinen Spannungstensor der strömenden zähen Flüssigkeit

Die Gesamtheit der Oberflächenkräfte, welche nach Abb. 4.15 an einem Volumenelement $dV = dx\,dy\,dz$ angreift, läßt sich darstellen durch einen Spannungstensor mit den Komponenten $\mathfrak{p}_x, \mathfrak{p}_y, \mathfrak{p}_z$. Die resultierende Oberflächenkraft pro Volumeneinheit ist somit:

$$\mathfrak{P} = \frac{\partial \mathfrak{p}_x}{\partial x} + \frac{\partial \mathfrak{p}_y}{\partial y} + \frac{\partial \mathfrak{p}_z}{\partial z}. \qquad (4.39)$$

Die Spannungsvektoren $\mathfrak{p}_x, \mathfrak{p}_y, \mathfrak{p}_z$ haben die Komponenten:

$$\left.\begin{array}{l} \mathfrak{p}_x = \mathfrak{i}\,\sigma_x + \mathfrak{j}\,\tau_{xy} + \mathfrak{k}\,\tau_{xz}, \\ \mathfrak{p}_y = \mathfrak{i}\,\tau_{yx} + \mathfrak{j}\,\sigma_y + \mathfrak{k}\,\tau_{yz}, \\ \mathfrak{p}_z = \mathfrak{i}\,\tau_{zx} + \mathfrak{j}\,\tau_{zy} + \mathfrak{k}\,\sigma_z, \end{array}\right\} \qquad (4.40)$$

wobei σ die Normalspannungen (positiv Zug, negativ Druck) und τ die Schubspannungen bedeuten. Zwischen den letzteren bestehen nach den Gesetzen der Elastizitätstheorie die Symmetriebeziehungen $\tau_{xy} = \tau_{yx}$, $\tau_{xz} = \tau_{zx}$, $\tau_{yz} = \tau_{zy}$.

Führt man die aus Gl. (4.39) und (4.40) sich ergebenden Werte für die Komponenten der resultierenden Oberflächenkraft P_x, P_y, P_z in die Bewegungs-

4.3 Bewegungsgleichungen der zähen Flüssigkeit

gleichung (4.35) ein, so lautet diese nach Zerlegung in Komponenten:

$$\left.\begin{aligned}\varrho\frac{Du}{Dt} &= X + \left(\frac{\partial\sigma_x}{\partial x} + \frac{\partial\tau_{xy}}{\partial y} + \frac{\partial\tau_{xz}}{\partial z}\right),\\ \varrho\frac{Dv}{Dt} &= Y + \left(\frac{\partial\tau_{xy}}{\partial x} + \frac{\partial\sigma_y}{\partial y} + \frac{\partial\tau_{yz}}{\partial z}\right),\\ \varrho\frac{Dw}{Dt} &= Z + \left(\frac{\partial\tau_{xz}}{\partial x} + \frac{\partial\tau_{yz}}{\partial y} + \frac{\partial\sigma_z}{\partial z}\right).\end{aligned}\right\} \quad (4.41)$$

Für die reibungslose Flüssigkeit sind alle Tangentialspannungen gleich Null; es bleiben dann nur die Normalspannungen übrig, welche überdies unter sich gleich sind und deren negativen Wert man als den Flüssigkeitsdruck bezeichnet:

$$\tau_{xy} = \tau_{xz} = \tau_{yz} = 0; \quad \sigma_x = \sigma_y = \sigma_z = -p. \quad (4.42)$$

In diesem Fall gehen die Gl. (4.41) in die EULERschen Bewegungsgleichungen der reibungslosen Flüssigkeit über, wie sie in Gl. (2.49) angegeben wurden.

Um nun aus Gl. (4.41) die Bewegungsgleichungen der zähen Flüssigkeit zu erhalten, muß noch der Zusammenhang zwischen den Spannungsgrößen und den Geschwindigkeitskomponenten angegeben werden. Dieser Zusammenhang ist rein empirischer Natur. Er wird gegeben durch das *Stokessche Reibungsgesetz*, welches eine Verallgemeinerung des NEWTONschen Reibungsgesetzes nach Gl. (4.1) darstellt. Es lautet für eine inkompressible zähe Flüssigkeit folgendermaßen:

$$\left.\begin{aligned}\sigma_x &= -p + 2\mu\frac{\partial u}{\partial x}; \quad \tau_{xy} = \mu\left(\frac{\partial u}{\partial y} + \frac{\partial v}{\partial x}\right),\\ \sigma_y &= -p + 2\mu\frac{\partial v}{\partial y}; \quad \tau_{yz} = \mu\left(\frac{\partial v}{\partial z} + \frac{\partial w}{\partial y}\right),\\ \sigma_z &= -p + 2\mu\frac{\partial w}{\partial z}; \quad \tau_{xz} = \mu\left(\frac{\partial w}{\partial x} + \frac{\partial u}{\partial z}\right).\end{aligned}\right\} \quad (4.43)$$

Für die einfache Scherströmung nach Abb. 1.5 mit $u = u(y)$, $v \equiv 0$, $w \equiv 0$ geht das STOKESsche Reibungsgesetz in das NEWTONsche Reibungsgesetz nach Gl. (4.1) mit $\tau_{xy} = \tau$ über.

Führt man das STOKESsche Reibungsgesetz nach Gl. (4.43) und die Kontinuitätsgleichung (2.15) in Gl. (4.41) ein, und schreibt man noch die Beschleunigungsglieder der linken Seiten nach Gl. (2.20) vollständig aus, so erhält man unter Hinzufügung der Kontinuitätsgleichung das folgende Gleichungssystem:

$$\left.\begin{aligned}\varrho\left(\frac{\partial u}{\partial t} + u\frac{\partial u}{\partial x} + v\frac{\partial u}{\partial y} + w\frac{\partial u}{\partial z}\right) &= X - \frac{\partial p}{\partial x} + \mu\left(\frac{\partial^2 u}{\partial x^2} + \frac{\partial^2 u}{\partial y^2} + \frac{\partial^2 u}{\partial z^2}\right),\\ \varrho\left(\frac{\partial v}{\partial t} + u\frac{\partial v}{\partial x} + v\frac{\partial v}{\partial y} + w\frac{\partial v}{\partial z}\right) &= Y - \frac{\partial p}{\partial y} + \mu\left(\frac{\partial^2 v}{\partial x^2} + \frac{\partial^2 v}{\partial y^2} + \frac{\partial^2 v}{\partial z^2}\right),\\ \varrho\left(\frac{\partial w}{\partial t} + u\frac{\partial w}{\partial x} + v\frac{\partial w}{\partial y} + w\frac{\partial w}{\partial z}\right) &= Z - \frac{\partial p}{\partial z} + \mu\left(\frac{\partial^2 w}{\partial x^2} + \frac{\partial^2 w}{\partial y^2} + \frac{\partial^2 w}{\partial z^2}\right),\\ \frac{\partial u}{\partial x} + \frac{\partial v}{\partial y} + \frac{\partial w}{\partial z} &= 0.\end{aligned}\right\} \quad (4.44)$$

Dies sind die NAVIER-STOKESschen Bewegungsgleichungen. Die drei Bewegungsgleichungen zusammen mit der Kontinuitätsgleichung stellen bei gegebenen Massenkräften ein System von vier Gleichungen für u, v, w, p dar.

Für die zähe Flüssigkeit ist nach Abb. 2.16b Haften der Flüssigkeit an den begrenzenden Wänden vorhanden, d. h., an den Wänden verschwindet sowohl die

IV. Strömungen mit Reibung (Grenzschicht-Theorie)

Normal- als auch die Tangentialkomponente der Geschwindigkeit:

$$w_n = 0, \quad w_t = 0 \quad \text{an den Wänden.} \tag{4.45}$$

Schon die EULERschen Bewegungsgleichungen waren für den allgemeinen Fall der dreidimensionalen Strömung wegen der nichtlinearen Glieder mathematisch sehr schwierig. Von den NAVIER-STOKESschen Gleichungen gilt dies in verstärktem Maße, weil durch die Reibungsglieder die Ordnung der Differentialgleichungen von eins auf zwei erhöht worden ist. Aus diesem Grunde ist es bisher nicht gelungen, analytische Lösungen der NAVIER-STOKESschen Gleichungen für den allgemeinen dreidimensionalen Fall zu erhalten.

Für *ebene stationäre Strömungen* ergeben sich die NAVIER-STOKESschen Gleichungen zu

$$\left.\begin{aligned}\varrho\left(u\frac{\partial u}{\partial x} + v\frac{\partial u}{\partial y}\right) &= X - \frac{\partial p}{\partial x} + \mu\left(\frac{\partial^2 u}{\partial x^2} + \frac{\partial^2 u}{\partial y^2}\right), \\ \varrho\left(u\frac{\partial v}{\partial x} + v\frac{\partial v}{\partial y}\right) &= Y - \frac{\partial p}{\partial y} + \mu\left(\frac{\partial^2 v}{\partial x^2} + \frac{\partial^2 v}{\partial y^2}\right), \\ \frac{\partial u}{\partial x} + \frac{\partial v}{\partial y} &= 0.\end{aligned}\right\} \tag{4.46}$$

Dieses System von drei Gleichungen für u, v, p werden wir unseren weiteren Betrachtungen zugrunde legen. Auch für diese Gleichungen sind die mathematischen Schwierigkeiten vor allem wegen der nichtlinearen Trägheitsglieder noch so groß, daß allgemeine Lösungen, bei welchen die Trägheitskräfte mit den Reibungskräften in Wechselwirkung treten, nur in sehr geringer Zahl bekannt sind. Die in Kap. 4.14 angegebene HAGEN-POISEUILLEsche laminare Rohrströmung ist eine solche exakte Lösung der NAVIER-STOKESschen Gleichungen, bei welcher allerdings die Trägheitskräfte identisch verschwinden.[1]

Wegen der großen mathematischen Schwierigkeiten, welche die NAVIER-STOKESschen Gleichungen darbieten, ist ein starkes Bedürfnis vorhanden, sie durch Fortlassung numerisch kleiner Glieder zu vereinfachen, um dadurch die Möglichkeit ihrer Lösung zu erleichtern. Solche Vereinfachungen sind möglich für die beiden Grenzfälle sehr kleiner und sehr großer REYNOLDSscher Zahl.

Der erstere Fall (REYNOLDSsche Zahl sehr klein) bedeutet physikalisch, daß die Trägheitskräfte sehr klein sind im Vergleich zu den Reibungskräften. Dieses sind die *schleichenden Bewegungen*. Man kann in diesem Fall die Trägheitsglieder in den Bewegungsgleichungen ganz fortlassen. Die hierdurch erreichte mathematische Vereinfachung ist beträchtlich, da die verbleibenden Differentialgleichungen linear sind. Zu den schleichenden Bewegungen gehören z. B. die Strömungsvorgänge im Schmierfilm zwischen Zapfen und Lager (hydrodynamische Schmierungstheorie). Wir wollen auf diesen Fall nicht näher eingehen, da er für die Aerodynamik des Flugzeuges ohne Bedeutung ist.

Der zweite Fall (REYNOLDSsche Zahl sehr groß) bedeutet physikalisch, daß die Reibungskräfte klein sind gegenüber den Trägheitskräften. Eine vollständige Streichung der Reibungsglieder ist in diesem Fall jedoch nicht erlaubt, wenn man nicht zur reibungslosen Strömung mit ihren vor allem für das Widerstandsproblem unzureichenden Ergebnissen zurückkommen will. Im Fall der sehr großen REYNOLDSschen Zahl bedarf die Vereinfachung der NAVIER-STOKESschen Gleichungen deshalb einer sorgfältigen Überlegung. Diese führt auf die *Grenzschicht-*

---

[1] Dies verifiziert man, wenn man die NAVIER-STOKESschen Gleichungen in Zylinderkoordinaten aufschreibt.

theorie, die wir im vorigen Abschnitt bereits in empirischer Beschreibung kennengelernt haben, und deren Grundgleichungen nunmehr im folgenden Abschnitt hergeleitet werden sollen. Wir wollen diesen Fall etwas eingehender behandeln, da er für die Aerodynamik des Flugzeuges von großer Bedeutung ist.

4.4 Prandtlsche Grenzschichtgleichungen

4.41 Aufstellung der Grenzschichtgleichungen

Die Vereinfachungen, die sich im Fall sehr kleiner Zähigkeitskräfte (sehr große REYNOLDSsche Zahl) in den NAVIER-STOKESschen Gleichungen ergeben, sollen nach L. PRANDTL [72] auf einem physikalisch anschaulichen Wege hergeleitet werden. Wir betrachten die ebene Strömung einer Flüssigkeit mit sehr geringer Zähigkeit um einen zylindrischen Körper von schlanker Form nach Abb. 4.16. Dabei sei das ebene krummlinige Koordinatensystem x, y so gewählt, daß x längs der Wand und y senkrecht zur Wand ist. Die Geschwindigkeit ist bis nahe an die Körperoberfläche von der Größenordnung der Anströmungsgeschwindigkeit U_∞.

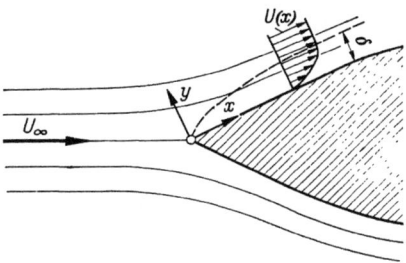

Abb. 4.16. Grenzschichtströmung längs einer Wand

An der Körperoberfläche ist jedoch wegen der Haftbedingung die Geschwindigkeit gleich Null. Wir machen die Annahme, daß sich der Übergang von der Geschwindigkeit Null an der Wand auf die volle Geschwindigkeit, wie sie in einiger Entfernung von der Wand vorhanden ist, in einer sehr dünnen Schicht, der sog. *Grenzschicht* oder *Reibungsschicht*, vollzieht. Wir unterscheiden demnach zwei Gebiete:

a) Die *Grenzschicht*, in welcher der Geschwindigkeitsgradient normal zur Wand $\partial u/\partial y$ sehr groß ist. Hier kommt eine kleine Zähigkeit μ doch wesentlich zur Geltung, insofern als die Reibungsschubspannung $\tau = \mu \, \partial u/\partial y$ beträchtliche Werte annehmen kann. Hier sind die Reibungs- und Trägheitskräfte von gleicher Größenordnung.

b) Die *Außenströmung*, d. i. das Gebiet außerhalb der Grenzschicht. Hier sind keine so großen Geschwindigkeitsgradienten vorhanden, so daß die Wirkung der Zähigkeit hier bedeutungslos wird. Hier herrscht näherungsweise die reibungslose Potentialströmung.

Wir machen ferner die Annahme, daß die Grenzschichtdicke δ sehr klein ist im Vergleich zu einer charakteristischen Länge L des umströmten Körpers:

$$\delta \ll L.$$

IV. Strömungen mit Reibung (Grenzschicht-Theorie)

Ferner sei die mit L und U_∞ gebildete REYNOLDSsche Zahl

$$Re = \frac{U_\infty L \varrho}{\mu} = \frac{U_\infty L}{\nu}$$

sehr groß.

Schätzt man mit diesen Voraussetzungen die einzelnen Glieder der NAVIER-STOKESschen Gleichungen (4.46) ab, vgl. z. B. [10], so ergibt sich zunächst, daß in der Grenzschicht die Trägheits- und Reibungskräfte nur dann von der gleichen Größenordnung sind, wenn die Grenzschichtdicke

$$\delta \sim \frac{1}{\sqrt{Re}}$$

ist, wie es in Gl. (4.30) bereits angegeben wurde. Behält man in den NAVIER-STOKESschen Gleichungen nur die größten Glieder bei, so ergeben sich die folgenden vereinfachten Gleichungen, die man als die *Prandtlschen Grenzschichtgleichungen* bezeichnet

$$\varrho\left(u\frac{\partial u}{\partial x} + v\frac{\partial u}{\partial y}\right) = -\frac{dp}{dx} + \mu\frac{\partial^2 u}{\partial y^2}, \qquad (4.47\,\text{a})$$

$$\frac{\partial u}{\partial x} + \frac{\partial v}{\partial y} = 0. \qquad (4.47\,\text{b})$$

Dabei ergibt die Bewegungsgleichung in y-Richtung Gl. (4.46) einfach $\partial p/\partial y = 0$ und somit für den Druck die Aussage $p(x,y) = p(x)$. Für die Grenzschicht ist also der Druckgradient längs der Wand als bekannt anzusehen. Er wird aus der Potentialströmung mittels der BERNOULLIschen Gleichung $p + \frac{\varrho}{2}U^2 = \text{const}$ zu

$$-\frac{dp}{dx} = \varrho\, U\, \frac{dU}{dx} \qquad (4.48)$$

bestimmt.

Die Randbedingungen sind

$$y = 0: \quad u = 0, \quad v = 0; \quad y = \delta(x): \quad u = U(x). \qquad (4.49)$$

Die vorstehenden Gl. (4.47) bis (4.49) gelten auch für turbulente Strömungen, wenn in Gl. (4.47a) das Reibungsglied $\mu\, \partial^2 u/\partial y^2$ ersetzt wird durch $\partial \tau/\partial y$, vgl. Gl. (4.41).

Die durch diese Überlegungen erreichte mathematische Vereinfachung ist beträchtlich: Für das ebene Problem ist von den ursprünglich drei Gleichungen für u, v, p *eine* ganz in Fortfall gekommen, nämlich die Bewegungsgleichung senkrecht zur Wand. Dementsprechend ist die Anzahl der Unbekannten um eins verringert worden. Die Grenzschichtgleichungen sind ein System von zwei Gleichungen für u und v. Der Druck ist nicht mehr als eine unbekannte Funktion zu betrachten, sondern kann mittels der BERNOULLIschen Gleichung aus der als bekannt anzusehenden Potentialströmung für den betreffenden Körper ermittelt werden. Der Druck wird der Grenzschicht von der Außenströmung her aufgeprägt. Ferner ist in der ersten Bewegungsgleichung eines der beiden Reibungsglieder in Fortfall gekommen.

4.42 Einige physikalische Eigenschaften der Grenzschicht

Aus den Grenzschichtgleichungen Gl. (4.47a) bis (4.49) lassen sich, ohne auf ihre Integration einzugehen, einige wichtige Folgerungen ziehen. Eine wichtige Frage ist zunächst, unter welchen Bedingungen

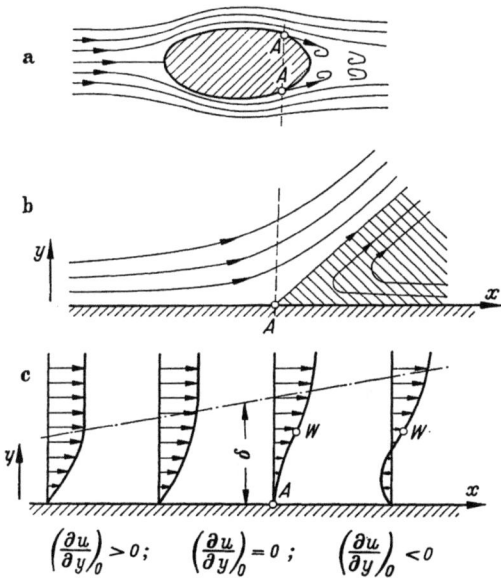

Abb. 4.17. Ablösung der Grenzschicht
a) Umströmung eines Körpers mit Ablösung (A Ablösungspunkt); b) Verlauf der Stromlinien in der Nähe des Ablösungspunktes; c) Geschwindigkeitsverteilung in der Nähe des Ablösungspunktes (W Wendepunkt)

Ablösung der Strömung von der Wand eintritt. Die qualitativen Betrachtungen in Kap. 4.22 hatten ergeben, daß Ablösungsgefahr nur im Gebiet des Druckanstieges (verzögerte Strömung) besteht, daß dagegen im Bereich des Druckabfalles (beschleunigte Strömung) keine Ablösung zu erwarten ist. Dieses läßt sich nun ebenfalls auf Grund der Grenzschichtdifferentialgleichungen einsehen. In der Umgebung einer Ablösungsstelle hat die Strömung in der Grenzschicht einen Verlauf, wie er durch Abb. 4.17 veranschaulicht wird. Hinter der Ablösungsstelle A (Abb. 4.17b) herrscht in Wandnähe Rückströmung, wodurch in der Umgebung der Ablösungsstelle die Strömung sowohl in der Grenzschicht als auch außerhalb nach außen abgedrängt wird. Als Ablösungsstelle definieren wir die Grenze zwischen Vor- und Rückwärtsströmung der wandnächsten Schicht, vgl. Abb. 4.17c, also

$$\text{Ablösungsstelle:} \left(\frac{\partial u}{\partial y}\right)_{y=0} = 0. \quad (4.50)$$

Das Geschwindigkeitsprofil $u(y)$ an der Ablösungsstelle besitzt offenbar im Innern der Grenzschicht einen Wendepunkt (W), also eine Stelle, wo $\partial^2 u/\partial y^2 = 0$ ist.

Daß bei stationärer Strömung Ablösung der Grenzschicht nur in verzögerter Strömung ($dp/dx > 0$) eintreten kann, läßt sich leicht einsehen, wenn man den Zusammenhang zwischen dem Druckgradienten dp/dx und der Geschwindigkeitsverteilung $u(y)$ betrachtet. Aus Gl. (4.47a) folgt wegen der Randbedingungen $u = v = 0$ für $y = 0$ sofort:

$$\mu \left(\frac{\partial^2 u}{\partial y^2}\right)_{y=0} = \frac{dp}{dx}. \quad (4.51)$$

In unmittelbarer Wandnähe wird also die Krümmung des Geschwindigkeitsprofils lediglich durch das Druckgefälle bestimmt; sie wechselt ihr Vorzeichen mit dem Vorzeichen des Druckgradienten. Nun ist am äußeren Rand der Grenzschicht, wo diese in die Potentialströmung übergeht, offenbar in jedem Fall das Geschwindigkeitsprofil konvex gekrümmt, also $\partial^2 u/\partial y^2 < 0$. Für die *beschleunigte Strömung* ($dp/dx < 0$) ist nun nach Gl. (4.51) $(\partial^2 u/\partial y^2)_0 < 0$ und infolgedessen auch über die ganze Grenzschichtbreite $\partial^2 u/\partial y^2 < 0$. Ein Wendepunkt im Geschwindigkeitsprofil ist also in diesem Fall nicht möglich und infolgedessen auch kein „Ablösungsprofil", da dieses ja im Innern einen Wendepunkt haben muß. Andererseits ist für die *verzögerte Strömung* $(\partial^2 u/\partial y^2)_0 > 0$. Da aber am äußeren Rand der Grenzschicht $\partial^2 u/\partial y^2 < 0$ ist, liegt in diesem Fall im Innern der Grenzschicht eine Stelle mit verschwindender Krümmung des Geschwindigkeitsprofils, also ein Wendepunkt, vor. Hieraus folgt also, daß bei verzögerter Potentialströmung das Grenzschichtprofil immer einen Wendepunkt besitzt, dagegen bei beschleunigter Strömung immer wendepunktfrei ist. Da nun das Ablösungsprofil mit verschwindender Wandtangente einen Wendepunkt hat, ist damit gezeigt, daß Ablösung nur in verzögerter Strömung auftreten kann.

Die Frage, ob in einem speziellen Fall im Gebiet der verzögerten Strömung tatsächlich Ablösung auftritt und wo gegebenenfalls die Ablösungsstelle liegt, kann nur durch Integration der Grenzschichtgleichungen beantwortet werden.

Die soeben getroffene Feststellung über das Auftreten eines Wendepunktes nach Abb. 4.18a bedeutet, daß bei der Umströmung eines Körpers auf dem vorderen Teil vor dem Druckminimum die Grenzschichtprofile wendepunktfrei sind und hinter dem Druckminimum einen Wendepunkt besitzen. Das Vorhandensein eines Wendepunktes im laminaren Grenzschichtprofil ist auch bedeutsvoll für den Umschlag laminar-turbulent, da laminare Geschwindigkeitsprofile mit Wendepunkt eine wesentlich größere Neigung haben, turbulent zu werden als die wendepunktfreien Geschwindigkeitsprofile. Dies kommt darauf hinaus, daß bei einem umströmten Körper die Lage des Druckminimums maßgeblich ist für die Lage der Umschlagstelle laminar-turbulent, und zwar so, daß bei REYNOLDS-Zahlen zwischen $Re = 10^6$

und 10^8 die Umschlagstelle laminar-turbulent immer nahe hinter dem Druckminimum liegt. Hierüber wird in Kap. 4.10 noch Näheres berichtet werden.

Da nun der Reibungswiderstand bei laminarer Grenzschicht, wie noch gezeigt wird, wesentlich geringer ist als bei turbulenter, kann man den Reibungswiderstand von Tragflügelprofilen dadurch wesentlich herabsetzen, daß man die Umschlagstelle laminar-turbulent möglichst weit nach hinten verschiebt. Dies wird ausgenutzt bei den sog. *Laminarprofilen*, die zuerst von H. DOETSCH [25] angegeben und die später sehr

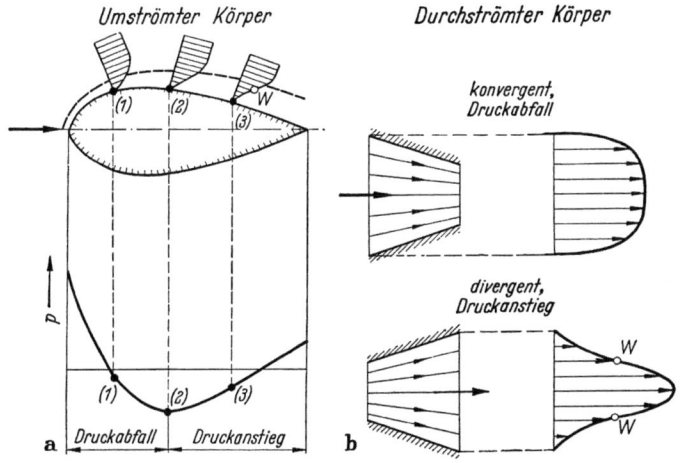

Abb. 4.18. Geschwindigkeitsverteilung in der Grenzschicht
a) an einem umströmten Körper; b) in einem konvergenten und divergenten Kanal
(W Wendepunkt)

ausführlich untersucht worden sind. Sie finden heute beim Bau von Segelflugzeugen eine vielfältige Anwendung. Nach den obigen Ausführungen kommt es zur Erzielung langer laminarer Laufstrecken der Grenzschicht darauf an, das Druckminimum möglichst weit zurückzuverlegen. Wir kommen hierauf in Kap. 4.5 zurück.

Auch in einer Kanalströmung bestimmt der Druckgradient maßgeblich die Form der Geschwindigkeitsverteilung. Nach Abb. 4.18b hat man im konvergenten Kanal mit Druckabfall ein wendepunktfreies Geschwindigkeitsprofil, dagegen im divergenten Kanal mit Druckanstieg ein Geschwindigkeitsprofil mit Wendepunkt, welches bei zu starkem Druckanstieg zur Ablösung führt.

4.43 Plattengrenzschicht bei laminarer Strömung

Der einfachste Fall einer Grenzschicht liegt bei der in ihrer Längsrichtung angeströmten sehr dünnen ebenen Platte vor. Dieser Fall, der von H. BLASIUS [17] in seiner Göttinger Dissertation 1907 als erstes

Beispiel zur PRANDTLschen Grenzschichttheorie behandelt wurde, möge hier etwas näher erörtert werden. Die Platte sei unendlich lang; wir wählen das Koordinatensystem nach Abb. 4.10. Die Anströmungsgeschwindigkeit sei U_∞ parallel zur x-Achse. In diesem Fall ist die Geschwindigkeit der Potentialströmung konstant, also wegen Gl. (4.48) $dp/dx \equiv 0$. Die Grenzschichtgleichungen (4.47a, b) bis (4.49) werden demnach:

$$u \frac{\partial u}{\partial x} + v \frac{\partial u}{\partial y} = \nu \frac{\partial^2 u}{\partial y^2}, \qquad (4.52)$$

$$\frac{\partial u}{\partial x} + \frac{\partial v}{\partial y} = 0, \qquad (4.53)$$

$$y = 0: \quad u = 0, \quad v = 0; \quad y = \infty: \quad u = U_\infty. \qquad (4.54)$$

Da das ganze System keine ausgezeichnete Länge besitzt, liegt es nahe, anzunehmen, daß die Geschwindigkeitsprofile in verschiedenen Abständen von der Plattenvorderkante zueinander affin sind. Als Maßstabsfaktor für y wählen wir die Grenzschichtdicke $\delta(x)$, die nach Gl. (4.28) proportional zu $\sqrt{\nu x/U_\infty}$ ist. Wir bezeichnen den dimensionslosen Wandabstand y/δ mit η und setzen

$$\eta = y \sqrt{\frac{U_\infty}{\nu x}}. \qquad (4.55)$$

Durch Einführung der neuen Variablen η anstelle von x und y gelingt es im vorliegenden Fall, die beiden partiellen Differentialgleichungen (4.52) und (4.53) auf *eine gewöhnliche Differentialgleichung* zurückzuführen.

Zunächst wird die Kontinuitätsgleichung durch Einführung einer Stromfunktion $\psi(x, y)$ integriert, vgl. Kap. 2.34. Wir setzen

$$\psi(x, y) = \sqrt{\nu x U_\infty} f(\eta), \qquad (4.56)$$

wobei $f(\eta)$ die dimensionslose Stromfunktion bedeutet. Für die Geschwindigkeitskomponenten erhält man sodann:

$$u = \frac{\partial \psi}{\partial y} = U_\infty f'(\eta), \qquad (4.57)$$

$$v = -\frac{\partial \psi}{\partial x} = \frac{1}{2} \sqrt{\frac{\nu U_\infty}{x}} (\eta f' - f), \qquad (4.58)$$

wobei der Strich bei f die Differentiation nach η bedeutet. Bildet man hieraus die einzelnen Glieder von Gl. (4.52), so erhält man nach einfacher Rechnung für $f(\eta)$ die gewöhnliche Differentialgleichung

$$f f'' + 2 f''' = 0 \qquad (4.59)$$

mit den Randbedingungen

$$\eta = 0: \quad f = 0, \quad f' = 0; \quad \eta = \infty: \quad f' = 1. \qquad (4.60)$$

4.4 Prandtlsche Grenzschichtgleichungen

Die Lösung dieser nichtlinearen Differentialgleichung wurde zuerst von H. BLASIUS angegeben und später von anderen Autoren verbessert [50]. In Abb. 4.19 ist die theoretische Geschwindigkeitsverteilung $u/U_\infty = f'(\eta)$ mit Messungen von J. NIKURADSE [67] verglichen, die an einer mit Luft beströmten ebenen Platte ausgeführt wurden. Die von der Theorie vorausgesagte Affinität der Geschwindigkeitsprofile in verschiedenen Abständen x von der Plattenvorderkante wird durch die Messungen gut

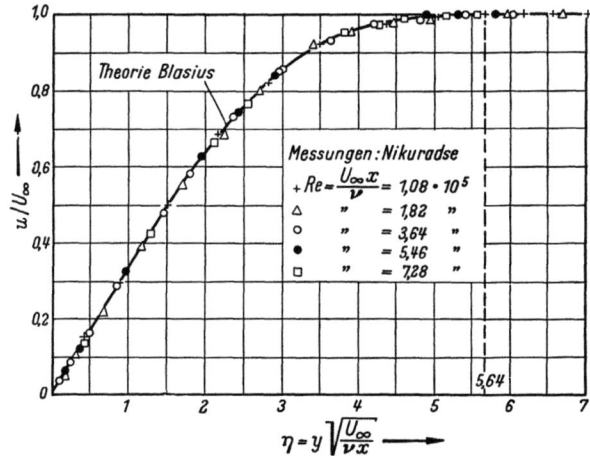

Abb. 4.19. Geschwindigkeitsverteilung in der laminaren Grenzschicht an der längsangeströmten ebenen Platte. Theorie nach BLASIUS [17], Messungen nach NIKURADSE [67]

bestätigt. Auch stimmt die Form der gemessenen Geschwindigkeitsprofile ausgezeichnet mit der Theorie überein. Hiermit wird gleichzeitig die Zulässigkeit der Grenzschichtvereinfachungen in vorzüglicher Weise bestätigt.

Der *Reibungswiderstand* der längsangeströmten ebenen Platte läßt sich aus der angegebenen Lösung leicht ermitteln: Der Widerstand *einer* Plattenseite ist:

$$W_R = b \int_0^l \tau_0(x)\,dx = b\,\mu \int_0^l \left(\frac{\partial u}{\partial y}\right)_{y=0} dx, \qquad (4.61)$$

wobei l die Länge und b die Breite der Platte bedeutet. Nach Gl. (4.55) und (4.57) ist der Geschwindigkeitsgradient an der Wand:

$$\left(\frac{\partial u}{\partial y}\right)_{y=0} = U_\infty \sqrt{\frac{U_\infty}{\nu x}} f''(0) \qquad (4.62)$$

mit $f''(0) = 0{,}332$. Damit ergibt sich aus Gl. (4.61):

$$W_R = f''(0)\,\mu\,b\,U_\infty \sqrt{\frac{U_\infty}{\nu}} \int_0^l \frac{dx}{\sqrt{x}} = 0{,}664\,b\,\sqrt{\mu\,\varrho\,l\,U_\infty^3}. \qquad (4.63)$$

IV. Strömungen mit Reibung (Grenzschicht-Theorie)

Führt man den dimensionslosen Widerstandsbeiwert ein durch

$$c_f = \frac{W_R}{b\, l\, \frac{\varrho}{2} U_\infty^2}, \qquad (4.64)$$

wobei $b\, l$ die benetzte Fläche bedeutet, so ergibt sich aus Gl. (4.63):

$$c_f = \frac{1{,}328}{\sqrt{Re}}, \qquad (4.65)$$

wobei $Re = U_\infty l/\nu$ die mit der Plattenlänge und der Anströmungsgeschwindigkeit gebildete REYNOLDSsche Zahl bedeutet. Dieses *Blasiussche Plattenwiderstandsgesetz*, das in Abb. 4.41 als Kurve (*1*) eingetragen wurde, ist im Bereich der Laminarströmung, d. i. für $Re < 5 \cdot 10^5$ bis 10^6, in vorzüglicher Übereinstimmung mit Messungen. Im Bereich der turbulenten Strömung, $Re > 10^6$, ist der Reibungswiderstand erheblich größer als nach Gl. (4.65). Die turbulente Plattengrenzschicht wird in Kap. 4.7 behandelt werden.

Ein Maß für die *Grenzschichtdicke* läßt sich nicht ohne weiteres angeben, da die Geschwindigkeit u asymptotisch in die Potentialgeschwindigkeit U_∞ übergeht. Will man etwa als Grenzschichtdicke δ denjenigen Wandabstand definieren, wo $u = 0{,}99\, U_\infty$ ist, so erhält man hierfür:

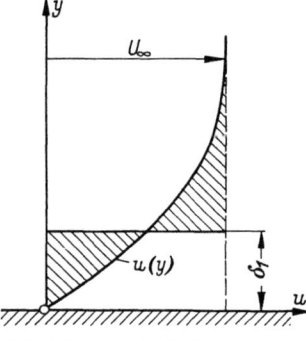

Abb. 4.20. Zur Definition der Verdrängungsdicke δ_1 der Grenzschicht nach Gl. (4.67)

$$\delta(x) \approx 5{,}0 \sqrt{\frac{\nu x}{U_\infty}}. \qquad (4.66)$$

Ein physikalisch sinnvolles Maß für die Grenzschichtdicke ist die *Verdrängungsdicke* δ_1. Wir verstehen darunter diejenige Schichtdicke, um welche die Potentialströmung infolge der Geschwindigkeitsabminderung in der Grenzschicht nach außen abgedrängt wird. Die infolge der Reibungswirkung weniger durchfließende Menge ist $\int\limits_{y=0}^{\infty} (U_\infty - u)\, dy$, und somit gilt für δ_1 nach Abb. 4.20 die Definitionsgleichung

$$U_\infty\, \delta_1(x) = \int\limits_{y=0}^{\infty} (U_\infty - u)\, dy. \qquad (4.67)$$

Für die Verdrängungsdicke ergibt sich hieraus:

$$\delta_1(x) = 1{,}73 \sqrt{\frac{\nu x}{U_\infty}}. \qquad (4.68)$$

Ein anderes wichtiges Maß für die Grenzschichtdicke ist die *Impulsverlustdicke* δ_2. Wir werden auf diese geführt, wenn wir das in Kap. 2.626

geschilderte Verfahren der Widerstandsermittlung aus der Messung des Impulsverlustes im Nachlauf auf die längsangeströmte ebene Platte übertragen. Die dort in Gl. (2.237) für den Gesamtwiderstand eines zylindrischen Körpers gefundene Formel setzt voraus, daß auf der ganzen Kontrollfläche der statische Druck konstant ist. Für die ebene Platte ist diese Voraussetzung bei beliebiger Wahl der Kontrollfläche erfüllt. Wählen wir insbesondere für die Platte die Kontrollfläche nach Abb. 4.21, so erhält man für den Widerstand des einseitig benetzten Plattenstückes der Länge x und der Breite b aus Gl. (2.237) mit den hier verwendeten Bezeichnungen:

$$W_R(x) = \varrho\, b \int_{y=0}^{\infty} u(U_\infty - u)\, dy$$

$$= b \int_0^x \tau_0(x)\, dx, \qquad (4.69)$$

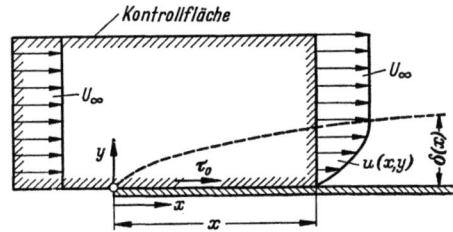

Abb. 4.21. Zur Anwendung des Impulssatzes auf die Grenzschicht bei der längsangeströmten ebenen Platte

wobei $u(x, y)$ die Geschwindigkeitsverteilung in der Grenzschicht an der Stelle x bedeutet. Schreibt man Gl. (4.69) unter Einführung der Impulsverlustdicke δ_2 in der Form:

$$W_R = \varrho\, b\, U_\infty^2\, \delta_2(x), \qquad (4.69\text{a})$$

so ist die Impulsverlustdicke definiert durch

$$U_\infty^2\, \delta_2(x) = \int_{y=0}^{\infty} u(U_\infty - u)\, dy. \qquad (4.70)$$

Die Ausrechnung von $\delta_2(x)$ nach Gl. (4.70) und (4.57) ergibt

$$\delta_2(x) = 0{,}664 \sqrt{\frac{\nu x}{U_\infty}}. \qquad (4.71)$$

Das Verhältnis von Verdrängungsdicke zu Impulsverlustdicke ist $H_{12} = \delta_1/\delta_2 = 1{,}73/0{,}664 = 2{,}59$. Die beiden Größen, Verdrängungsdicke und Impulsverlustdicke, spielen auch für die Grenzschicht an einem beliebigen Körper und auch bei turbulenter Strömung eine wichtige Rolle.

4.44 Impuls- und Energiesatz der Grenzschicht

Die Plattengrenzschicht mit der konstanten Außenströmung $U(x) = U_\infty = \text{const}$ ist besonders einfach. Für den allgemeinen Fall der Umströmung eines Körpers, bei welchem die Außenströmung längs der Wand veränderlich ist, ist die Integration der Grenzschichtgleichungen wesentlich schwieriger. Da hierfür die exakte Lösung der Grenzschichtgleichungen sehr mühsam ist, hat man für diesen Fall Näherungsmethoden entwickelt, die zwar an Genauigkeit den exakten Lösungen nachstehen, dafür in der numerischen Durchführung aber wesentlich bequemer sind. Insbesondere ist man für die Ermittlung der Grenzschicht an Tragflügelprofilen und Rumpfkörpern sowohl für laminare als auch für turbulente Strömung weitgehend auf solche Näherungsmethoden angewiesen. Der Grundgedanke der Näherungsverfahren besteht darin, daß man darauf verzichtet, die Grenzschichtdifferentialgleichungen für jede wandparallele Schicht zu erfüllen, sondern sie statt dessen nur im Mittel über die Grenzschichtdicke erfüllt. Solche Mittelwerte liefern der *Impulssatz* und der *Energiesatz der Grenzschichttheorie*. Man vergleiche hierzu TH. V. KÁRMÁN [55], E. GRUSCHWITZ [38] und K. WIEGHARDT [110].

Impulssatz: Durch Integration der Grenzschichtgleichung (4.47a) von $y = 0$ (Wand) bis $y = h$, wobei die Schicht $y = h > \delta(x)$ überall außerhalb der Grenzschicht liegt, erhält man nach GRUSCHWITZ [38]:

$$\int\limits_{y=0}^{h} \left(u \frac{\partial u}{\partial x} + v \frac{\partial u}{\partial y} - U \frac{dU}{dx} \right) dy = - \frac{\tau_0}{\varrho}.$$

Dabei ist für $\mu (\partial u/\partial y)_0$ die Wandschubspannung τ_0 eingeführt worden. Nach der Kontinuitätsgleichung (4.53) kann man die Quergeschwindigkeit ersetzen durch

$$v = - \int\limits_0^y \frac{\partial u}{\partial x} dy,$$ so daß man erhält:

$$\int\limits_{y=0}^{h} \left(u \frac{\partial u}{\partial x} - \frac{\partial u}{\partial y} \int\limits_0^y \frac{\partial u}{\partial x} dy - U \frac{dU}{dx} \right) dy = - \frac{\tau_0}{\varrho}.$$

Eine Umformung durch partielle Integration liefert für das zweite Glied:

$$\int\limits_{y=0}^{h} \left(\frac{\partial u}{\partial y} \int\limits_0^y \frac{\partial u}{\partial x} dy \right) dy = U \int\limits_0^h \frac{\partial u}{\partial x} dy - \int\limits_0^h u \frac{\partial u}{\partial x} dy,$$

so daß man erhält:

$$\int\limits_0^h \left(2u \frac{\partial u}{\partial x} - U \frac{\partial u}{\partial x} - U \frac{dU}{dx} \right) dy = - \frac{\tau_0}{\varrho}.$$

Dieses läßt sich zusammenfassen zu:

$$\frac{d}{dx} \int\limits_0^h u(U - u) \, dy + \frac{dU}{dx} \int\limits_0^h (U - u) \, dy = \frac{\tau_0}{\varrho}.$$

Da in beiden Integralen außerhalb der Grenzschicht der Integrand verschwindet, kann man auch $h \to \delta(x)$ gehen lassen.

Wir führen jetzt wie in Gl. (4.67) und (4.70) auch für den allgemeinen Fall der veränderlichen Außenströmung $U(x)$ die Verdrängungsdicke δ_1 und die Im-

4.4 Prandtlsche Grenzschichtgleichungen

pulsverlustdicke δ_2 ein durch die Beziehungen:

$$U \delta_1 = \int_{y=0}^{\delta} (U - u)\, dy \quad \text{(Verdrängungsdicke)}, \tag{4.72}$$

$$U^2 \delta_2 = \int_{y=0}^{\delta} u(U - u)\, dy \quad \text{(Impulsverlustdicke)}. \tag{4.73}$$

Somit ergibt sich:

$$\frac{\tau_0}{\varrho} = \frac{d}{dx}(U^2 \delta_2) + \delta_1 U \frac{dU}{dx}. \tag{4.74}$$

Dieses ist der *Impulssatz* für die Grenzschicht bei ebener inkompressibler Strömung. Solange über τ_0 keine weitere Aussage gemacht wird, gilt er sowohl für laminare als auch für turbulente Strömung.

Energiesatz: In ähnlicher Weise ist in [*110*] ein *Energiesatz* für die Grenzschicht angegeben worden. Man erhält ihn, indem man die Grenzschichtgleichung (4.47a) zunächst mit u multipliziert und sodann von $y = 0$ bis $y = h > \delta(x)$ integriert. Dies liefert, wenn man wieder v nach der Kontinuitätsgleichung einsetzt:

$$\varrho \int_0^h \left[u^2 \frac{\partial u}{\partial x} - u \frac{\partial u}{\partial y} \int_0^y \frac{\partial u}{\partial x}\, dy - u U \frac{dU}{dx} \right] dy = \int_0^h u \frac{\partial \tau}{\partial y}\, dy.$$

Dabei ist für $\mu\, \partial u/\partial y$ die Schubspannung τ eingeführt worden, damit diese Gleichung sowohl für laminare als auch für turbulente Strömung gilt. Das zweite Glied der linken Seite läßt sich durch partielle Integration folgendermaßen darstellen:

$$\int_0^h \left[u \frac{\partial u}{\partial y} \int_0^y \frac{\partial u}{\partial x}\, dy \right] dy = \frac{1}{2} \int_0^h (U^2 - u^2) \frac{\partial u}{\partial x}\, dy,$$

während die Zusammenfassung des ersten und dritten Gliedes

$$\int_0^h \left[u^2 \frac{\partial u}{\partial x} - u U \frac{dU}{dx} \right] dy = \frac{1}{2} \int_0^h u \frac{d}{dx}(u^2 - U^2)\, dy$$

liefert. Formt man noch die rechte Seite der obigen Gleichung durch partielle Integration um, so erhält man schließlich:

$$\frac{1}{2} \varrho \frac{d}{dx} \int_0^h u(U^2 - u^2)\, dy = \int_0^h \tau \frac{\partial u}{\partial y}\, dy.$$

Da in beiden Integralen außerhalb der Grenzschicht der Integrand verschwindet, kann man wieder $h \to \delta(x)$ gehen lassen. Die Größe $\tau\, \partial u/\partial y$, die für laminare Strömung gleich $\mu(\partial u/\partial y)^2$ ist, gibt die pro Volumen- und Zeiteinheit durch Reibung in Wärme umgewandelte Energie (Dissipation). Auf der linken Seite bedeutet $\varrho(U^2 - u^2)/2$ den Verlust an mechanischer Energie, den die Reibungsschicht gegenüber der Potentialströmung erlitten hat. Es ist somit $(\varrho/2) \int_0^h u(U^2 - u^2)\, dy$ der Energieverluststrom, und die linke Seite der letzten Gleichung stellt die Änderung des Energieverluststromes pro Längeneinheit in der x-Richtung dar.

Führt man zusätzlich zu der Verdrängungsdicke δ_1 und der Impulsverlustdicke δ_2 nach Gl. (4.72) bzw. (4.73) noch die Energieverlustdicke δ_3 ein durch

$$U^3 \delta_3 = \int_0^\delta u(U^2 - u^2)\, dy \quad \text{(Energieverlustdicke)}, \quad (4.75)$$

so erhält man

$$\frac{d}{dx}(U^3 \delta_3) = 2 \int_0^\delta \frac{\tau}{\varrho} \frac{\partial u}{\partial y}\, dy. \quad (4.76)$$

Dies ist der *Energiesatz* für die ebene Grenzschicht bei inkompressibler Strömung.

Um die Verdrängungsdicke, die Impulsverlustdicke und die Energieverlustdicke zu veranschaulichen, mögen sie für die einfache lineare Geschwindigkeitsverteilung nach Abb. 4.22 angegeben werden. Man findet für diesen Fall

Verdrängungsdicke: $\delta_1 = \tfrac{1}{2}\delta$,
Impulsverlustdicke: $\delta_2 = \tfrac{1}{6}\delta$,
Energieverlustdicke: $\delta_3 = \tfrac{1}{4}\delta$.

Diese drei Größen sind in Abb. 4.22 eingetragen.

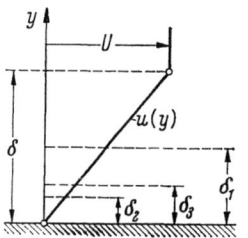

Abb. 4.22. Grenzschicht mit linearer Geschwindigkeitsverteilung
δ Grenzschichtdicke; δ_1 Verdrängungsdicke; δ_2 Impulsverlustdicke; δ_3 Energieverlustdicke

4.45 Berechnung der laminaren Grenzschicht mit Druckabfall und Druckanstieg

Ausgehend von dem Impulssatz, Gl. (4.74), sind verschiedene Näherungsverfahren für die Berechnung der laminaren Grenzschicht angegeben worden. Sie sind in der praktischen Anwendung meist recht einfach; doch erfordert ihre detaillierte Beschreibung einen ziemlich breiten Raum, so daß wir uns hier mit wenigen Angaben begnügen müssen. Von K. POHLHAUSEN [69] ist ein Rechenverfahren angegeben worden, das später von H. HOLSTEIN und T. BOHLEN [47] sowie von A. WALZ [109] für die rechnerische Durchführung wesentlich vereinfacht worden ist. Wir geben hier für dieses Verfahren nur diejenigen Formeln an, die für die Durchführung der Rechnung erforderlich sind und verweisen für die Einzelheiten auf die ausführliche Darstellung von H. SCHLICHTING [10].

In dem allgemeinen Fall der längs der Wand veränderlichen Potentialströmung $U(x)$ können die Geschwindigkeitsprofile in der Grenzschicht nicht mehr als affin wie bei der Plattenströmung angesehen werden. Die Änderung ihrer Form längs der beströmten Wand wird nach POHLHAUSEN beschrieben durch den Formparameter

$$\Lambda = \frac{\delta^2}{\nu}\frac{dU}{dx}. \quad (4.77)$$

Dabei bedeutet $\delta(x)$ die Grenzschichtdicke. Die Geschwindigkeitsprofile in der Grenzschicht vom vorderen Staupunkt bis zum Ablösungspunkt werden als einparametrige Schar angesetzt in der Form:

$$u(x, y) = U(x) [F(\eta) + \Lambda G(\eta)], \tag{4.78}$$

wobei $\eta = y/\delta(x)$ den dimensionslosen Wandabstand, $0 \leq \eta \leq 1$, und $F(\eta)$ und $G(\eta)$ die Polynome vierten Grades bedeuten:

$$F(\eta) = 1 - (1 - \eta)^3 (1 + \eta) \quad \text{und} \quad G(\eta) = \tfrac{1}{6} \eta (1 - \eta)^3. \tag{4.79}$$

Der Formparameter Λ läuft von $\Lambda = 7{,}05$ im vorderen Staupunkt, wo $U = 0$ ist, über $\Lambda = 0$ im Druckminimum bis $\Lambda = -12$ im Ablösungspunkt. Durch Gl. (4.78) zusammen mit Gl. (4.79) wird postuliert, daß im endlichen Wandabstand $y = \delta$, d. i. $\eta = 1$, die Grenzschicht an die Außenströmung anschließt. Ferner erfüllt der Ansatz Gl. (4.78) für die Geschwindigkeitsverteilung die Haftbedingung an der Wand, $u = 0$, und gewisse Bedingungen des „glatten" Anschlusses an die Außenströmung. Nach Einführung von Gl. (4.78) in den Impulssatz (4.74) können die Grenzschichtgrößen Wandschubspannung τ_0 und Verdrängungsdicke δ_1 durch die Impulsverlustdicke δ_2 und den Formparameter Λ ausgedrückt werden. Dabei entsteht schließlich aus dem Impulssatz Gl. (4.74) eine Gleichung für die Impulsverlustdicke $\delta_2(x)$. Diese läßt sich unter vereinfachenden Annahmen geschlossen integrieren und liefert für den Verlauf der Impulsverlustdicke längs der Kontur die folgende Quadraturformel:

$$\frac{U \delta_2^2}{\nu} = \frac{0{,}470}{U^5} \int\limits_{x=0}^{x} U^5 \, dx. \tag{4.80}$$

Als Beispiel einer solchen Grenzschichtrechnung sind in Abb. 4.23 und 4.24 die Ergebnisse für ein symmetrisches JOUKOWSKY-Profil bei verschiedenen Anstellwinkeln (Auftriebsbeiwerten) dargestellt. Die zugehörigen potentialtheoretischen Geschwindigkeitsverteilungen sind aus Abb. 6.10 zu entnehmen. In Abb. 4.23 sind, getrennt für die Saugseite und Druckseite des Profils, der Verlauf der Verdrängungsdicke δ_1, des Formparameters Λ und der Wandschubspannung τ_0 längs der Kontur angegeben. Die gewählten Darstellungen sind unabhängig von der REYNOLDSschen Zahl. Für die Verdrängungsdicke ist in Abb. 4.23a zum Vergleich der Wert der ebenen Platte nach Gl. (4.68) eingetragen. Im Bereich der beschleunigten Strömung ist am Tragflügelprofil die Verdrängungsdicke etwas geringer als an der ebenen Platte, dagegen in der verzögerten Strömung bei Annäherung an den Ablösungspunkt größer. Der Verlauf des Formparameters in Abb. 4.23b zeigt, daß der Ablösungspunkt mit wachsendem Auftriebsbeiwert auf der Saugseite nach vorn und auf der Druckseite nach hinten wandert. Wenn die

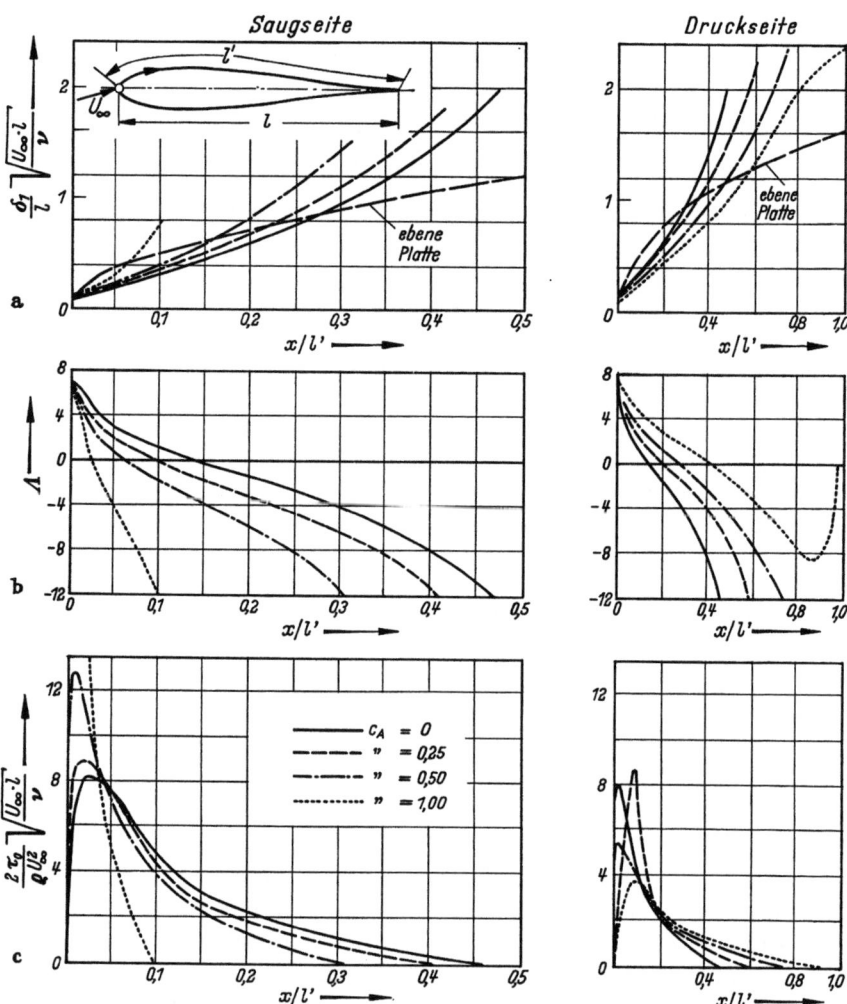

Abb. 4.23. Ergebnis der Berechnung der laminaren Grenzschicht für das JOUKOWSKY-Profil J 015 von der relativen Dicke $d/l = 0{,}15$ bei verschiedenen Auftriebsbeiwerten. l' halber Profilumfang; x Koordinate längs der Profilkontur

a) Verdrängungsdicke der Grenzschicht; b) Formparameter Λ nach Gl. (4.77); c) Wandschubspannung τ_0. Es gibt $\Lambda = -12$ bzw. $\tau_0 = 0$ die Lage der Ablösungsstelle

4.4 Prandtlsche Grenzschichtgleichungen

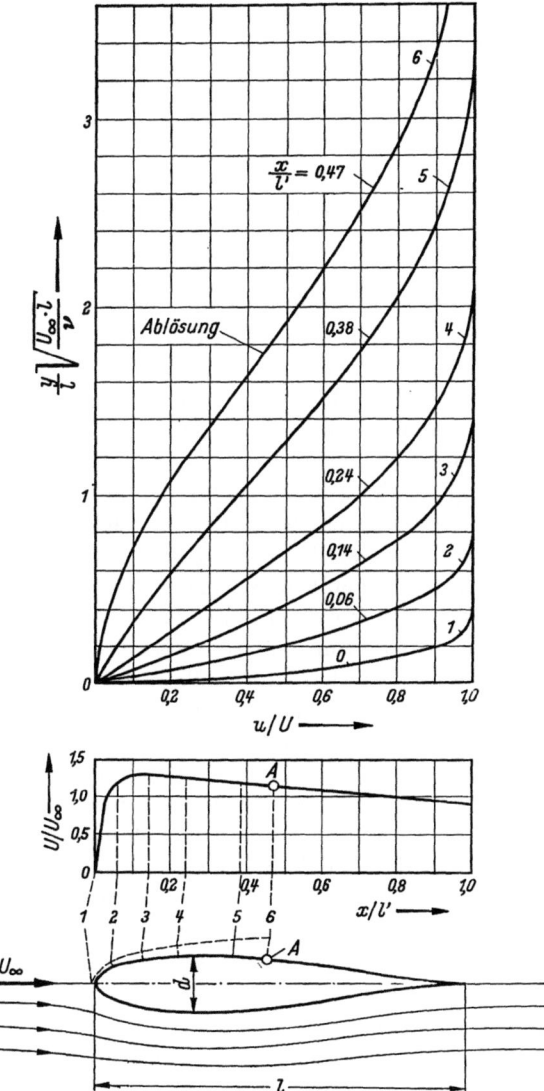

Abb. 4.24. Geschwindigkeitsprofile der laminaren Grenzschicht und potentialtheoretische Geschwindigkeitsverteilung am Joukowsky-Profil J 015 von der relativen Dicke $d/l = 0{,}15$ beim Anstellwinkel $\alpha = 0°$. A Ablösungsstelle

280   IV. Strömungen mit Reibung (Grenzschicht-Theorie)

REYNOLDS-Zahlen nicht allzu klein sind, wird allerdings die Strömung schon vor dem Ablösungspunkt turbulent. In Abb. 4.24 ist für die symmetrische Anströmung ($c_A = 0$) für mehrere Stellen längs der Kontur die Geschwindigkeitsverteilung in der Grenzschicht dargestellt. Auch diese Darstellung ist unabhängig von der REYNOLDSschen Zahl.

4.5 Grenzschichtbeeinflussung

4.51 Allgemeines

Es ist eine besondere Eigentümlichkeit der Strömungsvorgänge in der Grenzschicht, daß durch sie die gesamte Umströmung eines Körpers „gesteuert" werden kann. Damit ist gemeint, daß durch eine Beeinflussung der Strömung in der sehr dünnen Grenzschicht unter Umständen die gesamte Umströmung des Körpers sehr erheblich geändert werden kann. Als Beispiel hierfür hatten wir in Kap. 4.24 bereits den PRANDTLschen Stolperdraht auf der Kugel besprochen. Durch diesen wird die laminare Reibungsschicht künstlich turbulent gemacht und infolgedessen die Ablösungsstelle beträchtlich nach hinten verlagert. Dadurch ergibt sich eine erhebliche Verkleinerung des Totwassers und eine Verringerung des Druckwiderstandes.

Es sind nun eine Reihe von weiteren Verfahren der Grenzschichtbeeinflussung entwickelt worden, die z. T. für die Aerodynamik des Flugzeuges Bedeutung erlangt haben, und deren Grundprinzipien in diesem Abschnitt deshalb kurz erläutert werden sollen [15]. In den meisten Fällen handelt es sich bei diesen Maßnahmen zur Grenzschichtbeeinflussung um die Vermeidung der Ablösung im Hinblick auf eine Verringerung des Widerstandes oder zur Erhöhung des Auftriebes, in einigen Fällen auch nur um eine Änderung des Strömungszustandes von laminar zu turbulent oder um die Aufrechterhaltung der Laminarströmung. Die verschiedenen Methoden, die hauptsächlich experimentell, z. T. aber auch theoretisch untersucht worden sind, lassen sich folgendermaßen kennzeichnen:

a) Mitbewegen der Wand,
b) Beschleunigung der Grenzschicht, Ausblasen in die Grenzschicht,
c) Absaugung der Grenzschicht,
d) Laminarhaltung durch Formgebung (Laminarprofile).

Die Fragen der *Grenzschichtbeeinflussung* haben in den letzten beiden Jahrzehnten eine besondere Beachtung gefunden. Dabei stehen im Hinblick auf die Aerodynamik des Tragflügels die Probleme der Verminderung des Reibungswiderstandes und der Erhöhung des Maximalauftriebes im Vordergrund. Einen umfassenden Überblick über dieses Gebiet gibt das von G. V. LACHMANN herausgegebene Sammelwerk ,,Boundary Layer and Flow Control" [*3*].

4.52 Mitbewegen der Wand

Das nächstliegende Verfahren, die Strömungsablösung zu verhindern, besteht darin, die Ausbildung der Reibungsschicht überhaupt zu vermeiden. Da die Reibungsschicht sich wegen der Geschwindigkeitsdifferenz zwischen Wand und Außenströmung ausbildet, kann man sie beseitigen, indem man die Wand mit der Strömung mitbewegt. Am einfachsten läßt sich die mitbewegte Wand bei der Rotation eines Kreiszylinders verwirklichen. Abb. 2.40 zeigt das Strömungsbild um einen rotierenden Kreiszylinder, der senkrecht zu seiner Achse angeströmt wird. Auf der oberen Seite, wo Strömungsrichtung und Drehrichtung gleichsinnig sind, ist die Ablösung der Grenzschicht völlig vermieden, wie ein Vergleich mit dem nichtrotierenden Zylinder nach Abb. 4.11 zeigt. Aber auch auf der Unterseite, wo Strömungsrichtung und Drehrichtung gegensinnig sind, kommt die Ablösung kaum zur Ausbildung. Im ganzen erhält man auf diese Weise mit sehr guter Annäherung das Strömungsbild der reibungslosen Strömung um einen Kreiszylinder mit Zirkulation, wie es in Abb. 2.37 angegeben wurde. Diese Strömung liefert einen starken Quertrieb, der in Kap. 2.433, Gl. (2.143), berechnet wurde und der als ,,MAGNUS-Effekt" bekannt ist. Eine gewisse technische Anwendung hat der Quertrieb von rotierenden Zylindern vorübergehend für den Vortrieb von Schiffen beim FLETTNER-Rotor gefunden. Bei anderen Körperformen läßt sich allerdings dieses Prinzip nur schwierig technisch verwirklichen. Für die längsangeströmte Platte ist die laminare Grenzschicht bei mitbewegter Wand von E. TRUCKENBRODT [*104*] berechnet worden. Das Mitbewegen beim Tragflügel zur Steigerung des Maximalauftriebes ist von A. FAVRE [*36*] angewendet worden.

4.53 Beschleunigung der Grenzschicht

Eine andere Möglichkeit zur Vermeidung der Ablösung besteht darin, den verzögerten Flüssigkeitsteilchen in der Reibungsschicht neue Energie zuzuführen. Dies kann entweder durch Ausblasen von Flüssigkeit aus dem Innern des Körpers geschehen (Abb. 4.25a) oder einfacher dadurch, daß die Energie unmittelbar der Hauptströmung entnommen wird, indem durch einen Schlitz der verzögerten Grenzschicht aus dem Gebiet hohen Druckes Flüssigkeitsteilchen mit großer Energie zugeführt werden (Schlitzflügel, Abb. 4.25b). In beiden Fällen wird in der wandnahen Schicht durch Energiezufuhr die Geschwindigkeit erhöht und dadurch die Ablösungsgefahr beseitigt.

282   IV. Strömungen mit Reibung (Grenzschicht-Theorie)

Bei dem *Ausblasen* nach Abb. 4.25a ist allerdings in der praktischen Ausführung besondere Sorgfalt bei der Gestaltung des Schlitzes geboten, damit sich der Strahl nicht kurz nach dem Austritt in Wirbel auflöst. In neuerer Zeit hat sich auf Grund von ausgedehnten Versuchen [71] das Ausblasen eines Strahles an der Hinterkante eines Tragflügels für die Erhöhung des Maximalauftriebes als sehr erfolgreich erwiesen (Strahlklappe = Jet Flap). Auch gelang es, durch Ausblasen im Schlitz eines Klappenflügels den Maximalauftrieb beträchtlich zu steigern.

Beim *Schlitzflügel* [14] nach Abb. 4.25b besteht die Wirkung darin, daß die durch den Schlitz hindurchtretende Strömung die am Vorflügel $A-B$ gebildete Grenzschicht in die freie Strömung fortträgt, bevor diese sich ablöst. Bei großen Anstellwinkeln ist auf der Saugseite des Vorflügels der größte Druckanstieg und damit die größte Ablösungsgefahr vorhanden. Von C an bildet sich eine neue Grenzschicht, die unter Umständen ohne Ablösung bis zur Hinterkante D gelangt. Auf diese Weise kann man beim Tragflügel mit Hilfe eines Vorflügels die Ablösung zu wesentlich größeren Anstellwinkeln hinausschieben und dadurch beträchtlich größere Auftriebsbeiwerte erreichen. In Abbildung 4.26 ist das Polardiagramm (Auftriebsbeiwert c_A über Widerstandsbeiwert c_W) für einen Tragflügel ohne und mit Vorflügel sowie auch mit einem hinteren Klappenflügel angegeben. In dem Schlitz zwischen dem Hauptflügel und der hinteren Klappe (Abb. 4.25b) sind die Vorgänge im Prinzip die gleichen wie im vorderen Schlitz. Die Auftriebssteigerung durch den Vorflügel und die Klappen ist beträchtlich. Weitere Angaben hierzu werden in Kap. XII gemacht.

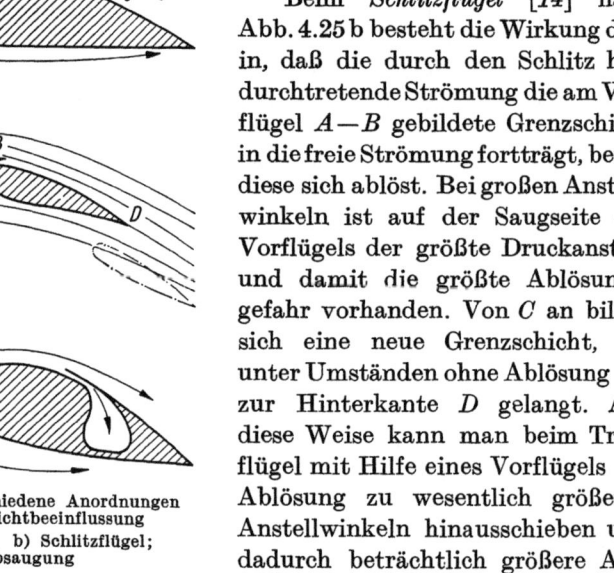

Abb. 4.25. Verschiedene Anordnungen zur Grenzschichtbeeinflussung
a) Ausblasen; b) Schlitzflügel; c) Absaugung

4.54 Absaugung der Grenzschicht

Die Absaugung der Grenzschicht wird in zweierlei Weise angewendet: 1. zur Vermeidung der Ablösung, 2. zur Aufrechterhaltung der Laminarströmung. Im ersten Fall besteht die Wirkungsweise der Absaugung darin, daß die verzögerten Teile der Grenzschicht in einem Druckanstieggebiet durch Absaugung mittels eines Schlitzes entfernt werden (Abb. 4.25c), bevor sie die Ablösung der Strömung herbeiführen können. Hinter dem Absaugeschlitz bildet sich eine neue Grenzschicht, die wieder einen bestimmten Druckanstieg überwinden kann und bei geeigneter Anordnung der Schlitze unter Umständen gar nicht zur Ablösung kommt. Dieses Prinzip der Absaugung wurde bereits 1904 von L. PRANDTL [72] für den Kreiszylinder erprobt.

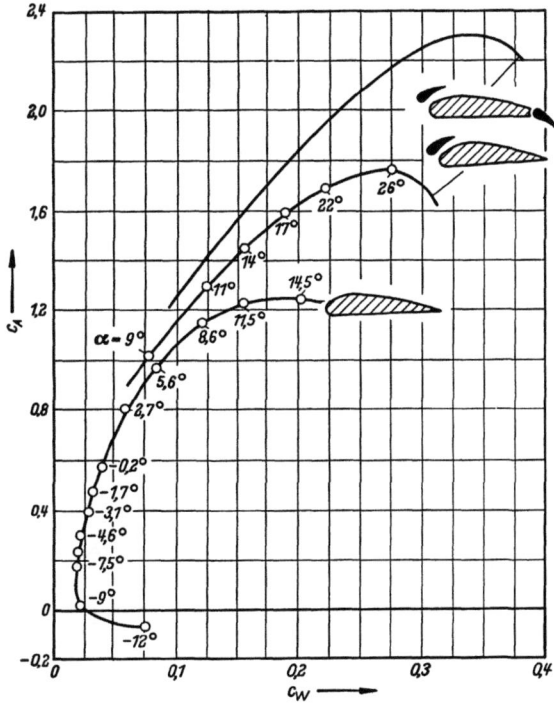

Abb. 4.26. Polare eines Tragflügels mit Vorflügel und Klappe [14]

Erhöhung des Maximalauftriebes. Bei Tragflügeln hat man durch Schlitzabsaugung eine erhebliche Steigerung des Maximalauftriebes erreichen können. Umfangreiche Versuche hierzu sind von O. SCHRENK [92] ausgeführt worden. Am wirksamsten erwies sich eine Verbindung der Schlitzabsaugung mit einem Klappenflügel, insbesondere bei dicken Flügelprofilen. Abb. 4.27 zeigt, daß für ein dickes Tragflügelprofil mit Klappe und Absaugung Auftriebsbeiwerte bis etwa $c_A = 4$ erreicht werden. Dabei sind die Mengenbeiwerte der Absaugung etwa $c_Q = Q/FU_\infty$ = 0,01 bis 0,03 und der Absaugedruck $c_p = (p - p_\infty)\Big/\frac{\varrho}{2}U_\infty^2 = -2$ bis -4, wobei Q die gesamte abgesaugte Menge und p den Druck im Absaugeschlitz bedeutet. Die Wirkung der Absaugung beruht darauf, daß die

284   IV. Strömungen mit Reibung (Grenzschicht-Theorie)

Strömung an der Klappe anliegend gehalten wird. Dies erkennt man aus Abb. 4.28, wo für das Göttinger Absaugeflugzeug [93] die Strömung an der Klappe durch Wollfäden sichtbar gemacht ist.

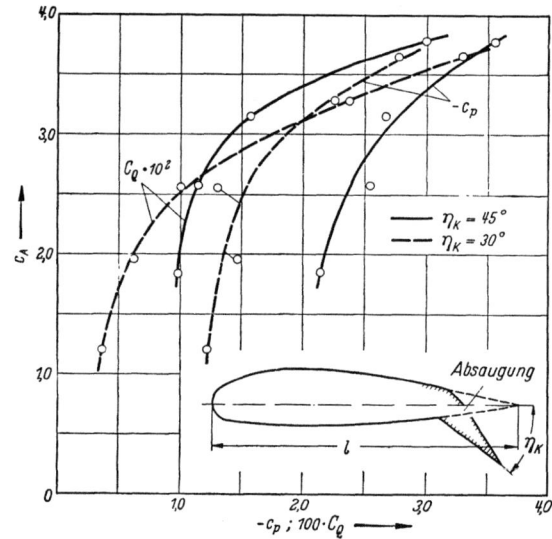

Abb. 4.27. Auftriebsbeiwerte von Klappenflügeln mit Schlitzabsaugung nach SCHRENK [92]

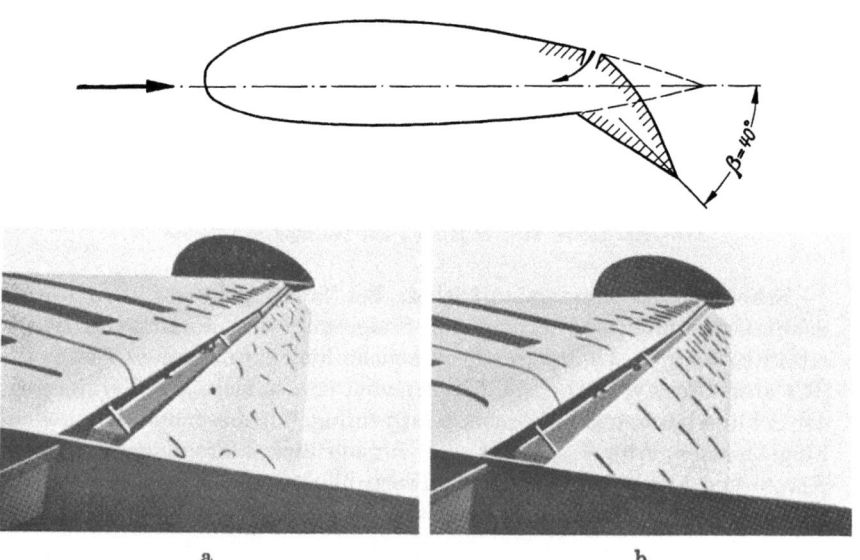

Abb. 4.28. Strömungsaufnahmen an einem Klappenflügel des Göttinger Absaugeflugzeuges nach SCHRENK [93]
a) ohne Absaugung; b) mit Absaugung

4.5 Grenzschichtbeeinflussung

Nachdem mit Absaugeklappenprofilen günstige Windkanalergebnisse vorlagen, hat die Aerodynamische Versuchsanstalt Göttingen (AVA) schon Anfang der dreißiger Jahre die erste fliegerische Erprobung der Absaugung durchgeführt. Am Bau und der Erprobung der beiden Göttinger Absaugeflugzeuge AF 1 und AF 2 waren O. SCHRENK, B. REGENSCHEIT und J. STÜPER maßgeblich beteiligt [99]. Abb. 4.29 gibt die Auftriebsbeiwerte der beiden Flugzeuge AF 1 und AF 2 sowie die des Langsamflugzeuges „Fieseler Storch" (Fi 156), welches einen festen

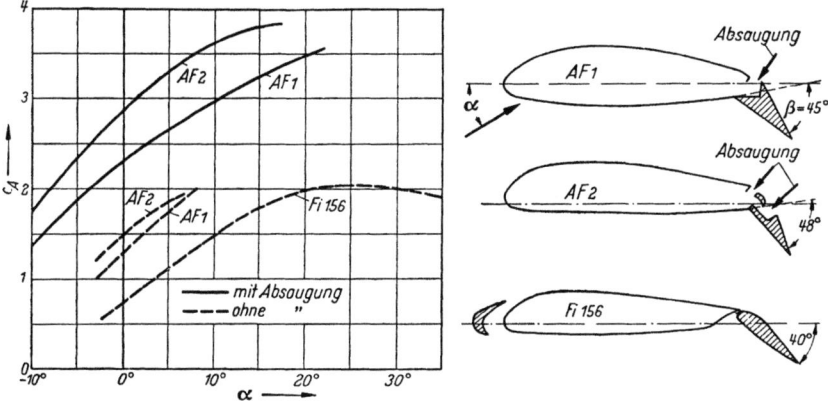

Abb. 4.29. Auftriebsbeiwerte der Göttinger Absaugeflugzeuge AF 1 und AF 2 sowie des Musters Fi 156 (nach STÜPER [99] aus NACA TM 1232). Für Fi 156 gilt die Kurve $c_A(\alpha)$ für Gleitflug mit maximalem Klappenausschlag von 40°

Vorflügel nach Art von Abb. 4.25b und eine Klappe, aber keine Absaugung besitzt. Für die beiden Absaugeflugzeuge AF 1 und AF 2 ist die Steigerung des maximalen Auftriebsbeiwertes durch die Absaugung sehr beträchtlich ($c_{A\,\mathrm{max}} \approx 4$).

Laminarhaltung. Die Absaugung ist auch angewendet worden, um den Reibungswiderstand von Tragflügelprofilen zu vermindern. Die Wirkung beruht darauf, durch die Absaugung die Umschlagstelle laminar-turbulent stromabwärts zu verschieben. Dabei hat sich eine flächenhafte (kontinuierliche) Absaugung, z. B. durch poröse Wände, als günstiger erwiesen als die Schlitzabsaugung, weil durch die Schlitze leicht Störungen verursacht werden, welche vorzeitigen Umschlag herbeiführen. Die *Laminarhaltung durch Absaugung* kommt einmal dadurch zustande, daß die infolge Absaugung dünnere Reibungsschicht weniger Neigung hat, turbulent zu werden [12a, 46] und andererseits die Geschwindigkeitsprofile der laminaren Grenzschicht mit Absaugung im Vergleich zu denen ohne Absaugung eine solche Form haben, daß sie auch bei gleicher Grenzschichtdicke nicht so leicht turbulent werden.

Über die laminare Grenzschicht mit kontinuierlich verteilter Absaugung lassen sich für die längsangeströmte Platte einige einfache theoretische Aussagen machen: Die homogene Absaugung nach Abb. 4.30 sei so schwach, daß nur die Flüssigkeitsteile in unmittelbarer Wandnähe abgesaugt werden. Dies kommt darauf hinaus, daß das Verhältnis von Absaugegeschwindigkeit zu Anströmungsgeschwindigkeit sehr klein ist, etwa $(-v_0)/U_\infty$ = 0,0001 bis 0,01. Die gesamte Absaugemenge ist

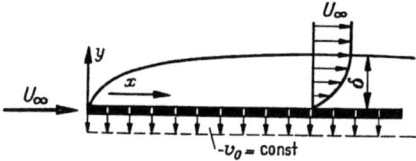

Abb. 4.30. Die längsangeströmte ebene Platte mit homogener Absaugung

$$Q = (-v_0) F, \quad (4.81)$$

wobei F die Plattenfläche bedeutet. Der durch $Q = c_Q F U_\infty$ definierte Mengenbeiwert der Absaugung ist also

$$c_Q = \frac{-v_0}{U_\infty}. \quad (4.82)$$

Die Grenzschichtdifferentialgleichungen lauten nach Gl. (4.52) und (4.53):

$$u \frac{\partial u}{\partial x} + v \frac{\partial u}{\partial y} = \nu \frac{\partial^2 u}{\partial y^2}, \quad (4.83)$$

$$\frac{\partial u}{\partial x} + \frac{\partial v}{\partial y} = 0, \quad (4.84)$$

mit den Randbedingungen

$$y = 0: \quad u = 0, \quad v = v_0 = \text{const} < 0, \quad (4.85)$$

$$y = \infty: \quad u = U_\infty.$$

Die Haftbedingung der Strömung an der Wand wird auch mit Absaugung beibehalten, ebenfalls der Ansatz für die Wandschubspannung $\tau_0 = \mu(\partial u/\partial y)_0$. Das Gleichungssystem (4.83), (4.84) hat u. a. eine überraschend einfache Lösung, bei welcher die Geschwindigkeitsverteilung von der Lauflänge x unabhängig ist. Mit $\partial u/\partial x = 0$ folgt aus der Kontinuitätsgleichung $v(x, y) = v_0 = $ const und damit aus Gl. (4.83):

$$u(y) = U_\infty \left(1 - e^{\frac{v_0 y}{\nu}}\right); \quad v(x, y) = v_0 < 0. \quad (4.86)$$

Die Verdrängungsdicke und Impulsverlustdicke erhält man zu $\delta_1 = \nu/(-v_0)$ bzw. $\delta_2 = \nu/(-2v_0)$. Die Wandschubspannung $\tau_0 = \mu(\partial u/\partial y)_0$ wird einfach

$$\tau_0 = \varrho(-v_0) U_\infty; \quad (4.87)$$

sie ist also unabhängig von der Zähigkeit.

Die hier gefundene Lösung ist bei einer längsangeströmten ebenen Platte mit homogener Absaugung erst in einiger Entfernung von der Plattenvorderkante vorhanden, auch wenn die Absaugung unmittelbar

4.5 Grenzschichtbeeinflussung

an der Vorderkante beginnt. Dort muß natürlich die Verdrängungsdicke mit Null beginnen; sie wächst dann stromabwärts an und erreicht den obigen Wert von δ_1 erst asymptotisch. Auch die Geschwindigkeitsverteilung erreicht das einfache Gesetz (4.86) erst nach einer gewissen Anlauflänge asymptotisch. Die obige Lösung wird deshalb auch das *asymptotische Absaugeprofil* genannt.

Von besonderem Interesse im Hinblick auf die Widerstandsersparnis durch Laminarhaltung mit Absaugung ist das Widerstandsgesetz der Platte mit homogener Absaugung, welches in Abb. 4.31 angegeben ist.

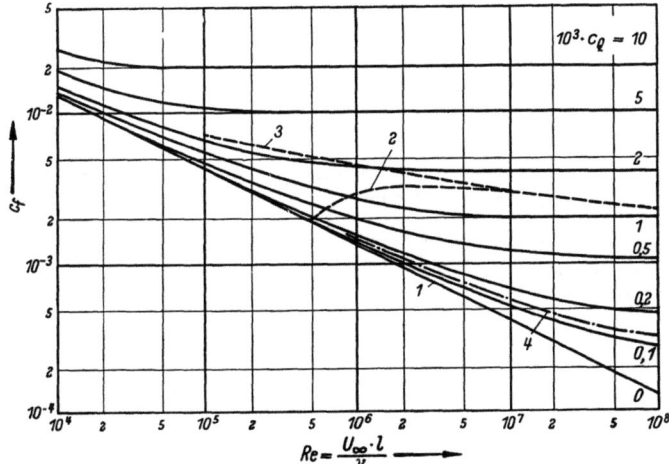

Abb. 4.31. Widerstandsbeiwerte der längsangeströmten ebenen Platte mit homogener Absaugung; $c_Q = (-v_0)/U_\infty =$ Mengenbeiwert der Absaugung. Kurve (1), (2) und (3) ohne Absaugung; (1) laminar, (2) Übergang laminar-turbulent, (3) voll-turbulent, (4) günstigste Absaugung

Für sehr große REYNOLDSsche Zahlen Re, wo der überwiegende Teil der Platte im Bereich der asymptotischen Lösung liegt, ist der Widerstand durch das einfache Gesetz (4.87) gegeben, woraus für den örtlichen Widerstandsbeiwert folgt:

$$c_{f\infty} = \frac{\tau_0}{\frac{\varrho}{2} U_\infty^2} = 2\frac{-v_0}{U_\infty} = 2c_Q. \tag{4.88}$$

Für kleine REYNOLDS-Zahlen ist der Widerstandsbeiwert etwas größer, da auf dem vorderen Plattenteil, der im Anlaufgebiet liegt, wegen der dünneren Reibungsschicht die Schubspannung größer ist als weiter hinten. Zum Vergleich ist in Abb. 4.31 auch das Widerstandsgesetz der Platte bei turbulenter Reibungsschicht ohne Absaugung als Kurve (3) eingetragen (vgl. Kap. 4.7).

Die durch Absaugung tatsächlich erreichbare Widerstandsersparnis läßt sich hieraus erst bestimmen, wenn man weiß, mit welchem Mengen-

288   IV. Strömungen mit Reibung (Grenzschicht-Theorie)

beiwert mindestens abgesaugt werden muß, damit die Reibungsschicht auch bei großen REYNOLDSschen Zahlen laminar bleibt. Diese Frage ist auf Grund der Stabilitätstheorie der Grenzschicht (vgl. Kap. 4.10) von A. ULRICH [108] eingehend untersucht worden. Es ergibt sich, daß die mindest erforderliche Absaugemenge zur Laminarhaltung bei beliebig hohen REYNOLDSschen Zahlen

$$c_{Q\,\mathrm{krit}} = 1{,}2 \cdot 10^{-4}$$

beträgt. Dieser Wert ist als ,,günstigste Absaugung`` in Abb. 4.31 mit eingetragen (Kurve 4). Die Differenz zwischen den Kurven (3) ,,turbulent``

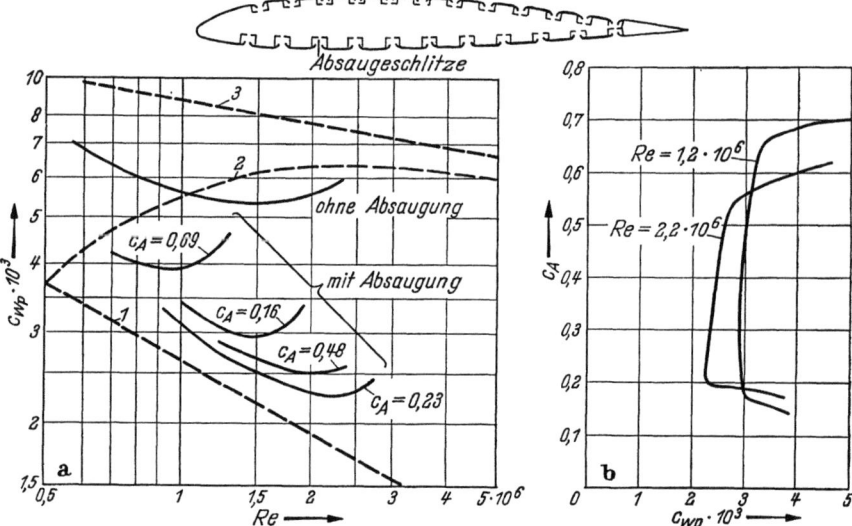

Abb. 4.32. Verminderung des Widerstandsbeiwertes von Tragflügelprofilen bei Absaugung durch Schlitze, nach PFENNINGER [68]
a) Optimaler Widerstandsbeiwert eines Tragflügels mit Absaugung in Abhängigkeit von der REYNOLDSschen Zahl; b) Profilwiderstandspolare

und (4) ,,günstigste Absaugung`` ist die mögliche Widerstandsersparnis. Sie beträgt im Bereich der REYNOLDSschen Zahlen $Re = 10^6$ bis 10^8 etwa 70 bis 80% des vollturbulenten Widerstandes. Dabei ist allerdings zu berücksichtigen, daß in dieser Bilanz die für die Absaugung erforderliche Leistung nicht mit enthalten ist. Aber auch bei Berücksichtigung der Absaugeleistung ergeben sich noch sehr erhebliche Widerstandsersparnisse. Es ist deshalb nicht überraschend, daß an der praktischen Verwirklichung dieser theoretischen Erkenntnisse seit langem gearbeitet wird. Bemerkenswert ist die sehr geringe Größe der Absaugemenge mit $c_Q \approx 10^{-4}$.

Die Möglichkeit, die Grenzschicht durch Absaugung laminar zu halten, ist zuerst von H. HOLSTEIN [46] und kurz darauf von J. ACKE-

4.5 Grenzschichtbeeinflussung

RET, M. RAS und W. PFENNINGER [12a] experimentell nachgewiesen worden. Einige Meßergebnisse von W. PFENNINGER [68] an einem Tragflügelprofil sind in Abb. 4.32 dargestellt. Dabei handelt es sich um ein Tragflügelprofil, das mit einer großen Zahl von Schlitzen versehen war. Man ersieht hieraus, daß eine beträchtliche Ersparnis an Widerstand erreicht worden ist, selbst wenn man die für die Absaugung erforderliche Gebläseleistung mit einrechnet. Untersuchungen an Tragflügeln mit poröser Oberfläche von B. M. JONES und M. R. HEAD [53] haben die günstigen theoretischen Ergebnisse über die Widerstandsersparnis durch Laminarhaltung vollauf bestätigt. Ein einfaches Näherungsverfahren zur Berechnung der laminaren Reibungsschicht mit Absaugung für beliebige Körperformen ist u. a. in [107] angegeben worden.

4.55 Grenzschicht mit Ausblasen

Ein anderes sehr wirksames Mittel zur Beeinflussung der Grenzschicht ist das tangentiale Ausblasen eines dünnen Strahles an einer Stelle, wo die Grenzschicht sich ablöst. Diese Methode ist z. B. mit großem Erfolg am Tragflügel mit Hinterkantenklappe angewendet worden. Durch Ausblasen eines dünnen Strahles mit hoher Geschwindigkeit an der Nase der ausgeschlagenen Klappe kann die Ablösung der Strömung an der Klappe verhindert und damit der Auftrieb erheblich gesteigert werden. Die physikalischen Grundlagen dieses Vorganges sind in Abb. 4.33 dargestellt. Bei großen Klappenausschlägen ist die auftriebserhöhende Wirkung einer Klappe durch die Ablösung

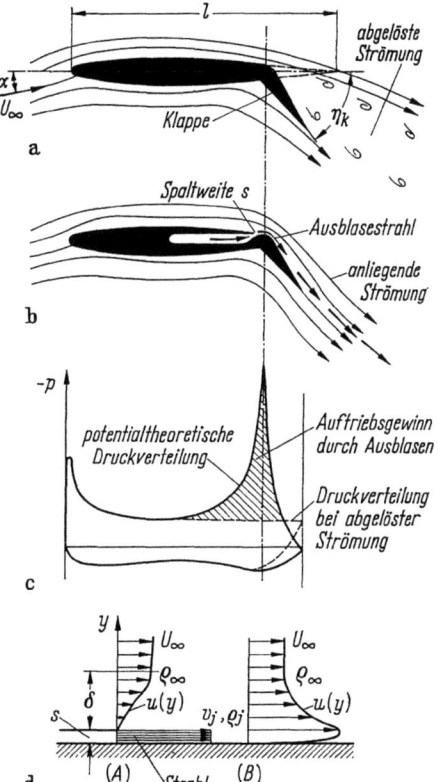

Abb. 4.33. Klappenflügel mit Ausblasen an der Klappennase zur Erhöhung des Maximalauftriebs
a) Klappenflügel *ohne* Ausblasen, abgelöste Strömung; b) Klappenflügel *mit* Ausblasen, anliegende Strömung; c) Druckverteilung; d) Geschwindigkeitsverteilung in der Grenzschicht

der Strömung stark gemindert (Abb. 4.33a). Der Auftrieb des Flügels mit ausgeschlagener Klappe bleibt weit zurück hinter dem Wert, der von der Theorie der reibungslosen Strömung vorausgesagt wird. Die Ablösung der Strömung auf der Klappe und der dadurch verursachte Auftriebsverlust können jedoch vermieden werden, wenn man durch Ausblasen eines dünnen Strahles hoher Geschwindigkeit in der Nähe der Nase tangential zur Klappe der Grenzschicht genügend Impuls zuführt (Abb. 4.33b). Der so zu erzielende Auftriebsgewinn durch Ausblasen ist in Abb. 4.33c durch den Unterschied der beiden Druckverteilungen dargestellt. Die Grenzschichtbeeinflussung durch den Strahl zeigt Abbildung 4.33d. Maßgeblich für die Wirkung des Blasstrahles ist nach J. WILLIAMS [112] der dimensionslose Impulsbeiwert

$$c_j = \frac{\varrho_j v_j^2 s}{\frac{1}{2} \varrho_\infty U_\infty^2 l}, \quad (4.89)$$

wobei ϱ_j und v_j die Dichte bzw. die Geschwindigkeit des Blasstrahles und s die Spaltweite bedeuten.

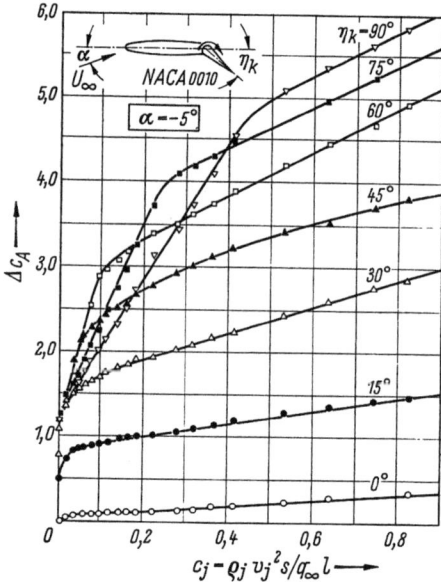

Abb. 4.34. Klappenflügel mit Ausblasen. Auftriebserhöhung Δc_A in Abhängigkeit vom Impulsbeiwert c_j für verschiedene Klappenwinkel η_k bei konstantem Anstellwinkel $\alpha = -5°$ nach THOMAS [101]

Umfangreiche Untersuchungen über die Auftriebserhöhung von Klappenflügeln sind von F. THOMAS [101] ausgeführt worden. In Abb. 4.34 ist ein typisches Ergebnis dieser Messungen dargestellt, nämlich der Zuwachs des Auftriebsbeiwertes Δc_A in Abhängigkeit vom Impulsbeiwert c_j nach Gl. (4.89) für verschiedene Klappenwinkel η_k. Die Kurven Δc_A über c_j lassen deutlich zwei verschiedene Bereiche erkennen, nämlich erstens einen sehr steilen Anstieg bei kleinen Impulsbeiwerten und zweitens einen wesentlich schwächeren Anstieg bei größeren Impulsbeiwerten. Der erstere Bereich ist der Bereich der *Grenzschichtbeeinflussung*; er reicht bis zu demjenigen Impulsbeiwert c_{jA}, welcher ausreicht, um die Strömung an der Klappe bis zur Hinterkante gerade zum Anliegen zu bringen, so daß also die Ablösung ganz vermieden wird. Der zweite Bereich, in welchem der Auftriebsgewinn wesentlich schwächer mit dem Impulsbeiwert ansteigt, ist der Bereich der *Superzirkulation*. Hier wirkt der „harte" Strahl (mit sehr großem Impuls) in ähnlicher Weise wie eine verlängerte mechanische Klappe.

Über die Erhöhung des Maximalauftriebes von Tragflügeln durch Grenzschichtbeeinflussung hat H. SCHLICHTING [89] zusammenfassend berichtet.

4.56 Laminarhaltung durch Formgebung (Laminarprofile)

Nahe verwandt mit der Laminarhaltung durch Absaugung ist die Laminarhaltung der Reibungsschicht durch geeignete Formgebung des

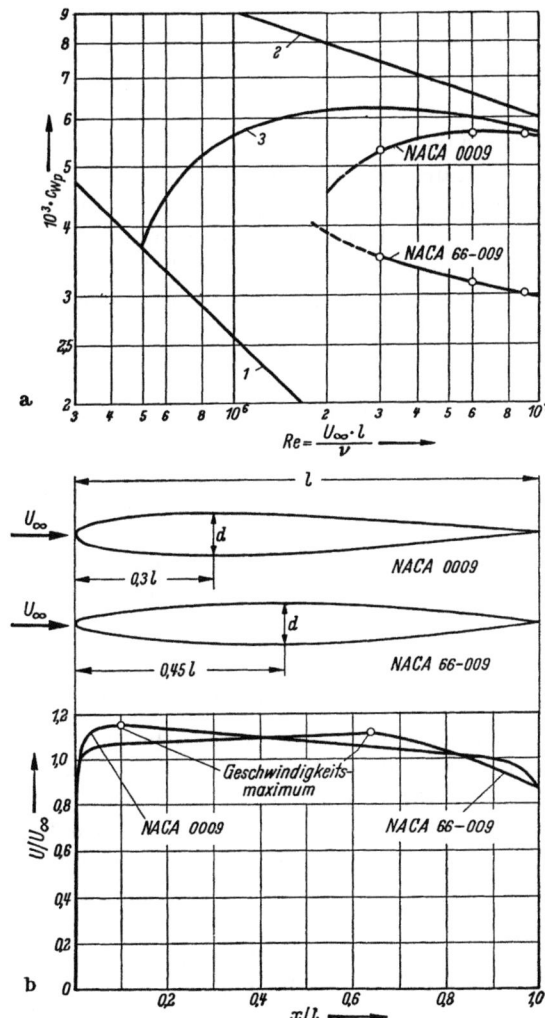

Abb. 4.35. Widerstandsbeiwerte und Geschwindigkeitsverteilung eines Laminarprofils nach [12]
a) Widerstandsbeiwerte,
(1) laminar, (2) voll-turbulent, (3) Übergang laminar-turbulent;
b) Geschwindigkeitsverteilung (Druckverteilung)

umströmten Körpers, ebenfalls mit dem Ziel, den Reibungswiderstand durch Verschiebung des Umschlagpunktes stromabwärts zu vermindern. Von H. DOETSCH [25] wurde zuerst experimentell festgestellt, daß beträchtliche Widerstandsverminderungen an Tragflügelprofilen mit großer Dickenrücklage (Laminarprofile) erhalten werden können. Mit der Zurückverlegung der größten Dicke verschiebt sich das Druckminimum und damit auch der Umschlagpunkt laminar-turbulent der Grenzschicht nach hinten, weil die Grenzschicht im Druckabfallgebiet im allgemeinen laminar bleibt und erst im Druckanstieggebiet turbulent wird. Abb. 4.35 zeigt diese Verhältnisse durch Gegenüberstellung eines „normalen" Tragflügelprofils mit einer Dickenrücklage von $0,3l$ und eines Laminarprofils mit einer Dickenrücklage von $0,45l$. Das Druckminimum liegt beim ersten Profil bei $0,1l$ und beim letzteren bei $0,65l$. Das Widerstandsdiagramm zeigt, daß im Bereich der REYNOLDS-Zahlen zwischen $3 \cdot 10^6$ und 10^7 der Widerstand des Laminarprofils nur etwa halb so groß ist wie der des normalen Profils. Die aerodynamischen Eigenschaften solcher Laminarprofile sind in den USA sehr eingehend untersucht worden [12]. Die praktische Anwendung der Laminarprofile wird besonders dadurch erschwert, daß außerordentlich hohe Anforderungen an die Oberflächenglätte solcher Profile zu stellen sind, damit durch Rauhigkeiten der Laminareffekt nicht verlorengeht.

4.6 Einiges über turbulente Strömungen

Nachdem wir in Kap. 4.1 bereits über Messungen turbulenter Strömungen, insbesondere der Rohrströmung, berichtet haben, möge jetzt zunächst, bevor wir näher auf die turbulente Grenzschicht an umströmten Körpern eingehen, einiges über die physikalischen Grundlagen der turbulenten Strömungen vorausgeschickt werden.

4.61 Mittlere Bewegung, Schwankungsbewegung und turbulente Scheinreibung

Bei näherer Analyse einer turbulenten Strömung ergibt sich als ihr hervorstechendstes Merkmal, daß in einem festgehaltenen Raumpunkt die Geschwindigkeit und der Druck nicht zeitlich konstant sind, sondern sehr unregelmäßige Schwankungen von hoher Frequenz aufweisen. Die Flüssigkeitselemente, die als Ganzes Schwankungen in der Hauptströmungsrichtung und quer dazu ausfüllen, sind makroskopische, mehr oder weniger kleine „Flüssigkeitsballen". Obgleich bei der Strömung in einem Rohr beispielsweise die Geschwindigkeitsschwankungen nur wenige Prozent der mittleren Geschwindigkeit betragen, sind sie doch von ausschlaggebender Bedeutung für den Ablauf der

4.6 Einiges über turbulente Strömungen

ganzen Bewegung. Für die experimentelle Analyse und auch für die rechnerische Behandlung einer turbulenten Bewegung ist es zweckmäßig, diese aufzuteilen in eine *mittlere Bewegung* und eine *Schwankungsbewegung*. Bezeichnet man z. B. den zeitlichen Mittelwert der Geschwindigkeitskomponente u mit $\bar{u}$ und die Schwankungsgeschwindigkeit mit u', so gilt für die Geschwindigkeitskomponenten und den Druck:

$$u = \bar{u} + u', \quad v = \bar{v} + v', \quad w = \bar{w} + w', \quad p = \bar{p} + p'. \quad (4.90)$$

Hierbei werden die Mittelwerte als zeitliche Mittelwerte in einem festgehaltenen Raumpunkt gebildet, also z. B.

$$\bar{u} = \frac{1}{\Delta t} \int_{t_0}^{t_0 + \Delta t} u \, dt. \quad (4.91)$$

Die Mittelwertbildung ist über ein so großes Zeitintervall Δt zu erstrecken, daß die Mittelwerte von der Zeit unabhängig sind. Die zeitlichen Mittelwerte der Schwankungsgrößen sind dann nach Definition gleich Null:

$$\overline{u'} = 0; \quad \overline{v'} = 0; \quad \overline{w'} = 0; \quad \overline{p'} = 0. \quad (4.92)$$

Die für den Ablauf der turbulenten Bewegung fundamental wichtige Tatsache ist nun die, daß die Schwankungsbewegungen u', v', w' den Ablauf der mittleren Bewegung so beeinflussen, als ob für die letztere die Zähigkeit scheinbar erhöht ist. Diese erhöhte *scheinbare Zähigkeit* der mittleren Bewegung steht im Mittelpunkt aller theoretischen Betrachtungen über turbulente Strömungen.

Die turbulenten Schwankungsbewegungen u', v', w' verursachen zusätzliche Spannungen, die sich mit Hilfe des Impulssatzes leicht berechnen lassen, was hier jedoch nicht näher ausgeführt werden soll. Für die Spannungskomponenten an dem zur x-Achse senkrechten Flächenelement erhält man:

$$\sigma'_x = -\varrho \, \overline{u'^2}; \quad \tau'_{xy} = -\varrho \, \overline{u' v'}; \quad \tau'_{xz} = -\varrho \, \overline{u' w'}. \quad (4.93)$$

Entsprechende Ausdrücke für die Spannungskomponenten erhält man für die Flächenelemente senkrecht zur y- und z-Achse und damit einen vollständigen Spannungstensor der turbulenten Scheinreibung. Diese „scheinbaren Spannungen" der turbulenten Strömung kommen zu den Spannungen der stationären Strömung, wie wir sie bei der laminaren Strömung kennenlernten (Kap. 4.3), additiv hinzu. Die Gl. (4.93) wurden zuerst von O. REYNOLDS aus den hydrodynamischen Bewegungsgleichungen hergeleitet.

Die Spannungskomponente $\tau'_{xy} = \tau'_{yx} = -\varrho \, \overline{u' v'}$ kann gedeutet werden als der Transport von x-Impuls durch eine zur y-Achse senkrechte Fläche. Daß auch die zeitlichen Mittelwerte der gemischten

Produkte der Geschwindigkeitsschwankungen, wie z. B. $\overline{u'v'}$, tatsächlich einen von Null verschiedenen Wert haben, läßt sich anschaulich leicht einsehen: Wir betrachten als mittlere Bewegung die ebene Scherströmung mit $\bar{u} = \bar{u}(y)$, $\bar{v} = \bar{w} = 0$ und mit $d\bar{u}/dy > 0$ nach Abb. 4.36. Die in der Schicht y infolge der Querbewegung von unten her ankommenden Teilchen ($v' > 0$) kommen aus einem Gebiet mit kleinerer mittlerer Geschwindigkeit $\bar{u}$. Da sie bei der Querbewegung ihr ursprüngliches $\bar{u}$ im wesentlichen beibehalten, verursachen sie in der Schicht y ein negatives u'. Umgekehrt geben die von oben kommenden Teilchen ($v' < 0$) in der Schicht y ein positives u'. Im ganzen ist also bei dieser Strömung ein positives v' „meistens" mit einem negativen u' und ein negatives v' mit einem positiven u' gekoppelt. Somit ist zu erwarten, daß der zeitliche Mittelwert $\overline{u'v'}$ von Null verschieden ist, und zwar negativ. Die zusätzliche Schubspannung $\tau' = -\varrho\,\overline{u'v'}$ ist in diesem Fall also positiv und hat somit das gleiche Vorzeichen wie die laminare Schubspannung $\tau_l = \mu\,d\bar{u}/dy$.

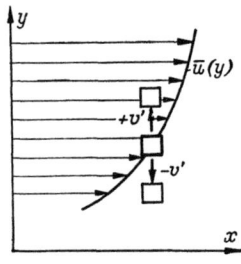

Abb. 4.36
Impulsübertragung durch die turbulente Schwankungsgeschwindigkeit

Messungen turbulenter Schwankungsgeschwindigkeiten. Bei der Messung turbulenter Strömungen pflegt man im allgemeinen nur die zeitlichen Mittelwerte

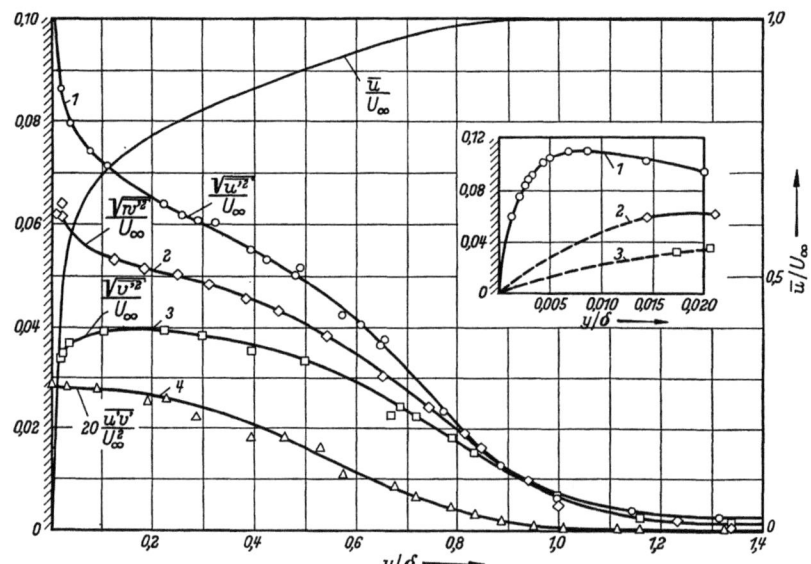

Abb. 4.37. Verteilung der turbulenten Schwankungsgeschwindigkeiten in der Grenzschicht an der längsangeströmten ebenen Platte nach Messungen von KLEBANOFF [56]

von Druck und Geschwindigkeit zu ermitteln, da nur diese der Messung einigermaßen bequem zugänglich sind und für die technischen Anwendungen auch meist eine hinreichende Auskunft geben. Aber erst die Ermittlung der Schwankungsgeschwindigkeiten vermittelt eine tiefere Einsicht in den Mechanismus der turbulenten Strömung. Zur Belebung der Anschauung mögen deshalb einige Ergebnisse von turbulenten Schwankungsmessungen mitgeteilt werden.

Eingehende Messungen über die turbulenten Schwankungsgeschwindigkeiten sind zuerst von H. REICHARDT [82] für eine Kanalströmung ausgeführt worden, und später auch von P. S. KLEBANOFF [56] für die Grenzschicht an der längsangeströmten Platte. Abb. 4.37 zeigt einige Ergebnisse für die Plattengrenzschicht bei der REYNOLDS-Zahl $Re_x = U_\infty x/\nu = 4{,}2 \cdot 10^6$. Der zeitliche Mittelwert der Geschwindigkeit $\bar{u}$ hat etwa die gleiche völlige Form wie bei der Rohrströmung (Abb. 4.4). Die Verteilung der Längsschwankung hat ein stark ausgeprägtes Maximum in unmittelbarer Wandnähe mit $\sqrt{\overline{u'^2}} = 0{,}11\, U_\infty$. Die Querschwankung senkrecht zur Wand $\sqrt{\overline{v'^2}}$ hat einen flacheren Verlauf, aber ebenfalls ein Maximum in Wandnähe. Die Querschwankung parallel zur Wand $\sqrt{\overline{w'^2}}$ ist sogar stärker als diejenige senkrecht zur Wand. Außerdem ist in Abb. 4.37 auch der zeitliche Mittelwert $-\overline{u'v'}$ angegeben, welcher nach Gl. (4.93) bis auf den Faktor ϱ die zusätzliche turbulente Schubspannung τ'_{xy} darstellt.

4.62 Windkanalturbulenz

Bei Messungen im Windkanal spielt die Größe der turbulenten Schwankungsgeschwindigkeiten für die Übertragbarkeit der Messungen vom Modell auf die Großausführung und auch für den Vergleich der Messungen in verschiedenen Kanälen untereinander eine wichtige Rolle. Die Größe der turbulenten Schwankungsgeschwindigkeit wird hier maßgeblich bestimmt durch die Maschenweite der eingebauten Gitter und Siebe. In einiger Entfernung hinter den Sieben herrscht sogenannte isotrope Turbulenz, d. h. eine turbulente Strömung, bei welcher die mittleren Geschwindigkeitsschwankungen in allen drei Koordinatenrichtungen gleich groß sind:

$$\overline{u'^2} = \overline{v'^2} = \overline{w'^2}.$$

Als Maß für die turbulente Schwankungsgeschwindigkeit kann man dann die Größe

$$\frac{1}{U_\infty} \sqrt{\frac{1}{3}(\overline{u'^2} + \overline{v'^2} + \overline{w'^2})} = Tu \qquad (4.94)$$

ansehen, die mit $\sqrt{\overline{u'^2}}/U_\infty$ identisch ist und die man auch als *Turbulenzgrad* bezeichnet. Durch den Einbau von vielen sehr feinmaschigen Gittern und Sieben läßt sich der Turbulenzgrad auf Werte in der Größenordnung 0,1% und weniger herunterdrücken.

Eine wichtige experimentelle Feststellung ist, daß die kritische REYNOLDSsche Zahl der Kugel, bei welcher der steile Abfall des Widerstandsbeiwertes eintritt (Abb. 4.9), stark von dem Turbulenzgrad des Windkanals abhängt. Der Wert dieser kritischen REYNOLDSschen Zahl der Kugel, der zwischen $Re_{\text{krit}} = 1{,}5$ und $3{,}8 \cdot 10^5$ liegt, ist um so kleiner, je größer der Turbulenzgrad des Windkanals ist. Dies ist physikalisch einleuchtend, da ein starker Turbulenzgrad der äußeren Strömung den Umschlag laminar-turbulent in der Grenzschicht schon bei kleineren REYNOLDSschen Zahlen herbeiführt und dadurch eine Verschiebung des

Ablösungspunktes nach hinten und damit eine Verkleinerung des Totwassers und eine Verringerung des Widerstandes herbeiführt in gleicher Weise wie der PRANDTL-sche Stolperdraht, Abb. 4.14a, b. Messungen im freien Flug von C. B. MILLIKAN und A. L. KLEIN [62] zeigten das überraschende Ergebnis, daß hier die kritische Kugelkennzahl unabhängig von der witterungsbedingten Turbulenzstruktur der Atmosphäre mit $Re_{krit} = 3{,}85 \cdot 10^5$ einen größeren Wert hat als alle Messungen im Windkanal. Allerdings kommen die Kugelmessungen in den modernen turbulenzarmen Windkanälen dem Wert des freien Fluges sehr nahe. Jedenfalls ist aus diesen Kugelmessungen zu folgern, daß für eine einwandfreie Übertragbarkeit ein möglichst geringer Turbulenzgrad anzustreben ist. Dies gilt insbesondere für Messungen an widerstandsarmen Tragflügelprofilen mit großer laminarer Laufstrecke (Laminarprofile, vgl. Kap. 4.56). Für diese können brauchbare Windkanalmessungen nur in sog. turbulenzarmen Windkanälen erhalten werden, d. s. Windkanäle mit äußerst geringem Turbulenzgrad ($Tu \approx 0{,}0005$).

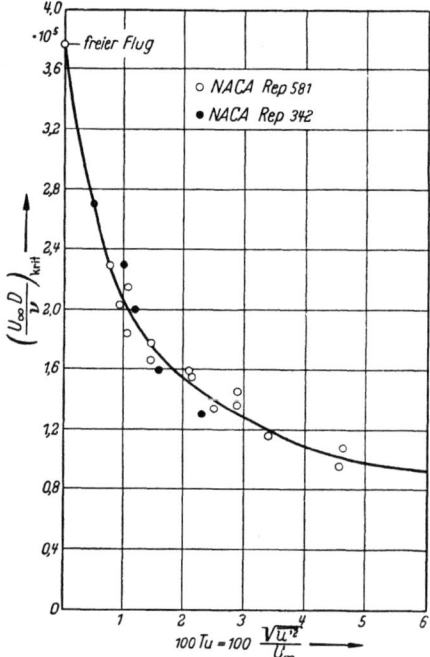

Abb. 4.38. Abhängigkeit der kritischen Re-Zahl vom Turbulenzgrad des Windkanals nach Messungen von DRYDEN und KUETHE [28]

Soweit es sich nicht um turbulenzarme Windkanäle handelt, kann man an Stelle der mittleren Längsschwankung $\sqrt{\overline{u'^2}}/U_\infty$ auch die kritische REYNOLDSsche Zahl der Kugel als ein Maß für den Turbulenzgrad des Windkanals ansehen. H. L. DRYDEN und A. M. KUETHE [28] fanden einen eindeutigen Zusammenhang zwischen der kritischen REYNOLDSschen Zahl der Kugel und der mittleren Längsschwankung, der in Abbildung 4.38 dargestellt ist. Der im freien Flug gemessene Wert der kritischen REYNOLDSschen Zahl der Kugel von $Re_{krit} = 3{,}8 \cdot 10^5$ entspricht einem verschwindend kleinen Turbulenzgrad im Windkanal, $Tu \to 0$.

4.63 Prandtlscher Mischungsweg

Die Grenzschichtgleichungen (4.47a) bis (4.48) können auch für die Berechnung der zeitlichen Mittelwerte der Geschwindigkeitskomponenten turbulenter Strömungen verwendet werden, wenn man das Reibungsglied $\mu \, \partial^2 u/\partial y^2$ durch $\partial \tau/\partial y$ ersetzt und dann einen geeigneten Ansatz für die turbulente Schubspannung τ einführt. Die REYNOLDSschen Ansätze Gl. (4.93) sind allerdings erst dann anwendbar, wenn der Zusammenhang der Schwankungsgeschwindigkeiten mit dem zeitlichen Mittelwert der Geschwindigkeitskomponenten bekannt ist. Um Berechnungen turbulenter Strömungen durchführen zu können, ist es also erforderlich, für die turbulente Schubspannung einen Ansatz zu finden, welcher die Schubspannung der turbulenten Scheinreibung τ' mit den zeitlichen Mittelwerten der Geschwindigkeitskomponenten verknüpft.

Ein Ansatz dieser Art, der sich gut bewährt hat, wurde 1925 von L. PRANDTL [75] angegeben; er ist unter der Bezeichnung *Prandtlscher Mischungsweg* bekannt und möge im folgenden kurz erläutert werden. Der zeitliche Mittelwert der Geschwindigkeit sei nach Abb. 4.39 gegeben durch

$$\bar{u} = \bar{u}(y); \quad \bar{v} = 0; \quad \bar{w} = 0. \quad (4.95)$$

Von den Schubspannungskomponenten soll nur

$$\tau'_{xy} = \tau' = -\varrho \,\overline{u'v'} \quad (4.96)$$

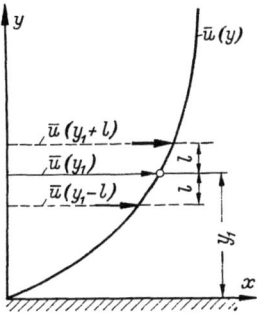

Abb. 4.39
Zur Erklärung des PRANDTL-schen Mischungsweges

ermittelt werden. Von dem turbulenten Strömungsmechanismus kann man sich nach L. PRANDTL nun folgendes vereinfachte Bild machen: Es gibt in der turbulenten Strömung Flüssigkeitsballen, die mit einer Eigenbewegung ausgestattet sind und sich auf einer gewissen Strecke sowohl in der Längs- als auch in der Querrichtung als zusammengehöriges Ganzes unter Beibehaltung ihres x-Impulses bewegen. Es werde jetzt angenommen, daß ein solcher Flüssigkeitsballen, welcher aus der Schicht $(y_1 - l)$ stammt und die Geschwindigkeit $\bar{u}(y_1 - l)$ besitzt, sich um den Weg l quer zur Hauptströmungsrichtung bewegt (Abb. 4.39). Wir nennen nach L. PRANDTL l den Mischungsweg. Wenn dieser Flüssigkeitsballen seinen x-Impuls beibehält, so hat er an dem neuen Ort y_1 eine kleinere Geschwindigkeit als seine neue Umgebung. Der Geschwindigkeitsunterschied beträgt

$$\Delta u_1 = \bar{u}(y_1) - \bar{u}(y_1 - l) = l\left(\frac{d\bar{u}}{dy}\right)_1.$$

Bei dieser Querbewegung ist $v' > 0$. Entsprechend hat ein Flüssigkeitsballen, welcher aus der Schicht $(y_1 + l)$ nach y_1 kommt, am neuen Ort eine größere Geschwindigkeit als die dortige Umgebung. Der Unterschied beträgt

$$\Delta u_2 = \bar{u}(y_1 + l) - \bar{u}(y_1) = l\left(\frac{d\bar{u}}{dy}\right)_1.$$

Dabei ist $v' < 0$. Die durch die Querbewegung verursachten Geschwindigkeitsunterschiede Δu_1 und Δu_2 können nun aufgefaßt werden als die turbulenten Längsschwankungen in der Schicht y_1. Somit erhält man für den zeitlichen Mittelwert des absoluten Betrages dieser Längsschwankung

$$\overline{|u'|} = \frac{1}{2}(|\varDelta u_1| + |\varDelta u_2|) = l\left|\frac{d\bar{u}}{dy}\right|. \tag{4.97}$$

Der hiermit eingeführte PRANDTLsche Mischungsweg steht in einer gewissen Analogie zur freien Weglänge der kinetischen Gastheorie, jedoch mit dem Unterschied, daß es sich dort um mikroskopische Bewegungen der Moleküle, hier jedoch um makroskopische Bewegungen größerer Flüssigkeitsballen handelt.

Für die Querbewegung kann man die plausible Annahme machen, daß v' proportional zu u' ist. Somit hat man:

$$\overline{|v'|} = \mathrm{Zahl}\,\overline{|u'|} = \mathrm{Zahl}\cdot l\left|\frac{d\bar{u}}{dy}\right|. \tag{4.98}$$

Um die Schubspannung nach Gl. (4.96) auszudrücken, müssen wir noch den Mittelwert $\overline{u'v'}$ näher betrachten. Oben wurde bereits ausgeführt, daß dieser Mittelwert von Null verschieden und zwar negativ ist. Wir setzen deshalb

$$\overline{u'v'} = -k\,\overline{|u'|}\cdot\overline{|v'|},$$

wobei k ein Zahlenfaktor zwischen Null und Eins ist, der nicht näher bekannt ist. Nach Gl. (4.97) und (4.98) erhält man jetzt:

$$\overline{u'v'} = -\mathrm{Zahl}\cdot l^2\left(\frac{d\bar{u}}{dy}\right)^2.$$

Falls wir die „Zahl" in den noch unbekannten Mischungsweg l mit einbeziehen und ferner beachten, daß τ' mit $d\bar{u}/dy$ sein Vorzeichen ändern muß, so erhalten wir schließlich für die turbulente Schubspannung aus Gl. (4.96):

$$\tau' = \varrho\, l^2 \left|\frac{d\bar{u}}{dy}\right|\frac{d\bar{u}}{dy}. \tag{4.99}$$

Dies ist die PRANDTLsche *Mischungswegformel*, welche für die Berechnung turbulenter Strömungen recht wertvolle Dienste leistet.

In vielen Fällen kann man die Länge l in eine einfache Beziehung bringen zu den charakteristischen Längen der betreffenden Strömung. Für die Strömung längs einer glatten Wand muß an der Wand selbst $l = 0$ sein, da ja an der Wand jede Querbewegung verhindert wird.

Die PRANDTLsche Formel (4.99) ist mit Erfolg verwendet worden sowohl für *turbulente Strömung an Wänden* (Rohr, Kanal, Platte) als auch für Probleme der sog. *freien Turbulenz* (Freistrahl, Nachlauf u. a.).

Im nächsten Abschnitt soll die turbulente Strömung im Rohr mit Hilfe der PRANDTLschen Mischungswegformel kurz behandelt werden, da diese auch von grundlegender Bedeutung ist für die turbulente Grenzschicht an der längsangeströmten Platte und an umströmten Körpern von beliebiger Form.

4.64 Geschwindigkeitsverteilung in der turbulenten Grenzschicht

Wir wollen die PRANDTLsche Mischungswegformel für die turbulente Schubspannung jetzt benutzen, um die Geschwindigkeitsverteilung in einer turbulenten Grenzschicht zu berechnen. Dabei lassen wir es noch offen, ob es sich um die turbulente Grenzschicht an der Platte oder um die Rohrströmung handelt. Für Wandnähe setzen wir den Mischungsweg proportional dem Wandabstand y, also

$$l = \varkappa\, y. \tag{4.100}$$

Dabei ist $\varkappa$ eine dimensionslose Konstante, die aus Versuchen bestimmt werden muß. Somit ist die turbulente Schubspannung nach Gl. (4.99):

$$\tau' = \varrho\, \varkappa^2\, y^2 \left(\frac{du}{dy}\right)^2,$$

wenn $u(y)$ jetzt den zeitlichen Mittelwert der Geschwindigkeit bedeutet. PRANDTL macht die weitgehende Annahme, daß die Schubspannung konstant sei, $\tau' = \tau_0$, wobei τ_0 die Wandschubspannung bedeutet. Führen wir, wie schon früher in Gl. (4.15), die Schubspannungsgeschwindigkeit $v_* = \sqrt{\tau_0/\varrho}$ ein, so läßt sich die vorige Gleichung schreiben in der Form $v_*^2 = \varkappa^2 y^2 (du/dy)^2$ oder $du/dy = v_*/\varkappa\, y$. Durch Integration ergibt sich hieraus

$$u = \frac{v_*}{\varkappa} \ln y + C. \tag{4.101}$$

Dabei ist die Integrationskonstante C aus der Bedingung zu bestimmen, daß die turbulente Geschwindigkeitsverteilung an diejenige der laminaren Unterschicht anzuschließen ist. Wir bestimmen C aus der Bedingung, daß in einem gewissen sehr kleinen Wandabstand y_0 von der Größenordnung der laminaren Unterschicht $u = 0$ ist. Dies ergibt aus Gl. (4.101):

$$u = \frac{v_*}{\varkappa} (\ln y - \ln y_0). \tag{4.101a}$$

Die Dicke der laminaren Unterschicht ist von der Größenordnung ν/v_*, wie schon früher in Gl. (4.19a) angegeben, d. h., man hat $y_0 = \beta\, \nu/v_*$, wobei β eine dimensionslose Konstante bedeutet. Somit erhalten wir aus Gl. (4.101a) die Geschwindigkeitsverteilung in der turbulenten Grenzschicht in der dimensionslosen Form:

$$\frac{u}{v_*} = \frac{1}{\varkappa} \left(\ln \frac{y\, v_*}{\nu} - \ln \beta \right). \tag{4.101b}$$

Führt man noch die Abkürzungen

$$A = \frac{1}{\varkappa}, \quad D = -\frac{1}{\varkappa} \ln \beta \tag{4.102}$$

ein, so erhält man aus Gl. (4.101b):

$$\frac{u}{v_*} = A \ln \frac{y v_*}{v} + D. \tag{4.103}$$

Dieses ist das *universelle logarithmische Geschwindigkeitsverteilungsgesetz*. Es ist in den gleichen Veränderlichen dargestellt wie das 1/7-Potenzgesetz der Rohrströmung nach Gl. (4.17). Das logarithmische Gesetz nach Gl. (4.103) gilt, wie ein Vergleich mit Messungen zeigt, sowohl für die turbulente Plattengrenzschicht als auch für die turbulente Rohrströmung, und zwar ist es ein asymptotisches Gesetz für sehr große REYNOLDSsche Zahlen. In Abb. 4.5 ist das logarithmische Gesetz nach Gl. (4.103) als Kurve (3) mit eingetragen. Es stimmt mit den Messungen in glatten Rohren sehr gut überein. Die Konstanten ergeben sich aus den Rohrversuchen zu

$$A = 2{,}5; \quad D = 5{,}5; \tag{4.104}$$

somit ist die Konstante $\varkappa = 0{,}4$, was plausibel erscheint.

4.7 Turbulenter Reibungswiderstand der längsangeströmten ebenen Platte

4.71 Glatte Platte bei inkompressibler Strömung

Der einfachste Fall der turbulenten Grenzschicht an einem umströmten Körper liegt bei der längsangeströmten Platte vor. Die turbulente Plattengrenzschicht ist praktisch besonders wichtig, da der Reibungswiderstand der längsangeströmten ebenen Platte bei großen REYNOLDSschen Zahlen den wesentlichen Anteil des Widerstandes von Flugzeugtragflügeln, Flugzeugrümpfen, Turbinen- und Gebläseschaufeln sowie von Schiffen ausmacht. Da eine Integration der Grenzschichtdifferentialgleichungen mit dem Ansatz für die turbulente Schubspannung für diesen Fall auf sehr große Schwierigkeiten führt, verwenden wir das einfachere Näherungsverfahren, welches mit dem Impulssatz arbeitet (Kap. 4.44). Um dieses Näherungsverfahren anwenden zu können, muß eine Annahme über die Geschwindigkeitsverteilung in der Grenzschicht gemacht werden. Hierfür wird nach L. PRANDTL [76] die grundlegende Annahme gemacht, daß in der Grenzschicht an der Platte die gleiche Geschwindigkeitsverteilung vorhanden ist wie im Rohr. Mit Hilfe dieser Annahme kann man die umfangreichen experimentellen Untersuchungen über die Rohrströmung (vgl. Kap. 4.15) für die Platte nutzbar machen. Beim Übergang vom Rohr zur Platte entspricht der Maximalgeschwindigkeit U im Rohr die Anströmungsgeschwindigkeit U_∞ der Platte und dem Rohrradius R die Grenzschichtdicke δ. Ferner nehmen wir für die folgenden Betrachtungen an,

4.7 Turbulenter Reibungswiderstand der längsangeströmten ebenen Platte 301

daß die Grenzschicht an der Platte von der Vorderkante an turbulent sei. Das Koordinatensystem sei nach Abb. 4.40 gewählt, b sei die Breite der Platte und $x = 0$ die Plattenvorderkante. Die Grenzschichtdicke nimmt mit der Lauflänge x zu.

Der Impulssatz liefert für den Reibungswiderstand $W_R(x)$ der einseitig benetzten Platte von der Länge x, vgl. Gl. (4.69) und (4.69a):

$$W_R(x) = b \int_0^x \tau_0(x)\,dx = \varrho\, b \int_0^{\delta(x)} u(U_\infty - u)\,dy = \varrho\, b\, U_\infty^2 \delta_2(x), \quad (4.105)$$

wobei das zweite Integral über die Grenzschichtdicke an der Stelle x zu nehmen ist und $\delta_2(x)$ nach Gl. (4.70) die Impulsverlustdicke an der Stelle x bedeutet. Aus Gl. (4.105) ergibt sich:

$$\frac{1}{b}\frac{dW_R}{dx} = \tau_0(x) = \varrho\, U_\infty^2 \frac{d\delta_2}{dx}. \quad (4.106)$$

Für die weitere Rechnung ist jetzt in Gl. (4.106) ein Ansatz für die Geschwindigkeitsverteilung einzuführen. Das 1/7-Potenzgesetz der Geschwindigkeitsverteilung für das Rohr nach Gl. (4.12) ergibt auf Grund der obigen Ausführungen als Geschwindigkeitsverteilung für die Plattengrenzschicht:

$$\frac{u}{U_\infty} = \left(\frac{y}{\delta}\right)^{1/7}. \quad (4.107)$$

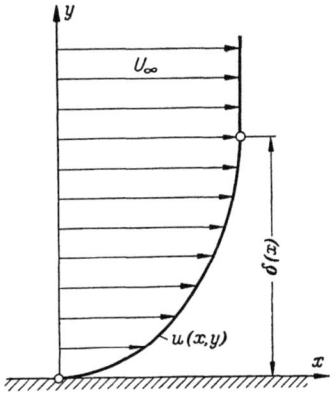

Abb. 4.40. Turbulente Grenzschicht an der längsangeströmten ebenen Platte (schematisch)

Dieser Ansatz für die Geschwindigkeitsverteilung in der Grenzschicht enthält die Annahme der Ähnlichkeit der Geschwindigkeitsprofile. Die Grenzschichtdicke $\delta(x)$ ist aus der folgenden Rechnung zu ermitteln. Das Gesetz für die Wandschubspannung übernehmen wir ebenfalls aus der Rohrströmung; es lautet, wenn man in Gl. (4.18) U durch U_∞ und R durch δ ersetzt:

$$\frac{\tau_0}{\varrho\, U_\infty^2} = 0{,}0225 \left(\frac{\nu}{U_\infty \delta}\right)^{1/4}. \quad (4.108)$$

Die Impulsverlustdicke δ_2 und die Verdrängungsdicke δ_1 errechnen sich nach Gl. (4.71) und (4.67) mit der Geschwindigkeitsverteilung Gl. (4.107) zu:

$$\delta_2 = \frac{7}{72}\delta, \quad \delta_1 = \frac{1}{8}\delta. \quad (4.109)$$

Durch Einsetzen von Gl. (4.109) und (4.108) in Gl. (4.106) ergibt sich für $\delta(x)$ die Differentialgleichung:

$$\frac{7}{72}\frac{d\delta}{dx} = 0{,}0225 \left(\frac{\nu}{U_\infty \delta}\right)^{1/4}.$$

Die Integration dieser Gleichung mit der Anfangsbedingung $\delta = 0$ bei $x = 0$ ergibt:

$$\delta(x) = 0{,}37\, x \left(\frac{U_\infty x}{\nu}\right)^{-1/5} \tag{4.110}$$

und somit

$$\delta_2(x) = 0{,}036\, x \left(\frac{U_\infty x}{\nu}\right)^{-1/5}. \tag{4.111}$$

Hiermit nimmt also die Grenzschichtdicke mit der Potenz $x^{4/5}$ der Lauflänge zu, während bei laminarer Strömung $\delta \sim x^{1/2}$ ist.

Der gesamte Reibungswiderstand der einseitig benetzten Platte der Länge l und der Breite b ist somit nach Gl. (4.105):

$$W_R = 0{,}036\, \varrho\, U_\infty^2\, b\, l \left(\frac{U_\infty l}{\nu}\right)^{-1/5}.$$

Hieraus ersieht man, daß bei turbulenter Strömung der Plattenwiderstand proportional zu $U_\infty^{9/5}$ und $l^{4/5}$ ist; bei laminarer Strömung waren die entsprechenden Potenzen $U_\infty^{3/2}$ und $l^{1/2}$. Führt man noch dimensionslose Beiwerte für den örtlichen Widerstand (Wandschubspannung) und den Gesamtwiderstand ein durch:

$$c_f' = \frac{\tau_0}{\frac{\varrho}{2} U_\infty^2} \quad \text{bzw.} \quad c_f = \frac{W_R}{b\, l\, \frac{\varrho}{2} U_\infty^2},$$

so erhält man

$$c_f' = 2\frac{d\delta_2}{dx} \quad \text{bzw.} \quad c_f = 2\frac{\delta_2(l)}{l}. \tag{4.112}$$

Damit ergibt sich aus Gl. (4.111):

$$c_f' = 0{,}0576\, (U_\infty x/\nu)^{-1/5} \quad \text{und} \quad c_f = 0{,}072\, (U_\infty l/\nu)^{-1/5}.$$

Für Platten, deren Reibungsschicht von vorn an turbulent ist, ist die letztere Formel in guter Übereinstimmung mit Versuchsergebnissen, wenn der Zahlenfaktor 0,072 abgeändert wird in 0,074. Damit hat man:

$$c_f = 0{,}074\, (Re)^{-1/5}; \quad 5 \cdot 10^5 < Re < 10^7. \tag{4.113}$$

Dieses Widerstandsgesetz ist als Kurve (2) in Abb. 4.41 eingetragen. Es stimmt bis $Re = 10^7$ gut mit Messungen überein. Gl. (4.113) gilt, wie schon oben erwähnt, unter der Voraussetzung, daß die Reibungsschicht von der Plattennase an turbulent ist. In Wirklichkeit ist die Grenzschicht, wie schon in Kap. 4.2 angegeben, vorn laminar und erst weiter stromabwärts turbulent. Die Lage der Umschlagstelle ist je nach dem Turbulenzgrad der äußeren Strömung gegeben durch eine kritische REYNOLDSsche Zahl $(U_\infty x/\nu)_{\text{krit}} = 3 \cdot 10^5$ bis $3 \cdot 10^6$. Die Widerstandsverminderung durch das laminare Anlaufstück kann man

4.7 Turbulenter Reibungswiderstand der längsangeströmten ebenen Platte

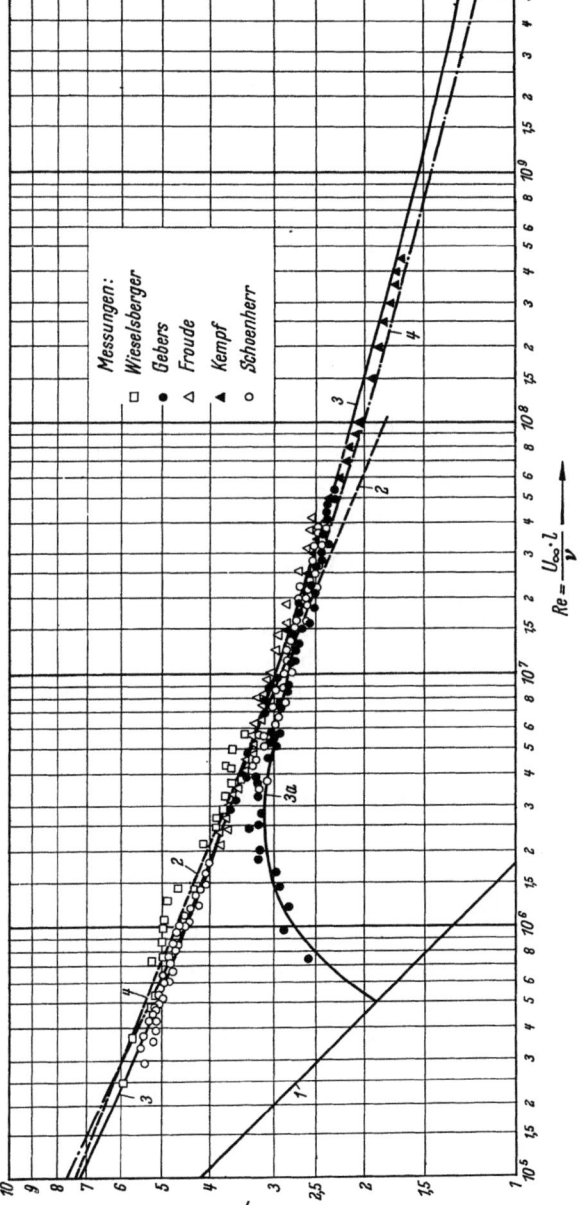

Abb. 4.41. Das Widerstandsgesetz der längsangeströmten glatten ebenen Platte; Vergleich von Theorie und Messungen. Theoretische Kurven: Kurve (1) laminar, BLASIUS nach Gl. (4.65); Kurve (2) turbulent, PRANDTL nach Gl. (4.113); Kurve (3) turbulent, PRANDTL-SCHLICHTING nach Gl. (4.115); Kurve (3a) Übergang laminar-turbulent nach Gl. (4.115); Kurve (4) turbulent nach SCHULTZ-GRUNOW [95]

IV. Strömungen mit Reibung (Grenzschicht-Theorie)

durch ein Zusatzglied zu Gl. (4.113) angeben in der Form:

$$c_f = \frac{0,074}{\sqrt[5]{Re}} - \frac{A}{Re}. \tag{4.114}$$

Dabei ist die Konstante A durch Tab. 4.1 gegeben.

Tabelle 4.1. *Die Konstante A des Plattenwiderstandsgesetzes Gl. (4.114) in Abhängigkeit von der kritischen Reynoldsschen Zahl $Re_{x\,krit}$*

$Re_{x\,krit}$	$3 \cdot 10^5$	$5 \cdot 10^5$	10^6	$3 \cdot 10^6$
A	1050	1700	3300	8700

Für größere REYNOLDSsche Zahlen, für welche beim Rohr anstelle des 1/7-Potenzgesetzes der Geschwindigkeitsverteilung ein logarithmisches Gesetz tritt, Gl. (4.103), erhält man dementsprechend für die Platte auch ein anderes Widerstandsgesetz. Dieses lautet mit dem gleichen Zusatzglied für den laminaren Anlauf wie in Gl. (4.114):

$$c_f = \frac{0,455}{(\lg Re)^{2,58}} - \frac{A}{Re}. \tag{4.115}$$

Dieses PRANDTL-SCHLICHTINGsche Widerstandsgesetz der glatten Platte [77], das mit $A = 1700$ für $Re_{x\,krit} = 5 \cdot 10^5$ als Kurve (*3a*) und ohne das Zusatzglied in Gl. (4.115) als Kurve (*3*) in Abb. 4.41 mit eingetragen ist, stimmt im unteren Bereich der Re-Zahlen mit Gl. (4.114) überein. Es gilt bis etwa $Re = 10^9$ und überdeckt damit den ganzen flugtechnisch wichtigen Bereich der REYNOLDS-Zahlen.

4.72 Einfluß der Kompressibilität

Die vorstehenden Betrachtungen gelten für inkompressible Strömung und sind somit nach den Ausführungen in Kap. III über den Einfluß der Kompressibilität etwa bis zur MACH-Zahl $Ma_\infty = U_\infty/a_\infty = 0,5$ mit guter Näherung anwendbar. Da die in der Flugtechnik vorkommenden MACHschen Zahlen häufig erheblich größer sind, mögen bereits an dieser Stelle einige Angaben über den Einfluß der MACHschen Zahl auf die Grenzschicht eingefügt werden, während die genauere Behandlung dem Kap. 4.9 vorbehalten bleibt. Für jede kompressible Grenzschicht spielt der Wärmeübergang zwischen der Wand und dem strömenden Medium eine ausschlaggebende Rolle. Dabei ist der Fall der wärmeundurchlässigen Wand von besonderer Bedeutung.

Während die laminare Grenzschicht bei kompressibler Strömung einer rechnerischen Behandlung zugänglich ist, beschränken sich die bisherigen theoretischen Bemühungen um die turbulente kompressible Grenzschicht ganz auf halbempirische Theorien von der Art der

4.7 Turbulenter Reibungswiderstand der längsangeströmten ebenen Platte

PRANDTLschen Mischungsweg-Hypothese, wobei jedoch weitere zusätzliche Annahmen gemacht werden müssen. Einen ersten Vorstoß in diese Richtung unternahm E. R. VAN DRIEST [27]. Die von ihm errechneten Widerstandsbeiwerte der längsangeströmten ebenen Platte in Abhängigkeit von der REYNOLDSschen und MACHschen Zahl sind in Abb. 4.42 angegeben und mit Messungen verglichen. Die Übereinstimmung von Rechnung und Messung ist nicht in allen Fällen

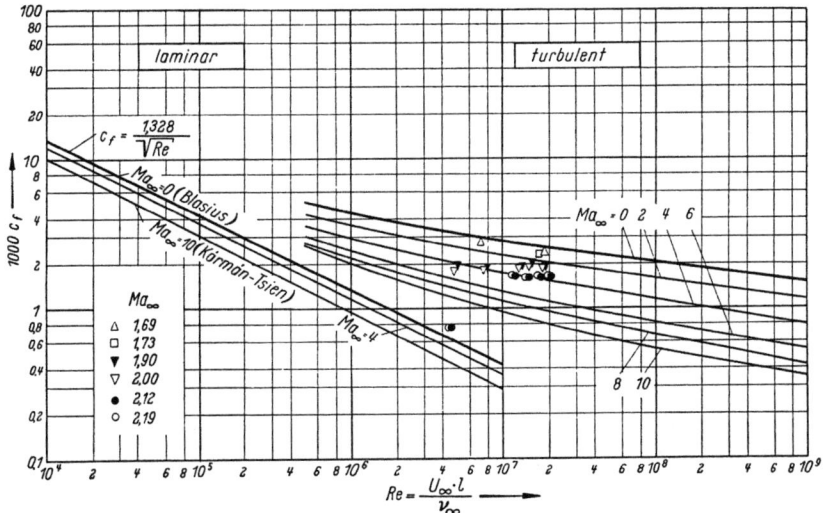

Abb. 4.42. Beiwerte des Reibungswiderstandes der längsangeströmten ebenen Platte bei laminarer und turbulenter Grenzschicht in Abhängigkeit von der REYNOLDSschen Zahl und der MACHschen Zahl für wärmeundurchlässige Wände, nach VAN DRIEST [27]

befriedigend, wobei jedoch auf eine gewisse Unsicherheit der Messungen bei großen MACHschen Zahlen hingewiesen werden muß. Des weiteren ist in Abb. 4.43 für die REYNOLDS-Zahl $Re \approx 10^7$ das Verhältnis der Widerstandsbeiwerte bei kompressibler und inkompressibler Strömung in Abhängigkeit von der MACH-Zahl bis zu sehr großen MACHschen Zahlen dargestellt. Die Abnahme des Reibungswiderstandes ist bei großen MACH-Zahlen sehr beträchtlich. Von den beiden theoretischen Kurven gilt diejenige von R. E. WILSON [113] für die wärmeundurchlässige Wand und diejenige von E. R. VAN DRIEST [27] mit Wärmeübergang. Die Messungen mehrerer Autoren stimmen mit der Theorie gut überein.

Der Vollständigkeit halber seien bereits an dieser Stelle auch die Reibungsbeiwerte der längsangeströmten Platte bei kompressibler laminarer Strömung angegeben. Abb. 4.44 gibt die Abhängigkeit dieser Reibungsbeiwerte bei wärmeundurchlässiger Wand von der MACHschen

IV. Strömungen mit Reibung (Grenzschicht-Theorie)

Zahl. Dabei sind die PRANDTL-Zahl Pr und der Zähigkeitsexponent ω wichtige Parameter; ihre Bedeutung geht aus Gl. (4.140) und (4.137) hervor. Ein Vergleich von Abb. 4.43 und 4.44 zeigt, daß bei turbulenter

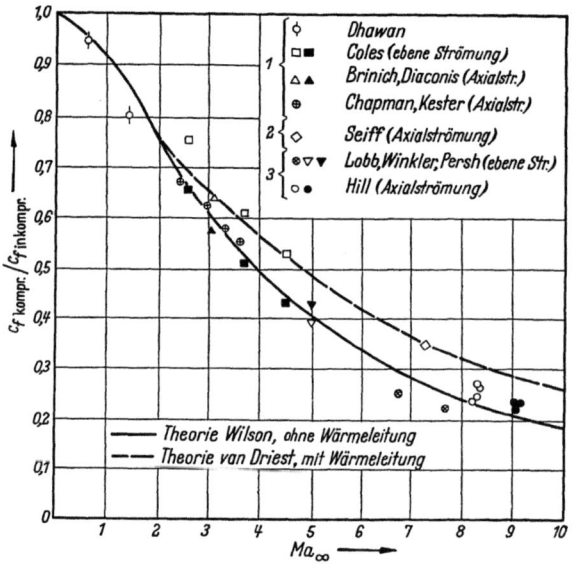

Abb. 4.43. Reibungsbeiwert der längsangeströmten ebenen Platte bei turbulenter Grenzschicht in Abhängigkeit von der MACHschen Zahl; REYNOLDS-Zahl $Re \approx 10^7$. Vergleich von Theorie und Messung

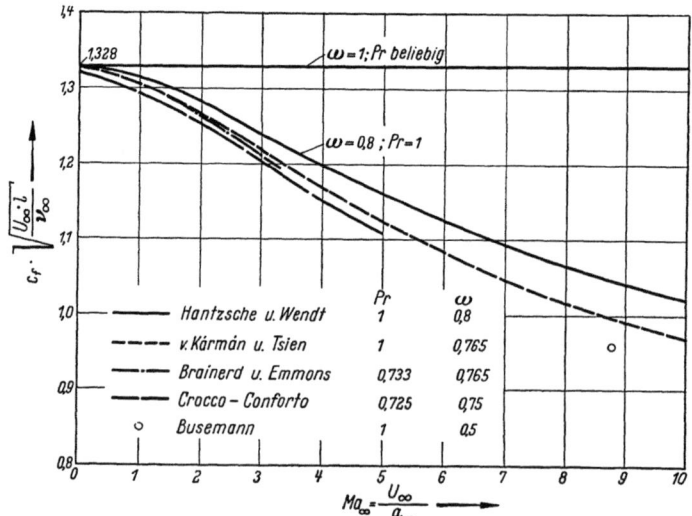

Abb. 4.44. Reibungsbeiwert der längsangeströmten ebenen Platte bei kompressibler laminarer Grenzschicht für wärmeundurchlässige Wand, nach RUBESIN und JOHNSON [8]

4.7 Turbulenter Reibungswiderstand der längsangeströmten ebenen Platte   307

Grenzschicht der Reibungsbeiwert der ebenen Platte und damit auch der Profilwiderstand von Tragflügeln mit wachsender MACH-Zahl erheblich stärker abfällt als bei laminarer Strömung.

4.73 Einfluß der Rauhigkeit

Bei den meisten technischen Anwendungen der Plattenströmung (z. B. Schiff, Tragflügel, Turbinenschaufel) ist die Wand nicht hydraulisch glatt. Die Strömung an der rauhen Platte hat deshalb ein ebenso großes praktisches Interesse wie die Strömung im rauhen Rohr, die bereits in Kap. 4.1 behandelt wurde.

Anstelle der relativen Rauhigkeit k_S/R des Rohres tritt bei der Platte die Größe k_S/δ, wobei δ die Grenzschichtdicke bedeutet. Der wesentliche Unterschied zwischen dem rauhen Rohr und der rauhen Platte besteht darin, daß im Gegensatz zum Rohr, bei dem bei konstantem k_S die relative Rauhigkeit k_S/R konstant ist, hier bei der Platte die relative Rauhigkeit k_S/δ längs der Platte abnimmt, da die Grenzschichtdicke δ stromabwärts zunimmt. Dies hat zur Folge, daß die vorderen und hinteren Plattenteile sich in bezug auf den Rauhigkeitswiderstand verschieden verhalten. Nehmen wir der Einfachheit halber an, daß die turbulente Grenzschicht bereits an der Plattenvorderkante beginnt, so haben wir vorn an der Platte, wo k_S/δ groß ist, zunächst über eine gewisse Lauflänge die vollausgebildete Rauhigkeitsströmung. Daran schließt sich das sog. Übergangsgebiet an, und weiter stromabwärts kommt man, falls die Platte lang genug ist, in den Bereich der hydraulisch glatten Wand.

Die Bereiche werden abgegrenzt durch Angabe der dimensionslosen Rauhigkeitskennzahl $v_* k_S/\nu$, nämlich, vgl. Kap. 4.15:

$$\left. \begin{array}{l} \dfrac{v_* k_S}{\nu} < 5: \quad \text{hydraulisch glatt,} \\[1ex] 5 < \dfrac{v_* k_S}{\nu} < 70: \quad \text{Übergangsbereich,} \\[1ex] \dfrac{v_* k_S}{\nu} > 70: \quad \text{ausgebildet rauh.} \end{array} \right\} \quad (4.116)$$

Dabei bedeutet $v_* = \sqrt{\tau_0/\varrho}$ die Schubspannungsgeschwindigkeit.

Die Umrechnung vom Rohr auf die Platte kann für die rauhe Platte in gleicher Weise ausgeführt werden, wie es für die glatte Platte bei inkompressibler Strömung oben erläutert wurde. Diese Rechnungen wurden von L. PRANDTL und H. SCHLICHTING [78] unter Benutzung der NIKURADSEschen Messungen an rauhen Rohren [66] durchgeführt. Das Ergebnis für den Beiwert des Gesamtwiderstandes der sandrauhen Platte ist in Abb. 4.45 angegeben, wobei c_f in Abhängigkeit von Re mit l/k_S als Parameter dargestellt ist. Die eingetragene gestrichelte Kurve gibt

308   IV. Strömungen mit Reibung (Grenzschicht-Theorie)

die Grenze des Bereiches der voll ausgebildeten Rauhigkeitsströmung an. Ebenso wie beim Rohr (Abb. 4.3) wirkt eine bestimmte relative Rauhigkeit nicht bei allen Re-Zahlen widerstandserhöhend, sondern erst oberhalb einer bestimmten Re-Zahl. Für kleine Re-Zahlen ist eine rauhe Platte u. U. hydraulisch glatt.

Für andere Rauhigkeiten als die hier zugrunde gelegten Sandrauhigkeiten k_S ist dieses Diagramm ebenfalls verwendbar, wenn man mit der

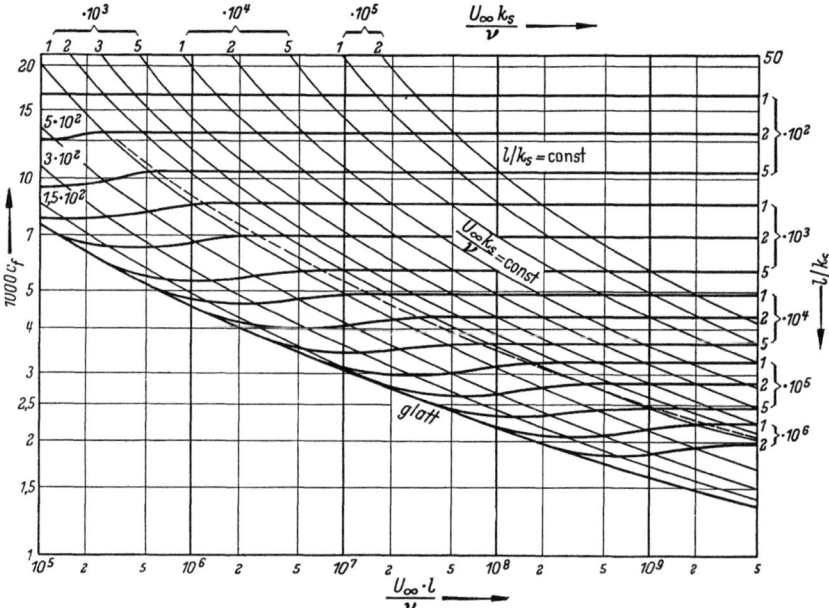

Abb. 4.45. Beiwerte des Reibungswiderstandes für die sandrauhe Platte nach PRANDTL-SCHLICHTING [78]

äquivalenten Sandrauhigkeit rechnet, wie es für die Rohrströmung in Kap. 4.15 angegeben wurde. Auch die Anstriche der Flugzeugoberflächen lassen sich nach Untersuchungen von A. D. YOUNG [114] gut in die Skala der Sandrauhigkeiten einordnen. Es wurden hierfür an Tragflügeln äquivalente Sandrauhigkeiten von $k_S = 0{,}003$ bis $0{,}2$ mm gemessen; sie betragen etwa das 1,6fache der mittleren geometrischen Rauhigkeitserhebungen. Dabei ist noch bemerkenswert, daß die Zusatzwiderstände infolge der Rauhigkeit im Unterschallbereich unabhängig sind von der MACHschen Zahl.

Zulässige Rauhigkeit. Unter der zulässigen Rauhigkeitshöhe verstehen wir diejenige Höhe, die gerade noch keine Widerstandszunahme gegenüber der glatten Wand ergibt. Die Frage nach der zulässigen Rauhigkeitshöhe einer beströmten Wand ist praktisch recht wichtig,

4.7 Turbulenter Reibungswiderstand der längsangeströmten ebenen Platte 309

da sie Auskunft darüber gibt, welcher Aufwand beim Glätten einer beströmten Oberfläche zum Zweck der Widerstandsverminderung sinnvoll ist. Die Dinge liegen hier wesentlich verschieden für die laminare und die turbulente Grenzschicht.

Bei turbulenter Grenzschicht wirken Rauhigkeiten hydraulisch glatt, wenn sie ganz innerhalb der laminaren Unterschicht liegen, deren Dicke nur ein sehr geringer Bruchteil der turbulenten Grenzschichtdicke ist. Aus Rohrmessungen wurde nach Kap. 4.15 als Bedingung für hydraulisch glatt

$$\frac{v_* k_S}{v} < 5 \quad \text{(hydraulisch glatt)} \tag{4.117}$$

gefunden, wobei $v_* = \sqrt{\tau_0/\varrho}$ die Schubspannungsgeschwindigkeit bedeutet. Diese Bedingung dürfen wir auch für die längsangeströmte ebene Platte als gültig ansehen. Es ist aber bequemer, für die Platte einen zulässigen Wert von k_{zul}/l anzugeben. Aus dem Widerstandsdiagramm der rauhen Platte, Abb. 4.45, erhält man das zulässige k_{zul}/l dort, wo eine bestimmte Kurve $k_S/l = $ const von der Kurve der glatten Platte abbiegt. Man erhält:

$$\frac{U_\infty k_{zul}}{v} \approx 100. \tag{4.118}$$

Hiernach ist die zulässige Rauhigkeitshöhe von der Plattenlänge nicht abhängig; sie wird lediglich durch die Geschwindigkeit und die kinematische Zähigkeit bestimmt nach der Formel:

$$k_{zul} < 100 \frac{v}{U_\infty}. \tag{4.119}$$

Bei den praktischen Anwendungen ist es jedoch zweckmäßig, die zulässige Rauhigkeitshöhe unmittelbar zu der Plattenlänge l oder allgemeiner zu der Länge l des beströmten Körpers (z. B. Schiffslänge, Länge des Flugzeugrumpfes, Flügeltiefe) ins Verhältnis zu setzen, da dies ein anschauliches Maß für die erforderliche Oberflächenglätte gibt. Zu diesem Zweck schreiben wir Gl. (4.119) in der Form:

$$\frac{k_{zul}}{l} < \frac{100}{Re}, \tag{4.120}$$

wobei $Re = U_\infty l/v$ ist.

Tab. 4.2 gibt eine Zusammenstellung von einigen Beispielen für die zulässige Rauhigkeit, die nach Gl. (4.120) berechnet wurden. Für Schiffe liegen die zulässigen Rauhigkeitshöhen bei einigen hundertstel Millimeter; sie sind praktisch nicht erreichbar, so daß hier immer mit einer beträchtlichen Widerstandserhöhung durch Rauhigkeit zu rechnen ist. Dasselbe gilt auch für Luftschiffe. Bei Flugzeugtragflügeln liegen die zulässigen Rauhigkeitshöhen zwischen $1/100$ und $1/10$ Millimeter. Solche Werte sind bei sehr sorgfältiger Oberflächenbehandlung erreichbar. Bei Modell-Trag-

Tabelle 4.2. *Zulässige Rauhigkeitshöhe für Schiffe, Luftschiffe und Flugzeuge bei verschiedenen Geschwindigkeiten*

Gattung	Nähere Bezeichnung	Geschwindigkeit U_∞[km/h]	Länge[1] l [m]	Kinematische Zähigkeit $10^6 \cdot \nu$ [m²/s]	REYNOLDS-Zahl $Re = U_\infty l/\nu$	Zulässige Rauhigkeitshöhe k_{zul}[mm]
Schiff	groß schnell	56	250	1,0	$4 \cdot 10^9$	0,007
Schiff	klein langsam	18	50	1,0	$3 \cdot 10^8$	0,02
Luftschiff	—	120	250	14,4	$6 \cdot 10^8$	0,04
Flugzeug	groß schnell am Boden	600	4	14,4	$5 \cdot 10^7$	0,01
Flugzeug	klein langsam am Boden	200	2	14,4	$8 \cdot 10^6$	0,025
Flugzeug	groß schnell in 10 km Höhe	600	4	35,4	$2 \cdot 10^7$	0,02
Flugzeug	klein langsam in 10 km Höhe	200	2	35,4	$3 \cdot 10^6$	0,065

[1] Beim Flugzeug wurde die Tiefe des Tragflügels als Bezugslänge gewählt.

flügeln, bei denen die zulässigen Rauhigkeiten ebenfalls zwischen $1/100$ und $1/10$ Millimeter liegen, sind hydraulisch glatte Oberflächen ohne weiteres zu erzielen. Über den Einfluß der Rauhigkeit auf die aerodynamischen Eigenschaften von Tragflügeln liegen mehrere experimentelle Untersuchungen vor [24, 49, 51].

Kritische Rauhigkeit. In der laminaren Grenzschicht ist die Rauhigkeit ohne Einfluß auf den Widerstand, solange sie nicht den Umschlag zu turbulenter Strömung herbeiführt. Wir nennen diejenige Rauhigkeitshöhe, welche den Umschlag herbeiführt, die *kritische Rauhigkeitshöhe*. Der Widerstand wird dadurch verändert, daß der Umschlagpunkt nach vorn verschoben wird. Bei einem umströmten Körper mit überwiegendem Reibungswiderstand, wie z. B. bei Flugzeugtragflügeln, wird durch diese Verschiebung des Umschlagpunktes der Widerstand vergrößert. Diese kritische Rauhigkeitshöhe ist besonders wichtig für Laminarprofile mit ihrem weit hinten liegenden Umschlagpunkt. Nach japanischen Messungen mit Einzelrauhigkeiten [100] gilt für die kritische Rauhigkeitshöhe:

$$\frac{v_* k_{\text{krit}}}{\nu} = 15. \tag{4.121}$$

Wir geben hierzu ein Beispiel: Ein Tragflügel der Tiefe $l = 2$ m sei in Luft ($\nu = 14 \cdot 10^{-6}$ m²/s) mit einer Geschwindigkeit von $U_\infty = 300$ km/h $= 83$ m/s angeströmt. Es ist $Re = U_\infty l/\nu = 10^7$. Wir betrachten eine Stelle des Tragflügels im Abstand $x = 0,1\, l$ von der Nase, also $Re_x = U_\infty x/\nu = 10^6$. Bis dahin wird die Grenzschicht unter der Wirkung des Druckgefälles laminar sein. Für die laminare Grenzschicht ist die Wandschubspannung nach Gl. (4.62): $\tau_0/\varrho = \nu(\partial u/\partial y)_0 = 0,332\, U_\infty^2 \sqrt{\nu/U_\infty x} = 0,332 \cdot 6900 \cdot 10^{-3}\, \text{m}^2/\text{s}^2 = 2,3\, \text{m}^2/\text{s}^2$. Somit ist $v_* = \sqrt{\tau_0/\varrho} = 1,52$ m/s. Dies ergibt nach Gl. (4.121):

$$k_\text{krit} = 15 \frac{\nu}{v_*} = \frac{15}{1,52} 0,14 \cdot 10^{-4}\, \text{m} = 0,14\, \text{mm}.$$

Es ist also in diesem Fall die kritische Rauhigkeitshöhe, welche den Umschlag herbeiführt, etwa zehnmal größer als die in der turbulenten Grenzschicht zulässige Rauhigkeitshöhe, die nach Tab. 4.2 für diesen Fall (kleines Flugzeug) etwa 0,02 mm beträgt. Die laminare Reibungsschicht „verträgt" also eine wesentlich größere Rauhigkeit als die turbulente.

Messungen über das Verhalten der laminaren Reibungsschicht mit einzelnen Störkörpern (Nietköpfen) sind von K. SCHERBARTH [91] ausgeführt worden. Es ergibt sich hinter der Einzelrauhigkeit ein keilförmiges turbulentes Störungsgebiet mit einem Ausbreitungswinkel von 14° bis 28°.

4.8 Berechnung der turbulenten Grenzschicht mit Druckabfall und Druckanstieg

4.81 Allgemeines, Kenngrößen der Grenzschicht

Die turbulente Grenzschicht mit einem Druckgradienten längs der Wand hat sowohl für den Tragflügel als auch für den Rumpf eine besondere Bedeutung. Der Druckabfall und besonders der Druckanstieg haben ebenso wie in der laminaren Strömung auch bei turbulenter Strömung einen starken Einfluß auf die Ausbildung der Grenzschicht. Für die Berechnung der turbulenten Grenzschicht sind mehrere halbempirische Rechenverfahren entwickelt worden, die einigermaßen befriedigend arbeiten. Außer dem Reibungswiderstand und Druckwiderstand, die zusammen den Profilwiderstand ausmachen, interessiert hier noch besonders die Frage, ob eine Ablösung der Grenzschicht eintritt, und wo gegebenenfalls die Ablösungsstelle liegt.

Die Berechnungsverfahren für die turbulente Grenzschicht sind sämtlich Näherungsverfahren von der Art, wie sie in Kap. 4.45 für die laminare Grenzschicht besprochen wurden. Sie gehen ebenfalls vom Impulssatz und Energiesatz der Grenzschicht aus. Da jedoch für die turbulente Grenzschicht der wichtige Zusammenhang zwischen der Schubspannung und der Form des Geschwindigkeitsprofils theoretisch nicht bekannt ist, ist man darauf angewiesen, hierfür zusätzliche Angaben zu beschaffen. Diese können bislang nur aus systematischen Messungen erhalten werden. Dadurch erhalten die Berechnungsver-

312   IV. Strömungen mit Reibung (Grenzschicht-Theorie)

fahren für die turbulente Grenzschicht einen halbempirischen Charakter. Da es zu weit führen würde, eines der Berechnungsverfahren für die turbulente Grenzschicht hier vollständig darzustellen, möge nur über einige Ergebnisse berichtet werden. Im übrigen verweisen wir auf eingehendere Darstellungen an anderer Stelle [10], Kap. XXII.

Systematische Messungen an ebenen Strömungen mit Druckabfall und Druckanstieg sind zuerst von F. Dönch [26] und J. Nikuradse [64] in konvergenten und divergenten Kanälen mit ebenen Wänden aus-

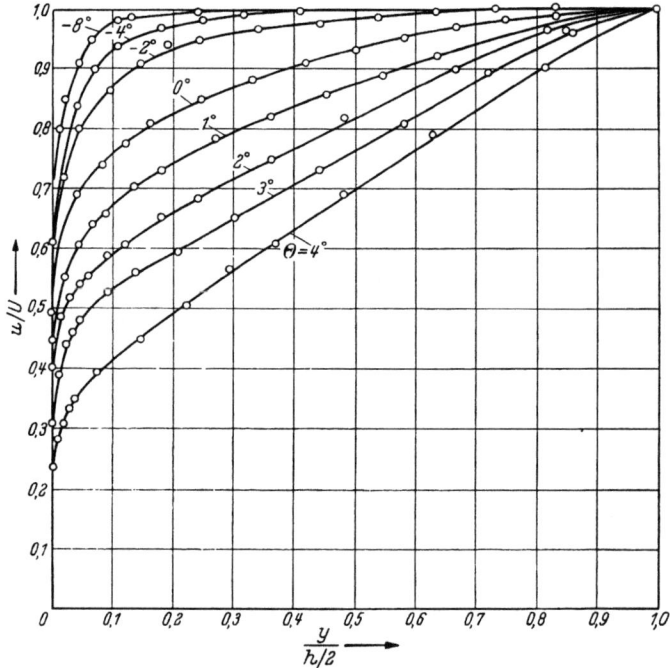

Abb. 4.46. Geschwindigkeitsverteilung in konvergenten und divergenten Kanälen mit ebenen Wänden nach Messungen von Nikuradse [64]. Θ halber Öffnungswinkel

geführt worden. Sie zeigen, daß die Form der Geschwindigkeitsprofile stark vom Druckgradienten abhängt. In Abb. 4.46 sind die von J. Nikuradse in schwach konvergenten und schwach divergenten Kanälen mit dem halben Öffnungswinkel $\Theta = -8°$ bis $+4°$ gemessenen Geschwindigkeitsverteilungen angegeben. Im konvergenten Kanal ist die Grenzschichtdicke wesentlich geringer als beim parallelwandigen Kanal, während sie im divergenten Kanal erheblich größer ist und bis zur Kanalmitte reicht. Bis zum halben Öffnungswinkel $\Theta = 4°$ des divergenten Kanals sind die Geschwindigkeitsverteilungen über die Kanalbreite völlig symmetrisch und zeigen keinerlei Ablösungserscheinungen.

4.8 Berechnung der turbulenten Grenzschicht

Oberhalb $\Theta = 4°$ tritt Ablösung ein, wobei die Geschwindigkeitsverteilung meist stark unsymmetrisch wird.

Als charakteristische Grenzschichtdicke wird die Impulsverlustdicke

$$\delta_2 = \int_0^\delta \frac{u}{U}\left(1 - \frac{u}{U}\right) dy \qquad (4.122)$$

nach Gl. (4.73) benutzt. Zur Kennzeichnung des vom Druckgradienten stark abhängigen Geschwindigkeitsprofils wird ein *Formparameter* des

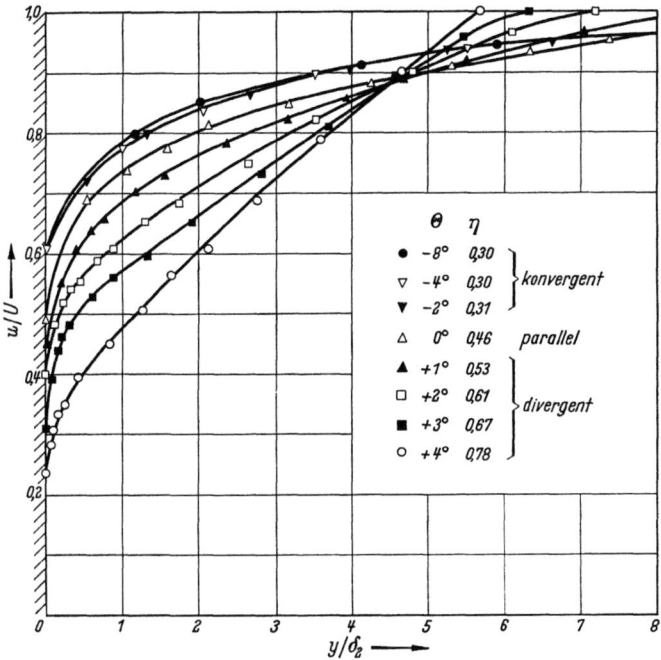

Abb. 4.47. Die Geschwindigkeitsverteilungen in konvergenten und divergenten Kanälen von Abb. 4.46 in der Auftragung u/U über y/δ_2. δ_2 Impulsverlustdicke; η Formparameter nach Gl. (4.123)

Geschwindigkeitsprofils eingeführt. E. GRUSCHWITZ [*38*] wählte als Formparameter

$$\eta = 1 - \left(\frac{u(\delta_2)}{U}\right)^2, \qquad (4.123)$$

wobei $u(\delta_2)$ die Geschwindigkeit in der Grenzschicht im Wandabstand $y = \delta_2$ bedeutet. Daß dieser Parameter für die Darstellung der turbulenten Grenzschichtprofile brauchbar ist, zeigen die in Abb. 4.47 in der Auftragung u/U über y/δ_2 dargestellten Messungen von J. NIKURADSE von Abb. 4.46. Bei Druckabfall ist $\eta < 0,46$, bei Druckanstieg

IV. Strömungen mit Reibung (Grenzschicht-Theorie)

$\eta > 0{,}46$. Ablösung tritt ein für

$$\eta \approx 0{,}8 \quad \text{(Ablösung)}. \tag{4.124}$$

Bei der Anwendung des Impulssatzes der Grenzschicht, Gl. (4.74), tritt die Größe

$$H_{12} = \frac{\delta_1}{\delta_2} \tag{4.125}$$

auf, wobei δ_1 die Verdrängungsdicke nach Gl. (4.71) ist. Die Messungen zeigen, daß auch H_{12} als ein Formparameter der Geschwindigkeitsprofile brauchbar ist. Für die Plattengrenzschicht ist $H_{12} \approx 1{,}4$. Zwischen den beiden Formparametern η und H_{12} besteht ein eindeutiger

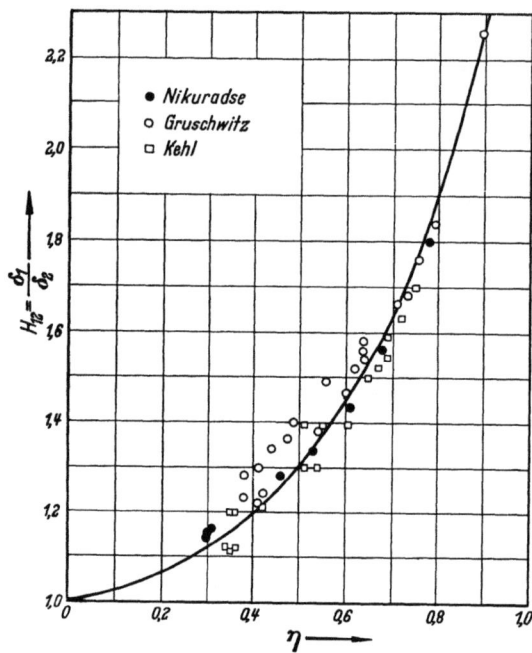

Abb. 4.48. Universeller Zusammenhang zwischen den Formparametern $H_{12} = \delta_1/\delta_2$ und η.
Ausgezogene Kurve nach Gl. (4.126)

Zusammenhang, wie er in Abb. 4.48 dargestellt ist. Legt man für die Geschwindigkeitsverteilung ein Potenzgesetz der Form $u/U = (y/\delta)^{1/n}$ zugrunde, vgl. Gl. (4.12), so erhält man die Beziehung

$$\eta = 1 - \left[\frac{H_{12}-1}{H_{12}(H_{12}+1)}\right]^{H_{12}-1}, \tag{4.126}$$

die in Abb. 4.48 mit eingetragen ist und sich den Versuchspunkten gut anpaßt. Ablösung tritt entsprechend $\eta \approx 0{,}8$ bei $H_{12} \approx 2{,}0$ ein.

4.82 Berechnung der Grenzschichtgrößen

Um den Verlauf der Impulsverlustdicke $\delta_2(x)$ längs der Wand zu ermitteln, schreiben wir den Impulssatz nach Gl. (4.74) in der Form:

$$\frac{d\delta_2}{dx} + (2 + H_{12})\frac{\delta_2}{U}\frac{dU}{dx} = \frac{\tau_0}{\varrho U^2}. \tag{4.127}$$

Für die Lösung dieser Differentialgleichung für $\delta_2(x)$ sind noch zusätzliche Annahmen über das Grenzschichtdickenverhältnis $H_{12} = \delta_1/\delta_2$ und die Wandschubspannung $\tau_0/\varrho U^2$ erforderlich.

Das erste Berechnungsverfahren für turbulente Grenzschichten wurde von E. GRUSCHWITZ [*38*] angegeben; es wurde später von verschiedenen Autoren mehrfach verbessert, vgl. [*10*], Kap. XXII.

Da die Größe H_{12} nur in der Kombination $2 + H_{12}$ vorkommt, ist es ausreichend, mit einem konstanten Mittelwert für H_{12} zu rechnen, z. B. mit $H_{12} \approx 1{,}4$, was etwa dem Wert für die längsangeströmte ebene Platte entspricht. Die Wandschubspannung kann näherungsweise ebenfalls nach den Gesetzen der längsangeströmten ebenen Platte genommen werden. Dies ergibt nach Gl. (4.108) und (4.109), wenn man U_∞ durch $U(x)$ ersetzt:

$$\frac{\tau_0}{\varrho U^2} = \frac{\alpha}{(U\delta_2/\nu)^{1/4}} \tag{4.128}$$

mit $\alpha = 0{,}0128$. Setzt man diese Werte von τ_0 und H_{12} in die Impulsgleichung (4.127) ein, so läßt sich diese Differentialgleichung für $\delta_2(x)$ geschlossen integrieren. Man erhält:

$$\delta_2 \left(\frac{U\delta_2}{\nu}\right)^{1/4} = \frac{0{,}0160}{U^4}\left(\int_{x_u}^{x} U^4\, dx + C\right). \tag{4.129}$$

Dabei ist $0{,}0160 = \frac{5}{4} \cdot \alpha = \frac{5}{4} \cdot 0{,}0128$ und $\frac{5}{4}(2 + H_{12}) - \frac{1}{4} = 4$. Ferner ist C eine Konstante, die aus der Impulsverlustdicke an der Umschlagstelle x_u zu ermitteln ist, wo die turbulente Grenzschicht beginnt. Für die längsangeströmte ebene Platte, deren Grenzschicht von der Nase an turbulent ist, geht Gl. (4.129) mit $U = U_\infty$ sowie mit $x_u = 0$ und $C = 0$ in Gl. (4.111) über. Auf Grund neuerer Messungen über turbulente Grenzschichten von J. ROTTA [*84, 85*] und unter Heranziehung des Energiesatzes hat E. TRUCKENBRODT [*105*] ein einfaches Quadraturverfahren ausgearbeitet.

Um die Ablösung beurteilen zu können, ist die Berechnung des Formparameters η oder des Formparameters H_{12} längs der Wand erforderlich. Hierfür haben die verschiedenen Autoren Beziehungen angegeben, auf deren Wiedergabe hier verzichtet werden möge. Ablösung tritt für $\eta \approx 0{,}8$, d. i. $H_{12} \approx 2$ ein.

Für die Berechnung der Grenzschicht an einem Rotationskörper wurde in [*105*] ebenfalls eine einfache Quadraturformel angegeben.

Als *Beispiel* einer Berechnung der turbulenten Grenzschicht bei ebener Strömung zeigt Abb. 4.49 die Ergebnisse für die Saugseite des Tragflügelprofils NACA-65 (216)-222 bei der REYNOLDSschen Zahl

$$Re = 2{,}6 \cdot 10^6.$$

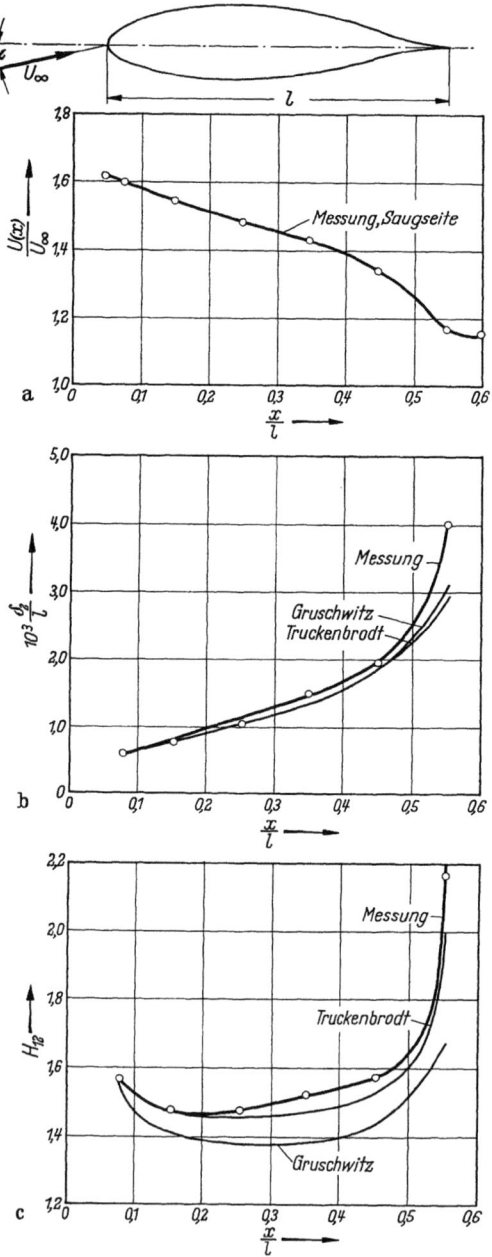

Dabei ist die aus einer gemessenen Druckverteilung ermittelte Geschwindigkeitsverteilung der Außenströmung $U(x)$ zugrunde gelegt worden (Abb. 4.49a). Der Vergleich der gemessenen und der nach E. GRUSCHWITZ [*38*] und E. TRUCKENBRODT [*105*] gerechneten Impulsverlustdicke (Abbildung 4.49b) zeigt gute Übereinstimmung. Beim Formparameter (Abbildung 4.49c) stimmt die Rechnung nach TRUCKENBRODT besser mit der Messung überein als die Rechnung nach GRUSCHWITZ.

Die an einem Tragflügelprofil im *freien Fluge* gemessene turbulente Reibungsschicht zeigt Abbildung 4.50 nach Mes-

Abb. 4.49. Die turbulente Grenzschicht auf der Saugseite des Tragflügelprofils NACA-65 (216)-222 beim Anstellwinkel $\alpha = 10{,}1°$; REYNOLDSsche Zahl $Re = U_\infty \, l/\nu = 2{,}6 \cdot 10^6$; Messungen nach [*23*]
a) Geschwindigkeit der Außenströmung nach Messungen;
b) Impulsverlustdicke δ_2 nach Messungen und verschiedenen Berechnungsverfahren; c) Grenzschichtdickenverhältnis H_{12} nach Messungen und Berechnungsverfahren; Ablösung bei $H_{12} \approx 2{,}0$

4.8 Berechnung der turbulenten Grenzschicht

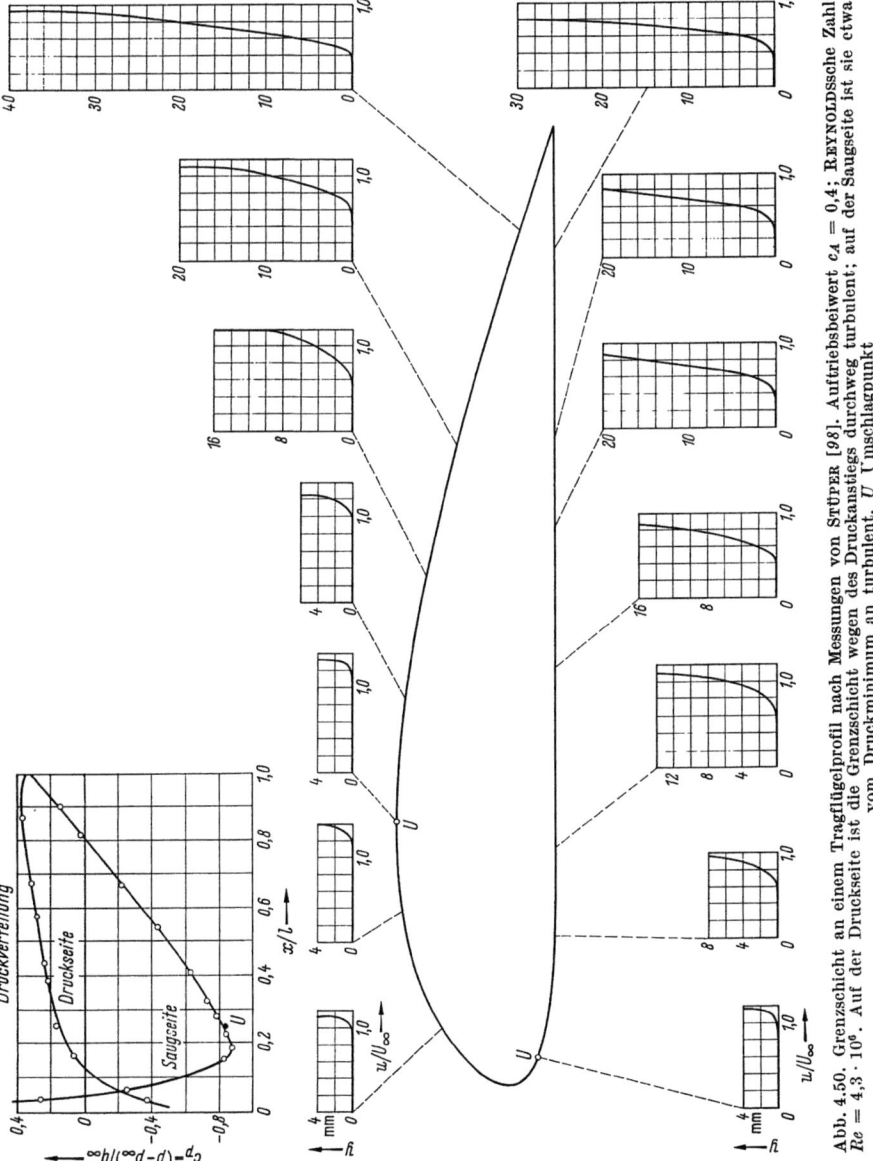

Abb. 4.50. Grenzschicht an einem Tragflügelprofil nach Messungen von Stüper [98]. Auftriebsbeiwert $c_A = 0{,}4$; Reynoldssche Zahl $Re = 4{,}3 \cdot 10^6$. Auf der Druckseite ist die Grenzschicht wegen des Druckanstiegs durchweg turbulent; auf der Saugseite ist sie etwa vom Druckminimum an turbulent. U Umschlagpunkt

sungen von J. STÜPER [98]. Im vorliegenden Fall ist die Reibungsschicht auf der Druckseite von der Nase an turbulent, da hier durchweg Druckanstieg vorhanden ist. Auf der Saugseite liegt der Umschlagpunkt kurz hinter dem Druckminimum. Das Turbulentwerden der Reibungsschicht erkennt man an dem plötzlichen starken Anwachsen der Reibungsschichtdicke mit der Lauflänge.

4.83 Rechnerische Ermittlung des Profilwiderstandes

Die wichtigste Nutzanwendung des vorstehend beschriebenen Verfahrens zur Berechnung der turbulenten Grenzschicht besteht in der rechnerischen Ermittlung des Profilwiderstandes eines Tragflügelprofils, wie sie zuerst von J. PRETSCH [79] sowie H. B. SQUIRE und A. D. YOUNG [97] angegeben worden ist. Aus der Geschwindigkeitsverteilung im Nachlauf in großem Abstand hinter dem Körper erhält man den Profilwiderstand (= Druck- plus Reibungswiderstand) nach Gl. (2.237) in der Form:

$$W_p = \varrho\, b \int_{y=-\infty}^{+\infty} u(U_\infty - u)\, dy. \qquad (4.130)$$

Dabei bedeutet b die Breite des zylindrischen Körpers (Tragflügelprofil) und $u(y)$ die Geschwindigkeitsverteilung im Nachlauf. Führt man den Beiwert des Profilwiderstandes c_{Wp} durch $W_p = c_{Wp}\, b\, l\, \frac{\varrho}{2} U_\infty^2$ und die Impulsverlustdicke des Nachlaufes durch

$$U_\infty^2\, \delta_{2\infty} = \int_{y=-\infty}^{+\infty} u(U_\infty - u)\, dy$$

ein, so läßt sich Gl. (4.130) schreiben in der Form:

$$c_{Wp} = 2\, \frac{\delta_{2\infty}}{l}. \qquad (4.131)$$

Die Grenzschichtrechnung, wie sie vorstehend angegeben wurde, liefert, falls keine Ablösung eintritt, die Impulsverlustdicke δ_{2H} an der Hinterkante des Tragflügelprofils. Nach H. B. SQUIRE kann man eine Beziehung zwischen δ_{2H} und $\delta_{2\infty}$ angeben, so daß damit Gl. (4.131) für die rechnerische Ermittlung des Profilwiderstandes ausgenutzt werden kann. Diese Beziehung lautet

$$\delta_{2\infty} = \delta_{2H} \left(\frac{U_H}{U_\infty}\right)^{\frac{H_{12H} + 5}{2}},$$

wobei U_H die potentialtheoretische Geschwindigkeit an der Hinterkante und H_{12H} den Wert des Formparameters H_{12} an der Hinterkante bedeuten. Mit dem runden Wert von $H_{12H} = 1{,}4$ wird dies:

$$\delta_{2\infty} = \delta_{2H} \left(\frac{U_H}{U_\infty}\right)^{3,2}.$$

4.8 Berechnung der turbulenten Grenzschicht

Damit ergibt sich aus Gl. (4.131) für den Beiwert des Profilwiderstandes:

$$c_{Wp} = 2 \frac{\delta_{2H}}{l} \left(\frac{U_H}{U_\infty}\right)^{3,2}. \tag{4.132}$$

Hierbei bedeutet c_{Wp} den Profilwiderstand beider Profilseiten (Ober- und Unterseite), wenn für δ_{2H} die Summe der Impulsverlustdicken beider Profilseiten an der Hinterkante genommen wird. Da im allgemeinen jedoch die Grenzschichten der beiden Profilseiten verschieden sind, ist es zweckmäßig, den Anteil des Profilwiderstandes für Druck- und Saugseite getrennt anzugeben.

Nach Gl. (4.132) kann der Profilwiderstandsbeiwert rechnerisch ermittelt werden, wenn die Impulsverlustdicke an der Hinterkante und außerdem die potentialtheoretische Geschwindigkeit an der Hinterkante bekannt sind.[1] Letztere kann z. B. aus einer Messung des statischen Druckes an der Hinterkante entnommen werden. Die etwas schwierige Bestimmung von U_H/U_∞ kann aber nach H. B. HELMBOLD[44] auch folgendermaßen umgangen werden: Bestimmt man die Impulsverlustdicke an der Hinterkante nach Gl. (4.129) und setzt man diesen Wert in Gl. (4.132) ein, so erhält in der so entstehenden Formel die Größe U_H/U_∞ den Exponenten $-0,2$. Damit kann dieser Faktor mit guter Näherung gleich 1 gesetzt werden, weil schon U_H/U_∞ immer nahe bei 1 liegt. Somit erhält man aus Gl. (4.132) den Widerstand *einer* Profilseite mit $Re = U_\infty l/\nu$ zu:

$$c_{Wp} = \frac{0,074}{\sqrt[5]{Re}} \left\{ \int_{x_u/l}^{1} \left(\frac{U}{U_\infty}\right)^{3,5} d\frac{x}{l} + C \right\}^{0,8}. \tag{4.133}$$

Dabei bestimmt sich die Konstante C aus der Forderung gleicher Impulsverlustdicken der laminaren und turbulenten Grenzschicht im Umschlagpunkt, $\delta_{2u} = \delta_{2u\,\text{lam}} = \delta_{2u\,\text{turb}}$ zu:

$$C = 62,5 \left(\frac{\delta_{2u}}{l}\right)^{5/4} Re^{1/4} \left(\frac{U_u}{U_\infty}\right)^{3,75}. \tag{4.134}$$

Die Impulsverlustdicke an der Umschlagstelle δ_{2u} wird aus der Berechnung der laminaren Grenzschicht nach Gl. (4.80) erhalten. Für die längsangeströmte ebene Platte mit $U(x) = U_\infty = \text{const}$ geht Gl. (4.133) in die Formel für den Reibungswiderstand der Platte nach Gl. (4.113) über.

---

[1] Mit der „potentialtheoretischen Geschwindigkeit an der Hinterkante" ist hier diejenige mit Berücksichtigung des Verdrängungseinflusses der Grenzschicht auf die Potentialströmung gemeint, da der tatsächliche statische Druck an der Hinterkante und nicht der rein potentialtheoretische für den Profilwiderstand maßgeblich ist.

320   IV. Strömungen mit Reibung (Grenzschicht-Theorie)

In [106] wurde die Widerstandsformel Gl. (4.133) noch so umgeformt, daß darin statt der potentialtheoretischen Geschwindigkeitsverteilung unmittelbar die Profilform vorkommt.

Von H. B. SQUIRE und A. D. YOUNG [97] sind nach einem etwas anderen Rechenverfahren eine Reihe von Beispielen für den Profilwider-

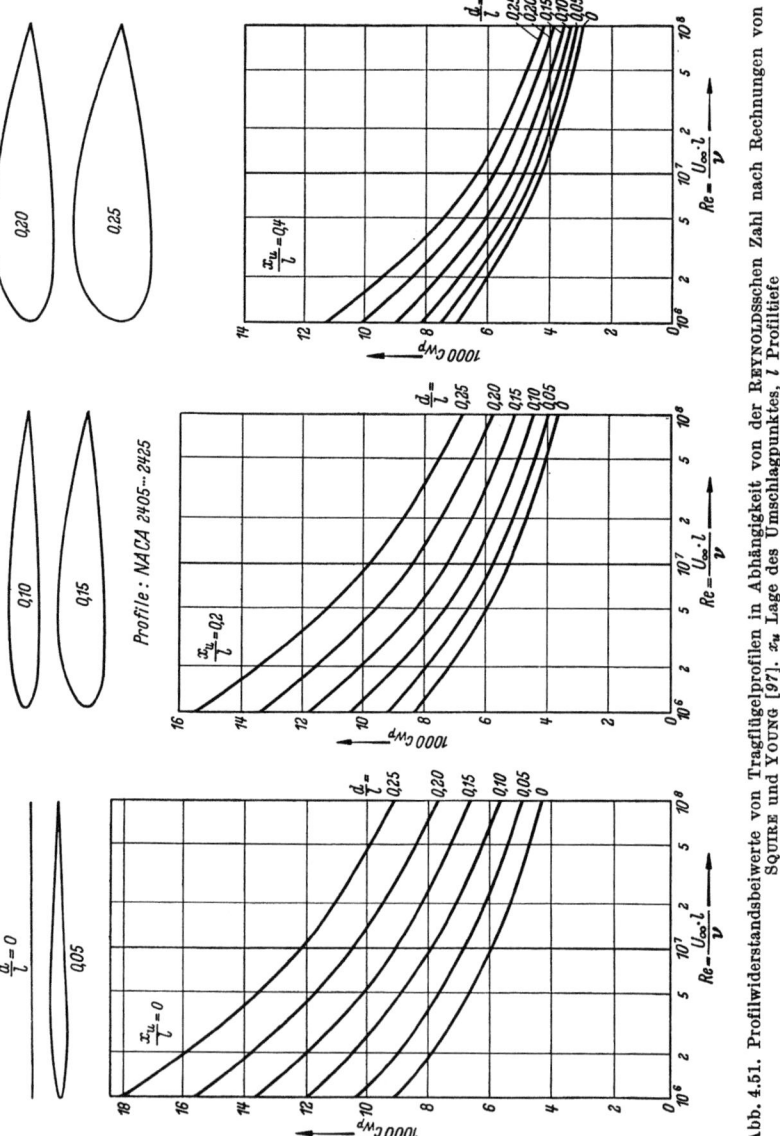

Abb. 4.51. Profilwiderstandsbeiwerte von Tragflügelprofilen in Abhängigkeit von der REYNOLDSschen Zahl nach Rechnungen von SQUIRE und YOUNG [97]. x_u Lage des Umschlagpunktes, l Profiltiefe

stand von Tragflügeln gerechnet worden. In Abb. 4.51 sind diese Ergebnisse zusammengestellt. Die Dicke der Profile wurde geändert von $d/l = 0$ (ebene Platte) bis $d/l = 0{,}25$. Die REYNOLDS-Zahlen liegen im Bereich $Re = U_\infty l/\nu = 10^6$ bis 10^8. Der Profilwiderstand ist stark von der Lage der Umschlagstelle laminar-turbulent abhängig. Diese wurde geändert von $x_u/l = 0$ bis $0{,}4$. Die Zunahme des Profilwiderstandes mit der Dicke ist im wesentlichen auf die Zunahme des Druckwiderstandes zurückzuführen. Weitere Angaben über den Profilwiderstand werden in Kap. VI gemacht werden.

Eine zusammenfassende Übersicht über die Berechnung der turbulenten Grenzschicht wurde kürzlich von J. ROTTA [7] gegeben.

4.84 Dreidimensionale Grenzschichten

Bisher wurden ausschließlich zweidimensionale Grenzschichten betrachtet; daneben gibt es zahlreiche Typen von sog. dreidimensionalen Grenzschichten. Bei diesen sind im allgemeinen drei Geschwindigkeitskomponenten in der Grenzschicht vorhanden. Beispiele hierfür sind u. a. die Grenzschicht in der Ecke zwischen zwei ebenen Wänden, die Grenzschicht an einem angeströmten rotierenden Körper. In der Flugzeug-Aerodynamik gehören zu diesem Fragenkreis u. a. die Grenzschicht an einem schiebenden Flügel (Pfeilflügel) sowie die Grenzschichten an Propellern. Über diese beiden Fälle mögen hier kurze Ausführungen gemacht werden.

Schiebender Flügel. Wird ein zylindrischer Körper schräg zu den Erzeugenden angeströmt (schiebender Zylinder), so treten in der Grenzschicht unter Umständen komplizierte dreidimensionale Strömungsvorgänge auf. Diese sind von erheblicher Bedeutung für die aerodynamischen Eigenschaften von *Pfeilflügeln*. Bei einem schiebenden Flügel und bei einem Pfeilflügel tritt infolge der Versetzung der Flügelschnitte auf der Saugseite in der Nähe der Flügelnase bei größeren Auftriebsbeiwerten ein starker Druckabfall gegen das zurückliegende Flügelende auf, wie aus Abb. 4.52 hervorgeht, wo für die Saugseite eines angestellten schiebenden Flügels die Isobaren dargestellt sind. Die in der Grenzschicht abgebremsten Flüssigkeitsteilchen folgen diesem Druckgradienten, und es bildet sich infolgedessen eine starke Querströmung in Richtung des zurückliegenden Flügels aus. Wie Messungen von R. T. JONES [54] und W. JACOBS [52] gezeigt haben, entsteht hierdurch auf dem zurückliegenden Flügelende eine starke Verdickung der Grenzschicht und, dadurch veranlaßt, eine vorzeitige Ablösung der Strömung. Bei Flugzeugen mit Pfeilflügeln bewirkt dieses Abwandern der Grenzschicht nach außen, daß die Strömung zuerst am Außenflügel, im Querruderbereich, abreißt und dadurch das sehr gefürchtete „Abkippen über den Flügel" verursacht. Man kann diesen Ablösungsbeginn am Außenflügel

322   IV. Strömungen mit Reibung (Grenzschicht-Theorie)

und damit das unerwünschte Abkippen dadurch vermeiden, daß man den Flügel mit einem *Grenzschichtzaun* versieht. Dies ist eine auf der

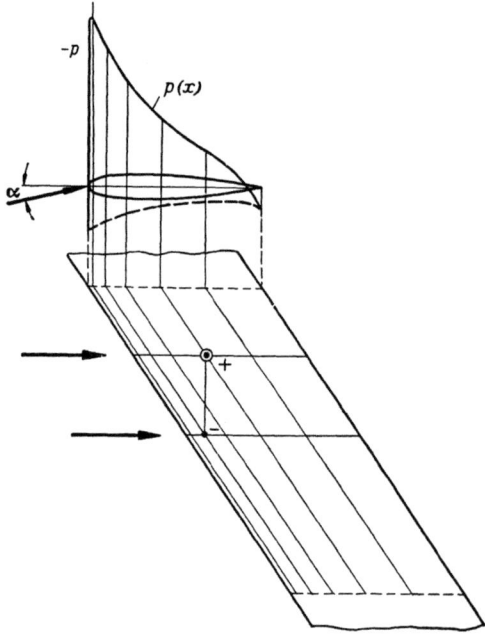

Abb. 4.52. Zur Entstehung der Querströmung in der Grenzschicht an einem schiebenden Flügel (Pfeilflügel). Kurven konstanten Druckes (Isobaren) auf der Saugseite des Flügels

Flügelsaugseite im vorderen Flügelteil aufgesetzte dünne Blechwand, welche die Querströmung in der Grenzschicht verhindert. Abb. 4.53

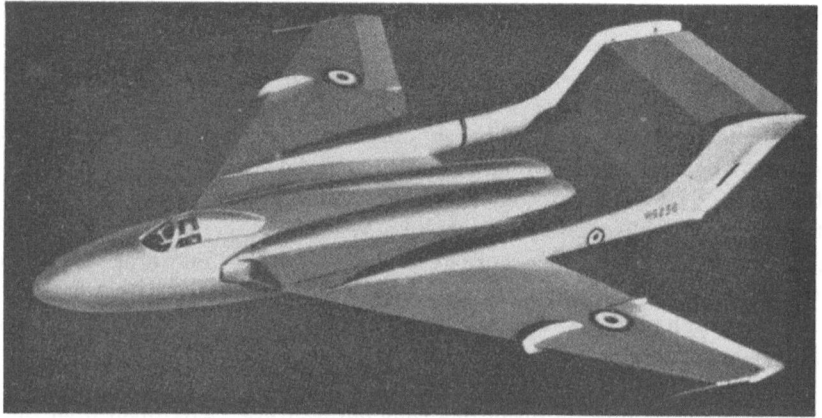

Abb. 4.53. Düsenjäger De Havilland DH 110 mit Pfeilflügel und Grenzschichtzäunen nach [59]

4.8 Berechnung der turbulenten Grenzschicht

zeigt ein Flugzeug mit Pfeilflügel und je einem Grenzschichtzaun auf jeder Flügelhälfte. Über die hierdurch erreichten Verbesserungen des Abreißverhaltens hat W. LIEBE [59] berichtet. Ein amerikanischer Bericht [80] enthält umfangreiche Messungen über die Verbesserung der aerodynamischen Eigenschaften eines Tragflügels durch Grenzschichtzäune. Man vergleiche hierzu auch die grundsätzlichen Untersuchungen von A. DAS [22].

Propeller. Eingehende Untersuchungen der Strömungsvorgänge an einem umlaufenden Propellerblatt wurden von H. HIMMELSKAMP [45]

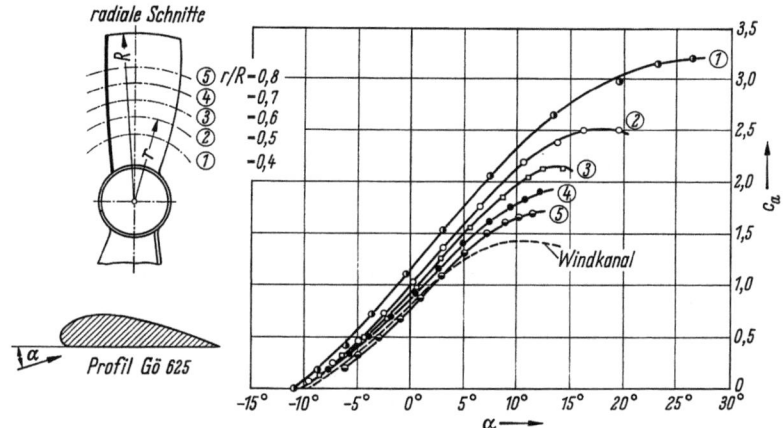

Abb. 4.54. Örtliche Auftriebsbeiwerte in verschiedenen Schnitten eines umlaufenden Propellers, nach Messungen von HIMMELSKAMP [45]

ausgeführt. Dabei wurden aus Druckverteilungsmessungen die örtlichen Auftriebsbeiwerte des Propellerblattes ermittelt. Einige Ergebnisse sind in Abb. 4.54 dargestellt, wobei für verschiedene radiale Schnitte der örtliche Auftriebsbeiwert c_a über dem Anstellwinkel α angegeben ist. Zum Vergleich ist auch die entsprechende Messung an dem feststehenden Flügel im Windkanal mit angegeben. Abb. 4.54 zeigt, daß in der Nähe der Nabe stark erhöhte maximale Auftriebsbeiwerte erhalten werden, was auf eine Verschiebung der Ablösung zu größeren Anstellwinkeln zurückzuführen ist. Der am nächsten an der Nabe gelegene Profilschnitt hat z. B. einen maximalen Auftriebsbeiwert von 3,2 gegenüber 1,4 für den feststehenden Flügel. Die Verschiebung der Ablösung zu größeren Anstellwinkeln ist darauf zurückzuführen, daß die CORIOLIS-Kräfte in der Grenzschicht eine zusätzliche Beschleunigung in der Strömungsrichtung ergeben, welche ähnlich wie ein Druckabfall wirkt. Darüber hinaus geben in geringem Umfange auch die Zentrifugalkräfte in der bei der Drehung mitgenommenen Grenzschicht eine günstige Wirkung bezüglich der Ablösung. Da die Zentrifugalkraftwirkung dem Radius proportional ist, wandert jedem Blattschnitt von innen her weniger Grenzschichtmaterial zu, als nach außen abströmt. Infolgedessen wird die Grenzschicht am umlaufenden Flügel dünner, als sie bei ebener Strömung um das gleiche Profil wäre. Theoretische Überlegungen hierzu sind von A. BETZ [*16*] angestellt worden. F. GUTSCHE [*39*] hat die Grenzschichtströmung an einem Propeller durch einen Farbanstrich sichtbar gemacht.

Die Zentrifugalkräfte haben auch einen starken Einfluß auf den Umschlag laminar-turbulent. Von H. MUESMANN [*63*] wurde gezeigt, daß unter sonst gleichen Umständen am umlaufenden Propellerflügel der Umschlag bei einer wesentlich kleineren REYNOLDS-Zahl auftritt als bei einem feststehenden Flügel.

4.9 Kompressible Strömungs- und Temperaturgrenzschichten

4.91 Allgemeines

Bei unseren bisherigen Betrachtungen über Strömungen mit Reibung (Grenzschichttheorie) war mit Ausnahme von Kap. 4.72 eine inkompressible Flüssigkeit zugrunde gelegt worden. Da die Fluggeschwindigkeiten aber heute in vielen Fällen im Bereich der kompressiblen Strömung liegen, sollen über das bereits oben Gesagte hinaus nun noch einige Grundzüge der Grenzschichttheorie bei kompressibler Strömung erörtert werden. Hierbei handelt es sich um den vom theoretischen Standpunkt aus besonders schwierigen Fall, daß gleichzeitig der Einfluß der Reibung und der Kompressibilität (Einfluß der REYNOLDSschen und der MACHschen Zahl) berücksichtigt werden muß. Das wesentliche Merkmal der Grenzschichtströmung bei hohen Geschwindigkeiten ist nicht so sehr eine grundlegende Änderung der Strömungsvorgänge in der Grenzschicht mit der MACHschen Zahl, als vielmehr die Tatsache, daß sich bei hohen MACH-Zahlen (Überschallgeschwindigkeit) in der Strömungsgrenzschicht gleichzeitig wesentliche thermodynamische Vorgänge abspielen. Es tritt bei kompressibler Strömung in der Grenzschicht eine sehr *erhebliche Erwärmung* des strömenden Mediums ein, die ihre physikalische Ursache in der Reibungswärme hat. Der Verlust an kinetischer Energie durch Reibung in der Grenzschicht ergibt bei hohen Geschwindigkeiten sehr beträchtliche Erwärmungen des strömenden Mediums und damit auch der beströmten Wand. Die Aufheizung des strömenden Mediums durch die Reibungswärme bleibt im wesentlichen auf die gleiche dünne Grenzschicht beschränkt, in welcher die Zähigkeit sich merklich auf die Strömung auswirkt. Es bildet sich neben der *Strömungsgrenzschicht* eine *Temperaturgrenzschicht* längs der beström-

4.9 Kompressible Strömungs- und Temperaturgrenzschichten

ten Wände aus, wobei bei hohen Geschwindigkeiten (großen MACH-Zahlen) eine starke gegenseitige Beeinflussung der Strömungs- und Temperaturgrenzschicht vorliegt.

Eine Temperaturgrenzschicht bildet sich an einem umströmten Körper auch bei mäßigen Geschwindigkeiten (inkompressible Strömung) aus, falls der Körper eine Temperaturdifferenz gegenüber dem strömenden Medium hat. Der Übergang von der Temperatur des geheizten (oder gekühlten) Körpers auf die Temperatur des umgebenden strömenden Mediums (Wärmeübergang) vollzieht sich auch in diesem Fall in einer sehr dünnen Schicht in Wandnähe, deren Dicke von derselben Größenordnung ist wie die der Strömungsgrenzschicht.

Zum genaueren Verständnis der Vorgänge in der kompressiblen Grenzschicht ist die Kenntnis dieser inkompressiblen Temperaturgrenzschicht erforderlich. Es ist uns jedoch nicht möglich, an dieser Stelle hierauf näher einzugehen; wir verweisen deshalb auf die einschlägige Literatur, insbesondere [10]. Wir können deshalb auch für die kompressible Grenzschicht hier nur eine sehr summarische Darstellung geben und verweisen auch hierfür auf ausführlichere Darstellungen [2, 11b].

4.92 Stoffbeiwerte

Für den Zusammenhang von Druck p, Dichte ϱ und Temperatur T in der Strömung gilt die allgemeine Zustandsgleichung nach Gl. (1.1):

$$p = \varrho R T. \qquad (4.135)$$

Tabelle 4.3. *Stoffbeiwerte von Luft in Abhängigkeit von der Temperatur*

Temperatur t [°C]	Spezifische Wärme c_p [kcal/kg grd]	Wärmeleitzahl λ [kcal/m h grd]	Temperaturleitfähigkeit $a_1 \cdot 10^4$ [m²/h]	Zähigkeit $\mu \cdot 10^6$ [kp s/m²]	Kinematische Zähigkeit $\nu \cdot 10^6$ [m²/s]	PRANDTL-Zahl Pr
−50	0,240	0,0176	473	1,49	9,5	0,72
0	0,240	0,0208	693	1,74	13,6	0,71
+50	0,240	0,0239	942	2,00	18,6	0,71
100	0,241	0,0267	1210	2,22	23,8	0,71
200	0,245	0,0316	1790	2,64	35,9	0,71
300	0,250	0,0369	2480	3,02	49,7	0,72

Dabei ist R die Gaskonstante, welche sich aus den spezifischen Wärmen des Gases bei konstantem Druck c_p und bei konstantem Volumen c_v zu

$$R = c_p - c_v = \frac{\varkappa - 1}{\varkappa} c_p$$

mit $\varkappa = c_p/c_v$ als Isentropenexponent ergibt. Für Luft ist die spezifische Wärme c_p nur wenig von der Temperatur abhängig, vgl. Tab. 4.3. Für die Schallgeschwindigkeit gilt nach Gl. (3.6) und (3.7):

$$a = \sqrt{\varkappa \frac{p}{\varrho}} = \sqrt{\varkappa R T} = \sqrt{(\varkappa - 1) c_p T}. \tag{4.136}$$

Für Luft ist $\varkappa = 1{,}405$.

Für die Berechnung der kompressiblen Grenzschicht muß infolge der auftretenden großen Temperaturdifferenzen die Abhängigkeit der Stoffbeiwerte von der Temperatur berücksichtigt werden. Für den Zähigkeitsbeiwert von Luft ist diese Abhängigkeit in Tab. 4.3 angegeben. Der empirische Zusammenhang $\mu(T)$ wird meist angenähert durch die Interpolationsformel

$$\frac{\mu}{\mu_0} = \left(\frac{T}{T_0}\right)^{\omega} \quad \text{mit} \quad \frac{1}{2} < \omega < 1. \tag{4.137}$$

Für sehr hohe Temperaturen gilt $\omega = 1/2$, für 0 °C ist etwa $\omega = 0{,}8$ und für tiefe Temperaturen $\omega \approx 1$.

Der Wärmetransport durch Leitung wird bestimmt durch die *Wärmeleitfähigkeit* λ, welche definiert ist durch das FOURIERsche Wärmeleitungsgesetz

$$q = \lambda \frac{\partial T}{\partial n}. \tag{4.138}$$

Dabei bedeutet q den Wärmestrom (= Wärmemenge pro Flächeneinheit und Zeiteinheit) durch eine Fläche dF mit der Normalen dn, und $\partial T/\partial n$ den Temperaturgradienten senkrecht zu dF. Die Wärmeleitfähigkeit hängt stark von der Temperatur ab, vgl. Tab. 4.3. Darüber hinaus werden noch die beiden folgenden hieraus abgeleiteten Beiwerte gebraucht (Tab. 4.3):

Temperaturleitfähigkeit: $\quad a_1 = \dfrac{\lambda}{\varrho c_p} \quad \left[\dfrac{\text{m}^2}{\text{s}}\right] \tag{4.139}$

und PRANDTL-Zahl: $\quad Pr = \dfrac{\nu}{a_1} = \dfrac{\mu c_p}{\lambda}. \tag{4.140}$

Die PRANDTL-Zahl ist dimensionslos. Für Luft ist die PRANDTL-Zahl etwa gleich 0,72 und nahezu unabhängig von der Temperatur.

4.93 Grundgleichungen

Für die Berechnung der kompressiblen Grenzschicht hat man gegenüber der inkompressiblen Grenzschicht zwei neue Variable, nämlich die jetzt als veränderlich anzusehende Dichte ϱ und die Temperatur T. Dementsprechend werden zusätzlich zu den bisher benutzten Gleichungen zwei weitere Gleichungen benötigt. Diese sind die allgemeine *Zustandsgleichung* des Gases Gl. (4.135) und die Energiegleichung.

Die *Energiegleichung* für das kompressible strömende Medium erhält man aus der Wärmebilanz nach dem I. Hauptsatz der Thermodynamik.

4.9 Kompressible Strömungs- und Temperaturgrenzschichten

Mit Einführung der Grenzschichtvereinfachungen ergibt sich für eine ebene stationäre Strömung, vgl. [*10*], Kap. XII:

$$\varrho\, c_p \left(u\, \frac{\partial T}{\partial x} + v\, \frac{\partial T}{\partial y} \right) = u\, \frac{dp}{dx} + \frac{\partial}{\partial y}\left(\lambda\, \frac{\partial T}{\partial y} \right) + \mu \left(\frac{\partial u}{\partial y} \right)^2. \quad (4.141)$$

Dabei bedeutet die linke Seite den Wärmetransport durch Konvektion, auf der rechten Seite das erste und dritte Glied die durch Kompression bzw. Reibung erzeugte Wärme und das zweite Glied den Wärmetransport durch Leitung.

Die *Kontinuitätsgleichung* und die *Bewegungsgleichung* haben für die kompressible Grenzschicht die Form, vgl. Gl. (4.47):

$$\frac{\partial(\varrho u)}{\partial x} + \frac{\partial(\varrho v)}{\partial y} = 0, \quad (4.142)$$

$$\varrho \left(u\, \frac{\partial u}{\partial x} + v\, \frac{\partial u}{\partial y} \right) = -\frac{dp}{dx} + \frac{\partial}{\partial y}\left(\mu\, \frac{\partial u}{\partial y} \right). \quad (4.143)$$

Die vier Gl. (4.135), (4.141), (4.142) und (4.143) sind ein System von vier Gleichungen für die vier Unbekannten u, v, ϱ, T, während der Druck p wie in der inkompressiblen Grenzschichttheorie nach Gl. (4.48) durch die Außenströmung $U(x)$ als bekannt angesehen wird.[1]

Die Randbedingungen sind für die Strömungsgrenzschicht wie bisher:

$$y = 0: \quad u = 0, \quad v = 0; \quad y = \infty: \quad u = U(x). \quad (4.144)$$

Für die Temperaturgrenzschicht möge hier lediglich der Fall der *wärmeundurchlässigen Wand* angenommen werden, d. h., der Wärmestrom soll längs der beströmten Wand überall verschwinden. Dann ist nach Gl. (4.138):

$$y = 0: \quad \frac{\partial T}{\partial y} = 0 \quad \text{und} \quad y = \infty: \quad T = T_\infty. \quad (4.145)$$

Während die inkompressible laminare Strömungsgrenzschicht eines vorgegebenen Körpers nur von der REYNOLDSschen Zahl abhängig ist, ist zu erwarten, daß die kompressible Grenzschicht (Strömungs- und Temperaturgrenzschicht) mindestens von den folgenden dimensionslosen Kenngrößen abhängig ist: REYNOLDSsche Zahl, MACHsche Zahl, PRANDTLsche Zahl und Zähigkeitsgesetz $\mu(T)$. Es ist klar, daß hierdurch die Anzahl der möglichen Fälle fast unübersehbar groß ist.

Nicht nur wegen dieser größeren Anzahl der Parameter, sondern hauptsächlich wegen der Kopplung der obigen vier Grundgleichungen ist die Integration der kompressiblen Grenzschichtgleichungen ungleich schwieriger als die der inkompressiblen Grenzschichtgleichungen.

---

[1] Wird auch der Zähigkeitsbeiwert μ als veränderlich angesehen, so tritt noch das Zähigkeitsgesetz $\mu(T)$ nach Gl. (4.137) als weitere Gleichung hinzu.

4.94 Temperaturerhöhung durch Kompression und Reibung

Kompression. Bevor wir auf die Integration der Grenzschichtgleichungen der kompressiblen Strömung eingehen, möge die schon früher in Kap. 1.23 angegebene Abschätzung der Temperaturerhöhung in der kompressiblen Strömung vorausgeschickt werden. Bezeichnet nach Abb. 3.12 der Index ∞ die Werte der ungestörten Strömung und der Index 0 die Werte im Staupunkt, so erhält man für die Temperaturerhöhung durch Kompression im Staupunkt nach Gl. (1.17) und (3.69):

$$T_0 - T_\infty = \Delta T = \frac{U_\infty^2}{2c_p}, \qquad (4.146)$$

wenn die Anströmungsgeschwindigkeit des Körpers jetzt mit U_∞ bezeichnet wird. Die hiernach sich ergebenden Temperaturerhöhungen im Staupunkt sind für Luft in Abb. 1.3 angegeben. Unter Einführung der MACH-Zahl $Ma_\infty = U_\infty/a_\infty$ läßt sich Gl. (4.146) auch in der Form schreiben, vgl. Gl. (3.70):

$$T_0 = T_\infty \left(1 + \frac{\varkappa - 1}{2} Ma_\infty^2\right) = T_\infty(1 + 0{,}2 Ma_\infty^2) \quad \text{(Luft)}, \qquad (4.147)$$

wobei a_∞ die Schallgeschwindigkeit des ungestörten Strömungszustandes nach Gl. (4.136) bedeutet und $\varkappa = 1{,}405$ für Luft eingesetzt wurde. Hiernach beträgt z. B. bei einer MACH-Zahl $Ma_\infty = 3$ die Temperaturerhöhung im Staupunkt rund 180% der absoluten Temperatur der Außenströmung.

Reibungswärme. Diese großen Temperaturerhöhungen durch Kompression sind aber nicht nur im Staupunkt und seiner nahen Umgebung vorhanden, sondern auch in der Reibungsschicht längs des ganzen umströmten Körpers. In Abb. 1.4 sind die Strömungsgrenzschicht und die Temperaturgrenzschicht schematisch dargestellt, und zwar letztere für den Fall der wärmeundurchlässigen Wand. Die Aufheizung der Wand durch die Reibungswärme $\Delta T = T_W - T_\infty$ ist näherungsweise ebenfalls durch Gl. (4.147) gegeben.

Die numerische Auswertung von Gl. (4.146) und (4.147) für Luft als ideales Gas ist in Abb. 4.55 dargestellt ($c_p = 0{,}24$ kcal/kg grd; $\varkappa = 1{,}4$). Hiernach ergibt sich bei einer Fluggeschwindigkeit von $U_\infty = 2$ km/s, was einer MACH-Zahl von $Ma_\infty = 6$ entspricht, eine Temperaturerhöhung von etwa $\Delta T \approx 2000$ grd. Für größere Geschwindigkeiten nimmt die Temperatur des strömenden Gases sehr stark zu. Stark erhitzte Gase verändern aber ihre physikalischen Eigenschaften gegenüber dem idealen Gas. Im *realen* Gas treten Dissoziation und Ionisation (Plasma) auf. Als Folge der dadurch verbrauchten Energien ergeben sich im realen Gas wesentlich kleinere Temperaturerhöhungen als beim idealen Gas. Bei der Kreisbahngeschwindigkeit eines Satelliten

4.9 Kompressible Strömungs- und Temperaturgrenzschichten

$U_\infty \approx 8$ km/s erreicht die Temperaturerhöhung jedoch auch beim realen Gas noch die Größenordnung von 10 000 Grad. Den Bereich der MACH-Zahlen $Ma_\infty > 6$, in welchem große Abweichungen zwischen idealem und realem Gas auftreten, bezeichnet man auch als Bereich der *hypersonischen* Strömungen (vgl. hierzu Kap. 3.7). Wir wollen uns

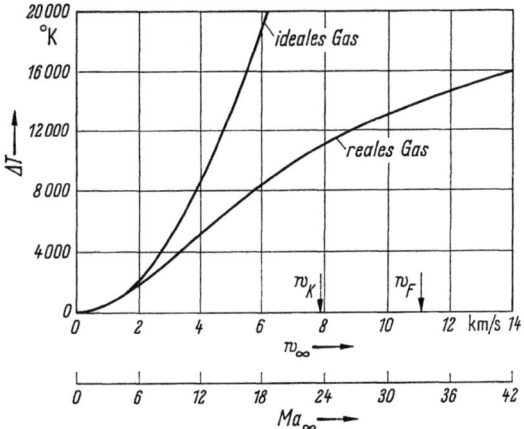

Abb. 4.55. Temperaturerhöhung von Luft in Abhängigkeit von der Fluggeschwindigkeit $w_\infty = U_\infty$ und der MACH-Zahl Ma_∞
Kurve „ideales Gas" nach Gl. (4.146) und (4.147). Es bedeuten $w_k = 7,9$ km/s die Kreisbahngeschwindigkeit eines Erdsatelliten und $w_F = 11,2$ km/s die Fluchtgeschwindigkeit eines Erdsatelliten

im folgenden jedoch auf denjenigen MACH-Zahl-Bereich beschränken, in welchem die Luft noch der Zustandsgleichung des idealen Gases gehorcht, d. h. auf MACH-Zahlen $Ma_\infty < 6$.

Um die Temperaturerhöhung durch die Reibungswärme genauer zu erhalten, leiten wir aus den Grenzschichtgleichungen einen allgemeinen Zusammenhang zwischen der Temperaturverteilung und der Geschwindigkeitsverteilung her. Wir beschränken uns dabei auf den Fall der längsangeströmten Platte, bemerken jedoch, daß die folgenden Betrachtungen auch für den allgemeinen Fall der kompressiblen Grenzschicht mit Druckgradient Gültigkeit haben. Für die Platte lauten die Grenzschichtdifferentialgleichungen nach Gl. (4.141) bis (4.143):

$$\frac{\partial(\varrho u)}{\partial x} + \frac{\partial(\varrho v)}{\partial y} = 0, \tag{4.148}$$

$$\varrho\left(u\frac{\partial u}{\partial x} + v\frac{\partial u}{\partial y}\right) = \frac{\partial}{\partial y}\left(\mu\frac{\partial u}{\partial y}\right), \tag{4.149}$$

$$\varrho\, c_p\left(u\frac{\partial T}{\partial x} + v\frac{\partial T}{\partial y}\right) = \frac{\partial}{\partial y}\left(\lambda\frac{\partial T}{\partial y}\right) + \mu\left(\frac{\partial u}{\partial y}\right)^2 \tag{4.150}$$

mit den Randbedingungen nach Gl. (4.144) und (4.145).

IV. Strömungen mit Reibung (Grenzschicht-Theorie)

Es gilt nun für die PRANDTL-Zahl $Pr = 1$ und für ein beliebiges Zähigkeitsgesetz $\mu(T)$ nach A. BUSEMANN [19] der Satz, daß in der Grenzschicht die Temperatur nur eine Funktion der wandparallelen Geschwindigkeitskomponente u ist: $T = T(u)$. Somit sind die Isotachen $u = \text{const}$ gleichzeitig Isothermen $T = \text{const}$.

Von der Gültigkeit dieses fundamentalen Satzes überzeugt man sich leicht folgendermaßen: Mit der Annahme $T = T(u)$ ergibt sich aus Gl. (4.150), wenn $T_u = dT/du$ bedeutet:

$$\varrho\, c_p\, T_u \left(u \frac{\partial u}{\partial x} + v \frac{\partial u}{\partial y} \right) = \frac{\partial}{\partial y}\left(\lambda\, T_u \frac{\partial u}{\partial y} \right) + \mu \left(\frac{\partial u}{\partial y} \right)^2.$$

Ersetzt man die linke Seite durch Gl. (4.149), so kommt:

$$c_p\, T_u \frac{\partial}{\partial y}\left(\mu \frac{\partial u}{\partial y} \right) = T_u \frac{\partial}{\partial y}\left(\lambda \frac{\partial u}{\partial y} \right) + (T_{uu}\, \lambda + \mu)\left(\frac{\partial u}{\partial y} \right)^2.$$

Unter Einführung der PRANDTL-Zahl $Pr = \mu\, c_p/\lambda$ nach Gl. (4.140) läßt sich dies so schreiben:

$$T_u \left(1 - \frac{1}{Pr} \right) \frac{\partial}{\partial y}\left(\mu \frac{\partial u}{\partial y} \right) = \frac{1}{c_p} (T_{uu}\, \lambda + \mu)\left(\frac{\partial u}{\partial y} \right)^2.$$

Aus dieser Gleichung erkennt man, daß der Ansatz $T = T(u)$ dann eine Lösung der Grenzschichtgleichungen (4.148) bis (4.150) darstellt, wenn gleichzeitig erfüllt ist:

$$Pr = \frac{\mu\, c_p}{\lambda} = 1 \quad \text{und} \quad T_{uu} = -\frac{\mu}{\lambda} = -\frac{1}{c_p}. \tag{4.151}$$

Damit ist der obige Satz bewiesen.

Die Abhängigkeit der Temperatur von der Geschwindigkeit läßt sich nun durch Integration von Gl. (4.151) leicht angeben. Man erhält allgemein:

$$T(u) = -\frac{u^2}{2 c_p} + c_1 u + c_2.$$

Die Integrationskonstanten c_1 und c_2 bestimmen sich aus den Randbedingungen nach Gl. (4.144) und (4.145), nämlich $u = 0 : \partial T/\partial y = 0$ und damit $dT/du = 0$ sowie $u = U_\infty : T = T_\infty$. Dies ergibt die Lösung:

$$T = T_\infty + \frac{1}{2 c_p} (U_\infty^2 - u^2).$$

Somit hat man für die Wandtemperatur ($u = 0$):

$$T_W = T_\infty + \frac{U_\infty^2}{2 c_p} \quad (Pr = 1). \tag{4.152}$$

Durch Vergleich mit Gl. (4.146) ergibt sich, daß im Fall $Pr = 1$ die Erwärmung der ganzen Wand durch die Reibungswärme in der Grenzschicht den gleichen Betrag hat wie die Erwärmung durch Kompression im Staupunkt.

Für PRANDTL-Zahlen, die von 1 verschieden sind, gestaltet sich die Berechnung der Grenzschicht erheblich schwieriger, da der obige ein-

4.9 Kompressible Strömungs- und Temperaturgrenzschichten

fache Satz von A. BUSEMANN dann keine Gültigkeit mehr hat. Wie H. W. EMMONS und J. G. BRAINERD [35] gezeigt haben, tritt für $Pr \neq 1$ anstelle von Gl. (4.152) die Beziehung:

$$T_W = T_\infty + \sqrt{Pr}\, \frac{U_\infty^2}{2c_p}. \qquad (4.153)$$

Unter Einführung der MACHschen Zahl wie in Gl. (4.147) kann Gl. (4.153) in der Form

$$T_W = T_\infty \left(1 + \sqrt{Pr}\, \frac{\varkappa - 1}{2}\, Ma_\infty^2\right) \qquad (4.153\text{a})$$

geschrieben werden. Für Luft mit $\varkappa = 1{,}4$ und $Pr = 0{,}7$ ergibt sich:

$$T_W = T_\infty (1 + 0{,}169\, Ma_\infty^2) \quad (\text{Luft}). \qquad (4.153\text{b})$$

Die hiernach sich ergebende Aufheizung der Wand durch die Reibungswärme ist in Abb. 4.56 in Abhängigkeit von der MACH-Zahl dargestellt.

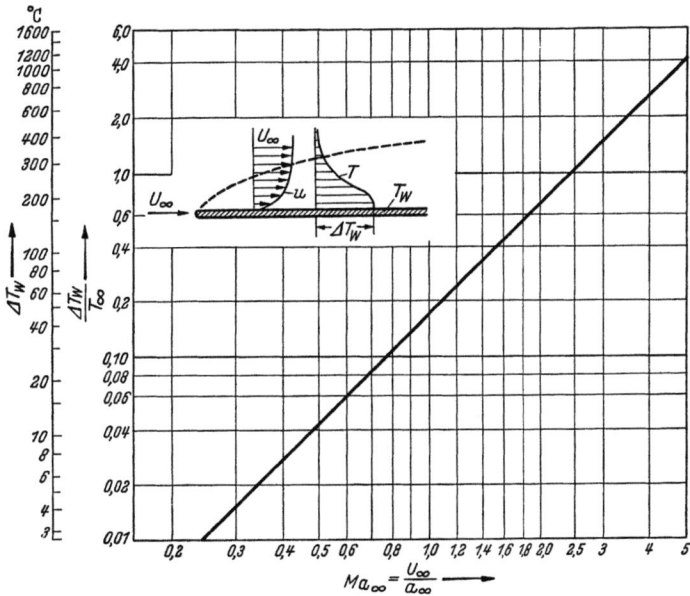

Abb. 4.56. Erwärmung der längsangeströmten ebenen Platte infolge Reibungswärme bei wärmeundurchlässiger Wand in Abhängigkeit von der MACHschen Zahl für Luft, nach Gl. (4.153b). ΔT_W Aufheizung der Wand durch die Reibungswärme; PRANDTL-Zahl $Pr = 0{,}7$; Außentemperatur $T_\infty = 273\,°$K; T_W Wandtemperatur

Zum Beispiel beträgt bei einer MACH-Zahl $Ma_\infty = 3$ die Temperaturerhöhung der Wand infolge der Reibungswärme rund 150% der absoluten Temperatur der Außenströmung. Bei der MACH-Zahl $Ma_\infty = 2$ und einer Außentemperatur von 0 °C ($T_\infty = 273°$) beträgt die Aufheizung der Wand $\Delta T_W \approx 200°$. Dies ist ein Betrag, der für Flugzeuge

IV. Strömungen mit Reibung (Grenzschicht-Theorie)

von erheblicher Bedeutung ist. Die in Gl. (4.153) und Abb. 4.56 mitgeteilten Ergebnisse gelten genaugenommen nur für die laminare Grenzschicht. Sie geben jedoch auch die Verhältnisse in der *turbulenten Grenzschicht* gut wieder, wenn man den Faktor $\sqrt{Pr} = 0{,}85$ durch 0,88 ersetzt (für Luft). So kann mit praktisch ausreichender Genauigkeit Abb. 4.56 auch für die turbulente Grenzschicht genommen werden.

Es ist üblich, die Gl. (4.153) und (4.153a) in der allgemeinen Form

$$T_W = T_\infty + r \frac{U_\infty^2}{2c_p} = T_\infty \left(1 + r \frac{\varkappa - 1}{2} Ma_\infty^2\right) \quad (4.154)$$

zu schreiben. Man nennt dabei r den *Recovery-Faktor*; er stellt das Verhältnis der Erwärmung der längsangeströmten Platte infolge der

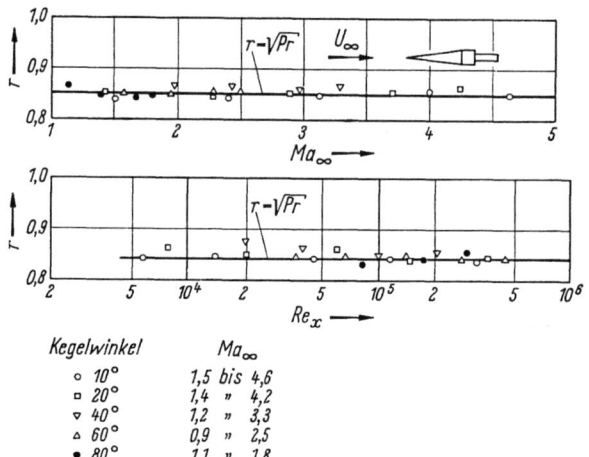

Abb. 4.57. Gemessene Recovery-Faktoren r für die laminare Grenzschicht an Kegeln bei Überschallgeschwindigkeit für verschiedene MACHsche Zahlen und REYNOLDssche Zahlen nach EBER [33], vgl. mit der Theorie nach Gl. (4.154a)

Reibung $(T_W - T_\infty)$ zur Erwärmung durch Kompression $(T_0 - T_\infty)$ dar. Durch Vergleich von Gl. (4.154), (4.153) und (4.153a) erhält man für den Recovery-Faktor

$$r = \sqrt{Pr} \quad \text{(laminar)}. \quad (4.154\,\text{a})$$

Für Luft ist somit

$$r = \sqrt{0{,}72} = 0{,}85 \quad \text{(laminar)}.$$

In Abb. 4.57 sind nach G. R. EBER [33] Messungen des Recovery-Faktors für die laminare Grenzschicht an Kegeln bei Überschallgeschwindigkeit dargestellt. Das theoretische Gesetz $r = \sqrt{Pr}$ wird durch diese Messungen für einen großen Bereich von REYNOLDS-Zahlen und MACH-Zahlen sehr gut bestätigt.

4.9 Kompressible Strömungs- und Temperaturgrenzschichten

Die explizite Berechnung der Geschwindigkeits- und Temperaturverteilung der laminaren Plattengrenzschicht für eine große Anzahl von Fällen ist in zwei Arbeiten von W. HANTZSCHE und H. WENDT [41, 42] sowie von L. CROCCO [21] ausgeführt worden. In Abb. 4.58 ist nach den Rechnungen von L. CROCCO die Geschwindigkeitsverteilung und Temperaturverteilung in der Grenzschicht für die PRANDTL-Zahl $Pr = 1$ und das Zähigkeitsgesetz $\omega = 1$ für verschiedene MACH-Zahlen dar-

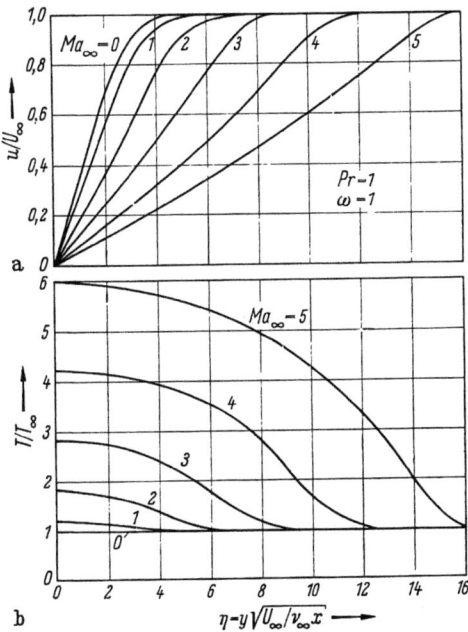

Abb. 4.58. Geschwindigkeits- und Temperaturverteilung in der kompressiblen laminaren Grenzschicht an der längsangeströmten ebenen Platte bei wärmeundurchlässiger Wand nach CROCCO [21]. PRANDTL-Zahl $Pr = 1$; $\omega = 1$; $\varkappa = 1{,}4$

gestellt. Dabei ist der Wandabstand in gleicher Weise wie bei inkompressibler Strömung (Abb. 4.19) mit $\sqrt{\nu_\infty x/U_\infty}$ dimensionslos gemacht. Es ergibt sich im Überschallbereich eine beträchtliche Zunahme der Grenzschichtdicke mit der MACH-Zahl. Diese rührt fast ausschließlich von der Aufheizung der wandnahen Schicht durch die Reibungswärme und der damit verbundenen starken Volumenausdehnung her.

Eine Zusammenstellung der Reibungsbeiwerte bei laminarer Grenzschicht bei wärmeundurchlässiger Wand, wie sie von verschiedenen Autoren bei verschiedenen Werten der PRANDTL-Zahl Pr und des Zähigkeitsexponenten ω erhalten wurden, zeigte bereits Abb. 4.44. Für $\omega = 1$ ist $c_f \sqrt{Re}$ überhaupt unabhängig von der MACH-Zahl. Im übrigen ist

334   IV. Strömungen mit Reibung (Grenzschicht-Theorie)

der Einfluß der PRANDTL-Zahl auf den Reibungsbeiwert erheblich geringer als derjenige des Zähigkeitsexponenten.

4.95 Zusammenwirken von Grenzschicht und Verdichtungsstoß

Wenn ein Körper mit so hoher Geschwindigkeit angeströmt wird, daß sich in seiner Umgebung Gebiete mit örtlicher Überschallgeschwindigkeit ausbilden, so treten hierbei in denjenigen Bereichen, wo die

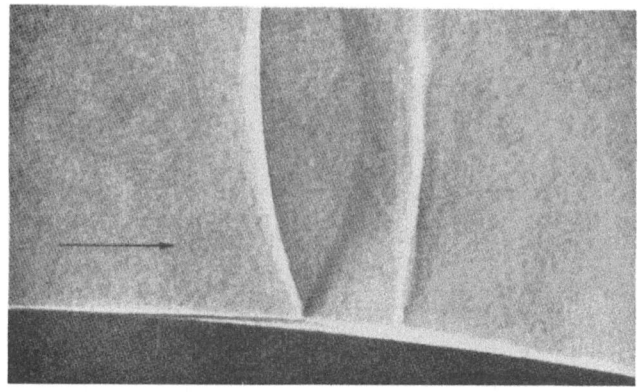

a) Laminare Grenzschicht mit Ablösung vor dem Stoß und Wiederanliegen hinter dem Stoß. $Ma = 0{,}843$; $Re = 8{,}45 \cdot 10^5$

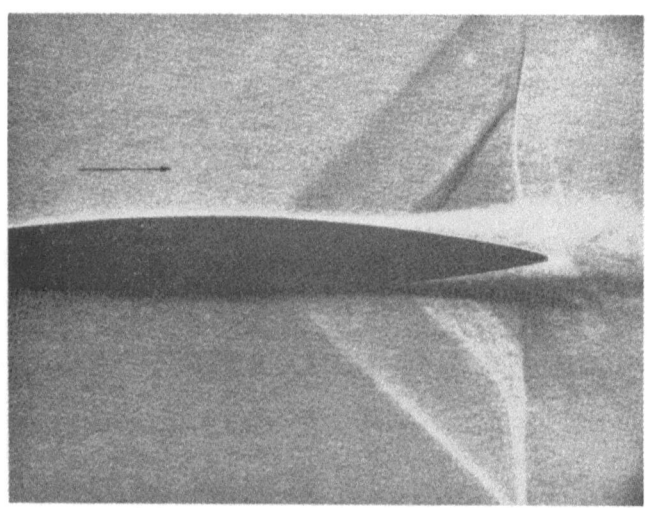

b) laminare Grenzschicht mit Ablösung hinter dem Stoß. $Ma = 0{,}895$; $Re = 8{,}77 \cdot 10^5$

Abb. 4.59. Zusammenwirken von Grenzschicht und Verdichtungsstoß. Schlierenaufnahmen der transsonischen Strömung an einem Tragflügelprofil nach LIEPMANN [60]

4.9 Kompressible Strömungs- und Temperaturgrenzschichten

Geschwindigkeit von Überschall- in Unterschallgeschwindigkeit zurückkehrt, sog. Verdichtungsstöße auf (vgl. Kap. 3.6). In diesen Verdichtungsstößen ändern sich Druck, Dichte und Temperatur außerordentlich stark. Der starke Druckanstieg im Verdichtungsstoß (Abb. 3.42) hat einen besonders starken Einfluß auf den Widerstand, da er eine Ablösung der Grenzschicht verursacht und damit den Druckwiderstand des Körpers stark erhöht. Die theoretische Berechnung dieser Verdichtungsstöße ist heute noch recht unvollkommen, jedoch deuten die Versuche darauf hin, daß die Vorgänge im Verdichtungsstoß von der Reibungsschicht stark beeinflußt werden. Diese gegenseitige Beein-

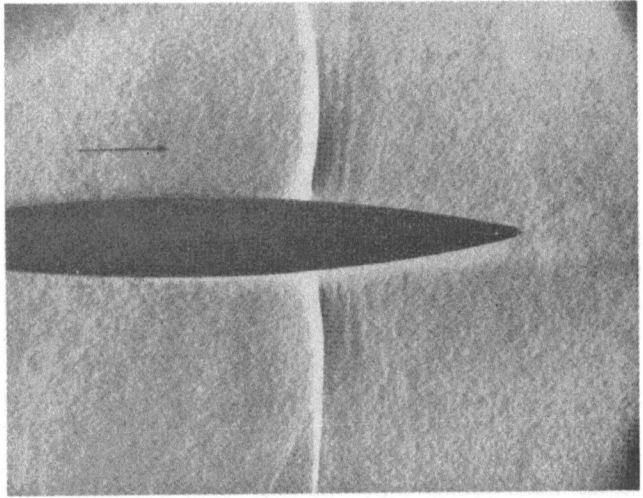

c) turbulente Grenzschicht vor dem Stoß, keine Ablösung. $Ma = 0{,}843$; $Re = 1{,}69 \cdot 10^6$

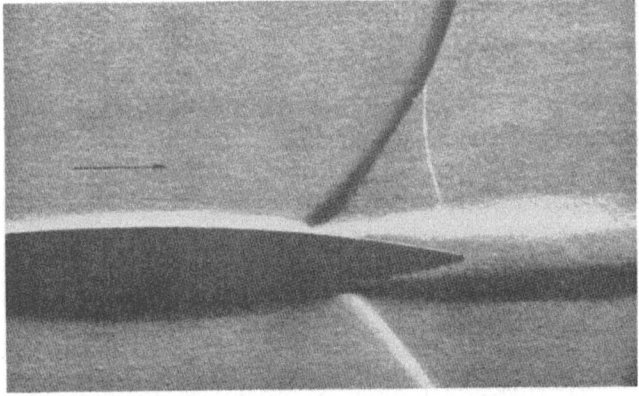

d) turbulente Grenzschicht mit starker Ablösung hinter dem Stoß. $Ma = 0{,}895$; $Re = 1{,}75 \cdot 10^6$

flussung von Verdichtungsstoß und Reibungsschicht ist u. a. deswegen besonders kompliziert, weil einmal das Verhalten der Reibungsschicht sich mit der REYNOLDSschen Zahl ändert, andererseits der Verdichtungsstoß stark von der MACHschen Zahl abhängt. Da bei älteren Windkanalversuchen meistens sowohl die REYNOLDSsche als auch die MACHsche Zahl sich gleichzeitig ändern, war es bisher nicht möglich, diese Einflüsse klar voneinander zu trennen. Systematische Versuche über die Beeinflussung von Reibungsschicht und Verdichtungsstoß von J. ACKERET, F. FELDMANN, N. ROTT [13] sowie von H. W. LIEPMANN [60], bei denen die REYNOLDSsche Zahl und die MACHsche Zahl unabhängig voneinander variiert werden konnten, haben mancherlei Aufklärung über diese komplizierten Vorgänge gebracht. Die wesentlichen Ergebnisse sind übereinstimmend nach beiden Arbeiten folgende:

Der Verdichtungsstoß hat ein stark verschiedenes Aussehen bei laminarer und turbulenter Grenzschicht. Bei laminarer Strömung besteht der Verdichtungsstoß meist aus mehreren Teilstößen. Meist liegt vorn ein schwacher, schiefer Stoß, auf den dann erheblich weiter stromabwärts der stärkere senkrechte Hauptstoß folgt. Bei turbulenter Strömung ist nur ein gerader Stoß vorhanden. Da in der Reibungsschicht die wandnahen Teile immer mit Unterschallgeschwindigkeit strömen, sich aber Verdichtungsstöße naturgemäß nur bei Überschallgeschwindigkeit ausbilden können, kann der in der reibungsfreien Außenströmung entstehende Stoß sich nicht ganz bis an die Wand erstrecken. Daraus folgt, daß im Stoßgebiet der Druckgradient parallel zur Wand in Wandnähe wesentlich sanfter sein muß als in der Außenströmung. Nachstehend möge dieses recht komplizierte Zusammenwirken von Verdichtungsstoß und Grenzschicht anhand einiger Schlierenaufnahmen an einem Tragflügelprofil im transsonischen Geschwindigkeitsbereich verdeutlicht werden, die von H. W. LIEPMANN [60] herrühren.[1]

Bei der Beeinflussung der Grenzschicht durch einen Verdichtungsstoß kann man nach A. D. YOUNG [11b] folgende Fälle unterscheiden:

1. Die ankommende Grenzschicht ist laminar und bleibt hinter dem Stoß auch laminar.

2. Die ankommende Grenzschicht ist laminar, löst sich schon vor dem Verdichtungsstoß ab, kommt aber hinter dem Stoß wieder zum Anliegen, wobei sie entweder laminar oder turbulent weiterströmt (Abb. 4.59a).

3. Die ankommende Grenzschicht ist laminar, löst sich vor dem Verdichtungsstoß vollständig von der Wand ab und bleibt hinter dem Stoß abgelöst (Abb. 4.59b).

---

[1] Die Strömungsbilder Abb. 4.59a bis 4.59d verdanken wir Herrn Prof. Dr. H. W. LIEPMANN, California Institute of Technology, Pasadena, Cal., der uns freundlicherweise die Originalphotographien zur Verfügung stellte.

4. Die ankommende Grenzschicht ist turbulent und löst sich hinter dem Verdichtungsstoß nicht von der Wand ab (Abb. 4.59c).

5. Die ankommende Grenzschicht ist turbulent und löst sich hinter dem Verdichtungsstoß von der Wand ab (Abb. 4.59d).

Die theoretische Behandlung der hier besprochenen Vorgänge wird dadurch wesentlich erschwert, daß im Bereich des Stoßes auch beträchtliche Druckgradienten senkrecht zur Wand auftreten. Dadurch wird eine der Grundannahmen der Grenzschichttheorie zunichte gemacht, nämlich, daß der Druckgradient senkrecht zur Wand sehr klein ist. Hinzu kommt, daß im Bereich des Verdichtungsstoßes auch die Geschwindigkeitsgradienten $\partial u/\partial x$ und $\partial u/\partial y$ von gleicher Größenordnung sind, so daß die auf ihrer stark verschiedenen Größe beruhende Vereinfachung der NAVIER-STOKESschen Gleichungen, die zu den Grenzschichtgleichungen führte, nicht mehr zutrifft. Die Grenzschichtgleichungen sind demnach für Strömungen mit Verdichtungsstößen nicht ohne weiteres anwendbar. Es erscheint deswegen zunächst hoffnungslos, die sehr komplizierten Vorgänge in der Reibungsschicht im Bereich des Verdichtungsstoßes theoretisch zu berechnen. Vielmehr wird man die Aufklärung dieser Vorgänge durch weitere ausgedehnte experimentelle Untersuchungen anstreben müssen.

4.10 Umschlag laminar-turbulent

4.10.1 Experimentelle Ergebnisse

Die Strömung in der Grenzschicht ist im allgemeinen ebenso wie die Rohrströmung bei mäßig großen REYNOLDS-Zahlen laminar und bei sehr großen REYNOLDS-Zahlen turbulent. Wenn auch in der flugtechnischen Aerodynamik in den meisten Fällen turbulente Grenzschichtströmungen vorliegen, so hat aber doch auch die Laminarströmung eine gewisse Bedeutung für die Flugtechnik, weil einmal bei großen Flughöhen die REYNOLDS-Zahlen ziemlich niedrig sind (vgl. Abb. 1.8), und weil andererseits bei neueren Entwicklungen (Laminarprofile, Laminarhaltung durch Absaugung) gerade die laminare Strömung angestrebt wird. Wir wollen deshalb in diesem Abschnitt einiges über den Umschlag der laminaren in die turbulente Strömung berichten, wobei wir uns jedoch auf inkompressible Strömungen beschränken.

Die ersten systematischen experimentellen Untersuchungen des laminar-turbulenten Umschlages wurden 1883 von O. REYNOLDS [83] veröffentlicht. Er wurde dabei auf das nach ihm benannte Ähnlichkeitsgesetz geführt, und zwar stellte er fest, daß für die Rohrströmung der Umschlag durch die *kritische Reynoldssche Zahl*

$$Re_{\text{krit}} = \left(\frac{\bar{u}\,D}{\nu}\right)_{\text{krit}} = 2300$$

bestimmt wird. Für $Re < Re_{\text{krit}}$ ist die Rohrströmung laminar, für $Re > Re_{\text{krit}}$ turbulent. Der Zahlenwert von Re_{krit} kann sich jedoch nach oben hin noch in weiten Grenzen ändern. Bei sehr geringer Störung der Strömung im Rohreinlauf kann Re_{krit} Werte bis 40 000 annehmen.

Daß auch die Strömung in der *Grenzschicht* eines umströmten Körpers laminar oder turbulent sein kann, wurde zuerst klar erkannt auf Grund der Versuche von G. EIFFEL [*34*] und L. PRANDTL [*73*] über den Widerstand von Kugeln. Diese Versuche ergaben, daß der Widerstandsbeiwert von Kugeln bei einer bestimmten REYNOLDS-Zahl, die als kritische REYNOLDSsche Zahl bezeichnet wird, einen plötzlichen Abfall aufweist (Abb. 4.9). PRANDTL konnte zeigen, daß dieser Widerstandsabfall auf das Turbulentwerden der Grenzschicht zurückzuführen ist (vgl. Kap. 4.24).

Für die längsangeströmte ebene Platte wurde der Übergang der laminaren in die turbulente Grenzschicht zuerst von J. M. BURGERS und B. G. VAN DER HEGGE ZIJNEN [*43*] und später eingehender von H. L. DRYDEN [*29, 30, 31*] untersucht. An der Plattennase ist die Grenzschicht immer laminar, und weiter stromabwärts wird sie turbulent. Der Umschlag laminar-turbulent findet in einem Abstand x von der Vorderkante statt, der je nach dem Turbulenzgrad der Außenströmung gegeben ist durch

$$\left(\frac{U_\infty x}{\nu}\right)_{\text{krit}} = 3 \cdot 10^5 \text{ bis } 3 \cdot 10^6.$$

Die theoretischen Untersuchungen über den Umschlag der laminaren in die turbulente Strömung knüpfen an die von LORD RAYLEIGH und REYNOLDS aufgestellte Vermutung an, daß die Laminarströmung, welche an sich für beliebige REYNOLDSsche Zahlen eine Lösung der hydrodynamischen Differentialgleichungen darstellt, oberhalb der kritischen REYNOLDSschen Zahl instabil wird und in die turbulente Strömung umschlägt. Diese *Reynoldssche Vermutung* bildet den Ausgangspunkt der meisten theoretischen Untersuchungen. Die hieraus entwickelte Stabilitätstheorie der Laminarströmung hat in neuerer Zeit zu einem vollen Erfolg geführt. Ihre Ergebnisse wurden durch Messungen sehr gut bestätigt. Wir geben nachstehend einen kurzen Abriß dieser Stabilitätstheorie und berichten anschließend über ihre experimentelle Bestätigung, vgl. [*9*].

4.10.2 Grundzüge der Stabilitätstheorie der Laminarströmung

Für die Stabilitätsuntersuchung wird im einfachsten Fall eine ebene inkompressible Strömung mit den rechtwinkligen Geschwindigkeitskomponenten u und v zugrunde gelegt. Der auf Stabilität zu untersuchenden Laminarströmung (Grundströmung) mit den Komponenten U und V wird eine von der Zeit abhängige, ebene

4.10 Umschlag laminar-turbulent

Störungsbewegung $u'(x, y, t)$, $v'(x, y, t)$ überlagert. In der resultierenden Strömung sind dann die Geschwindigkeitskomponenten und der Druck:

$$u = U + u', \quad v = V + v', \quad p = P + p'. \tag{4.155}$$

Dabei wird vorausgesetzt, daß die Störungsgrößen klein sind im Vergleich zu den Werten der Grundströmung. Um die Stabilität einer solchen gestörten Bewegung zu erörtern, ist der zeitliche Ablauf der Störungsbewegung u', v', p' zu untersuchen. Bei dieser Stabilitätsuntersuchung nach der Methode der *kleinen Schwingungen* werden dabei die in den Störungsgrößen quadratischen Glieder vernachlässigt.

Ferner wird angenommen, daß neben der Grundströmung, die als Laminarströmung den hydrodynamischen Grundgleichungen genügt, auch die durch Überlagerung mit der Störungsbewegung erhaltene resultierende Bewegung die hydrodynamischen Bewegungsgleichungen (NAVIER-STOKESsche Gleichungen) zu erfüllen hat. Nimmt man ferner zur Vereinfachung an, daß die zugrunde gelegte Grundströmung eine einfache „Schichtenströmung" der Form

$$U(y), \quad V = 0, \quad P(x, y) \tag{4.156}$$

ist, so ergibt sich durch Einführung von Gl. (4.155) und (4.156) in die zweidimensionalen NAVIER-STOKESschen Gleichungen, vgl. Gl. (4.44), für die Störungsbewegung u', v', p' das folgende Gleichungssystem:

$$\left.\begin{array}{c}\dfrac{\partial u'}{\partial t} + U \dfrac{\partial u'}{\partial x} + v' \dfrac{dU}{dy} = -\dfrac{1}{\varrho} \dfrac{\partial p'}{\partial x} + \nu \left(\dfrac{\partial^2 u'}{\partial x^2} + \dfrac{\partial^2 u'}{\partial y^2}\right), \\[4pt] \dfrac{\partial v'}{\partial t} + U \dfrac{\partial v'}{\partial x} = -\dfrac{1}{\varrho} \dfrac{\partial p'}{\partial y} + \nu \left(\dfrac{\partial^2 v'}{\partial x^2} + \dfrac{\partial^2 v'}{\partial y^2}\right), \\[4pt] \dfrac{\partial u'}{\partial x} + \dfrac{\partial v'}{\partial y} = 0.\end{array}\right\} \tag{4.157a, b, c}$$

Dies sind drei Gleichungen für die Störungskomponenten u', v', p'. Die zugehörigen Randbedingungen erfordern, daß die Störungsgeschwindigkeiten an den begrenzenden Wänden verschwinden (Haftbedingung).

Als Form der Störungsbewegung wird eine in der Hauptströmungsrichtung (x-Richtung) fortlaufende ebene Wellenbewegung angenommen. Dabei kann man sich nach FOURIER eine beliebige Wellenbewegung in Partialschwingungen zerlegt denken. Da die Störungsbewegung zweidimensional ist, läßt sich für diese eine Stromfunktion $\psi(x, y, t)$ einführen, wodurch die Kontinuitätsgleichung (4.157c) integriert ist. Für die Stromfunktion einer Partialschwingung der Störungsbewegung wählt man den Ansatz:

$$\psi(x, y, t) = \varphi(y)\, e^{i(\alpha x - \beta t)}. \tag{4.158}$$

Hierbei ist α rein reell, und es bedeutet $\lambda = 2\pi/\alpha$ die Wellenlänge der Störung. Die Größe β ist komplex, $\beta = \beta_r + i\beta_i$. Es bedeutet β_r die Kreisfrequenz der Partialschwingung, während die Anfachungsgröße β_i über Anfachung oder Dämpfung der Partialschwingung entscheidet. Für $\beta_i < 0$ wird die Schwingung gedämpft; es ist also die Grundströmung für diesen Störungszustand stabil, während für $\beta_i > 0$ Instabilität vorhanden ist. Schwingungen mit $\beta_i = 0$ geben die Stabilitätsgrenze, sie heißen neutrale Schwingungen. Es ist zweckmäßig, neben α und β auch noch die aus ihnen gebildete Größe $c = \beta/\alpha = c_r + i c_i$ einzuführen. Dabei bedeutet c_r die Wellenfortpflanzungsgeschwindigkeit (Phasengeschwindigkeit), während c_i durch sein Vorzeichen ebenfalls über Anfachung oder Dämpfung der Partialschwingung entscheidet.

340 IV. Strömungen mit Reibung (Grenzschicht-Theorie)

Aus Gl. (4.158) ergibt sich für die Komponenten der Störungsbewegung:

$$\left. \begin{array}{l} u' = \dfrac{\partial \psi}{\partial y} = \varphi'(y) e^{i(\alpha x - \beta t)}, \\[2mm] v' = -\dfrac{\partial \psi}{\partial x} = -i\alpha \varphi(y) e^{i(\alpha x - \beta t)}. \end{array} \right\} \quad (4.159\,\text{a, b})$$

Setzt man dies in Gl. (4.157a, b) ein, so ergibt sich nach Elimination des Druckes für die Amplitudenfunktion der Störungsbewegung $\varphi(y)$ die folgende gewöhnliche Differentialgleichung vierter Ordnung (ORR-SOMMERFELDsche Gleichung), welche den Ausgangspunkt der Stabilitätstheorie der Laminarströmung bildet:

$$(U - c)(\varphi'' - \alpha^2 \varphi) - U'' \varphi = -\frac{i}{\alpha Re}(\varphi'''' - 2\alpha^2 \varphi'' + \alpha^4 \varphi). \quad (4.160)$$

In dieser Gleichung sind dimensionslose Größen eingeführt worden, indem alle Längen auf eine geeignet gewählte Bezugslänge δ (z. B. die Grenzschichtdicke) und alle Geschwindigkeiten auf die Maximalgeschwindigkeit der Grundströmung U_m bezogen wurden. Der Strich bedeutet die Differentiation nach der dimensionslosen Größe y/δ, und es bedeutet $Re = U_m \delta/\nu$ die für die vorgelegte Grund-

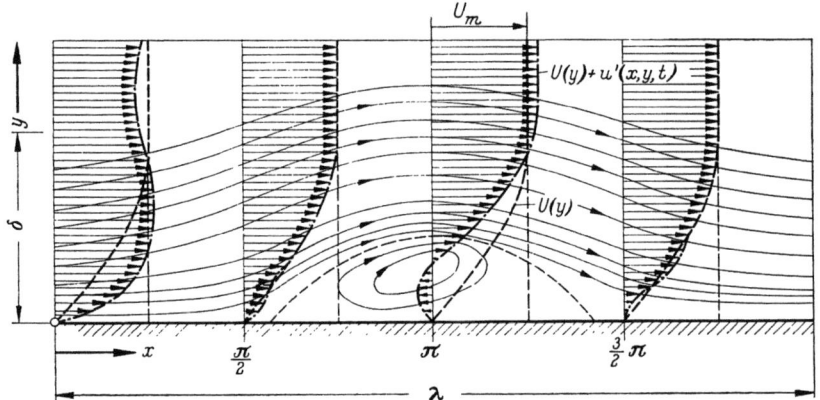

Abb. 4.60. Stromlinienbild und Geschwindigkeitsverteilungen für eine neutrale Störung in der Grenzschicht an der längsangeströmten ebenen Platte, nach SCHLICHTING [*86*]. $U(y)$ = Grundströmung; $U(y) + u'(x, y, t)$ = gestörte Geschwindigkeitsverteilung

strömung charakteristische REYNOLDSsche Zahl. Die Randbedingungen erfordern das Verschwinden beider Komponenten der Störungsgeschwindigkeit an der Wand ($y = 0$) und in der Außenströmung ($y = \infty$), somit

$$y = 0 \quad \text{und} \quad y = \infty: \quad u' = v' = 0; \quad \varphi = \varphi' = 0. \quad (4.161)$$

Die Störungsdifferentialgleichung (4.160) mit den Randbedingungen Gl. (4.161) stellt somit ein homogenes Randwertproblem dar. Zur Veranschaulichung der Störungsbewegung ist in Abb. 4.60 für das Beispiel der Grenzschicht an der längsangeströmten ebenen Platte das momentane Stromlinienbild und die Geschwindigkeitsverteilung der resultierenden Strömung dargestellt.

Ergebnisse der Stabilitätstheorie (ebene Platte). Die Stabilitätsuntersuchung ist ein Eigenwertproblem der Störungsdifferentialgleichung (4.160) mit den Randbedingungen Gl. (4.161). Wenn die Grundströmung (Laminarströmung) vorgegeben ist, enthält Gl. (4.160) vier Parameter, nämlich α, Re, c_r, c_i. Von diesen ist die REYNOLDSsche Zahl der Grundströmung Re ebenfalls als gegeben anzusehen. Für die Partialschwingung der Störungsbewegung kann man auch die Wellenlänge $\lambda = 2\pi/\alpha$ vorgeben. Die Differentialgleichung (4.160) mit den Randbedingungen (4.161) liefert dann zu jedem Wertepaar (α, Re) eine Eigenfunktion $\varphi(y)$ und einen komplexen Eigenwert $c = c_r + i c_i$. Dabei gibt c_r die Phasengeschwindigkeit der vorgegebenen Partialstörung, während c_i durch sein Vorzeichen über die Anfachung $(c_i > 0)$ oder Dämpfung $(c_i < 0)$ entscheidet. Der Grenzfall $c_i = 0$ gibt die

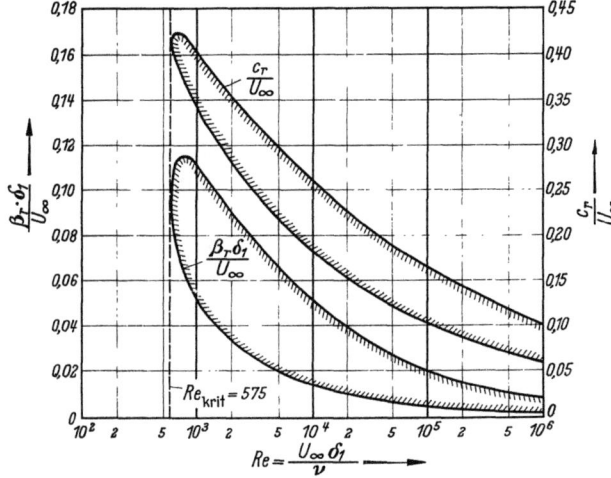

Abb. 4.61. Indifferenzkurven der Grenzschicht an der längsangeströmten ebenen Platte; Kreisfrequenz β_r und Wellenfortpflanzungsgeschwindigkeit c_r; der Bereich im Innern der Kurven ist instabil

neutralen (indifferenten) Störungen. Man pflegt das Ergebnis der Stabilitätsrechnung für eine vorgelegte Laminarströmung in der Weise darzustellen, daß man in der α, Re-Ebene die Kurve $c_i = 0$, d. i. $\beta_i = 0$ zeichnet, welche die stabilen von den instabilen Störungen trennt. Sie heißt die Indifferenzkurve.

Die mathematische Durchführung der Stabilitätsrechnung ist sehr schwierig, so daß das erstrebte Ziel der Berechnung der kritischen REYNOLDSschen Zahl trotz größter Anstrengungen zunächst jahrzehntelang nicht erreicht werden konnte.

Im Anschluß an Untersuchungen von L. PRANDTL [74] und O. TIETJENS [102] wurde 1929 erstmalig von W. TOLLMIEN [103] das Ziel der theoretischen Berechnung einer kritischen REYNOLDSschen Zahl erreicht. TOLLMIEN berechnete als Beispiel die Stabilität der Laminarströmung längs der ebenen Platte und erhielt die in Abb. 4.61 angegebenen

Indifferenzkurven. Als kritische REYNOLDSsche Zahl ergab sich dabei der Wert

$$Re_{\text{krit}} = \left(\frac{U_\infty \delta_1}{\nu}\right)_{\text{krit}} = 575$$

bezogen auf die Verdrängungsdicke der Grenzschicht. Oberhalb dieser Grenze soll nach der Theorie ein bestimmter Bereich von Störungswellenlängen angefacht werden, während alle übrigen gedämpft sind. Es findet also eine selektive Anfachung statt. Die „gefährlichen" Wellenlängen sind recht groß, etwa gleich der zehnfachen Grenzschichtdicke, während der Bereich der gefährlichen Frequenzen nach Abb. 4.61 sehr schmal ist.

Bei der Plattenströmung bleibt die Form des Geschwindigkeitsprofils wegen des konstanten Druckes in der Außenströmung längs der Platte erhalten (die Geschwindigkeitsprofile sind affin), während sie sich z. B. bei einem Tragflügelprofil von Ort zu Ort mit dem Druckgradienten ändert. Bei der Platte nimmt die Verdrängungsdicke δ_1 mit der Lauflänge x zu nach der Gleichung $\delta_1 = 1{,}73 \sqrt{\nu\, x/U_\infty}$,

Abb. 4.62. Grenzschicht an der längsangeströmten ebenen Platte; Entstehung der Turbulenz aus einer anfangs langwelligen Störung nach PRANDTL [4]

vgl. Gl. (4.68). Daher entspricht der auf die Verdrängungsdicke δ_1 bezogenen errechneten kritischen Re-Zahl $(U_\infty \delta_1/\nu)_k = 575$ eine auf die Lauflänge x bezogene kritische Re-Zahl $(U_\infty x/\nu)_k = 1{,}1 \cdot 10^5$. Sie ist erheblich kleiner als die beobachtete, die oben mit $3 \cdot 10^5$ bis $3 \cdot 10^6$ angegeben wurde. Dies muß aber auch erwartet werden, denn die von der Theorie aufgezeigten instabilen langwelligen Schwingungen bedeuten noch nicht die eigentliche Turbulenz. Aus diesen instabilen Wellen entwickelt sich die ausgebildete turbulente Strömung erst durch einen Anfachungsvorgang. Der experimentelle Umschlagpunkt ist deshalb immer stromabwärts vom theoretischen Instabilitätspunkt zu erwarten. Daß in der Tat solche langwelligen Störungen, wie sie die Theorie voraussagt, beim

Umschlag im Spiel sind, erkennt man aus den Strömungsaufnahmen in Abb. 4.62, welche den Beginn der Turbulenz bei der Plattengrenzschicht zeigen. Diese Aufnahmen zeigen eine große Ähnlichkeit mit dem theoretischen Stromlinienbild einer neutralen Schwingung in Abb. 4.60.

Den Bemühungen, die Theorie experimentell zu bestätigen, war erst ein voller Erfolg beschieden, als im Jahre 1940 H.L. DRYDEN [32] und

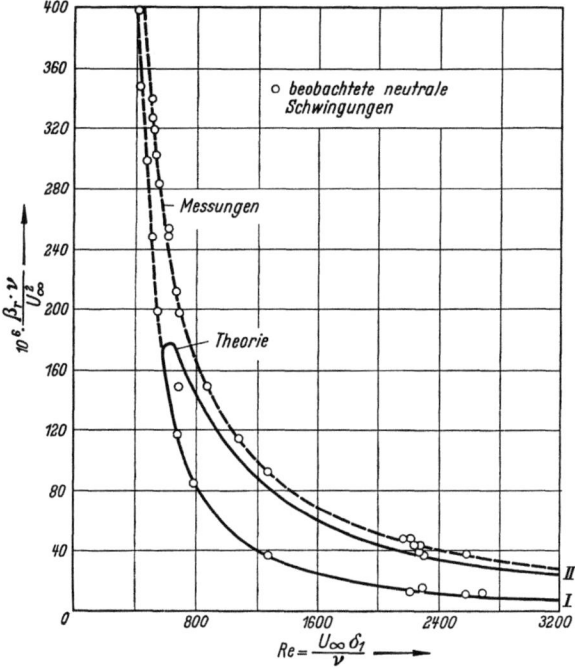

Abb. 4.63. Zur experimentellen Nachprüfung der Stabilitätstheorie der laminaren Grenzschicht; Indifferenzkurven für neutrale Störungsfrequenzen bei der Plattengrenzschicht. Theorie nach TOLLMIEN [103]; Messungen nach SCHUBAUER und SKRAMSTAD [94]

seine Mitarbeiter G. B. SCHUBAUER und H. K. SKRAMSTAD [94] sehr sorgfältige Versuche in einem sehr turbulenzarmen Windkanal ausführten. Es gelang, den Turbulenzgrad auf den bisher nicht erreichten Wert von $Tu = 0,1\%$ herabzudrücken. Dabei wurde für die Plattenströmung für die kritische REYNOLDSsche Zahl der sehr hohe Wert $(U_\infty x/\nu)_{\text{krit}} = 3 \cdot 10^6$ erhalten.

Durch Aufprägung von künstlichen Störungen einer vorgegebenen Frequenz konnte für die Grenzschicht der Plattenströmung die selektive Anfachung gewisser Störungsfrequenzen in sehr guter Übereinstimmung mit der Theorie nachgewiesen werden. Abb. 4.63 zeigt den Vergleich der Messungen von SCHUBAUER und SKRAMSTAD mit der TOLLMIENschen Theorie. Die gemessenen Frequenzen der neutralen

Schwingungen liegen sehr gut auf der theoretischen Indifferenzkurve. Die REYNOLDSsche Vermutung, daß der Umschlag laminar-turbulent auf eine Instabilität der Laminarströmung zurückzuführen ist, ist damit bestätigt.

4.10.3 Ermittlung des Umschlagpunktes für ein Tragflügelprofil

Für ein Tragflügelprofil ist der Druckgradient längs der Wand von Ort zu Ort verschieden, und infolgedessen sind die laminaren Grenzschichtprofile an den verschiedenen Stellen nicht zueinander affin. Im Druckabfallgebiet erhält man Geschwindigkeitsprofile ohne Wendepunkt und im Druckanstieggebiet solche mit Wendepunkt, Abb. 4.18. Infolgedessen ist jetzt für die einzelnen Grenzschichtprofile an den verschiedenen Stellen längs der Wand die Stabilitätsgrenze, ausgedrückt durch die mit der Grenzschichtdicke gebildete kritische REYNOLDSsche Zahl, verschieden, und zwar im Druckabfallgebiet höher und im Druckanstieggebiet niedriger als der obige Wert $Re_{\text{krit}} = (U_m \delta_1/\nu)_{\text{krit}} = 575$ für die ebene Platte. Bei dem POHLHAUSENschen Näherungsverfahren für die Berechnung der laminaren Grenzschicht (Kap. 4.45) ist die Form der Geschwindigkeitsprofile abhängig von dem Formparameter

$$\Lambda = \frac{\delta^2}{\nu} \frac{dU_m}{dx}, \qquad (4.162)^1$$

der Werte zwischen $+7{,}05$ (Staupunkt) und -12 (Ablösungspunkt) annimmt. Im Druckabfallgebiet ist $\Lambda > 0$, im Druckanstieggebiet $\Lambda < 0$. Für diese einparametrige Schar der POHLHAUSENschen Grenzschichtprofile ist die Stabilitätsrechnung von H. SCHLICHTING und A. ULRICH [90] universell ausgeführt worden. Abb. 4.64 zeigt die starke Abhängigkeit der kritischen REYNOLDSschen Zahl von dem Formparameter Λ und damit vom Druckgradienten. Druckabfall wirkt stark stabilisierend und Druckanstieg instabilisierend.

Mit dieser universell ausgeführten Stabilitätsrechnung läßt sich nun die Lage des theoretischen Umschlagpunktes (Instabilitätspunktes) für ein vorgelegtes Tragflügelprofil verhältnismäßig einfach ermitteln. Hierzu hat man folgende Rechnungen nacheinander auszuführen:

1. Potentialtheoretische Druckverteilung längs der Kontur nach Kap. II, vgl. auch Kap. VI.

2. Auf Grund der Druckverteilung Berechnung der laminaren Grenzschicht, z. B. nach dem in Kap. 4.45 angegebenen Verfahren von K. POHLHAUSEN.

3. Stabilitätsrechnung für die einzelnen Grenzschichtprofile mit Hilfe von Abb. 4.64.

---

[1] Hier bedeutet $U_m(x)$ die Geschwindigkeitsverteilung der Außenströmung.

In Abb. 4.65 ist das Ergebnis der Stabilitätsrechnung für das gleiche Tragflügelprofil (symmetrisches JOUKOWSKY-Profil von 15% Dicke) angegeben, für welches die Berechnung der laminaren Grenzschicht bereits in Abb. 4.23 mitgeteilt wurde. Für symmetrische Anströmung ($c_{,1} = 0$) liegt das Druckminimum bei $x/l = 0{,}15$. Mit wachsendem Anstellwinkel rückt das Druckminimum auf der Saugseite nach vorn und auf der

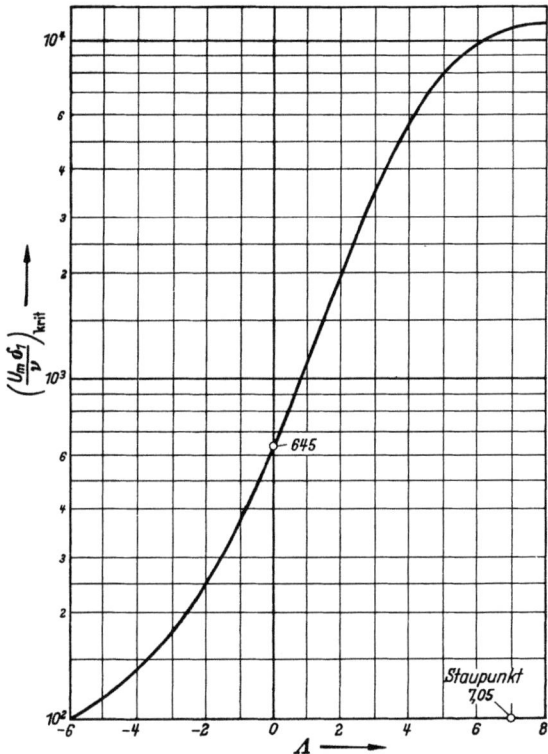

Abb. 4.64. Die kritische REYNOLDS-Zahl von Grenzschichtprofilen mit Druckgradienten in Abhängigkeit vom Formparameter Λ

Druckseite nach hinten, Abb. 4.65a. Die gleiche Verschiebung mit dem Anstellwinkel zeigt die Lage des Instabilitätspunktes, Abb. 4.65b. In einer Zeichnung des Flügels läßt sich an jedem Punkt des Profilumrisses die diesem Punkt als Stabilitätsgrenze zukommende kritische REYNOLDSsche Zahl der Anströmung, $U_\infty l/\nu$, anschreiben, Abb. 4.65b. Man erkennt hieraus, daß der Umschlagpunkt (Instabilitätspunkt) für die praktisch wichtigen Re-Zahlen zwischen $U_\infty l/\nu = 10^6$ und 10^7 nahe beim Druckminimum M liegt. Mit wachsender Re-Zahl rückt er auf beiden Seiten des Tragflügels ein wenig nach vorn. Umfangreiche theore-

346   IV. Strömungen mit Reibung (Grenzschicht-Theorie)

tische Ergebnisse über die Lage des Umschlagpunktes an JOUKOWSKY-Profilen enthält ein Bericht von K. BUSSMANN und A. ULRICH [20], Messungen eine Arbeit von A. SILVERSTEIN und J. V. BECKER [96].

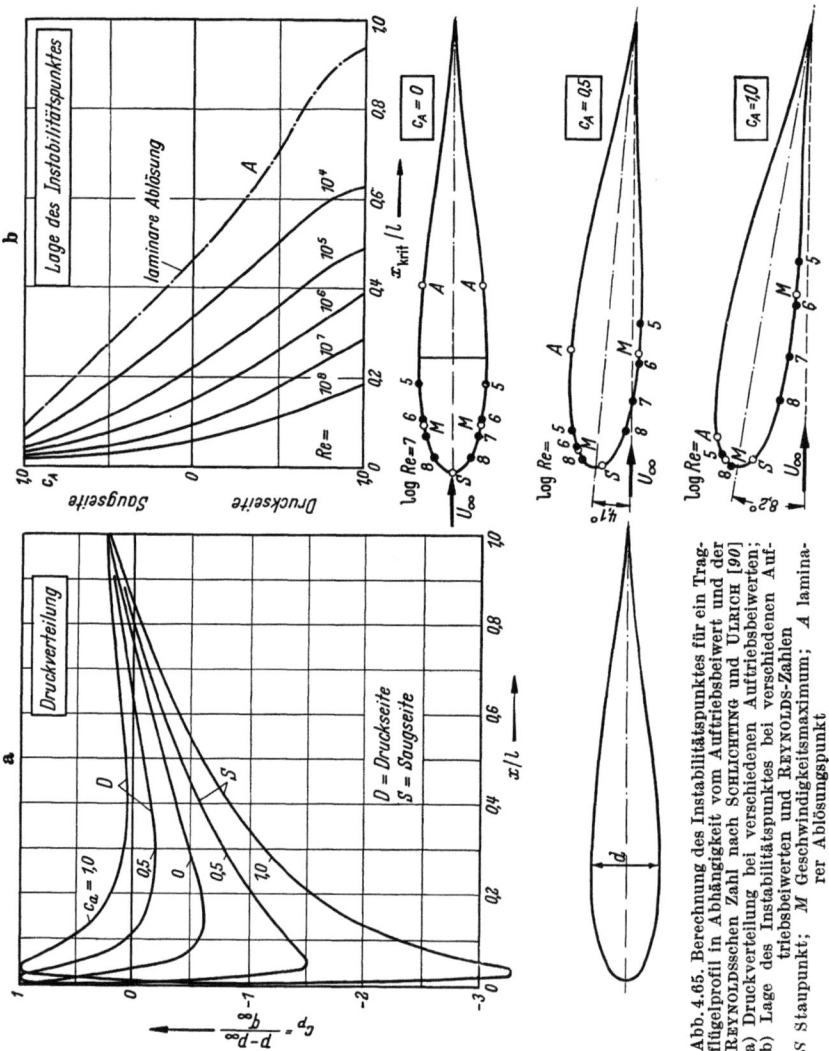

Abb. 4.65. Berechnung des Instabilitätspunktes für ein Tragflügelprofil in Abhängigkeit vom Auftriebsbeiwert und der REYNOLDSschen Zahl nach SCHLICHTING und ULRICH [90]
a) Druckverteilung bei verschiedenen Auftriebsbeiwerten;
b) Lage des Instabilitätspunktes bei verschiedenen Auftriebsbeiwerten und REYNOLDS-Zahlen
S Staupunkt; M Geschwindigkeitsmaximum; A laminarer Ablösungspunkt

Als praktisch wichtige Regel kann man hieraus ableiten, daß der Umschlagpunkt bei mittleren REYNOLDSschen Zahlen im Druckminimum liegt.

Die Stabilitätstheorie ist in neuerer Zeit auch auf kompressible laminare Grenzschichten ausgedehnt worden. Dabei hat sich ergeben, daß einmal der Wärmeübergang zwischen der Wand und der strömenden Luft die Stabilität wesentlich beeinflußt [57, 58]: Wärmeübergang von der Luft auf die Wand wirkt stabilisierend, dagegen von der Wand auf die Luft instabilisierend. Ist andererseits die Wand wärmeundurchlässig, so tritt mit wachsender MACH-Zahl eine Erniedrigung der kritischen REYNOLDSschen Zahl ein. Auch die Rauhigkeit der Wand hat einen beträchtlichen Einfluß auf den Umschlag laminar-turbulent. Mit wachsender Rauhigkeitshöhe nimmt die kritische REYNOLDSsche Zahl stark ab; Näheres hierüber siehe [11].

Literatur

A. Zusammenfassende Darstellungen und Lehrbücher

[1] DRYDEN, H. L.: Recent advances in the mechanics of boundary layer flow. In: Advances in Applied Mechanics, herausgegeben von R. v. MISES u. TH. v. KÁRMÁN, Bd. 1. New York 1948, S. 1.

[2] KUERTI, G.: The laminar boundary layer in compressible flow. In: Advances in Applied Mechanics, herausgegeben von R. v. MISES u. TH. v. KÁRMÁN, Bd. 2. New York 1951, S. 21—92.

[3] LACHMANN, G. V.: Boundary Layer and Flow Control. Its Principles and Application. Bd. 1 u. 2. London: Pergamon Press 1961.

[4] PRANDTL, L.: Neuere Ergebnisse der Turbulenzforschung. Z. VDI Bd. 77 (1933), S. 105—114; vgl. auch Gesammelte Abhandlungen, Bd. 2, Berlin/Göttingen/Heidelberg: Springer 1961, S. 819—845.

[5] PRANDTL, L.: The mechanics of viscous fluids. In W. F. DURAND (Herausgeber): Aerodynamic Theory, Bd. III. Berlin: Springer 1935, S. 34—208.

[6] ROSENHEAD, L. (Herausgeber): Laminar Boundary Layers. Oxford: Clarendon Press 1963.

[7] ROTTA, J. C.: Turbulent boundary layers in incompressible flow. Progress in Aeron. Sci. Bd. 2 (1962), S. 1—219.

[8] RUBESIN, M. W., u. H. A. JOHNSON: A critical review of skin friction and heat transfer solutions of the laminar boundary layer of a flat plate. Trans. Amer. Soc. Mech. Engrs. Bd. 71 (1949), S. 383—388.

[9] SCHLICHTING, H.: Über die Theorie der Turbulenzentstehung. Zusammenfassender Bericht. Forsch. Ing.-Wes. Bd. 16 (1950), S. 65—78.

[10] SCHLICHTING, H.: Grenzschichttheorie, 5. Aufl., Karlsruhe 1965; vgl. auch englische Übersetzung: Boundary Layer Theory, übersetzt von J. KESTIN, New York 1960.

[11] SCHLICHTING, H.: Entstehung der Turbulenz. In: Handbuch der Physik, herausgegeben von S. FLÜGGE, Bd. VIII/1. Berlin/Göttingen/Heidelberg: Springer 1959, S. 351—450.

[11a] SCHLICHTING, H.: Some developments in boundary layer research in the past thirty years [The Third Lanchester Memorial Lecture, London, 1959]. J. Roy. Aeron. Soc. Bd. 64 (1960), S. 63—80; vgl. auch ZFW Bd. 8 (1960), S. 93—111.

[11b] YOUNG, A. D.: Boundary Layers. In: Modern Developments in Fluid Mechanics. High Speed Flow, herausgegeben von L. HOWARTH, Bd. I. Oxford: Clarendon Press 1953, S. 375—475.

B. Einzelschriften

[12] ABBOTT, J. H., u. A. E. v. DOENHOFF: Theory of wing sections. New York: McGraw-Hill 1949.

[12a] ACKERET, J., M. RAS u. W. PFENNINGER: Verhinderung des Turbulentwerdens einer Reibungsschicht durch Absaugung. Naturwiss. 1941, S. 622; Helv. phys. Acta Bd. 14 (1941), S. 323.

[13] ACKERET, J., F. FELDMANN u. N. ROTT: Untersuchungen an Verdichtungsstößen und Grenzschichten in schnell bewegten Gasen. Mitt. Inst. Aerodyn. ETH Zürich Nr. 10, 1946.

[14] BETZ, A.: Die Wirkungsweise von unterteilten Flügelprofilen. Berichte und Abhandlungen der Wiss. Ges. Luftfahrt H. 6 (1922).

[15] BETZ, A.: Beeinflussung der Reibungsschicht und ihre praktische Verwertung. Schriften dtsch. Akad. Luftfahrtforsch. H. 49 (1939).

[16] BETZ, A.: Höchstauftrieb von Flügeln an umlaufenden Rädern. ZFW Bd. 9 (1961), S. 97–99.

[17] BLASIUS, H.: Grenzschichten in Flüssigkeiten mit kleiner Reibung. Z. Math. Phys. Bd. 56 (1908), S. 1.

[18] BLASIUS, H.: Das Ähnlichkeitsgesetz bei Reibungsvorgängen in Flüssigkeiten. Forsch. Ing.-Wes. H. 131, Berlin 1913.

[19] BUSEMANN, A.: Gasströmung mit laminarer Grenzschicht entlang einer Platte. ZAMM Bd. 15 (1935), S. 23–25.

[20] BUSSMANN, K., u. A. ULRICH: Systematische Untersuchungen über den Einfluß der Profilform auf die Lage des Umschlagpunktes. Vorabdruck Jb. 1943 dtsch. Luftfahrtforsch. in Techn. Berichte Bd. 10, H. 9 (1943), I A 010, S. 1–19.

[21] CROCCO, L.: Sullo strato limite laminare nei gas lungo una lamina plana. Rend. Math. Univ. Roma Bd. 5 (1941), S. 2.

[22] DAS, A.: Untersuchungen über den Einfluß von Grenzschichtzäunen auf die aerodynamischen Eigenschaften von Pfeil- und Deltaflügeln. ZFW Bd. 7 (1959), S. 227–242.

[23] V. DOENHOFF, A. E., u. H. TETERVIN: Determination of general relations for the behavior of turbulent boundary layers. NACA Rep. Nr. 772 (1943).

[24] DOETSCH, H.: Einige Versuche über den Einfluß von Oberflächenstörungen auf die Profileigenschaften, insbesondere auf den Profilwiderstand im Schnellflug. Jb. 1939 dtsch. Luftfahrtforsch. Bd. 1, S. 88–97.

[25] DOETSCH, H.: Untersuchungen an einigen Profilen mit geringem Widerstand im Bereich kleiner c_a-Werte. Jb. 1940 dtsch. Luftfahrtforsch. Bd. 1, S. 54–57.

[26] DÖNCH, F.: Divergente und konvergente Strömungen mit kleinen Öffnungswinkeln. Göttinger Dissertation 1925; Forsch.-Arb. des Ver. dtsch. Ing. H. 292 (1926).

[27] VAN DRIEST, E. R.: Turbulent boundary layer in compressible fluids. J. Aeron. Sci. Bd. 18 (1951), S. 145–160.

[28] DRYDEN, H. L., u. A. M. KUETHE: Effect of turbulence in wind-tunnel measurements. NACA Rep. Nr. 342 (1930), S. 147–170.

[29] DRYDEN, H. L.: Boundary layer flow near flat plates. Proc. Fourth Intern. Congr. Appl. Mech. 175, Cambridge 1934.

[30] DRYDEN, H. L.: Airflow in the boundary layer near a plate. NACA Rep. Nr. 562 (1936).

[31] DRYDEN, H. L.: Turbulence and the boundary layer. J. Aeron. Sci. Bd. 6 (1939), S. 85, 101.

[32] DRYDEN, H. L.: Some recent contributions to the study of transition and turbulent boundary layers. Paper presented at the Sixth Intern. Congr. for Appl. Mech. Paris (1946); vgl. auch [4] und NACA Techn. Note 1168 (1947).

[33] EBER, G. R.: Recent investigations of temperature recovery and heat transmission on cones and cylinders in axial flow in the NOL Aeroballistics Wind Tunnel. J. Aeron. Sci. Bd. 19 (1952), S. 1—6.

[34] EIFFEL, G.: Sur la résistance des sphères dans l'air en mouvement. C. R. Acad. Sci. Paris Bd. 155 (1912), S. 1597.

[35] EMMONS, H. W., u. J. G. BRAINERD: Temperature effect in a laminar compressible fluid boundary layer along a flat plate. J. Appl. Mech. Bd. 8 (1941), S. A 105; Bd. 9 (1942), S. 1.

[36] FAVRE, A.: Contribution à l'étude expérimentale des mouvements hydrodynamiques à deux dimensions. Thèse Université de Paris 1938, S. 1—192.

[37] FLACHSBART, O.: Neuere Untersuchungen über den Luftwiderstand von Kugeln. Phys. Z. Bd. 28 (1927), S. 461.

[37a] GÖRTLER, H., u. W. TOLLMIEN (Herausgeber): Fünfzig Jahre Grenzschichtforschung. Eine Festschrift in Originalbeiträgen, Braunschweig 1955.

[38] GRUSCHWITZ, E.: Die turbulente Reibungsschicht in ebener Strömung bei Druckabfall und Druckanstieg. Ing.-Arch. Bd. 2 (1931), S. 321—346.

[39] GUTSCHE, F.: Versuche an umlaufenden Flügelschnitten mit abgerissener Strömung. Jb. Schiffbautechn. Ges. Bd. 41 (1940), S. 188.

[40] HAGEN, G.: Über die Bewegung des Wassers in engen zylindrischen Röhren. Pogg. Ann. Bd. 46 (1839), S. 423.

[41] HANTZSCHE, W., u. H. WENDT: Zum Kompressibilitätseinfluß bei der laminaren Grenzschicht der ebenen Platte. Jb. 1940 dtsch. Luftfahrtforsch. Bd. 1, S. 517—521.

[42] HANTZSCHE, W., u. H. WENDT: Die laminare Grenzschicht an der ebenen Platte mit und ohne Wärmeübergang unter Berücksichtigung der Kompressibilität. Jb. 1942 dtsch. Luftfahrtforsch. Bd. 1, S. 40—50.

[43] VAN DER HEGGE ZIJNEN, G. B.: Measurements of the velocity distribution in the boundary layer along a plane surface. Thesis Delft 1924.

[44] HELMBOLD, H. B.: Zur Berechnung des Profilwiderstandes. Ing.-Arch. Bd. 17 (1949), S. 273—279.

[45] HIMMELSKAMP, H.: Profiluntersuchungen an einem umlaufenden Propeller. Dissertation Göttingen 1945; Mitt. Max-Planck-Institut für Strömungsforschung Göttingen Nr. 2 (1950).

[46] HOLSTEIN, H.: Messungen zur Laminarhaltung der Grenzschicht an einem Flügel. Lilienthal-Bericht S 10 (1940), S. 17—27.

[47] HOLSTEIN, H., u. T. BOHLEN: Ein einfaches Verfahren zur Berechnung laminarer Reibungsschichten, die dem Näherungssatz von K. Pohlhausen genügen. Lilienthal-Bericht S 10 (1940), S. 5—16.

[48] HOMANN, F.: Einfluß großer Zähigkeit bei Strömung um Zylinder und Kugel. Forsch. Ing.-Wes. Bd. 7 (1936), S. 1—10.

[49] HOOD, M. J.: The effects of some common surface irregularities on wing drag. NACA Techn. Note Nr. 695 (1939).

[50] HOWARTH, L.: On the solution of the laminar boundary layer equations. Proc. Roy. Soc. Lond. A Bd. 164 (1938), S. 547.

[51] JACOBS, E. N.: Airfoil section characteristics as effected by protuberances. NACA Rep. Nr. 446 (1933).

[52] JACOBS, W.: Experimentelle Untersuchungen am schiebenden Flügel. Ing.-Arch. Bd. 20 (1952), S. 418—426.

[53] JONES, B. M., u. M. R. HEAD: The reduction of drag by distributed suction. Anglo-American Aeronautical Conference Brighton 1951, S. 199—230.

[54] JONES, R. T.: Effects of sweep-back on boundary layer and separation. NACA Rep. Nr. 884 (1947).

[55] v. KÁRMÁN, TH.: Über laminare und turbulente Reibung. ZAMM Bd. 1 (1921), S. 233—252.
[56] KLEBANOFF, P. S.: Characteristics of turbulence in a boundary layer with zero pressure gradient. NACA Rep. Nr. 1247 (1955).
[57] LEES, L.: The stability of the laminar boundary layer in a compressible flow. NACA Rep. Nr. 876 (1947).
[58] LEES, L., u. C. C. LIN: Investigation on the stability on the laminar boundary layer in a compressible fluid. NACA Techn. Note Nr. 1115 (1946).
[59] LIEBE, W.: Der Grenzschichtzaun. Interavia Jg. 7, Nr. 4 (1952), S. 215—217.
[60] LIEPMANN, H. W.: The interaction between boundary layer and shock waves in transonic flow. J. Aeron. Sci. Bd. 13 (1946), S. 623—637.
[61] LIEPMANN, H. W., A. ROSHKO u. S. DHAWAN: On reflection of shock waves from boundary layers. NACA Rep. Nr. 1100 (1952).
[62] MILLIKAN, C. B., u. A. L. KLEIN: The effect of turbulence. Aircraft Engng. 169, Aug. 1944.
[63] MUESMANN, H.: Zusammenhang der Strömungseigenschaften des Laufrades eines Axialgebläses mit denen eines Einzelflügels. ZFW Bd. 6 (1958), S. 345—362.
[64] NIKURADSE, J.: Untersuchungen über die Strömung des Wassers in konvergenten und divergenten Kanälen. Forsch.-Arb. des Ver. dtsch. Ing. H. 289 (1929).
[65] NIKURADSE, J.: Gesetzmäßigkeiten der turbulenten Strömung in glatten Rohren. Forsch. Ing.-Wes. H. 356 (1932).
[66] NIKURADSE, J.: Strömungsgesetze in rauhen Rohren. Forsch. Ing.-Wes. H. 361 (1933).
[67] NIKURADSE, J.: Laminare Reibungsschichten an der längsangeströmten Platte. Monographie. Zentrale für wiss. Berichtswesen, Berlin 1942.
[68] PFENNINGER, W.: Untersuchungen über Reibungsverminderung an Tragflügeln, insbesondere mit Hilfe von Grenzschichtabsaugung. Mitt. Inst. Aerodyn. ETH Zürich, H. 13 (1946); vgl. auch J. Aeron. Sci. Bd. 16 (1949), S. 227—236.
[69] POHLHAUSEN, K.: Zur näherungsweisen Integration der Differentialgleichung der laminaren Grenzschicht. ZAMM Bd. 1 (1921), S. 252—268.
[70] POISEUILLE, J.: Recherches expérimentales sur le mouvement des liquides dans les tubes de très petits diamètres. C. R. Acad. Sci. Paris Bd. 11 (1840), S. 961, 1041; Bd. 12 (1841), S. 112; ausführlicher in Memoires des Savants Etrangers Bd. 9 (1846).
[71] POISSON-QUINTON, PH.: Recherches théoriques et expérimentales sur le contrôle de la circulation par soufflage appliqué aux ailes d'avions. ONERA Publication N. T. Nr. 37 (1956); vgl. auch Jb. WGL 1956, S. 29—51 (1957).
[72] PRANDTL, L.: Über Flüssigkeitsbewegung bei sehr kleiner Reibung. Verh. d. III. Intern. Math. Kongr., Heidelberg 1904; wieder abgedruckt in: Vier Abhandlungen zur Hydrodynamik und Aerodynamik, Göttingen 1927; vgl. auch Gesammelte Abhandlungen, Bd. 2, Berlin/Göttingen/Heidelberg: Springer 1961, S. 575—584.
[73] PRANDTL, L.: Über den Luftwiderstand von Kugeln. Göttinger Nachr. 1914, S. 177; vgl. auch Gesammelte Abhandlungen, Bd. 2, Berlin/Göttingen/Heidelberg: Springer 1961, S. 597—608.
[74] PRANDTL, L.: Bemerkungen über die Entstehung der Turbulenz. ZAMM Bd. 1 (1921), S. 431—441; Phys. Z. Bd. 23 (1922), S. 19; vgl. auch Gesammelte Abhandlungen, Bd. 2, Berlin/Göttingen/Heidelberg: Springer 1961, S. 687—696.
[75] PRANDTL, L.: Über die ausgebildete Turbulenz. ZAMM Bd. 5 (1925), S. 136 bis 139; Verh. d. II. Intern. Kongr. f. angew. Mechanik, Zürich 1926; vgl. auch Gesammelte Abhandlungen, Bd. 2, Berlin/Göttingen/Heidelberg: Springer 1961, S. 736—751.

[76] PRANDTL, L.: Über den Reibungswiderstand strömender Luft. Ergebnisse der Aerodynamischen Versuchsanstalt Göttingen, III. Lieferung (1927). — Vgl. auch L. PRANDTL: Ergebnisse der Aerodynamischen Versuchsanstalt Göttingen, I. Lieferung (1921), S. 136; vgl. auch Gesammelte Abhandlungen, Bd. 2, Berlin/Göttingen/Heidelberg: Springer 1961, S. 620—626.

[77] PRANDTL, L.: Zur turbulenten Strömung in Rohren und längs Platten. Ergebnisse der Aerodynamischen Versuchsanstalt Göttingen, IV. Lieferung (1932), S. 18—29; vgl. auch Gesammelte Abhandlungen, Bd. 2, Berlin/Göttingen/Heidelberg: Springer 1961, S. 632—648.

[78] PRANDTL, L., u. H. SCHLICHTING: Das Widerstandsgesetz rauher Platten. Werft Reed. Hafen 1934, S. 1—4; vgl. auch Gesammelte Abhandlungen, Bd. 2, Berlin/Göttingen/Heidelberg: Springer 1961, S. 649—662.

[79] PRETSCH, J.: Zur theoretischen Berechnung des Profilwiderstandes. Jb. 1938 dtsch. Luftfahrtforsch. Bd. 1, S. 61—81.

[80] QUEIJO, M. J., B. M. JAQUET u. W. D. WOLHART: Wind tunnel investigation at low speed of the effects of chordwise wing fences and horizontal tail position on the static longitudinal stability characteristic of an airplane model with a 35° swept-back wing. NACA Rep. Nr. 1203 (1955).

[81] LORD RAYLEIGH: On the instability of certain fluid motions. Proc. London Math. Soc. Bd. 11 (1830), S. 57; Bd. 19 (1887), S. 67 (Scientific Papers Bd. 1, S. 474; Bd. 3, S. 17); vgl. auch Scientific Papers Bd. 4 (1895), S. 203; Bd. 6 (1913), S. 197.

[82] REICHARDT, H.: Messungen turbulenter Schwankungen. Naturwiss. Bd. 26 (1938), S. 404—408; vgl. auch ZAMM Bd. 13 (1933), S. 177—180; Bd. 18 (1938), S. 358—361.

[83] REYNOLDS, O: An experimental investigation of the circumstances which determine whether the motion of water shall be direct or sinuous, and of the law of resistance in parallel channels. Phil. Trans. Roy. Soc. Bd. 174, Teil III, London 1883, S. 935—982; vgl. auch: Collected Papers Bd. 2, Cambridge 1901, S. 51—105.

[84] ROTTA, J.: Beitrag zur Berechnung der turbulenten Grenzschichten. Ing.-Arch. Bd. 19 (1951), S. 31—41.

[85] ROTTA, J.: Schubspannungsverteilung und Energiedissipation bei turbulenten Grenzschichten. Ing.-Arch. Bd. 20 (1952), S. 195—207.

[86] SCHLICHTING, H.: Zur Entstehung der Turbulenz bei der Plattenströmung. Nachr. Ges. Wiss. Göttingen, Math.-Phys. Klasse 1933, S. 182—208; vgl. auch ZAMM Bd. 13 (1933), S. 171—174.

[87] SCHLICHTING, H.: Amplitudenverteilung und Energiebilanz der kleinen Störungen bei der Plattenströmung. Nachr. Ges. Wiss. Göttingen, Math.-Phys. Klasse, Fachgruppe I, Bd. 1 (1935), S. 47—78.

[88] SCHLICHTING, H.: Experimentelle Untersuchungen zum Rauhigkeitsproblem. Ing.-Arch. Bd. 7 (1936), S. 1—34. Engl. Übersetzung in Proc. Soc. Mech. Engng. USA 1936.

[89] SCHLICHTING, H.: Aerodynamische Probleme des Höchstauftriebes. Vortrag Third Intern. Congr. Aeron. Sci. (ICAS) Stockholm 1962; ZFW Bd. 13 (1965), S. 1—14.

[90] SCHLICHTING, H., u. A. ULRICH: Zur Berechnung des Umschlages laminarturbulent. Jb. 1942 dtsch. Luftfahrtforsch. Bd. 1, S. 8—35; ausführlicher im Lilienthal-Bericht S 10 (1940), S. 75—135.

[91] SCHERBARTH, K.: Grenzschichtmessungen hinter einer punktförmigen Störung in laminarer Strömung. Jb. 1942 dtsch. Luftfahrtforsch. Bd. 1, S. 51—53.

[92] SCHRENK, O.: Tragflügel mit Grenzschichtabsaugung. Luftfahrtforsch. Bd. 2 (1928), S. 49—62; ZFM Bd. 22 (1931), S. 259; Luftfahrtforsch. Bd. 12 (1935), S. 10—37.
[93] SCHRENK, O.: Grenzschichtabsaugung. Luftwissen Bd. 7 (1940), S. 409—414.
[94] SCHUBAUER, G. B., u. H. K. SKRAMSTAD: Laminar boundary layer oscillations and stability of laminar flow. J. Aeron. Sci. Bd. 14 (1947), S. 69—77; vgl. auch NACA Rep. Nr. 909 (1948).
[95] SCHULTZ-GRUNOW, F.: Neues Widerstandsgesetz für glatte Platten. Luftfahrtforsch. Bd. 17 (1940), S. 239—246.
[96] SILVERSTEIN, A., u. J. V. BECKER: Determination of boundary layer transition on three symmetrical airfoils in the NACA full-scale wind tunnel. NACA Techn. Rep. Nr. 637 (1938).
[97] SQUIRE, H. B., u. A. D. YOUNG: The calculation of the profile drag of airfoils. Brit. ARC Rep. and Mem. Nr. 1838 (1938).
[98] STUEPER, J.: Untersuchungen von Reibungsschichten am fliegenden Flugzeug. Luftfahrtforsch. Bd. 11 (1934), S. 26—32.
[99] STUEPER, J.: Flight experiments and tests on two airplanes with suction slots. NACA TM 1232 (1950); Übersetzung ZWD, FB 1821 (1943).
[100] TANI, I., R. HAMA u. S. MITUISI: On the permissible roughness in the laminar boundary layer. Aeron. Res. Inst. Tokyo Rep. Nr. 199 (1940).
[101] THOMAS, F.: Untersuchungen über die Erhöhung des Auftriebes von Tragflügeln mittels Grenzschichtbeeinflussung durch Ausblasen. Dissertation Braunschweig 1961; ZFW Bd. 10 (1962), S. 46—65.
[102] TIETJENS, O.: Beiträge zur Entstehung der Turbulenz. Dissertation Göttingen 1922; ZAMM Bd. 5 (1925), S. 200—217.
[103] TOLLMIEN, W.: Über die Entstehung der Turbulenz. I. Mitteilung. Nachr. Ges. Wiss. Göttingen, Math.-Phys. Klasse 1929, S. 21—44.
[104] TRUCKENBRODT, E.: Die laminare Grenzschicht an einer teilweise mitbewegten ebenen Platte. Abh. Braunschweigische Wiss. Ges. Bd. 4 (1952), S. 181—195.
[105] TRUCKENBRODT, E.: Ein Quadraturverfahren zur Berechnung der laminaren und turbulenten Reibungsschicht bei ebener und rotationssymmetrischer Strömung. Ing.-Arch. Bd. 20 (1952), S. 211—228.
[106] TRUCKENBRODT, E.: Die Berechnung des Profilwiderstandes aus der vorgegebenen Profilform. Ing.-Arch. Bd. 21 (1953), S. 176—186.
[107] TRUCKENBRODT, E.: Ein einfaches Näherungsverfahren zum Berechnen der laminaren Reibungsschicht mit Absaugung. Forsch. Ing.-Wes. Bd. 22 (1956), S. 147—157.
[108] ULRICH, A.: Theoretische Untersuchungen über die Widerstandsersparnis durch Laminarhaltung mit Absaugung. Schriften der dtsch. Luftfahrtforsch. 8 B, H. 2 (1944).
[109] WALZ, A.: Ein neuer Ansatz für das Geschwindigkeitsprofil der laminaren Reibungsschicht. Lilienthal-Bericht 141 (1941), S. 8.
[110] WIEGHARDT, K.: Über einen Energiesatz zur Berechnung laminarer Grenzschichten. Ing.-Arch. Bd. 16 (1948), S. 231—242.
[111] WIESELSBERGER, C.: Der Luftwiderstand von Kugeln. ZFM Bd. 5 (1914), S. 140—144.
[112] WILLIAMS, J.: British research on boundary layer and flow control for high lift by blowing. ZFW Bd. 6 (1953), S. 143—160.
[113] WILSON, R. E.: Turbulent boundary layer characteristics at supersonic speeds. J. Aeron. Sci. Bd. 17 (1950), S. 585—594.
[114] YOUNG, A. D.: The drag effects of roughness at high subcritical speeds. J. Roy. Aeron. Soc. 1950, S. 534.

Teil B

Aerodynamik des Tragflügels

V. Einführung in die Aerodynamik des Tragflügels

5.1 Geometrie des Tragflügels

5.11 Allgemeine Angaben

Es ist die Aufgabe der Aerodynamik des Flugzeuges, Angaben zu machen über die Abhängigkeit der Luftkräfte von der geometrischen Gestalt der Flugzeugteile, die im allgemeinen aus Flügel, Rumpf und Leitwerk bestehen.

Den Tragflügel eines Flugzeuges kann man als einen flachen Körper beschreiben, bei dem die eine Dimension (Dicke) im Vergleich zu den beiden anderen Dimensionen (Spannweite und Tiefe) sehr klein ist. Im allgemeinen hat der Tragflügel eine Symmetrieebene, die mit der Symmetrieebene des Flugzeuges zusammenfällt. Die geometrische Form des Tragflügels ist im wesentlichen bestimmt durch den Grundriß (Zuspitzung, Pfeilung), das Flügelprofil (Dicke, Wölbung), die Verwindung und die Neigung der linken und rechten Flügelhälfte gegeneinander (V-Stellung), vgl. Abb. 5.1. Es werden im folgenden die wichtigsten geometrischen Parameter

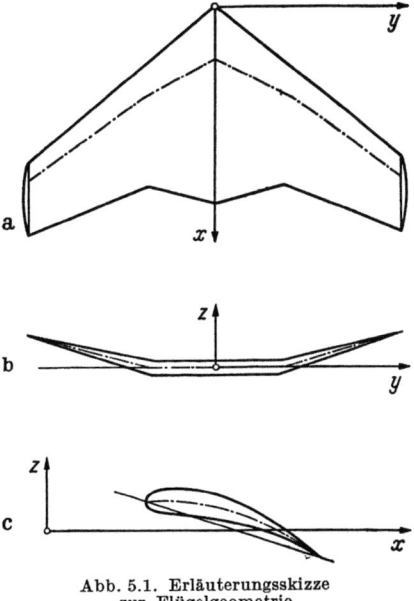

Abb. 5.1. Erläuterungsskizze zur Flügelgeometrie
a) Grundriß, x, y-Ebene; b) V-Stellung, y, z-Ebene; c) Profilierung, Verwindung, x, z-Ebene

des Flügels besprochen, die für die aerodynamischen Eigenschaften eines Tragflügels von Bedeutung sind.

Zur Beschreibung der *Geometrie des Flügels* wird ein flügelfestes Koordinatensystem nach Abb. 5.1 zugrunde gelegt mit:

x-Achse: Flügel-Längsachse, nach hinten positiv,
y-Achse: Flügel-Querachse, in Flugrichtung gesehen, nach rechts positiv, senkrecht zur Flügelsymmetrieebene,
z-Achse: Flügel-Hochachse, nach oben positiv.

Es ist zweckmäßig, die Lage des Koordinatenanfangspunktes den jeweiligen Bedürfnissen von Fall zu Fall anzupassen. Oft empfiehlt es sich, ihn in den Vorderkantenpunkt des Flügelinnenschnittes (Abb. 5.1) oder in den geometrischen Neutralpunkt (s. S. 357) zu legen. Es werden der Flügelgrundriß in der x, y-Ebene, die Verwindung sowie das Profil in der x, z-Ebene und die V-Stellung in der y, z-Ebene gemessen.

5.12 Flügelgrundriß

Die größte Erstreckung in Richtung der Querachse (y-Achse) heißt die *Flügelspannweite*; sie wird mit $b = 2s$ bezeichnet, wobei s die Halbspannweite bedeutet. Häufig werden die Koordinaten mit der Halbspannweite s dimensionslos gemacht und dafür die Abkürzungen

$$\xi = \frac{x}{s}, \quad \eta = \frac{y}{s}, \quad \zeta = \frac{z}{s} \tag{5.1}$$

eingeführt.

Die Erstreckung in Richtung der Längsachse (x-Achse) wird durch die von der Querkoordinate y abhängige *Flügeltiefe* $l(y)$ beschrieben. Die Flügeltiefe des Flügelinnenschnittes ($y = 0$) werde mit l_i und diejenige des Flügelaußenschnittes ($y = \mp s$) mit l_a bezeichnet. In Abb. 5.2 sind für trapezförmigen, dreieckigen und elliptischen Grundriß die geometrischen Größen erläutert.

Für einen Flügel mit trapezförmigem Grundriß, Abb. 5.2a, ist ein wichtiger geometrischer Parameter die *Flügelzuspitzung*, welche durch das Verhältnis der Flügeltiefen außen und innen zu

$$\lambda = \frac{l_a}{l_i} \tag{5.2}$$

gegeben ist. Ein Sonderfall des Trapezflügels ist der Dreieckflügel mit gerader Hinterkante; dieser wird als *Delta-Flügel* bezeichnet, Abb. 5.2b.

Unter der *Flügelfläche* F (Bezugsfläche) soll die Projektion des Flügels auf die x, y-Ebene verstanden werden. Bei nicht konstanter Flügeltiefe ergibt sie sich durch Integration der Flügeltiefenverteilung $l(y)$ über die Spannweite $b = 2s$ zu:

$$F = \int_{-s}^{s} l(y)\, dy. \tag{5.3}$$

5.1 Geometrie des Tragflügels

Aus der Spannweite b und der Flügelfläche F ergibt sich das *Seitenverhältnis* (*Streckung*)

$$\Lambda = \frac{b^2}{F}. \qquad (5.4)$$

Das Seitenverhältnis ist ein Maß für die Schlankheit des Flügels in Spannweitenrichtung. Bei einem Flügel mit konstanter Tiefe (Recht-

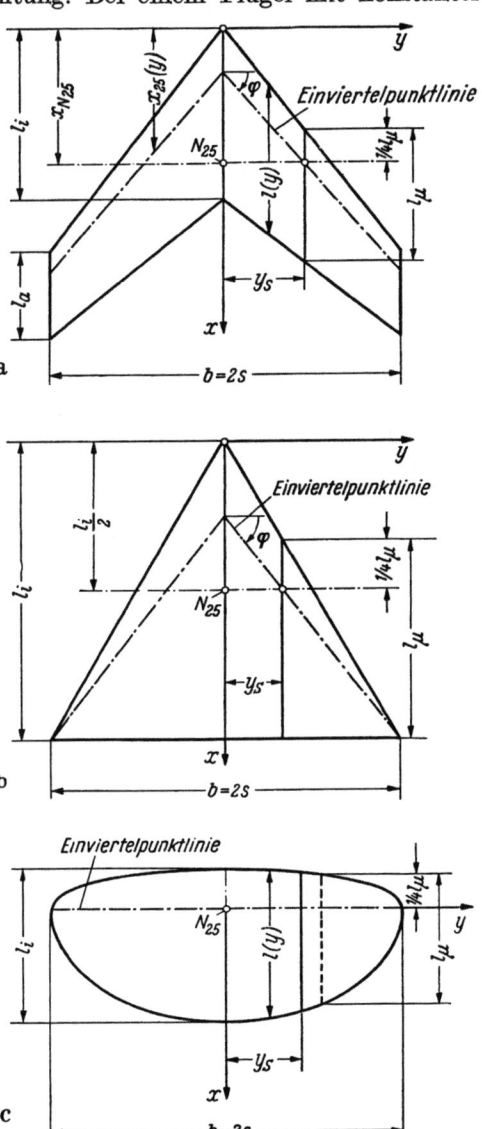

Abb. 5.2. Geometrische Bezeichnungen bei Flügeln verschiedenen Grundrisses, vgl. hierzu Tab. 5.1
a) Gepfeilter Trapezflügel; b) Dreieckflügel; c) Ellipsenflügel

eck) ist wegen $F = b\,l$:

$$\Lambda = \frac{b}{l} \quad \text{(Rechteck)}. \tag{5.4a}$$

Aus der Flügelfläche und der Spannweite läßt sich weiterhin eine *mittlere Flügeltiefe*

$$l_m = \frac{F}{b} \tag{5.5}$$

definieren. Damit kann man für das Seitenverhältnis auch schreiben:

$$\Lambda = \frac{b}{l_m}. \tag{5.6}$$

Als *Bezugsflügeltiefe*, insbesondere zur Einführung dimensionsloser aerodynamischer Beiwerte, wird die Größe

$$l_\mu = \frac{1}{F} \int_{-s}^{s} l^2(y)\,dy \tag{5.7}$$

benutzt. Es ist das Verhältnis $l_\mu/l_m \geqq 1$.

Unter der *Pfeilung* eines Flügels versteht man die Verschiebung der einzelnen Flügelschnitte gegeneinander in Längsrichtung (x-Richtung). Stellt $x(y)$ die Lage einer im Flügelgrundriß definierten Linie dar, dann gilt für den örtlichen Pfeilwinkel dieser Linie:

$$\tan \varphi(y) = \frac{dx(y)}{dy}. \tag{5.8}$$

Bezeichnet $x(y)$ die Verbindungslinie von Punkten gleicher prozentualer Rücklage von der Vorderkante des jeweiligen Schnittes y aus, dann wird dieses durch Angabe der Prozentzahl als Index an den Wert x gekennzeichnet. Für die Lage der Einviertelpunktlinie wird danach $x_{25}(y)$ geschrieben. Für die Pfeilung der Einviertelpunktlinie wird

$$\tan \varphi_{25}(y) = \tan \varphi(y) = \frac{dx_{25}(y)}{dy}. \tag{5.9}$$

Der Einfachheit halber wird beim Pfeilwinkel der Einviertelpunktlinie der Index fortgelassen.

Den seitlichen Abstand des *Flächenschwerpunktes* einer Flügelhälfte von der Symmetrieebene errechnet man zu:

$$y_S = \frac{2}{F} \int_{0}^{s} l(y)\,y\,dy. \tag{5.10}$$

Für den trapezförmigen Grundriß ist, wie man leicht nachweist, die Bezugstiefe l_μ gleich der örtlichen Flügeltiefe am Ort des Flächenschwerpunktes einer Flügelhälfte: $l_\mu = l(y_S)$, Abb. 5.2a und b.

5.1 Geometrie des Tragflügels

Geometrischer Neutralpunkt. Für aerodynamische Betrachtungen spielt weiter der *geometrische Neutralpunkt* eine besondere Rolle. Seine Koordinaten sind gegeben durch:

$$x_{N_{25}} = \frac{1}{F} \int_{-s}^{s} l(y) x_{25}(y) \, dy, \quad y_{N_{25}} = 0. \quad (5.11)$$

Bei symmetrischem Flügelgrundriß kann der geometrische Neutralpunkt anschaulich gedeutet werden als der Schwerpunkt der gesamten Flügelfläche, falls diese auf der Einviertelpunktlinie mit einer Gewichtsverteilung belegt ist, die der örtlichen Flügeltiefe proportional ist. Hat der Flügel eine gepfeilte, gerade Einviertelpunktlinie, dann folgt aus Gl. (5.11):

$$x_{N_{25}} = x_{25}(0) + y_S \tan\varphi. \quad (5.12)$$

Hierin bedeutet $x_{25}(0)$ die Lage des Einviertelpunktes des Innenschnittes $y = 0$. Die Rücklage des geometrischen Neutralpunktes eines Flügels mit gepfeilter gerader Einviertelpunktlinie ist hiernach gleich der Rücklage des Einviertelpunktes des Flügelschnittes im Flächenschwerpunkt einer Flügelhälfte. Da für den Trapezflügel die Flügeltiefe im Schwerpunkt einer Flügelhälfte gleich der Bezugstiefe l_μ ist, liegt für diesen Flügel der geometrische Neutralpunkt im $(l_\mu/4)$-Punkt, vgl. Abb. 5.2a, b. In Tab. 5.1 sind die bisher besprochenen Größen für Flügel mit trapezförmigem und elliptischem Grundriß zusammengestellt.

Deltaflügel. Von besonderer Bedeutung ist noch der Deltaflügel, der ein Dreieckflügel mit gerader Hinterkante ist, Abb. 5.2b. Für die geometrischen Größen dieses Flügels ergeben sich besonders einfache Formeln. Zwischen dem Seitenverhältnis, der mittleren Flügeltiefe und dem Pfeilwinkel der Einviertelpunktlinie bestehen die Beziehungen:

$$\Lambda = \frac{b}{l_m} = 2\frac{b}{l_i} = \frac{3}{\tan\varphi}. \quad (5.13)$$

Die Lage des Neutralpunktes, gemessen vom Vorderkantenpunkt des Flügelinnenschnittes aus, erhält man zu

$$x_{N_{25}} = \frac{l_i}{2}. \quad (5.14)$$

Flügelklappen. Eine weitere im Flügelgrundriß festgelegte geometrische Größe ist die Klappen- bzw. Rudertiefe $l_k(y)$, Abb. 5.3. Unter dem *Klappentiefenverhältnis* wird der Quotient aus Klappentiefe und Flügeltiefe verstanden:

$$\lambda_k = \frac{l_k(y)}{l(y)}, \quad (5.15)$$

Tabelle 5.1. *Geometrische Flügeldaten für Flügel mit trapezförmigem und elliptischem Grundriß;* vgl. Abb. 5.2
$\lambda = l_a/l_i =$ Zuspitzung; $\varphi =$ Pfeilwinkel der Einviertelpunktlinie

		Rechteck ($\lambda=1$)	Trapez	Dreieck ($\lambda=0$)	Ellipse
Flügeltiefe	$\dfrac{l}{l_i}$	1	$1-(1-\lambda)\,\eta$	$1-\eta$	$\sqrt{1-\eta^2}$
Flügelfläche	F	$b\,l$	$\dfrac{1+\lambda}{2}\,b\,l_i$	$\dfrac{1}{2}\,b\,l_i$	$\dfrac{\pi}{4}\,b\,l_i$
Seitenverhältnis	Λ	$\dfrac{b}{l}$	$\dfrac{2}{1+\lambda}\dfrac{b}{l_i}$	$2\dfrac{b}{l_i}$	$\dfrac{4}{\pi}\dfrac{b}{l_i}$
Mittlere Flügeltiefe	$\dfrac{l_m}{l_i}$	1	$\dfrac{1+\lambda}{2}$	$\dfrac{1}{2}$	$\dfrac{\pi}{4}=0{,}785$
Bezugsflügeltiefe	$\dfrac{l_\mu}{l_i}$	1	$\dfrac{2}{3}\dfrac{1+\lambda+\lambda^2}{1+\lambda}$	$\dfrac{2}{3}$	$\dfrac{8}{3\pi}=0{,}848$
	$\dfrac{l_\mu}{l_m}$	1	$\dfrac{4}{3}\dfrac{1+\lambda+\lambda^2}{(1+\lambda)^2}$	$\dfrac{4}{3}$	$\dfrac{32}{3\pi^2}=1{,}08$
Flächenschwerpunktlage	$\eta_{lS}=\dfrac{y_S}{s}$	$\dfrac{1}{2}$	$\dfrac{1}{3}\dfrac{1+2\lambda}{1+\lambda}$	$\dfrac{1}{3}$	$\dfrac{4}{3\pi}=0{,}424$
Neutralpunktlage	$\dfrac{x_{N25}}{l_i}$	$\dfrac{1}{4}+\dfrac{\Lambda}{4}\tan\varphi$	$\dfrac{1}{4}+\dfrac{\Lambda}{12}(1+2\lambda)\tan\varphi$	$\dfrac{1}{4}+\dfrac{\Lambda}{12}\tan\varphi$	$\dfrac{1}{4}+\dfrac{\Lambda}{6}\tan\varphi$

der im allgemeinen von der Spannweitenerstreckung y abhängt. Die Lage des Klappendrehpunktes wird mit $x_k(y)$ bezeichnet. Über die sonstigen bei Flügelklappen noch wichtigen geometrischen Größen wird in Kap. XII berichtet werden.

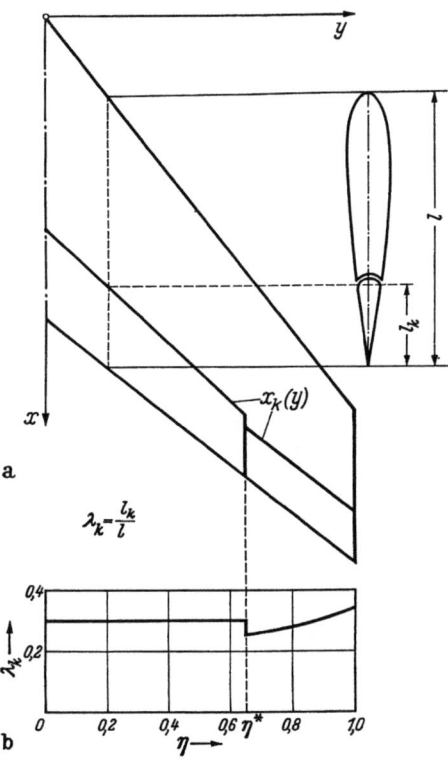

Abb. 5.3. Geometrische Bezeichnungen eines Flügels mit Klappen
a) Lage der Klappendrehachse $x_k(y)$;   b) Klappentiefenverhältnis $\lambda_k = l_k/l$ in Abhängigkeit von der Spannweitenkoordinate $\eta = y/s$

5.13 Flügelprofil

Unter dem Flügelprofil verstehen wir den Schnitt durch den Tragflügel senkrecht zur y-Achse. Das Profil liegt also in der x, z-Ebene und hängt im allgemeinsten Fall noch von der Spannweitenkoordinate y ab. Die Geometrie eines Flügelprofils läßt sich z. B. nach Abb. 5.4a dadurch beschreiben, daß man die Verbindungslinie der einbeschriebenen Kreise als Mittellinie oder *Skelettlinie* und die Verbindungslinie vom vordersten und hintersten Punkt der Skelettlinie als *Sehne* einführt. Die längs der Sehne gemessene größte Erstreckung des Profils heißt die *Flügel-* oder *Profiltiefe l*. Den größten Durchmesser der einbeschrie-

360 V. Einführung in die Aerodynamik des Tragflügels

benen Kreise bezeichnet man als *Profildicke d*, Abb. 5.4b, und die größte Erhebung der Skelettlinie über der Sehne als *Wölbungshöhe f*, Abb. 5.4c. Die Lage der größten Dicke und der größten Wölbungshöhe ist durch die Abstände x_d (*Dickenrücklage*) bzw. x_f (*Wölbungsrücklage*) gegeben. Den Radius des durch die Profilvorderkante gehenden Innenkreises nennt man *Nasenradius r_N*; er ist meist mit der Dicke gekoppelt. Schließlich stellt auch der *Hinterkantenwinkel* 2τ, Abb. 5.4b, eine wichtige Größe dar. Aus den genannten Größen lassen sich die folgenden sechs dimensionslosen geometrischen Profilparameter bilden:

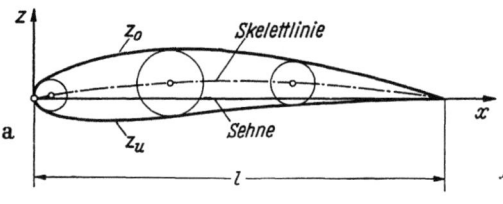

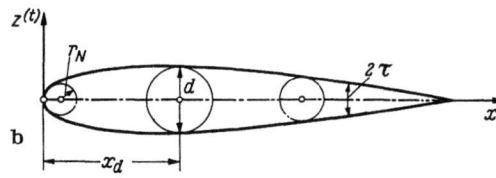

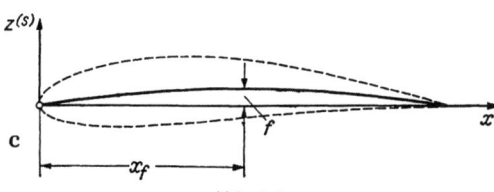

Abb. 5.4
Geometrische Bezeichnungen bei Tragflügelprofilen
a) Gesamtprofil; b) Profiltropfen (Dickenverteilung); c) Skelettlinie (Wölbungsverteilung)

$\dfrac{d}{l}$ relative Dicke (Dickenverhältnis),

$\dfrac{f}{l}$ relative Wölbung (Wölbungsverhältnis),

$\dfrac{x_d}{l}$ relative Dickenrücklage,

$\dfrac{x_f}{l}$ relative Wölbungsrücklage,

$\dfrac{r_N}{l}$ relativer Nasenradius,

2τ Hinterkantenwinkel.

Zur vollständigen Beschreibung eines Profils müssen die Profilkoordinaten der Ober- und Unterseite, $z_o(x)$ und $z_u(x)$, als Funktionen von x bekannt sein.

Man kann sich ein Profil entstanden denken aus einer Skelettlinie $z^{(s)}(x)$, der eine Dickenverteilung (Profiltropfen) $z^{(t)}(x) > 0$ überlagert wird. Bei mäßig dicken und mäßig gewölbten Profilen gilt:

$$z_{o,u}(x) = z^{(s)}(x) \pm z^{(t)}(x). \qquad (5.16)$$

Das obere Vorzeichen gilt für die Profiloberseite, das untere Vorzeichen entsprechend für die Unterseite.

Aus Gl. (5.16) folgt sofort die Beziehung für die Skelettlinie und den Profiltropfen zu:

$$\left.\begin{array}{l} z^{(s)}(x) = \tfrac{1}{2}[z_o(x) + z_u(x)], \\ z^{(t)}(x) = \tfrac{1}{2}[z_o(x) - z_u(x)]. \end{array}\right\} \qquad (5.17)$$

5.1 Geometrie des Tragflügels

Für die folgenden Betrachtungen führen wir die dimensionslosen Koordinaten

$$X = \frac{x}{l} \quad \text{und} \quad Z = \frac{z}{l} \tag{5.18}$$

ein. Der Koordinatenanfangspunkt $X = 0$ befindet sich dabei in der Profilvorderkante.

Aus der großen Zahl der bisher entwickelten Profile möge im folgenden nur eine kleine Auswahl besprochen werden. Nähere Angaben findet man in dem Buch „Aerodynamische Profile" von F. RIEGELS [13].

Göttinger Profilsystematik. Die ersten systematischen Profiluntersuchungen wurden in den Jahren 1923 bis 1927 in der Aerodynamischen Versuchsanstalt Göttingen an etwa 30 JOUKOWSKY-Profilen durchgeführt [12]. Die JOUKOWSKY-Profile sind eine zweiparametrige Profilfamilie, die durch das Dickenverhältnis d/l und das Wölbungsverhältnis f/l gekennzeichnet sind, vgl. Kap. 6.23. Die Skelettlinie ist ein Kreisbogen, der Hinterkantenwinkel ist Null (die Profile haben also eine sehr scharfe Hinterkante).

NACA-Profilsystematik. Die bedeutendste und umfangreichste Profilsystematik wurde, beginnend im Jahre 1933, in den USA in der staatlichen NACA-Forschungsanstalt entwickelt.[1] Im Laufe der Zeit wurde die ursprüngliche NACA-Systematik weiter ausgebaut.

Vierziffrige NACA-Profile (NACA Rep. Nr. 460 [9] und Nr. 492 [14]). Bei dieser ersten NACA-Systematik wurde neben der Dicke d/l und der Wölbung f/l als neuer Parameter noch die Wölbungsrücklage x_f/l eingeführt. Die vierziffrige Numerierung kennzeichnet die Profilgeometrie folgendermaßen:

1. Ziffer: Wölbung in Prozenten der Profiltiefe,
2. Ziffer: Wölbungsrücklage in Zehnteln der Profiltiefe,
3. und 4. Ziffer: Dicke in Prozenten der Profiltiefe.

Die Dickenrücklage beträgt für alle Profile $x_d/l = 0{,}30$.

Profiltropfen. Der analytische Ausdruck für den Profiltropfen (Dickenverteilung) lautet:

$$Z^{(t)} = \frac{d}{l}\left(a_0 \sqrt{X} + \sum_{1}^{4} a_n X^n\right) \tag{5.19}$$

mit

$$a_0 = 1{,}4845; \quad a_1 = -0{,}6300; \quad a_2 = -1{,}7580;$$

$$a_3 = +1{,}4215; \quad a_4 = -0{,}5075.$$

Die Profilordinaten ändern sich affin mit dem Dickenverhältnis. In Gl. (5.19) bestimmt der Koeffizient a_0 den Nasenradius. Der Nasen-

---

[1] NACA = National Advisory Committee for Aeronautics.

radius ist mit dem Dickenverhältnis gekoppelt durch die Beziehung

$$\frac{r_N}{l} = 1{,}1 \left(\frac{d}{l}\right)^2. \tag{5.20}$$

Man bezeichnet diesen Wert auch als „normalen NACA-Nasenradius". In Abb. 5.5a ist der Profiltropfen dieser Systematik dargestellt.

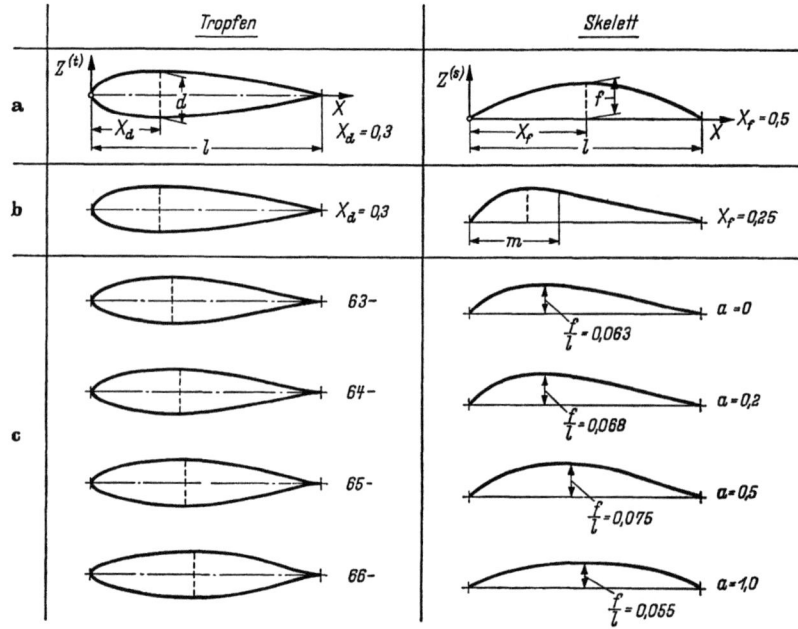

Abb. 5.5. Die Geometrie der wichtigsten NACA-Profile
a) Vierziffrige Profile; b) fünfziffrige Profile; c) 6-Serie-Profile

Skelettlinie. Die Skelettlinien werden aus zwei am Ort der größten Wölbung ohne Knick zusammengesetzten Parabelbögen gebildet. In Abb. 5.5a ist auch die Skelettlinie dargestellt. Mit Ausnahme der Skelettlinie für $X_f = x_f/l = 0{,}5$ haben alle Skelettlinien am Ort der größten Wölbung einen *Krümmungssprung*. Aus der Grenzschichttheorie ist bekannt, daß sich Krümmungssprünge ungünstig auf das Verhalten der Reibungsschicht auswirken.

Fünfziffrige NACA-Profile (NACA Rep. Nr. 537 [7] und Nr. 610 [8]). Der Profiltropfen ist derselbe wie bei den vierziffrigen NACA-Profilen, während die Wölbungsrücklage wesentlich kleiner ist. Es wird unterschieden in Skelettlinien ohne und mit Wendepunkt.

1. Ziffer: Diese Ziffer ist ein Maß für die Wölbungshöhe, vgl. Tab. 5.2.
2. Ziffer: Doppelter Wert der Wölbungsrücklage in Zehnteln der Profiltiefe.

5.1 Geometrie des Tragflügels

3. Ziffer: Weist auf die Form der Skelettlinie hin. 0 = ohne Wendepunkt, 1 = mit Wendepunkt.

4. und 5. Ziffer: Dicke in Prozenten der Profiltiefe.

Die Skelettlinien *ohne* Wendepunkt werden im vorderen Bereich des Profils aus einer Parabel dritten Grades und im hinteren Bereich aus einer Geraden zusammengesetzt, die an einer Stelle $X = m$ *ohne Krümmungssprung* an den Parabelbogen angeschlossen wird, Abb. 5.5b.

Tabelle 5.2. *Wölbungshöhe und -rücklage sowie der Parameter m der fünfziffrigen NACA-Profile*

	2. + 3. Ziffer		10	20	30	40	50
	x_f/l		0,05	0,10	0,15	0,20	0,25
	m		0,0580	0,1260	0,2025	0,2900	0,3910
$100 \dfrac{f}{l}$	1. Ziffer	2	1,11	1,53	1,84	2,08	2,26
		3		2,3	2,8	3,1	
		4		3,1	3,7	4,2	
		6		4,6	5,5	6,2	

NACA-6-Profile (NACA Rep. Nr. 824 [2]). Die Profiltropfen und die Skelettlinien der NACA-6-Serie sind nach rein *aerodynamischen Gesichtspunkten* entwickelt worden. Vorgegeben wurden die Geschwindigkeitsverteilungen auf der Ober- und der Unterseite des Profils, wobei die Lage des Geschwindigkeitsmaximums in weiten Grenzen geändert wurde. Für die Numerierung gilt:

1. Ziffer: Zugehörigkeit zur Serie, hier „6".

2. Ziffer: Lage des Geschwindigkeitsmaximums in Zehnteln der Profiltiefe.

1. Ziffer hinter Bindestrich: Zehnfacher Betrag des Auftriebsbeiwertes des stoßfreien Eintritts, vgl. Kap. 6.3. Diese Ziffer ist ein Maß für die Wölbungshöhe.

2. und 3. Ziffer hinter Bindestrich: Dicke in Prozenten der Profiltiefe.

Die Dickenrücklage x_d/l liegt zwischen 0,35 und 0,45, Abb. 5.5c. Die normale Skelettlinie ist so berechnet worden, daß auf der Ober- und Unterseite jeweils konstante Geschwindigkeitsverteilungen herrschen. Hierfür gilt:

$$Z^{(s)} = -\frac{f}{l} \ln 2 \left[(1 - X) \ln(1 - X) + X \ln X \right]. \tag{5.21}$$

Wird eine andere Geschwindigkeitsverteilung zur Berechnung der Skelettlinie zugrunde gelegt, die im vorderen Profilbereich $0 \leqq X \leqq a$

364 V. Einführung in die Aerodynamik des Tragflügels

konstant ist und im hinteren Bereich $a \leq X \leq 1$ linear auf den Wert Null abfällt, so wird dieses durch die Angabe des Wertes a besonders gekennzeichnet. Einige zur 6-Serie gehörende Skelettlinien sind in Abb. 5.5c und 6.21 dargestellt.

Erweiterte Parabelprofile. Ein besonders einfacher analytischer Ausdruck für einen Profiltropfen oder eine Skelettlinie ist durch eine Parabel $Z = a X (1 - X)$ gegeben. Im einzelnen gilt für das *Parabelzweieck* (bikonvexes Profil) bzw. das *Parabelskelett*:

$$Z^{(t)}(X) = 2 \frac{d}{l} X(1 - X), \tag{5.22}$$

$$Z^{(s)}(X) = 4 \frac{f}{l} X(1 - X). \tag{5.23}$$

Es bedeuten d die Dicke des Tropfens und f die Wölbung, die an der Stelle $X = 1/2$ gelegen sind, Abb. 5.6a. Profile von diesem Typus mit

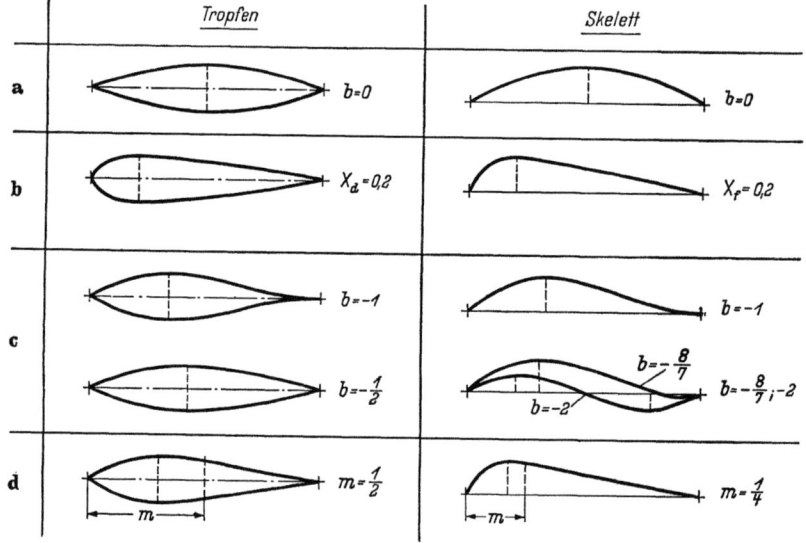

Abb. 5.6. Erweiterte Parabelprofile
a) Einfaches Parabelprofil; b) erweitertes Parabelprofil nach Gl. (5.24); c) erweitertes Parabelprofil nach Gl. (5.26); d) erweitertes Parabelprofil (Parabel 3. Grades + Gerade), fünfziffriges NACA-Profil

scharfer Vorder- und Hinterkante sind besonders für Überschallgeschwindigkeit von Bedeutung.

Durch Hinzufügen einer linearen Funktion $1 + b X$ im Zähler oder im Nenner erhält man die sog. erweiterten Parabelprofile. Nach [15] ergibt sich für diese:

$$Z(X) = a \frac{X(1 - X)}{1 + b X}. \tag{5.24}$$

Für verschiedene Werte von b ergeben sich hieraus wendepunktfreie Profile mit verschiedener Dickenrücklage X_d bzw. Wölbungsrücklage X_f. Die Konstanten a und b bestimmen sich zu

$$\left. \begin{array}{ll} \text{Tropfen:} & a = \dfrac{1}{2 X_d^2} \dfrac{d}{l}; \quad b = \dfrac{1 - 2 X_d}{X_d^2}, \\[2mm] \text{Skelett:} & a = \dfrac{1}{X_f^2} \dfrac{f}{l}; \quad b = \dfrac{1 - 2 X_f}{X_f^2}. \end{array} \right\} \quad (5.25)$$

In Abb. 5.6b sind der Tropfen und das Skelett für $X_d = 0{,}2$ und $X_f = 0{,}2$ angegeben.

Nach [6] wird gesetzt:

$$Z(X) = a X (1 - X)(1 + b X). \tag{5.26}$$

Im allgemeinen handelt es sich hierbei um Profile mit Wendepunkt, die für einige Werte von b in Abb. 5.6c dargestellt sind.

Ausgehend von der Skelettlinie der fünfziffrigen NACA-Profile lassen sich erweiterte Parabelprofile (Tropfen) auch noch dadurch gewinnen, daß man im vorderen Bereich eine Parabel dritten Grades und im hinteren Bereich eine Gerade ansetzt. In Abb. 5.6d sind für den Wert $m = 1/2$ der Profiltropfen und für $m = 1/4$ die Skelettlinie dargestellt.

Von den vorstehend behandelten Profilen haben die in Abb. 5.5 dargestellten Profiltropfen eine abgerundete Nase, dagegen die in Abb. 5.6 angegebenen Tropfen eine spitze Nase. Die ersteren Profile sind deswegen vorwiegend für den Unterschallbereich und die letzteren Profile für den Überschallbereich geeignet.

5.14 Verwindung und V-Stellung

Um die Geometrie des ganzen Flügels zu beschreiben, sind außer der Kenntnis des Flügelprofils an verschiedenen Stellen in Spannweitenrichtung Angaben erforderlich über die Lage der Profilschnitte zueinander. Die gegenseitige Verschiebung in der Längsrichtung wird durch die Pfeilung, Kap. 5.12, und die Verschiebung in Richtung der Hochachse durch die V-Stellung gegeben, während die Verdrehung der Profile gegeneinander durch die Verwindung festgelegt wird.

Verwindung. Im folgenden wird unter der geometrischen Verwindung $\varepsilon(y)$ der Einstellwinkel der Profilsehne gegenüber der flügelfesten x, y-Ebene verstanden, Abb. 5.7.[1] Aus aerodynamischen Gründen ist die Verwindung des Flügels meistens derart, daß der Einstellwinkel außen kleiner als innen ist. In Abb. 5.8a, b ist am Beispiel eines verwundenen Pfeilflügels der Verlauf der Einstellwinkel ε über Spannweite gezeigt.

---

[1] Außer der geometrischen Verwindung gibt es eine aerodynamische Verwindung, die durch die aerodynamischen Profileigenschaften bestimmt wird, vgl. Kap. VI.

Die Verwindung des Flügelinnenschnittes sei $\varepsilon(0) = \varepsilon_i$, während im Außenteil des Flügels $\eta^* \leqq \eta \leqq 1$ die konstante Verwindung $\varepsilon(\eta) = \varepsilon_a$ vorhanden ist.

Eine weitere wichtige Größe ist die *Verwindungsachse*. Dieses ist die Verbindungslinie der Durchstoßpunkte der Sehne mit der x, y-Ebene. Ihre Lage sei durch $x_\varepsilon(y)$ gegeben. In Abb. 5.8a fällt die Verwindungsachse mit der Einviertelpunktlinie zusammen, $x_\varepsilon = x_{25}$. Die genaue Kenntnis der Lage der Verwindungsachse ist von Bedeutung bei der Bestimmung der V-Stellung des Flügels, über die nachstehend berichtet wird.

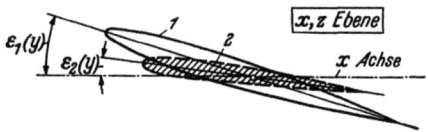

Abb. 5.7
Zur Erläuterung der geometrischen Verwindung

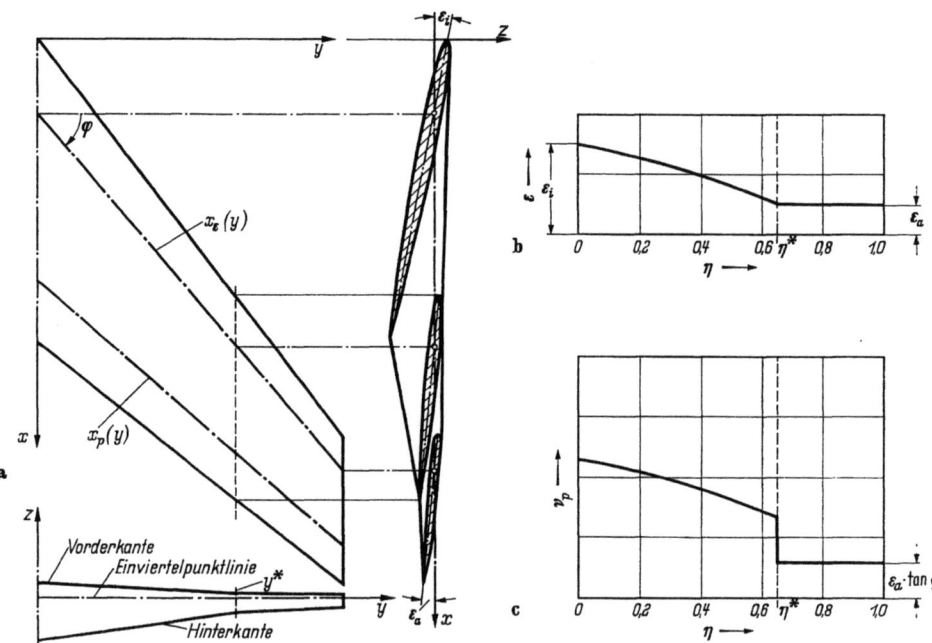

Abb. 5.8. Zur Geometrie eines verwundenen Pfeilflügels
a) Die drei Ansichten; b) Verwindungswinkelverlauf über Spannweite; c) Verlauf der örtlichen V-Stellung über Spannweite nach Gl. (5.28)

V-Stellung. Wie bereits gesagt wurde, gibt die V-Stellung die Neigung der linken und rechten Flügelhälfte gegenüber der x, y-Ebene an. Stellt $z^{(s)}(x, y)$ die Koordinaten der Flügelskelettfläche dar, dann erhält man die örtliche V-Stellung an einer Stelle x, y zu:

$$\tan \nu(x, y) = \frac{\partial z^{(s)}(x, y)}{\partial y}. \qquad (5.27)$$

Die partielle Differentiation ist bei konstant gehaltenem Wert x auszuführen. Hat der Flügel Verwindung, so muß noch besonders festgelegt werden, an welcher Stelle $x_p(y)$ der Winkel ν gemessen werden soll. Auf weitere Einzelheiten der Bestimmung der örtlichen V-Stellung wird hier verzichtet und auf [*11*] verwiesen.

In Abb. 5.8c ist der Verlauf des V-Stellungswinkels über Spannweite für das oben bereits behandelte Beispiel des verwundenen Pfeilflügels dargestellt. Dabei wird die aerodynamisch wirksame V-Stellung nach H. MULTHOPP [*11*] im Dreiviertelpunkt $x_p = x_{75}$ gemessen. Es gilt:

$$\nu_p(y) = \varepsilon(y) \tan \varphi - \frac{1}{2} l(y) \frac{d\varepsilon(y)}{dy}. \qquad (5.28)$$

Die an Flugzeugen ausgeführten Verwindungswinkel (Einstellwinkel in Flügelmitte gegenüber Einstellwinkel im Außenschnitt) sowie die V-Stellungswinkel sind im allgemeinen klein und übersteigen selten die Größenordnung von $10°$.

5.15 Ausgeführte Flügelformen

Um eine Vorstellung von den verschiedenen tatsächlich ausgeführten Flügelformen zu erhalten, sind in den Abb. 5.9a bis c Zusammenstellungen der Flügelformen und deren Baugrößen von Flugzeugen für niedrige Geschwindigkeiten (Unterschall), für mäßige Geschwindigkeiten (schallnahes Gebiet) und für hohe Geschwindigkeiten (Überschall) wiedergegeben (Stand 1966).[1] Diese Zusammenstellung enthält sowohl gerade Flügel, gepfeilte Flügel als auch Dreieckflügel.

Als wesentliche geometrische Daten, über die bereits berichtet wurde, sind anzusehen: das Seitenverhältnis $\Lambda = b^2/F$, die Pfeilung der Flügelvorderkante φ_v und das Profildickenverhältnis $\delta = d/l$. Für jedes Flugzeug sind auch die Flächenbelastung G/F (G = Fluggewicht, F = Flügelfläche) sowie die Flug-MACH-Zahl $Ma = V/a$ angegeben. In Abb. 5.10 sind die drei besprochenen geometrischen Daten über der Flug-MACH-Zahl dargestellt. Dabei zeigt sich für alle Größen eine eindeutige Entwicklungsrichtung vom Unterschall- zum Überschallflugzeug.

Das Profildickenverhältnis nimmt mit steigender MACH-Zahl stark ab und erreicht bei Überschallflugzeugen bereits Werte bis zu $d/l = 0{,}04$.

---
[1] Die Zusammenstellung dieser Tabelle verdanken wir erneut Herrn Dipl.-Ing. D. FIECKE, vgl. [*5*].

368 V. Einführung in die Aerodynamik des Tragflügels

Grundriß	Baumuster	Hersteller Land	Erst- flug
	Ju 90	Junkers D	1936
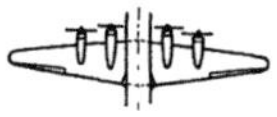	DC-4 Skymaster	Douglas USA	1938
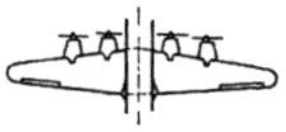	Super-Constellation	Lockheed USA	1949
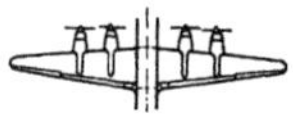	DC-7 C	Douglas USA	1955
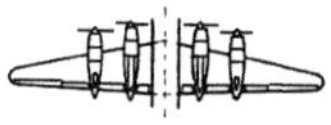	Britannia	Bristol GB	1952
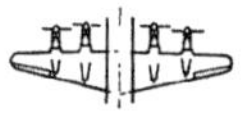	Elektra	Lockheed USA	1957
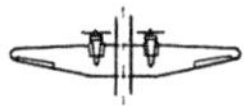	He 177	Heinkel D	1940
	B-29 A Superfortress	Boeing USA	1942
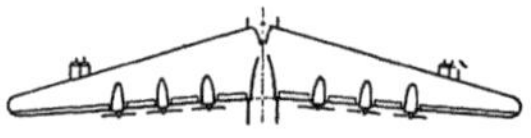	B-36 D	Convair USA	1949
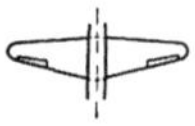	Me 109 F	Messerschmitt D	1941
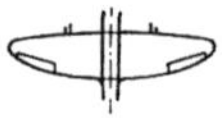	Spitfire IX	Vickers GB	1942

Abb. 5.9. Flügelformen, geometrische Daten und Flug-MACH-Zahl ausgeführter Flugzeuge
   a) Flugzeuge für niedrige Geschwindigkeiten (Unterschall)
Geordnet nach Verkehrsflugzeugen (6 Muster) und Kampfflugzeugen (5 Muster)

5.1 Geometrie des Tragflügels

b [m]	F [m²]	Λ	φ_v	λ	δ	G/F [kp/m²]	Ma
35,0	184	6,7	20°	0,26	$\frac{0,16}{0,12}$	130	0,33
35,8	135	9,5	5°	0,30	0,16	245	0,38
37,6	154	9,2	8°	0,42	$\frac{0,18}{0,12}$	405	0,46
38,9	152	10,0	4°	0,34	$\frac{0,16}{0,12}$	415	0,56
43,4	192	9,8	11°	0,27	0,14*	415	0,58
30,2	121	7,5	2°	0,40	0,14*	425	0,62
31,4	100	9,9	$\frac{0°}{5°}$	0,38	$\frac{0,17}{0,10}$	290	0,5
43,1	162	11,5	7°	0,43	$\frac{0,21}{0,18}$	395	0,52
70,1	443	11,1	15°	0,23	0,18*	405	0,65
9,9	16,1	6,1	3°	0,44	0,13	170	0,55
11,2	22,9	5,5	0°	0,28	$\frac{0,13}{0,11}$	160	0,55

* Ungefährer Wert, aus nicht bestätigten Unterlagen ermittelt.

370   V. Einführung in die Aerodynamik des Tragflügels

Grundriß	Baumuster	Hersteller Land	Erstflug
	  DH 106 Comet 4	De Havilland GB	1958
	SE 210 Caravelle III	Sud-Aviation F	1960
	Tu 104 B	Tupolev USSR	1959
	VC 10	BAC-Vickers GB	1962
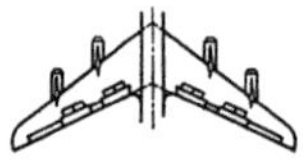	707-120 Stratoliner	Boeing USA	1956
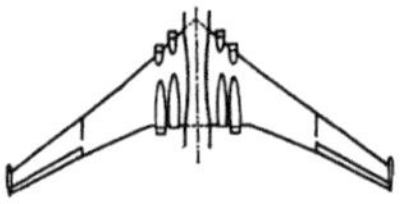	Mja-4 Bison	Mjasischtschew USSR	1952
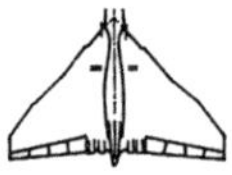	Avro 698 Vulcan B 1	A. V. Roe GB	1952
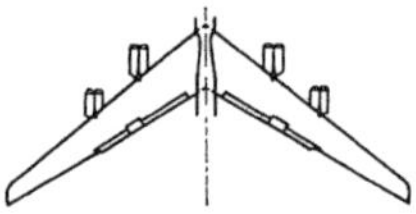	B-52 B Stratofortress	Boeing USA	1953
	 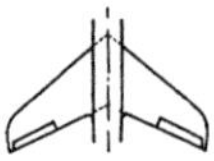 Mystère IV A	Dassault F	1952
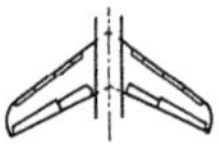	F-86 D Sabre	North American USA	1949
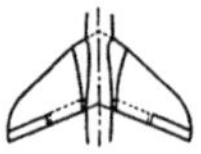	Hunter MK 4	Hawker GB	1952

Abb. 5.9. Flügelformen, geometrische Daten und Flug-MACH-Zahl ausgeführter Flugzeuge
b) Flugzeuge für mäßige Geschwindigkeiten (schallnaher Bereich)
Geordnet nach Verkehrsflugzeugen (5 Muster) und Kampfflugzeugen (6 Muster)

5.1 Geometrie des Tragflügels

b [m]	F [m²]	Λ	φ_v	λ	δ	G/F [kp/m²]	Ma
35,1	197	6,3	26°	0,21	$\frac{0,12}{0,10}$	350	0,8
34,3	147	8,0	24°	0,33	0,12	330	0,8
34,5	188	6,3	$\frac{45°}{38°}$	0,29	$\frac{0,14}{0,11}$	430	0,85
44,6	272	7,3	36°	0,27	0,09	515	0,88
39,9	226	7,1	37°	0,32	0,105	495	0,9
52	340	8,0	$\frac{40°}{37°}$	0,17		470	0,9
30,2	290	3,1	52°	0,15	0,10	235	0,95
56,4	371	8,6	37°	0,35	$\frac{0,13*}{0,08}$	510	0,98
11,1	31,5	3,9	41°	0,50	0,075	240	0,94
11,3	25,4	5,0	38°	0,54	0,12	285	0,95
10,3	31,6	3,4	44°	0,42	0,085	255	0,98

* Ungefährer Wert, aus nicht bestätigten Unterlagen ermittelt.

372 V. Einführung in die Aerodynamik des Tragflügels

Grundriß	Baumuster	Hersteller Land	Erst-flug
	 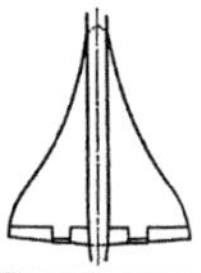 Concorde	BAC/Sud-Aviation GB F	
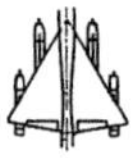	B 58 Hustler	Convair USA	1956
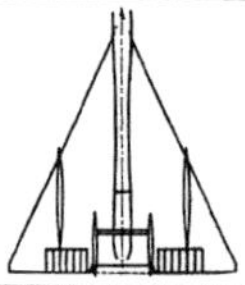	XB 70 Valkyrie	North American USA	1964
	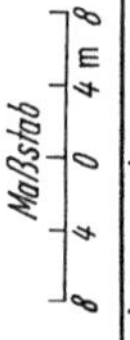 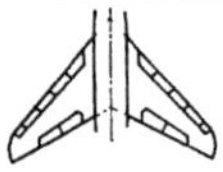 F-100 A Super Sabre	North American USA	1953
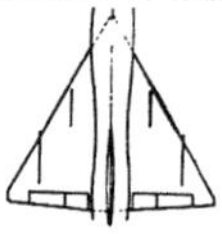	F-102 A Delta Dagger	Convair USA	1954
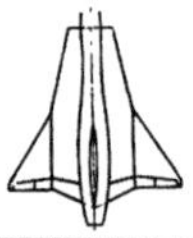	J 35 A Draken	Saab Schweden	1955
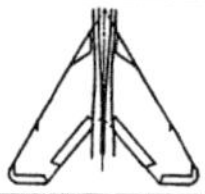	P-1 B Lightning	BAC GB	1957
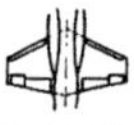	F-104 G Starfighter	Lockheed USA	1960
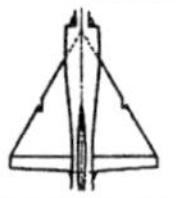	Mirage III C	Dassault F	1960
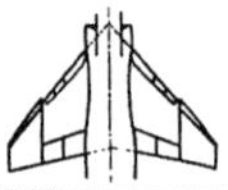	F 4 B Phantom II	McDonnell USA	1961
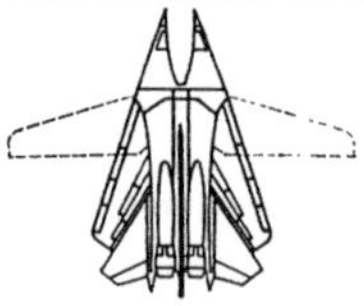	F-111 A	General Dynamics/ Grumman USA	1964

Abb. 5.9. Flügelformen, geometrische Daten und Flug-MACH-Zahl ausgeführter Flugzeuge
c) Flugzeuge für hohe Geschwindigkeiten (Überschall)
Geordnet nach Verkehrsflugzeugen (1 Muster) und Kampfflugzeugen (10 Muster)

5.1 Geometrie des Tragflügels

b [m]	F [m²]	Λ	φ_v	λ	δ	G/F [kp/m²]	Ma
25,5	358	1,8	$\frac{54°}{79°}$	0	0,04	430	2,2
17,3	144	2,1	60°	0	0,04	500	2,0
32	586	1,75	65,5°	0,02	<0,04	410	3,0
11,6	34,5	3,9	50°	0,25	0,06	350	1,25
11,6	62	2,2	60°	0,04	0,04	220	1,3
9,4	50	1,77	$\frac{80°}{57°}$	0,02	0,06	180	1,8
10,6	41	2,7	60°	0,07	0,05	330	2,0
6,7	18,25	2,45	27°	0,38	0,034	650	2,2
8,22	34,8	1,94	60°	0,076	0,04	285	2,3
11,7	49,2	2,8	$\frac{50°}{52°}$	0,17	0,051	500	2,5
19,2[1] 9,74[2]	65 91	5,7 1,0	69°/16° 69°/72°	0,14 0,12		530 380	2,5

[1] Erste Reihe: Vorgeschwenkter Flügel.
[2] Zweite Reihe: Rückgeschwenkter Flügel (Flügelfläche einschl. Höhenleitwerk).

Der Pfeilwinkel ist bei kleinen MACH-Zahlen zunächst nahezu Null, steigt bei hohen Unterschallgeschwindigkeiten bis zu $\varphi_v \approx 60°$ an.

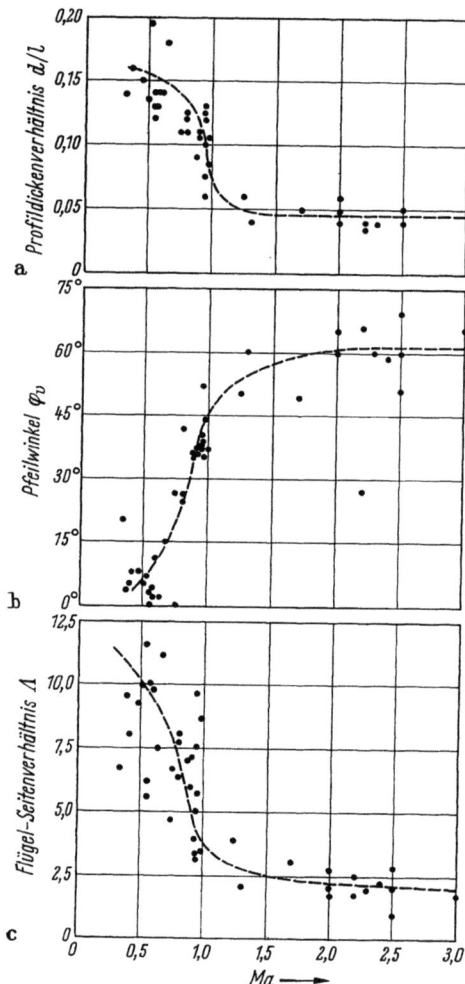

Abb. 5.10. Die wichtigsten geometrischen Flügeldaten ausgeführter Flugzeuge in Abhängigkeit von der MACH-Zahl bei der Entwicklung vom Unter- schall- zum Überschallflugzeug (nach [5]), vgl. Fußnote auf S. 367
a) Profildickenverhältnis $\delta = d/l$;
b) Pfeilwinkel der Flügelvorderkante φ_v; c) Seitenverhältnis Λ

Überschallflugzeuge weisen im allgemeinen sehr große Pfeilwinkel auf. Die Seitenverhältnisse sind im Unterschallbereich für Langstreckenflugzeuge besonders groß und für wendige Kampfflugzeuge erheblich geringer. Im Überschallbereich ist aus aerodynamischen Gründen die Verwendung größerer Seitenverhältnisse nicht mehr erforderlich, so daß man in diesem Bereich auch aus baulichen Gründen zu sehr kleinen Seitenverhältnissen bis herunter zu $\Lambda = 2$ gelangt. In [16] hat E. TRUCKENBRODT gezeigt, in welchem Maße die entscheidenden Erkenntnisse über den Widerstand von Tragflügeln die in Abb. 5.10 dargestellten geometrischen Flügeldaten bestimmt haben.

5.2 Kräfte und Momente am Tragflügel

5.21 Auftrieb, Widerstand und Gleitzahl

In Kap. VI bis VIII wollen wir uns eingehend mit der Aerodynamik des Tragflügels beschäftigen. Im vorliegenden Abschnitt sollen zunächst einige Grundbegriffe erläutert werden, die für das Verständnis der folgenden Kapitel wichtig sind.

5.2 Kräfte und Momente am Tragflügel 375

Bewegt sich ein Flugzeug mit konstanter Geschwindigkeit, so erfährt es eine resultierende Luftkraft R, Abb. 5.11. Die Komponente dieser Kraft *in* Anströmungsrichtung ist der *Widerstand W*, die Komponente *senkrecht* dazu der *Auftrieb A*. Die Neigung der Resultierenden R zur Anströmungsrichtung und damit das Verhältnis von Auftrieb zu Widerstand hängen im wesentlichen ab von der geometrischen Form des Tragflügels und der Anströmungsrichtung. Ein großer Wert dieses Verhältnisses A/W ist flugmechanisch erwünscht. Es kann nämlich A/W als eine Gütezahl des Flugzeuges angesehen werden. Diese hat eine an-

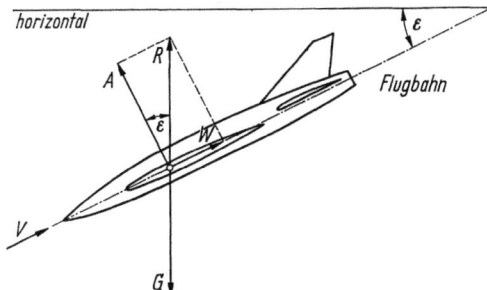

Abb. 5.11. Zur Erläuterung des Gleitwinkels ε

schauliche Bedeutung für den motorlosen Flug (Segelflug), wie aus Abb. 5.11 ersichtlich ist. Für den stationären geradlinigen Gleitflug eines motorlosen Flugzeuges muß die resultierende Luftkraft R entgegengesetzt gleich dem Gewicht G sein. Damit ergibt sich nach Abb. 5.11 für den *Gleitwinkel* ε die Beziehung

$$\tan \varepsilon = \frac{W}{A}. \tag{5.29}$$

Der kleinste Gleitwinkel $\varepsilon_{\min}$ ist besonders bei Segelflugzeugen eine sehr wichtige flugmechanische Leistungsgröße; er ist nach Gl. (5.29) gegeben durch $(A/W)_{\max}$.

Ein Tragflügel ist gegenüber anderen Körperformen dadurch ausgezeichnet, daß für ihn das Verhältnis von Auftrieb und Widerstand recht groß ist. Nachstehend seien einige Angaben über A/W für inkompressible Strömung gemacht: Bei einer rechteckigen Platte vom Seitenverhältnis $\Lambda = b/l = 6$ ergeben sich hierfür etwa Werte von $(A/W)_{\max} = 6$ bis 8. Wesentlich größeren Auftrieb bei etwa gleichem Widerstand erhält man, wenn die Platte etwas gewölbt ist. In diesem Falle sind Werte von $(A/W)_{\max} = 10$ bis 12 erreichbar. Noch günstigere Werte von $(A/W)_{\max}$ erreicht man bei Tragflügeln, die profiliert sind. Dabei kommt es besonders auf eine gute Abrundung der Vorderkante an, während das Profil hinten möglichst in eine scharfe Kante auslaufen soll. Für einen solchen Tragflügel werden Werte von $(A/W)_{\max} = 25$ und höher erreicht.

5.22 Sonstige Kräfte und Momente, Achsensysteme

Während sich bei symmetrischer Anströmung die resultierende Luftkraft aus den beiden Komponenten Auftrieb und Widerstand zusammensetzt, läßt sich im allgemeinen Fall die Resultierende der Luftkraft zerlegen in drei Kräfte und drei Momente. Diese insgesamt sechs Komponenten entsprechen den sechs Freiheitsgraden der Bewegung des

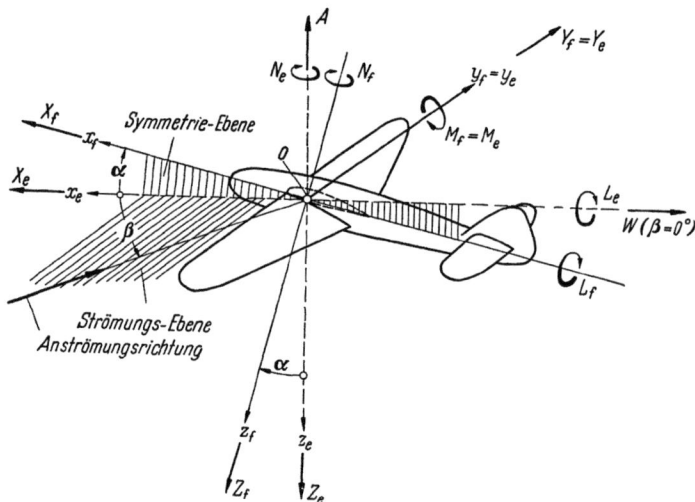

Abb. 5.12. Flugmechanische Achsensysteme. Flugzeugfestes System: x_f, y_f, z_f; experimentelles System: x_e, y_e, z_e; Anstellwinkel: α; Schiebewinkel: β

Flugzeuges. Für die Beschreibung dieser Kräfte und Momente führen wir jetzt den *flugmechanischen Bedürfnissen* entsprechend zwei verschiedene Achsensysteme ein, Abb. 5.12[1]:

a) flugzeugfestes System: x_f, y_f, z_f,
b) experimentelles System: x_e, y_e, z_e.

Der Koordinatenursprung 0 beider Achsensysteme fällt zusammen und liegt in der Flugzeugsymmetrieebene. Seine Lage in dieser Ebene wird von Fall zu Fall verschieden gewählt. Für flugmechanische Betrachtungen wird der Ursprung meist im Schwerpunkt des Flugzeuges angenommen. Für die aerodynamischen Berechnungsverfahren jedoch empfiehlt es sich, den Ursprung in einen durch die Geometrie des Flugzeuges ausgezeichneten Punkt zu legen. Bei der Tragflügelaerodynamik wählt man zweckmäßigerweise den in Kap. 5.12 definierten geometrischen Neutralpunkt des Flügels.

---

[1] Die hier verwendeten Achsensysteme entsprechen im wesentlichen der Festlegung nach dem Normblatt LN 9300.

5.2 Kräfte und Momente am Tragflügel

Das experimentelle Achsensystem x_e, y_e, z_e hat mit dem flugzeugfesten Achsensystem x_f, y_f, z_f die Querachse $y_f = y_e$ gemeinsam. Das experimentelle System erhält man aus dem flugzeugfesten System durch eine Drehung um die Querachse um den Winkel α (Anstellwinkel), Abb. 5.12.

Bei symmetrischer Anströmung des Flugzeuges ist der Anströmungszustand außer durch den Geschwindigkeitsbetrag durch den Anstellwinkel α festgelegt. Bei unsymmetrischer Anströmung ist außerdem die Angabe des Schiebewinkels β erforderlich. Letzterer ist definiert als der Winkel, den die Anströmungsrichtung mit der Flugzeugsymmetrieebene bildet, Abb. 5.12.

Für die Kräfte und Momente gilt im einzelnen:

a) *flugzeugfestes System:*
   x_f-Achse: Tangentialkraft X_f, Rollmoment L_f,
   y_f-Achse: Seitenkraft Y_f, Nickmoment M_f,
   z_f-Achse: Normalkraft Z_f, Giermoment N_f,

b) *experimentelles System:*
   x_e-Achse: Tangentialkraft X_e, Rollmoment L_e,
   y_e-Achse: Seitenkraft Y_e, Nickmoment M_e,
   z_e-Achse: Normalkraft Z_e, Giermoment N_e.

Die Vorzeichen der Kräfte und Momente sind aus Abb. 5.12 zu ersehen.

Es ist gebräuchlich, außer den angegebenen Kräften und Momenten den Auftrieb A und den Widerstand W zu benutzen. Diese stehen mit den vorstehend genannten Kräften in folgendem Zusammenhang:

$$A = -Z_e \quad \text{und} \quad W = -X_e \quad (\text{für } \beta = 0). \tag{5.30}$$

Ferner ist wegen des Zusammenfallens der Querachsen $y_f = y_e$:

$$Y_f = Y_e \quad \text{und} \quad M_f = M_e. \tag{5.31}$$

Für die Umrechnung der Kräfte von dem einen in das andere Achsensystem gelten die nachstehenden Formeln:

experimentell → flugzeugfest:

$$\left.\begin{aligned} X_f &= X_e \cos\alpha - Z_e \sin\alpha, \\ Z_f &= Z_e \cos\alpha + X_e \sin\alpha, \\ L_f &= L_e \cos\alpha - N_e \sin\alpha, \\ N_f &= N_e \cos\alpha + L_e \sin\alpha, \end{aligned}\right\} \tag{5.32}$$

flugzeugfest → experimentell:

$$\left.\begin{aligned} X_e &= X_f \cos\alpha + Z_f \sin\alpha, \\ Z_e &= Z_f \cos\alpha - X_f \sin\alpha, \\ L_e &= L_f \cos\alpha + N_f \sin\alpha, \\ N_e &= N_f \cos\alpha - L_f \sin\alpha. \end{aligned}\right\} \tag{5.33}$$

378   V. Einführung in die Aerodynamik des Tragflügels

5.23 Dimensionslose Beiwerte der Kräfte und Momente

Für die Darstellung von Meßergebnissen und auch für theoretische Rechnungen ist es zweckmäßig, für die im vorigen Abschnitt angegebenen Kräfte und Momente dimensionslose Beiwerte, die sog. aerodyna-

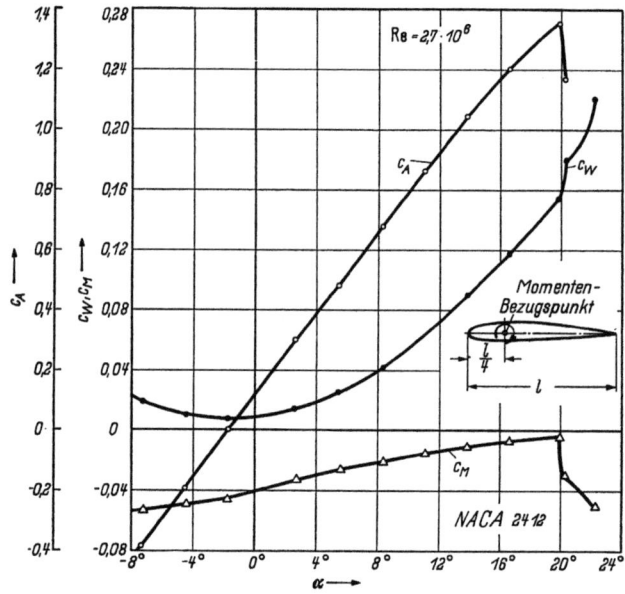

Abb. 5.13. Dreikomponentenmessung c_A, c_W, c_M in Abhängigkeit vom Anstellwinkel α für einen Rechteckflügel vom Seitenverhältnis $\Lambda = 5$ mit dem Profil NACA 2412 [4]. REYNOLDSsche Zahl $Re = 2{,}7 \cdot 10^6$; MACHsche Zahl $Ma = 0{,}15$

mischen Beiwerte des Flugzeuges, einzuführen. Diese Beiwerte werden bezogen auf die Flügelfläche F, die Halbspannweite s und die Bezugsflügeltiefe l_μ, Gl. (5.7), sowie auf den Staudruck $q = (\varrho/2)\,V^2$, wobei V die Fluggeschwindigkeit (Anströmungsgeschwindigkeit) ist.

Im einzelnen gilt:

$$\left.\begin{array}{lll}\text{Auftrieb:} & A = c_A\, F\, q, \\ \text{Widerstand:} & W = c_W\, F\, q, \\ \text{Tangentialkraft:} & X = c_X\, F\, q, \\ \text{Seitenkraft:} & Y = c_Y\, F\, q, \\ \text{Normalkraft:} & Z = c_Z\, F\, q, \\ \text{Rollmoment:} & L = c_L\, F\, s\, q, \\ \text{Nickmoment:} & M = c_M\, F\, l_\mu\, q, \\ \text{Giermoment:} & N = c_N\, F\, s\, q. \end{array}\right\} \quad (5.34)$$

5.2 Kräfte und Momente am Tragflügel

Eine Messung, die die drei Beiwerte c_A, c_W und c_M in Abhängigkeit vom Anstellwinkel α liefert, bezeichnet man als *Dreikomponentenmessung*. In Abb. 5.13 ist für den Schiebewinkel $\beta = 0$ das Ergebnis einer solchen Messung an einem Rechteckflügel vom Seitenverhältnis $\Lambda = 5$ dargestellt. Die Momentenbezugsachse liegt im Einviertelpunkt auf der

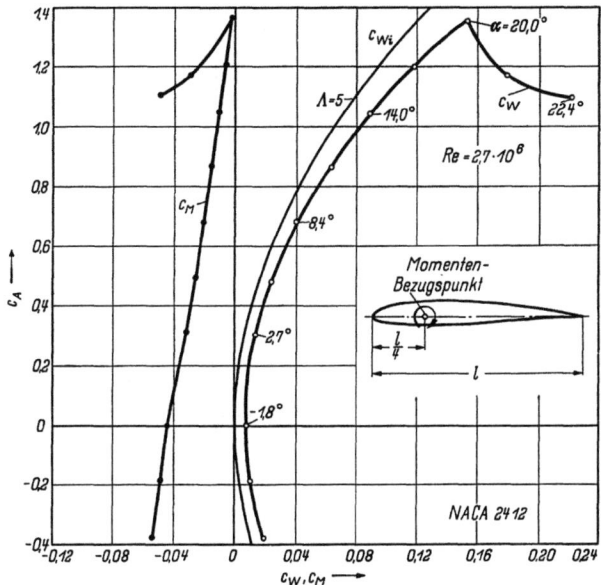

Abb. 5.14
Dreikomponentenmessung wie nach Abb. 5.13, Polarendarstellung $c_A(c_W)$ und $c_A(c_M)$

Flügelsehne. Die plötzliche Änderung der über dem Anstellwinkel aufgetragenen Beiwerte bei $\alpha = 20°$ läßt den Beginn der Strömungsablösung am Flügel erkennen. Die Auftragung $c_A(c_W)$ mit α als Parameter, Abb. 5.14, wurde erstmalig von O. LILIENTHAL verwendet; sie wird als *Polare* oder auch als Widerstandspolare bezeichnet.

Werden bei einer Messung, z. B. beim schiebenden Flügel, sämtliche sechs Komponenten gemessen, so spricht man von einer *Sechskomponentenmessung*.

In Abb. 5.15 sind die aus einer Sechskomponentenmessung an einem schiebenden Flügel gewonnenen dimensionslosen Beiwerte c_Y, c_L, c_N in Abhängigkeit vom Schiebewinkel β bei konstantem Anstellwinkel α dargestellt.

Die Beiwerte der Kräfte und Momente eines Tragflügels hängen außer von den geometrischen Daten, wie z. B. dem Seitenverhältnis, dem Flügelprofil und der Pfeilung, vgl. hierzu Kap. 5.1, noch von der

380 V. Einführung in die Aerodynamik des Tragflügels

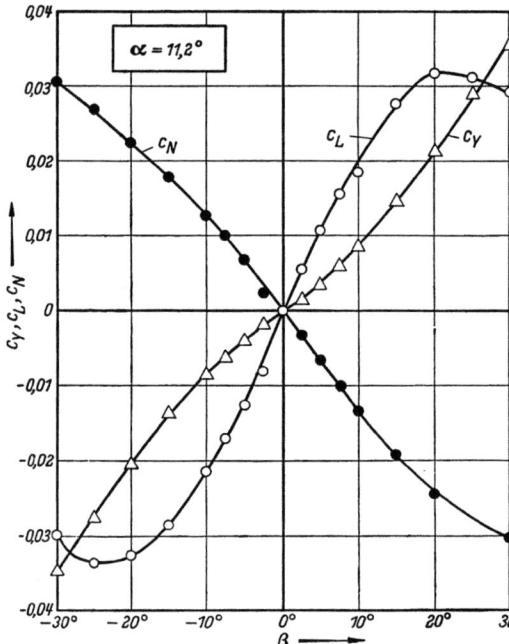

Abb. 5.15. Sechskomponentenmessung an einem schiebenden Rechteckflügel vom Seitenverhältnis $A = 5$, mit dem Profil Gö 387 bei konstantem Anstellwinkel [10]. Die aufgetragenen Beiwerte c_Y, c_L, c_N beziehen sich auf das experimentelle Achsensystem

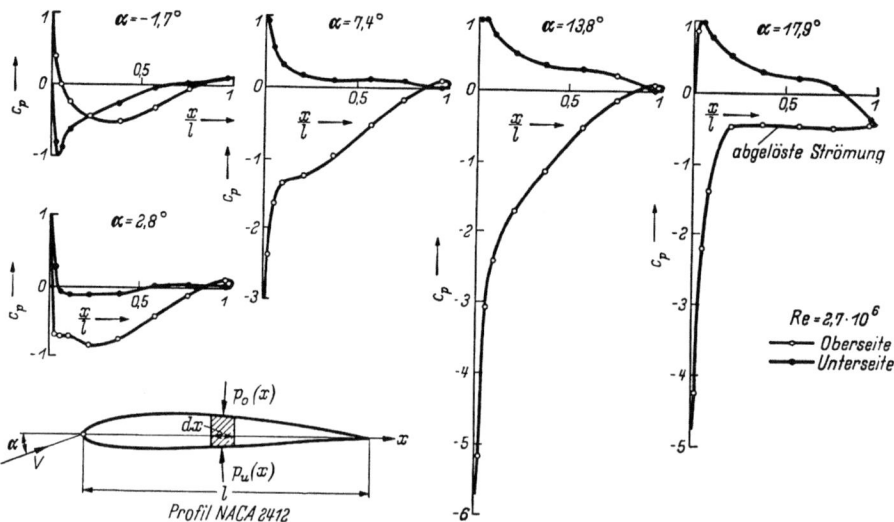

Abb. 5.16. Druckverteilungen bei verschiedenen Anstellwinkeln α an einem Flügel von unendlichem Seitenverhältnis und mit dem Profil NACA 2412 [3]. REYNOLDS-Zahl $Re = 2{,}7 \cdot 10^6$, MACHsche Zahl $Ma = 0{,}15$. Normalkraftbeiwerte nach folgender Tabelle:

α	$-1{,}7°$	$2{,}8°$	$7{,}4°$	$13{,}9°$	$17{,}8°$
$-c_z$	0,024	0,433	0,862	1,356	0,950

REYNOLDSschen Zahl Re und von der MACHschen Zahl Ma ab. Bei kleinen Fluggeschwindigkeiten ist der Einfluß der MACHschen Zahl auf die Kraft- und Momentenbeiwerte jedoch vernachlässigbar klein.

5.24 Druckverteilungen und Auftriebsverteilungen

Außer den Gesamtkräften und -momenten braucht man häufig auch die Verteilung der örtlichen Kräfte über die Oberfläche des Tragflügels. Als Beispiel hierfür sind in Abb. 5.16 die an einem Flügel unendlicher Spannweite gemessenen Druckverteilungen über der Flügeltiefe bei verschiedenen Anstellwinkeln α dargestellt. Aufgetragen ist über der Abszisse x/l der *dimensionslose Druckbeiwert*

$$c_p = \frac{p - p_\infty}{q}, \tag{5.35}$$

wobei $(p - p_\infty)$ den Über- oder Unterdruck gegenüber der ungestörten Strömung p_∞ darstellt. Beim Anstellwinkel $\alpha = 17{,}9°$ ist die Strömung auf der Profiloberseite abgelöst, was durch den über einen weiten Bereich der Profiltiefe konstanten Druck angezeigt wird.

Werden mit p_u der Druck auf der Profilunterseite und p_o der Druck auf der Profiloberseite bezeichnet, vgl. Abb. 5.16, dann stellt die Differenz $\Delta p = (p_u - p_o)$ ein Maß für die am Flächenelement $dx\,dy$ angreifende Belastung dar, Abb. 5.17a. Die Normalkraft am Flächenelement $dx\,dy$ erhält man also zu

$$d^2 Z = -\Delta p\,dx\,dy.$$

Durch Integration über die Flügeltiefe ergibt sich hieraus die Normalkraft pro Längeneinheit in Spannweitenrichtung

$$\frac{dZ(y)}{dy} = -\int\limits_{l(y)} \Delta p(x, y)\,dx. \tag{5.36}$$

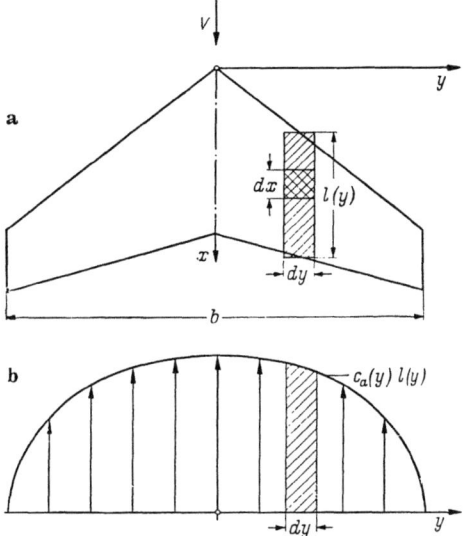

Abb. 5.17. Zur Auftriebsverteilung an Tragflügeln
a) Geometrische Bezeichnungen; b) Auftriebsverteilung längs Spannweite

Ähnlich wie für die Gesamtkräfte des Flügels nach Kap. 5.23 führt man auch für die örtlichen Kräfte dimensionslose Beiwerte ein. Entsprechend Gl. (5.34) setzt man also:

$$dZ = c_z q\,dF = c_z(y)\,l(y)\,q\,dy. \tag{5.37}$$

Hierin ist $dF = l\,dy$ der in Abb. 5.17a schraffierte Flächenstreifen. Mit $c_z(y)$ bezeichnet man den örtlichen Normalkraftbeiwert.[1] Unter Einführung des resultierenden Druckbeiwertes $\Delta c_p = \Delta p/q$ ergibt sich aus Gl. (5.36) und (4.37):

$$c_z(y) = -\frac{1}{l(y)} \int\limits_{l(y)} \Delta c_p(x, y)\,dx. \qquad (5.38)$$

Für die in Abb. 5.16 dargestellten Druckverteilungen sind die nach Gleichung (5.38) ausgewerteten Normalkraftbeiwerte in der Tabelle der Bildunterschrift zusammengestellt. Da für kleine Anstellwinkel die Beziehung

$$c_a(y) \approx -c_z(y) \qquad (5.39)$$

gilt, ist Gl. (5.38) auch zur Berechnung des örtlichen Auftriebsbeiwertes aus der gegebenen Druckverteilung geeignet.

Als *Auftriebsverteilung* längs Spannweite definiert man analog zu Gl. (5.37):

$$\frac{dA}{dy} = c_a(y)\,l(y)\,q. \qquad (5.40)$$

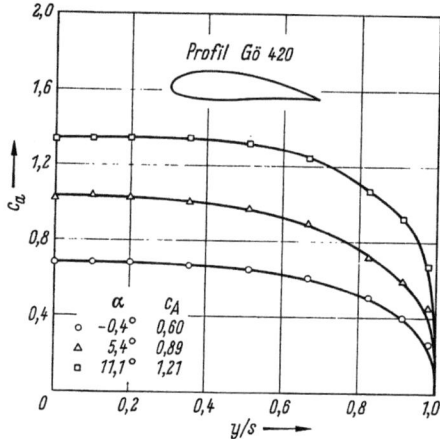

Abb. 5.18. Verteilung des örtlichen Auftriebsbeiwertes längs Spannweite für einen Rechteckflügel vom Seitenverhältnis $\Lambda = 5$ mit dem Profil Gö 420. REYNOLDSsche Zahl $Re = 4{,}2 \cdot 10^5$; MACHsche Zahl $Ma = 0{,}12$

In Abb. 5.17b ist die Auftriebsverteilung eines symmetrisch angeströmten Flügels schematisch dargestellt. Schließlich ist noch in Abb. 5.18 die Verteilung des örtlichen Auftriebsbeiwertes c_a längs Spannweite für einen Rechteckflügel bei verschiedenen Anstellwinkeln eingetragen.

Integriert man jetzt auch noch über die Spannweite, so findet man den Gesamtauftrieb zu

$$A = \int\limits_{-s}^{s} \frac{dA}{dy}\,dy. \qquad (5.41)$$

Führt man den Beiwert nach Gl. (5.34) ein, dann wird mit Gl. (5.40):

$$c_A = \frac{A}{Fq} = \frac{1}{F} \int\limits_{-s}^{s} c_a(y)\,l(y)\,dy. \qquad (5.42)$$

---

[1] Zur Unterscheidung der in Kap. 5.23 eingeführten Beiwerte der Gesamtkräfte und -momente, bei denen die Indizes der Beiwerte durchweg mit großen Buchstaben bezeichnet wurden, sollen für die Beiwerte der örtlichen Kräfte und Momente kleine Indizes verwendet werden.

5.3 Zusammenhang zwischen den Luftkräften und den Bewegungsformen des Flugzeuges

5.31 Bewegungsformen des Flugzeuges

Nachdem bisher die Geometrie des Tragflügels und die am Tragflügel angreifenden Luftkräfte und Momente behandelt worden sind, möge jetzt der Bewegungszustand eines Tragflügels für den allgemeinen

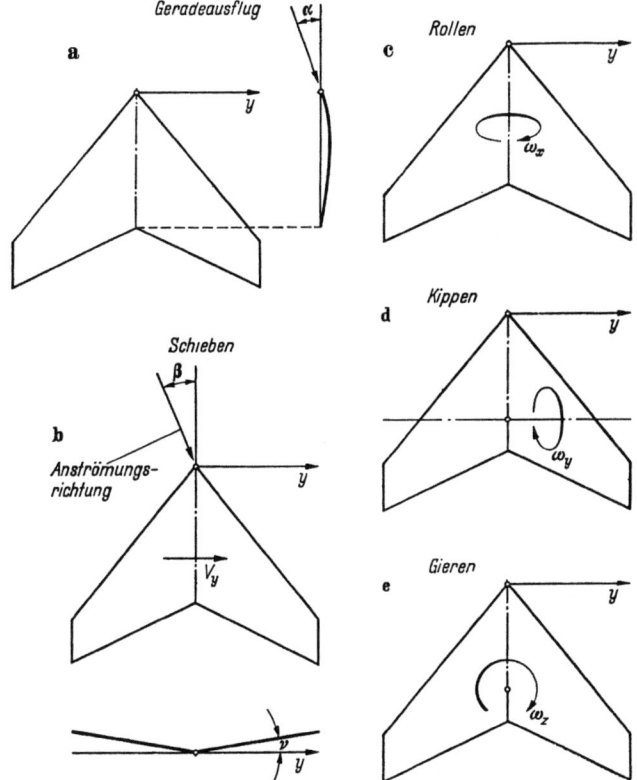

Abb. 5.19. Die Bewegungsformen des Tragflügels
a) Geradeausflug; b) Schiebeflug; c) bis e) Drehbewegungen: Rollen, Nicken (Kippen), Gieren

Fall kurz erläutert werden. Dieser Bewegungszustand besitzt sechs Freiheitsgrade, und zwar drei Komponenten der Translationsgeschwindigkeit V_x, V_y, V_z und drei Komponenten der Drehgeschwindigkeit ω_x, ω_y, ω_z, die beispielsweise bezogen sein mögen auf das flugzeugfeste Achsensystem x, y, z nach Abb. 5.12. Die in Kap. 5.2 eingeführten Komponenten der Luftkraft und ihre dimensionslosen aerodynamischen Beiwerte sind von diesen sechs Freiheitsgraden der Bewegung abhängig.

384   V. Einführung in die Aerodynamik des Tragflügels

Der *stationäre* Bewegungszustand des Flugzeuges läßt sich aufteilen in eine *Längsbewegung* und in eine *Seitenbewegung*. Bei der Längsbewegung ändert sich die Lage der Flugzeugsymmetrieebene nicht. Sie ist gekennzeichnet durch die drei Bewegungskomponenten

$$V_x, \; V_z, \; \omega_y \quad \text{(Längsbewegung)}.$$

Die übrigen drei Bewegungskomponenten bestimmen die Seitenbewegung, nämlich:

$$V_y, \; \omega_x, \; \omega_z \quad \text{(Seitenbewegung)}.$$

Für die Diskussion des Zusammenhanges der aerodynamischen Beiwerte mit den Bewegungskomponenten ist es zweckmäßig, den allgemeinen Bewegungszustand aufzuteilen in den *Geradeausflug*, der durch V_x und V_z bestimmt wird, den *Schiebeflug*, der durch V_y bestimmt wird, sowie in die Drehbewegungen um die drei Achsen. Bei den Drehbewegungen handelt es sich im einzelnen um die *Rollbewegung* ω_x, die *Nickbewegung* ω_y und die *Gierbewegung* ω_z, vgl. hierzu Abb. 5.19.

Die früher eingeführten Größen, Anstellwinkel α und Schiebewinkel β, vgl. Abb. 5.12, ergeben sich dann wie folgt:

$$\tan\alpha = \frac{V_{zf}}{V_{xf}} \quad \text{und} \quad \tan\beta = -\frac{V_{ye}}{V_{xe}}. \tag{5.43}$$

Die Vorzeichen von $\alpha, \beta, \omega_x, \omega_y, \omega_z$ sind aus Abb. 5.19 zu ersehen. Bei instationären Flugzuständen hängen die Luftkräfte auch noch von den Beschleunigungskomponenten der Bewegung ab, vgl. hierzu Kap. 5.35.

5.32 Kräfte und Momente beim Geradeausflug

Bei einem stationär geradeaus fliegenden Flugzeug ist die Anströmungsrichtung des Flügels durch Angabe des Anstellwinkels α bestimmt, Abb. 5.19a. Die resultierende Luftkraft wird nach Größe, Richtung und Wirkungslinie durch den Auftrieb A, den Widerstand W und das Nickmoment M festgelegt, Abb. 5.12. Im folgenden seien einige Angaben über die in Kap. 5.23 eingeführten dimensionslosen Beiwerte gemacht. Die Abhängigkeit dieser drei Größen vom Anstellwinkel α wurde bereits in Abb. 5.13 dargestellt.

Auftrieb. Im Bereich mäßiger Anstellwinkel hängt der Auftriebsbeiwert c_A linear vom Anstellwinkel α ab:

$$c_A = (\alpha - \alpha_0) \frac{dc_A}{d\alpha}. \tag{5.44}$$

Dabei bedeutet α_0 den Nullauftriebswinkel und $dc_A/d\alpha$ den Auftriebsanstieg. Ferner ist für den Auftrieb charakteristisch der maximale Auftriebsbeiwert $c_{A\max}$, der in dem Beispiel nach Abb. 5.13 bei $\alpha = 20°$ erreicht wird.

5.3 Zusammenhang zwischen den Luftkräften und den Bewegungsformen

Widerstand. Im Bereich mäßiger Anstellwinkel und mäßiger Auftriebsbeiwerte gilt für den Widerstandsbeiwert c_W:

$$c_W = c_{W0} + k_1 c_A + k_2 c_A^2. \tag{5.45}$$

Hierin bedeutet c_{W0} den Widerstandsbeiwert bei verschwindendem Auftrieb (= Profilwiderstand). Es sind k_1 und k_2 von der Geometrie des Tragflügels abhängige Konstanten. Für unverwundene Flügel mit symmetrischem Profil gilt:

$$c_W = c_{W0} + k_2 c_A^2. \tag{5.46}$$

Dies ist die Darstellung der Widerstandspolare, Abb. 5.14.

Nickmoment. Der Nickmomentenbeiwert c_M ist linear vom Anstellwinkel α bzw. Auftriebsbeiwert c_A abhängig, Abb. 5.13 und 5.14. Man schreibt

$$c_M = c_{M0} + \frac{dc_M}{dc_A} c_A. \tag{5.47}$$

Hierin bedeutet c_{M0} den Nullmomentenbeiwert und dc_M/dc_A den Nickmomentenanstieg. Der Wert von c_{M0} ist unabhängig von der Lage des Momentenbezugspunktes, während dc_M/dc_A stark davon abhängt. Die Größe dc_M/dc_A wird auch als *Stabilitätsmaß der Längsbewegung* (Drehung um die Querachse) bezeichnet.

Druckpunkt und Neutralpunkt. Die resultierende Luftkraft am Tragflügel ist erst vollständig bestimmt, wenn man ihre Größe, ihre Richtung und die Lage ihrer Wirkungslinie kennt. Diese drei Angaben erhält man beispielsweise aus Auftrieb, Widerstand und Nickmoment. Die Lage der Wirkungslinie der Resultierenden R am Tragflügel kann angegeben werden als Schnittpunkt der Wirkungslinie mit der Profilsehne, Abb. 5.20a. Man bezeichnet diesen Punkt als den *Druckpunkt* des Flügels. Sei x_A der Abstand des Druckpunktes von der Momentenbezugsachse, so gilt

$$M = x_A Z.$$

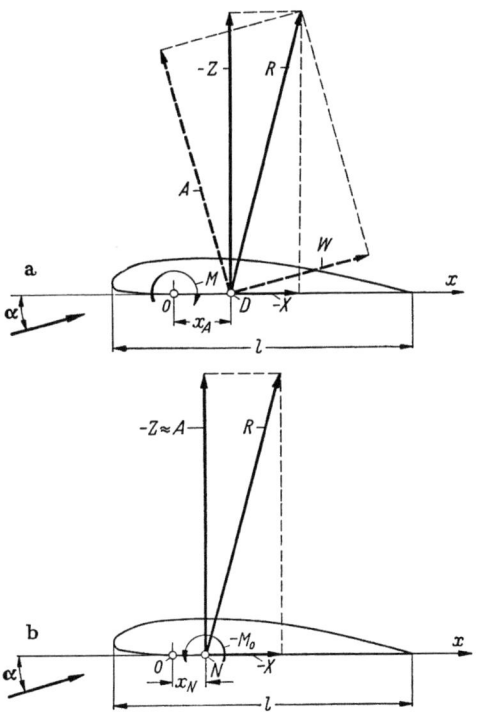

Abb. 5.20. Erläuterungsskizze zur Lage des Luftangriffspunktes
a) Druckpunkt D; b) Neutralpunkt N

Hieraus wird unter Einführung der dimensionslosen Beiwerte

$$\frac{x_A}{l_\mu} = \frac{c_M}{c_Z} \approx -\frac{c_M}{c_A}. \qquad (5.48)$$

Bei kleinen Anstellwinkeln ist die negative Normalkraft näherungsweise gleich dem Auftrieb, d. h. $c_Z = -c_A$. Führt man in Gl. (5.48) den linearen Ansatz Gl. (5.47) für das Nickmoment ein, dann wird die Druckpunktlage

$$\frac{x_A}{l_\mu} = -\frac{dc_M}{dc_A} - \frac{c_{M0}}{c_A}. \qquad (5.49)$$

Diese Beziehung besagt, daß die Druckpunktlage sich im allgemeinen mit dem Auftriebsbeiwert ändert. Die *Druckpunktwanderung* ist durch den Term $-c_{M0}/c_A$ gegeben.

In Übereinstimmung von Theorie und Experiment läßt sich im allgemeinen das Nickmoment darstellen als die Summe eines vom Auftrieb unabhängigen Kräftepaares (Nullmoment) und eines zum Auftrieb proportionalen Anteils, somit

$$M = M_0 - x_N A.$$

Hiernach ist das Nickmoment die Summe aus dem Nullmoment und dem Moment der im *Neutralpunkt* angreifenden Auftriebskraft. Der Neutralpunkt des Flügels hat von der Momentenbezugsachse den Abstand x_N, Abb. 5.20 b. Unter Einführen der dimensionslosen Beiwerte für den Auftrieb und das Nickmoment wird:

$$c_M = c_{M0} - \frac{x_N}{l_\mu} c_A. \qquad (5.50)$$

Durch Vergleich mit Gl. (5.47) findet man für die Neutralpunktlage:

$$\frac{x_N}{l_\mu} = -\frac{dc_M}{dc_A}. \qquad (5.51)$$

Somit gibt der Nickmomentenanstieg dc_M/dc_A die Lage des Neutralpunktes an. Man bezeichnet $\partial c_A/\partial \alpha$ und $\partial c_M/\partial \alpha$ auch als Derivativa der Längsbewegung.

5.33 Kräfte und Momente beim Schiebeflug

Beim stationären Schiebeflug eines Flugzeuges ist der Anströmungszustand des Flügels außer durch den Anstellwinkel α durch den Schiebewinkel β bestimmt, Abb. 5.19b. Infolge der unsymmetrischen Anströmung entstehen außer den im vorigen Abschnitt besprochenen Kräften, Auftrieb und Widerstand sowie dem Nickmoment, noch zusätzliche Kräfte und Momente. Die Kraft in Richtung der Querachse heißt *Schiebeseitenkraft*, das Moment um die Längsachse *Schieberollmoment* und das Moment um die Hochachse *Schiebegiermoment*.

5.3 Zusammenhang zwischen den Luftkräften und den Bewegungsformen

In Abb. 5.15 wurden die aus einer Sechskomponentenmessung an einem schiebenden Flügel gewonnenen dimensionslosen Beiwerte c_Y, c_L, c_N in Abhängigkeit vom Schiebewinkel β bei konstantem Anstellwinkel α dargestellt. Sämtliche drei Beiwerte sind nahezu linear vom Schiebewinkel abhängig.

Die bei $\beta = 0$ genommenen Anstiege (Derivativa)

$$\frac{\partial c_Y}{\partial \beta}, \quad \frac{\partial c_L}{\partial \beta} \quad \text{und} \quad \frac{\partial c_N}{\partial \beta}$$

nennt man *Stabilitätsbeiwerte der Seitenbewegung*, insbesondere bezeichnet man $\partial c_N/\partial \beta$ als Richtungsstabilität.

Alle drei Beiwerte hängen u. a. stark von der V-Stellung des Flügels ab. Das Schieberollmoment kommt dadurch zustande, daß bei positiver V-Stellung auf der vorgehenden Flügelhälfte der wirksame Anstellwinkel um $\Delta\alpha$ vergrößert und auf der rückgehenden Hälfte um $\Delta\alpha$ verkleinert ist. Dabei ist für kleine Werte von ν und β nach Abb. 5.19b $\Delta\alpha = \nu\beta$.

5.34 Kräfte und Momente bei Drehbewegungen

Führt das Flugzeug entsprechend den in Kap. 5.31 besprochenen Bewegungsformen Drehbewegungen um die drei Achsen x, y, z aus, so werden dadurch am Flügel örtlich zusätzliche Geschwindigkeitskomponenten erzeugt, die sich jeweils linear mit dem Abstand von der Drehachse ändern. Im folgenden werden die mit den Drehgeschwindigkeiten ω_x, ω_y, ω_z in Zusammenhang stehenden Luftkräfte und Momente kurz erläutert:

Rollen. Bei der Drehbewegung des Flugzeuges um die Längsachse mit der Winkelgeschwindigkeit ω_x, Abb. 5.19c, ergibt sich am Tragflügel eine längs der Spannweite linear veränderliche Anstellwinkelverteilung, die eine antimetrische Auftriebsverteilung längs Spannweite zur Folge hat. Das hieraus resultierende Moment um die x-Achse kann als Roll-Roll-Moment bezeichnet werden. Da dieses Moment die Drehbewegung stets zu hemmen sucht, nennt man es auch die *Rolldämpfung* des Flügels. Aus der unsymmetrischen Kraftverteilung längs Spannweite entsteht weiterhin ein Giermoment, das sog. *Roll-Giermoment*. Führt man für die Momente die dimensionslosen Beiwerte nach Gl. (5.34) ein, dann erhält man als weitere Stabilitätsbeiwerte der Seitenbewegung

$$\frac{\partial c_L}{\partial \Omega_x} \quad \text{und} \quad \frac{\partial c_N}{\partial \Omega_x}.$$

Die neue Größe Ω_x stellt die aus der Drehgeschwindigkeit ω_x, der Halbspannweite s und der Fluggeschwindigkeit V gebildete dimensionslose Rollwinkelgeschwindigkeit

$$\Omega_x = \frac{\omega_x s}{V} \tag{5.52}$$

dar.

Gieren. Die Drehbewegung des Flugzeuges um die Hochachse, Abb. 5.19e, erzeugt am Flügel zusätzliche Längsgeschwindigkeiten, die auf den beiden Flügelhälften verschiedene Vorzeichen haben. Hieraus resultiert eine unsymmetrische Normalkraft- und Tangentialkraftverteilung längs Spannweite, die ein Rollmoment und ein Giermoment ergeben. Das so entstehende Giermoment wirkt der Drehbewegung entgegen und heißt daher die Gier- oder *Wendedämpfung* des Flügels. Das Rollmoment bezeichnet man als Gier- oder *Wenderollmoment*. Mit den dimensionslosen Beiwerten nach Gl. (5.34) findet man somit die weiteren Stabilitätsbeiwerte der Seitenbewegung

$$\frac{\partial c_L}{\partial \Omega_z} \quad \text{und} \quad \frac{\partial c_N}{\partial \Omega_z}.$$

Hierin ist die dimensionslose Gierwinkelgeschwindigkeit

$$\Omega_z = \frac{\omega_z s}{V}. \tag{5.53}$$

Nicken. Die Drehbewegung des Flugzeuges um die Querachse, Abb. 5.19d, erzeugt am Flügel eine zusätzliche Anströmgeschwindigkeit in der z-Richtung, welche linear über die Flügeltiefe verteilt ist. Hieraus resultiert ein zusätzlicher Nickauftrieb und ein zusätzliches Nickmoment, welches der Drehbewegung um die Querachse entgegenwirkt. Es wird daher auch als *Nickdämpfung* des Flügels bezeichnet. Die Größe der Nickdämpfung hängt stark von der Lage der Drehachse (y-Achse) ab. Unter Einführung des Auftriebsbeiwertes und des Nickmomentenbeiwertes nach Gl. (5.34) erhält man die folgenden weiteren Stabilitätsbeiwerte der Längsbewegung:

$$\frac{\partial c_A}{\partial \Omega_y} \quad \text{und} \quad \frac{\partial c_M}{\partial \Omega_y}.$$

Die dimensionslose Nickwinkelgeschwindigkeit

$$\Omega_y = \frac{\omega_y l_\mu}{V} \tag{5.54}$$

wird nicht wie die Rollwinkelgeschwindigkeit Ω_x und die Gierwinkelgeschwindigkeit Ω_y mit der Halbspannweite des Flügels, sondern mit der Bezugsflügeltiefe l_μ, Kap. 5.12, dimensionslos gemacht.

Im vorstehenden wurden nur die wichtigsten Luftkräfte und Momente besprochen, die bei der Drehbewegung des Flugzeuges um seine drei Achsen am Flügel entstehen. Nicht näher erläutert wurden u.a. die Rollseitenkraft, die Wendeseitenkraft.

5.35 Kräfte und Momente bei instationären Bewegungen

Neben den vorstehend erläuterten sog. *stationären* aerodynamischen Beiwerten gewinnen die *instationären* Beiwerte, welche bei beschleunigten Flugzuständen auftreten, in neuerer Zeit insbesondere für die flugmechanischen Stabilitätsbetrachtungen immer mehr an Bedeutung. Die instationären Bewegungen stellen entweder einen mehr oder weniger plötzlichen Übergang von einem stationären zu einem anderen stationären Zustand dar, oder sie sind von der Art einer zeitlich periodischen Bewegung, die einer stationären Bewegung überlagert ist. Bei sehr langsamer periodischer Bewegung (z. B. Anstellwinkeländerung) läßt sich die Luftkraft auf Grund der *quasistationären* Theorie berechnen; dies bedeutet, daß z. B. der momentane Anstellwinkel für die Luftkraft

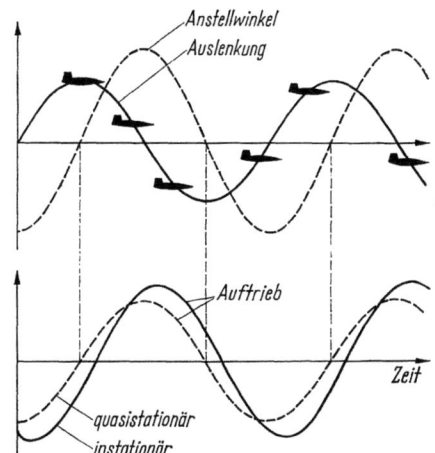

Abb. 5.21. Schematische Darstellung zur Kennzeichnung quasistationärer und instationärer Luftkräfte

maßgeblich ist. Bei periodischen Bewegungen mit höherer Frequenz dagegen ist die Luftkraft phasenverschoben (nach- oder voreilend) gegenüber der Bewegung. Diese Verhältnisse sind schematisch in Abb. 5.21 für ein Flugzeug dargestellt, welches senkrecht zu seiner mittleren Flugbahn eine periodische Translationsbewegung ausführt.

Bei der *instationären Längsbewegung* ergeben sich als neue Luftkraftbeiwerte z. B. die Derivativa

$$\frac{\partial c_A}{\partial \dot\alpha} \quad \text{und} \quad \frac{\partial c_M}{\partial \dot\alpha},$$

wobei $\dot\alpha = d\alpha/dt$ die zeitliche Änderung des Anstellwinkels bedeutet.

Die instationären Beiwerte sind von Bedeutung sowohl für die Flugmechanik des als starr angenommenen Flugzeuges als auch für die Fragen des elastisch deformierbaren Flugzeuges (Aeroelastizität).

Literatur

[1] ABBOTT, I. H., u. A. E. v. DOENHOFF: Theory of wing sections. New York: McGraw-Hill 1949.
[2] ABBOTT, I. H., A. E. v. DOENHOFF u. L. S. STIVERS: Summary of airfoil data. NACA Rep. Nr. 824 (1945), S. 258—522.

[3] DOETSCH, H.: Ergänzungen zum Forschungsbericht ,,FB 548". Untersuchungen der Profilreihe NACA 24 im 5 m × 7 m-Windkanal der DVL. Dtsch. Luftfahrtforsch. FB Nr. 548/2 (1936).

[4] DOETSCH, H.: Profilmessungen im 5 m × 7 m-Windkanal der DVL. Dtsch. Luftfahrtforsch. FB Nr. 782 (1937).

[5] FIECKE, D.: Aerodynamische Probleme bei der Entwicklung vom Unterschall- zum Überschallflügel. Z. VDI Bd. 100 (1958), S. 133—146.

[6] GLAUERT, H.: Die Grundlagen der Tragflügel- und Luftschraubentheorie. Deutsche Übersetzung von H. HOLL, Berlin 1926, S. 80.

[7] JACOBS, E. N., u. R. M. PINKERTON: Tests in the variable-density windtunnel of related airfoils having the maximum camber unusually far forward. NACA Rep. Nr. 537 (1935), S. 521—529.

[8] JACOBS, E. N., R. M. PINKERTON u. H. GREENBERG: Tests of related forward-camber airfoils in the variable-density windtunnel. NACA Rep. Nr. 610 (1937), S. 697—732.

[9] JACOBS, E. N., K. E. WARD u. R. M. PINKERTON: The characteristics of 78 related airfoil sections from tests in the variable-density wind-tunnel. NACA Rep. Nr. 460 (1933), S. 282—339.

[10] MOELLER, E.: Sechskomponentenmessungen an Rechteckflügeln mit V-Form und Pfeilform in einem großen Schiebewinkelbereich. Luftfahrtforsch. Bd. 18 (1941), S. 243—252.

[11] MULTHOPP, H.: Die Anwendung der Tragflügeltheorie auf Fragen der Flugmechanik. Lilienthal-Bericht S 2 (1939), S. 53—64.

[12] PRANDTL, L., u. A. BETZ (Herausgeber): Ergebnisse der Aerodynamischen Versuchsanstalt Göttingen. I. Lieferung (1925).

[13] RIEGELS, F.: Aerodynamische Profile. München: Oldenbourg 1958; vgl. auch engl. Übersetzung von D. G. RANDALL: Aerofoil Sections, London 1961.

[14] STACK, J., u. A. E. v. DOENHOFF: Tests of 16 related airfoils at high speeds. NACA Rep. Nr. 492 (1934), S. 339—359.

[15] TRUCKENBRODT, E.: Ergänzungen zu F. Riegels: Das Umströmungsproblem bei inkompressiblen Potentialströmungen. Ing.-Arch. Bd. 18 (1950), S. 324 bis 328.

[16] TRUCKENBRODT, E.: Die entscheidenden Erkenntnisse über den Widerstand von Tragflügeln. Jb. 1966 der Wiss. Ges. f. Luft- u. Raumfahrt, S. 54—66.

VI. Der Tragflügel unendlicher Spannweite bei inkompressibler Strömung (Profiltheorie)

6.1 Grundlagen der Theorie des Auftriebes

6.11 Satz von Kutta-Joukowsky

Nachdem wir in Kap. II bereits einige grundlegende Ergebnisse über die Theorie des Auftriebes und in Kap. V einige experimentelle Ergebnisse mitgeteilt haben, soll jetzt über die Theorie des Auftriebes ausführlich berichtet werden. Zunächst soll in Kap. VI der Tragflügel unendlicher Spannweite bei inkompressibler Strömung behandelt werden. Anschließend folgt in Kap. VII der Tragflügel endlicher Spannweite bei inkompressibler Strömung und in Kap. VIII der Tragflügel bei kompressibler Strömung.

Die theoretische Behandlung der Lehre vom Auftrieb eines angeströmten Körpers bietet wesentlich geringere Schwierigkeiten als diejenige vom Widerstand, weil für die Theorie des Widerstandes die Zähigkeit berücksichtigt werden muß. Der Auftrieb dagegen kann mit sehr guter Näherung aus der Theorie der reibungslosen Strömung erhalten werden. Es möge deshalb im folgenden (Kap. VI und VII) das strömende Medium als reibungslos und inkompressibel angesehen werden.[1] Wir können somit für diesen Teil der Theorie des Auftriebes die Berechnungsverfahren der klassischen Hydrodynamik (Kap. II) zugrunde legen.

Bei der Behandlung des *ebenen Problems des Tragflügels* wird angenommen, daß der Auftrieb erzeugende Körper ein sehr langer Zylinder ist (theoretisch unendlich lang), der sich quer zur Anströmungsrichtung erstreckt. Dann sind die Strömungsvorgänge in jedem Schnitt senkrecht zu den Erzeugenden des Zylinders gleich, d.h., die Strömung um den Tragflügel unendlicher Spannweite ist zweidimensional. Wir bezeichnen die Theorie zur Berechnung der Tragflügeleigenschaften eines solchen unendlich breiten Flügels auch als *Profiltheorie* (Kap. VI). Beim Tragflügel endlicher Spannweite treten an den Flügelenden be-

---

[1] Ausgenommen Kap. 6.4, wo wir auf den Einfluß der Reibung auf den Auftrieb eingehen.

sondere Strömungsvorgänge auf, die sowohl für den Auftrieb als auch für den Widerstand bedeutungsvoll sind. Diese werden durch die Theorie des Tragflügels endlicher Spannweite beschrieben (Kap. VII und VIII).

Der grundlegende Satz von KUTTA-JOUKOWSKY für den Auftrieb eines Tragflügels wurde bereits in Kap. II mehrfach, und zwar sowohl für die Strömung um einen Kreiszylinder mit Zirkulation (Kap. 2.433), für den unendlich langen Einzeltragflügel (Kap. 2.434) und für das Flügelgitter (Kap. 2.624) abgeleitet (vgl. Abb. 2.41). Danach ist für einen Tragflügel der Breite b, welcher in einer Flüssigkeit mit der Dichte ϱ mit der Geschwindigkeit w_∞ angeströmt wird, der Auftrieb

$$A = \varrho\, b\, w_\infty\, \Gamma. \tag{6.1}$$

Dabei bedeutet Γ die Zirkulation um das Flügelprofil (vgl. Kap. 2.41).

6.12 Entstehung und Größe der Zirkulation

Die KUTTA-JOUKOWSKYsche Formel nach Gl. (6.1) kann für die Berechnung des Auftriebes erst dann nutzbringend verwendet werden, wenn die Größe der Zirkulation in einem gegebenen Fall bekannt ist. Insbesondere muß klargestellt werden, wie die Zirkulation abhängt von der Geometrie des Tragflügelprofils, von der Anströmgeschwindigkeit und vom Anstellwinkel. Dieser Zusammenhang läßt sich rein theoretisch nicht eindeutig angeben, sondern es bedarf dazu der Heranziehung der Erfahrung.

Die technisch wichtigsten Flügelprofile haben meist eine mehr oder weniger scharfe Hinterkante. In diesem Fall läßt sich die Größe der Zirkulation aus der Erfahrungstatsache bestimmen, daß keine Umströmung der Hinterkante eintritt, sondern daß die Flüssigkeit an der scharfen Hinterkante glatt abströmt. Dies ist die wichtige *Kuttasche Abflußbedingung*.

Bei einem angestellten Flügel ohne Zirkulation würde nach Abb. 6.1a der hintere Staupunkt, d. i. der Punkt, wo sich die Stromlinien von Unter- und Oberseite wieder zusammenschließen, auf der Oberseite liegen. Hierbei würde die scharfe Hinterkante von der Unterseite her umströmt werden müssen, wobei theoretisch (in reibungsloser Flüssigkeit) an der Hinterkante eine unendlich große Geschwindigkeit mit einem unendlich großen Unterdruck auftreten würde. Andererseits würde bei sehr großer Zirkulation nach Abb. 6.1b der hintere Staupunkt auf der Unterseite des Flügels liegen, und die Hinterkante müßte von der Oberseite her ebenfalls mit unendlich großer Geschwindigkeit und unendlich großem Unterdruck umströmt werden.

In der Wirklichkeit tritt nun erfahrungsgemäß beides nicht ein, sondern es stellt sich nach Abb. 6.1c eine Zirkulation von derjenigen

Größe ein, daß der Staupunkt gerade in der scharfen Hinterkante liegt und somit diese weder von oben noch von unten umströmt wird. Es liegt dann *glattes Abströmen an der Hinterkante* vor. Durch diese Bedingung des glatten Abflusses ist für Körper mit scharfer Hinterkante

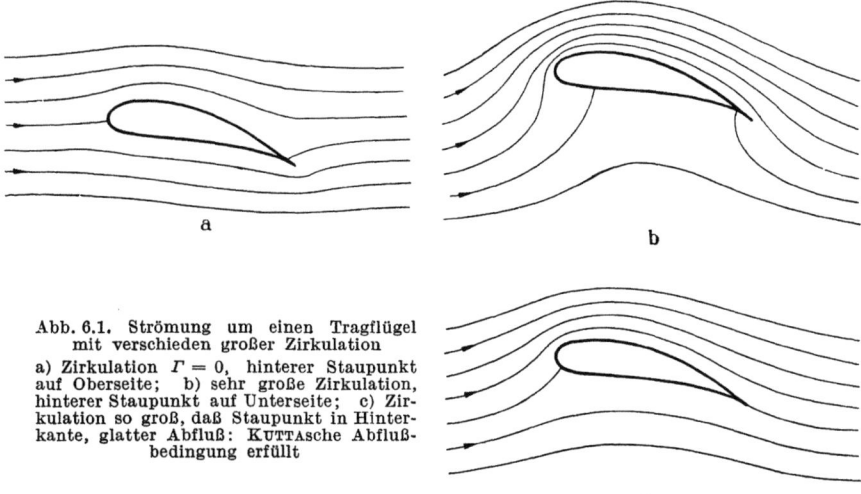

Abb. 6.1. Strömung um einen Tragflügel mit verschieden großer Zirkulation

a) Zirkulation $\Gamma = 0$, hinterer Staupunkt auf Oberseite; b) sehr große Zirkulation, hinterer Staupunkt auf Unterseite; c) Zirkulation so groß, daß Staupunkt in Hinterkante, glatter Abfluß: KUTTAsche Abflußbedingung erfüllt

die Größe der Zirkulation durch die Körperform und die Lage des Körpers relativ zur Anströmungsrichtung eindeutig festgelegt. Dies gilt für die reibungslose Potentialströmung.

Bei den *wirklichen Flüssigkeiten* tritt durch die Wirkung der Zähigkeit eine gewisse Abminderung des so bestimmten Wertes der Zirkulation ein. Beim Zusammenfluß der Strömung hinter dem Körper bilden die Grenzschichten der Unter- und Oberseite ein Gebiet mit stark verminderter Geschwindigkeit, einen sog. Nachlauf, der in Abb. 6.2 gezeichnet ist. Bei einer Strömung mit Zirkulation ist nun die Grenzschicht auf der Oberseite wesentlich dicker als auf der Unterseite, so daß sich das Totwasser hauptsächlich auf der Oberseite befindet.

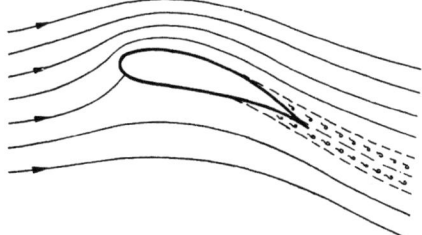

Abb. 6.2. Zum Einfluß der Reibung auf die KUTTAsche Abflußbedingung

Dies gibt gegenüber einer reibungslosen Strömung bei gleichem Anstellwinkel eine Verschiebung der Stromlinien nach oben. Die wirkliche Strömung, die sich infolge des Einflusses der Zähigkeit einstellt, ist daher gleichwertig einer Potentialströmung mit verringerter Zirkulation, deren hintere

394 VI. Der Tragflügel unendlicher Spannweite bei inkompressibler Strömung

Staupunktstromlinie etwa in der Mitte des Totwassers und damit auf der Oberseite des Flügels liegt. Durch den Einfluß der Zähigkeit wird somit die KUTTAsche Abflußbedingung nicht voll erfüllt und dadurch bei festgehaltenem Anstellwinkel der Auftrieb gegenüber der reibungslosen Strömung verkleinert.

Über die *Entstehung der Zirkulation* um den Tragflügel wurde in Kap. 2.45 im Zusammenhang mit dem THOMSONschen Satz bereits berichtet. Der THOMSONsche Satz sagt aus, daß die Zirkulation einer flüs-

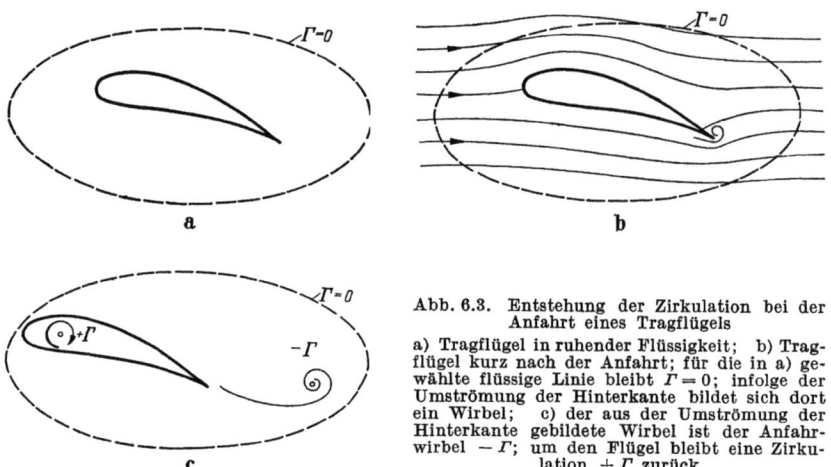

Abb. 6.3. Entstehung der Zirkulation bei der Anfahrt eines Tragflügels
a) Tragflügel in ruhender Flüssigkeit; b) Tragflügel kurz nach der Anfahrt; für die in a) gewählte flüssige Linie bleibt $\Gamma = 0$; infolge der Umströmung der Hinterkante bildet sich dort ein Wirbel; c) der aus der Umströmung der Hinterkante gebildete Wirbel ist der Anfahrwirbel $-\Gamma$; um den Flügel bleibt eine Zirkulation $+\Gamma$ zurück

sigen Linie zeitlich konstant ist. Wir betrachten die Bewegung eines Tragflügels aus der Ruhe heraus nach Abb. 6.3. Eine flüssige Linie, welche den Tragflügel im Ruhezustand, Abb. 6.3a, umschließt, hat die Zirkulation $\Gamma = 0$ und behält deswegen auch $\Gamma = 0$ für alle späteren Zeiten. Unmittelbar nach der Anfahrt bildet sich am Flügel die reibungslose Strömung ohne Zirkulation aus, die schon in Abb. 6.1a angegeben wurde, und bei welcher ein Umströmen der scharfen Hinterkante von unten nach oben vorliegt, Abb. 6.3b. Dies führt infolge der Reibung zur Bildung eines linksdrehenden Wirbels mit einer bestimmten Zirkulation $-\Gamma$. Dieser Wirbel wandert bald vom Flügel fort und stellt den sog. Anfahrwirbel $-\Gamma$ nach Abb. 6.3c dar. Eine Strömungsaufnahme eines solchen Anfahrwirbels wurde bereits in Abb. 2.46 angegeben.

Für die zuerst betrachtete flüssige Linie ist die Zirkulation noch immer Null, auch wenn sie sich im Verlauf der weiteren Bewegung mehr und mehr aufweitet. Sie umschließt aber dauernd den Flügel und den Anfahrwirbel. Da die Gesamtzirkulation dieser flüssigen Linie nach dem Satz von THOMSON dauernd Null bleibt, muß also irgendwo innerhalb dieser flüssigen Linie eine entgegengesetzt gleich große Zirkulation wie die des Anfahrwirbels vorhanden sein. Dies ist die Zirkulation $+\Gamma$ des Flügels. Der Anfahrwirbel bleibt am Ausgangsort des Flügels zurück und ist somit einige Zeit nach Beginn der Bewegung vom Flügel so weit entfernt, daß er keinen wesentlichen Einfluß mehr auf den Verlauf der Strömung in der Nähe des Flügels ausüben kann. Die um den Flügel sich ausbildende Zirkulation, welche den Auftrieb erzeugt, kann man in ihrer Wirkung auf die Umgebung ersetzen durch einen oder mehrere im Flügel liegende Wirbel, welche zusammen die Zirkulation $+\Gamma$ besitzen. Diese bezeichnet man als den oder die *gebundenen Wirbel*.[1] Aus den obigen Ausführungen ergibt sich, daß letzten Endes die Reibung der Flüssigkeit die Ursache für die Ausbildung der Zirkulation und damit für die Entstehung des Auftriebes ist. In einer reibungslosen Flüssigkeit würde die im ersten Augenblick nach der Anfahrt vorhandene Strömung ohne Zirkulation mit dem Umströmen der scharfen Hinterkante bestehenbleiben. Es würde dann kein Anfahrwirbel entstehen, damit auch keine Zirkulation um den Flügel und somit kein Auftrieb.

Zur Erklärung der Entstehung des Auftriebes braucht man also die Reibung der Flüssigkeit nur vorübergehend in Betracht zu ziehen, nämlich für die Ausbildung des Anfahrwirbels. Nachdem der Anfahrwirbel entstanden ist und sich die Zirkulation um den Flügel ausgebildet hat, kann die Berechnung des Auftriebes nach den Gesetzen der reibungslosen Flüssigkeit entsprechend dem Satz von KUTTA-JOUKOWSKY zusammen mit der KUTTAschen Abflußbedingung erfolgen.

6.13 Methoden der Profiltheorie

Nachdem wir in Kap. 5.2 einführend über einige experimentelle Ergebnisse des Auftriebes berichtet haben sowie mit Gl. (6.1) die für die Theorie des Auftriebes grundlegende KUTTA-JOUKOWSKY-Formel angegeben haben, wollen wir jetzt auf die Berechnung des Auftriebes näher eingehen. Dabei soll zunächst ausschließlich das ebene Problem, also der Tragflügel unendlicher Spannweite, bei inkompressibler Strömung behandelt werden. Man bezeichnet die Theorie des Tragflügels

---

[1] Bei der räumlichen Tragflügeltheorie (Kap. VII und VIII) haben wir es außerdem mit den sog. freien Wirbeln zu tun (Abb. 2.47). Diese Wirbel stellen die auf Grund der HELMHOLTZschen Wirbelsätze notwendige Verbindung zwischen den am Flügel verbleibenden gebundenen Wirbeln endlicher Länge und dem mit der Strömung fortschwimmenden Anfahrwirbel dar. Für den von uns hier behandelten Fall des unendlich breiten Flügels liegen die freien Wirbel sehr weit auseinander, so daß sie für die Strömungsverhältnisse des ebenen Flügelschnittes keine Rolle spielen. Wir haben es also zunächst nur mit gebundenen Wirbeln zu tun.

unendlicher Spannweite auch als *Profiltheorie*. Einen Vergleich der Ergebnisse der Profiltheorie mit Messungen geben die umfangreichen Werke von F. W. RIEGELS [7] sowie I. H. ABBOTT und A. E. VON DOENHOFF [1]. Eine sehr ausführliche Darstellung der inkompressiblen Profiltheorie unter Berücksichtigung auch der nichtlinearen Einflüsse sowie der Reibung findet sich in dem von B. THWAITES herausgegebenen Werk [9].

Die Profiltheorie läßt sich nach zwei verschiedenen Verfahren behandeln, deren Grundlagen in Kap. II bereitgestellt wurden. Es ist dies einmal die Methode der *konformen Abbildung* und zum anderen das sog. *Singularitätenverfahren*. Bei dem ersteren Verfahren, welches ausschließlich auf das ebene Problem beschränkt ist, wird die Strömung um einen vorgegebenen Körper dadurch berechnet, daß sie durch konforme Abbildung auf die bekannte Strömung um einen anderen Körper (meist Kreiszylinder) zurückgeführt wird. Bei der Singularitätenmethode wird der umströmte Körper durch Quellen, Senken und Wirbel, die sog. ,,Singularitäten``, ersetzt. Dieses letztere Verfahren ist auch auf dreidimensionale Strömungen, wie den Tragflügel endlicher Spannweite und den Rumpf, anwendbar. In ihrer praktischen Verwendbarkeit ist die Singularitätenmethode wesentlich einfacher als die konforme Abbildung. Da jedoch das Singularitätenverfahren meist nur Näherungslösungen liefert, während die konforme Abbildung exakte Lösungen gibt, ist es angebracht, mit Hilfe der konformen Abbildung einige wichtige Grundfälle zu lösen, um hieran später die Näherungslösungen des Singularitätenverfahrens auf ihre Genauigkeit prüfen zu können. Bevor wir im folgenden auf die Theorie allgemeiner Tragflügelprofile näher eingehen, sollen jetzt zunächst unter Verwendung der Methode der komplexen Funktionen (Kap. 2.5) einige allgemeine Theoreme des Auftriebes beliebiger Flügelprofile besprochen werden. Dabei wird sich u. a. ein weiterer exakter Beweis der KUTTA-JOUKOWSKYschen Formel ergeben.

6.2 Profiltheorie nach der Methode der konformen Abbildung

6.21 Berechnung von Auftrieb und Moment für ein beliebiges Tragflügelprofil

6.211 Blasiussche Formeln. Unter Verwendung der in Kap. 2.5 eingeführten Methode der komplexen Funktionen wollen wir zunächst für einen zylindrischen Körper von beliebiger Gestalt allgemeine Integralformeln für die resultierende Kraft und das resultierende Moment in inkompressibler, reibungsloser Strömung ableiten, wie sie zuerst von H. BLASIUS [18] angegeben wurden.

6.2 Profiltheorie nach der Methode der konformen Abbildung

Nach Abb. 6.4 sei in der komplexen Strömungsebene $z = x + iy$ ein zylindrischer Körper von beliebigem Querschnitt mit der Kontur C gegeben. Der Körper werde mit der Geschwindigkeit w_∞ angeströmt. Wir fragen nach der resultierenden Kraft P und dem resultierenden Moment M, das von der Strömung auf den Körper ausgeübt wird. Diese Größen sollen durch Integrale über die Geschwindigkeitsverteilung längs der Kontur C des Körpers ausgedrückt werden. In der hier vorausgesetzten reibungslosen Strömung werden Kräfte von der Flüssigkeit auf den Körper lediglich durch Normalkräfte auf die Oberfläche des Körpers (Drücke) übertragen. Diese Kraft pro Breiteneinheit des Körpers sei P mit den Komponenten P_x und P_y. Die Druckverteilung auf der Körperkontur sei $p(s)$. Dann gilt mit den Bezeichnungen nach Abb. 6.4 für den Beitrag des Oberflächenelementes ds zu den Komponenten der resultierenden Kraft

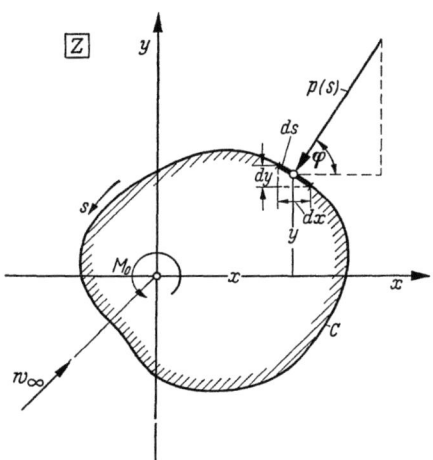

$$dP_x = -p \cos\varphi\, ds = -p\, dy,$$
$$dP_y = -p \sin\varphi\, ds = p\, dx.$$

Abb. 6.4. Zur Berechnung der Kraft und des Momentes auf einen beliebigen Körper in ebener reibungsloser Strömung (BLASIUSsche Formel)

Hierbei gilt nach Abb. 6.4 $dx = -ds \sin\varphi$ und $dy = ds \cos\varphi$.

Für die Komponenten der resultierenden Kraft folgt somit:

$$P_x = -\oint_{(C)} p\, dy; \quad P_y = \oint_{(C)} p\, dx, \tag{6.2}$$

wobei die Integrale über die Körperkontur C zu erstrecken sind.

Das Moment, welches der Körper in der strömenden Flüssigkeit erfährt, werde bezogen auf den Ursprung $x = y = 0$. Der Beitrag des Oberflächenelementes ds in Abb. 6.4 zu diesem linksdrehenden Moment ist:

$$dM_0 = x\, dP_y - y\, dP_x = p(x\, dx + y\, dy).$$

Somit ist das resultierende Moment für die Bezugsachse durch $x = y = 0$:

$$M_0 = \oint_{(C)} p(x\, dx + y\, dy). \tag{6.3}$$

Die Druckintegrale in Gl. (6.2) und (6.3) sollen nunmehr ausgedrückt werden durch Integrale über die Geschwindigkeitsverteilung auf der Kontur des Körpers.

Da die Körperkontur Stromlinie ist, gilt für sie nach Gl. (2.10) die Differentialgleichung der Stromlinie $dx:dy = u:v$, wobei u und v die rechtwinkligen Geschwindigkeitskomponenten bedeuten. Mithin gilt

$$u\,dy - v\,dx = 0. \tag{6.4}$$

Damit kann die Gl. (6.2) auch in der Form

$$P_x = -\oint_{(C)} p\,dy - \varrho \oint_{(C)} (u^2\,dy - u\,v\,dx),$$

$$P_y = +\oint_{(C)} p\,dx + \varrho \oint_{(C)} (v^2\,dx - u\,v\,dy)$$

geschrieben werden. Berechnet man den Druck auf der Kontur mittels der BERNOULLIschen Gleichung durch die Geschwindigkeitsverteilung, so erhält man

$$p = p_{g\infty} - \frac{\varrho}{2}(u^2 + v^2), \tag{6.5}$$

wobei $p_{g\infty} = p_\infty + \frac{\varrho}{2} w_\infty^2$ den konstanten Gesamtdruck bedeutet. Da die über die geschlossene Kontur zu erstreckenden Integrale $\oint p_{g\infty}\,dx$ und $\oint p_{g\infty}\,dy$ verschwinden, erhält man durch Einsetzen von Gl. (6.5) in die obigen Gleichungen:

$$P_x = -\frac{\varrho}{2}\oint_{(C)}[(u^2 - v^2)\,dy - 2u\,v\,dx], \tag{6.6a}$$

$$P_y = -\frac{\varrho}{2}\oint_{(C)}[(u^2 - v^2)\,dx + 2u\,v\,dy]. \tag{6.6b}$$

Unter Benutzung der komplexen Geschwindigkeit

$$w(z) = u - i\,v \tag{6.7}$$

nach Gl. (2.170) sowie mit $dz = dx + i\,dy$ und unter Einführung der komplexen Kraft

$$P = P_x - i\,P_y \tag{6.8}$$

lassen sich die beiden reellen Gleichungen für P_x und P_y, wie man leicht verifiziert, zusammenfassen in die *eine* komplexe Gleichung

$$P = i\frac{\varrho}{2}\oint_{(C)} w^2\,dz, \tag{6.9}$$

wobei das Integral über die komplexe Geschwindigkeit $w(z)$ wieder über die Kontur C zu erstrecken ist. Dies ist die *I. Blasiussche Formel*.

Eine analoge Umformung läßt sich auch mit der Formel (6.3) für das resultierende Moment durchführen. Wegen Gl. (6.4) kann man

Gl. (6.3) zunächst in der Form schreiben:

$$M_0 = \oint_{(C)} p(x\,dx + y\,dy) - $$

$$- \varrho \oint_{(C)} [x(-v^2\,dx + u\,v\,dy) + y(u\,v\,dx - u^2\,dy)]. \qquad (6.10)$$

Ersetzt man wieder nach Gl. (6.5) den Druck p durch die Geschwindigkeitskomponenten auf der Kontur, so wird unter Beachtung von $\oint (x\,dx + y\,dy) = 0$ das Moment:

$$M_0 = -\frac{\varrho}{2} \oint_{(C)} [(u^2 - v^2)(x\,dx - y\,dy) + 2u\,v(x\,dy + y\,dx)].$$

Unter Einführung der komplexen Geschwindigkeit w nach Gl. (6.7) läßt sich dies einfacher schreiben in der Form:

$$M_0 = -\frac{\varrho}{2} \mathfrak{Re} \oint_{(C)} w^2\,z\,dz. \qquad (6.11)$$

Dabei bedeutet $\mathfrak{Re}$ den Realteil des über die Kontur zu erstreckenden komplexen Integrals. Dies ist die *II. Blasiussche Formel.*

6.212 Beweis der Kutta-Joukowskyschen Formel. Als erste Anwendung der BLASIUSschen Formeln wollen wir die KUTTA-JOUKOWSKYsche Formel Gl. (6.1) für eine beliebige Körperform nochmals exakt beweisen. Wir nehmen an, daß außerhalb des in Abb. 6.4 gegebenen Körpers die Geschwindigkeit überall endlich ist, d. h., daß außerhalb der Kontur C des Körpers keine Singularitäten (Quellen, Senken, Wirbel) vorhanden sind. Dann läßt sich die komplexe Geschwindigkeit auf C und außerhalb C in eine TAYLOR-Reihe nach $1/z$ entwickeln in der Form:

$$w(z) = A_0 + \frac{A_1}{z} + \frac{A_2}{z^2} + \cdots. \qquad (6.12)$$

Die Koeffizienten A_0 und A_1 dieser Entwicklung haben die folgende physikalische Bedeutung.

1. Für $z \to \infty$ ist $w = w_\infty$, somit

$$w_\infty = u_\infty - i\,v_\infty = A_0. \qquad (6.13)$$

Es bedeutet also A_0 die Geschwindigkeit der Translationsströmung.

2. Die Zirkulation um den Körper, rechtsdrehend positiv, ergibt sich aus

$$\Gamma = -\oint_{(C)} w\,dz = -\oint_{(C)} (u\,dx + v\,dy) - i\oint_{(C)} (u\,dy - v\,dx), \qquad (6.14)$$

wobei die Integrale über die Kontur C im Gegenuhrzeigersinn zu erstrecken sind und das letzte Integral Null ist, weil die Kontur Strom-

VI. Der Tragflügel unendlicher Spannweite bei inkompressibler Strömung

linie ist, vgl. Gl. (6.4). Durch Einsetzen von Gl. (6.12) kommt:

$$\Gamma = -\oint_{(C)} \left(A_0 + \frac{A_1}{z} + \frac{A_2}{z^2} + \cdots\right) dz = -2\pi i A_1. \qquad (6.15)$$

Der Koeffizient A_1 bestimmt also die Zirkulation längs der Körperkontur.

Wir berechnen nunmehr die resultierende Kraft der Strömung auf den Körper nach der I. BLASIUSschen Formel Gl. (6.9). Es ist

$$\oint_{(C)} w^2 dz = \oint_{(C)} \left(A_0 + \frac{A_1}{z} + \frac{A_2}{z^2} + \cdots\right)^2 dz = 2\oint_{(C)} \frac{A_0 A_1}{z} dz = 2 A_0 A_1 2\pi i.$$

Somit wird unter Berücksichtigung von Gl. (6.15):

$$\oint_{(C)} w^2 dz = -2 A_0 \Gamma. \qquad (6.16)$$

Damit wird nach Gl. (6.9):

$$P = P_x - i P_y = -i \varrho A_0 \Gamma = -i \varrho (u_\infty - i v_\infty) \Gamma$$

und für die Komponenten der resultierenden Kraft:

$$P_x = -\varrho v_\infty \Gamma; \quad P_y = \varrho u_\infty \Gamma. \qquad (6.17)$$

Dies ist in Übereinstimmung mit Gl. (2.233). Wir haben damit die KUTTA-JOUKOWSKYsche Formel nochmals bewiesen.

Hiermit wird auch gleichzeitig gezeigt, daß die resultierende Kraft senkrecht zur Anströmungsrichtung ist, mit anderen Worten, daß in unendlich ausgedehnter reibungsloser Strömung die Kraft in der Strömungsrichtung (Widerstand) bei beliebiger Körperform gleich Null ist (D'ALEMBERTsches Paradoxon), vgl. Kap. 2.624.

6.213 Aerodynamische Beiwerte eines Profils. Die oben abgeleiteten BLASIUSschen Formeln können auch benutzt werden, um allgemeine Formeln für den Auftrieb und das Nickmoment solcher Profile anzugeben, die durch konforme Abbildung erzeugt werden (Kap. 2.55). Für diese allgemeinen Formeln ist die explizite Kenntnis der Abbildungsfunktion nicht erforderlich. Diese wird erst gebraucht, wenn die Profilform und ihre Geschwindigkeitsverteilung ermittelt werden sollen.

In der z-Ebene sei nach Abb. 6.5 ein Kreis K mit dem Mittelpunkt $z = z_0$ und dem Radius R gegeben. Dieser werde durch die Abbildungsfunktion $\zeta = f(z)$ in das Profil P der ζ-Ebene übergeführt. Damit die Abbildung regulär ist, muß der Differentialquotient $d\zeta/dz$ überall außerhalb des Kreises K von Null verschieden sein. Dabei soll insbesondere der Punkt $z = a$ des Kreises K übergeführt werden in den Punkt $\zeta = a'$, welcher die scharfe Hinterkante des Profils bildet. Das Profil möge den Hinterkantenwinkel 2τ haben. In der Umgebung des Punktes $z = a$ wird somit der gestreckte Winkel π übergeführt in den Winkel $2(\pi - \tau)$ der ζ-Ebene. Dann gilt für die Abbildungsfunktion in der Umgebung der Hinterkante die Entwicklung

$$\zeta - a' = (z - a)^{\frac{2(\pi - \tau)}{\pi}} + \text{reguläre Glieder.} \qquad (6.18)$$

6.2 Profiltheorie nach der Methode der konformen Abbildung

Für den Differentialquotienten der Abbildungsfunktion in der Umgebung der Hinterkante folgt hieraus:

$$\frac{d\zeta}{dz} \sim (z-a)^{1-\frac{2\tau}{\pi}}. \qquad (6.19)$$

Falls $\tau < \pi/2$ ist, was hier angenommen werde, so ist also für die Profilhinterkante $(d\zeta/dz)_H = 0$. Ferner fordern wir, daß für große Werte von z

$$z \to \infty: \ \left(\frac{d\zeta}{dz}\right) = 1 \qquad (6.20)$$

sein soll, damit in der z- und ζ-Ebene in großem Abstand vom Kreis bzw. Profil die Geschwindigkeiten nach Größe und Richtung gleich sind.

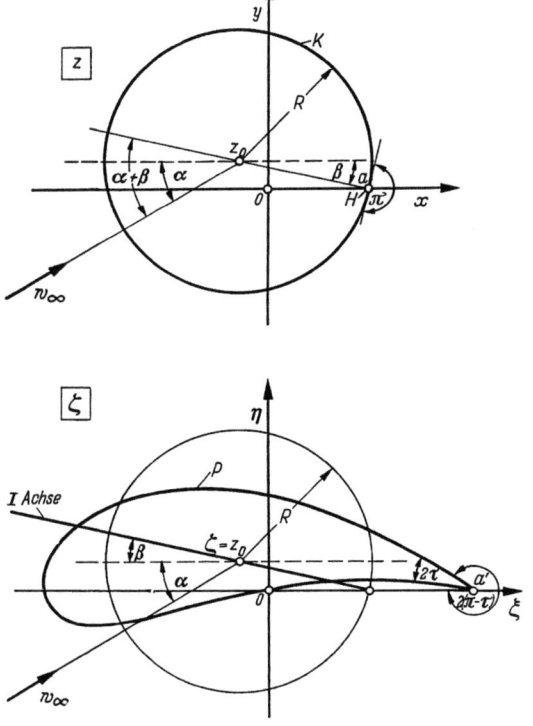

Abb. 6.5. Zur Ermittlung der Nullauftriebsrichtung eines Profils (I. Achse = Nullauftriebsrichtung)

Für den Kreis K der z-Ebene, der mit der Geschwindigkeit w_∞ unter einem Winkel α gegen die x-Achse angeströmt wird, und in dessen Mittelpunkt sich ein Wirbel mit der Zirkulation Γ befindet, lautet die komplexe Strömungsfunktion entsprechend

$$F(z) = w_\infty \, e^{-i\alpha}(z-z_0) + w_\infty \, e^{+i\alpha}\frac{R^2}{z-z_0} + \frac{i\Gamma}{2\pi}\ln(z-z_0). \qquad (6.21)$$

VI. Der Tragflügel unendlicher Spannweite bei inkompressibler Strömung

Hieraus ergibt sich die komplexe Geschwindigkeit in der z-Ebene $w_z = dF/dz$ zu:

$$w_z = w_\infty\, e^{-i\alpha} - w_\infty\, e^{+i\alpha} \frac{R^2}{(z-z_0)^2} + \frac{i\,\Gamma}{2\pi} \frac{1}{z-z_0}. \qquad (6.22)$$

Die Geschwindigkeit in der Umgebung des Profils ist dann nach Gl. (2.186):

$$w_\zeta = w_z \frac{dz}{d\zeta}. \qquad (6.23)$$

Damit an der Hinterkante des Profils, wo $(dz/d\zeta)_H = \infty$ ist, die Geschwindigkeit w_ζ endlich bleibt (KUTTAsche Abflußbedingung), muß gefordert werden, daß dort $w_z = 0$ ist. Diese Forderung bestimmt die Größe der Zirkulation Γ. Mit $z - z_0 = R\, e^{-i\beta}$ erhält man aus Gl. (6.22):

$$\Gamma = 4\pi R\, w_\infty \sin(\alpha + \beta). \qquad (6.24)$$

Durch Einsetzen in Gl. (6.22) ergibt sich für die Geschwindigkeitsverteilung in der z-Ebene:

$$w_z = w_\infty \left(e^{-i\alpha} - e^{+i\alpha} \frac{R^2}{(z-z_0)^2} + 2i R \sin(\alpha+\beta) \frac{1}{z-z_0} \right). \qquad (6.25)$$

Hiermit wollen wir jetzt die I. BLASIUSsche Formel Gl. (6.9) auswerten, um den Auftrieb des Profils in der ζ-Ebene zu erhalten. Man findet

$$P_\zeta = P_\xi - i P_\eta = i \frac{\varrho}{2} \oint_{(P)} w_\zeta^2\, d\zeta, \qquad (6.26)$$

wobei das komplexe Integral nach Abb. 6.5 über die Profilkontur P in der ζ-Ebene zu erstrecken ist. Wir ersetzen w_ζ durch w_z nach Gl. (6.23). Dies ergibt:

$$P_\xi - i P_\eta = i \frac{\varrho}{2} \oint_{(P)} w_z^2 \left(\frac{dz}{d\zeta} \right)^2 d\zeta = i \frac{\varrho}{2} \oint_{(K)} w_z^2 \frac{dz}{d\zeta}\, dz, \qquad (6.27)$$

wobei jetzt die Integration über den Kreis K der z-Ebene zu erstrecken ist.

Für die Abbildungsfunktion, die ja außerhalb des Kreises K als regulär angenommen wurde, gelte für große Werte von z die Reihenentwicklung

$$\zeta = f(z) = z + \frac{k_1}{z} + \frac{k_2}{z^2} + \cdots. \qquad (6.28)$$

Dies ist offenbar eine Verallgemeinerung der JOUKOWSKYschen Abbildungsfunktion Gl. (2.188). Dann gilt für den Differentialquotienten der Abbildungsfunktion $d\zeta/dz = 1 - k_1/z^2 - \cdots$ und somit:

$$\frac{dz}{d\zeta} = 1 + \frac{k_1}{z^2} + \cdots. \qquad (6.29)$$

Bei Auswertung von Gl. (6.27) mit Einsetzen von Gl. (6.25) und (6.29) bringt nur das Glied mit $(z-z_0)^{-1}$ einen Beitrag. Man erhält:

$$P_\xi - i P_\eta = -i 4\pi \varrho R\, w_\infty^2 \sin(\alpha+\beta)\, e^{-i\alpha}, \qquad (6.30)$$

und für den Betrag von P, der gleich dem Auftrieb ist,

$$A = 4\pi \varrho R\, w_\infty^2 \sin(\alpha+\beta). \qquad (6.31)$$

Für den dimensionslosen Auftriebsbeiwert $c_A = A / l \frac{\varrho}{2} w_\infty^2$ ergibt sich hieraus

$$c_A = 8\pi \frac{R}{l} \sin(\alpha+\beta). \qquad (6.32)$$

Die Konstanten β und R sind geometrische Profilparameter, die durch die Wahl des Bildkreises festgelegt sind.

Der Auftrieb ist Null für den Anströmwinkel

$$\alpha = \alpha_0 = -\beta. \tag{6.33}$$

Man bezeichnet diese ausgezeichnete Anströmrichtung als die *I. Achse* des Profils oder auch als *Nullauftriebsrichtung des Profils*.

Man erhält diese wichtige Profilgröße, wenn man nach Abb. 6.5 den Bildkreis in die Profilebene überträgt und den Mittelpunkt des Bildkreises K mit demjenigen Punkt H auf dem Kreise verbindet, der bei der Abbildung in die Profilhinterkante übergeht.

In gleicher Weise wie man aus der I. BLASIUSschen Formel eine allgemeine Beziehung für den Auftrieb erhält, läßt sich aus der II. BLASIUSschen Formel auch eine allgemeine Gleichung für das Moment herleiten. Näheres hierüber findet man z. B. in [6].

6.22 Angestellte ebene Platte

Der einfachste Fall eines auftriebserzeugenden Tragflügelprofils ist die angestellte ebene Platte. Die Theorie der Strömung dieser Platte nach der Methode der konformen Abbildung wurde ausführlich in Kap. 2.563 behandelt. Dort wurden sowohl die Druckverteilung als auch die aerodynamischen Beiwerte berechnet. Auch wurde dort bereits über den Vergleich der theoretischen Ergebnisse mit Messungen berichtet.

Die Ergebnisse über die aerodynamischen Beiwerte der Platte erhält man aus den allgemeinen Formeln von Kap. 6.213 als Sonderfall. Wählt man in Abb. 6.5 den Radius des Bildkreises $R = a$ und $\beta = 0$ sowie die Plattenlänge $l = 4a$ (vgl. Abb. 2.58), so erhält man aus Gl. (6.32) für den Auftriebsbeiwert

$$c_A = 2\pi \sin\alpha \tag{6.34}$$

in Übereinstimmung mit Gl. (2.207). Für den Momentenbeiwert der angestellten ebenen Platte, bezogen auf die Vorderkante, wurde in Gl. (2.213) bereits die Formel

$$c_M = -\frac{\pi}{4}\sin 2\alpha \tag{6.35}$$

angegeben. Damit ergibt sich für den Abstand des Auftriebsschwerpunktes (Abb. 2.59) von der Vorderkante für kleine Anstellwinkel α:

$$\frac{x_A}{l} = -\frac{c_M}{c_A} = \frac{1}{4}. \tag{6.36}$$

6.23 Joukowsky-Profile

Um mittels der Methode der konformen Abbildung Profile mit Dicke und Wölbung zu erzeugen, erweist sich die JOUKOWSKY-Abbildungsfunktion als besonders geeignet. Diese Abbildungsfunktion wurde in Kap. 2.56 bereits verwendet, um die senkrecht angeströmte Platte,

404 VI. Der Tragflügel unendlicher Spannweite bei inkompressibler Strömung

die angestellte ebene Platte sowie den elliptischen Zylinder zu behandeln. Die JOUKOWSKY-Abbildungsfunktion, welche die komplexe z-Ebene auf die komplexe ζ-Ebene abbildet, lautet nach Gl. (2.188):

$$\zeta = f(z) = z + \frac{a^2}{z}. \tag{6.37}$$

Diese Abbildungsfunktion führt, wie in Kap. 2.56 erläutert wurde, den Kreis $z = a$ um den Nullpunkt in der z-Ebene über in die Strecke $\zeta = -2a$ bis $\zeta = +2a$ der ζ-Ebene (Abb. 2.56).

Mit der Abbildungsfunktion Gl. (6.37) lassen sich bei anderer Wahl des Bildkreises auch leicht tragflügelartige Körperformen mit runder Nase und scharfer Hinterkante erzeugen, die sog. JOUKOWSKY-Profile, nach denen die Abbildungsfunktion benannt ist, Abb. 6.6. Wählt man

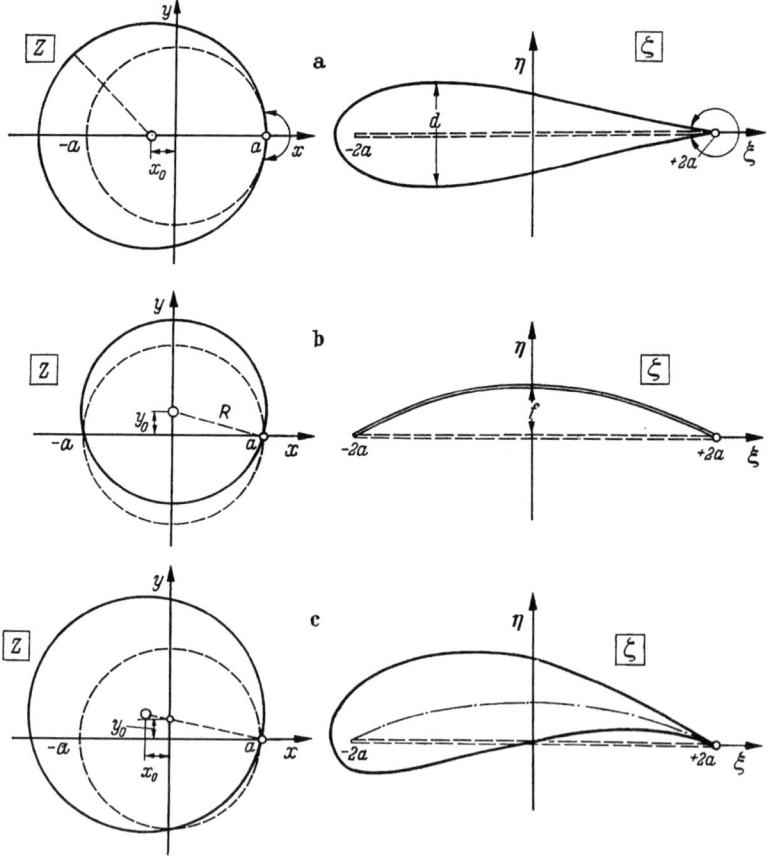

Abb. 6.6. Erzeugung von JOUKOWSKY-Profilen durch konforme Abbildung mittels der JOUKOWSKYschen Abbildungsfunktion Gl. (6.37)
a) Symmetrisches JOUKOWSKY-Profil; b) Kreisbogen-Profil; c) gewölbtes JOUKOWSKY-Profil

6.2 Profiltheorie nach der Methode der konformen Abbildung

nach Abb. 6.6a in der z-Ebene einen Bildkreis, dessen Mittelpunkt gegenüber demjenigen des Einheitskreises um x_0 auf der negativen Achse verschoben ist, und der durch den Punkt $z = a$ geht, so liefert die Abbildung in der ζ-Ebene ein tragflügelartiges Profil von symmetrischer Form, welches den Schlitz von $-2a$ bis $+2a$ umschließt. Es ist dies ein *symmetrisches Joukowsky-Profil*, dessen Dicke d durch die Lage x_0 des Mittelpunktes des Bildkreises bestimmt wird. Das Profil läuft an der Hinterkante in eine Schneide mit dem Kantenwinkel Null aus, wie man aus der Abbildungsfunktion leicht entnimmt. Es läßt sich die Abbildungsfunktion nach Gl. (6.37) auch schreiben in der Form:

$$\frac{\zeta - 2a}{\zeta + 2a} = \left(\frac{z - a}{z + a}\right)^2. \qquad (6.38)$$

Der Kreispunkt $z = a$ wird abgebildet in die Hinterkante des Profils $\zeta = 2a$, wobei jedoch die Winkeltreue in der Umgebung dieses Punktes nicht erfüllt ist. Für eine kleine Umgebung von $z = a$, $\zeta = 2a$, gilt $(\zeta - 2a) \approx \frac{1}{a}(z - a)^2$ oder in Polarkoordinatendarstellung mit $\zeta - 2a = R' e^{i\Phi}$ und $z - a = r' e^{i\varphi}$:

$$R' e^{i\Phi} = \frac{r'^2}{a} e^{2i\varphi}.$$

Der gestreckte Winkel $\varphi = -\pi/2$ bis $+\pi/2$, d. i. das Äußere des Bildkreises in der Umgebung von $z = +a$, wird also abgebildet auf $\Phi = -\pi$ bis $+\pi$, d. h. den vollen Winkel in der Umgebung der Hinterkante $\zeta = +2a$.

Man erhält *Kreisbogenprofile*, wenn nach Abb. 6.6b der Mittelpunkt des Bildkreises auf der imaginären Achse liegt. Wählt man einen Bildkreis mit dem Mittelpunkt in $+iy_0$, der durch den Punkt $z = +a$ geht, so liefert die gleiche Abbildungsfunktion in der ζ-Ebene einen doppelt durchlaufenen Kreisbogen, der sich von $\zeta = -2a$ bis $+2a$ erstreckt. Die Wölbungshöhe f dieses Kreisbogens hängt von y_0 ab. Wählt man schließlich einen Bildkreis, dessen Mittelpunkt sowohl in Richtung der reellen als auch der imaginären Achse verschoben ist, Abb. 6.6c, so ergibt die Abbildung ein *gewölbtes Joukowsky-Profil*, dessen Dicke und Wölbung durch die beiden Parameter x_0 bzw. y_0 bestimmt werden.

Als Sonderfall der JOUKOWSKY-Profile möge zunächst das sehr dünne Kreisbogenprofil (Kreisbogenskelett) behandelt werden.

6.24 Kreisbogenprofil

Als Bildkreis wählen wir in der z-Ebene nach Abb. 6.6b und 6.7 einen Kreis, der durch die Punkte $z = +a$ und $z = -a$ geht und dessen Mittelpunkt im Abstand y_0 vom Ursprung auf der imaginären Achse

VI. Der Tragflügel unendlicher Spannweite bei inkompressibler Strömung

liegt. Der Radius des Bildkreises ist

$$R = \frac{a}{\cos\beta} = a\sqrt{1+\varepsilon_1^2} \quad \text{mit} \quad \varepsilon_1 = \frac{y_0}{a}.$$

Als Bild des Kreises K wird in der ζ-Ebene ein doppelt durchlaufenes Profil erhalten, das sich von $\zeta = -2a$ bis $\zeta = +2a$ erstreckt, vgl. auch Abb. 6.6b. Dieses Profil hat die Sehnenlänge $l = 4a$ und die Wölbungshöhe $f/a = 2\varepsilon_1$ oder

$$\frac{f}{l} = \frac{1}{2}\varepsilon_1 \approx \frac{1}{2}\beta. \tag{6.39}$$

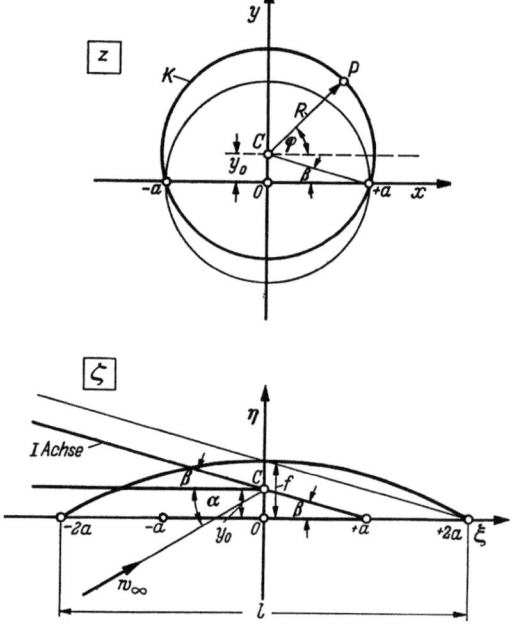

Abb. 6.7. Erzeugung eines Kreisbogenprofils durch konforme Abbildung
(I. Achse = Nullauftriebsrichtung)

Es läßt sich leicht zeigen, daß das Profil in der ζ-Ebene für beliebige Werte von ε_1 ein Teil eines Kreises ist. Seine Parameterdarstellung lautet:

$$\frac{\xi}{l} = \frac{1}{4}\left(1 + \frac{1}{1 + 2\varepsilon_1^2 + 2\varepsilon_1\sqrt{1+\varepsilon_1^2}\sin\varphi}\right)\sqrt{1+\varepsilon_1^2}\cos\varphi,$$

$$\frac{\eta}{l} = \frac{1}{4}\left(1 - \frac{1}{1 + 2\varepsilon_1^2 + 2\varepsilon_1\sqrt{1+\varepsilon_1^2}\sin\varphi}\right)\left(\varepsilon_1 + \sqrt{1+\varepsilon_1^2}\sin\varphi\right).$$

6.2 Profiltheorie nach der Methode der konformen Abbildung

Durch Zusammenfassung dieser beiden Ausdrücke findet man mit $\cos\beta = 1/\sqrt{1+\varepsilon_1^2}$ die Kreisgleichung:

$$\xi^2 + \left(\eta + \frac{1}{2}\cot 2\beta\right)^2 = \left(\frac{l}{2\sin 2\beta}\right)^2.$$

Für kleine Wölbungen, d. h. $\varepsilon_1^2 \ll 1$, vereinfachen sich die obigen Beziehungen für ξ/l und η/l folgendermaßen:

$$\frac{\xi}{l} = \frac{1}{2}(1 - \varepsilon_1 \sin\varphi)\cos\varphi, \quad \frac{\eta}{l} = \frac{\varepsilon_1}{2}\sin^2\varphi.$$

Hieraus kann die Profilform η unmittelbar als Funktion der Abszisse ξ dargestellt werden:

$$\frac{\eta}{l} = \frac{\varepsilon_1}{2}\left[1 - 4\left(\frac{\xi}{l}\right)^2\right] = \frac{f}{l}\left[1 - 4\left(\frac{\xi}{l}\right)^2\right]. \tag{6.40}$$

Dieses Profil wird auch als *Parabelskelett* bezeichnet.

Auftrieb und Nickmoment. Die Nullauftriebsrichtung ist in Abb. 6.7 eingetragen, sie bildet den Winkel β mit der Sehne. Da der Mittelpunkt C des Bildkreises den Abstand $f/2$ von der Sehne hat, kann die Nullauftriebsrichtung auch angegeben werden als die Verbindungslinie der Profilhinterkante mit dem Scheitel, vgl. Abb. 6.7.

Der Auftriebsbeiwert ist durch Gl. (6.32) gegeben. Mit den angegebenen Werten von R und l erhält man:

$$c_A = 2\pi \frac{\sin(\alpha + \beta)}{\cos\beta}. \tag{6.41}$$

Für kleine Wölbungen ist $\cos\beta \approx 1$, so daß man mit β nach Gl. (6.39) erhält:

$$c_A = 2\pi \sin\left(\alpha + 2\frac{f}{l}\right). \tag{6.41a}$$

Der Auftriebsanstieg $dc_A/d\alpha$ ist also auch hier für kleine Anstellwinkel α gleich 2π, ebenso wie bei der angestellten ebenen Platte.

Die Berechnung des Nickmomentes um den in Abb. 6.7 angegebenen Punkt C ergibt für den Nickmomentenbeiwert $c_M = M/l^2 \frac{\varrho}{2} w_\infty^2$:

$$c_M = \frac{\pi}{4}\sin 2\alpha. \tag{6.42}$$

Dabei ist in Abweichung von Abb. 6.4 das schwanzlastige Moment positiv gerechnet. Dies ist der gleiche Wert wie für die unter dem Winkel α angestellte ebene Platte, wenn das Moment auf die Plattenmitte bezogen wird, vgl. Gl. (6.35). Diese Übereinstimmung rührt daher, daß der Momentenbeitrag, der durch die Wölbung entsteht, bezogen auf den Punkt C in der Mitte des Kreisbogenprofils gleich Null ist.

408 VI. Der Tragflügel unendlicher Spannweite bei inkompressibler Strömung

Geschwindigkeitsverteilung. Die Geschwindigkeitsverteilung auf dem Kreisbogenprofil ist nach Gl. (6.23):

$$|w_\zeta|_K = |w_z|_K \left|\frac{dz}{d\zeta}\right|_K, \tag{6.43}$$

wobei der Index K die Werte auf der Kontur, also für $z = i\,y_0 + R\,e^{i\varphi}$ bedeutet. Die Geschwindigkeit in der z-Ebene ist nach Gl. (6.18) für $z - z_0 = R\,e^{i\varphi}$:

$$|w_z|_K = 2w_\infty\,[\sin(\varphi - \alpha) + \sin(\alpha + \beta)]. \tag{6.44}$$

Hiernach sind die Staupunkte am Kreis K, wo $|w_z|_K = 0$ ist,

Hinterkante: $\varphi = -\beta$,

Vorderkante: $\varphi = \pi + \beta + 2\alpha$.

Der Differentialquotient der Abbildungsfunktion ist nach Gl. (6.37):

$$\left|\frac{dz}{d\zeta}\right|_K = \frac{|z^2|_K}{|z^2 - a^2|_K} = \frac{1 + 2\varepsilon_1^2 + 2\varepsilon_1\sqrt{1 + \varepsilon_1^2}\sin\varphi}{2(1 + \varepsilon_1^2)(\sin\beta + \sin\varphi)}. \tag{6.45}$$

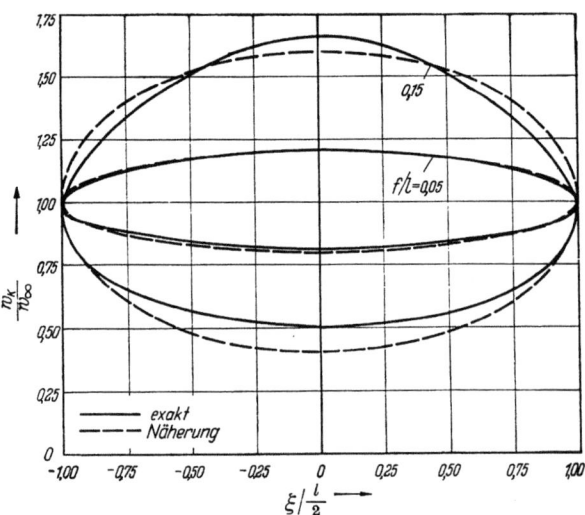

Abb. 6.8. Geschwindigkeitsverteilung der Kreisbogen-Profile mit den Wölbungen $f/l = 0{,}05$ und $0{,}15$ bei stoßfreiem Eintritt, $\alpha = 0$. Näherung nach Gl. (6.47b)

Damit lautet der vollständige Ausdruck für die Geschwindigkeitsverteilung durch Einsetzen von Gl. (6.44) und (6.45) in Gl. (6.43):

$$|w_\zeta|_K = w_\infty\left[\cos\alpha + \sin\alpha\,\frac{\cos\beta - \cos\varphi}{\sin\beta + \sin\varphi}\right]\frac{1 + 2\varepsilon_1^2 + 2\varepsilon_1\sqrt{1 + \varepsilon_1^2}\sin\varphi}{1 + \varepsilon_1^2}. \tag{6.46}$$

An der Hinterkante, $\alpha = -\beta$, ist die Geschwindigkeit am Kreisbogenprofil endlich, während sie an der Vorderkante, $\alpha = \pi + \beta$, im allgemeinen unendlich groß ist. Nur für den Zuströmwinkel $\alpha = 0$ bleibt die Geschwindigkeit auch an der Vorderkante endlich. Dies ist der Anstellwinkel des *stoßfreien Eintritts*.

6.2 Profiltheorie nach der Methode der konformen Abbildung

Für kleine Wölbungen, $\varepsilon_1 \ll 1$, $\cos\beta \approx 1$ und kleine Anstellwinkel α gilt:

$$w_K = w_\infty \left(1 + 2\varepsilon_1 \sin\varphi + \alpha \tan\frac{\varphi}{2}\right), \qquad (6.47\,\text{a})$$

$$w_K = w_\infty \left[1 \pm 4\frac{f}{l}\sqrt{1 - 4\left(\frac{\xi}{l}\right)^2} \pm \alpha\sqrt{\frac{1 - 2\frac{\xi}{l}}{1 + 2\frac{\xi}{l}}}\right], \qquad (6.47\,\text{b})$$

wobei das $+$-Zeichen für die Profiloberseite und das $-$-Zeichen für die Unterseite gilt. Das von der Wölbung abhängige zweite Glied stellt eine elliptische Verteilung über ξ dar. Das anstellwinkelabhängige dritte Glied entspricht dem bei der angestellten ebenen Platte gefundenen Ausdruck (2.198).

Die nach Gl. (6.46) für den stoßfreien Eintritt $\alpha = 0$ errechneten Geschwindigkeitsverteilungen für zwei Kreisbogenprofile der Wölbungen $f/l = 0{,}05$ und $0{,}15$ sind in Abb. 6.8 dargestellt. Zum Vergleich wurde auch die Verteilung nach der Formel für kleine Wölbungen Gl. (6.47 b) eingetragen. Die Übereinstimmung ist für die kleine Wölbung sehr gut, während für die größere Wölbung einige Abweichungen vorhanden sind.

Von besonderem Interesse ist noch die größte Übergeschwindigkeit am Profil infolge der Wölbung bei stoßfreiem Eintritt ($\alpha = 0$). Diese erhält man in der Profilmitte für $\xi = 0$ aus Gl. (6.47 b) zu

$$w_{K\max} = w_\infty \left(1 + 4\frac{f}{l}\right). \qquad (6.48\,\text{a})$$

Durch den Auftriebsbeiwert ausgedrückt, der bei stoßfreiem Eintritt nach Gl. (6.41 a) $c_A = 4\pi f/l$ ist, erhält man:

$$w_{K\max} = w_\infty \left(1 + \frac{c_A}{\pi}\right). \qquad (6.48\,\text{b})$$

Diese Gleichungen geben eine sehr einfache Abschätzung der größten Übergeschwindigkeit an einem sehr dünnen Kreisbogenprofil bei stoßfreiem Eintritt.

6.25 Symmetrisches Joukowsky-Profil

Profilform. Als weiteres Beispiel möge noch das symmetrische JOUKOWSKY-Profil behandelt werden. Wir erhalten es nach Abb. 6.9 ebenfalls durch die Abbildungsfunktion nach Gl. (6.37), wenn als Bildkreis in der z-Ebene ein Kreis gewählt wird, dessen Mittelpunkt auf der negativen reellen Achse im Abstand x_0 vom Ursprung liegt, und der durch den Punkt $z = +a$ hindurchgeht, vgl. Abb. 6.6a. Der Radius dieses Kreises ist

$$R = a + x_0 = a(1 + \varepsilon_2) \quad \text{mit} \quad \varepsilon_2 = \frac{x_0}{a}. \qquad (6.49)$$

Der Einheitskreis und der Bildkreis berühren sich im Punkt $z = a$, d. h., der Winkel ihrer Tangenten ist dort Null. Da bei der konformen Abbildung die Winkel erhalten bleiben, ist der Hinterkantenwinkel des JOUKOWSKY-Profils Null. Die Profilkontur ergibt sich mit $z = -x_0 + Re^{i\varphi}$

aus Gl. (6.37) in folgender Parameterdarstellung:

$$\frac{\xi}{a} = [(1+\varepsilon_2)\cos\varphi - \varepsilon_2]\left[1 + \frac{1}{1+2\varepsilon_2(1+\varepsilon_2)(1-\cos\varphi)}\right], \quad (6.50\text{a})$$

$$\frac{\eta}{a} = (1+\varepsilon_2)\sin\varphi\left[1 - \frac{1}{1+2\varepsilon_2(1+\varepsilon_2)(1-\cos\varphi)}\right]. \quad (6.50\text{b})$$

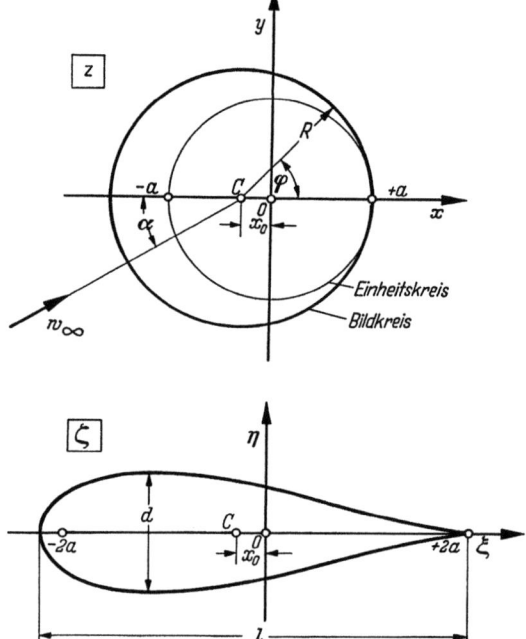

Abb. 6.9. Erzeugung eines symmetrischen JOUKOWSKY-Profils durch konforme Abbildung

Für *kleine Dicken*, $\varepsilon_2^2 \ll 1$, vereinfachen sich diese Gleichungen zu:

$$\frac{\xi}{a} = 2(\cos\varphi - \varepsilon_2 \sin^2\varphi), \quad (6.51\text{a})$$

$$\frac{\eta}{a} = 2\varepsilon_2 \sin\varphi(1-\cos\varphi). \quad (6.51\text{b})$$

Hiernach ist für sehr kleine Dicken die Profiltiefe

$$\frac{l}{a} = 4 \quad (6.52)$$

und die Profildicke

$$\frac{d}{l} = \frac{3}{4}\sqrt{3}\,\varepsilon_2 = 1{,}299\,\varepsilon_2. \quad (6.53)$$

Die maximale Dicke liegt bei $\varphi = 120°$, also im Abstand $l/4$ von der Vorderkante aus gemessen.

6.2 Profiltheorie nach der Methode der konformen Abbildung

Eliminiert man in Gl. (6.51) den Winkel φ, so kann man den linearisierten Ausdruck für die Profilform unter Beachtung von Gl. (6.52) folgendermaßen schreiben:

$$\frac{\eta}{l} = \frac{1}{2}\varepsilon_2\left(1 - 2\frac{\xi}{l}\right)\sqrt{1 - 4\left(\frac{\xi}{l}\right)^2}. \qquad (6.54)$$

Wir bezeichnen diese Profilform als JOUKOWSKY-Tropfen.

Auftrieb, Nickmoment. Die Nullauftriebsrichtung des Profils fällt mit der Symmetrieachse zusammen, $\beta = 0$. Der Auftriebsbeiwert ist nach Gl. (6.32):

$$c_A = 8\pi\frac{R}{l}\sin\alpha.$$

Setzt man R/a nach Gl. (6.49) und l/a nach Gl. (6.52) ein, so ist:

$$c_A = 2\pi(1 + \varepsilon_2)\sin\alpha. \qquad (6.55)$$

Unter Einführung des Dickenverhältnisses d/l nach Gl. (6.53) wird:

$$c_A = 2\pi\left(1 + 0{,}77\,\frac{d}{l}\right)\sin\alpha. \qquad (6.55\mathrm{a})$$

Hiernach nimmt also der Auftriebsanstieg $dc_A/d\alpha$ mit der Profildicke etwas zu.

Das auf den Punkt C bezogene Nickmoment ergibt sich, wie hier ohne Beweis angegeben werden möge, zu:

$$c_M = +\frac{\pi}{4}\sin 2\alpha \approx +\frac{\pi}{2}\sin\alpha. \qquad (6.56)$$

Die Lage des Angriffspunktes der Auftriebskraft (Druckpunkt) gemessen vom Punkt C ist $s = -M/A$. Es ergibt sich nach Gl. (6.56) und (6.55):

$$\frac{s}{l} = -\frac{c_M}{c_A} = -\frac{1}{4}\frac{1}{1 + \varepsilon_2} \approx -\frac{1}{4}(1 - \varepsilon_2).$$

Um diesen Betrag liegt der Druckpunkt vor dem Punkt C, der im Abstand $x_0 = \varepsilon_2 a = \varepsilon_2 \cdot l/4$ vor der Mitte von l liegt. Der Druckpunkt liegt somit unabhängig von der Profildicke im Abstand $l/4$ hinter der Nase.

Geschwindigkeitsverteilung. Für die Geschwindigkeitsverteilung auf der Kontur des JOUKOWSKY-Profils erhält man durch eine ganz ähnliche Rechnung wie beim Kreisbogenprofil:

$$w_K = w_\infty[\sin(\varphi - \alpha) + \sin\alpha]\frac{1 + 2\varepsilon_2(1 + \varepsilon_2)(1 - \cos\varphi)}{(1 + \varepsilon_2)\sqrt{\varepsilon_2^2(1 - \cos\varphi)^2 + \sin^2\varphi}}. \qquad (6.57)$$

In Abb. 6.10 sind für ein symmetrisches JOUKOWSKY-Profil von 15% Dicke die Druckverteilungen für verschiedene Auftriebsbeiwerte dargestellt. Beim Anstellwinkel $\alpha = 0 (c_A = 0)$ liegt das Druckminimum bei etwa 15% der Tiefe hinter der Nase. Mit wachsendem Anstellwinkel rückt es auf der Saugseite weiter nach vorn und auf der Druckseite weiter nach hinten.

412   VI. Der Tragflügel unendlicher Spannweite bei inkompressibler Strömung

Bezüglich der Theorie der gewölbten JOUKOWSKY-Profile sei auf die Beiträge in [*19*] und [*24*] verwiesen. Ein einfaches grafisches Verfahren für die Ermittlung der Geschwindigkeitsverteilung ist von E. TREFFTZ [*53*] angegeben worden.

Experimentelle Ergebnisse. Umfangreiche Dreikomponentenmessungen an zahlreichen JOUKOWSKY-Profilen sind in den Ergebnissen der Aerodynamischen Versuchsanstalt Göttingen mitgeteilt worden [*24*]. Bezüglich der Momentenkurven

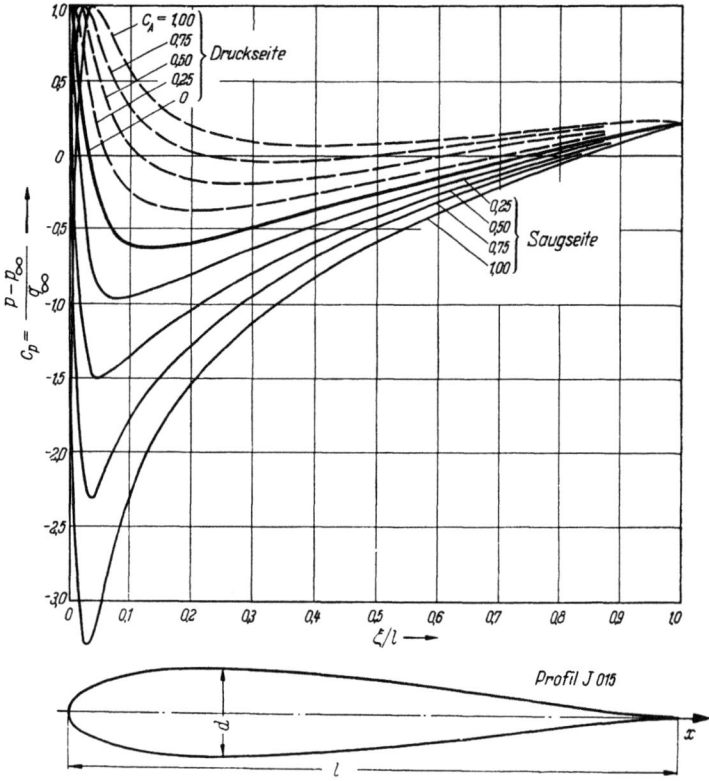

Abb. 6.10. Druckverteilung eines symmetrischen JOUKOWSKY-Profils, $d/l = 0{,}15$, bei verschiedenen Auftriebsbeiwerten c_A

$c_M(c_A)$ stimmen die Messungen für symmetrische Profile bis zu großen Dicken, für gewölbte Profile jedoch nur bei geringen Dicken mit der Theorie überein. Bei stark gewölbten, dicken Profilen sind beträchtliche Abweichungen vorhanden, die auf Reibungseinflüsse zurückzuführen sind.

Einen Vergleich des Auftriebsbeiwertes in Abhängigkeit vom Anstellwinkel nach der Theorie und nach Messungen von A. BETZ [*13*] zeigt Abb. 6.11. Die Übereinstimmung ist im Anstellwinkelbereich $\alpha = -10°$ bis $+10°$ recht gut; die geringen Unterschiede sind auf Reibungseinflüsse zurückzuführen. Auch die theoretische und die gemessene Druckverteilung stimmen gut überein, wie man aus Abb. 6.12 erkennt.

6.2 Profiltheorie nach der Methode der konformen Abbildung

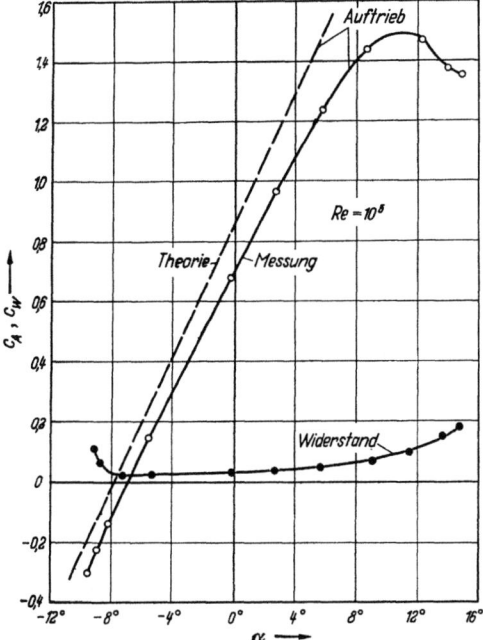

Abb. 6.11. Auftrieb und Widerstand bei der ebenen Strömung um ein JOUKOWSKY-Profil nach BETZ [13]. Profil nach Abb. 6.12

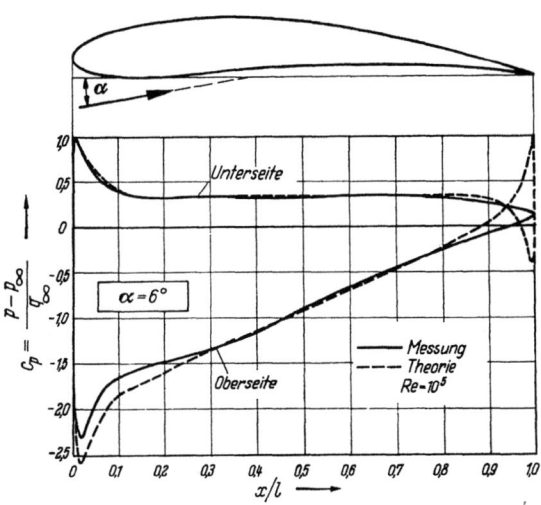

Abb. 6.12. Vergleich der theoretischen und gemessenen Druckverteilung für ein JOUKOWSKY-Profil bei gleichem Auftrieb, nach BETZ [13]

414 VI. Der Tragflügel unendlicher Spannweite bei inkompressibler Strömung

6.26 Schlußbemerkung

In den vorangegangenen Abschnitten haben wir nur einige wenige besonders charakteristische Profilformen mittels der Methode der konformen Abbildung behandelt. Die in Gl. (6.37) angegebene JOUKOWSKYsche Abbildungsfunktion kann man noch in verschiedener Weise verallgemeinern und dadurch weitere Profilformen aus der Kreisabbildung erzeugen. Wenn z. B. in Abb. 6.9 der Bildkreis nicht durch den Punkt $+a$ auf der reellen Achse, sondern durch einen etwas seitlich davon liegenden Punkt läuft, dann geht die scharfe Hinterkante des gewöhnlichen JOUKOWSKY-Profils in eine abgerundete Hinterkante über. Das allgemeine JOUKOWSKY-Profil mit kreisbogenförmiger Skelettlinie ergibt sich z. B. durch Abbildung eines exzentrisch gelegenen Bildkreises mit dem Mittelpunkt $z_0 = x_0 + i y_0$, vgl. Abb. 6.6c. Weitere Verallgemeinerungen der JOUKOWSKYschen Abbildungsfunktionen stammen von E. TREFFTZ und TH. v. KÁRMÁN [54], wobei jeweils die Profildicke, die Wölbungshöhe und der Hinterkantenwinkel freie Parameter sind. Die Form der Skelettlinie ist jedoch wie bei den JOUKOWSKY-Profilen kreisbogenförmig gewölbt, was eine starke Druckpunktwanderung hervorruft. Um diesem Umstand abzuhelfen, haben A. BETZ und F. KEUNE [15] entsprechende Abbildungsfunktionen angegeben.

Die Methode der konformen Abbildung zur Ermittlung der aerodynamischen Eigenschaften eines Profils besitzt den Nachteil, daß man zunächst eine Abbildungsfunktion vorgeben muß und die sich daraus ergebende Profilform mit dem vorgelegten Profil vergleichen muß. Im allgemeinen wird es nicht möglich sein, im voraus die richtige Abbildungsfunktion zu kennen, welche die vorgegebene Profilform auf den Kreis abbildet. Näherungsweise läßt sich diese Aufgabe, insbesondere im Hinblick auf die Berechnung der Geschwindigkeitsverteilung (Druckverteilung) an der Profiloberfläche nach E. TREFFTZ [53] sowie TH. THEODORSEN und J. E. GARRICK [52] lösen. Wir gehen auf eine nähere Besprechung der Methoden zur Behandlung der Profiltheorie mittels der konformen Abbildung nicht weiter ein, da sich in neuerer Zeit die *Singularitätenmethode*, die wir im folgenden behandeln, als zweckmäßiger und einfacher zur Berechnung der Geschwindigkeitsverteilung um ein vorgegebenes Profil erwiesen hat. Darüberhinaus geben wir der Singularitätenmethode gegenüber der Methode der konformen Abbildung den Vorrang, weil die letztere ausschließlich auf das ebene Problem beschränkt ist, während die Singularitätenmethode auch auf das räumliche Problem (Tragflügel endlicher Spannweite) übertragen werden kann. Der große Wert der Methode der konformen Abbildung bleibt dennoch erhalten: Er liegt darin, daß man für bestimmte Profilformen exakte Lösungen für die Geschwindigkeitsverteilung angeben kann und diese zum Vergleich mit Näherungslösungen heranziehen kann, die man z. B. nach der Singularitätenmethode erhält. Für die Entwurfsaufgabe, nämlich für eine vorgegebene Druckverteilung die Profilform zu ermitteln, ist von R. EPPLER [22, 23] ein Verfahren angegeben worden, das mit der konformen Abbildung arbeitet.

6.3 Profiltheorie nach der Singularitätenmethode

6.31 Singularitäten

Zur Berechnung der Geschwindigkeitsverteilung um ein vorgegebenes Tragflügelprofil wurde in Kap. 6.2 die Methode der konformen

6.3 Profiltheorie nach der Singularitätenmethode

Abbildung verwendet. Eine andere Möglichkeit zur Berechnung der aerodynamischen Eigenschaften von Tragflügelprofilen liefert die *Singularitätenmethode*. Diese besteht darin, daß man im Innern des Profils Quellen, Senken und Wirbel anordnet und dabei durch Überlagerung mit einer Translationsgeschwindigkeit geeignete Körperkonturen (Profile) erzeugt. Der Grundgedanke dieses Verfahrens wurde bereits in Kap. 2.357 erläutert, wo z. B. durch Überlagerung einer Quelle mit einer Parallelströmung die Strömung um den sog. ebenen Halbkörper ermittelt wurde, Abb. 2.25. Dabei kommt der Strömung

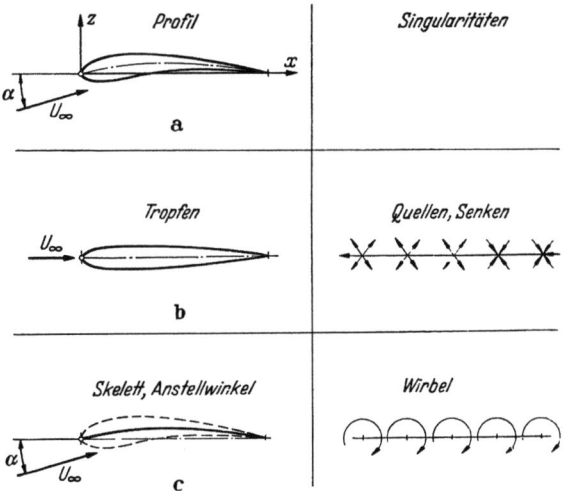

Abb. 6.13. Zur Singularitätenmethode
a) Gewölbtes Profil endlicher Dicke mit Anstellwinkel α; b) symmetrisches Profil endlicher Dicke bei symmetrischer Anströmung, $\alpha = 0$; c) sehr dünnes Profil mit Anstellwinkel

im Innern des Körpers keine physikalische Bedeutung zu. Zur Erzeugung eines symmetrischen Profils bei symmetrischer Anströmung (Profiltropfen) benötigt man nur Quellen und Senken, während für die Erzeugung einer Profilwölbung (Skelett) zusätzlich noch Wirbel im Profilinneren anzuordnen sind. Dieses ist in Abb. 6.13 schematisch dargestellt. Diese Quellen, Senken und Wirbel bezeichnet man als Singularitäten der Strömung. Meistens ist es erforderlich, die Singularitäten nicht diskret, sondern kontinuierlich über die Profiltiefe zu verteilen.

Es ist zweckmäßig, zunächst das sehr dünne Profil (Skelettprofil) zu behandeln. Die hierfür entwickelte *Skelett-Theorie* liefert bereits alle wesentlichen Ergebnisse über den Auftrieb des Profils (Kap. 6.32). Zur Darstellung des Skelettprofils benötigt man lediglich eine Wirbelverteilung. Das symmetrische Profil endlicher Dicke (Profiltropfen) bei symmetrischer Anströmung (Anstellwinkel Null) erhält man durch

416 VI. Der Tragflügel unendlicher Spannweite bei inkompressibler Strömung

Quell- und Senkenverteilungen (*Tropfentheorie*). Hierbei ergibt sich die Verdrängungsströmung in der Umgebung des Profils (Kap. 6.33). Das gewölbte Profil endlicher Dicke mit Anstellwinkel erhält man im wesentlichen durch Überlagerung einer Skelettlinie mit einem Profiltropfen (Kap. 6.34).

6.32 Sehr dünne Profile (Skelett-Theorie)

6.321 Grundlagen der Skelett-Theorie. Wie vorstehend bereits ausgeführt wurde, erhält man das sehr dünne Profil (Skelettprofil) durch die Überlagerung einer Wirbelverteilung längs der Profiltiefe mit einer

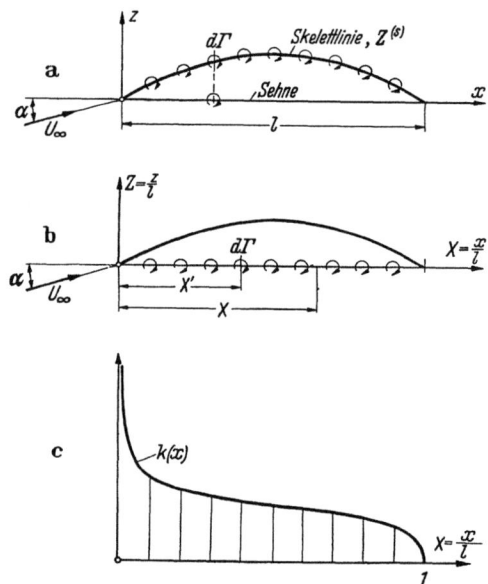

Abb. 6.14. Erläuterungsskizze zur Skelett-Theorie
a) Anordnung der Wirbelverteilung auf der Skelettlinie; b) Anordnung der Wirbelverteilung auf der Sehne (schwach gewölbte Profile); c) Zirkulationsverteilung längs der Sehne (schematisch)

Translationsströmung. Man bezeichnet diese Theorie deshalb auch als die Theorie der *tragenden Wirbelfläche*. Sie wurde zuerst von W. BIRNBAUM und W. ACKERMANN [*17*] sowie H. GLAUERT [*5*] angegeben und später insbesondere durch Arbeiten von F. RIEGELS [*48*], F. KEUNE [*36*] und J. ALLEN [*12*] erweitert.

Den folgenden Betrachtungen wird ein Koordinatensystem nach Abb. 6.14a zugrunde gelegt. Danach fällt die Profilsehne mit der x-Achse zusammen. Der Koordinatenanfangspunkt befindet sich in der Profilvorderkante. Die Skelettlinie ist durch $z^{(s)}(x)$ gegeben.

6.3 Profiltheorie nach der Singularitätenmethode

Nach Abb. 6.14a denkt man sich die Skelettlinie mit einer kontinuierlichen Wirbelverteilung belegt. Wir machen die Annahme, daß das Skelettprofil nur schwach gewölbt ist, so daß es sich nur wenig über die Profilsehne (x-Achse) erhebt. In diesem Fall kann man die Wirbelverteilung statt auf der Skelettlinie auf der Sehne anordnen (Abb. 6.14b). Hierdurch tritt für die mathematische Behandlung des Problems eine wesentliche Vereinfachung ein.

Die Wirbelstärke eines Streifens der Breite dx der Wirbelfläche beträgt nach Abb. 6.14b:

$$d\Gamma = k(x)\,dx. \tag{6.58}$$

Hierin bedeutet k die Wirbeldichte (Wirbelstärke pro Längeneinheit) oder die Zirkulationsverteilung. Durch Anwendung des BIOT-SAVARTschen Gesetzes, vgl. Kap. 2.46, erhält man für die von der Wirbelverteilung an einer Stelle x, z induzierten Geschwindigkeitskomponenten in x- bzw. z-Richtung:

$$u(x, z) = \frac{1}{2\pi} \int_0^l k(x') \frac{z}{(x-x')^2 + z^2}\,dx', \tag{6.59a}$$

$$w(x, z) = -\frac{1}{2\pi} \int_0^l k(x') \frac{x-x'}{(x-x')^2 + z^2}\,dx'. \tag{6.59b}$$

Für schwach gewölbte Profile sind die Geschwindigkeitskomponenten am Ort der Skelettlinie annähernd gleich den Werten auf der Profilsehne ($z = 0$). Bildet man aus Gl. (6.59) die Grenzwerte $z \to 0$, dann erhält man für die Geschwindigkeitskomponenten auf der Sehne:

$$u(X) = \pm \frac{1}{2} k(X), \tag{6.60a}$$

$$w(X) = -\frac{1}{2\pi} \int_0^1 k(X') \frac{dX'}{X - X'}. \tag{6.60b}$$

Mit l als Profiltiefe wurden die dimensionslosen Größen

$$X = \frac{x}{l} \quad \text{und} \quad Z^{(s)} = \frac{z^{(s)}}{l} \tag{6.61}$$

eingeführt.

Die Geschwindigkeitskomponente u ist proportional der Wirbeldichte. Das obere Vorzeichen gilt für die Profiloberseite, das untere für die Unterseite. Beim Durchgang durch die Wirbelschicht ändert sich die Geschwindigkeitskomponente u sprunghaft um den Betrag

$$\Delta u = u_o - u_u = k,$$

vgl. hierzu auch Abb. 2.35. Das Integral für die Geschwindigkeitskomponente w enthält bei $X' = X$ eine singuläre Stelle.[1]

Die Verteilung der Wirbeldichte über die Sehne ergibt sich aus der *kinematischen Strömungsbedingung*, daß die Skelettlinie eine Stromlinie ist. Dabei wird der Wirbelverteilung eine Translationsgeschwindigkeit U_∞ überlagert, welche mit der Sehne den Anstellwinkel α bildet, Abb. 6.14.

Die kinematische Strömungsbedingung kann auch so formuliert werden, daß in jedem Punkt der Skelettlinie die resultierende Geschwindigkeitskomponente normal zur Skelettlinie verschwinden muß. Im Rahmen der vorliegenden Näherung ist es ausreichend, diese Bedingung statt auf der Skelettlinie auf der Sehne zu erfüllen. Somit ergibt sich:

$$U_\infty \left[\alpha - \frac{dZ^{(s)}(X)}{dX} \right] + w(X) = 0. \tag{6.62}$$

Diese Gleichung verknüpft den Anstellwinkel α und die Ordinaten des Skeletts $Z^{(s)}$ mit den induzierten Normalgeschwindigkeiten w.

Zwischen der Geschwindigkeitsverteilung auf der Profiloberfläche und der Wirbeldichte besteht bei Annahme kleiner Anstellwinkel nach Gl. (6.60a) die Beziehung:

$$U(X) = U_\infty + u(X) = U_\infty \pm \tfrac{1}{2} k(X). \tag{6.63}$$

Nach der KUTTAschen Abflußbedingung, Kap. 6.12, müssen die Geschwindigkeiten auf der Profilunter- und -oberseite an der Hinterkante gleich groß sein. Diese erfordert nach Gl. (6.63):

$$k = 0 \quad \text{für} \quad X = 1. \tag{6.64}$$

Nach der BERNOULLIschen Gleichung erhält man den Druckunterschied zwischen der Unter- und Oberseite zu $p_u - p_o = \varrho\, U_\infty\, \Delta u = \varrho\, U_\infty\, k$. Für den dimensionslosen Druckbeiwert wird

$$\Delta c_p(X) = \frac{p_u - p_o}{q_\infty} = 2 \frac{k(X)}{U_\infty} \tag{6.65}$$

mit $q_\infty = \varrho\, U_\infty^2 / 2$ als Staudruck der Anströmung. Die Verteilung der Wirbeldichte gibt somit unmittelbar die Lastverteilung über die Profiltiefe. Aus der Verteilung der Wirbeldichte längs der Profiltiefe ergibt sich die Gesamtzirkulation um das Profil zu

$$\Gamma = \int_0^l k(x)\, dx = l \int_0^1 k(X)\, dX.$$

---

[1] Es ist von dem Integral der CAUCHYsche Hauptwert zu nehmen:

$$\lim_{\varepsilon \to 0} \left\{ \int_0^{X-\varepsilon} \cdots dX' + \int_{X+\varepsilon}^1 \cdots dX' \right\}.$$

6.3 Profiltheorie nach der Singularitätenmethode

Da zwischen dem Auftrieb und der Zirkulation eines Flügels der Breite b nach KUTTA-JOUKOWSKY, Gl. (6.1), der Zusammenhang

$$A = \varrho\, U_\infty\, b\, \Gamma$$

besteht, gilt für den Auftriebsbeiwert $c_A = A/q_\infty\, b\, l$ die Beziehung:

$$c_A = \frac{2}{U_\infty} \int_0^1 k(X)\, dX = \int_0^1 \Delta c_p(X)\, dX. \qquad (6.66)$$

Die zweite Gleichung für c_A erhält man in bekannter Weise auch, wenn man den Auftrieb aus dem Druckintegral nach Gl. (2.144) ermittelt.

Das auf die Profilvorderkante bezogene Kippmoment ist $M = -b \int_0^l (p_u - p_o)\, x\, dx$, wobei schwanzlastige Momente positiv gerechnet werden. Hieraus folgt für den Momentenbeiwert $c_M = M/q_\infty\, b\, l^2$ die Beziehung:

$$c_M = -\frac{2}{U_\infty} \int_0^1 k(X)\, X\, dX = -\int_0^1 \Delta c_p(X)\, X\, dX. \qquad (6.67)$$

6.322 Berechnung der Skelettlinie aus der Zirkulationsverteilung (I. Hauptaufgabe). Die Aufgabe, zu einer vorgegebenen Zirkulationsverteilung $k(X)$ die Form der Skelettlinie und den Anstellwinkel zu ermitteln, erfordert zwei Schritte. Zunächst erhält man aus Gl. (6.60b) die Verteilung der induzierten Abwärtsgeschwindigkeit $w(X)$ längs der Profilsehne. Setzt man diese Verteilung in die kinematische Strömungsbedingung, Gl. (6.62), ein, so ergibt sich aus dieser nach Integration über X für die Form der Skelettlinie:

$$Z^{(s)}(X) = \alpha\, X + \int_0^X \frac{w(X)}{U_\infty}\, dX + C. \qquad (6.68)$$

Diese Aufgabe nennt man auch die *erste Hauptaufgabe* der Skelett-Theorie.

Diese beiden Schritte lassen sich in *eine* Gleichung zusammenfassen, wenn man Gl. (6.60b) in Gl. (6.68) einsetzt und die Integration über X ausführt. Der Anstellwinkel und die Integrationskonstante C werden so bestimmt, daß an der Vorderkante und an der Hinterkante die Ordinaten der Skelettlinie verschwinden. Damit erhält man für die Skelettlinie:

$$Z^{(s)}(X) = \alpha\, X - \frac{1}{2\pi} \int_0^1 \frac{k(X')}{U_\infty} \ln\left|\frac{X - X'}{X'}\right| dX', \qquad (6.69)$$

VI. Der Tragflügel unendlicher Spannweite bei inkompressibler Strömung

und für den gegen die Sehne gemessenen Anstellwinkel α folgt:

$$\alpha = \frac{1}{2\pi} \int_0^1 \frac{k(X')}{U_\infty} \ln \frac{1-X'}{X'} dX'. \tag{6.70}$$

Die auftretenden Integrale lassen sich durch einfache Summenformeln auswerten, wie in Kap. 6.343 gezeigt wird.

Ansätze von Birnbaum-Ackermann und Glauert für die Zirkulationsverteilung. Im Anschluß an die BIRNBAUM-ACKERMANNschen Untersuchungen über das ebene Problem des Tragflügels hat H. GLAUERT [5] für die Zirkulationsverteilung den folgenden FOURIERschen Reihenansatz vorgeschlagen:

$$k(\varphi) = 2U_\infty \left(A_0 \tan \frac{\varphi}{2} + \sum_{n=1}^N A_n \sin n\varphi \right). \tag{6.71}$$

Dabei ist

$$X = \tfrac{1}{2}(1 + \cos\varphi) \tag{6.72}$$

und somit für die Vorderkante $X = 0$ und $\varphi = \pi$ sowie für die Hinterkante $X = 1$ und $\varphi = 0$. Der Ansatz nach Gl. (6.71) erfüllt für jedes Glied die KUTTAsche Abflußbedingung nach Gl. (6.64).

Wird der Ansatz für die Zirkulationsverteilung Gl. (6.71) in die Gleichung für die induzierte Geschwindigkeit Gl. (6.60b) eingesetzt, dann erhält man für diese:

$$\frac{w(\varphi)}{U_\infty} = -\frac{1}{\pi} \left(A_0 \int_0^\pi \frac{1-\cos\varphi'}{\cos\varphi - \cos\varphi'} d\varphi' + \sum_{n=1}^N A_n \int_0^\pi \frac{\sin n\varphi' \sin\varphi'}{\cos\varphi - \cos\varphi'} d\varphi' \right).$$

Die auftretenden Integrale lassen sich nach der von H. GLAUERT [5], S. 82, erstmalig angegebenen Beziehung

$$\frac{1}{\pi} \int_0^\pi \frac{\cos n\varphi'}{\cos\varphi - \cos\varphi'} d\varphi' = -\frac{\sin n\varphi}{\sin\varphi} \tag{6.73}$$

elementar auswerten. Somit ergibt sich für die induzierte Abwärtsgeschwindigkeit der einfache Ausdruck:

$$\frac{w(\varphi)}{U_\infty} = -\left(A_0 + \sum_{n=1}^N A_n \cos n\varphi \right). \tag{6.74}$$

Setzt man dieses in die kinematische Strömungsbedingung Gl. (6.62) ein, so erhält man den folgenden Zusammenhang zwischen den FOURIERschen Koeffizienten, der Skelettlinie und dem Anstellwinkel:

$$A_0 + \sum_{n=1}^N A_n \cos n\varphi = \alpha - \frac{dZ^{(s)}(X)}{dX}. \tag{6.75}$$

Bei vorgegebener Zirkulationsverteilung ist dies eine Differentialgleichung für die Skelettlinie $Z^{(s)}(X)$.

6.3 Profiltheorie nach der Singularitätenmethode

Ist jedoch andererseits die Skelettlinie vorgegeben, so lassen sich die Koeffizienten der Zirkulationsverteilung nach Gl. (6.75) durch FOURIER-Analyse ermitteln durch die Beziehungen:

$$A_0 = \alpha - \frac{1}{\pi} \int_0^\pi \frac{dZ^{(s)}}{dX} d\varphi, \qquad (6.76\text{a})$$

$$A_n = -\frac{2}{\pi} \int_0^\pi \frac{dZ^{(s)}}{dX} \cos n\varphi\, d\varphi \qquad (n = 1, 2, \ldots, N). \qquad (6.76\text{b})$$

Sämtliche Koeffizienten hängen nur von der Form der Skelettlinie ab, der Koeffizient A_0 darüber hinaus noch vom Anstellwinkel.

Auftrieb und Nickmoment. Der Auftriebsbeiwert ergibt sich aus Gl. (6.66), wenn man den Ansatz für die Zirkulationsverteilung nach Gl. (6.71) in Verbindung mit Gl. (6.72) einsetzt und die Integration ausführt, zu[1]

$$c_A = \pi(2A_0 + A_1). \qquad (6.77)$$

In gleicher Weise erhält man nach Gl. (6.67) den Momentenbeiwert bezogen auf die Profilvorderkante zu[1]

$$c_M = -\frac{\pi}{4}(2A_0 + 2A_1 + A_2) \qquad (6.78\text{a})$$

$$= -\frac{1}{4} c_A - \frac{\pi}{4}(A_1 + A_2). \qquad (6.78\text{b})$$

Diese Formeln wurden erstmalig von M. MUNK [41] angegeben.

Die Birnbaum-Ackermannschen Normalverteilungen. Die ersten zwei Glieder in Gl. (6.71) sind die beiden ersten BIRNBAUMschen Normalverteilungen, die besonders einfache Skelettlinien darstellen.

Erste Normalverteilung (angestellte ebene Platte). Die Zirkulationsverteilung ist:

$$k = A_0 k_I = 2 U_\infty A_0 \tan\frac{\varphi}{2} = 2 U_\infty A_0 \sqrt{\frac{1-X}{X}}. \qquad (6.79)$$

Die Verteilung k_I ist in Abb. 6.15a dargestellt. Die induzierte Abwärtsgeschwindigkeit ergibt sich aus Gl. (6.74) zu $w/U_\infty = -A_0$ und damit

$$\frac{w_I}{U_\infty} = -1.$$

Aus der kinematischen Strömungsbedingung Gl. (6.75) folgt ferner, daß die Profilneigung $dZ^{(s)}/dX$ konstant sein muß, was nur bei $Z^{(s)} \equiv 0$ möglich ist. Somit ist

$$A_0 = \alpha, \qquad (6.80)$$

---

[1] Bei der Auswertung der Integrationen über φ verschwinden die meisten Integrale wegen der Orthogonalitätsbeziehungen der trigonometrischen Funktionen.

422 VI. Der Tragflügel unendlicher Spannweite bei inkompressibler Strömung

womit gezeigt ist, daß die erste BIRNBAUMsche Normalverteilung die Strömung um die angestellte ebene Platte darstellt. Die induzierte

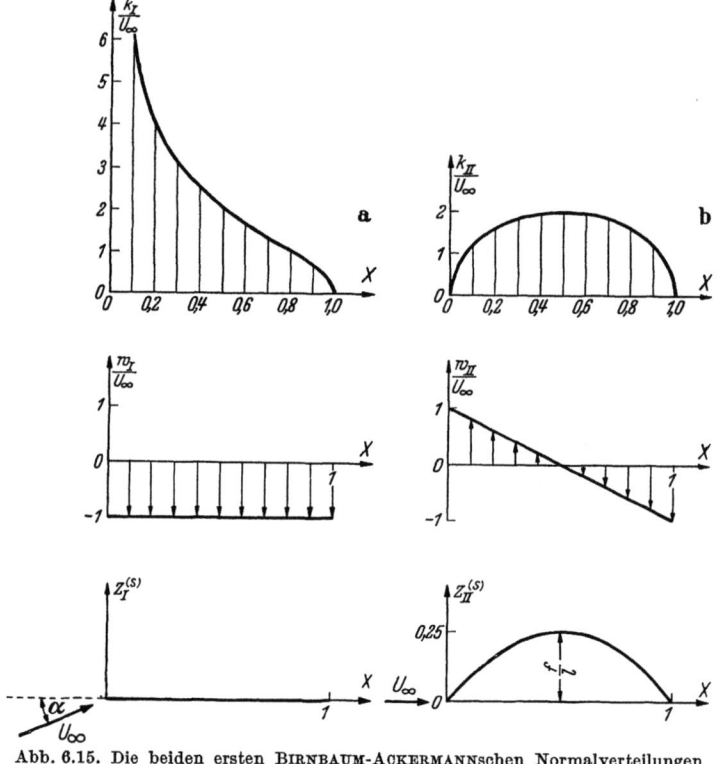

Abb. 6.15. Die beiden ersten BIRNBAUM-ACKERMANNschen Normalverteilungen
a) Die angestellte ebene Platte; b) das Parabelskelett

Abwärtsgeschwindigkeit und die Profilform sind in Abb. 6.15a wiedergegeben.

Aus Gl. (6.77) erhält man zusammen mit Gl. (6.80) für den Auftriebsbeiwert:

$$c_A = 2\pi A_0 = 2\pi \alpha \tag{6.81}$$

und für den Momentenbeiwert aus Gl. (6.78):

$$c_M = -\frac{\pi}{2}\alpha = -\frac{1}{4}c_A. \tag{6.82}$$

Alle hier für die angestellte ebene Platte gefundenen Ergebnisse stimmen mit der exakten Lösung nach der konformen Abbildung, Kap. 2.563 und Kap. 6.22, für kleine Anstellwinkel α überein.

Zweite Normalverteilung (Parabelskelett). Die Zirkulationsverteilung ist

$$k = A_1 k_{II} = 2U_\infty A_1 \sin\varphi = 4U_\infty A_1 \sqrt{X(1-X)}. \tag{6.83}$$

6.3 Profiltheorie nach der Singularitätenmethode

Dies ist eine elliptische Verteilung nach Abb. 6.15b. Die induzierte Abwärtsgeschwindigkeit ergibt sich aus Gl. (6.74) zu:

$$\frac{w_{II}}{U_\infty} = -\cos\varphi = -(2X - 1).$$

Diese ändert sich nach Abb. 6.15b linear über die Tiefe.

Die Form der Skelettlinie ergibt sich nach Gl. (6.68) zu:

$$Z^{(s)} = A_1 X(1-X) = 4\frac{f}{l} X(1-X) \quad \text{mit} \quad \alpha = 0. \tag{6.84}$$

Dies ist ein Parabelskelett mit der Wölbungshöhe $f/l = A_1/4$, Abb. 6.15b.

Für den Auftriebsbeiwert erhält man nach Gl. (6.77):

$$c_A = \pi A_1 = 4\pi \frac{f}{l}. \tag{6.85}$$

Für den Momentenbeiwert wird nach Gl. (6.78):

$$c_M = -\frac{\pi}{2} A_1 = -2\pi \frac{f}{l}. \tag{6.86}$$

Der Vergleich der vorstehenden Ergebnisse mit denjenigen nach der konformen Abbildung, Kap. 6.24, für $\alpha = 0$ und kleine Wölbungen f/l ergibt völlige Übereinstimmung.

Konstante Zirkulationsverteilung. Schließlich möge noch der Fall der konstanten Zirkulationsverteilung längs der Profiltiefe betrachtet werden:

$$k = 2U_\infty C. \tag{6.87}$$

Für die Skelettlinie und den Anstellwinkel wird nach Gl. (6.69) und (6.70):

$$Z^{(s)}(X) = -\frac{C}{\pi}[(1-X)\ln(1-X) + X\ln X] \quad \text{mit} \quad \alpha = 0. \tag{6.88}$$

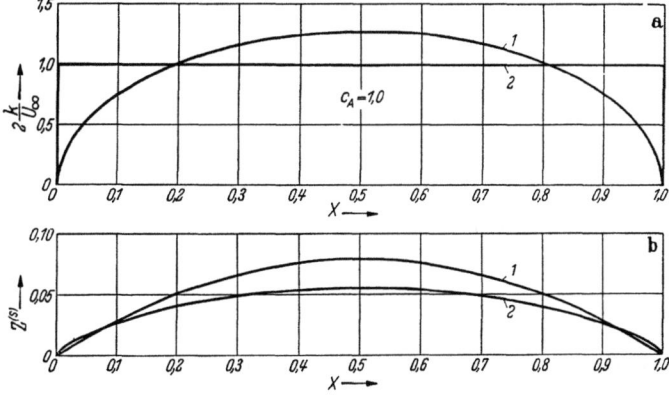

Abb. 6.16. Zirkulationsverteilung (a) und Skelettlinienform (b) beim Auftriebsbeiwert $c_A = 1{,}0$ (*1*) für elliptische Zirkulationsverteilung, (*2*) für konstante Zirkulationsverteilung

Diese Skelettlinie ist in Abb. 6.16b als Kurve (2) dargestellt. Die größte Wölbung beträgt $f/l = (\ln 2/\pi)\, C = 0{,}221\, C$ und liegt bei 50% der Profiltiefe. Diese Skelettlinie findet bei den NACA-Profilen der 6-Serie Verwendung, vgl. Abb. 5.5c ($a = 1{,}0$). Den Auftriebsbeiwert erhält man nach Gl. (6.66) zu:

$$c_A = 4\, C = \frac{4\pi}{\ln 2} \frac{f}{l}. \qquad (6.89)$$

Zum Vergleich sind in Abb. 6.16 die elliptische Zirkulationsverteilung (zweite BIRNBAUMsche Normalverteilung) und die zugehörige Parabelskelettlinie für den gleichen Auftriebsbeiwert $c_A = 1$ mit eingetragen.

6.323 Berechnung der aerodynamischen Beiwerte. Es sollen nunmehr Formeln bereitgestellt werden, welche es gestatten, die aerodynamischen Beiwerte unmittelbar aus der vorgegebenen Skelettlinie zu berechnen. In Gl. (6.77) und (6.78) wurden bereits die Formeln zur Berechnung des Auftriebs- und Momentenbeiwertes aus den Koeffizienten der Zirkulationsverteilung angegeben.

Auftrieb. Setzt man in Gl. (6.77) die Koeffizienten A_0 und A_1 nach Gl. (6.76) ein, so ergibt sich für den Auftriebsbeiwert:

$$c_A = 2\pi \left(\alpha - \frac{1}{\pi} \int_0^\pi \frac{dZ^{(s)}}{dX} (1 + \cos\varphi)\, d\varphi \right). \qquad (6.90)$$

Für den *Auftriebsanstieg* erhält man hieraus

$$\frac{dc_A}{d\alpha} = 2\pi. \qquad (6.91)$$

Der Anstellwinkel, bei dem der Auftrieb verschwindet, wird als *Nullauftriebswinkel* α_0 bezeichnet. Er folgt aus Gl. (6.90), wegen $c_A = 0$, zu

$$\alpha_0 = \frac{1}{\pi} \int_0^\pi \frac{dZ^{(s)}}{dX} (1 + \cos\varphi)\, d\varphi = -\frac{2}{\pi} \int_0^\pi \frac{Z^{(s)}(\varphi)}{1 - \cos\varphi}\, d\varphi, \qquad (6.92)$$

wobei das zweite Integral sich durch eine partielle Integration ergibt.

Nickmoment. Für die Abhängigkeit des Momentenbeiwertes vom Auftriebsbeiwert gilt nach Gl. (6.78b):

$$c_M = -\frac{1}{4} c_A - \frac{\pi}{4}(A_1 + A_2). \qquad (6.93)$$

Hierfür kann man auch schreiben:

$$c_M = \frac{dc_M}{dc_A} c_A + c_{M0}. \qquad (6.94)$$

Nach Gl. (5.51) ist $-dc_M/dc_A = x_N/l$ die *Neutralpunktlage*. Mithin gilt für den Abstand des Neutralpunktes von der Profilvorderkante:

$$\frac{x_N}{l} = \frac{1}{4}. \qquad (6.95)$$

6.3 Profiltheorie nach der Singularitätenmethode

Es ist bemerkenswert, daß die Neutralpunktlage für schwach gewölbte Skelettprofile unabhängig von der Profilform ist.

Für den *Nullmomentenbeiwert* $c_{M0} = -\frac{\pi}{4}(A_1 + A_2)$ findet man nach Einsetzen der Beziehungen für A_1 und A_2 nach Gl. (6.76):

$$c_{M0} = \frac{1}{2}\int_0^\pi \frac{dZ^{(s)}}{dX}(\cos\varphi + \cos 2\varphi)\,d\varphi$$

$$= -\int_0^\pi \frac{2\cos\varphi - \cos 2\varphi}{1 - \cos\varphi} Z^{(s)}(\varphi)\,d\varphi. \tag{6.96}$$

Stoßfreier Eintritt. An der Profilvorderkante, $X = 0$, d. i. $\varphi = \pi$, ist im allgemeinen nach Gl. (6.71) die Wirbeldichte und damit die Geschwindigkeit unendlich groß. Es gibt jedoch einen Anstellwinkel, bei dem die Geschwindigkeit an der Vorderkante endlich bleibt. Für diesen wurde bereits in Kap. 6.24 die Bezeichnung Anstellwinkel des stoßfreien Eintritts eingeführt. Man erhält den *Anstellwinkel des stoßfreien Eintritts* α_s nach Gl. (6.71) aus der Bedingung $A_0 = 0$. Mit Gl. (6.76a) ergibt sich:

$$\alpha_s = \frac{1}{\pi}\int_0^\pi \frac{dZ^{(s)}}{dX}\,d\varphi = -\frac{2}{\pi}\int_0^\pi \frac{\cos\varphi}{\sin^2\varphi} Z^{(s)}(\varphi)\,d\varphi. \tag{6.97}$$

Der zugehörige Auftriebsbeiwert ist nach Gl. (6.77) $c_{As} = \pi A_1$; mithin nach Gl. (6.76b):

$$c_{As} = -2\int_0^\pi \frac{dZ^{(s)}}{dX}\cos\varphi\,d\varphi = 4\int_0^\pi \frac{Z^{(s)}(\varphi)}{\sin^2\varphi}\,d\varphi. \tag{6.98}$$

Saugkraft. Bei nicht stoßfreiem Eintritt wird die Vorderkante mit unendlich großer Geschwindigkeit von unten nach oben oder von oben nach unten umströmt. Die hierdurch in der Umgebung der Vorderkante verursachten großen Unterdrücke liefern eine an der Vorderkante nach vorn angreifende Kraft, für die in Kap. 2.563 bereits die Bezeichnung Saugkraft eingeführt wurde. Für den Beiwert der Saugkraft $c_S = S/q_\infty\,b\,l$ kann man die folgende Beziehung herleiten:

$$c_S = -\frac{2}{U_\infty^2}\int_0^1 k(X)\,w(X)\,dX.$$

Werden hierin Gl. (6.71) und Gl. (6.74) eingesetzt, so folgt

$$c_S = 2\pi A_0^2. \tag{6.99}$$

Mit c_A nach Gl. (6.77) und $c_{As} = \pi A_1$ ergibt sich:

$$c_S = \frac{1}{2\pi}(c_A - c_{As})^2. \tag{6.99a}$$

Hiernach ist also bei stoßfreiem Eintritt die Saugkraft Null; sie wächst quadratisch mit $(c_A - c_{As})$.

Bei einer vorgegebenen Zirkulationsverteilung $k(X)$ erhält man den Koeffizienten A_0 nach Gl. (6.71) durch den folgenden Grenzübergang:

$$A_0 = \frac{1}{2U_\infty}\lim_{X\to 0}(k(X)\sqrt{X}).$$

VI. Der Tragflügel unendlicher Spannweite bei inkompressibler Strömung

Für die Berechnung der verschiedenen Beiwerte werden Integralformeln angegeben, in denen neben bestimmten von φ abhängigen Funktionen nur die Verteilung der Skelettordinaten $Z^{(s)}(\varphi)$ vorkommt. Im Kap. 6.343 werden noch einfache Summenformeln zur numerischen Auswertung der Integrale angegeben.

6.324 Beispiele zur I. Hauptaufgabe der Skelett-Theorie. Im folgenden sollen die vorstehend abgeleiteten Beziehungen für die aerodynamischen Beiwerte auf einige Beispiele angewendet werden. Wir wählen dazu solche Skelettlinien, wie sie in Kap. 5.13 erläutert wurden, vgl. Abb. 5.5 und 5.6.

Das gleichförmig gewölbte Skelett. Unter einem gleichförmig gewölbten Skelett sei eine Form verstanden, die im Bereich des Profils $0 < X < 1$ ohne Wendepunkt ist. Ein Ansatz hierfür wurde durch Erweiterung des Parabelskeletts in Gl. (5.24) angegeben. Dabei handelt es sich um eine Skelettlinienform mit den beiden Parametern $f/l =$ Wölbungshöhe und $X_f = x_f/l =$ Lage der größten Wölbung. Nach [55] erhält man:

Nullauftriebswinkel: $\quad \alpha_0 = -\dfrac{f}{l}\dfrac{1}{1-X_f},$ (6.100a)

Nullmomentenbeiwert: $\quad c_{M0} = -\dfrac{\pi}{2}\dfrac{f}{l}\dfrac{X_f(3-2X_f)}{1-X_f},$ (6.100b)

Anstellwinkel des stoßfreien Eintritts: $\quad \alpha_s = \dfrac{1}{2}\dfrac{f}{l}\dfrac{1-2X_f}{X_f(1-X_f)},$ (6.100c)

Auftriebsbeiwert des stoßfreien Eintritts: $\quad c_{As} = \pi\dfrac{f}{l}\dfrac{1}{X_f(1-X_f)}.$ (6.100d)

Für den Fall des einfachen Parabelskeletts ($X_f = 1/2$) gelten die Zahlenwerte:

$$\alpha_0 = -2\frac{f}{l};\quad c_{M0} = -\pi\frac{f}{l};\quad \alpha_s = 0;\quad c_{As} = 4\pi\frac{f}{l}. \qquad (6.101)$$

Das ungleichförmig gewölbte Skelett. Unter einem ungleichförmig gewölbten Skelett wird eine Form verstanden, die auch Wendepunkte besitzt. Ebenfalls als Erweiterung des einfachen Parabelskeletts wurde ein Ansatz für das Profil in Gl. (5.26) angegeben.

Für die Beiwerte erhält man durch Ausführung der Integration:

Nullauftriebswinkel: $\quad \alpha_0 = -\dfrac{a}{8}(4+3b),$ (6.102a)

Nullmomentenbeiwert: $\quad c_{M0} = -\dfrac{\pi}{32}a(8+7b),$ (6.102b)

Anstellwinkel des stoßfreien Eintritts: $\quad \alpha_s = -\dfrac{1}{8}ab,$ (6.102c)

Auftriebsbeiwert des stoßfreien Eintritts: $\quad c_{As} = \dfrac{\pi}{2}a(2+b).$ (6.102d)

6.3 Profiltheorie nach der Singularitätenmethode

Aus der vorliegenden Skelettfamilie erhält man nach den Ausführungen in Kap. 5.32 das druckpunktfeste Profil, wenn man $c_{M0} = 0$ setzt. Aus Gl. (6.102b) folgt dann sofort $b = -8/7$. Dieses Skelett besitzt nach Abb. 5.6c einen S-Schlag. Der Fall $b = 0$ stellt wieder das einfache Parabelskelett dar, für das die Werte nach Gl. (6.101) gelten.

NACA-Skelettlinien. In der NACA-Systematik werden verschiedene Skelettlinienformen verwendet, vgl. Kap. 5.13.

Vierziffrige NACA-Profile (NACA Rep. Nr. 460 [33]). In Abb. 6.17 ist das Ergebnis für den Nullauftriebswinkel und das Nullmoment in Abhängigkeit von der Wölbungsrücklage gezeigt. Zum Vergleich mit den theoretischen Werten sind Meßwerte nach NACA Rep. Nr. 460 eingetragen. Da der Einfluß der Profildicke für die Dickenverhältnisse $0,06 < d/l < 0,15$ nur gering ist, wird für die Messungen eine mittlere Kurve angegeben. Dabei stellen die eingetragenen Punkte jeweils drei Meßwerte für die Wölbungen $f/l = 0,02$; 0,04 und 0,06 dar. Die Übereinstimmung von Messung und Rechnung ist befriedigend. Die Abweichungen zwischen den theoretischen und experimentellen Werten werden mit wachsender Wölbungsrücklage etwas größer. Dieses ist in erster Linie auf Reibungseinflüsse zurückzuführen.

Fünfziffrige NACA-Profile (NACA Rep. Nr. 537 [30]). In Abb. 6.17 sind für die wendepunktfreien Skelettlinien die Ergebnisse für den Nullauftriebswinkel und für das Nullmoment dargestellt. Meßergebnisse nach NACA Rep. Nr. 610 [31] sind ebenfalls eingetragen. Der Einfluß der Profildicke ist wieder vernachlässigbar klein. Die eingetragenen Meßwerte geben die Ergebnisse für Werte von $c_{As} = 0,3$; 0,45; 0,6 und 0,9 wieder. Die Übereinstimmung zwischen den theoretischen und experimentellen

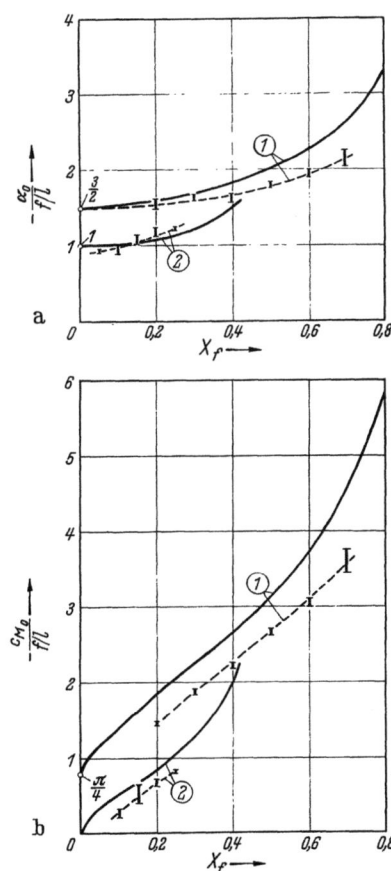

Abb. 6.17. Nullauftriebswinkel α_0 und Nullmomentenbeiwert c_{M_0} der NACA-Skelettlinien. Vergleich von Theorie und Messung nach NACA-Rep. Nr. 460, 537 und 610.
Kurven (1): vierziffrige Skelettlinien,
Kurven (2): fünfziffrige Skelettlinien

428 VI. Der Tragflügel unendlicher Spannweite bei inkompressibler Strömung

Werten ist besser als bei den Skelettlinien der vierziffrigen NACA-Profile.

NACA-6-Profile (NACA Rep. Nr. 824 [2]). Die Skelettlinien der NACA-6-Serie sind nach rein aerodynamischen Gesichtspunkten fest-

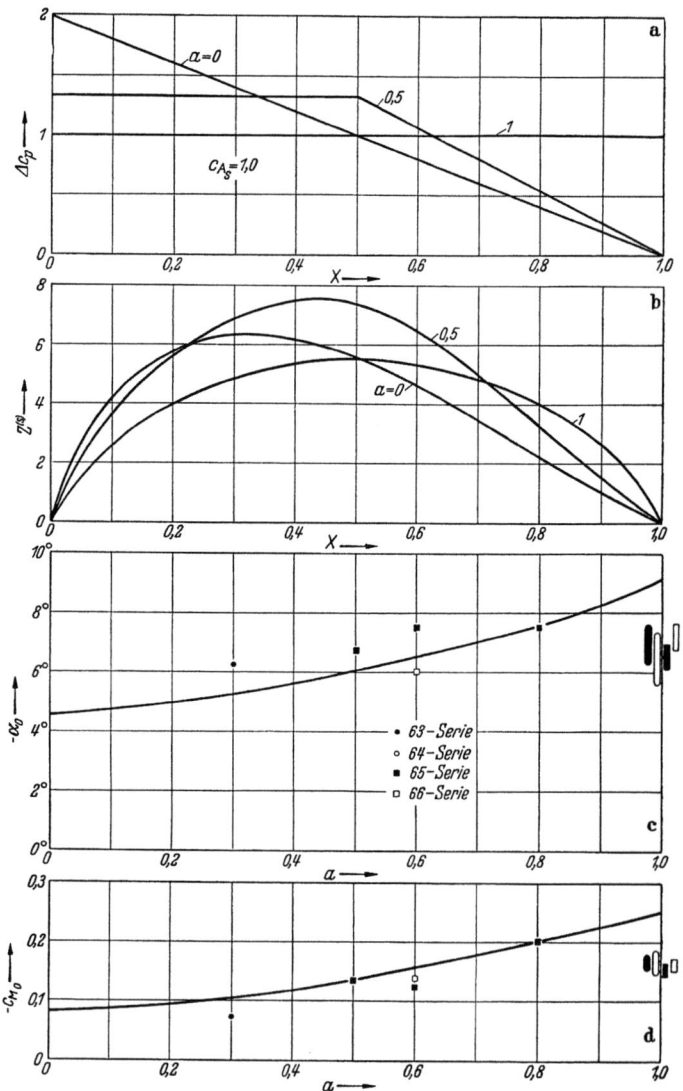

Abb. 6.18. Aerodynamische Beiwerte für Skelettlinien der NACA-6-Profile für den Auftriebsbeiwert des stoßfreien Eintritts $c_{As} = 1{,}0$. Vergleich von Theorie nach Gl. (6.103a, b, c) und Messung nach NACA Rep. Nr. 824

a) Druckverteilungen Δc_p; b) Skelettlinien $Z^{(s)}$ (aufgetragen sind die Werte $100 Z^{(s)}$); c) Nullauftriebswinkel α_0; d) Nullmomentenbeiwert c_{M0}

6.3 Profiltheorie nach der Singularitätenmethode

gelegt worden. Vorgegeben sind nach Abb. 6.18a die resultierenden Druckverteilungen von Unter- und Oberseite des Profils. Die zugehörigen Skelettlinien sind in Abb. 6.18b dargestellt, vgl. auch Abb. 5.5c. Für die aerodynamischen Beiwerte erhält man:

Anstellwinkel des stoßfreien Eintritts:

$$\alpha_s = \frac{c_{As}}{4\pi} \frac{1}{1+a} \left[1 - (1-a)\ln(1-a) + \frac{a^2}{1-a}\ln a \right], \qquad (6.103\text{a})$$

Nullauftriebswinkel:

$$\alpha_0 = \alpha_s - \frac{1}{2\pi} c_{As}, \qquad (6.103\text{b})$$

Nullmomentenbeiwert:

$$c_{M0} = -\frac{1}{12} c_{As} \left(1 + \frac{4a^2}{1+a} \right). \qquad (6.103\text{c})$$

In Abb. 6.18c und d sind der Nullauftriebswinkel bzw. der Nullmomentenbeiwert für $c_{As} = 1$ über der Größe a aufgetragen. Diese Werte werden mit Meßergebnissen nach NACA Rep. Nr. 824 verglichen, wobei sich im allgemeinen eine befriedigende Übereinstimmung zeigt.

Geknickte Platte (Klappenflügel, Ruder). Eine weitere wertvolle Anwendung hat die Skelett-Theorie für die Berechnung der aerodynamischen Beiwerte des Klappenflügels gefunden. Ersetzt man den Klappenflügel durch seine Skelettlinie, so gelangt man zur geknickten Platte, Abb. 6.19. Die erstmalige Behandlung dieser Aufgabe stammt von H. GLAUERT [27]. Unter der

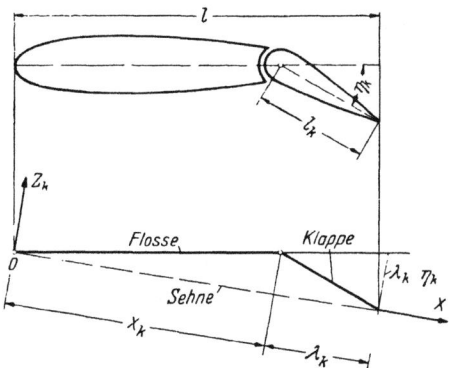

Abb. 6.19. Erläuterungsskizze zur Skelett-Theorie des Klappenflügels

Annahme eines kleinen Ausschlagwinkels η_k ergeben sich die Ordinaten der Skelettlinie $Z^{(s)} = Z_k$, gemessen gegen die gedachte Sehne, die die Vorderkante mit der Hinterkante der ausgeschlagenen Klappe verbindet, zu

$$\left. \begin{array}{ll} Z_k = \lambda_k X \eta_k & \text{für} \quad 0 \leq X \leq X_k, \\ Z_k = (1 - \lambda_k)(1 - X) \eta_k & \text{für} \quad X_k \leq X \leq 1. \end{array} \right\} \qquad (6.104)$$

Hierin bedeutet

$$\lambda_k = \frac{l_k}{l}$$

das Klappentiefenverhältnis, vgl. Kap. 5.12.

Da die Profilneigungen in den angegebenen Bereichen jeweils konstant sind, können die Integrationen zur Ermittlung der aerodynamischen Beiwerte sehr einfach ausgeführt werden. Zweckmäßigerweise führt man für die Lage des Knickpunktes noch die Beziehung

$$X_k = 1 - \lambda_k = \frac{1}{2}(1 + \cos\varphi_k) \qquad (6.104\text{a})$$

ein.

Die Änderung des *Nullauftriebswinkels* infolge des Klappenausschlages wird nicht gegen die gedachte Sehne, sondern gegen den feststehenden Teil des Profils (Flosse) gemessen. Dann gilt mit Gl. (6.92):

$$\alpha_0 = \frac{1}{\pi} \int_0^\pi \frac{dZ_k}{dX} (1 + \cos\varphi)\, d\varphi - \lambda_k\, \eta_k.$$

Hieraus erhält man für die Anstellwinkeländerung (= Änderung des Nullauftriebswinkels mit dem Klappenausschlag):

$$\frac{\partial \alpha_0}{\partial \eta_k} = -\frac{1}{\pi}(\sin\varphi_k + \varphi_k) = -\frac{2}{\pi}\left(\sqrt{\lambda_k(1-\lambda_k)} + \arcsin\sqrt{\lambda_k}\right). \quad (6.105)$$

Man bezeichnet den Ausdruck $\partial\alpha_0/\partial\eta_k$ auch als „Klappen- oder Ruderwirkung", da er ein unmittelbares Maß für die durch die Klappe (Ruder) hervorgerufene Auftriebsänderung ist. Die Ruderwirkung verschwindet bei $\lambda_k = 0$ und ist gleich -1 für $\lambda_k = 1$, d. h. dann, wenn das ganze Profil als Klappe ausgeschlagen wird.

Die Änderung des *Nullmomentenbeiwertes* (Momentenänderung bei konstantem Auftrieb) erhält man nach Gl. (6.96) zu

$$\frac{\partial c_{Mo}}{\partial \eta_k} = -\frac{1}{2}\sin\varphi_k(1 + \cos\varphi_k)$$

$$= -2\sqrt{\lambda_k(1-\lambda_k)^3}. \quad (6.106)$$

Die Ergebnisse der vorstehenden Formeln sind in Abb. 6.20 dargestellt. Die theoretisch gefundene Abhängigkeit der aerodynamischen Klappenbeiwerte vom Klappentiefenverhältnis wird durch Messungen gut bestätigt. In Abb. 6.20 sind Meßergebnisse an einfachen Wölbungsklappen nach R. GÖTHERT [28] eingetragen. Die Abweichungen beruhen im wesentlichen wieder auf Reibungseinflüssen.

Die vorstehend angegebenen Formeln für die Profilbeiwerte der geknickten Platte hätte man natürlich auch so ableiten können, daß man zunächst nach Gl. (6.76) die FOURIERschen Koeffizienten bestimmt und aus diesen die gesuchten Größen berechnet. Der Vollständigkeit halber seien noch die folgenden leicht zu bestimmenden Größen angegeben:

$$\frac{\partial A_0}{\partial \eta_k} = \frac{\partial \alpha_0}{\partial \eta_k} + \frac{1}{\pi}\varphi_k, \quad (6.107\,\text{a})$$

$$\frac{\partial A_n}{\partial \eta_k} = \frac{2}{\pi n}\sin n\,\varphi_k. \quad (6.107\,\text{b})$$

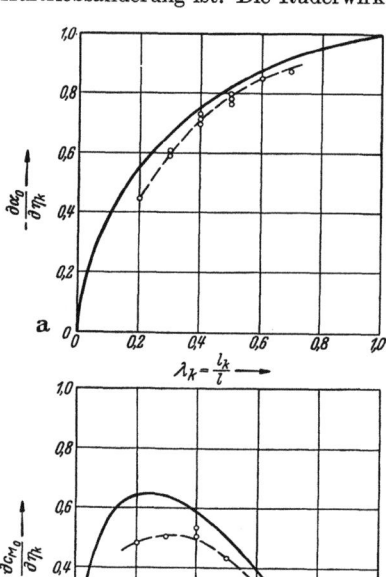

Abb. 6.20. Aerodynamische Beiwerte des Klappenflügels
a) Anstellwinkeländerung; b) Momentenänderung
—— Theorie nach Gl. (6.105) und (6.106);
--- Messungen an einfachen Wölbungsklappen nach [28]

Hierin ist der Anstellwinkel α_0 wieder gegen den feststehenden Teil (Flosse) gemessen.

Eine Erweiterung der geschilderten Skelett-Theorie auf den Flügel mit mehreren Knicken (Hilfsflügel) stammt von W. PERRING [44]. Das Problem der einfach geknickten Platte ist von F. KEUNE [*35*] nach der Methode der konformen Abbildung exakt gelöst worden. Als wichtigstes Ergebnis dieser Untersuchung ist die Bestätigung der GLAUERTschen Näherungslösung für kleine Klappenwinkel anzusehen. Für größere Klappenwinkel treten größere Abweichungen auf. Von verschiedenen Bearbeitern wurde auch der Einfluß eines Spaltes zwischen der feststehenden Flosse und der beweglichen Klappe untersucht, vgl. z. B. I. FLÜGGE-LOTZ und J. GINZEL [*25*] sowie H. SÖHNGEN [*51*]. Die hierbei gefundenen Ergebnisse wurden von R. GÖTHERT [*28*] in übersichtlicher Form dargestellt. In [*28*] findet man auch weiteres Schrifttum, insbesondere über den endlich dicken Klappenflügel. Man vergleiche hierzu auch die Arbeit von A. KUPPER [*37*].

Auf die Berechnung der Druckverteilung eines Klappenflügels werden wir im nächsten Abschnitt und auf die Bestimmung der Klappenlast sowie des Klappenmomentes (Rudermomentes) in Kap. XII eingehen.

6.325 Berechnung der Geschwindigkeitsverteilung auf der Skelettlinie (II. Hauptaufgabe). Die Aufgabe, für eine vorgegebene Skelettlinienform bei einem gegebenen Anstellwinkel die Zirkulationsverteilung und damit die Geschwindigkeitsverteilung zu berechnen, wird als *zweite Hauptaufgabe* der Skelett-Theorie bezeichnet. Die Bestimmungsgleichung für die Zirkulationsverteilung lautet, wenn man Gl. (6.62) in Gl. (6.60b) einsetzt:

$$U_\infty \left[\alpha - \frac{dZ^{(s)}(X)}{dX} \right] = \frac{1}{2\pi} \int_0^1 k(X') \frac{dX'}{X - X'}. \qquad (6.108)$$

Dies ist bei gegebenen Werten von $\alpha - dZ^{(s)}/dX$ eine Integralgleichung für die Wirbeldichte k, die erstmalig von A. BETZ [*14*] gelöst wurde. Berücksichtigt man die KUTTAsche Abflußbedingung, Gl. (6.64), dann folgt, vgl. auch FUCHS-HOPF [*4*]:

$$k(X) = 2 U_\infty \sqrt{\frac{1-X}{X}} \left(\alpha + \frac{1}{\pi} \int_0^1 \frac{dZ^{(s)}}{dX'} \sqrt{\frac{X'}{1-X'}} \frac{dX'}{X-X'} \right). \qquad (6.109)$$

Damit ist die Lösung der zweiten Hauptaufgabe auch auf eine Quadraturformel zurückgeführt worden.

Für die Geschwindigkeitsverteilung um das Skelettprofil wird somit nach Gl. (6.63):

$$\frac{U(X)}{U_\infty} = 1 \pm \sqrt{\frac{1-X}{X}} \left(\alpha + \frac{1}{\pi} \int_0^1 \frac{dZ^{(s)}}{dX'} \sqrt{\frac{X'}{1-X'}} \frac{dX'}{X-X'} \right). \qquad (6.110)$$

Für den Fall des ungewölbten Profils, $Z^{(s)} \equiv 0$, findet man das bereits bekannte Ergebnis der angestellten ebenen Platte.

Zur Auswertung der Quadraturformel für die Geschwindigkeitsverteilung machen wir nach F. RIEGELS [*48*] den FOURIERschen Ansatz:

$$Z^{(s)} = \tfrac{1}{2} \sum_{\nu=1}^n a_\nu \cos \nu \, \varphi; \quad X = \tfrac{1}{2}(1 + \cos \varphi). \qquad (6.111)$$

432 VI. Der Tragflügel unendlicher Spannweite bei inkompressibler Strömung

Geht man hiermit in Gl. (6.110) hinein, dann folgt:

$$\frac{U(\varphi)}{U_\infty} = 1 \pm \tan\frac{\varphi}{2}\left(\alpha + \sum_{\nu=0}^{n}\nu\, a_\nu \frac{1}{\pi}\int_0^\pi \frac{\sin\nu\varphi'}{\cos\varphi - \cos\varphi'}\cot\frac{\varphi'}{2}\,d\varphi'\right).$$

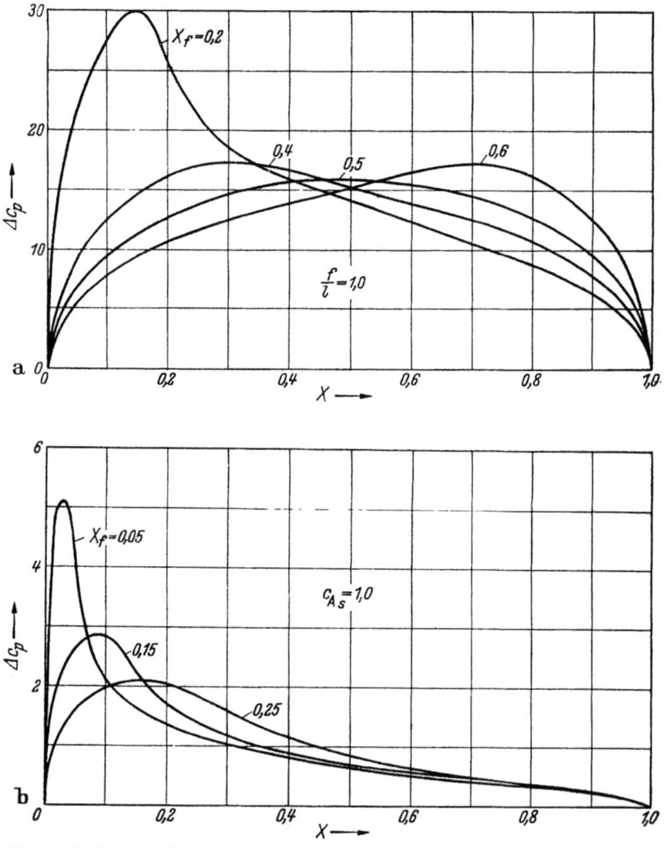

Abb. 6.21. Theoretische Druckverteilungen der NACA-Skelettlinien nach NACA Rep. Nr. 824 bei stoßfreiem Eintritt
a) vierziffrige NACA-Profile bei $f/l = 1{,}0$;   b) fünfziffrige NACA-Profile bei $c_{As} = 1{,}0$

Die Integrale lassen sich unter Benutzung von Gl. (6.73) elementar auswerten. Man erhält für die Geschwindigkeitsverteilung des Skelettprofils:

$$\frac{U(\varphi)}{U_\infty} = 1 \pm \left(\alpha \tan\frac{\varphi}{2} + \sum_{\nu=1}^{n}\nu\, a_\nu \frac{\cos\nu\varphi - 1}{\sin\varphi}\right), \qquad (6.112)$$

wobei das obere Vorzeichen für die Oberseite und das untere Vorzeichen für die Unterseite gilt. Die numerische Auswertung dieser Gleichung mittels einfacher Summenformeln wird in Kap. 6.343 behandelt werden.

Das erste Glied in der Klammer stellt die Geschwindigkeitsverteilung der angestellten ebenen Platte dar.

Beispiele. Im folgenden sollen für einige Beispiele die Geschwindigkeitsverteilungen angegeben werden.

Parabelskelett. Für das in Gl. (6.84) angegebene Parabelskelett

$$Z^{(s)} = \frac{f}{l}\sin^2\varphi = \frac{1}{2}\frac{f}{l}(1-\cos 2\varphi)$$

ist $a_0 = f/l$, $a_2 = -f/l$, $a_3 = a_4 = \cdots = 0$. Für die Geschwindigkeitsverteilung bei $\alpha = 0$ folgt damit aus Gl. (6.112):

$$\frac{U(\varphi)}{U_\infty} = 1 \pm 2a_2\frac{\cos 2\varphi - 1}{\sin\varphi} = 1 \pm 4\frac{f}{l}\sin\varphi.$$

Dieses Ergebnis wurde unter Beachtung von Gl. (6.63) bereits in Gl. (6.83) gefunden.

NACA-Skelettlinien. Für die Skelettlinien der vier- und fünfziffrigen NACA-Profile, Abb. 5.5a und 5.5b, können die Geschwindigkeits- bzw. Druckverteilungen dem NACA Rep. Nr. 824 [2] entnommen werden. In Abb. 6.21 sind einige Druckverteilungen beim Anstellwinkel des stoßfreien Eintritts dargestellt. Für die Skelettlinien der NACA-6-Serie wurden die Druckverteilungen bereits in Abb. 6.18 mitgeteilt.

Druckverteilung bei vorgegebenem Auftriebs- und Momentenbeiwert. Wünscht man eine vorgegebene Skelettlinie durch Überlagerung der angestellten ebenen Platte mit dem Parabelskelett anzunähern, derart, daß die Näherung und die vorgegebene Skelettlinie gleichen Auftriebsbeiwert und gleichen Nullmomentenbeiwert haben, so ergibt sich für die FOURIER-Koeffizienten der Zirkulationsverteilung nach Gl. (6.77) und (6.78b):

$$A_0 = \frac{1}{2\pi}c_A + \frac{2}{\pi}c_{M0} \quad \text{und} \quad A_1 = -\frac{4}{\pi}c_{M0}.$$

In Gl. (6.71) eingesetzt, ergibt sich unter Berücksichtigung von Gl. (6.65) für die resultierende Druckverteilung von Unter- und Oberseite

$$\Delta c_p(X) = c_A h_0(X) + c_{M0} 4h_1(X) \tag{6.113}$$

mit

$$h_0(X) = \frac{2}{\pi}\sqrt{\frac{1-X}{X}} \quad \text{und} \quad h_1(X) = \frac{2}{\pi}(1-4X)\sqrt{\frac{1-X}{X}}. \tag{6.114}$$

In Abb. 6.22 sind die beiden Verteilungen $h_0(X)$ und $h_1(X)$ dargestellt.

Geknickte Platte (Klappenflügel). Schließlich möge als letztes Beispiel einer Druckverteilung noch die geknickte ebene Platte (Klappenflügel) behandelt werden. Die Druckverteilung soll angegeben werden für den Anstellwinkel des Nullauftriebes $c_A = 0$.

Nach Gl. (6.77) und Gl. (6.107) folgt:

$$\frac{\partial A_0}{\partial \eta_k} = -\frac{1}{2}\frac{\partial A_1}{\partial \eta_k} \quad \text{und} \quad \frac{\partial A_n}{\partial \eta_k} = \frac{2}{\pi n}\sin n\,\varphi_k.$$

434 VI. Der Tragflügel unendlicher Spannweite bei inkompressibler Strömung

Setzt man dies in Gl. (6.71) ein, dann folgt unter Berücksichtigung von Gl. (6.65) für die Druckverteilung[1]:

$$\left(\frac{\partial \Delta c_p}{\partial \eta_k}\right)_0 = \frac{2}{\pi}\left[\ln\frac{1-\cos(\varphi_k+\varphi)}{1-\cos(\varphi_k-\varphi)} - 2\sin\varphi_k\tan\frac{\varphi}{2}\right]. \quad (6.115)$$

Die hiernach berechnete Druckverteilung ist in Abb. 6.23 für das Klappentiefenverhältnis $\lambda_k = 1/4$ dargestellt. Die schraffierte Fläche stellt die Belastung der Klappe dar. Auf ihre Bestimmung und auf die Berechnung des Klappenmomentes (Rudermomentes) werden wir in Kap. XII eingehen.

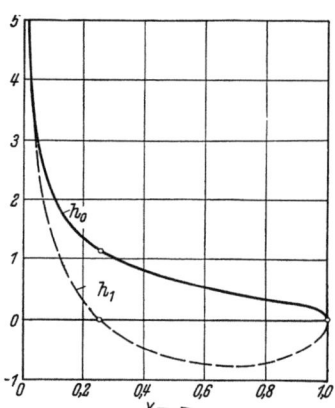

Abb. 6.22. Die Funktionen h_0 und h_1 für die Druckverteilung über Profiltiefe bei vorgegebenem Auftriebs- und Momentenbeiwert, nach Gl. (6.113) und (6.114)

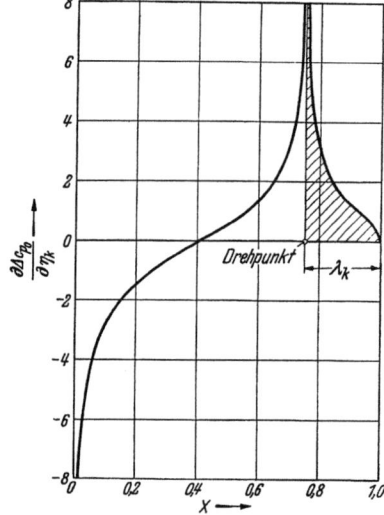

Abb. 6.23. Theoretische Druckverteilung der geknickten Platte (Klappenflügel) nach Abb. 6.19 für Nullauftrieb. Klappentiefenverhältnis $\lambda_k = l_k/l = 0,25$

6.33 Symmetrische Profile endlicher Dicke bei symmetrischer Anströmung (Tropfentheorie)

6.331 Grundlagen der Tropfentheorie. Unter einem Profiltropfen verstehen wir ein symmetrisches Profil endlicher Dicke. Nach der Singularitätenmethode wird nach Abb. 6.24 ein Profiltropfen durch Überlagerung einer Quell-Senken-Verteilung längs der Profiltiefe mit einer Translationsströmung erzeugt. Längs der Profilsehne sei eine kontinuierliche Quell-Senken-Verteilung $q(x)$ gegeben, derart, daß $q(x)$ die Quellstärke pro Längeneinheit bedeutet. Diese Quellverteilung induziert in der x-Richtung die Geschwindigkeitskomponente $u(x)$ und liefert auf

---

[1] Die auftretende trigonometrische Summe läßt sich folgendermaßen auswerten:

$$\sum_{n=1}^{\infty}\frac{1}{n}\sin n\varphi_k \sin n\varphi = \frac{1}{4}\ln\frac{1-\cos(\varphi_k+\varphi)}{1-\cos(\varphi_k-\varphi)}.$$

6.3 Profiltheorie nach der Singularitätenmethode

der Quellstrecke die Geschwindigkeitskomponente in z-Richtung $w(x) = \pm \frac{1}{2} q(x)$ gemäß Abb. 6.24, siehe auch Gl. (6.118). Ferner sei $z^{(t)}(x)$ die Gleichung der Oberseite des Profiltropfens mit der Vorderkante im Koordinatenursprung. Den Zusammenhang zwischen der Quellverteilung $q(x)$ und dem Profiltropfen $z^{(t)}(x)$ erhält man durch An-

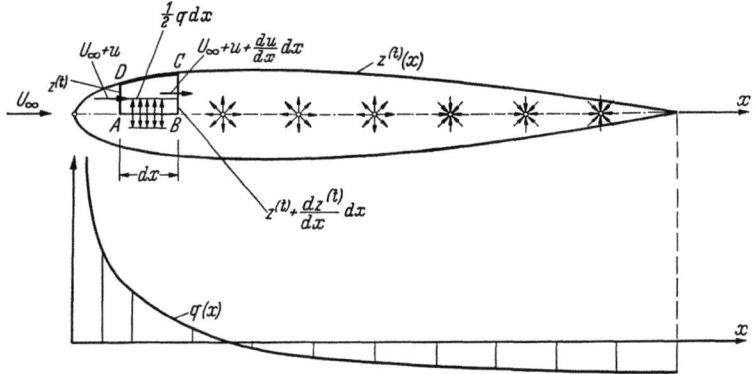

Abb. 6.24. Erläuterungsskizze zur Tropfentheorie. $q(x)$ = Quell-Senken-Verteilung

wendung der Kontinuitätsgleichung auf das in Abb. 6.24 angegebene Flächenelement $ABCD$. Dies ergibt:

$$(U_\infty + u) z^{(t)} + \frac{1}{2} q \, dx = \left(U_\infty + u + \frac{du}{dx} dx\right)\left(z^{(t)} + \frac{dz^{(t)}}{dx} dx\right).$$

Hieraus folgt für die Quellverteilung in linearer Näherung:

$$q(x) = 2 \frac{d}{dx} [(U_\infty + u) z^{(t)}].$$

Für Profiltropfen mit mäßiger Dicke können die induzierten Geschwindigkeiten u gegenüber der Anströmungsgeschwindigkeit U_∞ vernachlässigt werden. Man findet dann

$$q(x) = 2 U_\infty \frac{dz^{(t)}(x)}{dx}. \tag{6.116}$$

Damit man eine geschlossene Profilkontur erhält, muß die Gesamtergiebigkeit der Quell-Senken-Verteilung Null sein (*Schließungsbedingung*):

$$\int_{x=0}^{l} q(x) \, dx = 0. \tag{6.117}$$

Will man zu einem vorgegebenen Profiltropfen $z^{(t)}(x)$ die zugehörige Quell-Senken-Verteilung bestimmen, so ist wegen Gl. (6.116) die Schließungsbedingung von selbst erfüllt.

28*

Bei dünnen Profilen kann man annehmen, daß die Geschwindigkeitskomponenten auf der Kontur des Tropfens annähernd gleich sind den Werten auf der Profilsehne. Für die Komponenten der induzierten Geschwindigkeit auf der Profilsehne erhält man in Analogie zu Gl. (6.60):

$$u(X) = \frac{1}{2\pi} \int_0^1 q(X') \frac{dX'}{X - X'}, \qquad (6.118\text{a})$$

$$w(X) = \pm \tfrac{1}{2} q(X). \qquad (6.118\text{b})$$

Mit l als Profiltiefe werden die dimensionslosen Größen

$$X = \frac{x}{l} \quad \text{und} \quad Z^{(t)} = \frac{z^{(t)}}{l} \qquad (6.119)$$

eingeführt.

Die kinematische Strömungsbedingung, nämlich daß die Profilkontur Stromlinie ist, lautet:

$$\frac{dz^{(t)}}{dx} = \frac{w(x)}{U_\infty}.$$

Wie man sofort verifiziert, ist dies mit Gl. (6.116) identisch.

6.332 Berechnung der Geschwindigkeitsverteilung auf dem Profiltropfen. Es möge zunächst die Aufgabe behandelt werden, für ein vorgegebenes Profil die Geschwindigkeitsverteilung auf der Profilkontur zu ermitteln. Für dünne Profile ist die Geschwindigkeitsverteilung auf der Profilkontur nur wenig verschieden von derjenigen auf der Sehne mit Ausnahme einer kleinen Umgebung der Profilnase. Für die Geschwindigkeitsverteilung auf der Sehne erhält man durch Einsetzen von Gl. (6.116) in Gl. (6.118a):

$$U(X) = U_\infty \left(1 + \frac{1}{\pi} \int_0^1 \frac{dZ^{(t)}}{dX'} \frac{dX'}{X - X'} \right). \qquad (6.120)$$

Um hieraus die Geschwindigkeitsverteilung auf der Kontur zu erhalten, hat man nach F. RIEGELS [48] diesen Ausdruck durch

$$\varkappa(X) = \sqrt{1 + \left(\frac{dZ^{(t)}}{dX}\right)^2} \qquad (6.121)$$

zu dividieren. Man bezeichnet $1/\varkappa(X)$ als den RIEGELS-Faktor. Da $1/\varkappa(X)$ an der Vorderkante Null ist, wird hierdurch erreicht, daß die Geschwindigkeit im vorderen Staupunkt verschwindet. Somit erhält man für die Geschwindigkeitsverteilung auf der Kontur:

$$\frac{W_K(X)}{U_\infty} = \frac{1}{\varkappa(X)} \left(1 + \frac{1}{\pi} \int_0^1 \frac{dZ^{(t)}}{dX'} \frac{dX'}{X - X'} \right). \qquad (6.122)$$

6.3 Profiltheorie nach der Singularitätenmethode

Hiermit ist die Berechnung der Geschwindigkeitsverteilung für ein vorgegebenes Tropfenprofil auf eine Quadraturformel zurückgeführt.[1]

Zur Auswertung dieser Quadraturformel machen wir analog zu Gl. (6.111) nach F. RIEGELS [48] den FOURIERschen Ansatz:

$$Z^{(t)} = \tfrac{1}{2}\sum_{\nu=1}^{n} b_\nu \sin \nu\varphi; \quad X = \tfrac{1}{2}(1+\cos\varphi). \tag{6.123}$$

Wird dieser Ansatz für $Z^{(t)}$ in Gl. (6.122) eingesetzt, dann ergibt sich unter Berücksichtigung von Gl. (6.73):

$$\frac{1}{\pi}\int_0^1 \frac{dZ^{(t)}}{dX'}\frac{dX'}{X-X'} = -\sum_{\nu=1}^{n}\nu b_\nu \frac{1}{\pi}\int_0^\pi \frac{\cos\nu\varphi'}{\cos\varphi - \cos\varphi'}d\varphi' = \sum_{\nu=1}^{n}\nu b_\nu \frac{\sin\nu\varphi}{\sin\varphi}.$$

Führt man dies in Gl. (6.122) ein, so erhält man die Geschwindigkeitsverteilung auf der Kontur in der einfachen Form:

$$\frac{W_K(\varphi)}{U_\infty} = \frac{1}{\varkappa(\varphi)}\left(1 + \sum_{\nu=1}^{n}\nu b_\nu \frac{\sin\nu\varphi}{\sin\varphi}\right). \tag{6.124}$$

Die numerische Auswertung dieser Gleichung mittels einfacher Summenformeln wird in Kap. 6.343 behandelt werden.

Beispiele. Im folgenden sollen für einige Beispiele die Geschwindigkeitsverteilungen angegeben werden.

Joukowsky-Profil. Ein dünnes symmetrisches JOUKOWSKY-Profil hat nach Gl. (6.51) die Kontur

$$Z^{(t)} = \frac{\varepsilon}{2}\sin\varphi(1-\cos\varphi) = 2\varepsilon\sqrt{X(1-X)^3}. \tag{6.125}$$

Hierin ist

$$\varepsilon = \frac{4}{3\sqrt{3}}\frac{d}{l} = 0{,}77\delta \quad \text{und} \quad X_d = \frac{1}{4}.$$

Für die FOURIER-Koeffizienten gilt $b_1 = \varepsilon$, $b_2 = -\varepsilon/2$ und $b_3 = b_4 = \cdots = 0$. Mithin erhält man die Geschwindigkeitsverteilung auf der Kontur:

$$\frac{W_K}{U_\infty} = \frac{1 + \varepsilon(1-2\cos\varphi)}{\sqrt{1+\varepsilon^2\left(\dfrac{\cos\varphi - \cos 2\varphi}{\sin\varphi}\right)^2}}. \tag{6.126}$$

Die exakte Lösung für die Geschwindigkeitsverteilung wurde in Gl. (6.57) angegeben. In Abb. 6.25 sind die nach der Singularitätenmethode, Gl. (6.126), berechneten Geschwindigkeitsverteilungen für verschiedene Dickenverhältnisse aufgetragen. Im Rahmen der Zeichengenauigkeit ergibt sich völlige Übereinstimmung der Näherungslösung mit der exakten Lösung. Wegen des verschwindenden Hinterkantenwinkels der

---

[1] Für das Ellipsenprofil läßt sich zeigen, daß die Näherungslösung Gl. (6.122) mit der exakten Lösung übereinstimmt.

VI. Der Tragflügel unendlicher Spannweite bei inkompressibler Strömung

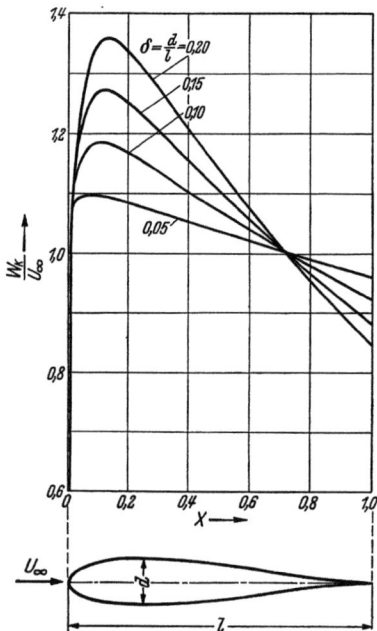

Abb. 6.25. Geschwindigkeitsverteilungen auf der Profilkontur für symmetrisch angeströmte symmetrische JOUKOWSKY-Profile von verschiedenem Dickenverhältnis d/l

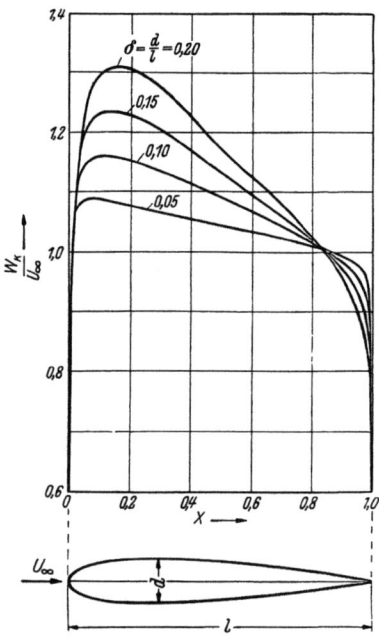

Abb. 6.26. Geschwindigkeitsverteilungen auf der Profilkontur für vier- und fünfziffrige symmetrische NACA-Profile bei symmetrischer Anströmung nach NACA Rep. Nr. 824

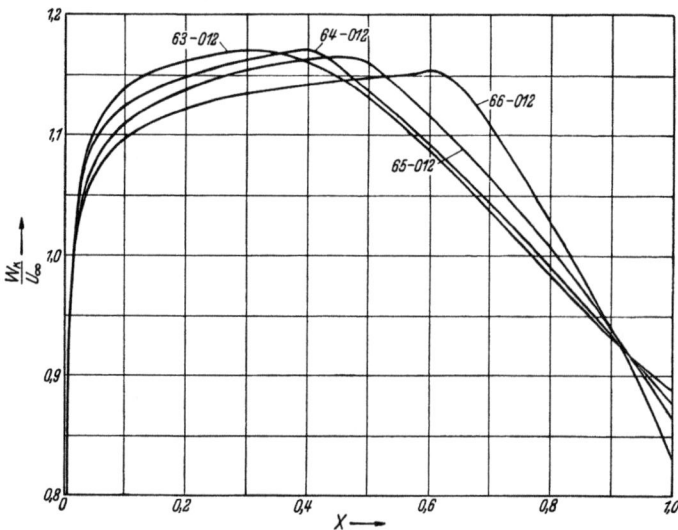

Abb. 6.27. Geschwindigkeitsverteilungen auf der Profilkontur für die NACA-6-Profile bei symmetrischer Anströmung. Profilkonturen nach Abb. 5.5c; Dickenverhältnis $d/l = 0{,}12$

JOUKOWSKY-Profile hat die Geschwindigkeitsverteilung an der Hinterkante keinen Staupunkt.

NACA-Profile. Für die vier- und fünfziffrigen NACA-Profile nach Abb. 5.5a sind die theoretischen Geschwindigkeitsverteilungen im NACA Rep. Nr. 824 angegeben. In Abb. 6.26 sind einige Verteilungen bei verschiedenen Dickenverhältnissen $\delta = d/l$ aufgetragen. Diese Verteilungen wurden nach dem Verfahren von TH. THEODORSEN [52]

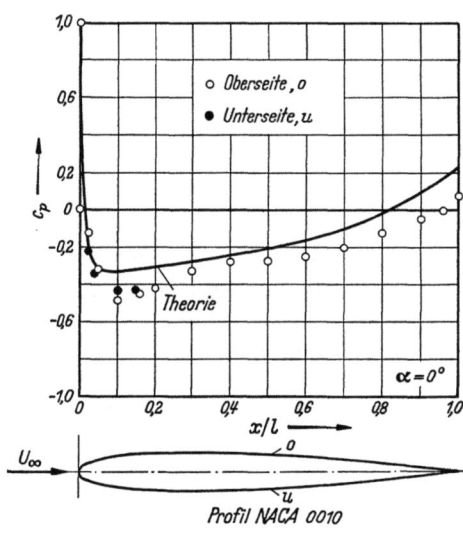

Abb. 6.28. Vergleich der theoretischen und experimentellen Druckverteilung für das symmetrische Profil NACA 0010 bei symmetrischer Anströmung

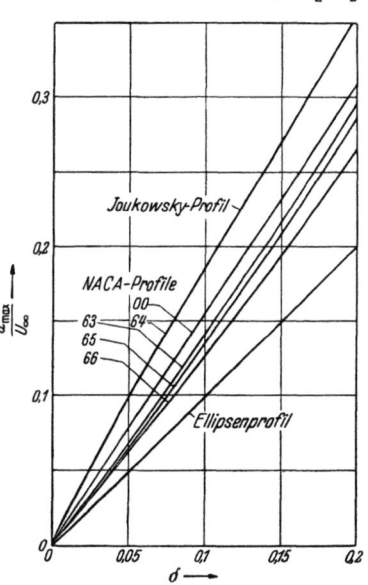

Abb. 6.29. Maximale Übergeschwindigkeit symmetrisch angeströmter Tropfenprofile in Abhängigkeit vom Dickenverhältnis $\delta = d/l$

berechnet. Die nach der Singularitätenmethode ermittelten Werte weichen hiervon nur wenig ab. Die Profiltropfen der NACA-6-Serie nach Abb. 5.5c wurden aus vorgegebenen Geschwindigkeitsverteilungen ermittelt. Dabei ist die Verteilung im wesentlichen durch die Lage der größten Übergeschwindigkeit bestimmt. In Abb. 6.27 sind für das Dickenverhältnis $\delta = 0{,}12$ die Geschwindigkeitsverteilungen für die vier in Abb. 5.5c angegebenen Profile gezeigt. In Abb. 6.28 wird für das NACA-Profil NACA 0010 ein Vergleich zwischen der theoretischen und der experimentellen Druckverteilung gezeigt. Die Übereinstimmung ist gut.

Die maximale Übergeschwindigkeit an einem Profil ist von erheblicher Bedeutung für das Verhalten des Profils bei hohen Unterschallgeschwindigkeiten (kritische MACH-Zahl, Kap. 3.22). Abb. 6.29 gibt die maximalen Übergeschwindigkeiten in Abhängigkeit vom Dickenverhält-

440 VI. Der Tragflügel unendlicher Spannweite bei inkompressibler Strömung

nis für die meisten der vorstehend besprochenen Tropfenprofile. Hiernach hängt bei gleicher Dicke die maximale Übergeschwindigkeit noch erheblich von der Dickenverteilung ab. Das Ellipsenprofil, vgl. Gl. (2.217), hat die kleinste und das JOUKOWSKY-Profil die größte Übergeschwindigkeit.

Parabelprofile. Für das in Abb. 5.6a dargestellte einfache Parabelzweieck gilt für die Geschwindigkeitsverteilung bei Vernachlässigung des RIEGELS-Faktors:

$$\frac{W_K}{U_\infty} = 1 + \frac{4}{\pi}\delta\left[1 + \frac{1}{2}(1-2X)\ln\frac{X}{1-X}\right]. \tag{6.127}$$

Auch für die erweiterten Parabelprofile nach Gl. (5.24) können die Geschwindigkeitsverteilungen berechnet werden, vgl. [55]. In Abb. 6.30 sind die maximalen Übergeschwindigkeiten $u_{\max}/U_\infty$ und der Ort X_m der Maximalgeschwindigkeit über der Dickenrücklage X_d aufgetragen.

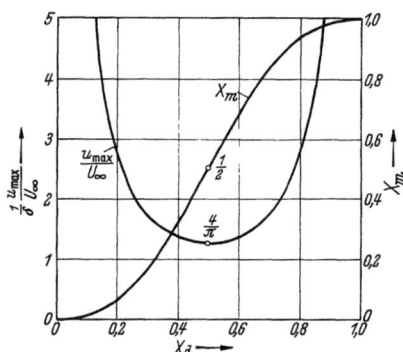

Abb. 6.30. Maximale Übergeschwindigkeit und deren Lage für symmetrisch angeströmte Parabelprofile nach Gl. (5.24)

6.333 Berechnung des Profiltropfens aus der vorgegebenen Geschwindigkeitsverteilung. Im folgenden sollen die beiden Aufgaben behandelt werden, aus der vorgegebenen Quellverteilung oder aus der vorgegebenen Geschwindigkeitsverteilung auf der Profiloberfläche die Kontur des Profiltropfens zu berechnen.

Berechnung des Profiltropfens aus der Quellverteilung. Analog zu dem BIRNBAUM-GLAUERTschen Reihenansatz für die Zirkulationsverteilung bei der Skelett-Theorie, Gl. (6.71), soll jetzt auch die Quellverteilung in Form einer trigonometrischen Reihe vorgegeben sein, vgl. z. B. J. ALLEN [12]:

$$q(\varphi) = 2U_\infty\left(B_0\tan\frac{\varphi}{2} + \sum_{n=1}^{N}B_n\sin n\varphi\right). \tag{6.128}$$

Der Zusammenhang zwischen X und φ ist in Gl. (6.72) angegeben. Damit die Schließungsbedingung für die Profilkontur, Gl. (6.117), erfüllt ist, muß sein:

$$2B_0 + B_1 = 0. \tag{6.129}$$

Setzt man Gl. (6.128) in Gl. (6.118a) ein, dann erhält man für die induzierte Geschwindigkeit in x-Richtung unter Beachtung von Gl. (6.73):

$$\frac{u(\varphi)}{U_\infty} = B_0 + \sum_{n=1}^{N}B_n\cos n\varphi. \tag{6.130}$$

Zur Ermittlung der Profilkontur wird Gl. (6.128) in Gl. (6.116) eingesetzt; dabei ergibt sich mit Gl. (6.129):

$$\frac{dZ^{(t)}}{dX} = B_0\frac{\cos 2\varphi - \cos\varphi}{\sin\varphi} + \sum_{n=2}^{N}B_n\sin n\varphi.$$

6.3 Profiltheorie nach der Singularitätenmethode

Hieraus folgt durch Integration über X:

$$Z^{(t)} = \frac{1}{2} B_0 \sin\varphi (1 - \cos\varphi) - \frac{1}{12} B_2 (3\sin\varphi - \sin 3\varphi) -$$

$$- \frac{1}{16} B_3 (2\sin 2\varphi - \sin 4\varphi) + \cdots . \quad (6.131)$$

Das erste Glied stellt das JOUKOWSKY-Profil dar, wie man durch Vergleich mit Gl. (6.125) erkennt.

Berechnung der Profilform aus der Geschwindigkeitsverteilung. Profilform und Geschwindigkeitsverteilung sind durch Gl. (6.122) verknüpft, die jetzt als Integralgleichung für die Profilneigung $dZ^{(t)}/dX$ aufzufassen ist. Nach A. BETZ [14] und FUCHS-HOPF [4] gilt für die Lösung:

$$\frac{dZ^{(t)}}{dX} = -\frac{1}{\pi} \int_0^1 \frac{u(X')}{U_\infty} \sqrt{\frac{X'(1-X')}{X(1-X)}} \frac{dX'}{X-X'} . \quad (6.132)$$

Hierin bedeutet

$$\frac{u}{U_\infty} = \varkappa \frac{W_K}{U_\infty} - 1$$

die induzierte Geschwindigkeitsverteilung auf der Sehne. Es ist $\varkappa$ nach Gl. (6.121) gegeben. Da in dem Faktor $\varkappa$ die gesuchte Profilneigung enthalten ist, kann Gl. (6.132) nur iterativ gelöst werden, vgl. hierzu [56]. Auf die entsprechenden Arbeiten von R. EPPLER [22, 23] sei ebenfalls hingewiesen.

Beispiel. Der einfachste Fall einer konstanten Zusatzgeschwindigkeit u auf der Sehne führt zu einem elliptischen Profiltropfen. Für eine lineare Verteilung der Zusatzgeschwindigkeit u/U_∞ nach Abb. 6.31a:

$$\frac{u}{U_\infty} = c(1 - bX)$$

ergibt sich für die Profilkontur:

$$Z^{(t)} = \frac{c}{4}[4 - b(1+2X)]\sqrt{X(1-X)}.$$

Diese Konturen sind für verschiedene Werte von b in Abb. 6.31b dargestellt. Für $b = 0$ ergibt sich das Ellipsenprofil, und für $b = 4/3$ das JOUKOWSKY-Profil Gl. (6.125).

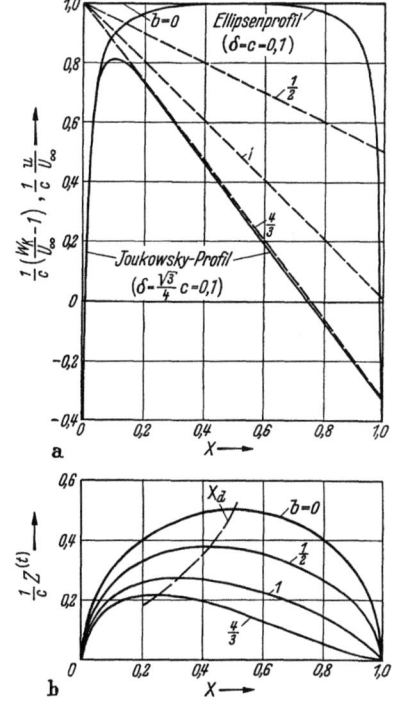

Abb. 6.31. Profilkonturen für verschiedene lineare Geschwindigkeitsverteilungen
a) Vorgegebene Zusatzgeschwindigkeiten $\frac{1}{c}\frac{u}{U_\infty}$ (gestrichelt) und Konturengeschwindigkeiten $\frac{1}{c}\left(\frac{W_K}{U_\infty} - 1\right)$ (ausgezogen); b) Profilkonturen

In Abb. 6.31a sind für die Ellipse und das JOUKOWSKY-Profil vom Dickenverhältnis $\delta = 0{,}1$ zum Vergleich die exakten Werte für die Übergeschwindigkeit auf der Kontur mit eingetragen.

6.34 Profile endlicher Dicke mit Anstellwinkel

6.341 Berechnung der Geschwindigkeitsverteilung auf der Profilkontur. Nachdem in Kap. 6.32 das sehr dünne Profil (Skelett) und in Kap. 6.33 das endlich dicke symmetrische Profil bei symmetrischer Anströmung (Tropfen) behandelt worden sind, soll jetzt der allgemeine Fall eines gewölbten Profils endlicher Dicke besprochen werden. Dieser Fall ergibt sich im wesentlichen durch Überlagerung aus den beiden früher behandelten Fällen.

Ein endlich dickes gewölbtes Profil kann man nach Abb. 5.4 aufbauen aus einer Skelettlinie $Z^{(s)} = z^{(s)}/l$ und einem Profiltropfen $Z^{(t)} = z^{(t)}/l$. Für die Profilordinaten gilt nach Gl. (5.16):

$$Z_{o,u} = Z^{(s)} \pm Z^{(t)}, \qquad (6.133)$$

wobei das obere Vorzeichen für die Oberseite und das untere Vorzeichen für die Unterseite gilt. Sind Z_o die Ordinaten der Oberseite und Z_u diejenigen der Unterseite, dann ist nach Gl. (5.17):

$$Z^{(s)} = \tfrac{1}{2}(Z_o + Z_u) \quad \text{und} \quad Z^{(t)} = \tfrac{1}{2}(Z_o - Z_u). \qquad (6.134)$$

Die Geschwindigkeitsverteilung des allgemeinen Profils erhalten wir als Summe der Geschwindigkeitsverteilungen von Skelett und Tropfen. Zu diesen beiden Verteilungen kommt jedoch noch eine dritte hinzu, die durch die Anstellung des Profiltropfens entsteht. Die Berechnung dieses Anteiles wurde von F. RIEGELS [48] vorgenommen, vgl. auch [55]. Bezeichnet man mit ΔW_K diesen dritten Geschwindigkeitsanteil, so ist:

$$\frac{\Delta W_K}{U_\infty} = \pm \frac{\alpha}{\varkappa(X)} \frac{1}{\pi} \sqrt{\frac{1-X}{X}} \int_0^1 \left(\frac{dZ^{(t)}}{dX'} - \frac{Z^{(t)}}{2X'(1-X')} \right) \frac{dX'}{X-X'}, \qquad (6.135)$$

wobei $1/\varkappa$ den RIEGELS-Faktor nach Gl. (6.121) bedeutet. Dieser Geschwindigkeitsanteil ist proportional zum Anstellwinkel und zur Profildicke.

Die gesamte Geschwindigkeitsverteilung erhält man somit aus Gl. (6.110), Gl. (6.122) und Gl. (6.135) zu:

$$\frac{W_K(X)}{U_\infty} = \frac{1}{\varkappa(X)} \left[1 + \frac{1}{\pi} \int_0^1 \frac{dZ^{(t)}}{dX'} \frac{dX'}{X-X'} \pm \right.$$

$$\pm \frac{1}{\pi} \sqrt{\frac{1-X}{X}} \int_0^1 \frac{dZ^{(s)}}{dX'} \sqrt{\frac{X'}{1-X'}} \frac{dX'}{X-X'} \pm$$

$$\left. \pm \alpha \sqrt{\frac{1-X}{X}} \left(1 + \frac{1}{\pi} \int_0^1 \left(\frac{dZ^{(t)}}{dX'} - \frac{Z^{(t)}}{2X'(1-X')} \right) \frac{dX'}{X-X'} \right) \right]. \qquad (6.136)$$

6.3 Profiltheorie nach der Singularitätenmethode

Das erste Integral enthält den Verdrängungseinfluß des Profiltropfens, das zweite Integral den Einfluß der Profilwölbung und das mit α behaftete letzte Glied den Einfluß des Anstellwinkels. Das obere Vorzeichen gilt für die Oberseite, das untere entsprechend für die Unterseite des Profils. Der Geschwindigkeitsanteil nach Gl. (6.135) kann nach E. TRUCKENBRODT [56] gedeutet werden als der Einfluß einer zusätzlichen Wölbung und eines zusätzlichen Anstellwinkels, derart, daß zu der geometrischen Skelettlinie $Z^{(s)}$ und dem geometrischen Anstellwinkel α die folgenden Anteile zu addieren sind:

$$\left. \begin{array}{l} \Delta Z^{(s)} = \alpha \left[\sqrt{\dfrac{1-X}{X}} Z^{(t)} + 2(1-X) \left(\dfrac{dZ^{(t)}}{d\varphi} \right)_{X=0} \right], \\[2mm] \Delta \alpha = -2\alpha \left(\dfrac{dZ^{(t)}}{d\varphi} \right)_{X=0}. \end{array} \right\} \quad (6.137)$$

Zur Berechnung der Integrale in Gl. (6.136) wird nach [48] für die Profilordinaten der FOURIERsche Ansatz

$$Z = \tfrac{1}{2} \left(\sum_{\nu=0}^{N} a_\nu \cos\nu\,\varphi \pm \sum_{\nu=1}^{N} b_\nu \sin\nu\,\varphi \right); \quad X = \tfrac{1}{2}(1+\cos\varphi) \quad (6.138)$$

gemacht. Das erste Glied stellt nach Gl. (6.111) die Skelettlinie und das zweite Glied nach Gl. (6.123) den Profiltropfen dar.

6.342 Berechnung der aerodynamischen Beiwerte. Die Berechnung der aerodynamischen Beiwerte für das Skelettprofil wurde in Kap. 6.323 erörtert. Die dort mitgeteilten Ergebnisse gelten auch für das angestellte Profil endlicher Dicke, wenn man noch den Einfluß berücksichtigt, der durch Anstellung des Profiltropfens entsteht. Dieser Einfluß wurde in Gl. (6.137) in der Form einer zusätzlichen Wölbung und eines zusätzlichen Anstellwinkels angegeben.

Auftrieb. Setzt man Gl. (6.137) in Gl. (6.90) ein, dann ergibt sich nach einigen Zwischenrechnungen für den *Auftriebsanstieg*:

$$\frac{dc_A}{d\alpha} = 2\pi \left(1 + \frac{2}{\pi} \int_0^\pi \frac{Z^{(t)}}{\sin\varphi} d\varphi \right). \quad (6.139)$$

Diese Gleichung zeigt, daß sich der Auftriebsanstieg mit dem Dickenverhältnis ändert.

Nickmoment. Die Momentenänderung infolge der zusätzlichen Wölbung und des zusätzlichen Anstellwinkels nach Gl. (6.137) folgt aus Gl. (6.96) zu:

$$\left(\frac{d\Delta c_M}{d\alpha} \right)_1 = -\int_0^\pi \frac{2\cos\varphi - \cos 2\varphi}{\sin\varphi} Z^{(t)}(\varphi)\, d\varphi.$$

Tabelle 6.1. *Zusammenstellung der Formeln für die aerodynamischen Beiwerte eines Profils endlicher Dicke*

Auftriebsanstieg	$\dfrac{dc_A}{d\alpha}$	$2\pi\left(1+\dfrac{2}{\pi}\displaystyle\int_0^\pi \dfrac{Z^{(t)}}{\sin\varphi}\,d\varphi\right)$	$2\pi\left(1+2\displaystyle\sum_1^{N-1}A_m Z_m^{(t)}\right)$
Nullauftriebswinkel	α_0	$-\dfrac{2}{\pi}\displaystyle\int_0^\pi \dfrac{Z^{(s)}}{1-\cos\varphi}\,d\varphi$	$2\displaystyle\sum_1^{N-1}B_m Z_m^{(s)}$
Neutralpunktlage	$\dfrac{x_N}{l}$	$\dfrac{1}{4}\left(1+\dfrac{2}{\pi}\displaystyle\int_0^\pi \dfrac{1+2\cos\varphi-2\cos 2\varphi}{\sin\varphi}\,Z^{(t)}\,d\varphi\right)$	$\dfrac{1}{4}\left(1+2\displaystyle\sum_1^{N-1}C_m Z_m^{(t)}\right)$
Nullmoment	c_{M0}	$-\displaystyle\int_0^\pi \dfrac{2\cos\varphi-\cos 2\varphi}{1-\cos\varphi}\,Z^{(s)}\,d\varphi$	$2\displaystyle\sum_1^{N-1}D_m Z_m^{(s)}$
Anstellwinkel des stoßfreien Eintritts	α_s	$-\dfrac{2}{\pi}\displaystyle\int_0^\pi \dfrac{\cos\varphi}{\sin^2\varphi}\,Z^{(s)}\,d\varphi$	$2\displaystyle\sum_1^{N-1}E_m Z_m^{(s)}$
Auftriebsbeiwert des stoßfreien Eintritts	c_{As}	$4\displaystyle\int_0^\pi \dfrac{Z^{(s)}}{\sin^2\varphi}\,d\varphi$	$2\displaystyle\sum_1^{N-1}F_m Z_m^{(s)}$

6.3 Profiltheorie nach der Singularitätenmethode

Wie F. RIEGELS [48] gezeigt hat, liefert die Quellverteilung noch einen weiteren Beitrag zum Nickmoment:

$$\left(\frac{d \Delta c_M}{d\alpha}\right)_2 = \frac{2}{U_\infty} \int_0^1 q(X)\, X\, dX = -2 \int_0^\pi \sin\varphi\, Z^{(t)}(\varphi)\, d\varphi.$$

Die letzte Gleichung folgt durch Berücksichtigung von Gl. (6.116).

Für die gesamte Neutralpunktverschiebung infolge des Dickeneinflusses, vgl. Gl. (5.51), ergibt sich durch Summierung der beiden obigen Anteile und bei Berücksichtigung nur der in d/l linearen Glieder:

$$\Delta X_N = -\frac{d \Delta c_M}{d c_A} = \frac{1}{2\pi} \int_0^\pi \frac{1 + 2\cos\varphi - 2\cos 2\varphi}{\sin\varphi} Z^{(l)}(\varphi)\, d\varphi. \qquad (6.140)^1$$

Die übrigen aerodynamischen Beiwerte (Nullauftriebswinkel, Nullmomentenbeiwert, Anstellwinkel und Auftriebsbeiwert des stoßfreien Eintritts) sind für das endlich dicke Profil die gleichen wie für das Skelettprofil. Abschließend mögen noch sämtliche Formeln zur Ermittlung der aerodynamischen Beiwerte in Tab. 6.1 zusammengestellt werden.

Beispiele. Im folgenden möge der Einfluß der Profildicke auf den Auftriebsanstieg und die Neutralpunktlage an einigen Beispielen noch untersucht werden.

Joukowsky-Profil. Für das nach Gl. (6.125) gegebene JOUKOWSKY-Profil wird:

$$\frac{dc_A}{d\alpha} = 2\pi(1 + \varepsilon) = 2\pi(1 + 0{,}77\,\delta), \qquad (6.141\text{a})$$

$$X_N = -\frac{dc_M}{dc_A} = \frac{1}{4}. \qquad (6.141\text{b})$$

Diese Ergebnisse stimmen mit der exakten Lösung nach Kap. 6.25 überein.

NACA-Profile. Für die NACA-Profiltropfen nach Abb. 5.5 sind die Ergebnisse für den Auftriebsanstieg in Abb. 6.32 und für die Neutralpunktlage in Abb. 6.33 angegeben.

Insgesamt ergibt sich, daß durch den Dickeneinfluß der Auftriebsanstieg immer vergrößert wird, während sich der Neutralpunkt hinter dem $l/4$-Punkt des Profils befindet. Die gemessenen Werte des Auftriebsanstieges nach NACA Rep. Nr. 824 [2] liegen in allen Fällen unter den theoretischen Werten. Mit wachsender Profildicke nimmt bei der älteren NACA-00-Serie mit verhältnismäßig großem Hinterkantenwinkel, Abb. 5.5b, der Auftriebsanstieg ab, während für die neuere NACA-6-Serie mit kleinerem Hinterkantenwinkel, Abb. 5.5c, die gemessenen Auftriebsanstiege die gleiche Tendenz zeigen wie die Theorie. In allen Fällen ist der Auftriebsanstieg bei

---

[1] Die in [55] angegebene Formel weicht hiervon ab, vgl. die Korrektur in [7].

446 VI. Der Tragflügel unendlicher Spannweite bei inkompressibler Strömung

rauher Oberfläche kleiner als bei glatter Oberfläche. In Kap. 6.4 werden wir hierauf noch zurückkommen.

Einen entsprechenden Vergleich von Theorie und Messung für die Neutralpunktlage zeigt Abb. 6.33. Auch hier folgt bei der älteren NACA-Serie die Messung nicht der Theorie.

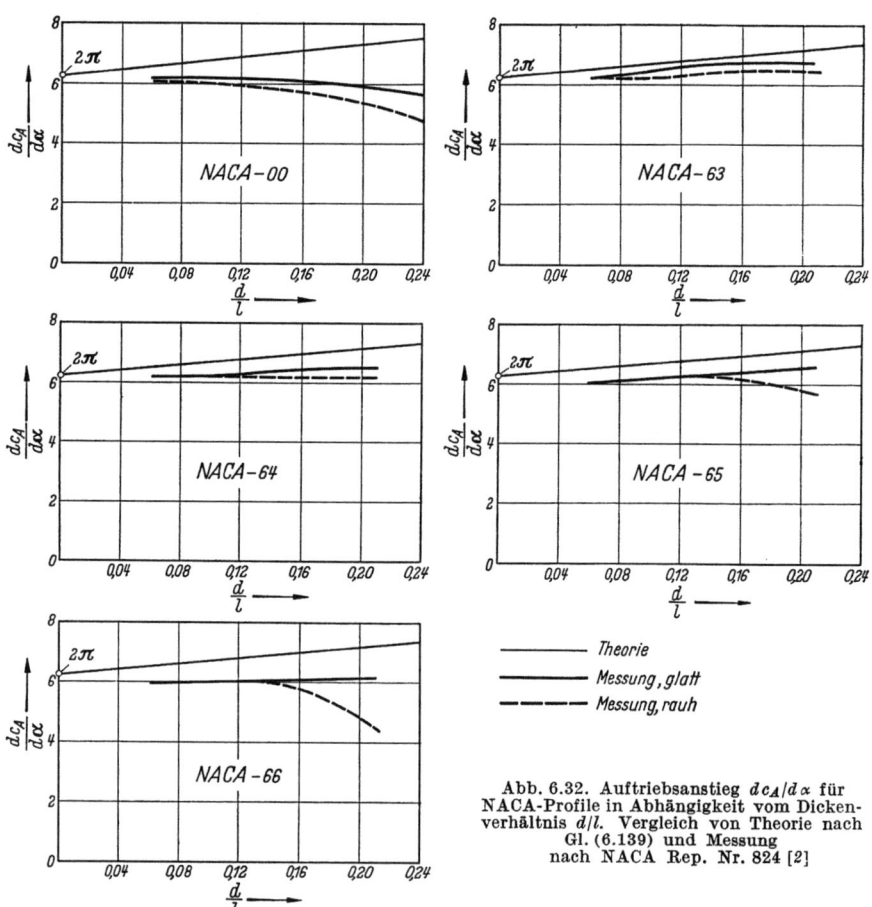

Abb. 6.32. Auftriebsanstieg $dc_A/d\alpha$ für NACA-Profile in Abhängigkeit vom Dickenverhältnis d/l. Vergleich von Theorie nach Gl. (6.139) und Messung nach NACA Rep. Nr. 824 [2]

6.343 Numerische Auswertung der Profiltheorie. Die in Kap. 6.32 für die Skelett-Theorie und in Kap. 6.33 und 6.34 für den Profiltropfen im Rahmen der Singularitätenmethode hergeleiteten Formeln für die Berechnung der Geschwindigkeitsverteilung und der aerodynamischen Beiwerte lassen sich in bequemer Weise durch numerische Summenformeln auswerten. Bezüglich der Einzelheiten der Rechnung sei auf die Arbeiten von F. RIEGELS [48] und E. TRUCKENBRODT [55] verwiesen. Für diese numerische Quadratur werden die Profilordinaten an den N diskreten Stellen

$$X_m = \frac{1}{2}\left(1 + \cos\frac{\pi m}{N}\right), \quad m = 0, 1, \ldots, N \tag{6.142}$$

ermittelt und mit $Z(X_m) = Z_m$ bezeichnet. Es bedeutet $m = 0$ die Profilhinterkante und $m = N$ die Vorderkante, vgl. Tab. 6.2.

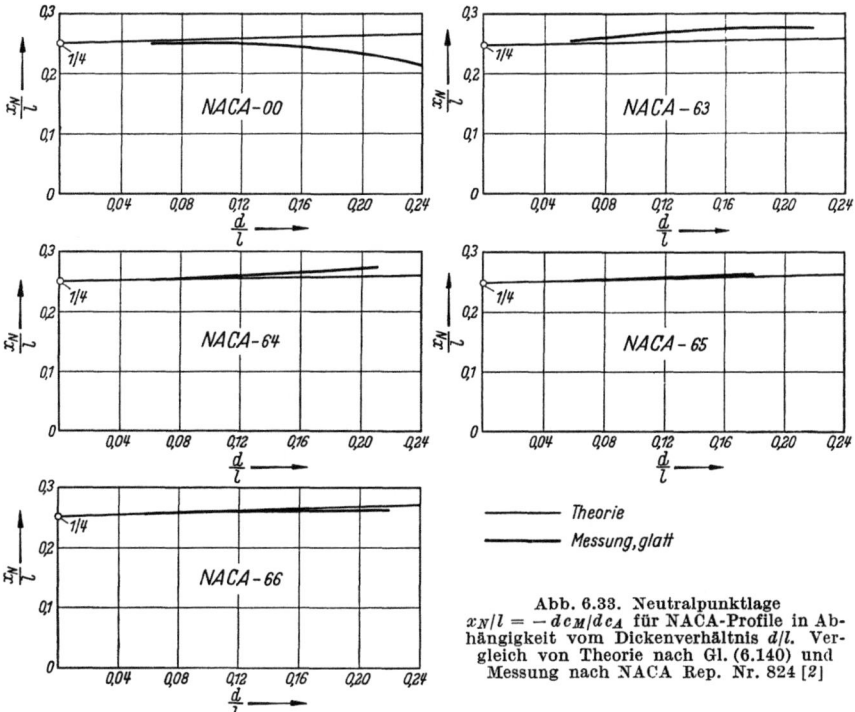

Abb. 6.33. Neutralpunktlage $x_N/l = -dc_M/dc_A$ für NACA-Profile in Abhängigkeit vom Dickenverhältnis d/l. Vergleich von Theorie nach Gl. (6.140) und Messung nach NACA Rep. Nr. 824 [2]

Geschwindigkeitsverteilung. Die Geschwindigkeit auf der Kontur an den Stellen X_n erhält man durch die folgende Summenformel:

$$\frac{W_K(X_n)}{U_\infty} = \frac{1}{\varkappa_n^*}\left[a_n + 2\sum_{m=1}^{N-1} A_{nm} Z_m^{(t)} \pm 2\sum_{m=1}^{N-1} C_{nm} Z_m^{(s)} \pm \right.$$
$$\left. \pm \alpha\left(b_n + 2\sum_{m=1}^{N-1} H_{nm} Z_m^{(l)}\right)\right]. \tag{6.143}$$

Hierbei ist

$$\varkappa_n^* = \sqrt{c_n + \left(\frac{dZ^{(t)}}{d\varphi}\right)_n^2}. \tag{6.143a}[1]$$

---

[1] Die Ableitung $dZ^{(t)}/d\varphi$ bestimmt man am besten auf grafischem Wege.

Tabelle 6.2. *Koeffizienten a_n, b_n, c_n zur Berechnung der Geschwindigkeitsverteilung auf der Profilkontur nach Gl. (6.143) für $N = 12$ (nach [55])*

n, m	φ	X_n, X_m	a_n	b_n	c_n
0	0°	1,0000	0	0	0
1	15°	0,9830	0,1294	0,0170	0,0168
2	30°	0,9330	0,2500	0,0670	0,0625
3	45°	0,8536	0,3536	0,1464	0,1250
4	60°	0,7500	0,4330	0,2500	0,1875
5	75°	0,6294	0,4830	0,3706	0,2333
6	90°	0,5000	0,5000	0,5000	0,2500
7	105°	0,3706	0,4830	0,6294	0,2333
8	120°	0,2500	0,4330	0,7500	0,1875
9	135°	0,1465	0,3536	0,8536	0,1250
10	150°	0,0670	0,2500	0,9330	0,0625
11	165°	0,0170	0,1294	0,9830	0,0168
12	180°	0	0	1,0000	0

Die in Gl. (6.143) und (6.143a) auftretenden Koeffizienten a_n, b_n und c_n sind in Tab. 6.2 für zwölf Aufpunkte ($N = 12$) zusammengestellt. Die Koeffizienten mit Doppelindizes A_{nm}, C_{nm} und H_{nm} enthält Tab. 6.3.

Beispiel. Das Ergebnis einer Beispielrechnung nach dem vorstehend dargestellten Verfahren ist in Abb. 6.34 für das Profil NACA-66(215)-216, $a = 0,6$ angegeben. Außerdem ist eine theoretische Geschwindigkeitsverteilung nach THEODORSEN (konforme Abbildung) mit eingetragen. Zum Vergleich mit der Theorie ist eine Messung nach NACA Rep. Nr. 824 [2] wiedergegeben. Es ist gute Übereinstimmung der beiden theoretischen Kurven mit der Messung vorhanden.

Für die numerische Auswertung der Profilform aus der vorgegebenen Geschwindigkeitsverteilung mittels ähnlicher Summenformeln sei auf [56] verwiesen.

Tabelle 6.4. *Koeffizienten A_m, B_m, C_m, D_m, E_m, F_m zur Berechnung der aerodynamischen Beiwerte nach Tab. 6.1 für $N = 12$ (nach [55], vgl. auch [7], S. 199)*

m	X_m	A_m	B_m	C_m	D_m	E_m	F_m
1	0,9830	0,6440	−4,8919	0,6864	−7,9370	−2,4032	15,6333
2	0,9330	0	0	0,1667	−0,2267	0	0
3	0,8536	0,2357	−0,5690	0,3333	−1,0790	−0,2357	2,0944
4	0,7500	0	0	0,2887	−0,1309	0	0
5	0,6294	0,1726	−0,2249	0,2387	−0,4210	−0,0462	1,1224
6	0,5000	0	0	0,3333	0	0	0
7	0,3706	0,1726	−0,1324	0,0601	−0,1402	0,0462	1,1224
8	0,2500	0	0	0,2887	0,1309	0	0
9	0,1465	0,2357	−0,0976	−0,3333	0,0318	0,2357	2,0944
10	0,0670	0	0	0,1667	0,2267	0	0
11	0,0170	0,6439	−0,0848	−1,8017	0,1197	2,4032	15,6333

6.3 Profiltheorie nach der Singularitätenmethode

Tabelle 6.3. Koeffizienten A_{nm}, C_{nm}, H_{nm} zur Berechnung der Geschwindigkeitsverteilung auf der Profilkontur nach Gl. (6.143) für $N = 12$ (nach [55])

	n/m	1	2	3	4	5	6	7	8	9	10	11
A_{nm}	1	3,0000	−1,0806	0	−0,0860	0	−0,0231	0	−0,0087	0	−0,0032	0
	2	−1,0806	3,0000	−1,1666	0	−0,1092	0	−0,0318	0	−0,0119	0	−0,0032
	3	0	−1,1666	3,0000	−1,1897	0	−0,1179	0	−0,0350	0	−0,0119	0
	4	−0,0860	0	−1,1897	3,0000	−1,1984	0	−0,1211	0	−0,0350	0	−0,0087
	5	0	−0,1092	0	−1,1984	3,0000	−1,2016	0	−0,1211	0	−0,0318	0
	6	−0,0231	0	−0,1179	0	−1,2016	3,0000	−1,2016	0	−0,1179	0	−0,0231
	7	0	−0,0318	0	−0,1211	0	−1,2016	3,0000	−1,1984	0	−0,1092	0
	8	−0,0087	0	−0,0350	0	−0,1211	0	−1,1984	3,0000	−1,1897	0	−0,0860
	9	0	−0,0119	0	−0,0350	0	−0,1179	0	−1,1897	3,0000	−1,1666	0
	10	−0,0032	0	−0,0119	0	−0,0318	0	−0,1092	0	−1,1666	3,0000	−1,0806
	11	0	−0,0032	0	−0,0087	0	−0,0231	0	−0,0860	0	−1,0806	3,0000
C_{nm}	1	5,4457	1,0806	2,4457	2,2472	2,4457	2,3563	2,4457	2,3882	2,4457	2,4001	2,4457
	2	−1,3651	3,0000	−1,2790	0	−0,1754	0	−0,0806	0	−0,0543	0	−0,0456
	3	0,2845	−0,9945	3,2845	−0,9714	0,2845	0,1179	0,2845	0,2071	0,2845	0,2302	0,2845
	4	−0,1985	0	−1,2559	3,0000	−1,2472	0	−0,1635	0	−0,0774	0	−0,0575
	5	0,1124	−0,0629	0,1124	−1,1348	3,1124	−1,1316	0,1124	−0,0510	0,1124	0,0318	0,1124
	6	−0,0893	−0,0144	−0,1667	0	−1,2440	3,0000	−1,2440	−1,1810	−0,1667	0	−0,0893
	7	0,0662	0	0,0662	−0,0973	0,0662	−1,1778	3,0662	−1,1810	0,0662	−0,1092	0,0662
	8	−0,0575	−0,0055	−0,0774	−0,0286	−0,1635	−0,1179	−1,2472	3,0000	−1,2559	0	−0,1985
	9	0,0488	0	0,0488	−0,0286	0,0488	−0,1179	0,0488	−1,2071	3,0488	−1,2302	0,0488
	10	−0,0456	−0,0032	−0,0543	−0,0151	−0,0806	−0,0469	−0,1754	−0,1561	−1,2790	3,0000	−1,3651
	11	0,0424	−0,0032	0,0424	−0,0151	0,0424	−0,0469	0,0424	−0,1561	0,0424	−1,3227	3,0424
H_{nm}	1	0,7113	0,1422	0,3155	0,2958	0,3133	0,3102	0,3072	0,3144	0,2845	0,3160	0
	2	−0,3544	0,8039	−0,3296	0	−0,0293	0	0,0085	0	0,0617	0	0,6431
	3	0,1003	−0,4119	1,3403	−0,4024	0,0904	0,0488	0,0713	0,0858	0,1196	0,0954	−0,8952
	4	−0,0910	0	−0,6969	1,7321	−0,6820	0	−0,0295	0	−0,1320	0	1,3788
	5	0,0538	−0,0483	0,0488	−0,8708	2,2375	−0,8683	0,1316	−0,0392	0,1178	0,0244	−1,7903
	6	−0,0469	0	0,1178	−0,1267	−1,1778	3,0000	−1,1316	−1,5392	−0,2845	0	2,2563
	7	0,0301	−0,0188	0,0227	0	0	−1,5350	3,8495	5,1962	−1,6826	−0,1423	−3,1009
	8	−0,0262	0	−0,0495	−0,0690	−0,1685	0	−1,9656	−2,9142	−1,6826	0	3,8922
	9	0,0155	−0,0132	0	−0,0690	−0,0420	−0,2845	−0,1535	0	6,6737	−2,9700	−5,7864
	10	−0,0120	−0,0204	−0,0204	−0,1148	−0,0539	0	−0,2349	−1,1865	−3,7117	11,1962	4,0326
	11	0	0,0244	−0,0488	−0,1148	−0,1808	−0,3565	−0,5319	−1,1865	−1,8390	−10,0469	4,5328

450 VI. Der Tragflügel unendlicher Spannweite bei inkompressibler Strömung

Aerodynamische Beiwerte. Die in Tab. 6.1 angegebenen Formeln zur Berechnung der aerodynamischen Beiwerte lassen sich nach [55] auch auf Summenformeln zurückführen. Die zugehörigen Koeffizienten sind in Tab. 6.4 zusammengestellt.

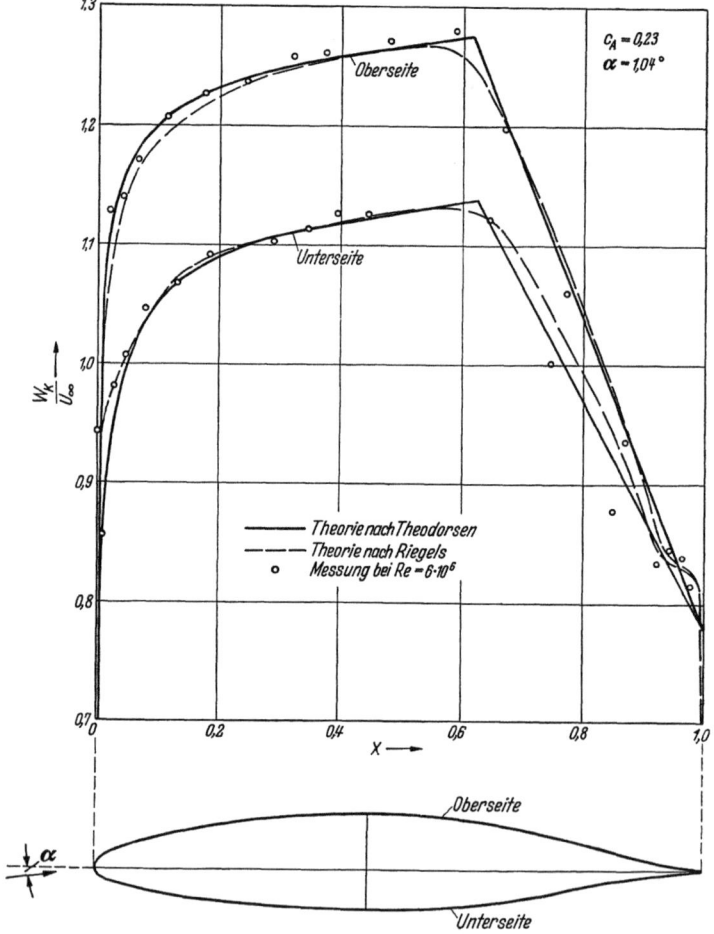

Abb. 6.34. Geschwindigkeitsverteilung auf der Profilkontur für das Profil NACA-66 (215)-216, $a = 0,6$ beim Auftriebsbeiwert $c_A = 0,23$. Vergleich von Messung und Theorie

6.35 Sonderprobleme der Profiltheorie

6.351 Tragflügelprofil in gekrümmter Strömung. Sämtliche bisherigen Betrachtungen zur Profiltheorie setzten voraus, daß sich der Tragflügel in einer Parallelströmung befindet. Bei Fragen der gegenseitigen Beeinflussung der Flugzeugteile tritt jedoch auch der Fall auf, daß der Tragflügel in einer gekrümmten

6.3 Profiltheorie nach der Singularitätenmethode

Zuströmung liegt. Die aerodynamischen Probleme eines solchen Tragflügels lassen sich ebenfalls nach der Skelett-Theorie behandeln.

Eine ebene Platte, die sich in einer gekrümmten Strömung befindet, verhält sich näherungsweise so wie ein gewölbtes Skelett in einer Parallelströmung. Die in einer gekrümmten Strömung auftretenden längs Tiefe veränderlichen Anströmwinkel $\alpha'(x)$ können nach Abb. 6.35 für die Rechnung durch geänderte äquivalente Skelettlinienneigungen $[\alpha - dZ^{(s)}/dX]$ ersetzt werden. Auf Grund dieser Überlegungen ist in den Formeln der Skelett-Theorie, Kap. 6.32,

$$\frac{dZ^{(s)}}{dX} = \alpha - \alpha'(X)$$

zu setzen.

Nach Gl. (6.90) erhält man dann den *mittleren Anströmwinkel* $\bar{\alpha}$, d. i. der Anstellwinkel, der in Parallelströmung den gleichen Auftrieb $c_A = 2\pi\bar{\alpha}$ erzeugt wie die veränderliche Anströmwinkelverteilung, zu:

$$\bar{\alpha} = \frac{1}{\pi} \int_0^\pi \alpha'(\varphi)(1 + \cos\varphi)\,d\varphi. \quad (6.144)$$

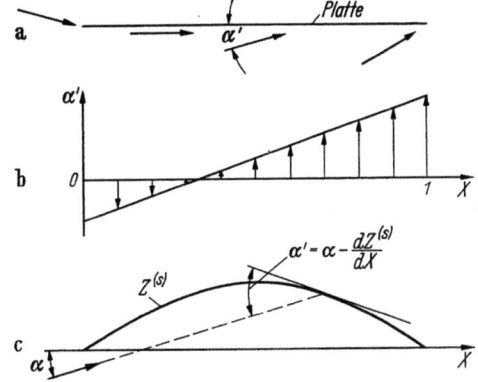

Abb. 6.35. Erläuterungsskizze zum Tragflügel in gekrümmter Strömung
a) Anströmwinkelverteilung $\alpha'(x)$;
b) Skelettprofil $Z^{(s)}$

Für den *Nullmomentenbeiwert* ergibt sich nach Gl. (6.96):

$$c_{M0} = -\tfrac{1}{2} \int_0^\pi \alpha'(\varphi)(\cos\varphi + \cos 2\varphi)\,d\varphi. \quad (6.145)$$

Bei konstanter Anströmwinkelverteilung $\alpha'(X) = \alpha$ ergeben sich aus den vorstehenden Gleichungen die Beziehungen der angestellten Platte:

$$\bar{\alpha} = \alpha, \quad c_{M0} = 0.$$

Die veränderliche Anströmwinkelverteilung möge in der Form eines Potenzgesetzes vorgegeben sein durch

$$\alpha'(X) = X^m \quad \text{mit} \quad X = \tfrac{1}{2}(1 + \cos\varphi). \quad (6.146)$$

Die Auswertung der Gl. (6.144) und (6.145) ergibt für ganzzahlige m:

$$\bar{\alpha} = 2\,\frac{1\cdot 3\cdot 5\cdots(2m+1)}{2\cdot 4\cdot 6\cdots 2(m+1)} \quad \text{für} \quad m = 0, 1, 2, \cdots, \quad (6.147\text{a})$$

$$c_{M0} = -\frac{\pi}{2}\,\frac{m}{m+2}\,\bar{\alpha}. \quad (6.147\text{b})$$

Diese Ergebnisse sind für verschiedene Werte von m in Abb. 6.36a und b als ausgezogene Kurven dargestellt.

Wir wollen jetzt für $\bar{\alpha}$ und c_{M0} Näherungsausdrücke angeben, in welchen die örtlichen α'-Werte an nur wenigen charakteristischen Stellen der Profiltiefe vorkommen. Es bedeuten im folgenden $\alpha'_{00}, \alpha'_{25}, \alpha'_{50}, \alpha'_{75}$ und α'_{100} die örtlichen Anströmwinkel an den Stellen $X = 0; 0{,}25, \ldots, 1{,}0$. Wir wählen:

$$\bar{\alpha} = \tfrac{1}{2}(\alpha'_{50} + \alpha'_{100}), \tag{6.148a}$$

$$c_{M0} = \frac{\pi}{6}(\alpha'_{25} - \alpha'_{100}). \tag{6.148b}$$

Die Werte nach diesen Formeln sind als strichpunktierte Kurven in Abb. 6.36 eingetragen. Sie stimmen mit den exakten Werten nach Gl. (6.147) recht gut überein.
Eine andere Näherung für den mittleren Anströmwinkel stammt von E. PISTOLESI [*47*]. Er setzt

$$\bar{\alpha} = \alpha'_{75}. \tag{6.149}$$

Hiernach soll also bei veränderlicher Anströmwinkelverteilung der Wert des Anströmwinkels im $3l/4$-Punkt für den Auftrieb maßgebend sein (Dreiviertelpunkt-

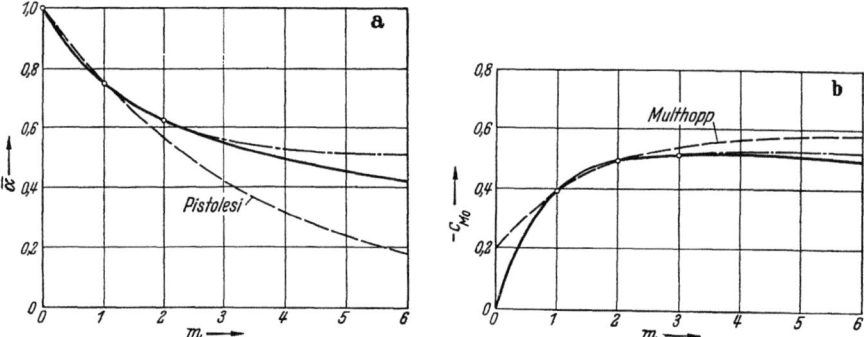

Abb. 6.36. Aerodynamische Beiwerte eines Profils in gekrümmter Strömung mit Anströmwinkelverteilung über Profiltiefe $\alpha'(X) = X^m$ nach Gl. (6.146)
a) Mittlerer Anströmwinkel $\bar{\alpha}$; b) Nullmomentenbeiwert c_{M0}
——— Exakte Lösung nach Gl. (6.147a,b)   – – – – a) Näherung PISTOLESI Gl. (6.149)
– · – · – Näherung nach Gl. (6.148a,b)   b) Näherung MULTHOPP Gl. (6.150)

Theorem von PISTOLESI[1]). Die Werte nach Gl. (6.149) sind als gestrichelte Kurve in Abb. 6.36a mit eingetragen. Für $m = 0$ (konstante) und für $m = 1$ (lineare Anströmwinkelverteilung) stimmt die PISTOLESISche Näherung mit den exakten Werten überein, während für größere m die Abweichungen gegenüber den exakten Werten beträchtlich sind.

Für den Nullmomentenbeiwert hat H. MULTHOPP [*40*] eine andere Näherungsformel angegeben:

$$c_{M0} = \frac{\pi}{16}(\alpha'_{00} + 2\alpha'_{50} - 3\alpha'_{100}). \tag{6.150}$$

Diese Werte sind als gestrichelte Kurve in Abb. 6.36b eingetragen. Für $m = 1$ und 2 stimmt die MULTHOPPsche Näherung mit der exakten Lösung überein.

Die beiden Näherungsformeln von PISTOLESI und MULTHOPP haben eine besondere Bedeutung, wenn man die über die Flügeltiefe kontinuierlich verteilte Zirkulation durch einen Einzelwirbel im $(l/4)$-Punkt ersetzt. Dieses ist gebräuchlich für eine vereinfachte Behandlung des Tragflügels endlicher Spannweite (Traglinientheorie, Kap. 7.32). Die PISTOLESISche Näherung für den mittleren Anströmwinkel stimmt mit der exakten Lösung überein, wie Abb. 6.37 zeigt. Die

---

[1] Dieses Theorem hat für die Theorie des Tragflügels endlicher Spannweite (Kap. VII) Bedeutung.

MULTHOPPsche Näherung für das Nullmoment liefert für die ebene Platte in richtiger Weise $c_{M0} = 0$, da bei Ersatz der Platte durch einen Einzelwirbel im $(l/4)$-Punkt $\alpha'_{00} = -\alpha'_{50}$ und $\alpha'_{50} = 3\alpha'_{100}$ ist.

6.352 Das Geschwindigkeitsfeld in der Umgebung eines Profils. Bisher wurde durchweg die Geschwindigkeitsverteilung auf der Profilkontur betrachtet. Für manche aerodynamischen Fragen des Flugzeuges, wie z. B. bei Untersuchungen über den Einfluß des Tragflügels

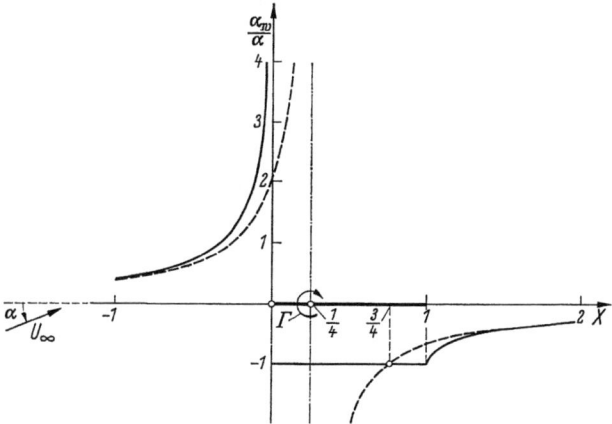

Abb. 6.37. Verteilung des induzierten Abwindwinkels auf der verlängerten Flügelsehne für die angestellte ebene Platte

auf die Anströmung des Rumpfes oder des Höhenleitwerkes, ist die Kenntnis des Geschwindigkeitsfeldes des Tragflügels in seiner weiteren Umgebung wichtig. Im folgenden sollen einige Angaben hierzu gemacht werden.

Auftrieb. Wir betrachten zunächst den Tragflügel als Skelettprofil, d. h., er wird durch seine Wirbelverteilung, Gl. (6.58), dargestellt. Von den induzierten Geschwindigkeiten interessiert hauptsächlich die z-Komponente w, da diese für die Flugzeugteile vor und hinter dem Tragflügel eine Änderung der effektiven Anströmrichtung verursacht. Die induzierte Geschwindigkeitskomponente w möge lediglich in der Flügelebene, d. h. auf der x-Achse, betrachtet werden.

Die Verteilung der induzierten Aufwärts- und Abwärtsgeschwindigkeiten längs der x-Achse ist gegeben durch Gl. (6.60b):

$$w(X) = -\frac{1}{2\pi} \int_0^1 \frac{k(X')}{X - X'} dX'. \tag{6.151}$$

Hierin bedeutet $k(X)$ die Zirkulationsverteilung über die Profiltiefe und $X = x/l$ die von der Vorderkante aus gemessene dimensionslose Koordinate in Richtung der Profilsehne. Die Gesamtzirkulation des

Tragflügels Γ ergibt sich durch Integration aus der Zirkulationsverteilung. Die Auswertung der Gl. (6.151) im Bereich der Profiltiefe $0 \leq X \leq 1$ wurde für den BIRNBAUM-GLAUERTschen Ansatz für die Zirkulationsverteilung Gl. (6.71) in Gl. (6.74) angegeben. Für die angestellte Platte und das Parabelprofil ist das Ergebnis in Abb. 6.15 dargestellt.

Für die Berechnung der induzierten Abwärtsgeschwindigkeit vor und hinter dem Profil kann Gl. (6.151) ebenfalls verwendet werden, wobei jetzt jedoch eine singuläre Stelle des Integranden nicht mehr vorhanden ist. Anstelle der früheren Substitution nach Gl. (6.72) tritt jetzt:

$$X = \tfrac{1}{2}(1 \pm \cosh\varphi), \qquad (6.152)$$
$$X' = \tfrac{1}{2}(1 + \cos\varphi'),$$

wobei das untere Vorzeichen für Punkte vor dem Flügel und das obere Vorzeichen für Punkte hinter dem Flügel gilt. Führt man Gl. (6.152) und Gl. (6.71) in Gl. (6.151) ein, dann wird

$$\frac{w(\varphi)}{U_\infty} = -\frac{1}{\pi}\left(A_0 \int_0^\pi \frac{1-\cos\varphi'}{\pm\cosh\varphi - \cos\varphi'} d\varphi' + \right.$$
$$\left. + \sum_{n=1}^N A_n \int_0^\pi \frac{\sin n\varphi' \sin\varphi'}{\pm\cosh\varphi - \cos\varphi'} d\varphi'\right).$$

Die auftretenden Integrale lassen sich in Analogie zu Gl. (6.73) wie folgt lösen:

$$\frac{1}{\pi}\int_0^\pi \frac{\cos n\varphi'}{\pm\cosh\varphi - \cos\varphi'} d\varphi' = (\pm 1)^{n+1} \frac{\cosh n\varphi - \sinh n\varphi}{\sinh\varphi}. \qquad (6.153)$$

Damit ergibt sich für die Verteilung des Abwindwinkels $\alpha_w = w/U_\infty$:

$$\alpha_w(\varphi) = -\left[A_0\left(1 - \frac{\cosh\varphi \mp 1}{\sinh\varphi}\right) + \sum_{n=1}^N (\pm 1)^n A_n (\cosh n\varphi - \sinh n\varphi)\right]$$

oder

$$\alpha_w(X) = -A_0\left(1 - \sqrt{\frac{X-1}{X}}\right) + \sum_{n=1}^N A_n\left[1 - 2X\left(1 - \sqrt{\frac{X-1}{X}}\right)\right]^n$$
(6.154)

für $X > 1$ und $X < 0$.

Beispiel. In der Zirkulationsverteilung Gl. (6.71) bedeutet das Glied mit A_0 die unter dem Winkel α angestellte ebene Platte, wobei $A_0 = \alpha$ ist. Das Glied mit A_1 bedeutet das in Sehnenrichtung angeströmte Parabelskelett mit der Wölbung f/l, wobei $A_1 = 4f/l$ ist. Für den ersten Fall ist in Abb. 6.37 die Verteilung des Abwindwinkels längs der verlängerten Profilsehne aufgetragen.

Zum Vergleich hiermit ist noch diejenige induzierte Abwindwinkelverteilung dargestellt, die man erhält, wenn man den Tragflügel durch einen Einzelwirbel mit der Gesamtzirkulation Γ ersetzt. Dieser Einzelwirbel befindet sich im Schwerpunkt X_A der Zirkulationsverteilung, d. h. bei der angestellten Platte bei $X_A = 1/4$. Für große Abstände vor und hinter dem Flügel stimmen die Verteilungen des induzierten Abwindwinkels für die kontinuierliche Wirbelbelegung (tragende Fläche) und für den Einzelwirbel (tragende Linie) überein. Bei der angestellten Platte

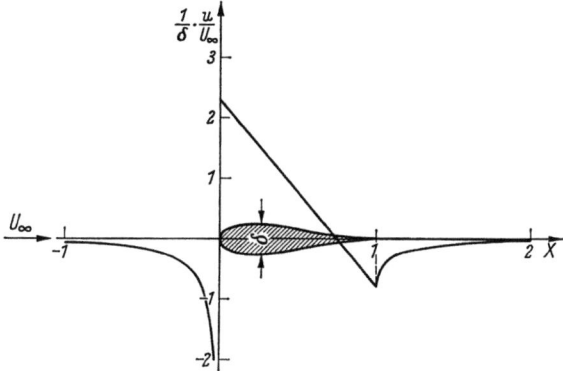

Abb. 6.38. Verteilung der induzierten Längsgeschwindigkeit auf der verlängerten Flügelsehne für ein symmetrisches JOUKOWSKY-Profil ($\delta = d/l$ = Dickenverhältnis)

nach Abb. 6.37 ist noch bemerkenswert, daß an der Stelle $X = 3/4$ die induzierten Abwärtsgeschwindigkeiten der tragenden Fläche und der tragenden Linie übereinstimmen (PISTOLESIsches Theorem).

Verdrängung. Bei der von einem dicken Profil verursachten Verdrängungsströmung interessiert in erster Linie die induzierte Geschwindigkeit u in der x-Richtung vor und hinter dem Profil. Diese Komponente erhält man nach Gl. (6.118a), indem man die Quellverteilung nach Gl. (6.128) einsetzt. Die Auswertung geschieht in analoger Weise wie für $w(x)$ und liefert für $u(x)/U_\infty$ eine Gleichung analog zu Gl. (6.154), wobei die Koeffizienten A_n der Zirkulationsverteilung durch $-B_n$ der Quellverteilung zu ersetzen sind. Letztere erfüllen die Schließungsbedingung Gl. (6.129). In Abb. 6.38 ist die Auswertung einer solchen Rechnung für ein symmetrisches JOUKOWSKY-Profil angegeben.

6.4 Einfluß der Reynoldsschen Zahl auf die Profileigenschaften[1]

Bei den bisherigen Betrachtungen dieses Kapitels wurde durchweg das strömende Medium als reibungslos und inkompressibel angenommen. Über den Einfluß der Kompressibilität auf die aerodynamischen Beiwerte eines Tragflügelprofils wird in Kap. VIII ausführlich berichtet

---

[1] Bei der Neubearbeitung dieses Abschnittes wurden wir von Herrn Dr.-Ing. K. O. ARNOLD unterstützt.

werden. Hier mögen jetzt zunächst nur einige Angaben über den Einfluß der Reibung gemacht werden, wobei das strömende Medium als inkompressibel angesehen wird. Die Grundlagen der inkompressiblen Strömungen mit Reibung wurden in Kap. IV bereitgestellt. Die wichtigste Kennzahl für den Einfluß der Reibung ist die REYNOLDSsche Zahl. Bei gegebener Profilgeometrie bestimmt diese dimensionslose Größe maßgeblich die aerodynamischen Beiwerte eines Tragflügels, vgl. hierzu H. SCHLICHTING [49]. Zunächst möge der Einfluß der REYNOLDS-Zahl im Zusammenwirken mit den geometrischen Profilparametern auf den *Auftrieb* besprochen werden. Anschließend sollen einige Angaben über das Nickmoment und den Profilwiderstand gemacht werden, den ja die Theorie der reibungslosen Flüssigkeit nicht zu erfassen vermag (D'ALEMBERTsches Paradoxon).

6.41 Auftrieb

Die flugtechnisch interessierenden REYNOLDSschen Zahlen des Tragflügels liegen mit Ausnahme von Modellflugzeugen und gewissen Segelflugzeugen bei $Re = V l/\nu > 10^6$. Für diesen REYNOLDS-Zahl-Bereich ist die Grenzschicht an normalen Profilen, nicht jedoch an Laminarprofilen, im größten Teil ihrer Lauflänge turbulent, vgl. Kap. 4.10. Bezüglich des Auftriebes gilt für diesen Bereich von REYNOLDS-Zahlen sowie auch für kleinere REYNOLDS-Zahlen bis herunter zu $Re = 10^5$ allgemein die Feststellung, daß im Bereich der kleinen und mittleren Anstellwinkel die Ergebnisse der Potentialtheorie recht befriedigend mit Messungen übereinstimmen. Dies zeigen z. B. die Messungen in Abb. 2.60 für die angestellte ebene Platte und für das Profil Gö 445 bei $Re = 4 \cdot 10^5$ und in Abb. 6.11 für das JOUKOWSKY-Profil bei $Re = 10^5$. In diesen Fällen ist die Strömung am Tragflügel anliegend, d. h., es tritt keine Ablösung der Grenzschicht ein. Auch die potentialtheoretisch ermittelten Druckverteilungen um das Profil stimmen in diesem Anstellwinkelbereich und REYNOLDS-Zahl-Bereich gut mit Messungen überein, vgl. Abb. 6.12 für ein JOUKOWSKY-Profil, Abb. 6.28 für ein symmetrisches NACA-Profil beim Anstellwinkel Null und Abb. 6.34 für ein gewölbtes angestelltes NACA-Profil.

Auftriebsanstieg. Die Abb. 6.39 zeigt die Kurven des Auftriebsbeiwertes c_A über dem Anstellwinkel α für das Profil NACA 2412 bei REYNOLDS-Zahlen $Re = 8 \cdot 10^4$ bis $3 \cdot 10^6$ nach [33]. Man sieht daraus, daß die REYNOLDS-Zahl keinen großen Einfluß auf den Auftrieb hat, solange das Profil nicht zu stark angestellt wird ($\alpha < 8°$). Wegen des in diesem α-Bereich linearen Kurvenverlaufs $c_A(\alpha)$ läßt sich der REYNOLDS-Zahl-Einfluß hier einfach durch Angabe des *Auftriebsanstieges* $dc_A/d\alpha$ darstellen, wie das in der Abb. 6.40 für einige vier- und fünfziffrige NACA-Profile nach [32] geschehen ist. Diese Messungen lassen

6.4 Einfluß der Reynoldsschen Zahl auf die Profileigenschaften 457

zunächst ein leichtes Anwachsen des Gradienten $dc_A/d\alpha$ mit der Reynoldsschen Zahl erkennen, doch tritt für $Re > 3 \cdot 10^6$ bis $4 \cdot 10^6$ praktisch keine Änderung mehr auf. Der Auftriebsanstieg hängt außer-

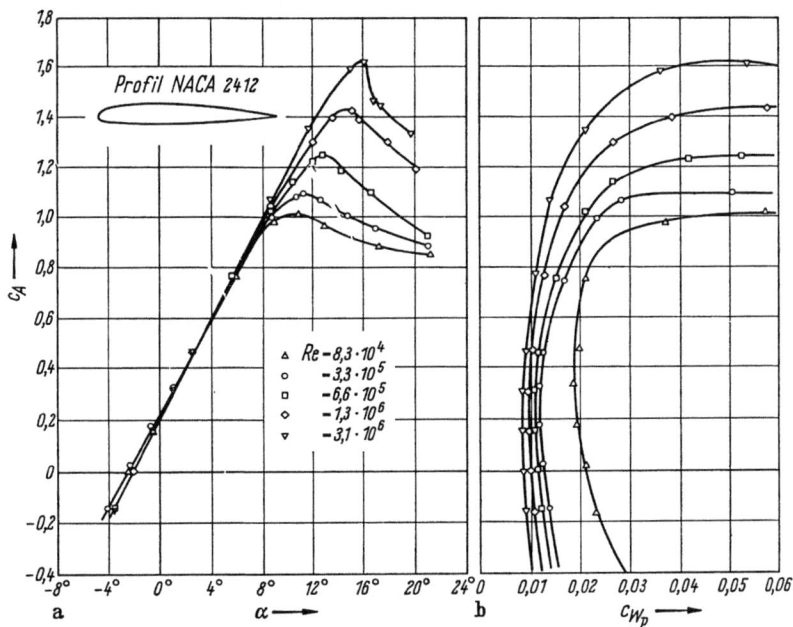

Abb. 6.39. Auftriebs- und Widerstandsmessungen für das Profil NACA 2412 bei verschiedenen Reynoldsschen Zahlen nach [32]
a) Kurven c_A über α; b) Widerstandspolaren c_A über c_{Wp}

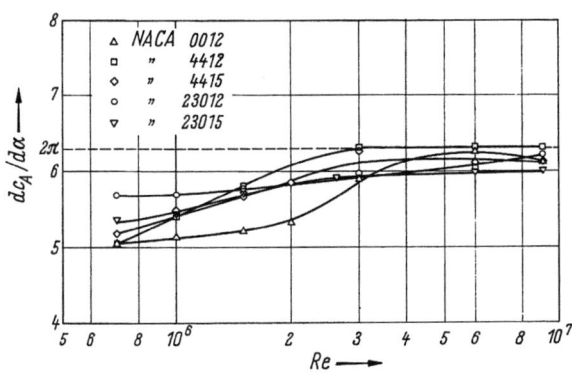

Abb. 6.40. Der Einfluß der Reynoldsschen Zahl auf den Auftriebsanstieg $dc_A/d\alpha$ bei vier- und fünfziffrigen NACA-Profilen nach [39]

dem sowohl von der Profildicke als auch vom Hinterkantenwinkel ab. Abb. 6.32 zufolge verringert sich $dc_A/d\alpha$ bei den vier- und fünfziffrigen

458　VI. Der Tragflügel unendlicher Spannweite bei inkompressibler Strömung

NACA-Profilen mit steigendem Dickenverhältnis d/l. Das umgekehrte Verhalten, nämlich eine Zunahme von $dc_A/d\alpha$ mit wachsender Dicke, weisen die Profile der NACA-6-Serie auf. Dagegen bewirkt eine Vergrößerung des Hinterkantenwinkels in allen Fällen eine Abnahme des Auftriebsanstieges. Die Abweichungen zwischen Messung und Theorie sind im Bereich der kleinen und mittleren Anstellwinkel verhältnismäßig gering. In Abb. 6.32 wurde für mehrere Profile der NACA-

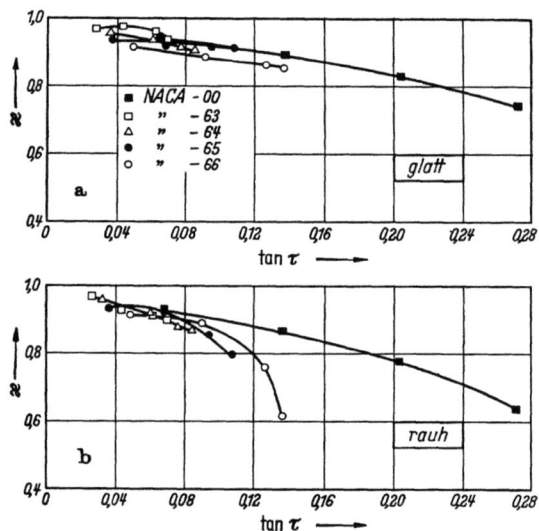

Abb. 6.41. Vergleich der Auftriebsanstiege von Messung und Theorie für NACA-Profile mit verschiedenen Hinterkantenwinkeln 2τ. Es bedeutet $\varkappa = (dc_A/d\alpha)_{\mathrm{exp}}/(dc_A/d\alpha)_{\mathrm{theor}}$
a) Glatte Oberfläche; b) rauhe Oberfläche

Serien der theoretisch und experimentell ermittelte Beiwert $dc_A/d\alpha$ in Abhängigkeit vom Dickenverhältnis d/l angegeben. Der daraus ermittelte Quotient $\varkappa = (dc_A/d\alpha)_{\mathrm{exp}}/(dc_A/d\alpha)_{\mathrm{theor}}$ ist in der Abb. 6.41 als Funktion des halben Hinterkantenwinkels τ aufgetragen, vgl. Abb. 5.4. Während in der Darstellung von Abb. 6.32 die Abweichungen zwischen Theorie und Messung bei den einzelnen Profilserien erheblich verschieden sind, ergibt sich hier eine ziemlich eindeutige Abhängigkeit der Größe $\varkappa$ vom Hinterkantenwinkel. Für eine unendlich dünne Hinterkante ($\tau = 0$) geht $\varkappa \to 1$, mit wachsendem τ nimmt der Quotient $\varkappa$ ab bis auf etwa 0,8 bei glatter Oberfläche und 0,7 bei rauher Oberfläche, vgl. auch S. Hoerner [29]. Die Abweichungen des gemessenen Auftriebsanstieges vom theoretischen Wert rühren her von der Grenzschicht und dem Totwasser in der Nähe der Hinterkante. Die dickere Grenzschicht auf der Profiloberseite im Vergleich zur Unterseite wirkt nach A. Betz und I. Lotz [16] wie eine zusätzliche negative Wölbung,

6.4 Einfluß der Reynoldsschen Zahl auf die Profileigenschaften

vgl. auch R. M. Pinkerton [45]. Dabei wird gleichzeitig die Kuttasche Abflußbedingung geändert, indem der hintere Staupunkt von der Hinterkante auf die Profiloberseite verschoben wird, Abb. 6.2.

Bei extrem kleinen Reynoldsschen Zahlen, $Re < 10^5$, die für frei fliegende Flugmodelle von Bedeutung sind, vgl. F. W. Schmitz [8], besteht selbst bei sehr kleinen Anstellwinkeln α häufig keine lineare Abhängigkeit zwischen Auftriebsbeiwert c_A und α. In diesem Fall weichen die gemessenen c_A-Werte im ganzen Anstellwinkelbereich stark von der Theorie ab, da die Strömung in einem weiten Bereich vom Profil abgelöst ist. Dagegen beginnt bei größeren Reynolds-Zahlen, $Re > 10^5$, die Ablösung, die durch den steilen Druckanstieg auf der Saugseite verursacht wird, erst bei stärkerer Anstellung, je nach Profil für $\alpha = 5$ bis $20°$, wobei der kleinere Wert für sehr dünne Profile gilt. Sobald örtlich am Tragflügel Strömungsablösung auftritt, vermindert sich der Anstieg des Auftriebes mit dem Anstellwinkel. Die Differenz gegenüber der linearen Charakteristik der Theorie wächst mit der Ausdehnung des Bereiches abgelöster Strömung am Profil, bis schließlich bei großem α die Strömung im allgemeinen fast auf der ganzen Saugseite abgelöst ist und der Auftrieb abfällt, wie das in Abb. 4.13b zum Ausdruck kommt. Das Ablösungsphänomen am Tragflügel, das anschließend noch ausführlicher besprochen werden soll, ist maßgeblich für den maximalen Auftriebsbeiwert $c_{A\max}$, der flugtechnisch eine große Bedeutung hat (Start und Landung).

Maximalauftrieb. Der Maximalauftrieb eines Profils hängt wesentlich vom Strömungszustand in der Grenzschicht ab. Bei sehr kleinen Reynolds-Zahlen liegt eine rein laminare Grenzschicht vor, die infolge des steilen Druckanstiegs nahe der Vorderkante des angestellten Profils in einem bestimmten, von der Reynoldsschen Zahl unabhängigen Punkt dicht an der Profilnase zur Ablösung kommt (laminares Ablösen an der Profilnase, leading-edge stall). Der Maximalauftrieb ist in diesem Bereich unabhängig von der Reynolds-Zahl. Erst bei größeren, von der Profilgeometrie abhängigen Werten von Re ändert sich der Strömungscharakter. Die laminare Grenzschicht löst dann zwar auch noch ab, doch erfolgt in der abgelösten Strömung ein Umschlag in die turbulente Strömungsform, was im allgemeinen zu einem Wiederanlegen der turbulenten Grenzschicht etwas weiter stromabwärts führt. Es entsteht somit eine laminare Ablösungsblase (bubble) zwischen den Punkten laminarer Ablösung und turbulenten Wiederanlegens, vgl. [43]. Mit zunehmender Reynolds-Zahl wandert der Wiederanlegepunkt nach vorn, bis er schließlich den Ort laminarer Ablösung erreicht, d. h. bis die Länge der Ablöseblase Null wird. Der Maximalauftrieb steigt mit der Reynoldsschen Zahl stark an, wobei sich zwei Effekte überlagern. Einmal ergibt sich ein Auftriebsgewinn bei festem Anstellwinkel infolge

460 VI. Der Tragflügel unendlicher Spannweite bei inkompressibler Strömung

der Verkleinerung des Ablösegebietes, zum anderen kann der Tragflügel mit wachsendem Re mehr angestellt werden, bevor die Strömung endgültig abreißt.

Bei sehr großen REYNOLDS-Zahlen erfolgt vor der laminaren Ablösung ein natürlicher Umschlag in die turbulente Grenzschicht. Dabei wandert der Umschlagpunkt mit zunehmender REYNOLDSscher Zahl weiter nach vorn, so daß die turbulente Lauflänge und damit die Grenz-

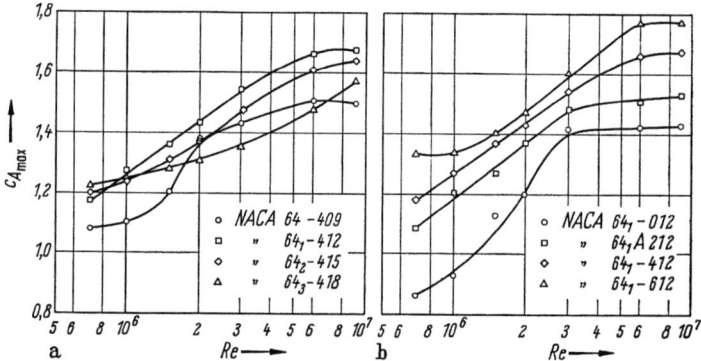

Abb. 6.42. Der maximale Auftriebsbeiwert von Profilen der NACA-6-Serie in Abhängigkeit von der REYNOLDSschen Zahl nach [39]
a) Einfluß des Dickenverhältnisses;   b) Einfluß des Wölbungsverhältnisses

schichtdicke anwächst. Als Folge davon vermindert sich die Zirkulation um das Profil, d. h., der Maximalauftrieb kann bei sehr hohen Re-Werten wieder etwas abnehmen. Als Beispiel für das $c_{A\,max}$-Verhalten ist in Abb. 6.42 der Maximalauftrieb von Profilen der NACA-6-Serie in Abhängigkeit von der REYNOLDSschen Zahl für verschiedene Dickenverhältnisse d/l und Wölbungsverhältnisse f/l nach [39] aufgetragen. Im flugtechnisch interessierenden Bereich $Re > 10^6$ liefern Profile mittlerer Dicke (etwa $d/l = 0{,}12$) den größten Auftrieb. Bezüglich der Wölbung gilt, daß $c_{A\,max}$ mit f/l anwächst, denn der kritische Druckanstieg auf der Profilsaugseite, der zur Ablösung führt, tritt mit steigendem f/l erst bei stärkerer Anstellung α auf. Als wichtigster geometrischer Parameter für den Ablösevorgang bei großem Anstellwinkel und damit für den Maximalauftrieb erweist sich die Form der Profilnase, da diese die Druckverteilung in der Nähe der Vorderkante entscheidend bestimmt. Eine Einsicht in diese Verhältnisse gibt Abb. 6.43, in welcher nach T. NONWEILER [42, 43] für eine feste REYNOLDS-Zahl ($Re = 6 \cdot 10^6$) der $c_{A\,max}$-Wert als Funktion des Dickenverhältnisses d/l dargestellt ist. Der Nasenradius ist dabei gekennzeichnet durch die Profilordinate z_1 bei $x = 0{,}05\,l$. Hiernach hat bei sehr dünnen Profilen der Nasenradius keinen Einfluß auf $c_{A\,max}$, während bei Profilen mäßiger Dicke $c_{A\,max}$ mit wachsendem z_1/d erheblich zunimmt.

6.4 Einfluß der Reynoldsschen Zahl auf die Profileigenschaften 461

Einen ähnlichen Parameter, nämlich die Ordinate z_0/l der Profilsaugseite an der Stelle $x/l = 0{,}0125$, benutzt D. E. Gault [26], um in Abhängigkeit von der Reynoldsschen Zahl in einem universellen Diagramm Bereiche für die verschiedenen Ablösevorgänge abzugrenzen. Diese Darstellung, die sich auf Messungen an rund 150 Profilen mit

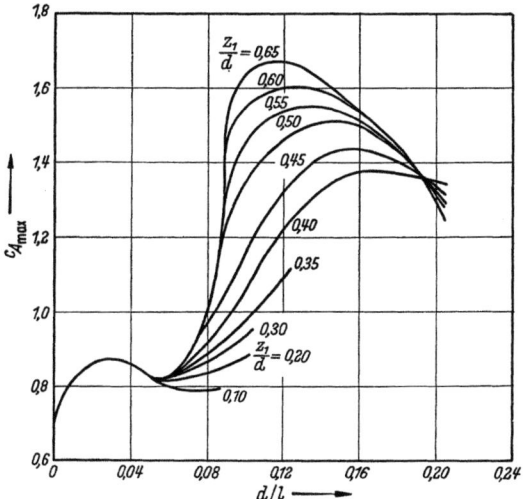

Abb. 6.43. Der maximale Auftriebsbeiwert bei der Reynoldsschen Zahl $Re = 6 \cdot 10^6$ in Abhängigkeit vom Dickenverhältnis d/l und vom Nasenradius, ausgedrückt durch z_1/d mit $z_1 = z\ (x/l = 0{,}05)$, nach [42]

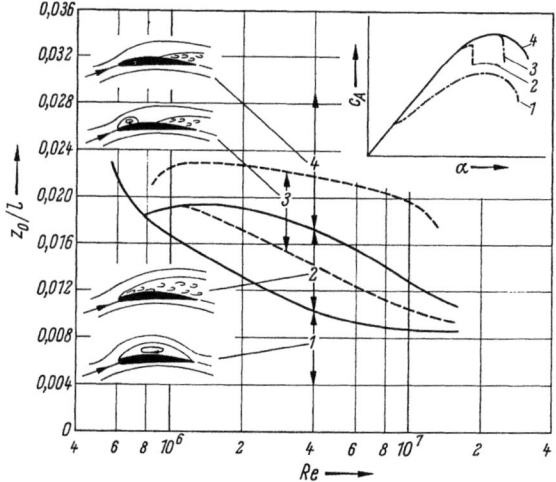

Abb. 6.44. Die Ablösung an Profilen in Abhängigkeit von der Reynoldsschen Zahl und vom Nasenradius, ausgedrückt durch z_0/l mit $z_0 = z\ (x/l = 0{,}0125)$, nach [26]
(1) Ablösung am dünnen Profil; (2) laminares Ablösen an der Profilnase; (3) Kombination von laminarer und turbulenter Ablösung; (4) turbulentes Ablösen

glatter Oberfläche bei niedriger Windkanalturbulenz stützt, ist in der Abb. 6.44 angegeben. Danach haben Profile mit scharfer Vorderkante oder sehr kleinem Nasenradius (für $z_0/l < 0{,}009$ bei allen REYNOLDS-Zahlen) eine spezielle Ablösecharakteristik, die als Ablösung am dünnen Profil (thin-airfoil stall) bezeichnet wird. Bereits für kleinen Anstellwinkel α erfolgt beim Umströmen der dünnen Vorderkante eine Ablösung unmittelbar an der Profilnase mit anschließendem Wiederanlegen. Die Grenzschicht weist dabei am Anlegepunkt weder ein typisch laminares noch ein typisch turbulentes Geschwindigkeitsprofil auf, erst bei Annäherung an die Hinterkante prägt sich die turbulente Strömungsform voll aus, vgl. dazu G. B. McCULLOUGH und D. E. GAULT [21]. Das Wiederanlegen findet mit wachsendem Anstellwinkel immer weiter stromabwärts statt, so daß sich der Ablösebereich vergrößert und der Auftriebszuwachs allmählich kleiner wird. Sobald die Strömung über der gesamten Saugseite abgelöst ist, nimmt c_A mit steigendem α kontinuierlich ab, vgl. auch A. D. YOUNG und H. B. SQUIRE [11].

Eine grundsätzlich andere Ablösungscharakteristik zeigen Tragflügel mäßiger Dicke, bei denen der Nasenradius einen mittleren Wert hat, die Krümmung an der Vorderkante aber noch relativ stark ist. Hier führt der steile Druckanstieg hinter der Profilnase zum Ablösen der laminaren Grenzschicht bei größerem Anstellwinkel. In der abgelösten Strömung erfolgt dann jedoch der Umschlag in die turbulente Strömungsform, was ein Wiederanlegen weiter stromabwärts zur Folge hat. Es bildet sich eine laminare Ablöseblase (bubble), deren Ausdehnung mit wachsendem α abnimmt, da der Umschlagpunkt und damit der turbulente Wiederanlegepunkt näher an die Ablösestelle heranrücken, die ebenfalls auf die Vorderkante zu wandert. Schließlich löst die laminare Grenzschicht unmittelbar an der Nase ab, wo die Konturkrümmung so groß ist, daß der Umschlag kein Wiederanlegen der Strömung mehr bewirken kann. Dieser Vorgang, als laminares Ablösen an der Profilnase (leading-edge stall) bekannt, ist durch einen plötzlichen starken Auftriebsabfall gekennzeichnet.

Bei den meisten dicken Profilen ($d/l > 0{,}15$), d. h. bei großem Nasenradius, legt sich dagegen die Strömung auch bei großen Anstellwinkeln hinter der laminaren Ablösestelle wieder an. Hier wird der Maximalauftrieb von zwei sich gegenseitig beeinflussenden Vorgängen bestimmt, nämlich von der Ausdehnung der laminaren Ablöseblase an der Nase und der an der Hinterkante einsetzenden, mit steigendem α stromaufwärts wandernden turbulenten Ablösung (combined leading-edge and trailing-edge stall). Der Auftriebsverlauf $c_A(\alpha)$ hängt davon ab, welchem der beiden Ablösungsvorgänge die beherrschende Rolle zukommt. Die Ablöseblase kann bei sehr dicken, stark gewölbten Profilen und bei sehr hohen Re-Werten der Anströmung ganz verschwinden,

6.4 Einfluß der Reynoldsschen Zahl auf die Profileigenschaften

weil dann die örtliche Reynolds-Zahl schon vor der Stelle des starken Druckanstieges so groß ist, daß ein natürlicher Umschlag in die turbulente Strömungsform stattfindet. Die turbulente Grenzschicht löst erst in der Nähe der Profilhinterkante ab (trailing-edge stall). Dabei verschiebt sich der Ablösepunkt mit wachsendem Anstellwinkel kontinuierlich stromaufwärts, und der Auftrieb fällt nach Überschreiten von $c_{A\,max}$ nicht plötzlich, sondern ganz allmählich ab, ähnlich wie bei der Ablösung am dünnen Profil.

Druckverteilung. In Abb. 6.45 sind Druckverteilungen von Profilen der NACA-6-Serie mit verschiedener Ablösungscharakteristik im Bereich des Maximalauftriebes bei einer Reynoldsschen Zahl $Re = 5{,}8 \cdot 10^6$ nach [21] dargestellt. Die Ablösung am dünnen Profil (NACA 64 A 006) ist durch einen nur geringen Unterdruck im Bereich der Vorderkante gekennzeichnet, der mit ansteigendem α noch abgebaut wird, während sich das Ablösungsgebiet ($c_p = $ const) von der Profilnase stromabwärts ausdehnt. Demgegenüber ist bei Profilen größerer Dicke für $\alpha < \alpha_{c_{A\,max}}$ eine sehr starke Saugspitze ausgeprägt. Die laminare Ablöseblase hat, sofern sie überhaupt auftritt, eine so geringe Ausdehnung, daß sie in der Druckverteilung nicht zum Ausdruck kommt.

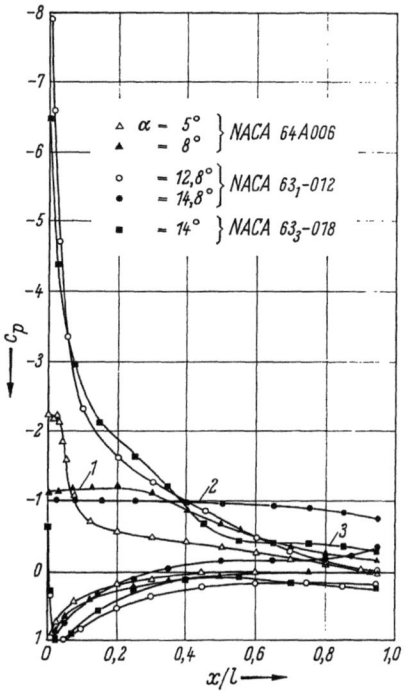

Abb. 6.45. Gemessene Druckverteilungen bei der Reynoldsschen Zahl $Re = 5{,}8 \cdot 10^6$ für Profile der NACA-6-Serie mit verschiedener Ablösungscharakteristik im Bereich des Maximalauftriebs nach [21]
(1) Ablösung am dünnen Profil; (2) laminares Ablösen an der Profilnase; (3) turbulente Ablösung

Das Profil NACA 63_1-012 zeigt laminare Ablösung an der Nase, wobei der hohe Unterdruck an der Vorderkante schlagartig zusammenbricht und die Strömung sofort über der gesamten Saugseite abreißt. Daraus resultiert der steile Auftriebsabfall beim Überschreiten des Anstellwinkels für $c_{A\,max}$. Sobald turbulente Ablösung erreicht wird, was beim Profil NACA 63_3-018 der Fall ist, bleibt auch für $\alpha > \alpha_{c_{A\,max}}$ zunächst die Saugspitze an der Vorderkante bestehen. Der abgelöste Bereich dehnt sich mit steigendem Anstellwinkel von der Hinterkante immer weiter nach vorn aus, so daß sich der Auftrieb kontinuierlich verringert.

464 VI. Der Tragflügel unendlicher Spannweite bei inkompressibler Strömung

Verschiedene Ablösungscharakteristiken können auch an einem Profil auftreten, wenn die REYNOLDS-Zahl entsprechend verändert wird. In der Abb. 6.46 ist das am Beispiel der Druckverteilung des Profils NACA 4412 beim Anstellwinkel $\alpha = 16°$ nach [46] gezeigt. Für $Re = 1 \cdot 10^5$ und $Re = 4{,}5 \cdot 10^5$ ist der Druckverlauf ähnlich dem des Profils NACA 64 A 006 in der Abb. 6.45, d. h., die Ablösung erfolgt wie am dünnen Profil, allerdings hier erst bei größerem Anstellwinkel. Dabei verkleinert sich das abgelöste Gebiet mit der REYNOLDS-Zahl. Entsprechend der Abb. 6.44 sind bei $Re < 10^6$ nur zwei Möglichkeiten gegeben, entweder die Ablösung am dünnen Profil, oder das turbulente Ablösen nahe der Hinterkante. Der Übergang von dem einen in das andere Verhalten erfordert ein um so größeres Dickenverhältnis für den Umschlag in die turbulente Strömungsform, je kleiner die REYNOLDS-Zahl ist. Wird die REYNOLDS-Zahl auf $Re = 1{,}8 \cdot 10^6$ erhöht, dann bildet sich an der Nase des Profils NACA 4412 eine laminare Ablöseblase, deren Länge etwa $0{,}005\, l$ beträgt, und an der Stelle $x/l = 0{,}40$ löst die Strömung turbulent ab. Bei $Re = 8{,}2 \cdot 10^6$ schließlich liegt die Strömung am gesamten Profil an. Eine weitere Erhöhung der REYNOLDS-Zahl hat praktisch keinen Einfluß mehr auf die Druckverteilung, die recht gut mit der Theorie übereinstimmt, solange keine Ablösung auftritt, vgl. dazu J. C. COOKE und G. G. BREBNER [3]. Der theoretischen Kurve der Abb. 6.46 liegt allerdings nicht die einfache Potentialtheorie, sondern eine modifizierte Theorie nach R. M. PINKERTON [45] zugrunde.

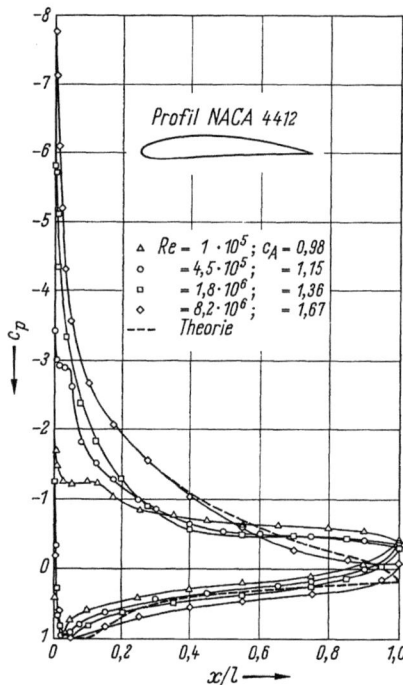

Abb. 6.46. Der Einfluß der REYNOLDSschen Zahl auf die Druckverteilung am Profil NACA 4412 bei großem Anstellwinkel ($\alpha = 16°$) nach [46]

Der Einfluß der Grenzschicht auf die Druckverteilung eines Profils bei wachsendem Anstellwinkel ist in Abb. 6.47 dargestellt. Abb. 6.47a zeigt die Druckverteilung bei einem mittleren Anstellwinkel, wie sie nach den Methoden der Potentialtheorie berechnet werden kann. Bei wachsendem Anstellwinkel erscheint die Ablösung zuerst auf der Oberseite des Profils in der Nähe der Hinterkante (Abb. 6.47b); von dort

6.4 Einfluß der REYNOLDSschen Zahl auf die Profileigenschaften

aus wandert sie mit wachsendem Anstellwinkel nach vorn. Es bildet sich dabei ein Totwasser, welches einen in sich geschlossenen Wirbel (bubble) einschließt. Bei sehr großem Anstellwinkel nach Überschreiten des maximalen Auftriebsbeiwertes verschiebt sich dieses bis zur Flügelnase (Abb. 6.47c), während weiter stromabwärts die Strömung sich wieder anlegt.

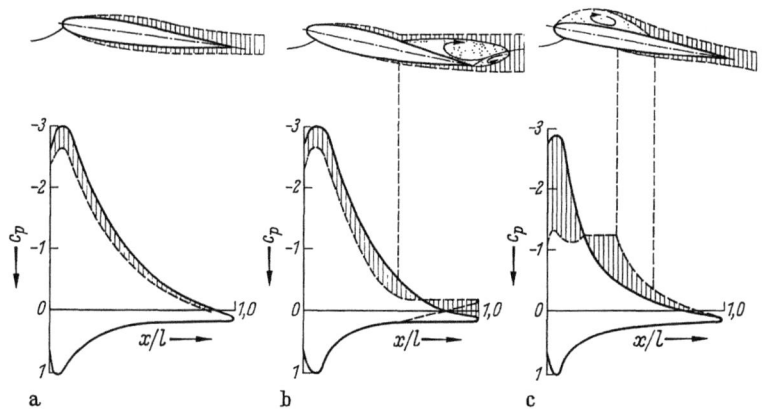

Abb. 6.47. Änderung der Druckverteilung um ein Flügelprofil mit wachsendem Anstellwinkel [9] a) Anliegende Strömung, mittlerer Anstellwinkel; b) Beginn der Ablösung an der Hinterkante $c_A \approx c_{A\,max}$; c) Ablösung an der Vorderkante, mit geschlossenem Wirbel

6.42 Widerstand

Der Profilwiderstand ist bei kleinem Auftriebsbeiwert im wesentlichen durch die Reibung bestimmt, sein Wert hängt von der Lage des Umschlagpunktes und damit von der Länge der laminaren und turbulenten Laufstrecke ab. Mit dem Anstellwinkel wachsen die örtlichen Geschwindigkeiten, was zu einer leichten Zunahme von c_{Wp} mit α führt, zu der auch die sich auf Kosten der laminaren Grenzschicht ausdehnende turbulente Lauflänge beiträgt. Im $c_{A\,max}$-Bereich steigt der Profilwiderstand infolge des durch örtliche Ablösung stark anwachsenden Druckwiderstandes steil an. Die REYNOLDS-Zahl hat auf die Größe des Profilwiderstandes einen sehr wesentlichen Einfluß, da sowohl der Druckwiderstand als auch der Reibungsanteil mit wachsender REYNOLDSscher Zahl abnehmen.

Die Abhängigkeit des minimalen Widerstandsbeiwertes $c_{W\,min}$ von der REYNOLDSschen Zahl ist in der Abb. 6.48 für eine Reihe von vierziffrigen NACA-Profilen dargestellt. Bei sehr kleiner Re-Zahl ($Re < 5 \cdot 10^5$) ist der minimale Profilwiderstand $c_{W\,min}$, der für symmetrische Profile bei $c_A = 0$ und für gewölbte Profile bei stoßfreier

Anströmung liegt, infolge laminarer Ablösung recht hoch. Mit wachsender REYNOLDS-Zahl fällt $c_{W\min}$ stark ab, und sobald vollanliegende Strömung erreicht ist, weist der Kurvenverlauf eine den Reibungsgesetzen der ebenen Platte ähnliche Charakteristik auf, vgl. auch Abb. 4.41. In diesem REYNOLDS-Zahl-Bereich ($Re > 8 \cdot 10^5$) liegt der minimale Widerstandsbeiwert nach Abb. 6.48a um so mehr über dem Wert des Reibungswiderstandes der ebenen Platte, je größer die Profildicke ist. Dasselbe Verhalten zeigt nach Abb. 6.48b die Wölbung.

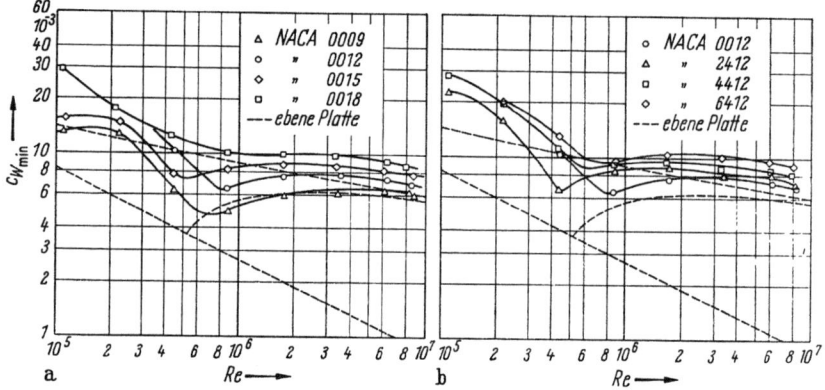

Abb. 6.48. Der minimale Widerstand von vierziffrigen NACA-Profilen in Abhängigkeit von der REYNOLDSschen Zahl nach [32]

a) Einfluß des Dickenverhältnisses; b) Einfluß des Wölbungsverhältnisses

Besonderheiten treten beim Widerstand von Laminarprofilen auf, vgl. F. X. WORTMANN [58]. Als Beispiel hierfür sind in der Abb. 6.49 Dreikomponentenmessungen für das Profil NACA 66_2-415 bei verschiedenen REYNOLDSschen Zahlen nach [32] aufgetragen. In einem begrenzten Bereich kleiner Auftriebsbeiwerte hat der Profilwiderstand einen vom Anstellwinkel unabhängigen, konstanten Wert, der, sofern die REYNOLDS-Zahl groß genug ist, um laminare Ablösung zu verhindern, beträchtlich niedriger als bei einem normalen Profil ist. Mit wachsender REYNOLDS-Zahl vermindert sich c_{Wp}, während gleichzeitig die Widerstandsdelle, d. h. der Auftriebsbereich für den Minimalwiderstand, eingeengt wird. Bei einer Anstellwinkelvergrößerung verschiebt sich das Druckminimum zur Nase, und der Umschlagpunkt springt im allgemeinen schlagartig nach vorn, so daß der Profilwiderstand sehr stark ansteigt. Dieser Vorgang tritt mit wachsender Re-Zahl bei kleinerem α auf, so daß schließlich bei sehr großer REYNOLDSscher Zahl die Widerstandsdelle ganz verschwindet und eine normale Polare mit erhöhtem $c_{W\min}$ entsteht, vgl. [7].

6.4 Einfluß der REYNOLDSschen Zahl auf die Profileigenschaften 467

Der Profilwiderstand von Tragflügeln kann bei voll anliegender Strömung theoretisch mit Hilfe der Grenzschichttheorie ermittelt werden. Die Grundlagen hierfür wurden in Kap. 4.83 bereitgestellt, vgl. auch Abb. 4.51. Nach Gl. (4.133) gilt für den Profilwiderstand:

$$c_{Wp} = \frac{0{,}074}{\sqrt[5]{Re}} \left\{ \int_{x_u/l}^{1} \left(\frac{U}{U_\infty}\right)^{3{,}5} d\frac{x}{l} + C \right\}^{0{,}8} \quad (6.155)$$

mit C nach Gl. (4.134). Für dünne Profile kann die Berechnung der potentialtheoretischen Geschwindigkeitsverteilung durch Linearisierung

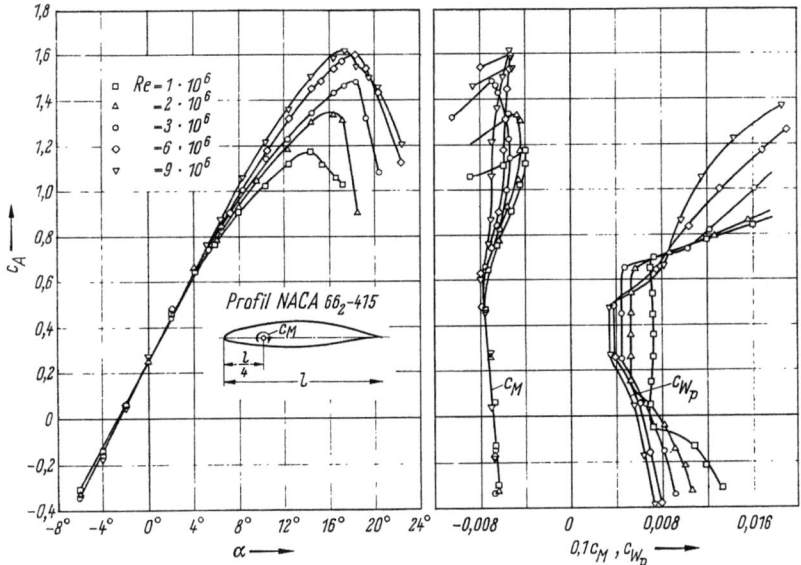

Abb. 6.49. Dreikomponentenmessungen für das Laminarprofil NACA 66_2-415 bei verschiedenen REYNOLDSschen Zahlen nach [39]

vereinfacht werden. Die Anwendung dieses Verfahrens auf eine große Zahl von NACA-Profilen, die in [57] mitgeteilt ist, liefert für die Abhängigkeit des Profilwiderstandsbeiwertes vom Dickenverhältnis d/l bei vollturbulenter Grenzschicht die einfache Beziehung

$$c_{Wp} = 2 c_{ft} \left(1 + c \frac{d}{l}\right) \quad (6.156)$$

mit $c = 2$ bis $2{,}5$. Gleichartige Rechnungen sind auch schon von N. SCHOLZ [50] ausgeführt worden. Die vorstehenden Angaben gelten für den Profilwiderstand beim Auftrieb Null. Die hiernach berechneten c_{Wp}-Werte stimmen im allgemeinen befriedigend mit Messungen überein.

Literatur

A. Zusammenfassende Darstellungen und Lehrbücher

[1] Abbott, I. H., u. A. E. v. Doenhoff: Theory of wing sections. New York: McGraw-Hill 1949.
[2] Abbott, I. H., A. E. v. Doenhoff u. L. S. Stivers: Summary of airfoil data. NACA Rep. Nr. 824 (1945), S. 258—522.
[3] Cooke, J. C., u. G. G. Brebner: The nature of separation and its prevention by geometric design in a wholly subsonic flow. In: Boundary Layer and Flow Control, herausgegeben von G. V. Lachmann, Bd. I. London 1961.
[4] Fuchs, R., R. Hopf u. F. Seewald: Aerodynamik, 2. Aufl., Bd. II: Fuchs, R.: Theorie der Luftkräfte, Berlin: Springer 1935.
[5] Glauert, H.: Grundlagen der Tragflügel- und Luftschraubentheorie. Berlin 1929; vgl. auch: The elements of aerofoil and airscrew theory, 2. Aufl. Cambridge 1959.
[6] v. Kármán, Th., u. J. M. Burgers: General aerodynamic theory. — Perfect fluids. In W. F. Durand: Aerodynamic Theory, Bd. II. Berlin 1935.
[7] Riegels, F. W.: Aerodynamische Profile. München: Oldenbourg 1958. Engl. Übersetzung von D. G. Randall: Aerofoil Sections, London 1961.
[7a] Schlichting, H.: Einige neuere Ergebnisse aus der Aerodynamik des Tragflügels [Zehnte Ludwig-Prandtl-Gedächtnis-Vorlesung 1966]. Jb. WGLR 1966, S. 11—32.
[8] Schmitz, F. W.: Aerodynamik des Flugzeugmodells, 2. Aufl. Duisburg: C. Lange 1952.
[9] Thwaites, B. (Herausgeber): Incompressible Aerodynamics. An account of the theory and observation of the steady flow of incompressible fluid past aerofoils, wings, and other bodies. Oxford 1960.
[10] Wortmann, F. X.: Progress in the design of low drag airfoils. In: Boundary Layer and Flow Control, herausgegeben von G. V. Lachmann, Bd. II. London 1961, S. 728—740.
[11] Young, A. D., u. H. B. Squire: A review of some stalling research (Appendix: Wing section and their stalling characteristic). ARC Rep. and Mem. Nr. 2609 (1951).

B. Einzelschriften

[12] Allen, J.: General theory of airfoil sections having arbitrary shape or pressure distribution. NACA Rep. Nr. 833 (1945), S. 715—737.
[13] Betz, A.: Untersuchungen an einer Joukowskyschen Tragfläche. ZFM Bd. 6 (1915), S. 173—179.
[14] Betz, A.: Beiträge zur Tragflügeltheorie. Dissertation Göttingen 1919.
[15] Betz, A., u. F. Keune: Verallgemeinerte Kármán-Trefftz-Profile. Luftfahrtforsch. Bd. 13 (1936), S. 336—345.
[16] Betz, A., u. I. Lotz: Verminderung des Auftriebs von Tragflügeln durch den Widerstand. ZFM Bd. 23 (1932), S. 277—279.
[17] Birnbaum, W., u. W. Ackermann: Die tragende Wirbelfläche als Hilfsmittel zur Behandlung des ebenen Problems der Tragflügeltheorie. ZAMM Bd. 3 (1923), S. 290—297.
[18] Blasius, H.: Funktionentheoretische Methoden in der Hydrodynamik. Z. Math. Phys. Bd. 58 (1910), S. 90.
[19] Blumenthal, O.: Über die Druckverteilung längs Joukowskyscher Tragflächen. ZFM Bd. 4 (1913), S. 125—130.
[20] Crabtree, L. F.: Effects of leading-edge separation on thin wings in two-dimensional incompressible flow. J. Aeron. Sci. Bd. 24 (1957), S. 597—604.

[21] McCullough, G. B., u. D. E. Gault: Examples of three representative types of airfoil-section stall at low speed. NACA TN 2502 (1951).
[22] Eppler, R.: Die Berechnung von Tragflügeln aus der Druckverteilung. Ing.-Arch. Bd. 23 (1955), S. 436—452.
[23] Eppler, R.: Direkte Berechnung von Tragflügelprofilen aus der Druckverteilung. Ing.-Arch. Bd. 25 (1957), S. 32—57.
[24] Ergebnisse der Aerodynamischen Versuchsanstalt Göttingen, II. Lieferung (1927), S. 13ff.
[25] Fluegge-Lotz, I., u. J. Ginzel: Die ebene Strömung um ein geknicktes Profil mit Spalt. Jb. 1939 dtsch. Luftfahrtforsch. Bd. 1, S. 55—66; Ing.-Arch. Bd. 11 (1940), S. 268—292.
[26] Gault, D. E.: A correlation of low-speed, airfoil-section stalling characteristics with Reynolds number and airfoil geometry. NACA TN 3963 (1957).
[27] Glauert, H.: Theoretical relationship for an airfoil with hinged flap. ARC Rep. and Mem. Nr. 1095 (1927).
[28] Göthert, R.: Systematische Untersuchungen an Flügeln mit Klappen und Hilfsklappen. Jb. 1940 dtsch. Luftfahrtforsch. Bd. 1, S. 278—307; Ringbuch der Luftfahrttechnik Bd. 1, Beitrag A 13 (1940).
[29] Hoerner, S.: Einfluß der Oberflächenrauhigkeit auf die aerodynamischen Eigenschaften der Luftfahrzeuge. Ringbuch der Luftfahrttechnik Bd. 1, Beitrag A 9 (1937).
[30] Jacobs, E. N., u. R. M. Pinkerton: Tests in the variable-density wind-tunnel of related airfoils having the maximum camber unusually far forward. NACA Rep. Nr. 537 (1935), S. 521—529.
[31] Jacobs, E. N., R. M. Pinkerton u. H. Greenberg: Tests of related forward camber airfoils in the variable-density wind-tunnel. NACA Rep. Nr. 610 (1937), S. 697—732.
[32] Jacobs, E. N., u. A. Sherman: Airfoil section characteristics as affected by variations of the Reynolds number. NACA Rep. Nr. 586 (1937), S. 227—267.
[33] Jacobs, E. N., K. E. Ward u. R. M. Pinkerton: The characteristics of related airfoil section from tests in the variable-density wind-tunnel. NACA Rep. Nr. 460 (1933), S. 282—339.
[34] Joukowsky, N.: Über die Konturen der Tragflächen der Drachenflieger. ZFM Bd. 1 (1910), S. 281—284; Bd. 3 (1912), S. 81—86.
[35] Keune, F.: Auftrieb einer geknickten ebenen Platte. Luftfahrtforsch. Bd. 13 (1936), S. 85—87; Momente und Ruderantrieb einer geknickten ebenen Platte. Luftfahrtforsch. Bd. 14 (1937), S. 558—563.
[36] Keune, F.: Aerodynamische Berechnung systematischer Flügelprofile. Jb. 1943 dtsch. Luftfahrtforsch. In: Technische Berichte der ZWB Bd. 11 (1944), H. 1.
[37] Kupper, A.: Ergebnisse von Leitwerkstheorien bei verschwindender Profildicke (ebenes Problem). Luftfahrtforsch. Bd. 20 (1943), S. 22—28.
[38] Kutta, W.: Auftriebskräfte in strömenden Flüssigkeiten. Sitzungsber. Bayer. Akad. Wiss., Math.-Phys. Klasse 1910 u. 1911.
[39] Loftin Jr., L. K., u. H. A. Smith: Aerodynamic characteristics of 15 NACA airfoil sections at seven Reynolds numbers. NACA TN 1945 (1949).
[40] Multhopp, H.: Zur Aerodynamik des Flugzeugrumpfes. Luftfahrtforsch. Bd. 18 (1941), S. 52—66.
[41] Munk, M.: General theory of thin wing sections. NACA Rep. Nr. 142 (1922), S. 245—261.
[42] Nonweiler, T.: Maximum lift data for symmetrical wings. Aircraft Engng. Bd. 27 (1955), S. 2—8.

[43] NONWEILER, T.: The design of wing sections. Aircraft Engng. Bd. 28 (1956), S. 216—227.
[44] PERRING, W. G. A.: The theoretical relationship for an airfoil with a multiply hinged flap system. ARC Rep. and Mem. Nr. 1171 (1928).
[45] PINKERTON, R. M.: Calculated and measured pressure distribution over the midspan section of the NACA 4412 airfoil. NACA Rep. Nr. 563 (1936), S. 364 bis 380.
[46] PINKERTON, R. M.: The variation with Reynolds number of pressure distribution over an airfoil section. NACA Rep. Nr. 613 (1938), S. 21—40.
[47] PISTOLESI, E.: Betrachtungen über die gegenseitige Beeinflussung von Tragflügelsystemen. Gesammelte Vorträge der Hauptversammlung 1937 der Lilienthal-Gesellschaft (1937), S. 214—219.
[48] RIEGELS, F.: Das Umströmungsproblem bei inkompressiblen Potentialströmungen. Ing.-Arch. Bd. 16 (1948), S. 373—376; Bd. 17 (1949), S. 94—106; Bd. 18 (1950), S. 329.
[49] SCHLICHTING, H.: Einfluß der Turbulenz und der Reynoldsschen Zahl auf die Tragflügeleigenschaften. Ringbuch der Luftfahrttechnik Bd. 1, Beitrag A 1 (1937).
[50] SCHOLZ, N.: Über eine rationale Berechnung des Strömungswiderstandes schlanker Körper mit beliebig rauher Oberfläche. Jb. Schiffbautechn. Ges. Bd. 45 (1951), S. 244—259.
[51] SÖHNGEN, H.: Auftrieb und Moment einer geknickten ebenen Platte mit Spalt. Luftfahrtforsch. Bd. 17 (1940), S. 17—22.
[52] THEODORSEN, TH., u. J. E. GARRICK: General potential theory of arbitrary wing sections. NACA Rep. Nr. 452 (1933), S. 159—191.
[53] TREFFTZ, E.: Graphische Konstruktion Joukowskyscher Tragflächen. ZFM Bd. 4 (1913), S. 130—131.
[54] TREFFTZ, E., u. TH. V. KÁRMÁN: Potentialströmung um gegebene Tragflächenquerschnitte. ZFM Bd. 9 (1918), S. 111—116.
[55] TRUCKENBRODT, E.: Ergänzungen zu F. Riegels: Das Umströmungsproblem bei inkompressiblen Potentialströmungen. Ing.-Arch. Bd. 18 (1950), S. 324 bis 328.
[56] TRUCKENBRODT, E.: Die Berechnung der Profilform bei vorgegebener Geschwindigkeitsverteilung. Ing.-Arch. Bd. 19 (1951), S. 365—377.
[57] TRUCKENBRODT, E.: Die Berechnung des Profilwiderstandes aus der vorgegebenen Profilform. Ing.-Arch. Bd. 21 (1953), S. 176—186.
[58] WORTMANN, F. X.: Experimentelle Untersuchungen an neuen Laminarprofilen bei Segelflugzeugen und Hubschraubern. ZFW Bd. 5 (1957), S. 228 bis 243.

Namenverzeichnis

Abbott, I. H. 389, 468
Abramowitch, G. N. 234
Ackeret, J. 142, 176, 188, 234, 288, 335, 336, 347, 348
Ackermann, W. 416, 468
Allen, J. 416, 440, 468

Becker, E. 234
Becker, J. V. 346, 352
Bernoulli, D. 38, 152
Betz, A. 95, 108, 140, 141, 235, 348, 390, 412, 413, 414, 431, 441, 458, 468
Birnbaum, W. 416, 468
Blasius, H. 224, 269, 348, 396, 398, 468
Blumenthal, O. 468
Bohlen, T. 276, 349
Bonney, A. 234
Brainerd, J. G. 331, 349
Brebner, G. G. 468
Burgers, J. M. 338, 468
Busemann, A. 196, 197, 208, 234, 235, 330, 348
Bussmann, K. 346, 348

Cauchy 100
Collar, A. R. 234
Cooke, J. C. 468
Cox, R. N. 234
Crabtree, L. F. 234, 468
Crocco, L. 333, 348

Das, A. 348
Dhawan, S. 350
Dönch, F. 312, 348
Doenhoff, A. E. v. 348, 389, 396, 468
Doetsch, H. 269, 292, 348, 390
Dorfner, K. R. 234
Driest, E. R. van 305, 348
Dryden, H.L. 296, 338, 343, 347, 348
Dubs, F. 234
Duncan, W. J. 141
Durand, F. W. 235, 468
Dyke, M. D. van 232, 235

Eber, G. R. 348
Ehret, D. M. 236
Eiffel, G. 261, 338, 348
Emmons, H. W. 234, 331, 349
Eppler, R. 441, 469
Euler, L. 151

Farren, W. S. 235
Favre, A. 349
Feldmann, F. 336, 348
Ferri, A. 234, 235
Fiecke, D. 367, 390
Flachsbart, O. 251, 349
Flettner, A. 82
Flügge-Lotz, I. 431, 469
Fuchs, R. 431, 441, 468
Fuhrmann, G. 71, 142

Garrick, J. E. 414, 470
Gault, D. E. 468, 469
Geiger, R. E. 236
Ginzel, J. 431, 469
Glauert, H. 171, 235, 390, 416, 420, 429, 469
Görtler, H. 236
Göthert, B. 183, 236
Göthert, R. 430, 431, 469
Greenberg, H. 390, 469
Gruschwitz, E. 274, 313, 315, 349
Guderley, K. G. 234
Gutsche, F. 349

Hagen, G. 241, 349
Hama, R. 352
Hantzsche, W. 333, 349
Hayes, W. D. 230, 234, 236
Head, M. R. 289, 349
Hegge Zijnen, B. G. van der 338, 349
Helmbold, H. B. 319, 349
Helmholtz, H. v. 89, 92
Himmelskamp, H. 349
Hoerner, S. 458, 469

Holder, D. W. 216, 217, 234
Holstein, H. 276, 288, 349
Homann, F. 240, 349
Hood, M. J. 349
Hooker, S. G. 181, 236
Hopf, L. 431, 441, 468
Howarth, L. 234, 349
Hugoniot, H. 163, 207, 236

Jacobs, E. N. 349, 390, 469
Jacobs, W. 321, 349
Janzen, O. 179, 236
Jaquet, B. M. 351
Johnson, H. A. 306, 347
Jones, B. M. 140, 142, 289, 349
Jones, R. T. 321, 349
Joukowsky, N. 82, 85, 133, 136, 142, 391, 399, 400, 469

Kaplan, C. 181, 236
Kármán, Th. v. 213, 221, 236, 240, 274, 347, 349, 414, 468
Kaufmann, W. 141
Keune, F. 414, 416, 431, 469
Kibel, I. A. 141
Klebanoff, P. S. 295, 349
Klein, A. L. 296, 350
Kopal, Z. 231
Kotschin, N. J. 141
Krahn, E. 181, 234, 235, 236
Kubota, T. 236
Kuerti, G. 347
Kuethe, A. M. 296, 348
Kupper, A. 431, 469
Kurzweg, H. 232
Kutta, W. 82, 85, 133, 136, 142, 391, 399, 400, 469

Lachmann, G. V. 281, 347
Lamb, H. 141
Lamla, E. 180, 236
Laval, P. 160
Lees, L. 235, 236, 349, 350
Li, T. Y. 236
Liebe, W. 323, 350
Liepmann, H. W. 235, 236, 334, 336, 350
Lilienthal, O. 379
Lin, C. C. 350
Lindsey, W. F. 237
Linnel, R. D. 227, 236
Littell, R. E. 237

Loftin Jr., L. K. 469
Lotz, I. 458, 468
Ludwieg, H. 234

Mach, E. 7
Macoll, J. W. 235
Malavard, L. 221, 236
McCullough, G. B. 468
Meyer, Th. 197, 236
Miles, E. R. C. 235
Millikan, C. B. 269, 350
Milne-Thomson, L. M. 141
Mises, R. v. 235
Mituisi, S. 352
Möller, E. 390
Muesmann, H. 350
Multhopp, H. 390, 452, 469
Munk, M. 421, 469

Navier, M. 261
Neice, S. E. 236
Newton, I. 11, 238
Nikuradse, J. 244, 248, 271, 307, 312, 350
Nonweiler, T. 460, 469

Oswatitsch, K. 235

Pai, S.-I. 235
Perring, W. 430, 470
Pfenninger, W. 141, 350
Pinkerton, R. M. 390, 459, 470
Pistolesi, E. 452, 470
Pohlhausen, K. 276, 344, 350
Poiseuille, J. 241, 350
Poisson-Quinton, Ph. 350
Prandtl, L. 87, 91, 141, 142, 166, 171, 197, 204, 235, 236, 237, 244, 254, 261, 265, 283, 296, 300, 304, 307, 308, 338, 341, 342, 347, 350, 351, 390
Pretsch, J. 318, 351
Probstein, R. F. 234
Puckett, A. E. 235

Queijo, M. J. 351
Quick, A. W. 237

Ras, M. 288, 347
Rayleigh, Lord 179, 237, 338, 351
Regenscheit, B. 285
Reichardt, H. 295, 351
Reynolds, O. 14, 239, 243, 293, 337, 351

Riegels, F. W. 361, 390, 416, 431, 436, 442, 445, 468, 470
Riemann, B. 100, 111, 237
Rose, N. W. 141
Roshko, A. 236, 350
Rothstein, W. 234
Rott, N. 336, 348
Rotta, J. 351
Rouse, H. 141
Rubesin, M. W. 306, 347

Saint-Venant, B. de 155, 237
Sauer, R. 235
Schäfer, M. 234
Scherbarth, K. 311, 351
Schlichting, H. 249, 276, 304, 307, 308, 344, 347, 351, 456, 468, 470
Schmitz, F. W. 468
Scholz, N. 467, 470
Schrenk, O. 284, 285, 351
Schubauer, G. B. 343, 351
Schultz-Grunow, F. 303, 351
Sears, W. R. 235
Seewald, F. 468
Shapiro, A. H. 235
Sherman, A. 469
Silverstein, A. 346, 352
Skramstad, H. K. 343, 351
Smith, H. A. 469
Söhngen, H. 431, 470
Squire, H. B. 318, 352, 468
Stack, J. 237, 390
Stewardson, K. 237
Stivers, L. S. 389, 468
Stokes 76, 261
Stüber, J. 285, 317, 318, 352

Tani, I. 352
Taylor, G. I. 235, 237
Tetervin, H. 348
Theodorsen, Th. 414, 439, 448, 470
Thom, A. S. 141
Thomas, F. 352
Thomson, W. 87
Thwaites, B. 141, 468
Tietjens, O. 141, 341, 352
Tinkler, J. 234
Tollmien, W. 234, 237, 341, 347, 352
Trefftz, E. 412, 414, 470
Truckenbrodt, E. 141, 281, 315, 316, 352, 374, 390, 443, 446, 470
Truitt, R. W. 235
Tsien, H. S. 230, 237

Ulrich, A. 288, 344, 346, 352

Walchner, O. 166, 196, 234, 235, 237
Walz, A. 276, 352
Wantzel, L. 155, 237
Ward, G. N. 390, 470
Wendt, H. 333, 349
Wieghardt, K. 141, 274
Wieselsberger, C. 260, 352
Williams, J. 352
Wilson, R. E. 305, 352
Wolhart, W. D. 351
Wortmann, F. X. 468, 470
Wuest, W. 234

Young, A. D. 141, 308, 318, 336, 352, 468

Zierep, J. 235

Sachverzeichnis

Abflußbedingung (KUTTA) 114, 392, 393, 431
Ablöseblase 459, 461
Ablösung 213, 215, 254, 267, 278, 282, 289, 321, 459, 463
Absaugeflugzeug 284
Absaugung 282
Abwindwinkel 420, 454
Achsensysteme, experimentell 376
—, flugmechanisch 376
—, geometrisch 353
adiabatisch-reversible Zustandsänderung 150
Ähnlichkeitsgesetze 12, 171, 219
Aeroelastizität 389
D'ALEMBERTsches Paradoxon 250, 400
Anfahrwirbel 90, 394
Anstellwinkel 377, 384, 425, 444
Atmosphäre 15, 18
Auftrieb, allgemein 377, 419
—, Entstehung 80, 82, 90, 392
—, maximal 282, 283, 459
—, Platte 114, 188
—, Profile 192, 411, 421, 424
—, Reibung 456
Auftriebsanstieg, allgemein 384
—, inkompressibel 120, 411, 424
—, Reibung 458
—, Überschall 189
—, Unterschall 182
Auftriebssatz (KUTTA-JOUKOWSKY) 80, 82, 392, 399
Auftriebsverteilung längs Spannweite 382
Ausblasen 289
Ausfluß aus einem Gefäß 40
— aus einem Kessel 155, 159

Bahnlinie 26
barometrische Höhenformel 18
Beiwerte, aerodynamische, Berechnung 424, 443, 452

Beiwerte, aerodynamische, Definition 378
—, —, Reibungseinfluß 455
BERNOULLIsche Gleichung 38, 40, 45, 151, 152
Beschleunigung 28, 44
Bewegungsformen des Flugzeuges 383
Bewegungsgleichungen, inkompressible reibungsbehaftete Strömung 261
—, inkompressible reibungslose Strömung 35, 43
—, kompressible reibungslose Strömung 151, 168
Bezugsflügeltiefe 356
BIOT-SAVARTsches Gesetz 93
BIRNBAUM-ACKERMANNsche Normalverteilungen 421
BLASIUSsche Formeln für Auftrieb und Moment 396

CAUCHY-RIEMANNsche Differentialgleichungen 100
Charakteristiken-Verfahren 203
COUETTE-Strömung 238

Delta-Flügel 354
Dichte 4, 7, 18, 143, 156, 159
Dipol 63, 106
Dissipation 275
Dissoziation 228, 328
Divergenz 28
Drehung einer Flüssigkeitsbewegung 31, 74
Drehungsfreiheit 46, 168
Drehvektor 47
Dreieckflügel (Deltaflügel) 354, 355
Dreikomponentenmessung 379
Druck, allgemein 4
— in der Atmosphäre 15, 18
—, kritischer 158, 162
Druckbeiwert (-koeffizient) 153, 154, 381

Sachverzeichnis

Druckfunktion 152
Druckmessung 41, 166
Druckpunkt 385
—, festes Profil 427
Druckpunktwanderung 385
Drucksprung 187
Druckverteilung längs Profiltiefe 117, 190, 381, 418, 433
Druckwelle 144
Durchflußmenge 53

Eckenströmung, flache Ecke (Überschall) 185
—, inkompressibel 103, 104
—, PRANDTL-MEYERsche 197
Ellipsen-Flügel 355, 358
elliptischer Zylinder 123, 181
Energiegleichung, inkompressibel 39
—, kompressibel 153, 163, 206, 327
Energiesatz der Grenzschicht 273
Energieverlustdicke, s. Grenzschicht
Enthalpie 150, 151
Entwurfsaufgabe 1
EULERsche Bewegungsgleichungen 35, 43, 151

FLETTNER-Rotor 82, 281
Flügel, allgemein 367
—, Geometrie 356
—, Grundriß 356
—, Profil 359
—, Verwindung 365
—, V-Stellung 367
Flügelgitter 133

Gaskonstante 5, 150, 228
Geradeausflug 384
Geschwindigkeitsdruck 7
Geschwindigkeitsfeld in der Umgebung eines Tragflügels 453
Geschwindigkeitsmessung 41, 166
Geschwindigkeitspotential, inkompressibel 49, 101
—, kompressibel 169, 171
Geschwindigkeitsverteilung auf der Kontur 431, 436, 442
— in der Grenzschicht, laminar 271, 277
— — — —, turbulent 244, 248, 299
Gierbewegung 383, 388
Gierdämpfung 388
Giermoment 377
Gierrollmoment 388

Gierwinkelgeschwindigkeit 388
GLAUERTsche Zirkulationsverteilung 420
Gleitwinkel 123, 375
Göttinger Profilsystematik 361
Grenzschicht (Reibungsschicht), Ablösung 254, 462
—, Absaugung 282
—, Ausblasen 280, 282
—, Begriff 253, 265, 292
—, Formparameter 314
—, Geschwindigkeitsverteilung 271, 277, 301
—, Haftbedingung 10, 238
—, hypersonisch 229
—, längsangeströmte ebene Platte 258, 269, 286, 300, 304, 305, 308, 331, 333
—, laminar 240, 258
—, turbulent 240, 259
Grenzschichtbeeinflussung 280
Grenzschichtberechnungsverfahren, laminar 276
—, turbulent 315
Grenzschichtdicke, allgemein 254, 258
—, Energieverlustdicke 276
—, Impulsverlustdicke 272, 275, 315, 318
—, Verdrängungsdicke 272, 275, 278
Grenzschichtgleichungen (PRANDTL) 265
Grenzschichtzaun 322

Haftbedingung 10, 238
Halbkörper 60, 62
HELMHOLTZsche Wirbelsätze 87, 89
Hinterkantenwinkel 360, 458
Hodograph (PRANDTL-MEYERsche Eckenströmung) 205
Homosphäre 16
Hufeisenwirbel 92
HUGONIOT-Gleichung 163, 207
hydrostatische Grundgleichung 15
Hyperschallströmung 224, 329
hypersonischer Ähnlichkeitsparameter 230

Impulssatz 126, 163, 206, 273
Impulsverlustdicke, s. Grenzschicht
induzierte Geschwindigkeit 93, 98, 453, 455
Instabilitätspunkt der laminaren Grenzschicht 342

instationäre Flugzustände 384, 388, 389
Ionisation 228, 328
isentrope Zustandsänderung 5

JANZEN-RAYLEIGH-Verfahren (Unterschall) 179
JOUKOWSKY-Profile, allgemein 403, 412, 413
—, inkompressibel 409, 438, 441
—, kompressibel (Unterschall) 181
—, Reibung 278, 345
JOUKOWSKYsche Abbildungsfunktion 112

v. KÁRMÁNsche Wirbelstraße 240
v. KÁRMÁNsches Ähnlichkeitsgesetz 213, 221
Kessel, Ausfluß 155
—, kritische Werte 159
Klappenflügellast 434
Klappenflügelwirksamkeit 283, 430
—, Geometrie 359, 429
— mit Ausblasen 289
komplexe Strömungsfunktion 101
Kompressibilität 5, 143, 168, 304, 324
Kompression 8, 165, 328
konforme Abbildung 111, 396
Kontinuitätsausgleichung 26, 168
Kontrollfläche 128
Kreisbogenprofil 405
Kreiszylinderströmung, inkompressibel 66, 107
—, kompressibel 180
—, rotierend 82, 281
—, Strömung, abgelöste 255
kritische MACH-Zahl 161, 181
kritische REYNOLDS-Zahl, Kugel 251, 260, 295
— —, Platte, längsangeströmte ebene 337, 342
— —, Rohr 243, 337
— —, Tragflügelprofil 344
Kugelströmung, inkompressibel 69
—, Reibung 251, 260, 295
KUTTA-JOUKOWSKYscher Satz 80, 82, 85, 119, 392, 399
KUTTAsche Abflußbedingung 114, 392, 418, 431

Längsbewegung 384
laminare Strömung 240, 241, 258

laminare Unterschicht 247
Laminarhaltung 282, 285, 291
Laminarprofil 269, 291
LAPLACEsche Gleichung für die Schallgeschwindigkeit 145
LAPLACEsche Potentialgleichung 50
Lastverteilung über Flügeltiefe (Druckverteilung) 418
LAVAL-Düse 160
Linienintegral der Geschwindigkeit 72

MACH-Kegel 147
MACH-Linie 146, 176
MACH-Winkel 147
MACH-Zahl 7, 13, 143, 153
MACHsches Ähnlichkeitsgesetz 13
MAGNUS-Effekt 82, 281
Maximalauftrieb 282, 283, 459
maximale Übergeschwindigkeit an Profilen 440
Mengenfluß 27
Mischungsweg 296
mittlere Bewegung der turbulenten Strömung 292

NACA-Profile, Geometrie 361, 427
—, Skelett 427, 433
—, Tropfen 439, 445
NAVIER-STOKESsche Gleichungen 261
Neutralpunkt, aerodynamischer 385, 424, 445
—, geometrischer 357
NEWTONsche Strömung 226
NEWTONsches Reibungsgesetz 11, 239
Nickbewegung 383, 385, 388
Nickdämpfung 388
Nickmoment 377, 385, 419, 421, 424, 443
Nickwinkelgeschwindigkeit 388
Normalkraft 377, 378
Nullauftriebsmoment 385, 425, 444, 451
Nullauftriebsrichtung 401
Nullauftriebswinkel 385, 425, 444

Parabelprofile, Geometrie 364
—, Skelett 407, 422, 433
—, Tropfen 440
Pfeilflügel 322, 355
PISTOLESisches Theorem 452, 455
PITOT-Rohr 42
Platte, ebene, angestellt 114, 182, 188, 421, 453

Platte, ebene, längsangeströmt, kompressibel 304, 331
—, —, —, laminar 258, 269, 331, 333
—, —, — mit homogener Absaugung 286
—, —, —, potentialtheoretisch 111
—, —, —, rauh 307, 308, 310
—, —, —, teilweise mitbewegt 281
—, —, —, turbulent 300
—, —, senkrecht angeströmt 112
—, —, Umschlag laminar-turbulent 310, 338, 340, 342
—, geknickte, s. Klappenflügel
polytropische Zustandsgleichung 16
Potential, s. Geschwindigkeitspotential
Potentialströmungen, Beispiele 54
Potentialwirbel 58, 78, 92, 105
PRANDTL-GLAUERTsche Regel 171
PRANDTL-MEYERsche Eckenströmung 197, 199
PRANDTLsche Grenzschichtgleichung 265
PRANDTLsches Staurohr 42, 166
PRANDTL-Zahl 326
Profile, Berechnung der Skelettlinie 419, 448
—, — des Tropfens 441, 448
—, Geometrie 360
—, Reibungseinfluß 455
Profiltheorie, konforme Abbildung 396
—, Singularitätenmethode 396, 414
—, Skelett-Theorie 416, 419, 442, 446
—, Tropfentheorie 434, 440, 442, 447
—, Überschalltheorie 192
—, Unterschalltheorie 181
Profilwiderstand 184, 192, 194, 318, 465
Propeller 323

Quellströmung, ebene 57, 60
—, kontinuierliche 70, 415, 434
—, räumliche 59, 62

Rauhigkeit, kritische 310
—, Platte, längsangeströmte ebene 307, 308, 310
—, Rohr 248
—, Sandrauhigkeit 248
—, zulässige 308
Recovery-Faktor 332
Reibungsgesetz nach NEWTON 238

Reibungsgesetz nach STOKES 263
Reibungsschicht, s. Grenzschicht
Reibungswärme 9, 328
REYNOLDSsches Ähnlichkeitsgesetz 13, 239, 253
REYNOLDS-Zahl 14, 21, 239, 243, 272, s. kritische REYNOLDS-Zahl
RIEGELS-Faktor 436, 442
RIEMANNscher Abbildungssatz 111
Rohrströmung, laminar 241
—, rauh 248
—, turbulent 244, 300
—, Umschlag laminar-turbulent, s. kritische REYNOLDS-Zahl
Rohrumlenkung 130
Rohrwiderstandszahl, laminar 242
—, rauh 249
—, turbulent 244
Rollbewegung 383
Rolldämpfung 387
Rollgiermoment 387
Rollmoment 377, 378
Rollwinkelgeschwindigkeit 387
Rotation, s. Drehung
Ruder, s. Klappenflügel

Saugkraft 121, 425
Schallgeschwindigkeit in der Atmosphäre 18
—, LAPLACEsche Gleichung 7, 144
schallnahe Strömung 212
Scherströmung 10
Schiebeflug 386
Schiebegiermoment 386
Schieberollmoment 386
Schiebeseitenkraft 386
Schiebewinkel 376, 384
Schließungsbedingung 435
Schlitzflügel 282
Schubspannung 10, 262
Schubspannungsgeschwindigkeit 246, 299
Schwankungsbewegung der turbulenten Strömung 292, 294
Sechskomponentenmessung 379
Seitenbewegung 384
Seitenkraft 377, 378
Seitenverhältnis (Streckung) 355
Senkenströmung, s. Quellströmung
Singularitätenmethode 396, 414
Skalenhöhe 16
Skelett-Theorie, s. Profiltheorie

Stabilität der Atmosphäre 17
Stabilitätsbeiwerte, flugmechanische 385, 387, 388
Stabilitätstheorie der Laminarströmung 338, 340
statische Sonde 42
Staupunkt 41
Staupunktströmung, ebene 55, 103
—, kompressible 8, 165
—, rotationssymmetrische 55
Staurohr 42
STOKESscher Satz 74
STOKESsches Reibungsgesetz 263
Stolperdraht 261
stoßfreier Eintritt 408, 425, 444
Stoßlinie 206
Stoßpolaren-Diagramm 209
Stoßwinkel 207, 212
Strahl auf eine Wand 131, 132
Strömungsbedingung, kinematische 418, 436
Stromdichte 157
Stromfunktion 51, 100, 270
Stromlinie 25
Stromlinienkörper 71, 256
Stromröhre 26
Stromröhrenquerschnitt 157
Superzirkulation 290

Tangentialkraft 377, 378
Temperatur 4, 17, 150, 157, 325
Temperaturerhöhung durch Kompression 9
— durch Reibung 9, 328, 332
Temperaturgrenzschicht 324
Temperaturleitfähigkeit 325
THOMSONscher Satz 87
TORRICELLIsche Ausflußformel 41, 157
Totwasser 255, 393, 465
Tragflügel, Geometrie 353
— in gekrümmter Strömung 450
— mit Auftrieb 82, 90, 92
—, schiebender 321, 379
Translationsströmung 54, 76, 103, 112
transsonische Strömung, s. schallnahe Strömung
Trapezflügel 354
Trennungsflächen 76, 77
Tropfentheorie, s. Profiltheorie
turbulente Scheinreibung 292
turbulente Schwankungsbewegung 292

turbulente Strömung 240, 244, 292, 299
Turbulenzgrad 295

Überschallströmungen, ebene 176, 185
Umlenkwinkel (Ablenkungswinkel) 202, 212
Umschlagspunkt (laminar-turbulent) 260, 268, 285, 291, 337, 344
Unterschallströmungen, ebene 179, 460

VENTURI-Düse 160
Verdichtungslinie 186
Verdichtungsstoß, allgemein 146, 161, 213, 225, 334
—, schiefer 206
—, senkrechter 162
Verdrängung 455
Verdrängungsdicke, s. Grenzschicht
Verdünnungslinie 186
Verwindung 365
Vorflügel 282
V-Stellung 367

Wärme, spezifische 5, 150, 325
Wärmeleitungsgesetz (FOURIER) 326
Wärmeleitzahl 325
Wandschubspannung 246, 258, 274, 286, 301, 315
Wellenwiderstand 192, 194
wellige Wand 176
Wendedämpfung 388
Wenderollmoment 388
Widerstand, allgemein 1, 138, 249, 374, 465
Widerstandsersparnis durch Absaugung 287
Widerstandspolare 379
Windkanalturbulenz 295
Winkelraum, Strömung in 103
Wirbel, abgelöste Strömung 255
— bei Anfahrt 90, 394
—, freier 92, 395
—, gebundener (tragender) 83, 92, 395, 455
—, Geschwindigkeitsfeld, induziertes (BIOT-SAVART) 93
—, Hufeisenwirbel 93
—, Potentialwirbel, ebener 58, 78, 79, 105
Wirbelbewegung 72
Wirbelfaden, -linie 78, 86
Wirbelfläche (Trennungsfläche) 77, 416

Wirbelfluß 86
Wirbelröhre 86
Wirbelsätze (THOMSON, HELMHOLTZ) 85, 87, 89
Wirbelstärke, -dichte (Zirkulationsverteilung) 78, 417
Wirbelstraße (KÁRMÁN) 240
Wirbelsystem eines Tragflügels 92

Zähigkeit, dynamische 11, 325
—, kinematische 11, 325
—, scheinbare turbulente 293
Zirkulation 72, 78, 90, 392
Zirkulationsverteilung sehr dünner Profile 417, 419, 423
Zuspitzung 354
Zustandsgleichung 4, 149, 150, 325

MIX
Papier aus verantwortungsvollen Quellen
Paper from responsible sources
FSC® C105338

If you have any concerns about our products,
you can contact us on
ProductSafety@springernature.com

In case Publisher is established outside the EU,
the EU authorized representative is:
**Springer Nature Customer Service Center GmbH
Europaplatz 3, 69115 Heidelberg, Germany**

Printed by Libri Plureos GmbH
in Hamburg, Germany